普通高等教育"十一五"国家级规划教材

21世纪高等学校机械设计制造及其自动化专业系列教材

机械设计

（第三版）

吴昌林　张卫国　姜柳林　主编

吴宗泽　主审

华中科技大学出版社

中国·武汉

内 容 简 介

本教材是根据教育部机械基础教学指导分委员会制定的“机械设计课程教学基本要求”及有关课程改革的精神，为适应具有国际竞争能力的工程人才培养的需要而编写的。全书分四篇，共十六章。第一篇为机械设计总论(第 1～2 章)，第二篇为机械零部件的参数设计(第 3～11 章)，第三篇为机械零部件的结构设计(第 12～14 章)，第四篇为机械系统总体方案设计(第 15～16 章)。

为了方便教学，本书备有免费电子课件，如有需要可与华中科技大学出版社联系(电话：027—87544529；邮箱：171447782@qq.com)。

本教材可作为高等学校机械工程类各专业“机械设计”课程教材，也可供有关专业师生和工程技术人员参考。

图书在版编目(CIP)数据

机械设计(第三版)/吴昌林　张卫国　姜柳林　主编. —武汉：华中科技大学出版社，2011.3 (2025.1 重印)

ISBN　978-7-5609-6781-3

Ⅰ. 机…　Ⅱ. ①吴…　②张…　③姜…　Ⅲ. 机械设计　Ⅳ. TH122

中国版本图书馆 CIP 数据核字(2010)第 236761 号

机械设计(第三版)　　　　吴昌林　张卫国　姜柳林　主编

策划编辑：刘　锦　万亚军
责任编辑：姚同梅
封面设计：潘　群
责任校对：朱　霞
责任监印：徐　露
出版发行：华中科技大学出版社(中国·武汉)　　电话：(027)81321913
　　　　　武汉市东湖新技术开发区华工科技园　　邮编：430223
录　　排：武汉楚海文化传播有限公司
印　　刷：武汉市洪林印务有限公司
开　　本：710mm×1000mm　1/16
印　　张：25.75
字　　数：545 千字
版　　次：2025 年 1 月第 3 版第 27 次印刷
定　　价：68.00 元

21世纪高等学校
机械设计制造及其自动化专业系列教材

总　　序

“中心藏之，何日忘之”，在新中国成立60周年之际，时隔“21世纪高等学校机械设计制造及其自动化专业系列教材”出版9年之后，再次为此系列教材写序时，《诗经》中的这两句诗又一次涌上心头，衷心感谢作者们的辛勤写作，感谢多年来读者对这套系列教材的支持与信任，感谢为这套系列教材出版与完善作过努力的所有朋友们。

追思世纪交替之际，华中科技大学出版社在众多院士和专家的支持与指导下，根据1998年教育部颁布的新的普通高等学校专业目录，紧密结合“机械类专业人才培养方案体系改革的研究与实践”和“工程制图与机械基础系列课程教学内容和课程体系改革研究与实践”两个重大教学改革成果，约请全国20多所院校数十位长期从事教学和教学改革工作的教师，经多年辛勤劳动编写了“21世纪高等学校机械设计制造及其自动化专业系列教材”。这套系列教材共出版了20多本，涵盖了“机械设计制造及其自动化”专业的所有主要专业基础课程和部分专业方向选修课程，是一套改革力度比较大的教材，集中反映了华中科技大学和国内众多兄弟院校在改革机械工程类人才培养模式和课程内容体系方面所取得的成果。

这套系列教材出版发行9年来，已被全国数百所院校采用，受到了教师和学生的广泛欢迎。目前，已有13本列入普通高等教育“十一五”国家级规划教材，多本获国家级、省部级奖励。其中的一些教材(如《机械工程控制基础》《机电传动控制》《机械制造技术基础》等)已成为同类教材的佼佼者。更难得的是，“21世纪高等学校机械设计制造及其自动化专业系列教材”也已成为一个著名的丛书品牌。9年前为这套教材作序的时候，我希望这套教材能加强各兄弟院校在教学改革方面的交流与合作，对机械工程类专业人才培养质量的提高起到积极的促进作用，现在看来，这一目标很好地达到了，让人倍感欣慰。

李白讲得十分正确："人非尧舜，谁能尽善？"我始终认为，金无足赤，人无完人，文无完文，书无完书。尽管这套系列教材取得了可喜的成绩，但毫无疑问，这套书中，某本书中，这样或那样的错误、不妥、疏漏与不足，必然会存在。何况形势总在不断地发展，更需要进一步来完善，与时俱进，奋发前进。较之9年前，机械工程学科有了很大的变化和发展，为了满足当前机械工程类专业人才培养的需要，华中科技大学出版社在教育部高等学校机械学科教学指导委员会的指导下，对这套系列教材进行了全面修订，并在原基础上进一步拓展，在全国范围内约请了一大批知名专家，力争组织最好的作者队伍，有计划地更新和丰富"21世纪机械设计制造及其自动化专业系列教材"。此次修订可谓非常必要，十分及时，修订工作也极为认真。

"得时后代超前代，识路前贤励后贤。"这套系列教材能取得今天的成绩，是几代机械工程教育工作者和出版工作者共同努力的结果。我深信，对于这次计划进行修订的教材，编写者一定能在继承已出版教材优点的基础上，结合高等教育的深入推进与本门课程的教学发展形势，广泛听取使用者的意见与建议，将教材凝练为精品；对于这次新拓展的教材，编写者也一定能吸收和发展原教材的优点，结合自身的特色，写成高质量的教材，以适应"提高教育质量"这一要求。是的，我一贯认为我们的事业是集体的，我们深信由前贤、后贤一起一定能将我们的事业推向新的高度！

尽管这套系列教材正开始全面的修订，但真理不会穷尽，认识不是终结，进步没有止境。"嘤其鸣矣，求其友声"，我们衷心希望同行专家和读者继续不吝赐教，及时批评指正。

是为之序。

中国科学院院士 杨叔子

2009.9.9

第三版前言

本教材第二版(钟毅芳、吴昌林、唐增宝主编,吴宗泽主审)自2001年问世以来,经过了多年的教学实践,受到了国内各高校广大师生的热情关注。本版是在总结了第二版使用经验的基础上,根据教育部机械基础教学指导分委员会"机械设计课程教学基本要求"的主要精神,结合当前工程教育改革的需要及广大师生的使用意见修订而成的。在修订过程中,力求保持本书的原有特色,使其更能符合培养新世纪人才的需要。这次修订具体做了以下几方面的工作。

(1) 对教材中涉及的国家标准、规范进行了梳理,采用了最新的国家标准,更新了相关数据。

(2) 为提高学生运用现代设计方法、设计工具的能力,在"齿轮传动设计"、"轴和轴毂连接设计"、"滑动轴承设计"、"滚动轴承的选择与校核"等四章中应用了国内外广泛使用的三维机械设计软件,运用该软件对常用机械零部件进行设计计算,通过对比,能使学生直观地了解到传统设计方法与现代设计方法的区别,扩大学生的视野。

(3) 为保证论述的完整性,对部分章节增加了少量内容和习题,以利学生掌握相关知识。

(4) 对原教材的文字、图表、公式、算例、格式中的一些疏漏、错误进行了更正。

参加本次修订工作的有吴昌林、张卫国、姜柳林及饶芳等教师,由吴昌林、张卫国、姜柳林任主编。在修订过程中得到了钟毅芳教授、唐增宝教授的大力支持和指导,特在此表示衷心的感谢。

百密难免一疏,加上编者水平有限,新版中肯定存在错漏之处,殷切地希望各位尊敬的读者不吝赐教、批评指正。

编　者

2010年12月于华中科技大学

第一、二版前言

如何适应科学技术和社会、经济的发展，培养高质量的适应21世纪需要的人才，是包括我国在内的世界各国在改革和发展高等教育中面临的重大课题。随着科技知识的更新，教学内容需不断更新，但由于科技知识更新速度不断加快，高等教育不再满足于有限知识的灌输，而需把培养学生获取知识的能力作为重点，以造就适应能力强的复合型人才。为此，学校教育应从较窄的专业培养口径逐步向大专业口径变化，更注重学生较宽、较扎实的基础学科知识及以工程能力为基础的综合能力的培养。

为了适应这种形势的要求，编写本教材时，我们提出了"坚持加强基础，适度扩充领域，加强创造性思维能力和设计能力培养，重视工程应用"的改革思路，强调教材的体系和内容，要适应当前和今后科技发展及社会经济发展、改革的需要，适应面向"大机械专业口径"培养人才的需要，适应在大环境下教学学时缩短的需要。本教材破除了片面追求学科体系完整的观点，强调共性规律，避免穷举式的列举教学内容；重视设计思想、设计方法和创造性思维能力的培养，重视工程应用教育；以机械零、部件设计为主线，适度扩大教学内容的专业适应面；以现代设计理论充实经典方法，并注重教学内容与现代设计方法相适应，根据科技发展的需要，引入本课程领域的一些新的科技内容。

机械设计的实质是在约束满足的前提下力求达到规定的功能和性能要求的过程，从宏观上看，这一过程主要包括总体方案设计、参数设计和结构设计等阶段。根据机械设计的这一特点和改革的思路，对于教材内容的改革，主要有如下考虑。

(1)为了培养学生的创造性思维能力、设计能力和关于设计过程的经济观，有关机械设计方法学的内容在本教材中占有一定的地位。其中，除要讲授一般的机械设计方法外，还特别强调创造性思维方法和创造性技法、机械设计中的经济学问题以及机械设计中的约束满足、功能需求、多方案设计和再设计的思想。

(2)加强整体设计能力的培养,重视总体方案设计。机械系统的总体方案设计是最具创造性的一个设计环节,在本教材中特别加强了有关这方面的内容。讲授有关机械系统的功能、结构组成及机械系统原理方案和结构方案设计的基本原理和方法,有利于加强学生的整体观念,有利于培养学生的整体设计能力和创造性思维能力。

(3)重视加强对学生结构设计能力的培养。因此,本教材将机械零部件中有关结构设计的问题集中起来,抓住其共同的特点,力求讲清机械零部件结构设计的主要准则和设计方法。这对提高学生的结构设计能力,特别是创造性思维能力很有好处。

(4)对"机械设计"课程中的传统内容,不强调其基础理论体系的完整性,对计算公式不作详细推导,但应加强有关设计方法方面的内容,特别是应灌输有关设计中的约束满足、多方案设计、优化设计和再设计的思想,强调有关设计理论、思想和方法在工程设计中的应用。

(5)为了适应大机械专业口径人才培养的需要,本教材的选材范围有所扩大,将目前生产中广泛应用的机械零部件,如同步齿形带传动、弹性环连接、碟形弹簧等相关内容增设在本课程中。

(6)为适应科技发展的需要,教材中适当增加了一些本领域中的新内容,如新型蜗杆传动设计等。

本教材分四篇,共十六章。参加本书编写工作的有:钟毅芳(绪论、第一章、第二章、第十四章)、唐增宝(第三章、第四章)、吴昌林(第五章、第十一章、第十五章)、胡于进(第六章、第七章)、杨开秀(第八章、第九章)、武士兴(第十章)、张卫国(第十二章、第十三章、第十六章)。全书由钟毅芳、吴昌林、唐增宝担任主编,由吴宗泽教授主审。

作为教学改革的尝试,一定会有某些不足之处,编者殷切希望广大读者对书中不妥之处提出批评和改进意见。

编　者

2000 年 8 月于华中科技大学

目 录

绪论

一、“机械设计”课程在国民经济建设中的地位与作用

机械设计是影响机械产品性能、质量、成本和企业经济效益的一项重要工作，机械产品能不能满足用户要求，很大程度上取决于设计。随着科学技术的进步和生产的发展，市场竞争日益激烈，企业为了获得自身的生存和发展，必须不断地推出具有市场竞争能力的新产品。因此，机械产品更新换代的周期将日益缩短，对机械产品在质量和品种上的要求将不断提高，这就对机械设计人员提出了更高的要求。

目前，我国机械产品的设计水平与国际先进水平相比还有相当大的差距，主要体现为设计方法落后，骨干设计人员的知识老化，许多先进的设计理论、方法和技术还没有很好地掌握。设计水平的落后必然导致机械产品的性能和质量的落后，这样，机械产品不但难以进入国际市场，就连国内市场也难以维持。为了从根本上扭转这种局面，必须大力加强机械产品的设计工作，大力推行现代设计方法，而其中的关键是大量地培养高素质的机械设计人才。本课程将直接担负机械设计科技人才的培养任务。

二、机械设计人员应具有的素质

机械设计是一门综合性很强的工作，机械设计人员要想胜任这一工作，必须具备下列基本素质。

（1）深厚的理论基础和广博的专业知识。机械设计涉及数学、力学、摩擦学、制造工程学、工程图学、工艺学、系统工程学、计算机辅助设计、优化设计、可靠性设计、工业美学、设计方法学等学科，机械设计人员只有理论扎实、知识广博，才能充分考虑、理解并正确处理机械设计中的各种问题，才能进行创造性的设计工作，才能在工作中获得最佳的设计成果。

（2）丰富的实践经验。有人认为，设计工作就是绘图和编写说明书，这是对设计工作的片面理解。正确的设计概念，应把从市场分析、研究开发、设计制造直到售后服务等的过程视为一个整体，统一考虑，综合平衡。只有这样，才能在设计工作中取得良好的效果。为此，要求设计者具有丰富的工作和社会实践经验，需要设计人员终身不断积累和学习。

(3) 高度的责任感,严谨的工作作风。设计人员应对其承担的设计任务的技术合理性和设计后果负责。因此,在设计时,必须高度负责、一丝不苟地工作,做到所承担的设计工作原理正确、方案先进可行,所设计的产品制造、安装、使用、维修方便、可靠,在思想上把提高机械产品质量和降低产品成本放在设计工作的首位。

(4) 创造性的思维能力。设计必须是创造,设计过程是创造性思维的过程,这种创造可能表现为全部创新,也可能是对某一局部进行改进或创新。这就要求设计人员平时养成勤于观察和思考的习惯,善于联想,不断进行创造性思维和方法的锻炼,逐步提高设计水平。

(5) 虚心学习和不断进取的精神。学无止境,设计人员一定要养成善于学习、积累资料的习惯,更应善于运用归纳、推理、分析与综合的方法,根据所学知识预测未来,不断开拓新的产品,开创新的局面。

三、"机械设计"课程的性质与任务

"机械设计"是工程类专业学生必须学习的一门重要技术基础课,是学习许多后续课程和从事机械设备设计的基础。本课程的主要任务是:逐步培养学生正确的设计思想和创造性思维能力,使学生了解国家的技术经济政策和国民经济发展对工程技术人员的要求;使学生掌握设计机械所必需的基本知识、基本技能,掌握机械设计的基本方法,具有初步设计机械传动装置和简单机械的能力;培养学生综合应用各种知识和技术资料、处理机械设计中各种问题的能力;培养学生应用标准、规范及使用手册的能力,使学生获得实验技能的基本训练;使学生了解机械设计的最新发展及现代设计方法在机械设计中的应用。

四、"机械设计"课程的学习方法

本课程涉及的内容广泛,而且所涉及问题的答案不是唯一的,往往有多种方案可供选择和判断,因此,学生在学习本课程时,往往难以适应这一变化。为了使学生尽快地适应,下面简要地介绍本课程的学习方法:注重基本概念的理解和基本设计方法的掌握,不强调系统的理论分析;着重理解公式建立的前提、意义和应用,不强调对理论公式的具体推导;注意密切联系生产实际,努力培养解决工程实际问题的能力;机械零、部件的参数设计是本课程的主要内容之一,学习这一部分时,应根据零、部件的工作状况进行受力和失效分析,并根据功能要求和设计约束,建立设计计算公式,并学会应用设计计算公式进行具体的设计计算,特别要重视公式的应用和具体设计方法的掌握,不能把主要精力放在公式的数学推导和公式的记忆上。

第一篇

机械设计总论

本篇主要介绍机械设计中涉及的有关设计思想和方法，包括机械的构成及其功能结构、机械设计的特点和一般过程、机械设计过程中的创造性思维分析方法和创造性技法、机械设计中的约束。其中机械设计中的约束包括强度（着重介绍变应力作用下的强度问题）约束、摩擦磨损和润滑约束等。

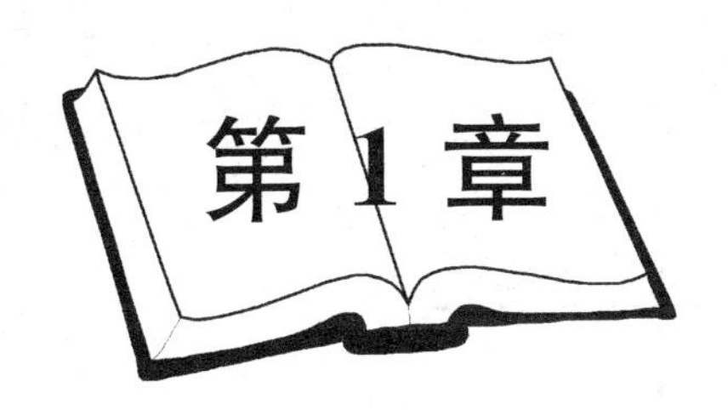

机械设计概述

1.1　机器的构成及其功能结构

图1-1所示为一带式运输机，其主要功能是传送物料。从结构上看，它由电动机、联轴器、减速器、齿轮、轴、输送带、机架等结构件组成。电动机1（能量转换装置，是机器的动力源）输出能量，通过联轴器2、减速器3等（机器的传动装置，用于能量的传递和分配），带动输送带4（机器的工作装置），实现物料的传送。机架对上述零部件起支承作用，保证它们能正常工作。运输机的开机和停车由人工控制。从功能上看，它具有能量转换、能量传递、工作执行、控制、支承与连接、辅助（如照明等）等功能件，其功能结构如图1-2所示。

自行车也是一种简单的机器，它的动力源是人力，通过踏板、链传动装置（用于能量转换）带动前、后车轮旋转，实现代步功能。其方向变换和制动由人的双手控制车把和车闸来实现，车架对车轮等零部件起支承和连接的作用。此外，还有车灯用于照

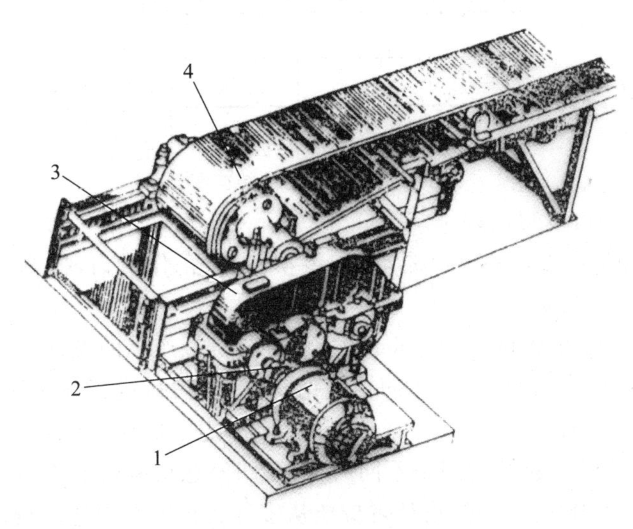

图1-1　带式运输机结构图

1—电动机；2—联轴器；3—减速器；4—输送带

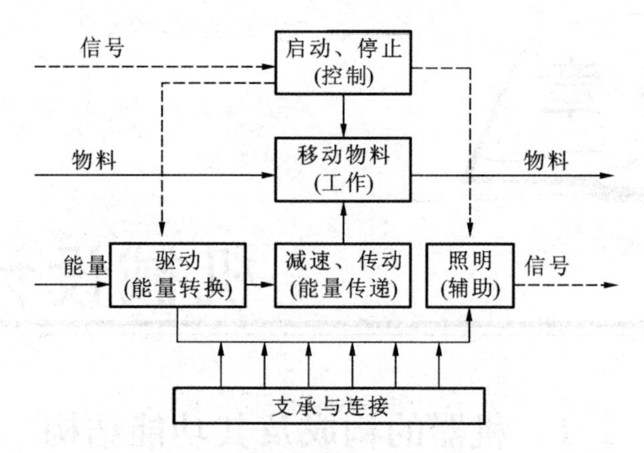

图 1-2　带式运输机功能结构图

明，货架用于携带少量货物等。从功能结构上看，自行车可视为由驱动(能量转换)、传动(能量传递)、行走(工作)、转向或制动(控制)、照明、载货(辅助)、支承和连接等功能件组成，其功能结构如图 1-3 所示。

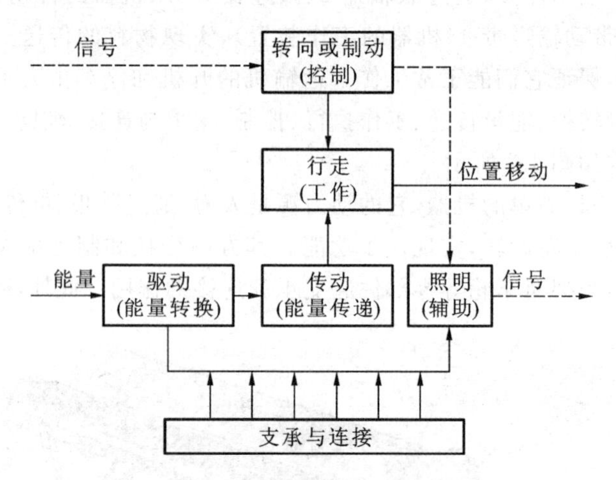

图 1-3　自行车功能结构图

从上面的实例可以得出以下结论。

(1) 机器一般可视为主要由原动机、传动装置、工作机构、控制系统、支承与连接、辅助装置等部分构成。

(2) 功能分析是机械设计的基本出发点，进行机械产品的设计，首先必须进行功能分析，明确功能要求，设计出机器的功能结构图，然后再进行各个阶段的设计。只有这样，才能不受现有结构的束缚，形成新的设计构思，提出创造性的设计方案。

(3) 不同机器的功能结构图是不同的，甚至即使总功能要求相同，也可以设计出不同方案的功能结构图。因此，设计者应能从多种可行方案中选出较优者，并以此为依据，进行机械系统各个阶段的设计。

1.2　机械设计的概念及其特点

1.2.1　机械设计的概念

“设计”具有广泛的含义。关于“设计”，目前还没有一个统一的定义，一般可以认为，“设计是根据市场需求，对技术系统、零部件、工艺方法等进行计划和决策的过程。在多数情况下，这个过程要反复进行。计划和决策要以基础科学、数学、工程科学等为基础，其目标是要对各种资源实现最佳的利用，使之最好地转变为人类需求的系统或器件。”

从市场的需求出发，通过构思、计划和决策，确定机械产品的功能、原理方案、技术参数和结构等，并把设想变为现实，这样的一种技术实践活动的过程，就是机械设计，其目的是要得到一种能达到预定功能要求，性能好、成本低、价值最优，能满足市场需求的机械产品。

例如，通过市场调查得知，由于环保的需要，无氟冰箱必将取代有氟冰箱，市场需求迫切，且具有很高的社会效益，于是，设计人员即从冰箱的功能需求出发，根据无氟制冷的要求，构思其原理方案、确定技术参数和结构布局，最后研制出无氟冰箱，这一技术过程就是机械设计。

1.2.2　机械设计的过程

机械设计一般可分为开发性设计（根据机械产品的总功能要求和约束条件进行全新的设计）、适应性设计（根据生产技术的发展和使用部门的要求，对产品的结构和性能进行更新和改造，使之适应某种附加的要求）、变参数性设计（只对结构设置和尺寸加以改变，使之满足功率和速比等的不同要求）、测绘和仿制等。

不同国家、不同企业、不同类型的机械，其产品的开发、设计过程不尽相同，但大致上可分为产品规划阶段、原理方案设计阶段、结构方案设计阶段、总体设计阶段、施工设计阶段和试制、生产、销售等阶段，每个阶段的大致内容和目标如图1-4所示。

1.2.3　机械设计的特点

机械产品的设计过程是一个复杂的过程，涉及设计过程、设计管理、市场需求、社会环境等方方面面，其特点主要表现在以下几个方面。

1. 机械设计中认知过程的渐变性

机械设计过程的渐变性主要表现在以下三点。

(1) 产品设计是一个从抽象概念到具体产品的演化过程。设计者在从抽象的产品规划、功能需求、原理方案设计到较具体的结构方案设计、总体设计等的设计过程中，不断丰富和完善产品的设计信息，直到完成整个产品的设计。

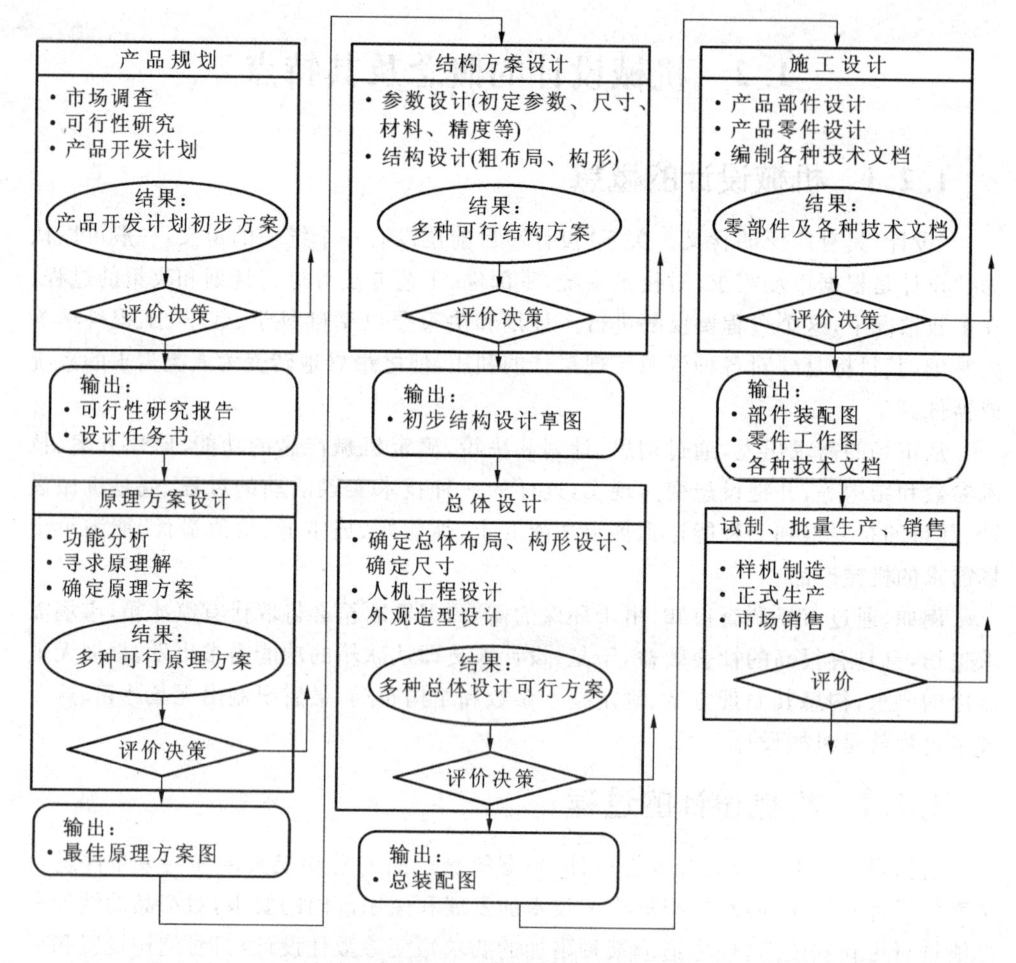

图 1-4　机械产品设计过程的一般模式

(2) 产品设计是一个逐步求精和细化的过程。在产品设计的初期,设计者对产品的结构关系与参数的表达,往往是模糊的和不完善的。随着设计过程的发展,产品的结构和参数关系才逐渐清晰和完善。

(3) 产品设计是一个反复修改和迭代的过程(即设计→再设计的反复过程)。在此过程中,设计者需要不断地修改某些设计参数和结构,以达到最终的设计要求。

由于设计是一个由抽象到具体、由粗到精逐步细化的过程,因此,设计中的许多细节,并不是一开始就很清楚,需在设计过程中不断完善、不断修正。在设计进行到某一阶段时,很有可能发现前一阶段有些问题没有考虑周全,需要返回进行修改,并以此为基础,重新进行设计,这个过程,就称为再设计。

例如,当进行轴的设计时,往往是先根据估算和轴上零件的要求,大致确定其结构和尺寸,然后再进行较精确的强度校核,这时,很可能发现原来所确定的结构和尺寸不能满足要求,需要对其重新进行设计,即再设计。

再设计是精益求精的过程。一个设计，只有经过反复修改，才能不断完善。怕麻烦、不愿反复推敲、发现问题不愿修改，不是好的工作作风，具有这种作风的设计人员，很难设计出好的产品。

(4) 设计方案具有多解性。能够满足一定功能要求和设计约束的设计方案不是唯一的，存在着多种可行方案。设计者应在多种可行方案中，选择最优者作为设计方案，这就出现了一个新的领域——优化设计。

(5) 产品设计工作是一项创造性的工作，设计过程也是一个不断创新的过程。

2. 设计过程中设计管理的复杂性

产品开发过程管理的复杂性主要表现在：产品开发过程管理要求能够对从需求分析、概念设计、直到最终设计完成的整个产品开发过程进行组织、协调和控制，并且能够对每一个阶段所需要的设备、工具、人员等进行分配、组织和管理，同时，产品开发创新程度、设计方法等方面的不同及其相互作用，又进一步加剧了产品开发过程管理的难度；产品开发同时也受到制造企业各个方面，例如产品开发策略、可利用资源、组织结构、人员素质、开发经验、信息技术、协作与合作、异地设计等因素的影响。因而，设计过程管理是一个重要而又复杂的过程。

3. 设计过程中以市场需求为导向的必要性

产品设计与制造的目的，是为了满足市场的需求，因此，用户的满意程度是衡量产品优劣的主要指标。注重市场调查和预测，明确市场将需要什么，应是设计师经常关心的问题。特别是要把重点放在市场预测上，并以此为基础，确定新产品开发计划。

面对全球化的竞争，制造企业面临的竞争对手将越来越多，产品上市时间和产品生命周期越来越短，作为设计师，更应重视产品开发的市场导向问题。

4. 设计过程中增强社会环境保护意识、建立可持续发展观念的必要性

随着人们社会环境保护意识的增强，要求在产品开发过程中，对涉及的社会环境问题、资源的合理利用问题等给予足够的重视，也就是说，在设计过程中，应自觉增强社会环境保护意识和建立可持续发展的观念。

由产品设计的特点可看出，机械设计中值得重视的几个问题是：设计过程中的创新和优化问题、市场需求和产品成本问题、可持续发展问题等。

1.3　机械设计中的创新和优化

1.3.1　创新

1. 机械设计的核心是创新

在机械设计中，总有新的事物被创造出来。所谓“新”事物，可以是过去从未出现过的东西，也可以是已有事物的不同组合，但这种组合不是简单地对已知事物的重复,而是有某种新的成分出现。在机械设计中必须突出创新的原则,通过直觉、推理、组合等途径,探求创新的原理方案和结构,做到有所发明、有所创造、有所前进。测绘仿制一台机器,虽然结构复杂,零件成千上万,但不能算是创新;有人根据集装箱连接的需求,开发了一种防松木螺钉,它集中了木螺钉和螺钉的优点,既能方便地旋入,又能自锁防松,成功地用于集装箱等厚木结构的连接,此钉虽小,但可称之为创新。

2. 产品设计创新的方向

根据我国当前的具体情况,产品设计创新的方向有两个:一是能满足当前大范围需求的产品创新,例如农用车的设计和生产,虽然这种设计不一定含有很多高新的技术,但只要产品在技术上有进步,能给企业带来效益,它就具有创新的意义;二是研究开发具有重要技术进步且为我所独有,技术含量高,在国内、外具有竞争力的新产品,我国自行研究开发的程控交换机和磁悬浮支承等,就是这类创新设计的很好的例子。

3. 产品技术创新的主要类型

根据前面提出的创新方向,可以认为制造业产品的技术创新有以下几类。

一种是虽无重要新技术,但在形式上有创新,因而能获得相应竞争能力。例如按用户定单生产不同颜色的自行车,只在生产管理上有所创新,自行车的性能并无重要变化,其中也没有融入多少新的技术,但同样形成了新的竞争能力。

第二种是含有重要的高新技术,使产品的竞争力提高。例如程控交换机,原来用的是5 μm线宽的芯片,现在做出了 3 μm 线宽的芯片,结果功能增加,体积减小,这种设计和制造更小线宽芯片的技术,就能形成新的竞争力。再如电动汽车,如果谁能设计和制造出寿命长的电池,那么这种创新将不仅具有世界意义,而且具有历史意义。

第三种是具有完全创新的功能。例如电子宠物,原来没有这种产品,企业发明并把它变成了产品,从而获得了很大的利润。从历史上看,第一盏电灯、第一部电话、第一架航天飞机等,都是具有完全创新功能的产品。

4. 创造性思维

创造性思维使人们突破各种束缚,在一切领域内开创新的局面。创造性思维具有独创性、连动性、多向性、综合性等特点。

(1) 独创性　所谓独创性思维是指具备与前人、众人不同的独特见解,突破一般思维的常规惯例,提出新原理,创造新模式,贡献新方法。独创性思维具有求异性,敢于质疑司空见惯的事物,敢于向传统的陈规旧习挑战,敢于打破自己思想上的框框、从新的角度分析问题,即是具备独创性思维能力的表现。

(2) 连动性　所谓连动性思维是指由此及彼思维,这种思维引导人们由已知探索未知。连动思维可表现为纵向连动、横向连动和逆向连动。纵向连动是针对现象或问题进行纵深思考,探寻其原因和本质,从而得到新的启示;横向连动是根据某一现象联想到特点与其相似或相关的事物,进行"特征转移"而进入新的领域;逆向连动思维是针对现象、问题和解法,分析其相反的方面,从另一角度去探寻新的途径。

(3) 多向性　所谓多向性思维是指从多种不同角度去思考问题,对同一问题从不同的角度探索尽可能多的解法和思路。多向性体现了思维方法的多样化和想象力的丰富。爱因斯坦曾说过,“想象力比知识还重要,现实世界只有一个,而想象力却可以创造千百个世界”,多向性思维是与创造力关系最密切的一种思维方式。

(4) 综合性　所谓综合性是指对已掌握的材料进行综合概括,找出其规律,或将已有的信息、现象、概念等组合起来,形成新的技术思想或设计出新产品。

在机械设计工作中,要想不断地取得创新的成果,就必须根据创造性思维的特点,自觉地培养自己的创造性思维能力。只要解除自身思想上的束缚,突破自我,并掌握正确的方法,就能调动创造性而获得出乎意料的创造性成果。

1.3.2　优化

如上所述,机械设计是根据所提出的功能要求,在一定的约束条件下(即所谓设计空间)所作出的决策,其结果不是唯一的,亦即存在多种可行的方案。这就是设计问题的多解性。由于设计问题的多解性,对于任何一个设计问题,都可能有多种可行的设计方案并存,因此就存在一个如何在诸多可行方案中选择最优方案的问题,即优化设计。

只要进行设计,就存在择优问题,进行机械设计时,必须对此给予高度的重视。

随着科学技术的发展,寻优的方法也在不断地完善和发展。其发展过程大致如下。

1. 基于经验的优化设计(人工判断寻优)

基于经验的优化设计是原始的优化,或被动的自然优化。人们在改造自然的过程中,通过对自然界认识的不断深化,逐步积累了经验,人们可以根据自己的经验,通过直观的判断对事物进行优化。传统的机械设计大多采用这种优化设计方法。基于经验的优化设计,其质量取决于专家经验的多少和经验的可靠程度,一般能得到较好的方案。

2. 基于计算机的枚举寻优

用计算机计算(枚举)出各种可行方案,结合人工判断寻优。用这种方法虽能找到若干较优的方案,但很费事。

3. 基于数学规划的优化方法

基于数学规划的优化方法是定量的优化方法,适用于解决机械设计中的参数优化问题。三百多年前,牛顿发明的微积分就为数学规划方法奠定了基础,但在电子计算机出现以后数学规划方法才得到迅速发展。基于数学规划的优化方法,有关书籍中有详细的介绍。

4. 工程优化和人工智能优化

近二十余年来,计算机技术的发展给解决复杂工程优化问题提供了新的可能。工程优化方法和人工智能优化方法,能解决不少数学规划方法所不能解决的工程优化问题。其中,基于经验和直觉的方法,以及采用专家系统技术实现寻优策略的自动选择和优化过程的自动控制的方法等,在工程设计中也得到了更多的应用。

1.4　机械设计中的两个问题

1.4.1　机械设计中的产品成本问题

产品设计好坏的根本标准,是能否用最经济的方案来实现产品的功能目标。一个好的设计,不但要技术上先进、制造上可行、操作上方便,而且要在经济上合理。所谓经济合理,其核心就是降低产品的成本。可以说,产品成本的高低在产品的设计阶段就基本上确定了,因此,降低产品成本,永远是设计人员的一项主要任务,是机械设计领域中的一个永恒的技术经济问题。设计人员进行产品设计时,必须牢固地树立经济效益的观念,对每一个零部件进行功能成本分析,确定合理的技术指标和成本目标。

产品的经济性体现在产品功能和质量的提高、节约能源和材料、提高劳动生产率和降低产品成本等方面,而所有这些方面又集中体现在产品成本上,应尽可能地降低产品成本,将它控制在规定的成本目标的范围之内。

降低产品成本,要遵循以最少的费用,来最大限度地满足功能要求这一基本原则。设计时应着重考虑以下几点。

(1) 正确区分所设计产品的必要功能和不必要功能,去掉不必要功能所占的费用。对机械产品而言,必要功能是指用户所需要的功能,而不必要功能则是用户所不需要的功能。不必要功能有两种主要的表现形式:一种是产品中有些功能是用户根本不需要的,例如,只在公路上行驶而无须越野的汽车,采用前、后轴(或后轴)驱动时,前轴(或后轴)驱动就成了不必要功能;另一种是产品中的某些功能虽属必要,但超过了产品所需的适宜程度,可称之为过剩功能,过剩功能也是一种不必要功能。在产品设计中,功能过剩主要表现在以下几个方面:不适当地加大安全系数;采用的公差、表面粗糙度等,超过产品适用性的要求;采用过高的寿命指标,导致在设计寿命期限内,产品便已被淘汰;采用过分贵重的原材料;各零部件的寿命不协调,以致整台设备因个别零部件损坏而报废;在不必要的表面上提高表面装饰质量;等等。设计时,由于缺乏调查研究,对用户的需求不够了解,或片面追求“尽善尽美”,缺少经济观念等,是造成设计中出现不必要功能的主要原因。不必要功能,特别是过剩功能,往往不为人们所重视,许多机械产品由于过剩功能过多成本大大提高,这种现象值得注意。

(2) 提高设计效率、缩短设计周期,尽可能减少产品的设计费用。设计费用是产品成本的重要组成部分,减少设计费用可从下面几个方面考虑:采用先进设计工具,在设计工作中引入计算机辅助设计;充分利用现有设计,尽量采用标准件、通用件和便于购买的半成品和构件,以减少设计工作量;调整零部件的结构尺寸和结构形状,尽量采用对称的零件结构，以便于设计；尽可能从总体上增加相同零件的件数以减少设计工作量等。

(3) 尽可能减少材料的费用。材料费用在产品成本中占的比例较大，一般超过50%，重型机械产品甚至高达70%～80%，因此，应给予足够的重视。减少材料成本，首先要节省材料用量，其次要尽量节省贵重材料，尽量减少边角废料。

(4) 尽量减少加工费用。设计时，应考虑产品的结构工艺性，所设计的零件，应尽可能用普通的加工方法进行加工，尽可能减少机械加工的面积，合理选择表面粗糙度、尺寸精度和形状位置精度，以节省加工、测量的时间和费用，降低废品率。因此，一个优秀的设计师，也应该是一个优秀的工艺师。

1.4.2　机械设计中的可持续发展问题

可持续发展的含义很广，比较权威的世界环境与发展委员会(WCED)向联合国第42届大会提交的研究报告《我们共同的未来》中将可持续发展的定义为："既满足当代人的需要，又不对子孙后代满足其需求的能力构成危害的发展。"由此可知，可持续发展的核心问题是保护环境和合理利用资源。

就工程(机械)设计而言，可持续发展观是指进行产品设计时，必须考虑所进行的设计应能给社会环境带来效益而不对社会环境造成不良影响，应能合理利用自然资源而不是浪费自然资源，特别是稀缺的自然资源。不同的产品对社会环境和资源需求的影响是多方面的，一般而言，设计时主要应考虑以下问题。

1. 所设计的产品应符合国家科技政策和国家科技发展规划的目标

作为设计者，不但要通过产品设计为企业获得效益，而且要通过设计出具有竞争力的先进产品，为国民经济的发展作出贡献。因此，设计者不仅要掌握坚实的基础理论、广博的专业技术知识，还应很好地了解国家不同时期的科技政策和科技发展规划，例如国家高科技发展计划、机械工业发展纲要、加强机电产品设计工作的规定等。

2. 所设计的产品应符合减少三废对环境污染的要求

机器对环境的影响因素主要是工作过程中排出的废物，产生的振动、噪声等。在设计时，就要考虑到机械工作时产生的三废——废气、废液、废渣等，采取措施实施废物利用和综合处理：用空气冷却代替水冷却以减少废水数量，实施对废水的净化处理，对废酸、废碱的回收处理等；若所设计的机器(如锅炉、汽车等)大量排出燃烧后的气体，就要采取相应的措施使燃料燃烧完全，以减少有害气体的排出；对于所设计的机械可能产生的振动和噪声，应设法找出主要振源，尽量减少振源的振动，同时采取隔声、吸声、减振等技术措施，以减少振动和噪声的影响。作为机械设计者，必须了解国家的环境保护法规，设计时，就要让所设计的机械产品在制造、使用乃至报废的全过程中，不产生对环境的污染，不要等到产品产生污染后再采取措施来消除。

3. 所设计的产品应符合人机系统安全、可靠的要求

现代工业生产中所有的机器设备都需要由人操纵、控制，人是生产的核心和主导,人、机器与工作环境形成一个不可分割的整体。据调查,有58%~78%的工业事故是由于对人-机系统中人的因素估计不足而引起的;汽车运输和化工部门的事故,有90%以上是由人的错误判断和错误操作导致的。进行机械产品设计时,应注意考虑机器和人的相互适应,以创造舒适和安全的环境条件,减少工伤、设备事故,保证设备、人身的安全。不管在什么样的情况下,舒适、安全(包括人身安全和设备环境安全)、可靠,都是设计工作者必须考虑的重要问题。

4. 所设计的产品应有利于提高生产力

所设计的产品应有利于扩大生产规模,提高劳动生产率,能促进加工和制造过程的高效化,节约人力、物力等。

5. 资源的合理利用

所设计的产品应有利于各种矿产资源、水资源和能源等各种资源的合理利用,有利于扩大资源利用范围及新能源的开发,有利于节约能源。在进行产品设计时,应尽可能用富有资源代替稀缺资源,要考虑尽可能有利于废旧产品的回收和利用。

第2章 机械设计中的约束分析

2.1 机械设计中的约束

机械设计的基本特征之一是约束性。机械设计的主要任务，就是要在由各种约束组成的边界条件(或称设计空间)内，寻找能满足预定功能和性能要求的最优设计方案。机械设计中的约束主要有经济方面的约束、社会方面的约束和技术方面的约束。

经济性约束，主要是指要尽可能地降低产品成本，将它控制在规定的成本目标的范围之内。

社会性约束，是指所设计的产品必须能对社会带来效益，而不对社会造成不良影响。

技术性约束，是指设计以满足技术性能要求为目标。主要的技术性约束有：技术性能约束、标准化约束、可靠性约束、安全性约束、维修性约束等。

1. 技术性能约束

所谓技术性能，是指包括产品的功能、制造和运行状况在内的一切性能，既指静态性能，也指动态性能。例如，产品所能传递的功率、效率、使用寿命、强度、刚度、抗摩擦、抗磨损、振动稳定性、热特性等性能。技术性能约束，是指相关的技术性能必须达到规定的要求。例如，刚度是指零件受载时抵抗弹性变形的能力，而刚度约束则是指零件受载时产生的弹性变形不允许超过规定的许可值。又如，振动会产生额外的动载荷和变应力，尤其是当振动的频率接近机械系统或零件的固有频率时，将发生共振现象，这时，振幅将急剧增大，有可能导致零件甚至整个系统的迅速损坏。此外，振动还是噪声的主要来源，会造成环境污染。振动还会导致机器功能和性能的下降，例如，机床主轴振动会降低加工精度等。所谓振动稳定性约束，是指限制机械系统或零件的相关振动参数，如固有频率、振幅、噪声等在规定的范围之内。机器工作时都要发热，发热可能会造成热应力、热应变，甚至会导致热损坏，因而，所谓热特性约束，是指限制各种相关的热参数(如热应力、热应变、温升等)在规定范围之内。关于强度和摩擦、磨损性能约束，将在2.2和2.3节中详细介绍。

2. 标准化约束

标准化的水平是衡量一个国家生产技术水平和管理水平的尺度之一,是衡量现代化程度的一个重要标志。与机械产品设计有关的主要标准化形式大致有以下几种。

(1) 概念的标准化　设计过程中所涉及的名词术语、符号、计量单位等,都应按照相应标准的规定来表达,不能任意自选。

(2) 实物形态的标准化　对产品、零部件、原材料、设备及能源等的结构形式、尺寸、性能等,都应按统一的规定选用,凡有标准的,均应按标准进行设计。

(3) 方法的标准化　与生产技术有关的操作方法、测量方法、试验方法、抽样检查方法、成本核算方法、管理方法等,都应按相应的规定实施。

(4) 技术文件的标准化　在产品设计过程中,需要形成的各种技术文件,如可行性研究报告、试验报告、设计任务书、图纸、工艺规程等,都应按相应的规定执行。

所谓标准化约束,就是在设计的全过程中的所有行为,都要满足上述标准化的要求。

3. 可靠性约束

所谓可靠性,是指产品、部件或零件在规定的使用条件下,在预期的使用寿命内能完成规定功能的概率。所谓可靠性约束,是指所设计的产品、部件或零件应能满足规定的可靠性要求。可靠性是机械设计中一项重要的技术质量指标,它关系到所设计的产品能否持续正常工作,甚至关系到设备和人身安全的问题,设计时必须予以高度重视。有关可靠性设计的内容详见参考文献[2.4]。

4. 安全性约束

产品使用安全是产品设计过程中应特别重视的技术质量指标。机器的安全性包括四个方面的内容。

(1) 零件安全性,指在规定外载荷和规定时间内零件不发生如断裂、过度变形、过度磨损现象和不丧失稳定性,等等。

(2) 整机安全性,指机器保证在规定条件下不出故障,能正常实现总功能的要求。

(3) 工作安全性,指要保证操作人员的人身安全和身心健康等。

(4) 环境安全性,指对机器的周围环境和人不造成危害和污染。

所谓安全性约束,是指所设计的机器应能满足上述诸方面的限制。

2.2 机械设计中的强度问题

机器及其零部件丧失正常工作能力或其功能参数降低到限定值以下,称为失效。例如,机床因其主轴轴承磨损而丧失应有的精度、齿轮轮齿断裂、螺钉被拉断等都称为失效。

机械零部件在载荷作用下可能会出现整体或表面断裂、过大塑性变形等，从而导致丧失正常工作能力(或称失效)。所谓强度，就是抵抗这类失效的能力。而强度约束，则是指要求所设计的机械零部件，在正常工作条件下，不出现这种类型的失效。

2.2.1　载荷和应力

1. 载荷

机器工作时所出现的载荷是力和力矩。

载荷根据其性质可分为静载荷和变载荷。大小和方向不随时间变化或变化极缓慢的载荷，称为静载荷；大小或方向随时间变化的载荷，称为变载荷。

机械零部件上所受的载荷还可分为工作载荷、名义载荷和计算载荷。工作载荷是机器正常工作时所受的实际载荷。由于机器实际工作情况比较复杂，工作载荷的变化规律往往也比较复杂，故工作载荷比较难以确定。当缺乏有关资料，难以准确确定工作载荷时，可近似地按原动机的功率通过计算求得，这样求出的载荷称为名义载荷。若原动机的功率为 P(kW)，额定转速为 n(r/min)，则作用在传动零件上的名义转矩为

$$T = 9\ 550\frac{P\eta i}{n}\quad (\mathrm{N\cdot m})$$

式中　i——从原动机到所计算零件之间的总传动比；

η——从原动机到所计算零件之间传动链的总效率。

为可靠起见，计算中的载荷值应计及零部件工作中所受的各种附加载荷，例如由于原动机、工作机或传动系统本身的振动而引起的附加载荷，等等。这些附加载荷可通过动力学分析或实测确定。如缺乏资料，可用一个载荷系数 K 对名义载荷(力 F 或转矩 T)进行修正而得到近似的计算载荷 F_c 或计算转矩 T_c。它们分别为

$$F_c = K\cdot F,\quad T_c = K\cdot T$$

2. 应力

在载荷作用下，机械零部件的剖面(或表面)上将产生应力。应力按其随时间变化的情况不同，可分为静应力和变应力两大类：不随时间而变化的应力为静应力，不断地随时间而变化的应力为变应力。大多数机械零部件都是处于变应力状态下工作的。

2.2.2　静应力作用下的强度问题

机械零部件在静应力作用下，其强度约束条件可用两种不同的方式表示。

(1) 危险剖面处的计算应力(σ_{ca}、τ_{ca})不超过许用应力([σ]、[τ])，其强度约束条件可写成

$$\sigma_{ca}\leqslant[\sigma]=\frac{\sigma_{\lim}}{[S]}\qquad(2\text{-}1a)$$

或

$$\tau_{ca}\leqslant[\tau]=\frac{\tau_{\lim}}{[S]}\qquad(2\text{-}1b)$$

式中 $\sigma_{\lim}$——极限正应力;

$\tau_{\lim}$——极限切应力;

[S]——许用安全系数。

(2) 危险剖面处的计算安全系数(S_σ、S_τ)不应小于许用安全系数[S],其强度约束条件可写成

$$S_\sigma=\frac{\sigma_{\lim}}{\sigma_{ca}}\geqslant[S] \tag{2-2a}$$

或

$$S_\tau=\frac{\tau_{\lim}}{\tau_{ca}}\geqslant[S] \tag{2-2b}$$

静应力下:对于塑性材料,可取其屈服极限(σ_s、τ_s)作为极限应力,即 $\sigma_{\lim}=\sigma_s$,$\tau_{\lim}=\tau_s$;对于脆性材料,可取其强度极限(σ_b、τ_b)作为极限应力,即 $\sigma_{\lim}=\sigma_b$,$\tau_{\lim}=\tau_b$。

2.2.3 变应力作用下的强度问题

作用在机械零部件上的载荷,无论是静载荷还是变载荷,均可能产生变应力。在变应力作用下机械零部件的失效与在静应力下的完全不同,因而,其约束强度条件的计算方法也有明显的区别。

1. 变应力的种类和特点

按应力变化周期 T、应力幅 σ_a、平均应力 σ_m 随时间变化的规律不同,变应力可分为稳定循环变应力、不稳定循环变应力和随机变应力三类。其中,应力变化周期、应力幅和平均应力均不随时间而变者,称为稳定循环变应力;应力变化周期、应力幅和平均应力之一随时间而变者,称为不稳定循环变应力;应力变化不呈周期性而带偶然性者,称为随机变应力。这里只讨论稳定循环变应力。

图 2-1 所示为常见的几种稳定循环变应力,其中,图 2-1(a)所示为非对称循环变应力,图 2-1(b)所示为脉动循环变应力,图 2-1(c)所示为对称循环变应力。稳定循环变应力各参数之间具有下面的关系:

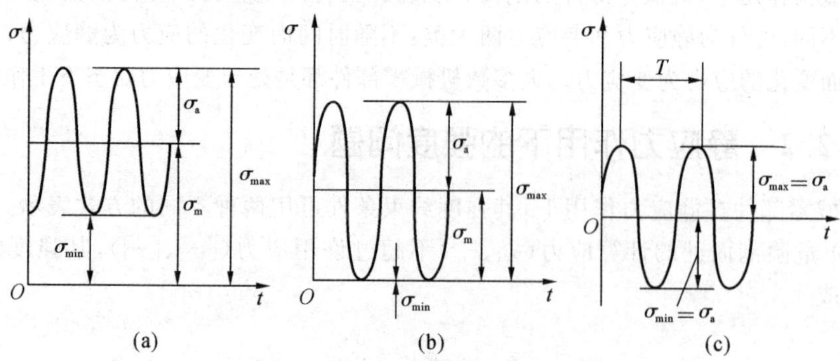

图 2-1 稳定循环变应力的类型

(a) 非对称循环变应力;(b) 脉动循环变应力;(c) 对称循环变应力

$$\sigma_{max}=\sigma_a+\sigma_m,\quad \sigma_{min}=\sigma_m-\sigma_a,\quad \sigma_m=\frac{\sigma_{max}+\sigma_{min}}{2},\quad \sigma_a=\frac{\sigma_{max}-\sigma_{min}}{2}$$

最小应力和最大应力之比称为变应力的循环特征 r,即

$$r=\pm\frac{\sigma_{min}}{\sigma_{max}} \tag{2-3}$$

式中　σ_{max}、σ_{min}——绝对值最大和绝对值最小的应力。

σ_{max}、σ_{min}在横坐标轴同侧时,r 取正号;在横坐标轴异侧时,r 取负号。r 值在 $+1$ 和 -1 之间变化。如图 2-1 所示,由于对称循环变应力的 $\sigma_m=0$,$\sigma_a=|\sigma_{max}|=|\sigma_{min}|$,$\sigma_{max}$、$\sigma_{min}$在横坐标轴的异侧,因此,$r=-1$;脉动循环变应力的 $\sigma_{min}=0$,$\sigma_a=|\sigma_m|$,$\sigma_{max}=2\sigma_a=2\sigma_m$,因此,$r=0$;当最大应力 σ_{max} 与最小应力 σ_{min} 很接近或相等时,应力幅 σ_a 接近或等于零,此时循环特征 $r=1$,这类应力称为静应力。

例 2-1　设有一零件受变应力作用,已知变应力的平均应力 $\sigma_m=189$ MPa,应力幅 $\sigma_a=129$ MPa,试求该变应力的循环特征 r。

解　最大应力为　　$\sigma_{max}=\sigma_m+\sigma_a=(189+129)\ \text{MPa}=318\ \text{MPa}$

最小应力为　　$\sigma_{min}=\sigma_m-\sigma_a=(189-129)\ \text{MPa}=60\ \text{MPa}$

σ_{max}、σ_{min}在横坐标的同侧。

循环特征为　　$r=\pm\frac{\sigma_{min}}{\sigma_{max}}=\frac{60}{318}=0.188\,7$

2. 稳定循环变应力时的强度约束条件

机械零件在变应力作用下,其强度约束条件与静应力时相同,其表达式也可以写成计算应力小于或等于许用应力(式(2-1))或安全系数大于或等于许用安全系数(式(2-2))的形式。但在变应力作用下机械零件的损坏,与在静应力作用下的损坏有本质的区别。静应力作用下机械零件的损坏,是由于在危险截面中产生过大的塑性变形,最终断裂。而在变应力作用下,机械零件的损坏,是由于零件表面应力最大处,其应力超过某一极限值,首先出现初始微裂纹,在变应力的反复作用下,裂纹不断扩展,当裂纹扩展到一定程度后,最终导致断裂,这种现象称为疲劳断裂。这种区别在强度约束条件中,主要表现为极限应力的不同。如上所述,在静应力作用下,极限应力主要与材料的性能有关,而机械零件受变应力作用时,其极限应力不仅与材料的性能有关,而且与应力的循环特征 r、应力变化的循环次数 N、应力集中、零件的表面状态和零件的大小等都有很大的关系。一个零件(材料性能一定)在同一应力水平的应力作用下,r 越大(越接近静应力),或 N 越小,零件越不易损坏,即其极限应力越高;反之,零件易损坏,极限应力下降。

用一组标准试件按规定试验方法进行疲劳试验,应力循环特征为 r 时,试件受"无数"次应力循环作用而不发生疲劳断裂的最大应力值,即为变应力时的极限应力,称为材料的疲劳极限(或称持久极限),用 σ_r 表示,σ_{-1} 为对称循环变应力下的疲劳极限($r=-1$),σ_0 为脉动循环变应力下的疲劳极限($r=0$)。不同材料的 σ_{-1} 和 σ_0 可从有关手册中查得。

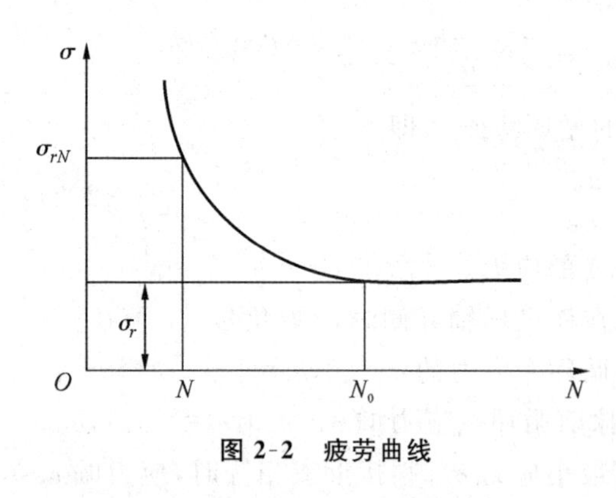

图 2-2　疲劳曲线

1) 循环次数 N 不同时的疲劳极限

试验表明,零件(或材料)所受的应力增加,该零件(或材料)到破坏为止能承受的变应力循环次数减少;反之,应力减小,能承受的变应力循环次数增加。当应力减小到某一数值时,应力循环次数可达“无数”次而不发生疲劳破坏。图 2-2 所示为对某种材料进行试验得出的应力和应力循环次数的关系曲线(σ-N曲线,或疲劳曲线),又称 S-N 曲线。图中,σ_r 即为该材料的疲劳极限,所对应的循环次数 N_0 称为循环基数,而 σ_{rN} 为应力循环次数为 N 时(有限寿命)的极限应力,称为条件疲劳极限。从图中可以明显看出,零件(或材料)承受变应力的循环次数愈少,其极限应力愈高。试验研究指出,疲劳曲线可以用下式表示

$$\sigma^m N = \text{常数}$$

式中　m——与材料性能、应力状态等有关的指数,其值可由有关手册查得。

由上述关系,可求得条件疲劳极限 σ_{rN} 与应力循环次数 N 的关系为

$$\sigma_{rN} = \sqrt[m]{\frac{N_0}{N}}\sigma_r = K_N\sigma_r \tag{2-4}$$

式中　K_N——寿命系数,$K_N=\sqrt[m]{\frac{N_0}{N}}$。因当 $N\geqslant N_0$ 时,疲劳极限均为 σ_r,故当 $N\geqslant N_0$ 时,应取 $K_N=1$。

2) 应力循环特征 r 不同时材料的疲劳极限

材料相同但应力循环特征 r 不同时,其极限应力 σ_r不同。对称循环变应力($r=-1$)下的极限应力 σ_{-1} 最小,脉动循环变应力($r=0$)时的极限应力 σ_0 次之,静应力($r=+1$)下的极限应力 σ_s 或 σ_b 最大。上述极限应力均可通过试验取得。非对称循环变应力($-1<r<+1$,r 不等于零)下的极限应力,可利用简化的极限应力图(见图 2-3(a))直接求得。对于任一种材料,若 σ_{-1}、σ_0、σ_s 和 σ_b 为已知,简化的极限应力图就可按下面方法作出:以平均应力 σ_m 为横坐标,应力幅 σ_a 为纵坐标,在纵坐标上取 OA 等于 σ_{-1};取纵坐标和横坐标均为 $\sigma_0/2$,得点 $B\left(\frac{\sigma_0}{2},\frac{\sigma_0}{2}\right)$;在横坐标上取 OC 等于 σ_b。连接 ABC,此折线即为材料的简化极限应力曲线。

实际上,对于塑性材料,其静应力下的极限应力应为屈服极限 σ_s。因此,在横坐标上取 OG 等于 σ_s,过 G 点作与横坐标轴成 135°的直线,与 AB 的延长线相交于 D,折线 ADG 即是循环特征为 r 时塑性材料的极限应力曲线。连接 OD,OD 连线将简化极限应力图分为 OAD 和 ODG 两个区域。

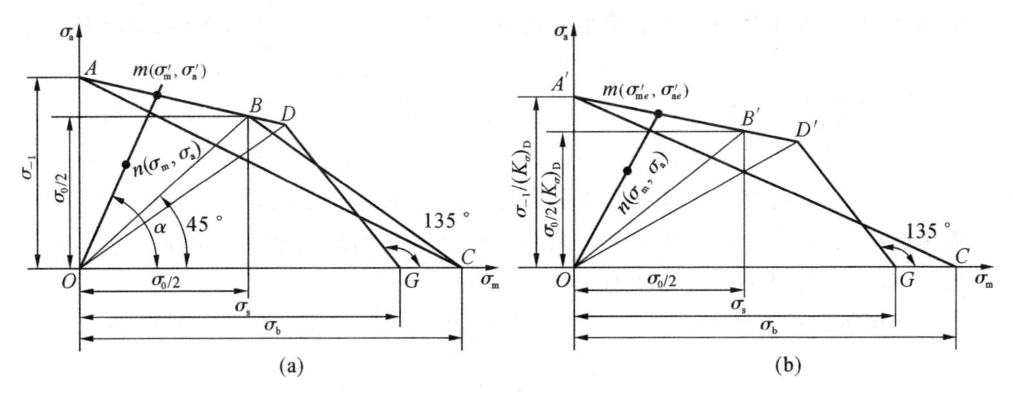

图 2-3　简化极限应力图

(a) 材料的简化极限应力图；(b) 零件的简化极限应力图

若应力循环特征 r 在 OAD 区域内(可推得，当 $r<\dfrac{\sigma_{-1}(\sigma_s-\sigma_0)}{\sigma_s(\sigma_0-\sigma_{-1})}$ 时，r 在 OAD 区域内)，其相应的极限应力由线段 AD 决定。例如，当工作应力为 σ_m 和 σ_a 时(图 2-3(a)中的 $n(\sigma_m,\sigma_a)$ 点即工作应力点)，由式(2-3)，可导出这时的应力循环特征 $r=\dfrac{\sigma_m-\sigma_a}{\sigma_m+\sigma_a}$，过原点 O，作直线 On 的延长线与线段 AD 相交于点 $m(\sigma_m{}',\sigma_a{}')$，即极限应力点，该点的横、纵坐标值之和即为这种应力循环特征下的极限应力 σ_r，即

$$\sigma_r=\sigma_a{}'+\sigma_m{}'$$

由图 2-3(a)中 AD 直线的方程，可以导出其极限应力 σ_r 的计算公式为

$$\sigma_r=\frac{\sigma_{-1}(\sigma_a+\sigma_m)}{\sigma_a+\psi_\sigma\sigma_m}\tag{2-5}$$

式中　ψ_σ——等效系数，$\psi_\sigma=\dfrac{2\sigma_{-1}-\sigma_0}{\sigma_0}$。

若应力循环特征 r 在 ODG 区域内(可推得，当 $r\geqslant\dfrac{\sigma_{-1}(\sigma_s-\sigma_0)}{\sigma_s(\sigma_0-\sigma_{-1})}$ 时，r 在 ODG 区域内)，其相应的极限应力由线段 DG 决定，由图 2-3(a)得

$$\sigma_r=\sigma_a{}'+\sigma_m{}'=\sigma_s\tag{2-6}$$

对于塑性很低的脆性材料，例如高强度钢和铸铁，其极限应力常用极限应力图中的 AC 直线来描述，可得这种材料的极限应力为

$$\sigma_r=\frac{\sigma_{-1}(\sigma_a+\sigma_m)}{\sigma_a+\dfrac{\sigma_{-1}}{\sigma_b}\sigma_m}\tag{2-7}$$

在式(2-5)至式(2-7)中，若用 τ 代替 σ，则以上各式对切应力同样适用。

3) 考虑应力集中、绝对尺寸、表面状态时的极限应力

在零件剖面的几何形状突然变化的情况(如孔、圆角、键槽、螺纹等)下，局部应力要远远大于名义应力，这种现象称为应力集中。由于应力集中的存在，疲劳极限相对

有所降低,其影响通常通过应力集中系数 K_σ(或 K_τ)来考虑。其他条件相同(包括剖面上的应力大小)时,零件剖面的绝对尺寸越大,其疲劳极限就越低。这是由于尺寸大时,材料晶粒粗,出现缺陷的概率多和机加工后表面冷作硬化层(对提高疲劳强度相对有利)相对较薄。剖面绝对尺寸对疲劳极限的影响,通过采用绝对尺寸系数 ε_σ(或 ε_τ)来考虑。其他条件相同时,改善零件表面光滑程度或进行强化处理(如喷丸、表面热处理、表面化学处理等),都可以提高机械零件的疲劳强度。表面状态对疲劳极限的影响,可通过采用表面状态系数 β 来考虑。

上述因素的综合影响,可用一个综合影响系数 $(K_\sigma)_D$ 或 $(K_\tau)_D$ 来表示,即

$$(K_\sigma)_D = \frac{K_\sigma}{\varepsilon_\sigma \beta}, \quad (K_\tau)_D = \frac{K_\tau}{\varepsilon_\tau \beta}$$

由试验得知,应力集中、绝对尺寸和表面状态只对变应力的应力幅部分产生影响。将图 2-3(a)中 A、B 两点的纵坐标值除以综合影响系数 $(K_\sigma)_D$,即可得到图 2-3(b)所示的零件的简化极限应力图,线段 DG 是按静强度考虑的,故保持不变。计算时只要用综合影响系数 $(K_\sigma)_D$ 或 $(K_\tau)_D$ 对式(2-5)到式(2-7)中的应力幅部分进行修正即可。因此,考虑应力集中、绝对尺寸、表面状态时的极限应力如下。

对于塑性材料:

当 $r < \dfrac{[(K_\sigma)_D + \psi_\sigma]\sigma_s - 2\sigma_{-1}}{[(K_\sigma)_D - \psi_\sigma]\sigma_s}$ 时(即工作应力点位于 $OA'D'$ 区域内),有

$$\sigma_r = \sigma'_{ae} + \sigma'_{me} = \frac{\sigma_{-1}(\sigma_a + \sigma_m)}{(K_\sigma)_D \sigma_a + \psi_\sigma \sigma_m} \tag{2-8}$$

当 $r \geqslant \dfrac{[(K_\sigma)_D + \psi_\sigma]\sigma_s - 2\sigma_{-1}}{[(K_\sigma)_D - \psi_\sigma]\sigma_s}$ 时(即工作应力点位于 $OD'G$ 区域内),有

$$\sigma_r = \sigma'_{ae} + \sigma'_{me} = \sigma_s \tag{2-9}$$

式中 σ'_{ae}、σ'_{me}——零件的极限应力幅和极限平均应力。

对于塑性很低的脆性材料,其极限应力用图中的 $A'C$ 直线来描述,且有

$$\sigma_r = \frac{\sigma_{-1}(\sigma_a + \sigma_m)}{(K_\sigma)_D \sigma_a + \dfrac{\sigma_{-1}}{\sigma_b}\sigma_m} \tag{2-10}$$

在式(2-8)至式(2-10)中,若用 τ 代替 σ,则以上各式对切应力同样适用。

4) 用安全系数表示的强度约束条件

根据安全系数的定义:

$$S_\sigma = \frac{\sigma_{lim}}{\sigma_{ca}} = \frac{\sigma_r}{\sigma_{max}} = \frac{\sigma_r}{\sigma_a + \sigma_m}$$

可得用安全系数表示的强度约束条件如下。

对于塑性材料:

当 $r < \dfrac{[(K_\sigma)_D + \psi_\sigma]\sigma_s - 2\sigma_{-1}}{[(K_\sigma)_D - \psi_\sigma]\sigma_s}$ 时,

$$S_{\sigma}=\frac{\sigma_{-1}}{(K_{\sigma})_{D}\sigma_{a}+\psi_{\sigma}\sigma_{m}}\geqslant[S] \tag{2-11}$$

当 $r\geqslant\dfrac{[(K_{\sigma})_{D}+\psi_{\sigma}]\sigma_{s}-2\sigma_{-1}}{[(K_{\sigma})_{D}-\psi_{\sigma}]\sigma_{s}}$ 时，

$$S_{\sigma}=\frac{\sigma_{s}}{\sigma_{a}+\sigma_{m}}\geqslant[S] \tag{2-12}$$

对于塑性很低的脆性材料：

$$S_{\sigma}=\frac{\sigma_{-1}}{(K_{\sigma})_{D}\sigma_{a}+\dfrac{\sigma_{-1}}{\sigma_{b}}\sigma_{m}}\geqslant[S] \tag{2-13}$$

在式(2-11)至式(2-13)中，若用 τ 代替 σ，则以上各式对切应力同样适用。

例 2-2　有一热轧合金钢零件，其材料的抗弯疲劳极限 $\sigma_0=658$ MPa，$\sigma_{-1}=400$ MPa，屈服极限 $\sigma_s=780$ MPa，所承受的弯曲变应力同例 2-1，零件的应力集中系数 $K_{\sigma}=1.26$，尺寸系数 $\varepsilon_{\sigma}=0.78$，表面状态系数 $\beta=1$。如取安全系数 $[S]=1.5$，试校核此零件是否安全。

解

$$(K_{\sigma})_{D}=\frac{K_{\sigma}}{\varepsilon_{\sigma}\beta}=\frac{1.26}{0.78\times1}=1.62$$

$$\psi_{\sigma}=\frac{2\sigma_{-1}-\sigma_{0}}{\sigma_{0}}=\frac{2\times400-658}{658}=0.216$$

因　$\dfrac{[(K_{\sigma})_{D}+\psi_{\sigma}]\sigma_{s}-2\sigma_{-1}}{[(K_{\sigma})_{D}-\psi_{\sigma}]\sigma_{s}}=\dfrac{(1.62+0.216)\times780-2\times400}{(1.62-0.216)\times780}=0.577>r=0.1887$，位于 $OA'D$ 区域内，

故由式(2-11)得

$$S_{\sigma}=\frac{\sigma_{-1}}{(K_{\sigma})_{D}\sigma_{a}+\psi_{\sigma}\sigma_{m}}=\frac{400}{1.62\times129+0.216\times189}=1.6>[S]$$

因此，该零件安全。

3. 复合应力状态下用安全系数表示的强度约束条件

很多零件(如轴)工作时，受到弯曲应力和扭转应力的复合作用，经试验研究和理论分析，可导出零件受对称循环的复合变应力作用时(两种应力都是对称循环，且同周期和同相)，其安全系数的计算式为

$$S=\frac{S_{\sigma}S_{\tau}}{\sqrt{S_{\sigma}^{2}+S_{\tau}^{2}}} \tag{2-14}$$

式中，S_{σ} 和 S_{τ} 可根据下面的公式计算：

$$S_{\sigma}=\frac{\sigma_{-1}}{(K_{\sigma})_{D}\sigma_{a}},\quad S_{\tau}=\frac{\tau_{-1}}{(K_{\tau})_{D}\tau_{a}} \tag{2-15}$$

对于受非对称循环复合变应力作用的零件，也可以近似地应用上面的公式进行计算，但这时的 S_{σ} 和 S_{τ} 应分别按式(2-11)至式(2-13)计算。

4. 接触应力作用下的强度问题

对于高副机构(如齿轮传动、滚动轴承等)，理论上，载荷是通过点或线接触传递的。实际上，零件受载后，由于在接触部分要产生局部的弹性变形，从而形成面接触。这种接触的接触面积很小，导致表层产生的局部应力很大，这种局部应力称为

接触应力。在机械零件设计中遇到的接触应力多为变应力,在这种情况下产生的失效属于接触疲劳破坏。它的特点是:零件在接触应力的反复作用下,首先在表面或表层产生初始疲劳裂纹,然后在滚动接触过程中,由于润滑油被挤进裂纹内而形成高的压力,使裂纹加速扩展,最后使表层金属呈小片状剥落下来,在零件表面形成一个个小坑,这种现象称为疲劳点蚀。疲劳点蚀是齿轮、滚动轴承等零件的主要失效形式。

影响疲劳点蚀的主要因素是接触应力的大小,因此,接触应力作用下的强度约束条件是最大接触应力不超过其许用值,即

$$\sigma_{\mathrm{Hmax}} \leqslant \sigma_{\mathrm{HP}}$$

式中 σ_{HP}——许用接触应力;

σ_{Hmax}——接触应力的最大值。

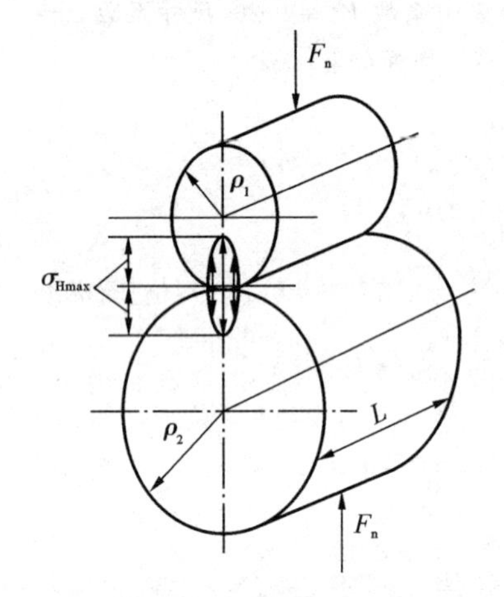

图 2-4 两圆柱体接触

对于如图 2-4 所示的两圆柱体,可导出其接触表面的最大接触应力

$$\sigma_{\mathrm{Hmax}} = \sqrt{\frac{1}{\pi\left(\frac{1-\mu_1^2}{E_1}+\frac{1-\mu_2^2}{E_2}\right)} \cdot \frac{F_n}{L\rho_\Sigma}} \quad (\mathrm{MPa}) \tag{2-16}$$

式中 ρ_Σ——综合曲率半径(mm),$\rho_\Sigma=\frac{\rho_1\rho_2}{\rho_2 \pm \rho_1}$,$\rho_1$、$\rho_2$ 为两圆柱体的曲率半径(mm),其中"+"、"−"号分别用于外接触和内接触;

E_1、E_2——两圆柱体材料的弹性模量(MPa);

μ_1、μ_2——两圆柱体材料的泊松比。

式(2-16)为两弹性圆柱体接触应力的计算公式,由赫兹(H. Hertz)首先提出,故此式通常称为赫兹公式。

2.3 机械设计中的摩擦、磨损和润滑问题

2.3.1 机械中的摩擦

1. 摩擦的定义和分类

两个接触表面作相对运动或有相对运动趋势时,将会有力阻止其产生相对运动,这种现象就称为摩擦。通常,摩擦力的大小可通过摩擦系数来衡量。机械中常见的摩擦有两大类:一类是发生在物质内部,阻碍分子间相对运动的内摩擦;另一类是在物体接触表面上产生的阻碍其相对运动的外摩擦。外摩擦的分类方式较多:根据摩

擦副的运动状态,可将其分为静摩擦和动摩擦;根据摩擦副的运动形式,还可将其分为滑动摩擦和滚动摩擦;按摩擦副的表面润滑状态,又可将其分为干摩擦、边界摩擦、流体摩擦和混合摩擦,如图2-5所示。其中,干摩擦是名义上无润滑的摩擦,其表面上通常具有由从周围介质中吸附来的气体、水气和油脂等形成的薄膜;两相对表面被人为引入的极薄的润滑膜所隔开,其摩擦性质与润滑剂的黏度无关而取决于两表面的特性和润滑油性质的摩擦,称为边界摩擦;流体把摩擦副完全隔开,摩擦力的大小取决于流体黏度的摩擦,称为流体摩擦;摩擦副所处于的干摩擦、边界摩擦和流体摩擦混合状态时的摩擦,称为混合摩擦。

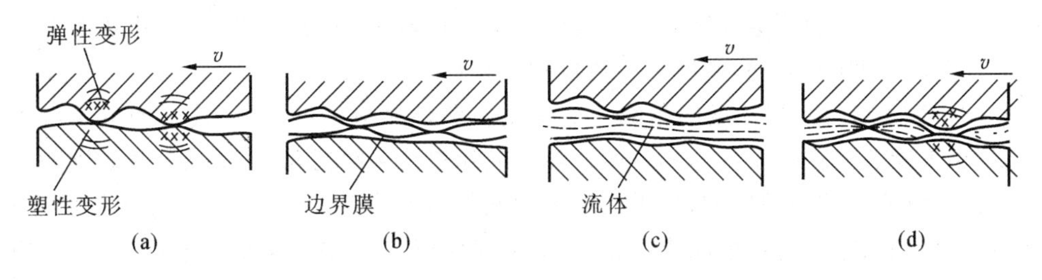

图2-5 摩擦状态

(a) 干摩擦;(b) 边界摩擦;(c) 流体摩擦;(d)混合摩擦

2. 机械设计中摩擦约束的实质

在机械中,摩擦具有二重性:一方面,人们需要利用摩擦,例如,摩擦传动、摩擦离合器、摩擦式制动器和螺纹连接等的可靠性以及各种车辆的运输能力,都必须依靠摩擦来获得,并取决于摩擦力的大小;另一方面,摩擦会带来能量损耗,造成机械效率降低,其所消耗的功率,还会转变成热,使机器的工作温度上升,影响机器的正常工作,此外,摩擦还会引起振动和噪声等,这些都是有害的一面。

由于摩擦的二重性,机械设计中的摩擦约束条件也有两个方面:当需要利用摩擦时,摩擦(通常用摩擦力或摩擦力矩来表示)必须足够大(摩擦系数或摩擦力或摩擦力矩应大于规定的许用值),以保证机器工作的可靠性;当摩擦有害时,就需要尽量减少摩擦(降低摩擦系数),其约束可以表现为摩擦系数不超过许用值、温升不超过许用值、效率不低于许用值或摩擦的能耗不超过许用值,等等。

3. 影响摩擦的主要因素

摩擦是一个很复杂的现象,其大小(用摩擦系数的大小来表示)与摩擦副材料的表面性质、表面形貌、周围介质、环境温度、实际工作条件等有关。设计时,为了能充分考虑摩擦的影响,将其控制在许用的约束条件范围之内,设计者对影响摩擦的主要因素必须有一个基本的了解。

(1) 表面膜的影响 大多数金属的表面在大气中会自然生成与表面结合强度相当高的氧化膜或其他污染膜。也可以人为地用某种方法在金属表面上形成一层很薄的膜,如硫化膜、氧化膜等。这些表面膜的存在,可使摩擦系数降低。

表 2-1 几种金属之间的互溶性

	Mo	Ni	Cu
Cu	无互溶性	部分互溶	完全互溶
Ni	完全互溶	完全互溶	—
Mo	完全互溶	—	—

(2) 摩擦副材料性质的影响 金属材料摩擦副的摩擦系数随着材料副性质的不同而异。一般,互溶性较大的金属摩擦副,因其较易黏着,摩擦系数较大;反之,摩擦系数较小。表 2-1 所示为几种金属元素组成的摩擦副之间的互溶性。

材料的硬度对摩擦系数也有一定的影响。低碳钢经渗碳淬火提高硬度后,可使摩擦系数减小;中碳钢的摩擦系数随硬度的增加而减小;经过热处理的黄铜和铍青铜等非铁合金,其摩擦系数也随着表面硬度的提高而降低;具有高强度、低塑变形和高硬度的金属,例如镍和铬,其摩擦系数也相对较小。

(3) 摩擦副表面粗糙度的影响 摩擦副在塑性接触的情况下,其干摩擦系数为一定值,不受表面粗糙度的影响。而在弹性或弹塑性接触情况下,干摩擦系数则随表面粗糙度数值的减小而增加;如果在摩擦副间加入润滑油,使之处于混合摩擦状态,此时,如果表面粗糙度数值减小,则油膜的覆盖面积增大,因而,随着表面粗糙度数值的减小,摩擦系数也将减小。

(4) 摩擦表面间润滑的影响 在摩擦表面间加入润滑油时,将会大大降低摩擦表面间的摩擦系数,但润滑的情况不同、摩擦副处于不同的摩擦状态时,其摩擦系数的大小也不同。干摩擦的摩擦系数最大,一般大于 0.1;边界摩擦、混合摩擦次之,通常在 0.01～0.1 之间;流体摩擦的摩擦系数最小,油润滑时最小仅为 0.001～0.008。两表面间的相对滑动速度增加且润滑油的供应较充分时,较易获得混合摩擦或流体摩擦状态,此时,摩擦系数将随着滑动速度的增大而减小。

2.3.2 机械中的磨损

1. 磨损的定义和分类

由于表面的相对运动而使物体工作表面的物质不断损失的现象称为磨损。磨损的成因和表现形式是非常复杂的,可以从不同的角度对其进行分类。按磨损的损伤机理,可将其分为黏着磨损、磨粒磨损、表面疲劳磨损和腐蚀磨损,其有关概念和破坏特点见表 2-2。

表 2-2 磨损的基本类型

类型	基本概念	破坏特点	实例
黏着磨损	两相对运动的表面,由于黏着作用(包括冷焊和热黏着),使材料由一表面转移到另一表面所引起的磨损	黏结点剪切破坏是发展性的,它造成两表面凹凸不平,可表现为轻微磨损、涂抹、划伤、胶合与咬死等破坏形式	活塞与气缸壁的磨损
磨粒磨损	在摩擦过程中,由硬颗粒或硬凸起的材料破坏分离出磨屑或形成划伤的磨损	磨粒对摩擦表面进行微观切削,表面有犁沟或划痕	犁铧和挖掘机铲齿的磨损

续表

类型	基本概念	破坏特点	实　　例
表面疲劳磨损	摩擦表面材料的微观体积受循环变应力作用，产生重复变形而形成表面疲劳裂纹，并分离出微片或颗粒的磨损	应力超过材料的疲劳极限，在一定循环次数后，出现疲劳破坏，表面呈麻坑状	润滑良好的齿轮传动和滚动轴承的疲劳点蚀
腐蚀磨损	在摩擦过程中金属与周围介质发生化学或电化学反应而引起的磨损	表面腐蚀破坏	化工设备中与腐蚀介质接触的零部件的腐蚀

2. 磨损过程

由于影响磨损的因素很多，磨损过程非常复杂，一般可将其分为磨合磨损、稳定磨损和剧烈磨损三个阶段，如图 2-6 所示。磨合磨损阶段开始时，磨损速度很快，随后逐渐减慢，最后进入稳定磨损阶段。磨合磨损可将原始粗糙度部分逐渐磨平，使两摩擦表面贴合得更好，因而有利于延长机器的使用寿命。稳定磨损阶段是摩擦副的正常工作阶段，此时，磨损缓慢而稳定。当磨损达到一定量时，进入剧烈磨损阶段，此时，摩擦条件将发生很大的变化，温度急剧升高，磨损速度大大加快，机械效率明显降低，精度丧失，并出现异常的噪声和振动，最后导致零部件完全失效。

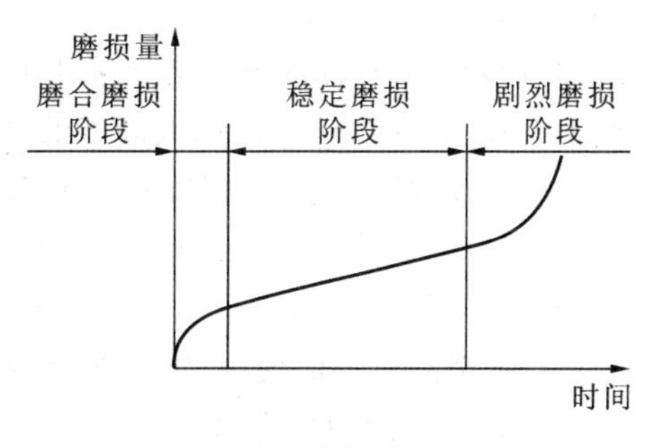

图 2-6　磨损过程

3. 机械设计中磨损约束的实质

磨损也具有二重性，既有有利的一面，也有有害的一面。新机器使用之前的磨合磨损，对延长机器的使用寿命有益；为了降低表面粗糙度，对机械零件进行磨削、研磨和抛光等精加工以及对刀具的刃磨等，也是利用了磨损的原理。但是，磨损会降低机器的精度和可靠性，从而使其使用寿命缩短，甚至当重要的零件磨损失效时，会造成停工停产，并可引起突然事故，因而，磨损是机械设备失效的重要原因。为了延长机器的使用寿命和提高机器的可靠性，设计时必须重视有关磨损的问题，尽量延长稳定磨损阶段，避免出现剧烈磨损。影响磨损的因素很多，其中主要的有表面压强或表面接触应力、相对滑动速度、摩擦副的材料、摩擦表面间的润滑情况，等等。因此，在机械设计中，控制磨损（磨损约束）的实质，主要是控制摩擦表面间的压强（或接触应力）、相对运动速度等不超过许用值。除此以外，还应采取适当的措施，尽可能地减少机械中的磨损。

4. 减少磨损的措施

为了减少摩擦表面的磨损，设计时，除了必须满足一定的磨损约束条件之外，还必须采取必要的减少磨损的措施。

(1) 正确选用材料。正确选用摩擦副的配对材料，是减少磨损的重要途径。以黏着磨损为主时，应当选用互溶性小的材料；以磨粒磨损为主时，则应当选用硬度高的材料或设法提高所选材料的硬度，也可以选用抗磨料磨损的材料；如果是以疲劳磨损为主，除应选用硬度高的材料或设法提高所选材料的硬度之外，还应减少钢中的非金属夹杂物，特别是脆性的带有尖角的氧化物，容易引起应力集中，产生微裂纹，对疲劳磨损影响甚大。

(2) 进行有效的润滑。润滑是减少磨损的重要措施，应根据不同的工况条件，正确选用润滑剂，创造条件，使摩擦表面尽可能在液体摩擦或混合摩擦的状态下工作。

(3) 采用适当的表面处理方法。为了降低磨损，提高摩擦副的耐磨性，可采用各种表面处理方法。如刷镀 0.1～0.5 μm 的六方晶格的软金属(如 Cd)膜层，可使黏着磨损减少约三个数量级。又如采用 CVD 处理(化学汽相淀积处理)，在零件摩擦表面上沉积 10～1 000 μm 的高硬度的 TiC 覆层，也可大大降低磨粒磨损。

(4) 改进结构设计，提高加工和装配精度。进行正确的结构设计可以减少摩擦磨损。例如，设计出来的结构，应该有利于表面膜的形成与恢复，压力的分布应当是均匀的，而且，还应有利于散热和磨屑的排出等。

(5) 采用正确的使用、维修与保养方法。例如，新机器使用之前的正确“磨合”，可以延长机器的使用寿命。经常检查润滑系统的油压、油面密封情况，对轴承等部位定期润滑，定期更换润滑油和滤油器芯，以阻止外来磨料的进入，对减少磨损等都十分重要。

2.3.3 机械中的润滑

润滑是减少摩擦和磨损的有效措施之一。所谓润滑，就是向承载的两个摩擦表面之间引入润滑剂，以减少摩擦力及磨损等表面破坏的一种措施。

润滑时，应首先根据工况等条件，正确选择润滑剂和润滑方式(关于润滑剂的性能、选择原则及润滑方式详见第 14 章)。润滑剂在润滑过程中起着十分重要的作用，主要可归纳如下：

(1) 降低机器的摩擦功耗，从而可节约能源；

(2) 减少或防止机器摩擦副零件的磨损；

(3) 由于摩擦功耗的降低，因摩擦所引起的发热量将大大减少，此外，润滑剂还可以带走一部分热量，因而，润滑剂对降低温升有很大的作用；

(4) 润滑膜可以隔绝空气中的氧和腐蚀性气体，从而保护摩擦表面不受锈蚀，所以，润滑剂也有防锈的作用；

(5) 由于润滑膜具有弹性和阻尼作用，因而，润滑剂还能起缓冲和减振作用；

(6) 循环润滑的液体润滑剂，还可以清洗摩擦表面，将磨损产生的颗粒及其他污物带走，起密封、防尘的作用。

2.3.4 摩擦、磨损和润滑的研究在机械设计中的地位和作用

摩擦是造成能量损失的主要原因，据估计，在全世界工业部门所使用的能源中，大约有1/3～1/2最终以各种形式损耗在摩擦上。摩擦会导致磨损，而磨损所造成的损失更是惊人。据统计，磨损造成的损失是摩擦造成损失的 12 倍。在失效的机械零件中，大约有 80%是由于各种形式的磨损所造成。据美国在 1977 年的估计，磨损造成的损失相当于国民经济总产值的 12%，即约为 2 000 亿美元。由此可见，摩擦所引起的能量损耗和磨损所引起的材料损耗，在经济上造成了巨大的损失。实践证明，在机械设计中若能很好地运用已有的研究成果，正确处理好摩擦、磨损和润滑中的各种问题，则所取得的经济效益必将是巨大的。

现在，人们已越来越深刻地认识到，摩擦、磨损和润滑在机械设计中占有重要的地位，特别是在现代机械产品向高速、高精度、大批量和生产过程高度自动化、连续化方向发展的过程中，在进行机械设计时，如果不考虑摩擦、磨损和润滑问题，就不可能设计出符合要求的好的机械产品。也就是说，对于现代的机械产品，在其设计阶段中就应该把控制摩擦和防止磨损的一切因素都尽量考虑进去，并应用摩擦和磨损的有关理论知识和抗磨技术去指导机械设计、制造、运行和维修，以解决机械设计中的有关问题。

习 题

2-1 机械设计中的约束主要有哪些方面？

2-2 何谓标准化？标准化的含义是什么？

2-3 已知某钢制零件其材料的疲劳极限 $\sigma_r=112$ MPa，若取疲劳曲线表达式中的指数$m=9$，$N_0=5\times10^6$，试求相应于寿命分别为 5×10^4、7×10^4 次循环时的条件疲劳极限 σ_{rN} 之值。

2-4 已知某钢制零件受弯曲变应力的作用，其中，最大工作应力 $\sigma_{\max}=200$ MPa，最小工作应力 $\sigma_{\min}=-50$ MPa，危险截面上的应力集中系数 $k_\sigma=1.2$，尺寸系数 $\varepsilon_\sigma=0.85$，表面状态系数 $\beta=1$。材料的 $\sigma_s=750$ MPa，$\sigma_0=580$ MPa，$\sigma_{-1}=350$ MPa。试：

(1) 绘制零件的简化极限应力图，并在图中标出工作应力点的位置；

(2) 用作图的方法求零件在该应力状态下的疲劳极限应力 σ_r；

(3) 按疲劳极限应力(见式(2-1))和安全系数(见式(2-11))分别校核此零件的安全性(取$[S]=1.5$)。

2-5 摩擦、磨损约束的实质是什么？

2-6 摩擦、磨损和润滑对现代机械设计有何意义？

第二篇

机械零部件的参数设计

机械产品设计过程大体上可分为：原理方案设计（或总体方案设计）、结构方案设计（参数设计、结构方案设计）、总体设计和施工设计等。为了便于学习，本书先介绍零部件的参数设计，再介绍结构设计和总体方案设计。

参数设计的目的是：根据设计对象的功能要求和设计约束，确定零部件的类型和最优参数方案。从来源上看，机械零部件主要有两大类：一类是自制件（非标准件），如齿轮、蜗杆、蜗轮、轴、滑动轴承等；另一类是外购件（标准件），如滚动轴承、螺栓、键、销等。在参数设计阶段中，前者主要是确定其最佳的参数方案，后者则主要是选择和校核。本篇主要介绍这两类零部件的选择、校核和参数设计的方法。

齿轮传动设计

3.1 概　　述

齿轮传动是机械传动中最重要、应用最广泛的一种传动方式。其主要优点是:传动效率高,工作可靠,寿命长,传动比准确,结构紧凑。其主要缺点是:制造精度要求高,制造费用大,精度低时振动和噪声大,不宜用于轴间距离较大的传动。

齿轮传动可分为开式传动和闭式齿轮传动。在开式齿轮传动中,齿轮完全外露,易落入灰砂和杂物,不能保证良好的润滑,故轮齿易磨损,该传动方式多用于低速、不重要的场合。在闭式齿轮传动中,其齿轮和轴承完全封闭在箱体内,能保证良好的润滑和较好的啮合精度,因此闭式齿轮传动应用较广泛。

机械系统对齿轮传动的功能要求主要有:① 能传递两个平行轴或相交轴或交错轴间的回转运动和转矩;② 能保证传动比恒定不变;③ 能传递足够大的动力,工作可靠;④ 能保证较高的运动精度;⑤ 能达到预定的工作寿命。只要齿轮设计合理,制造质量高,达到规定的制造精度,就能达到预期的功能要求。

3.2 齿轮传动的失效形式和设计约束

3.2.1 齿轮传动的失效形式

齿轮传动常见的失效形式有轮齿折断和齿面损伤。后者又分为齿面点蚀、磨损、胶合和塑性变形等。

1. 轮齿折断

轮齿受力后,其根部受弯曲应力作用,且该弯曲应力为变应力。在齿根过渡圆角处,应力最大且有应力集中,当此处的变应力超过了材料的疲劳极限时,其拉伸侧将产生疲劳裂纹(见图 3-1(a))。裂纹不断扩展,最终造成轮齿的弯曲疲劳折断。齿宽较小的直齿圆柱齿轮,裂纹往往沿全齿根扩展,导致全齿折断;齿宽较大的直齿圆柱齿轮(因制造误差使载荷集中在齿的一端)、斜齿圆柱齿轮和人字齿轮(接触线倾斜),其齿根裂纹往往沿倾斜方向扩展,发生轮齿的局部折断(见图 3-1(b))。

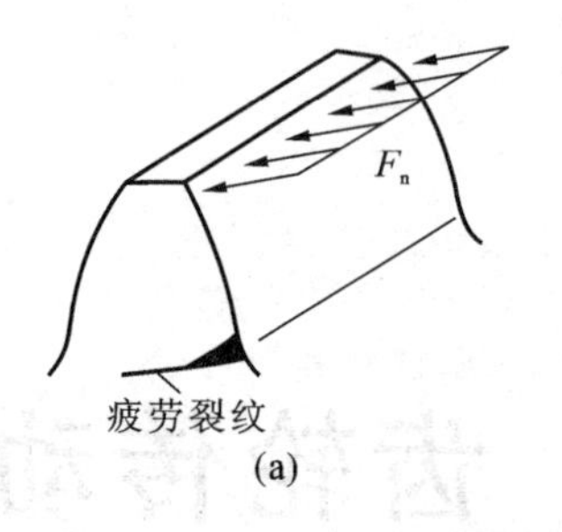

(a)

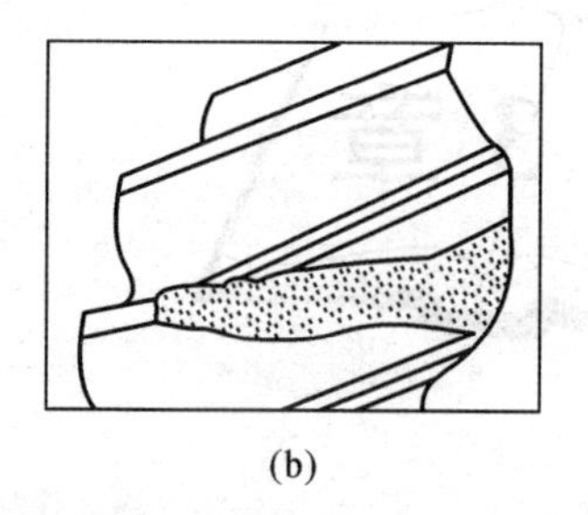
(b)

图 3-1 轮齿折断

(a) 疲劳裂纹的产生;(b) 局部折断

当齿轮受到短时过载或冲击载荷时,易引起轮齿过载折断。

选用合适的材料和热处理方法,使齿根心部有足够的韧性;采用正变位齿轮,增大齿根圆角半径,对齿根处进行喷丸、辗压等强化处理工艺,均可提高轮齿的抗折断能力。

2. 齿面点蚀

轮齿受力后,齿面接触处将产生循环变化的接触应力,在接触应力反复作用下,轮齿表面或次表层出现不规则的细线状疲劳裂纹,疲劳裂纹扩展,使齿面金属脱落而形成麻点状凹坑,称为齿面疲劳点蚀,简称为点蚀(见图 3-2)。齿轮在啮合过程中,因轮齿在节线处啮合时,同时啮合的轮齿对数少,接触应力大,且在节点处齿廓相对滑动速度小,油膜不易形成,摩擦力大,故点蚀首先出现在节线附近的齿根表面上,然后再向其他部位扩展。

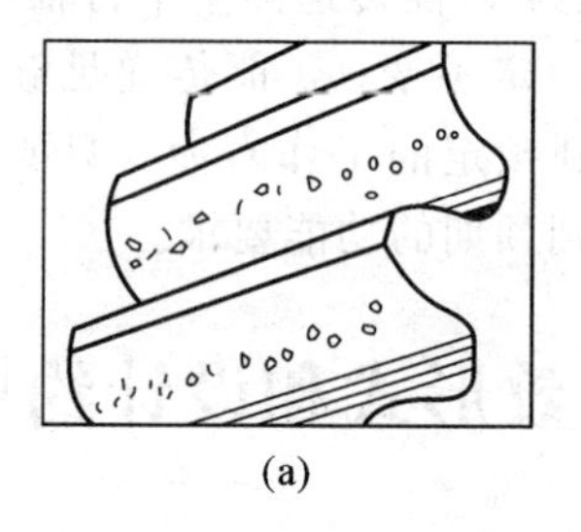
(a)

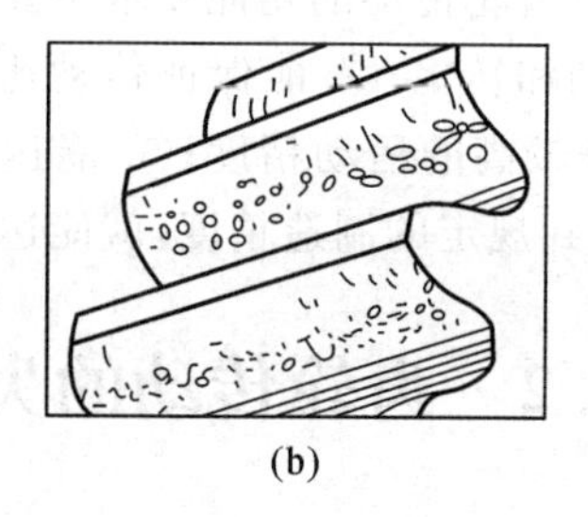
(b)

图 3-2 齿面点蚀

(a) 早期点蚀;(b) 破坏性点蚀

对于软齿面齿轮(硬度≤350HBS),当载荷不大时,在工作初期,由于相啮合的齿面接触不良,会造成局部应力过高而出现麻点。齿面经一段时间跑合后,接触应力趋于均匀,麻点不再扩展,甚至消失,这种点蚀称为早期点蚀。如果在足够大的载荷作用下,齿面点蚀面积不断扩展,麻点数量不断增多,点蚀坑大而深,就会发展成破坏性点蚀。这种点蚀带来的结果,往往是强烈的振动和噪声,最终导致齿轮失效。点蚀是润滑良好的闭式软齿面传动中最常见的失效形式。

对于硬齿面齿轮(硬度>350HBS),其齿面接触疲劳强度高,一般不易出现点蚀,但由于齿面硬、脆,一旦出现点蚀,它就会不断扩大,形成破坏性点蚀。

在开式齿轮传动中,一般不会出现点蚀。这是因为开式齿轮磨损快,齿面一旦出现点蚀就会被磨去。

提高齿面硬度和润滑油的黏度，采用正角度变位传动等，均可减缓或防止点蚀的产生。

3. 齿面磨损

在齿轮传动中，当齿面间落入砂粒、铁屑、非金属物等磨料性物质时，会引起齿面磨损，这种磨损称为磨粒磨损（见图3-3）。齿面磨损后，齿廓形状破坏，引起冲击、振动和噪声，且由于齿厚减薄而可能发生轮齿折断。磨粒磨损是开式齿轮传动的主要失效形式。

改善密封和润滑条件，在油中加入减摩添加剂，保持油的清洁，提高齿面硬度等，均能提高抗磨粒磨损能力。

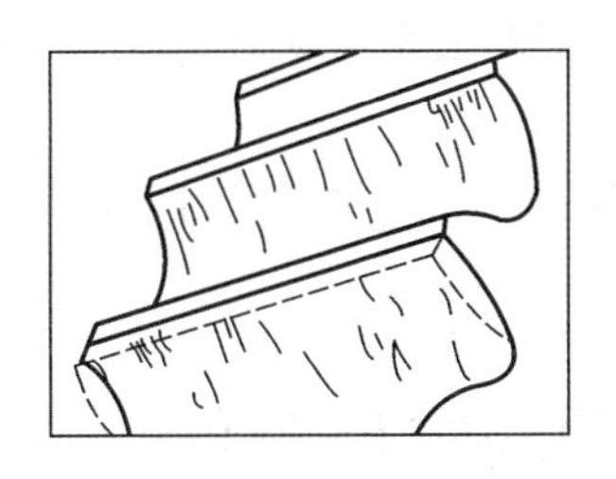

图3-3　齿面磨损

图3-4　齿面胶合

4. 齿面胶合

互相啮合的轮齿齿面，在一定的温度或压力作用下，发生黏着，随着齿面的相对运动，使金属从齿面上撕落而引起严重的黏着磨损，这就是齿面胶合（见图3-4）。在重载、高速齿轮传动中，由于啮合处产生很大的摩擦热，导致局部温度过高，使齿面油膜破裂，产生两接触齿面金属融焊而黏着，称为热胶合。热胶合是高速、重载齿轮传动的主要失效形式。在重载、低速齿轮传动中，由于局部齿面啮合处压力很高，且速度低，不易形成油膜，使接触表面膜被刺破而黏着，称为冷胶合。

减小模数、降低齿高、采用角度变位齿轮以减小滑动系数，提高齿面硬度，采用抗胶合能力强的润滑油（极压油）等，均可减缓或防止齿面胶合。

5. 齿面塑性变形

当轮齿材料较软，载荷及摩擦力又很大时，轮齿在啮合过程中，齿面表层的材料就会沿着摩擦力的方向产生塑性变形。由于主动轮齿上所受的摩擦力是背离节线分别朝向齿顶及齿根作用的，故产生塑性变形后，齿面沿节线处形成凹沟；从动轮齿上所受的摩擦力方向则相反，故产生塑性变形后，齿面沿节线处形成凸棱（见图3-5）。

提高齿面硬度，采用黏度高的润滑油，均可防止或减轻齿面的塑性变形。

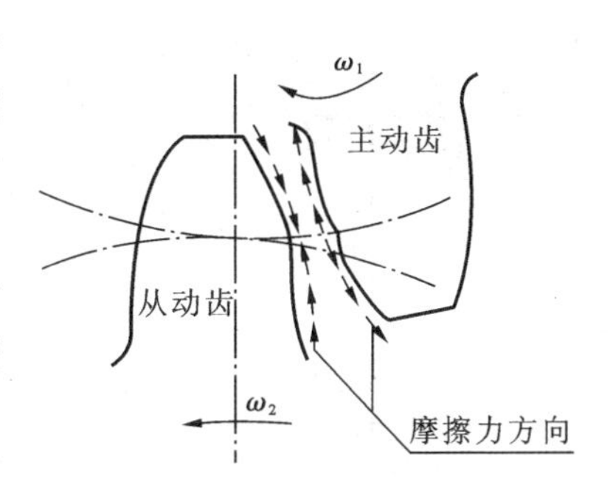

图3-5　齿面塑性变形

3.2.2 齿轮传动的设计约束

闭式软齿面齿轮传动的主要失效形式是齿面疲劳点蚀,其次是轮齿折断;闭式硬齿面齿轮传动的主要失效形式是轮齿折断,其次是齿面疲劳点蚀。在中速、中载下工作的闭式齿轮传动,其设计约束主要是不出现轮齿折断和齿面点蚀,相应的约束条件是轮齿的弯曲疲劳强度条件和接触疲劳强度条件。对于高速、重载齿轮传动,胶合也可能是主要失效形式之一,故其约束条件除上述两者之外,还有胶合强度条件。

开式齿轮传动的主要失效形式是齿面磨损和轮齿折断,因磨损尚无成熟的计算方法,只能近似地认为其约束条件是轮齿弯曲疲劳强度条件,并通过适当增大模数的方法来考虑磨损的影响。

短期过载的齿轮传动,其主要失效形式是过载折断或塑性变形,其设计约束条件为静强度条件。

设计齿轮时,除应满足上述强度约束条件外,还应考虑诸如经济性、环境污染(主要是振动和噪声)等问题。

3.3 直齿圆柱齿轮传动的强度条件

3.3.1 齿轮受力分析

图 3-6 所示为一对直齿圆柱齿轮,转矩 T_1 由主动齿轮 1 传给从动齿轮 2。若略去齿面间的摩擦力,轮齿上的法向力 F_n 可分解为两个互相垂直的分力:切于分度圆上的圆周力 F_t 和沿半径方向的径向力 F_r。由图 3-6 得

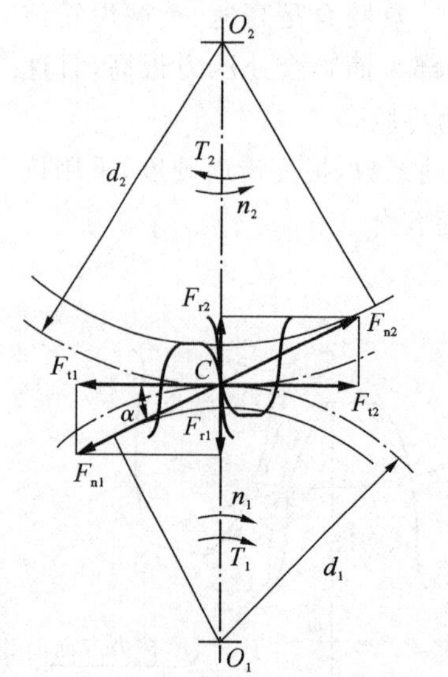

图 3-6 齿轮受力分析

$$
\left.\begin{aligned}
F_t &= \frac{2T_1}{d_1} \quad (\text{N}) \\
F_r &= F_t \tan\alpha \quad (\text{N}) \\
F_n &= \frac{F_t}{\cos\alpha} = \frac{2T_1}{d_1 \cos\alpha} \quad (\text{N})
\end{aligned}\right\} \tag{3-1}
$$

其中,

$$
T_1 = 9.55 \times 10^6 \frac{P_1}{n_1} \quad (\text{N} \cdot \text{mm})
$$

式中 T_1——主动齿轮传递的名义转矩(N · mm);

d_1——主动齿轮的分度圆直径(mm);

α——分度圆压力角(°);

P_1——主动齿轮传递的功率(kW);

n_1——主动齿轮的转速(r/min)。

作用在主动轮和从动轮上的各对应力等值、反向。各分力的方向：① 圆周力 F_t 在主动轮上是阻力，其方向与回转方向相反，在从动轮上是驱动力，其方向与回转方向相同；② 径向力 F_r，分别指向两轮轮心(外啮合齿轮传动)。

3.3.2　计算载荷

按式(3-1)计算的 F_n、F_t 和 F_r 均是作用在轮齿上的名义载荷。在实际工作中，还应考虑下列因素的影响：由于原动机和工作机的振动和冲击，在轮齿啮合过程中产生的动载荷；制造安装误差或受载后轮齿产生的弹性变形以及轴、轴承、箱体的变形等原因，造成的载荷沿齿宽方向的分布不均及啮合的各轮齿间载荷的分布不均等。为此，应将名义载荷乘以载荷系数，修正为计算载荷，进行齿轮的强度计算时，按计算载荷进行计算。与圆周力对应的计算载荷为

$$F_{tc}=KF_t \tag{3-2}$$

其中，

$$K=K_A K_v K_\beta K_\alpha \tag{3-3}$$

式中　K——载荷系数；

K_A——使用系数；

K_v——动载系数；

K_β——齿向载荷分布系数；

K_α——齿间载荷分配系数。

(1) 使用系数 K_A　用来考虑原动机和工作机的工作特性等引起的动力过载对轮齿受载的影响，其值可查表 3-1 得到。

表 3-1　使用系数 K_A

工作机的工作特性	原动机的工作特性及其示例			
	均匀平稳 电动机，匀速转动的汽轮机	轻微冲击 汽轮机，液压马达	中等冲击 多缸内燃机	严重冲击 单缸内燃机
均匀平稳	1.00	1.10	1.25	1.50
轻微冲击	1.25	1.35	1.50	1.75
中等冲击	1.50	1.60	1.75	2.00

注：对于增速传动，根据经验建议取表中值的 1.1 倍。

(2) 动载系数 K_v　用来考虑齿轮副在啮合过程中，因啮合误差(基节误差、齿形误差和轮齿变形等)所引起的内部附加动载荷对轮齿受载的影响。

如图 3-7 所示，若啮合轮齿的基节不等，如 $p_{b1}<p_{b2}$ 时，则第二对轮齿在尚未进入啮合区时就提前在 A' 点开始啮合，使瞬时速比发生变化而产生冲击和动载荷。若齿形有误差，瞬时速比不为定值，也会产生动载荷。齿轮的速度越高，齿轮振动越大。

提高齿轮的制造精度，可以减小内部动载荷。对齿轮进行适当的修形，将齿顶按

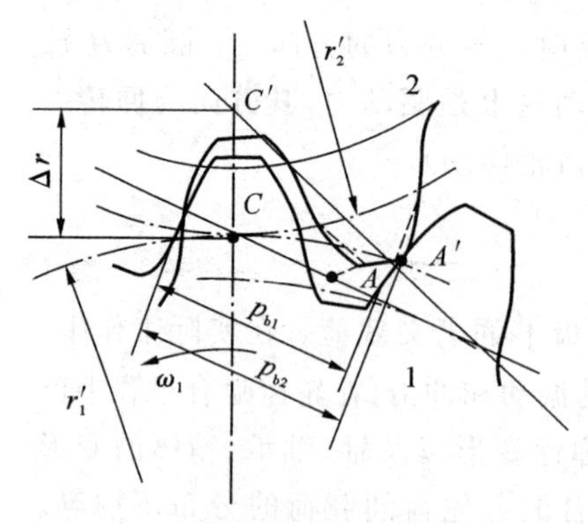

图 3-7 基节误差产生的动载荷分析

虚线所示切掉一部分(见图 3-7),可使 A' 点延迟进入啮合,也可达到降低动载荷的目的。对于直齿圆柱齿轮传动,可取 $K_v=1.05\sim1.4$;对于斜齿圆柱齿轮传动,因传动平稳,可取 $K_v=1.02\sim1.2$。齿轮精度低、速度高时,K_v 取大值;反之取小值。

(3) 齿向载荷分布系数 K_β　用以考虑由于轴的变形和齿轮制造误差等引起的载荷沿齿宽方向分布不均匀的影响。

如图 3-8(a) 所示,当齿轮相对轴承布置不对称时,齿轮受载后,轴产生弯曲变形,两齿轮随之偏斜,使得作用在齿面上的载荷沿接触线分布不均匀(见图 3-8(b)),这种现象称为载荷集中。轴因受转矩作用而发生扭转变形,同样会使载荷沿齿宽分布不均匀。靠近转矩输入端一侧,轮齿上的载荷最大。为了减少载荷集中,应将齿轮布置在远离转矩输入端。

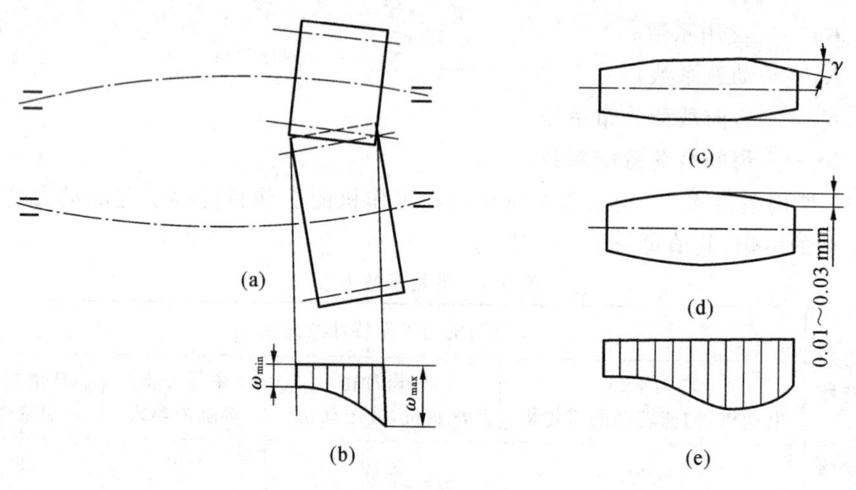

图 3-8 轮齿载荷分布的不均匀

此外,齿宽、齿轮制造误差(如齿向误差)和安装误差(如轴线的平行度误差)、齿面跑合性、轴承及箱体的变形等对载荷集中均有影响。

提高齿轮的制造和安装精度以及轴承和箱体的刚度、合理选择齿宽、合理布置齿轮在轴上的位置、将齿侧沿齿宽方向进行修形(见图 3-8(c))或将齿面制成鼓形(见图 3-8(d))等,均可降低轮齿上的载荷集中(见图 3-8(e))。当两轮之一为软齿面时,取 $K_\beta=1\sim1.2$;当两轮均为硬齿面时,取 $K_\beta=1.1\sim1.35$。当宽径比 b/d_1 较小、齿轮在两支承中间对称布置、轴的刚性大时取小值,反之取大值。

(4) 齿间载荷分配系数 K_α　用以考虑同时啮合的各对轮齿间载荷分配不均匀的影响。齿轮在啮合过程中,当重合度为 $1<\varepsilon_\alpha\leqslant2$ 时,在实际啮合线上,存在单对齿

啮合区 BD 和双对齿啮合区 AB 及 DE（见图3-9(a)）。在双对齿啮合区啮合，由于轮齿的弹性变形和制造误差，载荷在两对齿上分配是不均匀的（见图3-9(b)）。这是因为轮齿从齿根到齿顶啮合的过程中，齿面上载荷作用点随轮齿在啮合线上位置的不同而改变。由于齿面上力作用点位置的改变，轮齿在啮合线上不同位置的变形及刚度不同，刚度大者承担载荷大，因此在同时啮合的两对轮齿间，载荷的分配是不均匀的。

此外，基节误差、齿轮的重合度、齿面硬度、齿顶修缘等对齿间载荷分配也有影响。

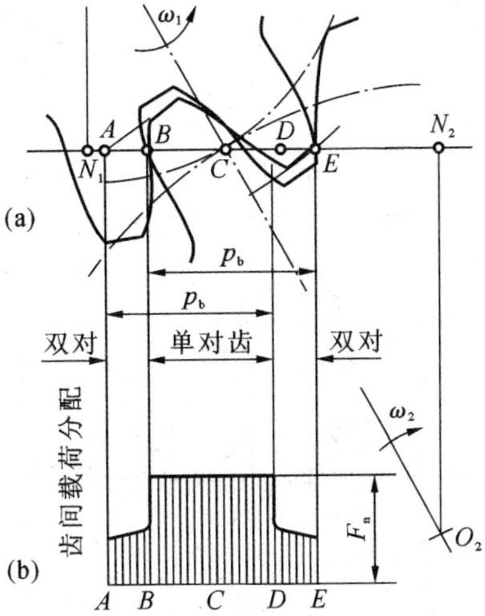

图3-9　齿间载荷分配

对于直齿圆柱齿轮传动，取 $K_\alpha=1\sim1.2$；对于斜齿圆柱齿轮传动，齿轮精度高于7级时取 $K_\alpha=1\sim1.2$，齿轮精度低于7级时取 $K_\alpha=1.2\sim1.4$。当齿轮制造精度低、齿面为硬齿面时，取大值；当精度高、齿面为软齿面时，取小值。

3.3.3　齿面接触疲劳强度条件

为了防止齿面出现疲劳点蚀，齿面接触疲劳强度条件为

$$\sigma_H \leqslant \sigma_{HP}$$

式中　σ_H——接触应力(MPa)；

σ_{HP}——许用接触应力(MPa)。

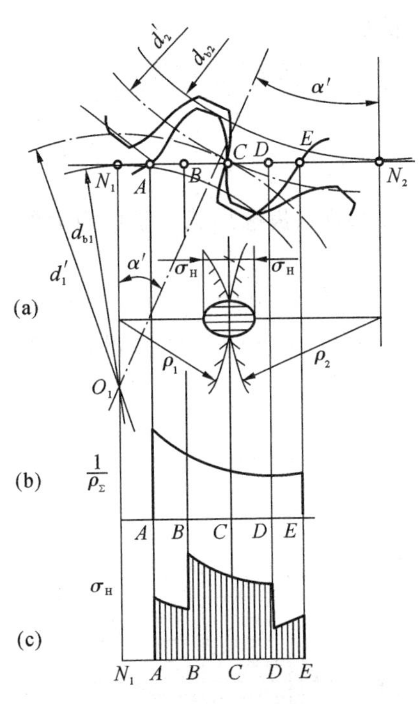

图3-10　齿面上的接触应力

一对渐开线圆柱齿轮在 C 点啮合时（见图3-10(a)），其齿面接触状况可近似认为与以 ρ_1、ρ_2 为半径的两圆柱体的接触相当，故其齿面的接触应力 σ_H 可近似地用式(2-16)进行计算。

轮齿在啮合过程中，齿廓接触点是不断变化的，因此，齿廓的曲率半径也将随着啮合位置的不同而变化（见图3-10(b)）。对于重合度 $1<\varepsilon_\alpha\leqslant2$ 的渐开线直齿圆柱齿轮传动，在双齿对啮合区，载荷将由两对齿承担，在单齿对啮合区，全部载荷由一对齿承担。节点 C 处的 ρ 值虽不是最小，但该点一般处于单对齿啮合区，只有一对齿啮合，且点蚀也往往先在节线附近的表面出现。因此，接触疲劳强度计算通常以节点为计算点。

在节点 C 处，有

$$\rho_1 = \frac{d_1'}{2}\sin\alpha', \quad \rho_2 = \frac{d_2'}{2}\sin\alpha'$$

式中　d_1'、d_2'——小齿轮和大齿轮的节圆直径(mm)；

α'——啮合角(°)。

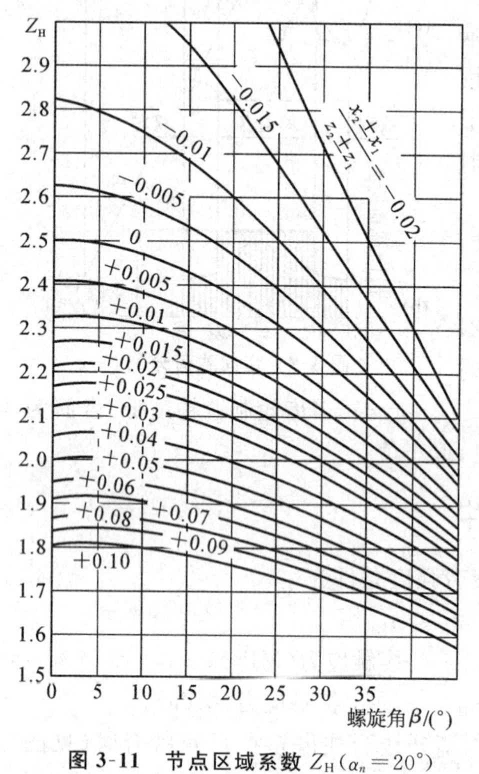

图 3-11　节点区域系数 $Z_H(\alpha_n=20°)$

对于直齿圆柱齿轮传动：当 $\varepsilon_\alpha=1$ 时，接触线长度 L 与齿宽 b 相等；当 $\varepsilon_\alpha>1$ 时，啮合过程中，将会有几对齿同时参与啮合，单位接触线长度上的载荷减小，接触应力下降，此时，接触线长度可取为 $L=b/Z_\varepsilon^2$，Z_ε 为重合度系数，用以考虑因重合度增加、接触线长度增加、接触应力降低的影响系数。对于直齿圆柱齿轮传动，一般可取 $Z_\varepsilon=0.85\sim0.92$。齿数多时，$\varepsilon_\alpha$ 大，Z_ε 取小值，反之取大值。

将式(2-16)中的 F_n 改为轮齿上的计算载荷 $F_{nc}(F_{nc}=KF_n)$，考虑齿数比 $u=\frac{z_2}{z_1}=\frac{d_2'}{d_1'}$，$d_1'=\frac{d_1\cos\alpha}{\cos\alpha'}$，并将 ρ_1、ρ_2 和 L 值代入式(2-16)，化简后得

$$\sigma_H = Z_H Z_E Z_\varepsilon \sqrt{\frac{2KT_1(u\pm1)}{bd_1^2u}} \quad (\text{MPa}) \tag{3-4}$$

式中　Z_H——节点区域系数，$Z_H=\sqrt{\frac{2}{\cos^2\alpha\cdot\tan\alpha'}}$，考虑节点齿廓形状对接触应力的影响，其值可在图 3-11 中查得；

Z_E——材料系数，$Z_E=\sqrt{\frac{1}{\pi\left(\frac{1-\mu_1^2}{E_1}+\frac{1-\mu_2^2}{E_2}\right)}}$ $(\sqrt{\text{MPa}})$，可由表 3-2 查得。

表 3-2　材料系数 $Z_E(\sqrt{\text{MPa}})$

小轮材料	大轮材料				
	锻钢	铸钢	球墨铸铁	灰铸铁	夹布胶木
锻钢	189.8	188.9	181.4	162.0	56.4
铸钢	—	188.0	180.5	161.4	—
球墨铸铁	—	—	173.9	156.6	—
灰铸铁	—	—	—	143.7	—

于是，直齿圆柱齿轮的齿面接触疲劳强度条件为

$$\sigma_{H}=Z_{H}Z_{E}Z_{\varepsilon}\sqrt{\frac{2KT_{1}(u\pm 1)}{bd_{1}^{2}u}}\leqslant\sigma_{HP} \tag{3-5}$$

式中　σ_{HP}——许用接触应力(MPa)。

令齿宽系数 $\psi_{d}=\frac{b}{d_{1}}$，将 $b=\psi_{d}d_{1}$ 代入式(3-5)，得齿面接触疲劳强度条件的另一表达形式：

$$d_{1}\geqslant\sqrt[3]{\left(\frac{Z_{H}Z_{E}Z_{\varepsilon}}{\sigma_{HP}}\right)^{2}\cdot\frac{2KT_{1}}{\psi_{d}}\cdot\frac{u\pm 1}{u}}\quad(\text{mm}) \tag{3-6}$$

式(3-5)和式(3-6)适用于标准和变位直齿圆柱齿轮传动。设计时，用式(3-6)可计算出齿轮的分度圆直径。

式(3-5)和式(3-6)中：T_{1} 的单位为N·mm，d_{1}、b 的单位为 mm；“+”号用于外啮合，“−”号用于内啮合。

由式(2-16)可知，当 F_{n}、L 一定时，接触应力取决于两接触物体的材料和综合曲率半径，因此，两圆柱体接触处的接触应力是相等的。同理，一对相啮合的大、小齿轮，在啮合点处，其接触应力也是相等的，即 $\sigma_{H1}=\sigma_{H2}$。许用接触应力 σ_{HP1} 和 σ_{HP2} 与齿轮的材料、热处理方式和应力循环次数有关，一般不相等，即 $\sigma_{HP1}\neq\sigma_{HP2}$。在式(3-5)和式(3-6)中，取 σ_{HP1} 和 σ_{HP2} 两者中的较小值代入计算。

由式(3-5)可知，载荷和材料一定时，影响齿轮接触强度的几何参数主要有：直径 d(或中心距 a)、齿宽 b、齿数比 u 和啮合角 α'，其中影响最大的是 d(或 a)，即齿轮接触强度主要取决于齿轮的大小，而不取决于轮齿或模数的大小。d 或 a 越大，σ_{H} 就越小。由式(3-5)和 Z_{H} 的计算式可知，α'增大，可使 Z_{H} 和 σ_{H} 减小，故采用正角度变位传动($x_{1}+x_{2}>0$，可增大 α')，可提高齿面接触强度。

提高齿轮接触疲劳强度的主要措施：加大齿轮直径 d 或中心距 a、适当增大齿宽 b(或齿宽系数 ψ_{d})、采用正角度变位齿轮传动和提高齿轮精度等级，均可减小齿面接触应力；改善齿轮材料和热处理方式(提高齿面硬度)，可以提高许用接触应力 σ_{HP} 值。

3.3.4　轮齿弯曲强度条件

为了防止轮齿折断，轮齿的弯曲强度条件为

$$\sigma_{F}\leqslant\sigma_{FP}$$

式中　σ_{F}——齿根弯曲应力(MPa)；

σ_{FP}——许用弯曲应力(MPa)。

计算 σ_{F} 时，首先要确定齿根危险截面，其次要确定轮齿上的载荷作用点。

(1) 齿根危险截面　将轮齿视为悬臂梁，作与轮齿对称中线成30°角并与齿根过渡曲线相切的直线，通过两切点作平行于齿轮轴线的截面，此截面即为齿根危险截面。

(2) 载荷作用点 啮合过程中,轮齿上的载荷作用点是变化的,应将其中使齿根产生最大弯矩者作为计算时的载荷作用点。轮齿在双齿对啮合区中的 E 点(见图 3-9)啮合时,力臂最大,但此时有两对轮齿共同承担载荷,齿根所受弯矩不是最大;轮齿在单齿对啮合区上界点 D(见图 3-9)处啮合时,力臂虽较前者稍小,但仅一对轮齿承担总载荷,因此,齿根所受弯矩最大,应以该点作为计算时的载荷的作用点。但由于按此点计算较为复杂,为简化起见,一般可将齿顶作为载荷的作用点,并引入重合度系数 Y_ε,将力作用于齿顶时产生的齿根应力折算为力作用于单齿对啮合区上界点时产生的齿根应力。

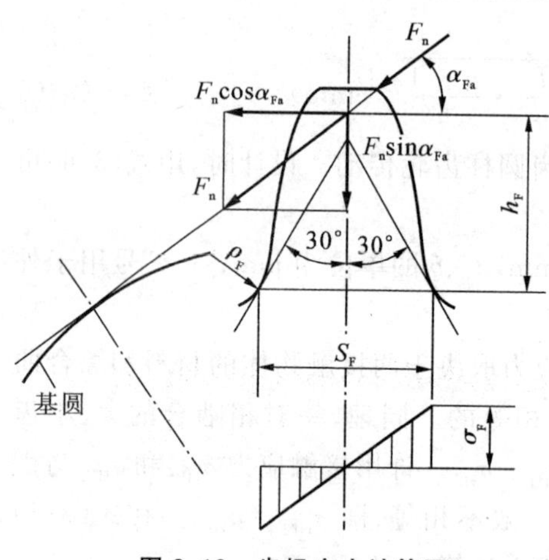

图 3-12 齿根应力计算图

如图 3-12 所示,略去齿面间摩擦力,将 F_n 移至轮齿的对称线上,并分解为切向分力 $F_n\cos\alpha_{Fa}$ 和径向分力 $F_n\sin\alpha_{Fa}$。切向分力使齿根产生弯曲应力和切应力,径向分力使齿根产生压应力。由于切应力和压应力比弯曲应力小得多,且齿根弯曲疲劳裂纹首先发生在拉伸侧,故校核齿根弯曲疲劳强度时应按危险截面拉伸侧的弯曲应力进行计算。其弯曲应力为

$$\sigma_F=\frac{M}{W}=\frac{F_n\cos\alpha_{Fa}h_F}{bS_F^2/6}=\frac{2KT_1}{bd_1m}\cdot\frac{6(h_F/m)\cos\alpha_{Fa}}{(S_F/m)^2\cos\alpha}\quad(\text{MPa})\tag{3-7}$$

式中 h_F——弯曲力臂;

S_F——危险截面厚度;

b——齿宽;

α_{Fa}——载荷作用角。

令

$$Y_{Fa}=\frac{6(h_F/m)\cos\alpha_{Fa}}{(S_F/m)^2\cos\alpha}\tag{3-8}$$

考虑齿根应力集中和危险截面上的压应力和切应力的影响,引入应力修正系数 Y_{Sa},计入重合度系数 Y_ε 后,得轮齿弯曲疲劳强度条件为

$$\sigma_F=\frac{2KT_1}{bd_1m}Y_{Fa}Y_{Sa}Y_\varepsilon=\frac{2KT_1}{\psi_d z_1^2m^3}Y_{Fa}Y_{Sa}Y_\varepsilon\leqslant\sigma_{FP}\quad(\text{MPa})\tag{3-9}$$

式(3-9)所示的弯曲疲劳强度条件,还可写成式(3-10)的形式。设计时,用此式可计算出齿轮的模数,即

$$m\geqslant\sqrt[3]{\frac{2KT_1Y_{Fa}Y_{Sa}Y_\varepsilon}{\psi_d z_1^2\sigma_{FP}}}\quad(\text{mm})\tag{3-10}$$

式中 σ_{FP}——许用弯曲应力(MPa);

Y_{Fa}——载荷作用于齿顶时的齿形系数。

因 $h_F=\lambda m$，$S_F=\gamma m$（λ、γ 为与齿形有关的比例系数），由式(3-8)可知，Y_{Fa} 与模数 m 无关，只与由 λ、γ、α_{Fa} 和 α 决定的齿形有关。由图3-13可知：对于 $\alpha=20°$ 的标准齿制齿轮（其齿顶高系数为标准值），其齿数 z 和变位系数 x 不同时，齿形也不同，故 Y_{Fa} 主要与 z、x 有关，齿数少，齿根厚度薄，Y_{Fa} 大，σ_F 大，弯曲强度低；对于正变位齿轮（$x>0$），齿根厚度大（见图3-13(b)），使 Y_{Fa} 减小，可提高齿根弯曲强度，因此，Y_{Fa} 主要取决于齿数 z 和变位系数 x。Y_{Fa} 值可根据 z 和 x 由图3-14查得。

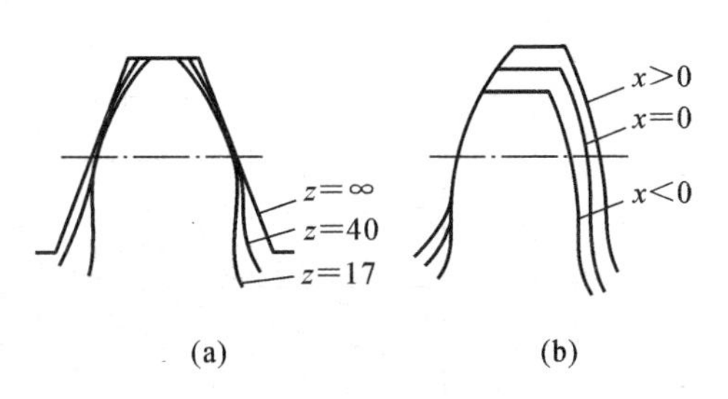

图3-13 齿数和变位系数对齿形的影响

(a) 齿数的影响；(b) 变位系数的影响

应力修正系数 Y_{Sa} 同样主要与 z、x 有关，其值可根据 z 和 x 由图3-15查得。

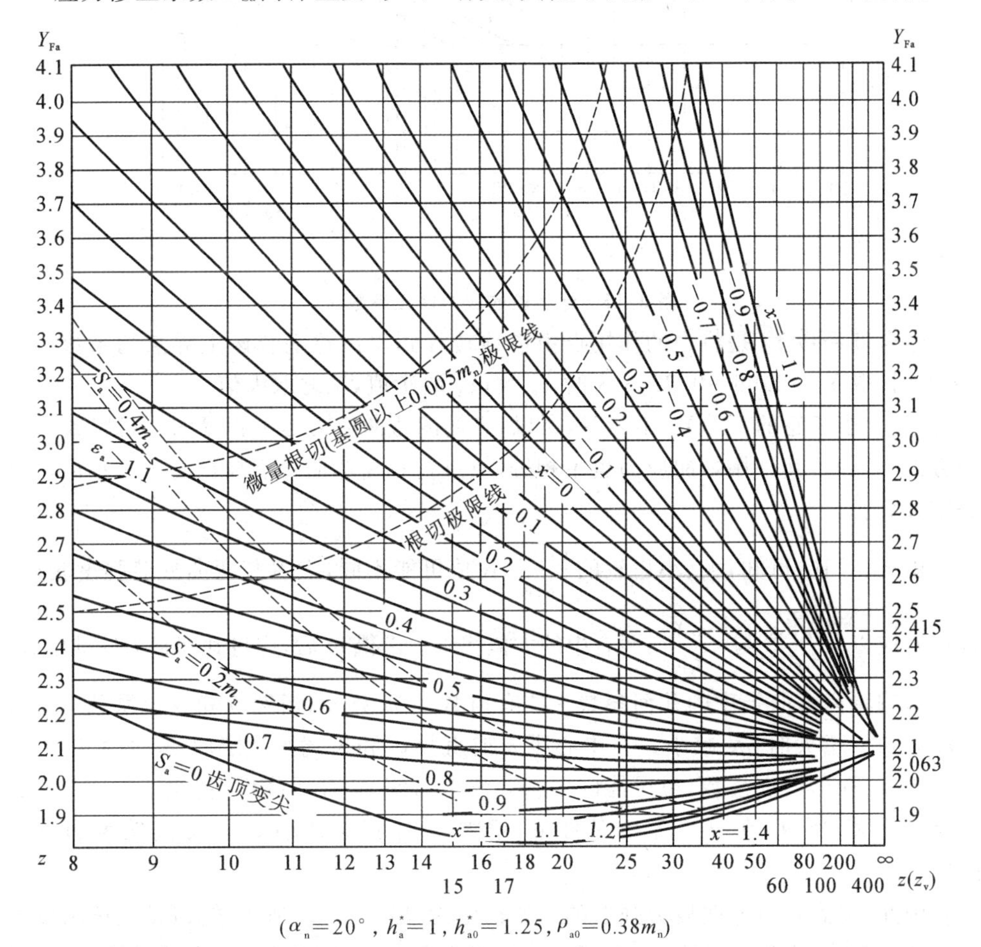

$(\alpha_n=20°,\ h_a^*=1,\ h_{a0}^*=1.25,\ \rho_{a0}=0.38m_n)$

图3-14 外齿轮的齿形系数 Y_{Fa}

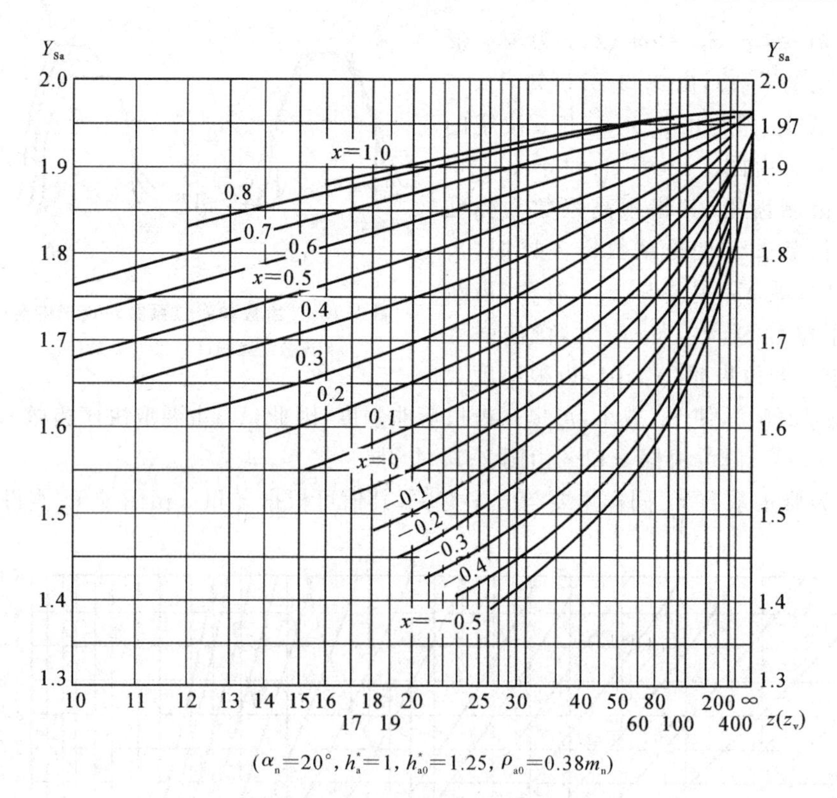

($\alpha_n=20°$, $h_a^*=1$, $h_{a0}^*=1.25$, $\rho_{a0}=0.38m_n$)

图 3-15 外齿轮的应力修正系数 Y_{Sa}

重合度系数 Y_ε 是将力的作用点由齿顶转移到单齿对啮合区上界点的系数。当 $\varepsilon_\alpha<2$ 时,取 $Y_\varepsilon=0.65\sim0.85$,$z$ 大时,ε_α 大,Y_ε 取小值,反之取大值。

因大、小齿轮的 Y_{Fa}、Y_{Sa} 不相等,所以,它们的弯曲应力是不相等的。材料或热处理方式不同时,其许用弯曲应力也不相等,故进行轮齿弯曲强度校核时,大、小齿轮应分别计算。

由式(3-10)可知,大、小齿轮的$\dfrac{Y_{Fa}Y_{Sa}}{\sigma_{FP}}$比值可能不同,大者其弯曲疲劳强度较弱,设计时应以$\dfrac{Y_{Fa1}Y_{Sa1}}{\sigma_{FP1}}$与$\dfrac{Y_{Fa2}Y_{Sa2}}{\sigma_{FP2}}$两者中的大值代入。求得 m 后,应将其圆整为标准模数。

影响轮齿弯曲强度的几何参数主要有齿数 z、模数 m、齿宽 b 和变位系数 x。当 z、m、b 和 x 增大时,σ_F 减小。在中心距 a 或直径 d 和齿宽 b 确定后,σ_F 的大小主要取决于 m 和 z,增加齿数,虽可能因 $Y_{Fa}Y_{Sa}$ 减小而使 σ_F 有所降低,但由于 m 对 σ_F 的影响比 z 大,所以,在 d 一定的条件下,增大 m 并相应减小 z,可提高轮齿的弯曲强度。

因此,提高轮齿弯曲疲劳强度的主要措施为:增大模数、适当增大齿宽、选用较大的变位系数、提高齿轮精度等,以减小齿根弯曲应力;改善齿轮材料和热处理方式,以提高其许用弯曲应力。

3.4 齿轮材料和许用应力

3.4.1 齿轮材料及热处理方式

制造齿轮的材料主要是锻钢，其次是铸钢、球墨铸铁、灰铸铁和非金属材料。

1. 锻钢

制造齿轮的锻钢按热处理方式和齿面硬度不同分为两类。

（1）正火或调质钢　常用45钢、50钢等作正火处理或用45钢、40Cr、35SiMn、38SiMnMo等作调质处理后制作齿轮。用经正火或调质处理后的锻钢切齿而成的齿轮，其齿面硬度不超过350HBS，称为软齿面齿轮。由于啮合过程中，小齿轮的啮合次数比大齿轮多，齿根应力较大齿轮大，故为了使大、小齿轮的寿命接近相等，推荐小齿轮的齿面硬度比大齿轮高30～50HBS。软齿面齿轮常用于对齿轮尺寸和精度要求不高的传动中。

（2）表面硬化钢和渗氮钢　齿轮一般用锻钢切齿后经表面硬化处理（如表面淬火、渗碳淬火、渗氮等），淬火后（特别是渗碳淬火），因热处理变形大，一般都要经过磨齿等精加工，以保证齿轮所需的精度。渗氮齿轮变形小，在精度低于7级时，一般不需磨齿。渗氮齿轮因硬化层深度很小（0.1～0.6 mm），不宜用于有冲击或有磨料磨损的场合。硬齿面齿轮常用的材料为20Cr、20CrMnTi、40Cr、38CrMoA1A等。这类齿轮由于齿面硬度高，承载能力高于软齿面齿轮，常用于高速、重载、精密的传动中。随着硬齿面加工技术的进一步发展，对于一般精度的齿轮，软齿面齿轮将有可能被硬齿面齿轮所取代。

2. 铸钢

铸钢的耐磨性及强度均较好，其承载能力稍低于锻钢，常用于尺寸较大（$d>$ 400～600 mm）不宜锻造的场合。

3. 铸铁

铸铁的抗弯及耐冲击性能较差，主要用于低速、工作平稳、传递功率不大和对尺寸与重量无严格要求的开式齿轮。常用的材料有灰铸铁HT300、HT350，球墨铸铁QT500-7等。

4. 非金属材料

非金属材料（如夹布胶木、尼龙等）的弹性模量小，在同样的载荷作用下，其接触应力较小，但它的硬度、接触强度和抗弯曲强度较低。因此，它常用于高速、小功率、精度不高或要求噪声低的齿轮传动中。

常用的齿轮材料及其机械性能见表3-3。

表 3-3　齿轮常用材料及其机械性能

材料牌号	热处理方式	强度极限	屈服极限	硬　度	
		σ_b/MPa	σ_B/MPa	HBS	HRC(齿面)
45	正火	588	294	169～217	—
	调质	647	373	229～286	—
	表面淬火	—	—	—	40～50
35SiMn 42SiMn	调质	785	510	229～286	—
	表面淬火	—	—	—	45～55
38SiMnMo	调质	735	588	229～286	—
	表面淬火	—	—	—	45～55
40Cr	调质	735	539	241～286	—
	表面淬火	—	—	—	48～55
38CrMoAlA	调质	890	834	229	—
	氮化	—	—	—	HV>850
20Cr	渗碳、淬火	637	392	—	56～62
20CrMnTi	渗碳、淬火	1079	834	—	56～62
ZG310～570	正火	570	310	162～197	—
ZG340～640	正火	640	340	179～207	—
	调质	700	380	241～269	—
HT300	—	250	—	169～255	—
HT350	—	290	—	182～273	—
QT500—7	正火	500	320	170～230	—
QT600—3	正火	600	370	190～270	—
夹布胶木	—	100	—	25～35	—

3.4.2　许用应力

齿轮的许用应力是根据试验齿轮的接触疲劳极限和弯曲疲劳极限确定的,试验齿轮的疲劳极限又是在一定试验条件下获得的。当设计齿轮的工作条件与试验条件不同时,需加以修正。经修正后,许用接触应力为

$$\sigma_{HP}=\frac{\sigma_{Hlim}}{S_{Hmin}}Z_N \qquad (3\text{-}11)$$

许用弯曲应力为

$$\sigma_{FP}=\frac{\sigma_{Flim}Y_{ST}}{S_{Fmin}}Y_N \tag{3-12}$$

式中 σ_{Hlim}、σ_{Flim}——试验齿轮的接触疲劳极限和弯曲疲劳极限(MPa)；

Z_N、Y_N——接触强度和弯曲强度计算的寿命系数；

Y_{ST}——试验齿轮的应力修正系数，按国家标准取 $Y_{ST}=2.0$；

S_{Hmin}、S_{Fmin}——接触强度和弯曲强度计算的最小安全系数。

1. 试验齿轮的疲劳极限 σ_{Hlim}、σ_{Flim}

试验齿轮的疲劳极限是在持久寿命期限内，失效概率为1%时，经运转试验获得的。接触疲劳极限的试验条件：节点速度 $v=10$ m/s，矿物油润滑(运动黏度 $\nu=100$ mm²/s)，齿面平均粗糙度 $Rz=3$ μm。σ_{Hlim}的值可由图3-16查得。弯曲疲劳极限的试验条件：$m=3\sim5$ mm，$\beta=0°$，$b=10\sim50$ mm，$v=10$ m/s。齿根表面平均粗糙度 $Rz=10$ μm，轮齿受单向弯曲。σ_{Flim}值可由图3-17查得。图3-16和图3-17中给出的σ_{Hlim}、σ_{Flim}值有一定的变动范围，这是由于同一批齿轮中，其材质、热处理质量及加工质量等有一定的差异，致使所得到的试验齿轮的疲劳极限值出现较大的离散性。图中，ML表示齿轮材料品质和热处理质量达到最低要求时σ_{Hmin}、σ_{Flim}的取值线；MQ表示齿轮材料品质和热处理质量达到中等要求时σ_{Hlim}、σ_{Flim}的取值线；ME表示齿轮材料品质和热处理质量很高时σ_{Hlim}、σ_{Flim}的取值线。通常可按MQ线选取σ_{Hlim}、σ_{Flim}值。当齿面硬度超过其区域范围时，可将图向右作适当的线性延伸。图中，σ_{Flim}值是在单向弯曲条件即受脉动循环变应力下得到的疲劳极限；对于受双向弯曲的齿轮(如行星轮、中间惰轮等)，轮齿受对称循环变应力作用，此时的弯曲疲劳极限应将图示值乘以系数0.7。

2. 寿命系数 Z_N、Y_N

因图3-16、图3-17中的疲劳极限是按无限寿命试验得到的数据，当要求所设计的齿轮为有限寿命时，其疲劳极限还会有所提高，应将σ_{Hlim}乘以Z_N、σ_{Flim}乘以Y_N进行修正。齿轮受稳定载荷作用时，Z_N按轮齿经受的循环次数N由图3-18查取，Y_N按N由图3-19查取。转速不变时，N可由下式计算：

$$N=60nat \tag{3-13}$$

式中 n——齿轮转速(r/min)；

a——齿轮每转一转，轮齿同侧齿面啮合次数；

t——齿轮总工作时间(h)。

3. 最小安全系数 S_{Hmin}、S_{Fmin}

选择最小安全系数时，应考虑齿轮的载荷数据和计算方法的正确性以及对齿轮的可靠性要求等。S_{Hmin}、S_{Fmin}的值可按表3-4查取。在计算数据的准确性较差，计算方法粗糙，失效后可能造成严重后果等情况下，两者均应取大值。

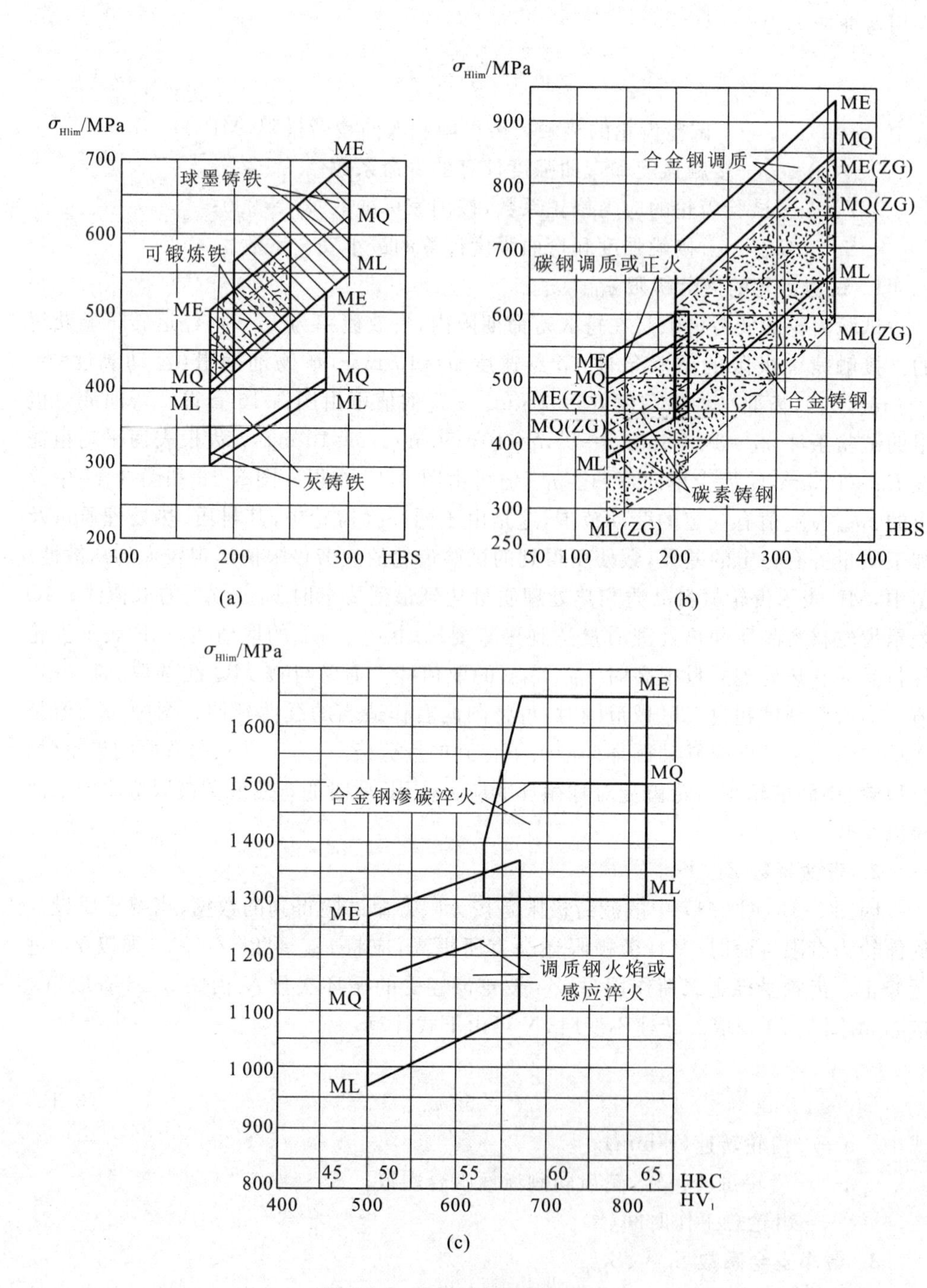

图 3-16　齿面接触疲劳强度 σ_{Hmin}

(a) 铸铁；(b) 调质钢和铸钢；(c) 表面硬化钢

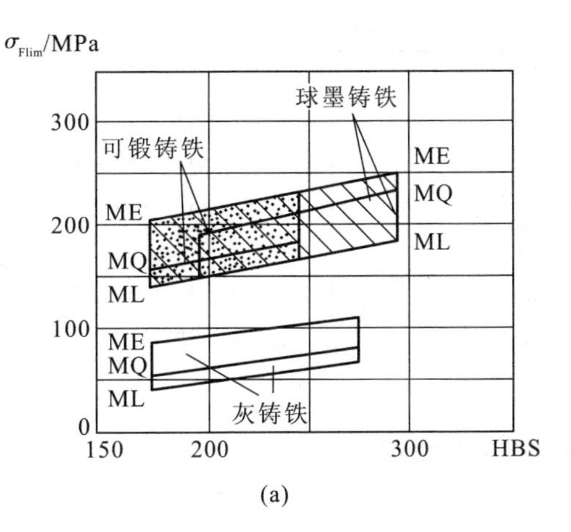

(a)

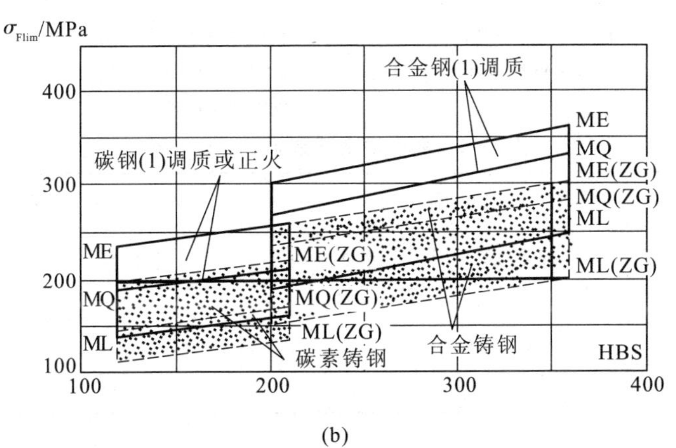

(b)

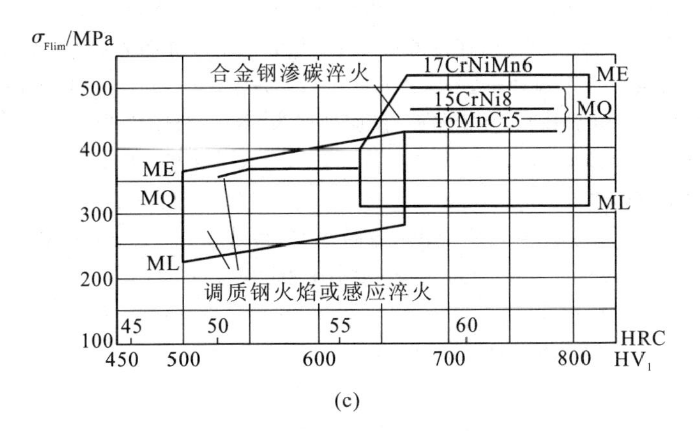

(c)

图 3-17 齿根弯曲疲劳强度 σ_{Flim}

注:(1) 碳的质量百分数>0.32%

(a) 铸铁;(b) 调质钢和铸钢;(c) 表面硬化钢

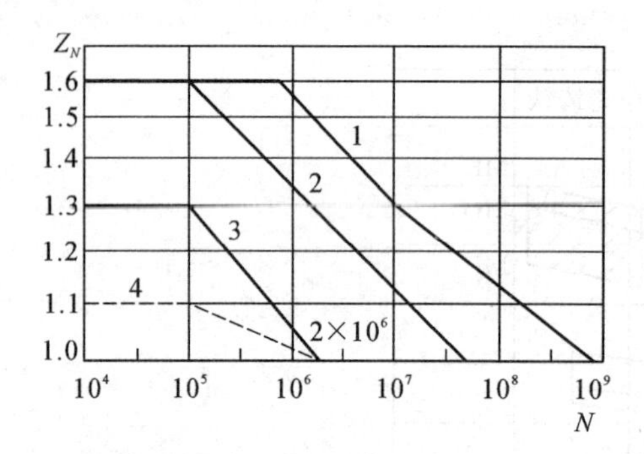

图 3-18 接触强度计算寿命系数 Z_N

1—碳钢(经正火、调质、表面淬火、渗碳淬火),球墨铸铁,珠光体可锻铸铁(允许一定的点蚀);

2—材料和热处理同 1,不允许出现点蚀;

3—碳钢调质后气体渗氮、渗氮钢气体氮化,灰铸铁;

4—碳钢调质后液体渗氮

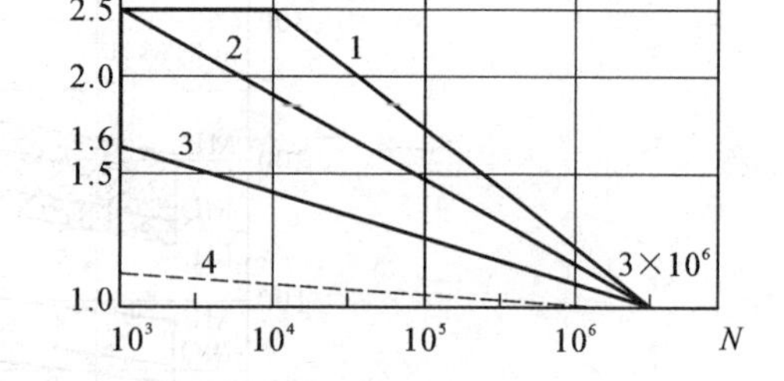

图 3-19 弯曲强度计算寿命系数 Y_N

1—碳钢(经正火、调质),球墨铸铁,珠光体可锻铸铁;

2—碳钢经表面淬火、渗碳淬火;

3—碳钢调质后气体渗氮、渗氮钢气体氮化,灰铸铁;

4—碳钢调质后液体渗氮

表 3-4 最小安全系数 S_{Hmin}、S_{Fmin} 值

安全系数	静强度		疲劳强度	
	一般传动	重要传动	一般传动	重要传动
接触强度 S_{Hmin}	1.0	1.3	1.0~1.2	1.3~1.6
弯曲强度 S_{Fmin}	1.4	1.8	1.4~1.5	1.6~3.0

例 3-1 已知起重机械用的一对闭式直齿圆柱齿轮传动,输入转速 $n_1=730$ r/min,输入功率 $P_1=35$ kW,每天工作 16 小时,使用寿命 5 年,齿轮为非对称布置,轴的刚性较大,原动机为电动机,工作机载荷为中等冲击。$z_1=29$,$z_2=129$,$m=2.5$ mm,$b_1=48$ mm,$b_2=42$ mm。大、小齿轮材料皆为 20CrMnTi,渗碳淬火,齿面硬度为 58~62HRC,齿轮精度为 7 级,试验算齿轮强度。

解 (1) 确定许用应力。

查图 3-16,得 $\sigma_{Hlim1}=\sigma_{Hlim2}=1\,500$ MPa;查图 3-17,得 $\sigma_{Flim1}=\sigma_{Flim2}=460$ MPa。查表 3-4,取 $S_{Hmin}=1.1$,$S_{Fmin}=1.5$。$u=z_2/z_1=4.6$。每年按工作 300 天计算。

$$N_1=60n_1ta=60\times730\times5\times300\times16\times1=10.5\times10^8$$

$$N_2=N_1/u=10.5\times10^8/4.6=2.26\times10^8$$

查图 3-18,得 $Z_{N1}=Z_{N2}=1$;查图 3-19,得 $Y_{N1}=Y_{N2}=1$。故

$$\sigma_{HP1}=\sigma_{HP2}=\frac{\sigma_{Hlim}Z_N}{S_{Hmin}}=\frac{1\,500\times1}{1.1}\ \text{MPa}=1\,363.6\ \text{MPa}$$

$$\sigma_{FP1}=\sigma_{FP2}=\frac{\sigma_{Flim}Y_{ST}}{S_{Fmin}}Y_N=\frac{460\times2\times1}{1.5}\ \text{MPa}=613.3\ \text{MPa}$$

(2) 验算齿面接触疲劳强度条件。

① 计算工作转矩。

$$T_1=9.55\times10^6\frac{P_1}{n_1}=9.55\times10^6\times\frac{35}{730}\ \text{N}\cdot\text{mm}=457\ 876\ \text{N}\cdot\text{mm}$$

② 确定载荷系数 K。

因工作机为起重机，有中等冲击，查表3-1得，$K_A=1.5$。齿轮精度较高，取 $K_v=1.06$；齿轮非对称布置，$d_1=mz_1=2.5\ \text{mm}\times29=72.5\ \text{mm}$，$\psi_d=b/d_1=42/72.5=0.579$，取 $K_\beta=1.08$；$K_\alpha=1.1$。因此，得 $K=K_AK_vK_\beta K_\alpha=1.5\times1.06\times1.08\times1.1=1.89$

查图3-11，得 $Z_H=2.5$。查表3-2，得 $Z_E=189.8\sqrt{\text{MPa}}$。因齿数较多，取 $Z_\varepsilon=0.86$。

③ 计算齿面接触应力。

$$\begin{aligned}\sigma_H&=Z_HZ_EZ_\varepsilon\sqrt{\frac{2KT_1(u+1)}{bd_1^2u}}\\&=2.5\times189.8\times0.86\sqrt{\frac{2\times1.89\times457\ 876\times(4.6+1)}{42\times72.5^2\times4.6}}\ \text{MPa}\\&=1\ 260\ \text{MPa}<\sigma_{HP}\end{aligned}$$

齿面接触强度满足要求。

(3) 验算轮齿弯曲强度。

由图3-14查得，$Y_{Fa1}=2.57$，$Y_{Fa2}=2.2$；查图3-15得，$Y_{Sa1}=1.62$，$Y_{Sa2}=1.82$。取 $Y_\varepsilon=0.68$。故

$$\begin{aligned}\sigma_{F1}&=\frac{2KT_1}{bd_1m}Y_{Fa1}Y_{Sa1}Y_\varepsilon\\&=\frac{2\times1.89\times457\ 876}{42\times72.5\times2.5}\times2.57\times1.62\times0.68\ \text{MPa}\\&=643.68\ \text{MPa}>\sigma_{FP1}\end{aligned}$$

$$\begin{aligned}\sigma_{F2}&=\sigma_{F1}\frac{Y_{Fa2}Y_{Sa2}}{Y_{Fa1}Y_{Sa1}}=643.68\times\frac{2.2\times1.82}{2.57\times1.62}\ \text{MPa}\\&=619\ \text{MPa}>\sigma_{FP2}\end{aligned}$$

两齿轮的轮齿弯曲强度均不满足要求。

(4) 分析结果。

本题轮齿弯曲强度不够的原因是：齿数偏多，模数偏小。一般来说，对于硬齿面齿轮，其主要失效形式是轮齿折断，为了提高轮齿的弯曲强度，在 d_1 一定的条件下，应增大模数，减少齿数。若取 $m=3$ mm，$z_1=24$，$d_1=3\times24$ mm $=72$ mm，$z_2=107$，其余参数不变。查得 $Y_{Fa1}=2.69$，$Y_{Fa2}=2.2$，$Y_{Sa1}=1.58$，$Y_{Sa2}=1.81$，$Y_\varepsilon=0.69$，则

$$\begin{aligned}\sigma_{F1}&=\frac{2KT_1}{bd_1m}Y_{Fa1}Y_{Sa1}Y_\varepsilon\\&=\frac{2\times1.89\times457\ 876}{42\times72\times3}\times2.69\times1.58\times0.69\ \text{MPa}\\&=559.49\ \text{MPa}<\sigma_{FP1}\end{aligned}$$

同理，大齿轮的弯曲应力 σ_{F2} 也小于许用应力 σ_{FP2}。

这样，轮齿弯曲强度即可满足要求。

3.5　斜齿圆柱齿轮传动的强度条件

斜齿圆柱齿轮传动,因轮齿接触线倾斜,同时啮合的齿数多,重合度大,故传动平稳,噪声小,承载能力强,常在速度较高的传动系统中使用。

3.5.1　受力分析

若略去齿面间的摩擦力,则作用于节点 C 的法向力 F_n 可分解为径向力 F_r 和分力 F,分力 F 又可分解为圆周力 F_t 和轴向力 F_a(见图 3-20),有

$$\left.\begin{aligned} F_t &= 2T_1/d_1 \\ F_r &= F_t\tan\alpha_n/\cos\beta \\ F_a &= F_t\tan\beta \\ F_n &= \frac{F_t}{\cos\alpha_n\cdot\cos\beta} = \frac{F_t}{\cos\alpha_t\cdot\cos\beta_b} = \frac{2T_1}{d_1\cos\alpha_t\cdot\cos\beta_b} \end{aligned}\right\} \tag{3-14}$$

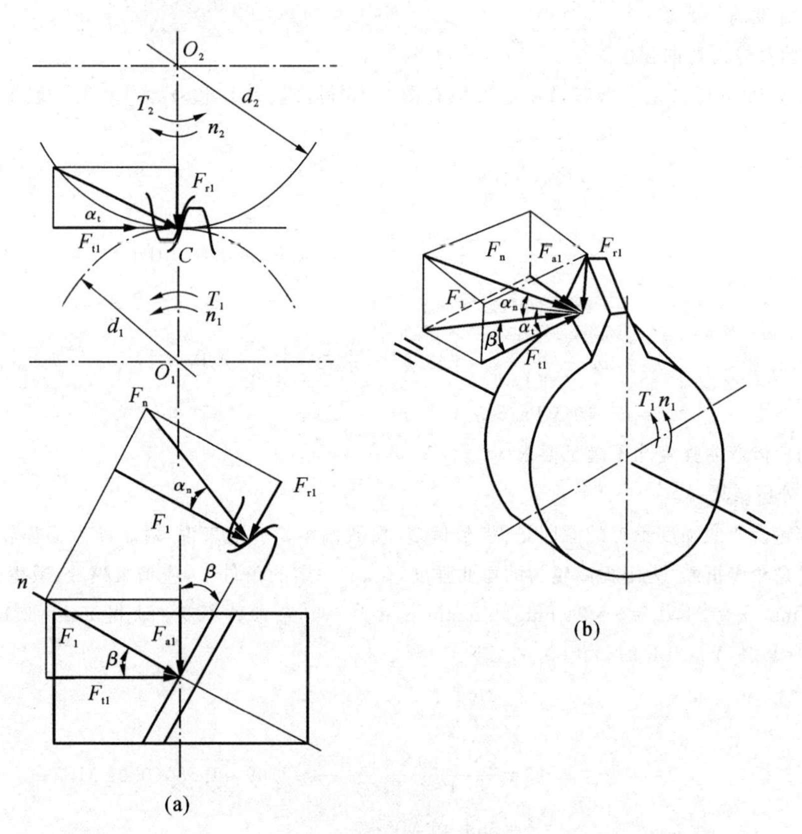

图 3-20　斜齿圆柱齿轮传动的受力分析

式中 α_n——法面分度圆压力角；

α_t——端面分度圆压力角；

β——分度圆螺旋角；

β_b——基圆螺旋角。

作用在主动轮和从动轮上的各力均对应等值、反向。各分力的方向可用下面的方法判定。

(1) 圆周力 F_t 在主动轮上与回转方向相反，在从动轮上与回转方向相同。

(2) 径向力 F_r 分别指向各自的轮心。

(3) 轴向力 F_a 的方向取决于齿轮的回转方向和螺旋线方向，可以用"主动轮左、右手定则"来判断：当主动轮为右旋时，以右手四指的弯曲方向表示主动轮的转向，拇指指向即为它所受轴向力的方向；当主动轮为左旋时，用左手，方法同上。从动轮上的轴向力方向与主动轮的相反。上述左、右手定则仅适用于主动轮。

3.5.2 齿面接触疲劳强度条件

计算斜齿圆柱齿轮传动的接触应力时，考虑其特点：① 啮合的接触线是倾斜的，有利于提高接触强度，引入螺旋角系数 $Z_\beta=\sqrt{\cos\beta}$；② 节点的曲率半径按法面计算；③ 重合度大，传动平稳。

与直齿圆柱齿轮传动相同，利用式(2-16)，可导出斜齿圆柱齿轮传动齿面接触疲劳强度条件为

$$\sigma_H = Z_H Z_E Z_\varepsilon Z_\beta \sqrt{\frac{2KT_1}{bd_1^2} \cdot \frac{u \pm 1}{u}} \leqslant \sigma_{HP} \quad (\text{MPa}) \tag{3-15}$$

取 $b=\psi_d d_1$，代入上式，可得齿面接触疲劳强度条件的另一表达形式，设计时，用此式可计算出齿轮的分度圆直径 d_1，即

$$d_1 \geqslant \sqrt[3]{\left(\frac{Z_H Z_E Z_\varepsilon Z_\beta}{\sigma_{HP}}\right)^2 \cdot \frac{2KT_1}{\psi_d} \cdot \frac{u \pm 1}{u}} \quad (\text{mm}) \tag{3-16}$$

其中，

$$Z_H = \sqrt{\frac{2\cos\beta_b}{\cos^2\alpha_t \tan\alpha_t'}}$$

式中 Z_H——节点区域系数，其值可由图3-11查得；

Z_ε——重合度系数，因斜齿圆柱齿轮传动的重合度较大，可取 $Z_\varepsilon=0.75\sim0.88$，齿数多时，取小值；反之取大值。

式(3-15)和式(3-16)对标准和变位的斜齿圆柱齿轮均适用。式中有关单位和其余系数的取值方法与直齿圆柱齿轮相同。

由于斜齿圆柱齿轮的 Z_H、Z_ε、K_v 比直齿圆柱齿轮小，在同样条件下，斜齿圆柱齿轮传动的接触疲劳强度比直齿圆柱齿轮传动高。

3.5.3 齿根弯曲疲劳强度条件

由于斜齿圆柱齿轮的接触线是倾斜的,所以轮齿往往发生局部折断(见图 3-1(b)),而且,啮合过程中,其接触线和危险截面的位置都在不断变化,其齿根应力很难精确计算,只能近似将其视为按轮齿法面展开的当量直齿圆柱齿轮,利用式(3-9)进行计算。考虑到斜齿圆柱齿轮倾斜的接触线对提高弯曲强度有利,引入螺旋角系数 Y_β 对式(3-9)的齿根应力进行修正,并以法向模数 m_n 代替 m,可得斜齿圆柱齿轮轮齿的弯曲疲劳强度条件为

$$\sigma_F = \frac{2KT_1}{bd_1m_n}Y_{Fa}Y_{Sa}Y_\varepsilon Y_\beta \leqslant \sigma_{FP} \tag{3-17}$$

因大、小齿轮的 σ_F 和 σ_{FP} 均可能不相同,故应分别进行验算。

将 $b=\psi_d d_1$, $d_1=\dfrac{m_n z_1}{\cos\beta}$代入式(3-17),可得弯曲疲劳强度条件的另一表达形式,设计时,用此式可计算出齿轮的模数 m_n,即

$$m_n \geqslant \sqrt[3]{\frac{2KT_1\cos^2\beta Y_\varepsilon Y_\beta}{\psi_d z_1^2}\cdot\frac{Y_{Fa}Y_{Sa}}{\sigma_{FP}}} \quad (\text{mm}) \tag{3-18}$$

式中 Y_β——螺旋角系数,$Y_\beta=0.85\sim0.92$,β 角大时取小值,反之取大值。

Y_{Fa}、Y_{Sa} 按当量齿数 $z_v=z/\cos^3\beta$,分别由图 3-14、图 3-15 查得。Y_ε 和 σ_{FP} 与直齿圆柱齿轮的相同。

用式(3-18)计算时,应取$\dfrac{Y_{Fa1}Y_{Sa1}}{\sigma_{FP1}}$与$\dfrac{Y_{Fa2}Y_{Sa2}}{\sigma_{FP2}}$两者中的较大值代入。

因 $z_v>z$,故斜齿圆柱齿轮的 $Y_{Fa}Y_{Sa}$ 比直齿圆柱齿轮的小,K_v 也小,式中还增加了一个小于 1 的螺旋角系数,由式(3-17)和式(3-9)可知,在相同条件下,斜齿圆柱齿轮传动的轮齿弯曲应力比直齿圆柱齿轮传动的小,其弯曲疲劳强度比直齿圆柱齿轮传动的高。

3.6 直齿锥齿轮传动的强度条件

锥齿轮传动常用于传递两相交轴之间的运动和动力。根据轮齿方向和分度圆母线方向的相互关系,锥齿轮传动可分为直齿锥齿轮传动、斜齿锥齿轮传动和曲线齿锥齿轮传动。本节仅介绍常用的轴交角 $\sum=\delta_1+\delta_2=90^\circ$的直齿锥齿轮传动的强度条件。

由于锥齿轮的理论齿廓为球面渐开线,而实际加工出的齿形与其有较大的误差,不易获得高的精度,故在传动中会产生较大的振动和噪声,因而直齿锥齿轮传动仅适用于 $v\leqslant5$ m/s 的传动。

直齿锥齿轮的标准模数为大端模数 m,其几何尺寸按大端计算。由于直齿锥齿轮的轮齿从大端到小端逐渐收缩,轮齿沿齿宽方向的截面大小不等,受力后不同截面

的弹性变形各异，引起载荷分布不均，其受力和强度计算都相当复杂，故一般以齿宽中点的当量直齿圆柱齿轮作为计算基础。

3.6.1　直齿锥齿轮传动的当量齿轮的几何关系

由图3-21可有下列几何关系：

齿数比
$$u=z_2/z_1$$

分度圆锥角
$$\tan\delta_1=\frac{d_1}{2}\bigg/\frac{d_2}{2}=\frac{1}{u},\quad \tan\delta_2=\frac{d_2}{2}\bigg/\frac{d_1}{2}=u,\quad \cos\delta_1=\frac{u}{\sqrt{1+u^2}}$$

当量齿数
$$z_{v1}=\frac{z_1}{\cos\delta_1}$$
$$z_{v2}=\frac{z_2}{\cos\delta_2}$$

当量齿数比
$$u_v=\frac{z_{v2}}{z_{v1}}=u^2$$

齿宽系数
$$\psi_R=\frac{b}{R}$$

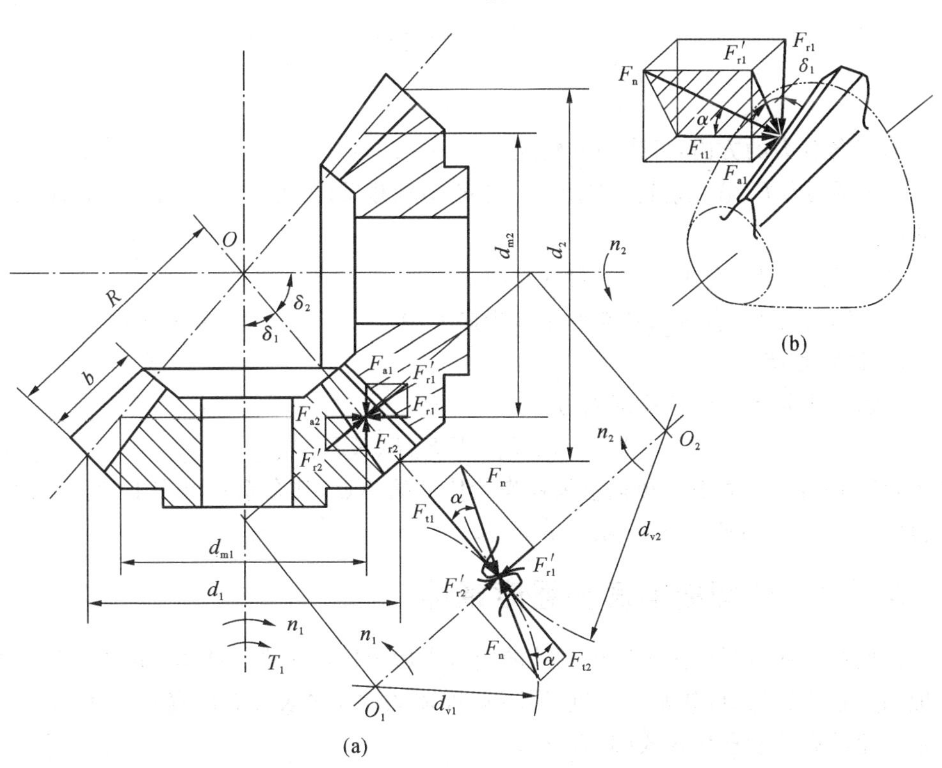

图3-21　直齿锥齿轮传动的受力分析

锥距　　$R=0.5d_1\sqrt{1+u^2}$

当量齿轮直径　　$d_{v1}=\dfrac{d_{m1}}{\cos\delta_1}$，$d_{v2}=\dfrac{d_{m2}}{\cos\delta_2}$

齿宽中点直径　　$d_{m1}=(1-0.5\psi_R)d_1$

齿宽中点模数　　$m_m=(1-0.5\psi_R)m$

3.6.2 受力分析和计算载荷

1. 受力分析

如前所述，直齿锥齿轮传动，其载荷沿齿宽分布不均(大端处的单位载荷大)，但分析作用力时，为简便起见，可近似假定载荷沿齿宽分布均匀，并集中作用于齿宽中点节线处的法向平面内(见图 3-21)。

齿面间的法向力 F_n 可分解为三个分力：圆周力 F_t、径向力 F_r 和轴向力 F_a，各分力的大小为

$$\left.\begin{aligned} F_{t1} &= \frac{2T_1}{d_{m1}} = \frac{2T_1}{(1-0.5\psi_R)d_1} = -F_{t2} \\ F_{r1} &= F'_{r1}\cos\delta_1 = F_{t1}\tan\alpha\cdot\cos\delta_1 = -F_{a2} \\ F_{a1} &= F'_{r1}\sin\delta_1 = F_{t1}\tan\alpha\cdot\sin\delta_1 = -F_{r2} \\ F_n &= \frac{F_{t1}}{\cos\alpha} \end{aligned}\right\} \tag{3-19}$$

对于各分力的方向，可作如下判定。

(1) 圆周力 F_t：在主动轮上是阻力，与回转方向相反；在从动轮上是驱动力，与回转方向相同。

(2) 径向力 F_r：分别指向各自的轮心。

(3) 轴向力 F_a：分别由各轮的小端指向大端。

2. 计算载荷

直齿锥齿轮传动的计算圆周力为

$$F_{tc} = F_tK = F_tK_AK_vK_\beta K_\alpha \tag{3-20}$$

式中，K_A 按表 3-1 查取。根据直齿锥齿轮传动的特点，其余系数可在下列范围内选取：$K_v=1.1\sim1.4$；$K_\beta=1.1\sim1.3$；$K_\alpha=1$。

3.6.3 齿面接触疲劳强度条件

齿面接触疲劳强度按齿宽中点处的当量直齿圆柱齿轮进行计算。因直齿锥齿轮一般制造精度较低，可忽略重合度的影响，即略去 Z_ε，并取有效齿宽 $b_{eH}=0.85b$，将当量齿轮的有关参量代入式(3-5)，得

$$\sigma_H = Z_HZ_E\sqrt{\frac{2KT_{v1}(u_v+1)}{b_{eH}d_{v1}^2u_v}} \leqslant \sigma_{HP}\quad(\text{MPa})$$

考虑 $T_{v1}=F_{t1}\cdot\frac{d_{v1}}{2}=F_{t1}\cdot\frac{d_{m1}}{2\cos\delta_1}=\frac{T_1}{\cos\delta_1}$，并将直齿锥齿轮的当量齿轮的几何关系式代入，化简后得齿面接触疲劳强度条件为

$$\sigma_H = Z_H Z_E \sqrt{\frac{4KT_1}{0.85\psi_R(1-0.5\psi_R)^2 d_1^3 u}} \leqslant \sigma_{HP} \quad (\text{MPa}) \tag{3-21}$$

式(3-21)还可写成式(3-22)的形式，用此式可计算出齿轮的分度圆直径 d_1，即

$$d_1 \geqslant \sqrt[3]{\left(\frac{Z_H Z_E}{\sigma_{HP}}\right)^2 \cdot \frac{4KT_1}{0.85\psi_R(1-0.5\psi_R)^2 u}} \quad (\text{mm}) \tag{3-22}$$

式中，Z_H、Z_E、σ_{HP} 与直齿圆柱齿轮传动的相同。

3.6.4　轮齿弯曲疲劳强度条件

作与齿面接触疲劳强度计算时相同的处理，忽略重合度系数 Y_ε，按齿宽中点的当量直齿圆柱齿轮进行计算，将当量齿轮的参量代入式(3-9)，得

$$\sigma_F = \frac{2KT_{v1}Y_{Fa}Y_{Sa}}{bd_{v1}m_m} \leqslant \sigma_{FP} \quad (\text{MPa})$$

将 T_{v1}、d_{v1}、m_m 等几何关系式代入上式，得轮齿弯曲疲劳强度条件为

$$\sigma_F = \frac{4KT_1Y_{Fa}Y_{Sa}}{\psi_R(1-0.5\psi_R)^2 m^3 z_1^2 \sqrt{1+u^2}} \leqslant \sigma_{FP} \quad (\text{MPa}) \tag{3-23}$$

式(3-23)还可写成式(3-24)的形式，用此式可计算出齿轮的模数 m，即

$$m \geqslant \sqrt[3]{\frac{4KT_1Y_{Fa}Y_{Sa}}{\psi_R(1-0.5\psi_R)^2 z_1^2 \sigma_{FP} \sqrt{1+u^2}}} \quad (\text{mm}) \tag{3-24}$$

式中，Y_{Fa}、Y_{Sa} 按当量齿数 $z_v=\frac{z}{\cos\delta}$ 分别查图 3-14 和图 3-15，σ_{FP} 与直齿圆柱齿轮的相同。

按式(3-24)计算时，应取 $\frac{Y_{Fa1}Y_{Sa1}}{\sigma_{FP1}}$ 与 $\frac{Y_{Fa2}Y_{Sa2}}{\sigma_{FP2}}$ 两者中的较大值代入。

3.7　齿轮传动的设计方法

3.7.1　设计任务

设计齿轮传动系统时，应根据齿轮传动的工作条件和要求、输入轴的转速和功率、齿数比、原动机和工作机的工作特性、齿轮工况、工作寿命、外形尺寸要求等，确定齿轮材料和热处理方式、主要参数(对于圆柱齿轮传动，为 z_1、z_2、m_n、b_1、b_2、a、x_1、x_2、β；对于直齿锥齿轮传动，为 z_1、z_2、m、b、R、δ_1、δ_2)和几何尺寸(d_1、d_2、d_{a1}、d_{a2}、d_{f1}、d_{f2})、结构形式及尺寸、精度等级及其检验公差等。一般情况下，可获得多种能满足功能要求和设计约束条件的可行方案，设计时，应根据具体的目标，通过评价决策，从

中选出较优者作为最终的设计方案。

3.7.2 设计过程和方法

在设计时,所有参量均为未知,要先假设预选,预选内容包括齿轮材料、热处理方式、精度等级和主要参数(z_1、z_2、β、x_1、x_2、ψ_d 或 ψ_R),然后根据强度条件初步计算出齿轮的分度圆直径或模数,并进一步计算出齿轮的主要几何尺寸。以此为基础,选出若干能满足强度条件的可行方案。通过评价决策,从中选出较优者作为最终的参数设计方案。根据所得的参数设计方案,按照结构设计的准则(参见本书第 12 章)设计出齿轮的结构,并绘制出齿轮的零件工作图。应注意的是:这些参量往往不是经一次选择就能满足设计要求的,计算过程中,必须不断修改或重选,进行多次反复计算,才能得到最佳结果。选择参量时需考虑如下几个方面的内容。

1. 齿轮材料、热处理方式

选择齿轮材料时,应使轮芯具有足够的强度和韧性,以抵抗轮齿折断,并使齿面具有较高的硬度和耐磨性,以抵抗齿面的点蚀、胶合、磨损和塑性变形。另外,还应考虑齿轮加工和热处理的工艺性及经济性等要求。通常,对于重载、高速或体积、重量受到限制的重要场合,应选用较好的材料和热处理方式;反之,可选用性能较次但较经济的材料和热处理方式。

2. 齿轮精度等级

齿轮精度等级应根据齿轮传动的用途、工作条件、传递功率和圆周速度的大小及其他技术要求等来选择。一般而言,在传递功率大、圆周速度高、要求传动平稳、噪声小等场合,应选用较高的精度等级;反之,为了降低制造成本,精度等级可选得低些。表 3-5 列出了齿轮在不同传动精度等级下适用的速度范围,可供选择时参考。

表 3-5　齿轮在不同传动精度等级下适用的速度范围

齿的种类	传动种类	齿面硬度 HBS	齿轮精度等级				
			3,4,5	6	7	8	9
直齿	圆柱齿轮	≤350	>12	≤18	≤12	≤6	≤4
		>350	>10	≤15	≤10	≤5	≤3
	锥齿轮	≤350	>7	≤10	≤7	≤4	≤3
		>350	>6	≤9	≤6	≤3	≤2.5
斜齿及曲齿	圆柱齿轮	≤350	>25	≤36	≤25	≤12	≤8
		>350	>20	≤30	≤20	≤9	≤6
	锥齿轮	≤350	>16	≤24	≤16	≤9	≤6
		>350	>13	≤19	≤13	≤7	≤6

3. 主要参数

1）齿数 z

对于闭式软齿面齿轮传动，在保持分度圆直径 d 不变和满足弯曲强度的条件下，齿数 z_1 应选得多些，以提高传动的平稳性和减小噪声。齿数增多，模数减小，还可减少金属的切削量，节省制造费用。模数减小还能降低齿高，减小滑动系数，减少磨损，提高抗胶合能力。一般可取 $z_1=20\sim40$。对于高速齿轮或噪声小的齿轮传动，建议取 $z_1=25$。对于闭式硬齿面齿轮、开式齿轮和铸铁齿轮传动，其齿根弯曲强度往往是薄弱环节，应取较少齿数和较大的模数，以提高轮齿的弯曲强度。一般取 $z_1=17\sim25$。

对于承受变载荷的齿轮传动及开式齿轮传动，为了保证齿面磨损均匀，宜使大、小齿轮的齿数互为质数，至少不要成整数倍。

2）齿宽系数 ψ_d、ψ_R 和齿宽 b

载荷一定时，齿宽系数大，可减小齿轮的直径或中心距。这样能在一定程度上减轻整个传动系统的重量，但同时会增大轴向尺寸，增加载荷沿齿宽分布的不均匀性，设计时，必须合理选择。圆柱齿轮的齿宽系数可参考表 3-6 选用。其中：闭式传动支承刚性好，ψ_d 可取大值；开式传动齿轮一般悬臂布置，轴的刚性差，ψ_d 应取小值。

表 3-6　圆柱齿轮的齿宽系数 ψ_d

齿轮相对轴承的位置	大轮或两轮齿面硬度≤350HBS	两轮齿面硬度＞350HBS
对称布置	0.8～1.4	0.4～0.9
不对称布置	0.6～1.2	0.3～0.6
悬臂布置	0.3～0.4	0.2～0.25

注：① 载荷稳定时 ψ_d 取大值，轴与轴承的刚度较大时取大值，斜齿轮与人字齿轮取大值；
② 对于金属切削机床的齿轮传动，ψ_d 取小值，传递功率不大时 ψ_d 可小到 0.2。

对于直齿锥齿轮传动，因轮齿由大端向小端缩小，载荷沿齿宽分布不均，ψ_R 不宜太大，常取 $\psi_R=0.25\sim0.3$。

对于圆柱齿轮，大齿轮齿宽 $b_2=\psi_d d_1$，并圆整成整数，而小齿轮齿宽 $b_1=b_2+(5\sim10)$mm，以降低装配精度要求。对于锥齿轮，$b_1=b_2=\psi_R R$。

3）模数

根据齿轮强度条件计算出的模数，应按表 3-7 圆整为标准值。对于传递动力用的圆柱齿轮传动，其模数应不小于 1.5 mm；对于锥齿轮传动，其模数应不小于2 mm。

表 3-7　标准模数（摘自 GB/T 1357—2006）　(mm)

第一系列	1	1.25	1.5	2	2.5	3	4	5	6	8	10	12	16	20	25	32	40	50
第二系列	1.375	1.75	2.25	2.75	3.5	4.5	5.5	(6.5)	7	9	11	14	18	22	28	36	45	

4) 分度圆螺旋角 β

增大螺旋角 β 可提高传动的平稳性和承载能力,但 β 过大,会导致轴向力增加,轴承及支承装置的尺寸也相应增大,同时,传动效率也将因 β 的增大而降低。一般可取 $\beta=10°\sim25°$。但从减小齿轮传动的振动和噪声来考虑,目前有采用大螺旋角的趋势。对于人字齿轮传动,因其轴向力可相互抵消,β 可取大些,一般可取到 $\beta=25°\sim40°$,常取 30°以下。

3.7.3 设计实例

例 3-2 设计螺旋输送机的双级圆柱齿轮减速器中的高速级斜齿圆柱齿轮传动(见图 3-22)。已知:高速级主动轮输入功率 $P_1=15$ kW,转速 $n_1=970$ r/min,齿数比 $u=4.1$,单向运转,载荷平稳,每天工作 16 小时,预计寿命为 5 年,可靠性要求一般,轴的刚性较小,由电动机驱动。

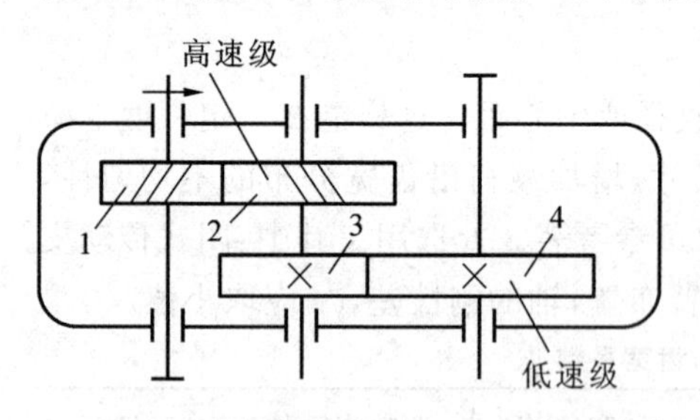

图 3-22 双级圆柱齿轮减速器简图

1～4—齿轮

解 (1) 分析要求。

① 分析使用条件。

传递功率:$P_1=15$ kW

主动轮转速:$n_1=970$ r/min

齿数比:$u=4.1$

转矩:
$$T_1=9.55\times10^6\frac{P_1}{n_1}=9.55\times10^6\times\frac{15}{970}\ \text{N}\cdot\text{mm}=147\ 680.4\ \text{N}\cdot\text{mm}$$

圆周速度:估计 $v\leqslant4$ m/s

属中速、中载,重要性和可靠性一般的齿轮传动。

② 设计任务:确定一种能满足功能要求和设计约束的较好设计方案,包括一组基本参数(即 m、z_1、z_2、x_1、x_2、β、ψ_d)和主要几何尺寸(即 d_1、d_2、a)等。

(2) 选择齿轮材料、热处理方式及计算许用应力。

① 选择齿轮材料、热处理方式。

按使用条件,属中速、中载、重要性和可靠性一般的齿轮传动。可选用软齿面齿轮,也可选用硬齿面齿轮。本例选用软齿面齿轮。其中小齿轮采用 45 钢,调质处理,硬度为 230～255HBS;大齿轮采用 45 钢,正火处理,硬度为 190～217HBS。

其他方案(包括采用硬齿面齿轮)请读者自行完成,并与本例题的计算结果进行对比。

② 确定许用应力。

a. 确定极限应力 σ_{Hlim} 和 σ_{Flim}。

齿面硬度:小齿轮按 230HBS,大齿轮按 190HBS。查图 3-16,得 $\sigma_{\text{Hlim1}}=580$ MPa,$\sigma_{\text{Hlim2}}=550$ MPa;查图 3-17,得 $\sigma_{\text{Flim1}}=220$ MPa,$\sigma_{\text{Flim2}}=210$ MPa。

b. 计算应力循环次数 N,确定寿命系数 Z_N、Y_N。

每年按 300 天计算:

$$N_1=60an_1t=60\times1\times970\times(5\times300\times16)=13.96\times10^8$$

$$N_2=\frac{N_1}{u}=\frac{13.96\times10^8}{4.1}=3.41\times10^8$$

查图3-18，得 $Z_{N1}=Z_{N2}=1$；查图3-19，得 $Y_{N1}=Y_{N2}=1$。

c. 计算许用应力。

由表3-4取 $S_{\mathrm{Hmin}}=1$，$S_{\mathrm{Fmin}}=1.4$。

由式(3-11)得
$$\sigma_{\mathrm{HP1}}=\frac{\sigma_{\mathrm{Hlim1}}Z_{N1}}{S_{\mathrm{Hmin}}}=\frac{580\times1}{1}\ \mathrm{MPa}=580\ \mathrm{MPa}$$

$$\sigma_{\mathrm{HP2}}=\frac{\sigma_{\mathrm{Hlim2}}Z_{N2}}{S_{\mathrm{Hmin}}}=\frac{550\times1}{1}\ \mathrm{MPa}=550\ \mathrm{MPa}$$

由式(3-12)得
$$\sigma_{\mathrm{FP1}}=\frac{\sigma_{\mathrm{Flim1}}Y_{\mathrm{ST}}Y_{N1}}{S_{\mathrm{Fmin}}}=\frac{220\times2\times1}{1.4}\ \mathrm{MPa}=314.28\ \mathrm{MPa}$$

$$\sigma_{\mathrm{FP2}}=\frac{\sigma_{\mathrm{Flim2}}Y_{\mathrm{ST}}Y_{N2}}{S_{\mathrm{Fmin}}}=\frac{210\times2\times1}{1.4}\ \mathrm{MPa}=300\ \mathrm{MPa}$$

(3) 初步确定齿轮的基本参数和主要尺寸。

① 选择齿轮类型。

根据齿轮传动的工作条件(如中速、中载，$v\leqslant4$ m/s 等)，可选用直齿圆柱齿轮传动，也可选用斜齿圆柱齿轮传动。本例选用斜齿圆柱齿轮传动。建议读者按直齿圆柱齿轮传动的方案设计，得出结果后再与本例所得的方案进行比较。

② 选择齿轮精度等级。

按估计的圆周速度，由表3-5初步选用8级精度。

③ 初选参数。

初选：$\beta=12^\circ$，$z_1=26$，$z_2=z_1u=26\times4.1=107$，$x_1=x_2=0$，$\psi_{\mathrm{d}}=0.9$。

(4) 初步计算齿轮的主要尺寸。

可用式(3-16)或式(3-18)初步计算出齿轮的分度圆直径或模数。由于选用软齿面齿轮的方案，其齿面强度相对较弱些，故按式(3-16)计算较合理。用式(3-16)计算 d_1 时，还需首先确定系数 K、Z_{H}、Z_{E}、Z_{ε}、Z_{β}。

因采用电动机驱动，工作机载荷平稳，查表3-1，得 $K_{\mathrm{A}}=1$；因齿轮速度不高，取 $K_{\mathrm{v}}=1.05$；因为非对称布置，轴的刚性较小，取 $K_{\beta}=1.13$，$K_{\alpha}=1.2$，则 $K=K_{\mathrm{A}}K_{\mathrm{v}}K_{\beta}K_{\alpha}=1\times1.05\times1.13\times1.2=1.424$。由图3-11，查得 $Z_{\mathrm{H}}=2.45$；查表3-2，得 $Z_{\mathrm{E}}=189.8\mathrm{MPa}^{1/2}$；取 $Z_{\varepsilon}=0.8$。$Z_{\beta}=\sqrt{\cos\beta}=\sqrt{\cos12^\circ}=0.989$。

由式(3-16)，可初步计算出齿轮的分度圆直径 d_1、m_{n} 等主要参数和几何尺寸：

$$\begin{aligned}d_1&=\sqrt[3]{\left(\frac{Z_{\mathrm{H}}Z_{\mathrm{E}}Z_{\varepsilon}Z_{\beta}}{\sigma_{\mathrm{HP}}}\right)^2\frac{2KT_1}{\psi_{\mathrm{d}}}\cdot\frac{u+1}{u}}\\&=\sqrt[3]{\left(\frac{2.45\times189.8\times0.8\times0.989}{550}\right)^2\frac{2\times1.424\times147\ 680.4}{0.9}\cdot\frac{4.1+1}{4.1}}\ \mathrm{mm}\\&=63.835\ \mathrm{mm}\end{aligned}$$

$$m_{\mathrm{n}}=\frac{d_1\cos\beta}{z_1}=\frac{63.835\times\cos12^\circ}{26}\ \mathrm{mm}=2.402\ \mathrm{mm}$$

按表3-7，取标准模数 $m_{\mathrm{n}}=2.5$ mm，则

$$a=\frac{m_{\mathrm{n}}}{2\cos\beta}(z_1+z_2)=\frac{2.5}{2\times\cos12^\circ}(26+107)\ \mathrm{mm}=169.96\ \mathrm{mm}$$

圆整后取 $a=170$ mm。

修改螺旋角：

$$\beta = \arccos\frac{m_n(z_1 + z_2)}{2a} = \arccos\frac{2.5(26+107)}{2\times170} = 12°3'24''$$

$$d_1 = \frac{m_n z_1}{\cos\beta} = \frac{2.5\times26}{\cos12°3'24''}\ \text{mm} = 66.466\ \text{mm}$$

$$d_2 = \frac{m_n z_2}{\cos\beta} = \frac{2.5\times107}{\cos12°3'24''} = 273.534\ \text{mm}$$

$$v = \frac{n_1\pi d_1}{60\,000} = \frac{970\times\pi\times66.466}{60\,000}\ \text{m/s} = 3.376\ \text{m/s}$$

与估计值相近。

$$b=\psi_d d_1=0.9\times66.466\ \text{mm}=59.82\ \text{mm}$$

取 $b_2=60$ mm，$b_1=b_2+(5\sim10)=(60+6)$ mm$=66$ mm。

(5) 验算轮齿弯曲强度条件。

按式(3-17)验算轮齿的弯曲强度条件。

计算当量齿数：

$$z_{v1} = \frac{z_1}{\cos^3\beta} = \frac{26}{\cos^3 12°3'24''} = 27.8$$

$$z_{v2} = \frac{z_2}{\cos^3\beta} = \frac{107}{\cos^3 12°3'24''} = 114.41$$

查图 3-14，得 $Y_{Fa1}=2.6$，$Y_{Fa2}=2.2$；查图 3-15，得 $Y_{Sa1}=1.62$，$Y_{Sa2}=1.81$。取 $Y_\varepsilon=0.7$，$Y_\beta=0.9$。

计算弯曲应力：

$$\begin{aligned}\sigma_{F1} &= \frac{2KT_1}{bd_1m_n}Y_{Fa}Y_{Sa}Y_\varepsilon Y_\beta \\ &= \frac{2\times1.424\times147\,680.4}{60\times66.466\times2.5}\times2.6\times1.62\times0.7\times0.9\ \text{MPa} \\ &= 111.94\ \text{MPa} < \sigma_{FP1} = 314.28\ \text{MPa}\end{aligned}$$

$$\sigma_{F2} = \sigma_{F1}\frac{Y_{Fa2}Y_{Sa2}}{Y_{Fa1}Y_{Sa1}} = 108.33\times\frac{2.2\times1.81}{2.6\times1.62}\ \text{MPa} = 105.83\ \text{MPa} < \sigma_{FP2} = 300\ \text{MPa}$$

(6) 确定可行方案和较优方案。

通过上面计算所得到的一组基本参数和尺寸，能满足功能要求和约束条件，是一个可行方案，但不是唯一的方案，也不一定是最好的方案。适当改变参数(如改变 z_1、β 等)或材料、热处理方式，经同样计算，还可得到多种可行的方案，如表 3-8 所示。

表 3-8 可行方案

	方案 1	方案 2	方案 3	方案 4
小、大齿轮材料	45 钢，45 钢	45 钢，45 钢	45 钢，45 钢	40Cr，45 钢
小、大齿轮热处理方式	调质，正火	调质，正火	调质，调质	调质，调质
小、大齿轮齿面硬度 HBS(HRC)	230，190	230，190	260，230	260，230
许用接触应力 σ_{HP1}/MPa，σ_{HP2}/MPa	580，550	580，550	610，580	715，580

续表

	方案1	方案2	方案3	方案4
许用弯曲应力 σ_{FP1}/MPa,σ_{FP2}/MPa	314.3,300	314.3,300	329,314.3	414.3,314.3
模数 m_n/mm	2.5	2	2.5	2
螺旋角 β/(° ′ ″)	12°3′24″	12°22′51″	12°40′49″	11°15′17″
齿数 z_1,z_2	26,107	33,135	25,103	30,123
变位系数 x_1,x_2	0.0,0.0	0.0,0.0	0.0,0.0	0.0,0.0
齿宽 b_1/mm,b_2/mm	68,62	68,62	66,60	62,56
分度圆直径 d_1/mm,d_2/mm	66.466,273.534	67.571,276.429	64.063,263.937	61.176,250.824
中心距 a/mm	170	172	164	156
弯曲应力 σ_{F1}/MPa,σ_{F2}/MPa	108.33,102.42	125.6,123.2	110.9,105.98	149.19,140.3

根据预定的设计目标(例如,体积最小或重量最轻或传动最平稳或传动效率最高或其中某几项的综合等),对上述可行方案进行技术经济评价或凭设计者的经验,确定出一种较好的方案(关于技术经济评价的方法和实例,将在第16章中介绍,这里采用经验的方法粗略判断)。若考虑体积最小或重量最轻,则可选用方案4(分度圆直径和齿宽最小);若要求传动平稳,则可选用方案2(齿数较多,重合度较大);若要求成本低、体积较小,则可选用方案3(材料成本低,分度圆直径和齿宽较小)。

(7) 结构设计和绘制齿轮零件工作图(略)。

3.7.4 用 Autodesk Inventor 软件进行齿轮的校核计算

一般教材中,为便于手工计算,对某些参数作了简化处理,而用计算机设计软件可完全按照标准规定的设计方法进行分析计算。利用 Autodesk 公司开发的三维机械设计工具 Autodesk Inventor 能够方便、快捷、准确地按照标准对齿轮等常用零件进行设计、校核。下面针对例3-2,简单介绍齿轮的校核计算的过程。

启动 Inventor 2010 创建新的装配体,打开设计加速器菜单,如图3-23所示。

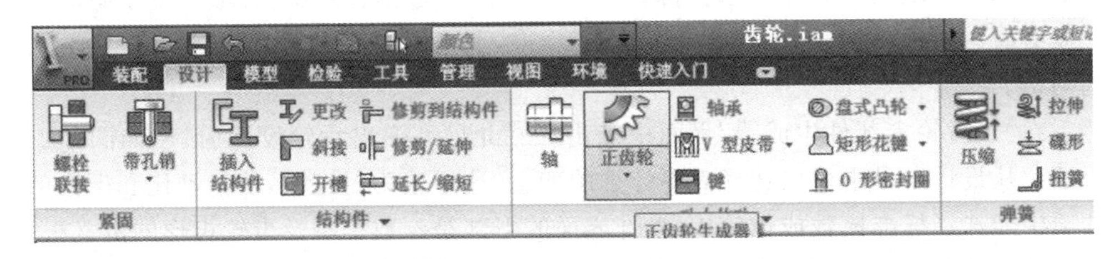

图3-23 设计加速器菜单

点击菜单中“正齿轮”选项,打开“正齿轮零部件生成器”窗口。首先点击[计算]图标显示计算界面,如图 3-24(a)所示。在此界面中“选择强度计算方法(计算标准)”(因该软件齿轮计算暂无国标计算方法,故选用与国标相近的 ISO 标准),如图 3-24(b) 所示。载荷类型以及强度计算类型如图 3-24(c) 所示。这里分别选择“功率、速度→扭矩”为载荷类型,“校核计算”为强度计算类型。

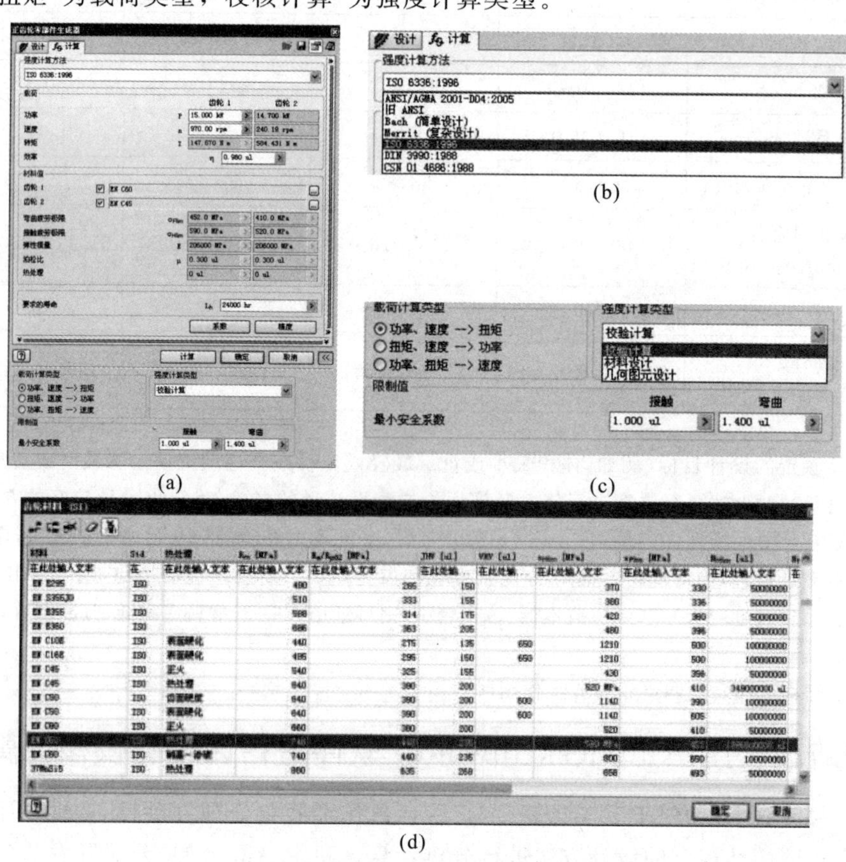

图 3-24 “正齿轮零部件生成器”界面及相关设置

(a) 计算窗口;(b) 选择强度计算标准;(c) 选择强度计算类型;(d) 从材料库中选择材料

在界面中输入功率、速度、材料相关参数、寿命等。注意,通过界面中的“材料值”选项可以从系统的材料库中选择材料及其特性值,如图 3-24(d) 所示。由于材料库中没有我国的材料型号,可选相近的 ISO 标准,其弯曲疲劳极限约为本书提供数值的两倍。

在“正齿轮零部件生成器”界面中点击[设计]图标,弹出齿轮设计窗口,如图 3-25 所示。从设计向导中可以选择需要计算的变量,这里选为“齿数”,从传动比和模数的选项中能选择标准模数或传动比,设计界面的下部是参数类型及齿轮齿形的定义框。

齿轮计算牵涉到大量的参数,可以再点击按钮[计算]图标,设置热处理模式。点击图 3-24(a)中的按钮[系数],得到如图 3-26 所示的界面,用户可以根据需要输入，设置载荷使用系数、面载荷系数、加工硬化系数、尺寸系数等。

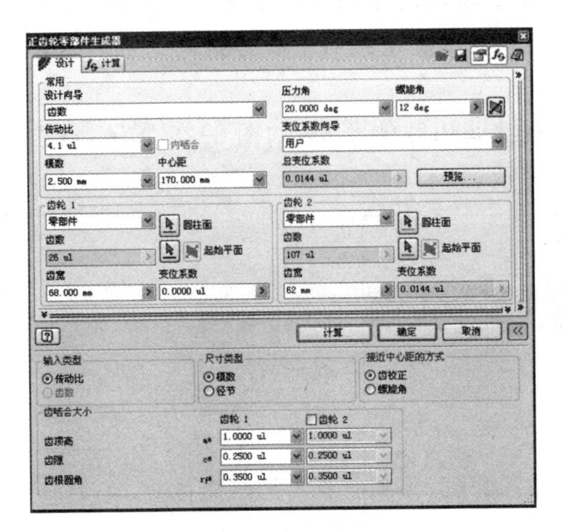

图 3-25 齿轮设计窗口

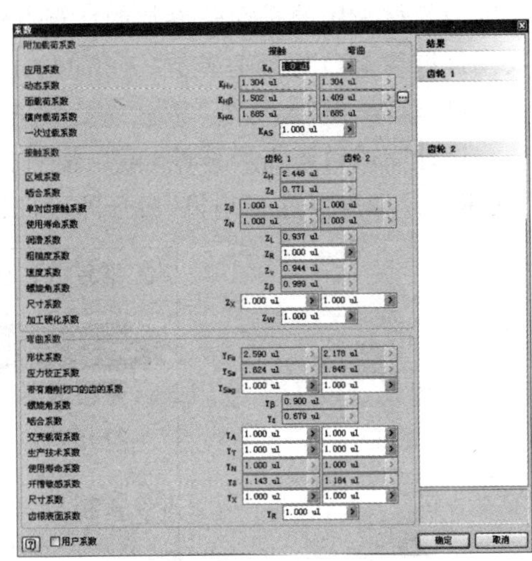

图 3-26 系数设置对话框

参数输入完毕后，点击图 3-24(a)或图 3-25 中的f_G计算图标，即可得到齿轮所受到的圆周力、径向力、轴向力、安全系数等计算结果，如图 3-27 所示，从图中右侧的结果中可看到两齿轮的接触安全系数分别为 0.701 和 0.619。注意该窗口下部提示“计算结果表示设计失败”。

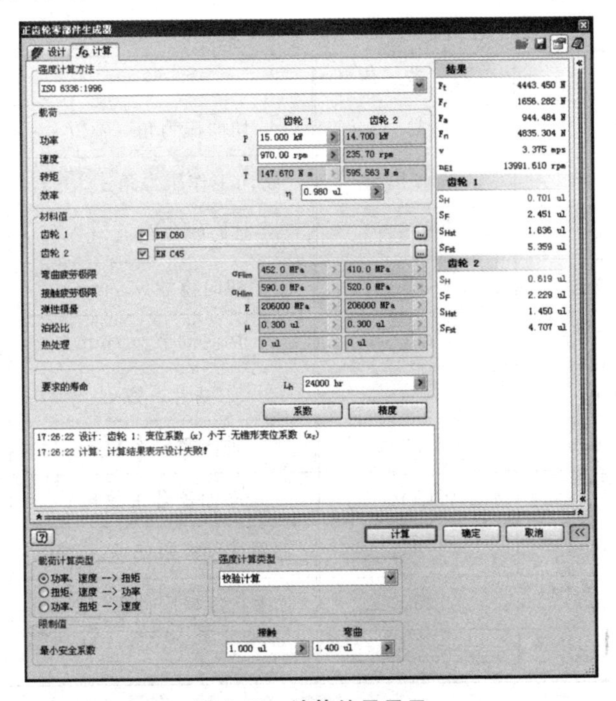

图 3-27 计算结果显示

说明:使用软件对例 3-2 校核计算,之所以出现接触安全系数不合格的结果,一是因为教材采用的是简化参数的计算方法而不是按齿轮国家标准进行计算的;二是我国标准与 ISO 标准有差异;三是 Inventor 软件中确定载荷系数 K 时考虑的因素较多,取值较大。

设计完成后若需要修改,可以按鼠标右键调用智能菜单,如图 3-28 所示,点击"使用设计加速器进行编辑"命令即可进行修改。

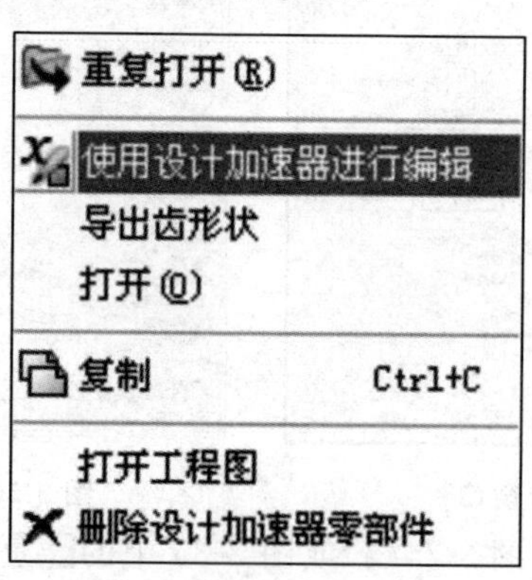

图 3-28 右键智能菜单

在图 3-27 中窗口的右上角,点选图标可查看所有计算结果。表 3-9 至表 3-14 列出了部分结果。

表 3-9 常见参数

项　目	参 数 值	项　目	参 数 值
传动比 i	4.1154	切向压力角 $\alpha_t/(°)$	20.410 3
传动比 i_{in}	4.1	切向工作压力角 $\alpha_{tw}/(°)$	20.442 8
模数 m/mm	2.5	基圆螺旋角 $\beta_b/(°)$	11.266 5
螺旋角 $\beta/(°)$	12	切向模数 m_t/mm	2.556
压力角 $\alpha/(°)$	20	切向周节 p_t/mm	8.029
中心距 a_w/mm	170	啮合系数 ε	3.324 7
产品中心距 a/mm	169.964	轴向重合系数 ε_α	1.683 4
总变位系数 $\sum_x$	0.014 4	端面重合系数 ε_β	1.641 3
周节 p/mm	7.854	轴平行度极限偏差 f_x/mm	0.028
基圆周节 p_{tb}/mm	7.525	轴平行度极限偏差 f_y/mm	0.014
工作压力角 $\alpha_w/(°)$	20.033 9		

表 3-10 齿轮几何尺寸

几何尺寸	齿轮1	齿轮2	几何尺寸	齿轮1	齿轮2
齿数 z	26	107	跨齿数 z_w	4	13
变位系数 x	0	0.0144	圆棒之间的跨距 M/mm	73.094	280.344
节径 d/mm	66.452	273.476	圆棒直径 d_M/mm	4.5	4.5
外径 d_a/mm	71.452	278.548	螺旋角极限偏差 F_β/mm	0.028	0.029
齿根圆直径 d_f/mm	60.202	267.298	极限圆周径向跳动 F_r/mm	0.043	0.056
基圆直径 d_b/mm	62.28	256.307	轴向螺距极限偏差 f_{pt}/mm	0.017	0.018
工作节径 d_w/mm	66.466	273.534	基本螺距极限偏差 f_{pb}/mm	0.016	0.017
齿宽 b/mm	68	62	当量齿数 z_v	27.636	113.732
齿宽比 b_r	0.9330	0.2267	当量节径 d_n/mm	69.089	284.329
齿顶高系数 a^*	1	1	当量外径 d_{an}/mm	74.089	289.4
径向间隙系数 c^*	0.25	0.25	当量基圆直径 d_{bn}/mm	64.923	267.182
齿厚 s/mm	3.927	3.953	无锥形变位系数 x_z	0.2537	−2.2563
切向齿厚 s_t/mm	4.015	4.041	无根切变位系数 x_p	−0.5967	−5.6323
弦厚度 t_c/mm	3.468	3.491	变位系数许用根切 x_d	−0.7666	−5.8023
弦齿顶高 a_c/mm	1.869	1.901	齿顶高截断 k	0	0
公法线长度 W/mm	26.801	96.269	提示压力角 α_a/(°)	29.0806	22.6934

表 3-11 齿轮载荷及其他参数

参数	齿轮1	齿轮2	参数	齿轮1	齿轮2
功率 P/km	15	14.7	径向力 F_r/N	1656.282	
速度 n/(r/min)	970	235.7	切向力 F_t/N	4443.450	4413.45
转矩 T/(N·m)	147.67	595.563	轴向力 F_a/N	944.484	
效率 η/(%)	0.98		法向力 F_n/N	4835.304	
共振转速 n_{E1}/(r/min)	13991.610		圆周速度 v/(m/s)	3.375	

表 3-12　材料特性

材料特性	齿轮1 (C60)	齿轮2 (C45)
极限拉伸强度 S_u/MPa	740	640
屈服强度 S_y/MPa	440	390
弹性模量 E/MPa	206000	206000
泊松比 μ	0.3	0.3
弯曲疲劳极限 σ_{Flim}/MPa	452	410
接触疲劳极限 σ_{Hlim}/MPa	590	520
齿形心硬度 JHV	210	210
齿侧面硬度 VHV	600	600
弯曲时的基本载荷循环次数 N_{Flim}	1 396 000 000	349 000 000
接触时的基本载荷循环次数 N_{Hlim}	1 396 000 000	349 000 000
弯曲的 Wohler 曲线指数 q_F	6	6
接触的 Wohler 曲线指数 q_H	10	10
处理类型	0	0

表 3-13　强度计算

<table>
<tr><th colspan="3">项　目</th><th>齿轮1</th><th>齿轮2</th><th colspan="3">项　目</th><th>齿轮1</th><th>齿轮2</th></tr>
<tr><td rowspan="5">附加载荷系数</td><td>应用系数</td><td>K_A</td><td colspan="2">1</td><td rowspan="16">弯曲系数</td><td>形状系数</td><td>Y_{Fa}</td><td>2.590</td><td>2.178</td></tr>
<tr><td>动态系数</td><td>K_{Hv}</td><td colspan="2">1.304</td><td>应力校正系数</td><td>Y_{Sa}</td><td>1.624</td><td>1.848</td></tr>
<tr><td>面载荷系数</td><td>$K_{H\beta}$</td><td>1.502</td><td>1.409</td><td>带有磨削切口的齿的系数</td><td>Y_{Sag}</td><td colspan="2">1</td></tr>
<tr><td>横向载荷系数</td><td>$K_{H\alpha}$</td><td>1.686</td><td>1.685</td><td>螺旋角系数</td><td>Y_β</td><td colspan="2">0.9</td></tr>
<tr><td>一次过载系数</td><td>K_{AS}</td><td colspan="2">1</td><td>啮合系数</td><td>Y_ε</td><td colspan="2">0.679</td></tr>
<tr><td rowspan="11">接触系数</td><td>弹性系数</td><td>Z_E</td><td colspan="2">189.812</td><td>交变载荷系数</td><td>Y_A</td><td colspan="2">1</td></tr>
<tr><td>区域系数</td><td>Z_H</td><td colspan="2">2.448</td><td>生产技术系数</td><td>Y_T</td><td colspan="2">1</td></tr>
<tr><td>啮合系数</td><td>Z_ε</td><td colspan="2">0.771</td><td>使用寿命系数</td><td>Y_N</td><td>1</td><td>1.005</td></tr>
<tr><td>单对齿接触系数</td><td>Z_B</td><td colspan="2">1</td><td>开槽敏感系数</td><td>Y_δ</td><td>1.143</td><td>1.184</td></tr>
<tr><td>使用寿命系数</td><td>Z_N</td><td>1</td><td>1.003</td><td>尺寸系数</td><td>Y_X</td><td colspan="2">1</td></tr>
<tr><td>润滑系数</td><td>Z_L</td><td colspan="2">0.937</td><td>齿根表面系数</td><td>Y_R</td><td colspan="2">1</td></tr>
<tr><td>粗糙度系数</td><td>Z_R</td><td colspan="2">1</td><td></td><td></td><td></td><td></td></tr>
<tr><td>速度系数</td><td>Z_v</td><td colspan="2">0.944</td><td></td><td></td><td></td><td></td></tr>
<tr><td>螺旋角系数</td><td>Z_β</td><td colspan="2">0.989</td><td></td><td></td><td></td><td></td></tr>
<tr><td>尺寸系数</td><td>Z_X</td><td colspan="2">1</td><td></td><td></td><td></td><td></td></tr>
<tr><td>加工硬化系数</td><td>Z_W</td><td colspan="2">1</td><td></td><td></td><td></td><td></td></tr>
</table>

表 3-14　计算结果

项　　目	齿轮 1	齿轮 2
免受点蚀安全系数 S_H	0.701	0.619
免受断齿安全系数 S_F	2.451	2.240
静态接触安全系数 S_{Hst}	1.636	1.45
静态弯曲安全系数 S_{Fst}	5.359	4.729
校验计算	负	

3.8　行星齿轮传动设计概要

3.8.1　行星齿轮传动的特点和应用

渐开线行星齿轮传动是一种至少有一个齿轮的几何轴线绕公共几何轴线作公转运动的齿轮传动装置。这种传动装置的优点是：结构紧凑，体积小、重量轻，传动比范围大，传动效率高（要求形式选用得当），运转平稳、噪声小，可进行运动的合成与分解等。因而，其广泛应用于冶金、矿山、起重运输、轻纺、化工、航空、船舶等部门的设备上。其缺点是：结构比较复杂，零件制造精度要求高，安装较困难，润滑和冷却要求高。

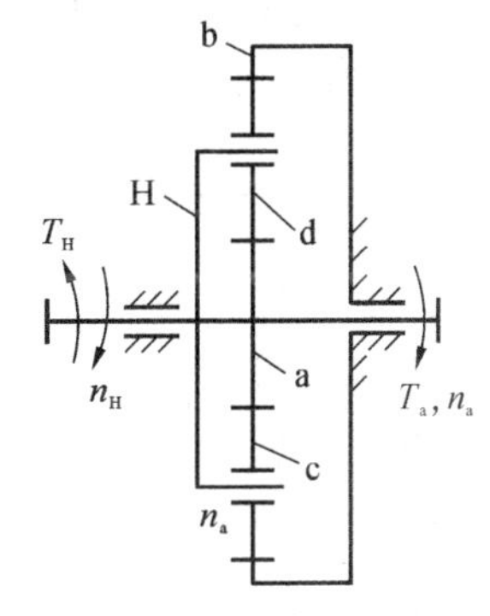

图 3-29　NGW 型行星齿轮传动

a—太阳轮；b—内齿圈

c—行星轮；H—行星架

行星齿轮传动根据采用的基本构件不同可分为 2K-H 型、3KW 型和 K-H-V 型三种。基本构件代号为：K——太阳轮；H——行星架；V——输出机构。本节主要介绍 2K-H 型中 NGW 型行星齿轮传动（见图3-29）的设计要点。

3.8.2　行星齿轮传动的设计要点

设计行星齿轮传动时，首先应根据传动比和传动要求，选定行星齿轮传动形式，确定行星轮数目 n_p，根据配齿条件确定行星齿轮传动中各齿轮的齿数和变位系数，然后进行齿轮强度计算，确定齿轮模数、齿宽和中心距以及材料、热处理方式等。

每一种行星齿轮传动皆可分解为几对齿轮副（外啮合齿轮副和内啮合齿轮副）。因此，其齿轮强度条件可分别采用前述定轴线齿轮传动的公式，但要考虑行星齿轮传动的结构特点（多个行星轮啮合，对于 NGW 型传动，行星轮的轮齿既参与外啮合，又参与内啮合）和运动特点（行星轮既自转又公转）。一般情况下，NGW 型行星齿轮传动的承载能力主要取决于外啮合齿轮副,因而要计算外啮合齿轮副的强度。但是,对于太阳轮和行星轮的轮齿为渗碳淬火、磨削加工,而内齿圈为调质处理、插齿加工的行星齿轮传动,其内齿轮的强度为薄弱环节,也应进行强度校核。下面对行星齿轮传动强度计算的特点作简要说明。

1. 行星轮间载荷分配不均系数 K_p

由于行星齿轮传动各组成零件不可避免地存在加工误差、装配误差以及运转中受力变形等因素的影响,各行星轮的受载实际上是不相等的。虽然随着制造精度的提高、合理的均载机构的采用等,各行星轮受载不均匀的程度大为降低,但仍或多或少存在受载不均匀的情况。对此,在强度计算中应引入不均载系数 K_p 加以考虑。

K_p 值在齿面接触强度条件中以 K_{HP} 表示,在轮齿弯曲强度条件中以 K_{FP} 表示,其近似关系为

$$K_{FP}=1+1.5(K_{HP}-1)$$

对于 NGW 型传动,当无均载机构和 $n_p=3$ 时,取 $K_{HP}=1.35\sim1.45$。

采用齿式联轴器浮动机构的 NGW 型传动,当制造精度不低于 7 级,圆周速度不超过15 m/s时,K_{HP}值按表 3-15 选取。

表 3-15 NGW 型传动的 K_{HP} 值

齿轮精度等级	浮动件			
	太阳轮	内齿圈	行星架	太阳轮和行星架
6	1.05	1.10	1.20	1.10
7	1.10	1.15	1.25	1.15

注:① 太阳轮和内齿圈同时浮动时,按太阳轮浮动选取;

② 表中数值适用 $n_p=3$。

2. 小齿轮转矩 T_1 及圆周力 F_{t1}

对于 NGW 型传动,各齿轮副中太阳轮轴上的转矩为 T_a,每个小齿轮传递的转矩 T_1 按以下方式计算。

对于 a-c 啮合齿轮副:

当 $z_a\leqslant z_c$ 时, $$T_1=\frac{T_a}{n_p}K_p\quad(\text{N}\cdot\text{m})$$

当 $z_a>z_c$ 时, $$T_1=\frac{T_a}{n_p}K_p\frac{z_c}{z_a}\quad(\text{N}\cdot\text{m})$$

对于 c-b 啮合齿轮副:

$$T_1=\frac{T_a}{n_p}K_p\frac{z_c}{z_a}\quad(\text{N}\cdot\text{m})\tag{3-25}$$

各齿轮副中小齿轮上的圆周力 $F_{t1}=\dfrac{2\,000T_1}{d_1}$(N),$d_1$ 为该小轮分度圆直径(mm)。

3. 应力循环次数 N

应力循环次数 N 应根据各齿轮相对行星架的转速确定。当载荷恒定时，NGW 型传动中各齿轮的 N 值按表 3-16 计算。表中 N_a、N_b、N_c 分别为太阳轮、内齿圈、行星轮的循环次数，n_a、n_b、n_c、n_H 分别为太阳轮、内齿圈、行星轮、行星架的转速，t 为齿轮同侧齿面总工作时间(h)。

表 3-16 应力循环次数 N

项 目	计 算 公 式
N_a	$N_a=60(n_a-n_H)n_p t$
N_b	$N_b=60(n_b-n_H)n_p t$
N_c	$N_c=60(n_c-n_H)n_p t$

对于 NGW 型行星齿轮传动的行星轮，其虽同时与太阳轮和内齿圈啮合，但啮合是由轮齿的两侧面分别完成的，故在计算 N_c 的公式中，取 $n_p=1$。

对于双向运转承受交变载荷的行星齿轮传动，如果两个方向的运转条件相同，进行接触强度和弯曲强度计算时，应用 $0.5t$ 替换上表中的 t；但对于 NGW 型结构中的行星轮，N_c 计算式中的 t 不变，且接触强度计算时的 N_c 值按下式计算：

$$N_c=30(n_c-n_H)\left[1+\left(\frac{z_a}{z_b}\right)^3\right]t \tag{3-26}$$

4. 载荷系数

对计算要求不高的行星齿轮传动，载荷系数可近似按 3.3 节中介绍的方法确定；对于重要的行星齿轮传动，其值可由《机械设计手册》查取。

5. 疲劳极限 σ_{Hlim} 值和 σ_{Flim} 值

试验齿轮的疲劳极限 σ_{Hlim} 和 σ_{Flim} 值分别按图 3-16 和图 3-17 查取。虽然在理论计算中，行星齿轮传动内啮合的承载能力一般比外啮合的高，但试验和工业使用情况表明，内啮合传动的接触强度往往低于计算结果。因此，在进行内啮合传动的接触强度计算时，应将选取的 σ_{Hlim} 值适当降低。建议：当 $2\leqslant\frac{z_b}{z_c}\leqslant4$ 时，降低 8%；当 $z_b<2z_c$ 时，降低 16%；当 $z_b>4z_c$ 时，可不降低。

3.9 曲线齿锥齿轮和准双曲面齿轮传动

3.9.1 曲线齿锥齿轮传动

如 3.6 节所述，由于直齿锥齿轮加工的齿形与理论球面渐开线齿形之间存在误差，齿轮精度较低，在传动中会产生较大的振动和噪声，不宜用于高速齿轮传动。高速场合宜采用曲线齿锥齿轮传动。

曲线齿锥齿轮传动较之直齿锥齿轮传动具有重合度大、承载能力高、传动效率高、传动平稳、噪声小等优点,因而获得了日益广泛的应用。曲线齿锥齿轮传动主要有圆弧齿(简称弧齿)和延伸外摆线齿两种类型。

1. 弧齿锥齿轮传动

这种齿轮沿齿长方向的齿线为圆弧(见图 3-30(a)),可在专用的格里森(Gleason)铣齿机上切齿,并容易磨齿,是曲线齿锥齿轮中应用最为广泛的一种。这种齿轮齿线上各点的螺旋角是不同的,一般取齿宽中点分度圆螺旋角 β_m 为名义螺旋角。β_m 越大,齿轮传动越平稳,噪声越低,常取 $\beta_m=35°$。当 $\beta_m=0°$时,称为零度齿锥齿轮(见图 3-30(b)),其传动平稳性和生产效率比直齿锥齿轮高,常用于替代直齿锥齿轮。

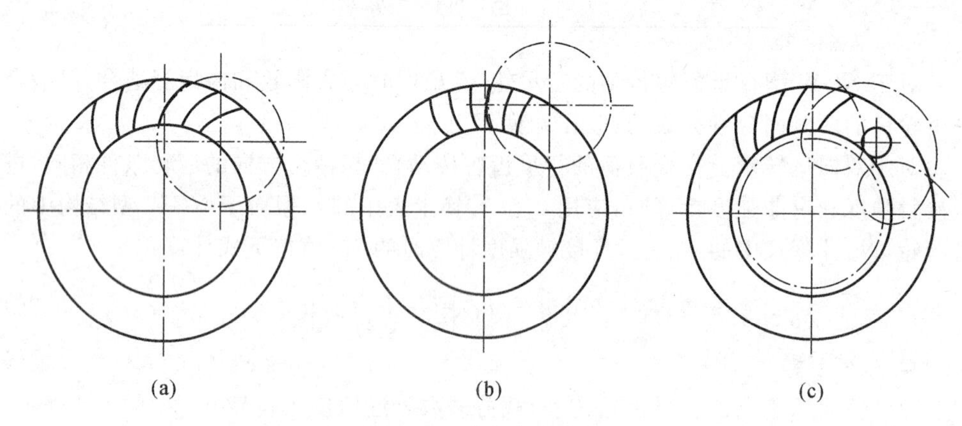

图 3-30 曲线齿锥齿轮

(a) 弧齿锥齿轮;(b) 零度齿锥齿轮;(c) 延伸外摆线齿锥齿轮

弧齿锥齿轮的最小齿数为 $z_{\min}=6\sim8$,故传动比可比直齿锥齿轮大得多。零度齿锥齿轮的最小齿数为 $z_{\min}=13$。弧齿锥齿轮传动的强度条件,可按美国格里森公司提供的方法计算,可参考相关文献。

2. 延伸外摆线齿锥齿轮传动

这种齿轮沿齿长方向的齿线为延伸外摆线(见图 3-30(c)),采用等高齿,可在奥利康(Oerlikon)机床上切齿。这种齿轮的主要优点是:① 可用连续分度方法加工,生产效率高,齿距精度较好;② 齿长为等高齿,沿轮齿接触面共轭条件较好,齿的接触区也较理想。其缺点是:磨齿困难,不宜用于高速传动。这种齿轮传动广泛用于汽车、机床、拖拉机等机械中。

3.9.2 准双曲面齿轮传动

准双曲面齿轮传动最常用的轴交角为 $\Sigma=90°$。与锥齿轮传动不同的是,其轴线是偏置的(见图 3-31)。由于轴线偏置,使得大、小齿轮的轴线不相交,小齿轮轴可从大齿轮轴下穿过,避免了悬臂布置,这样,可做成两端支承的结构,增大了小齿轮轴的刚性。对于后轮驱动的汽车，这样有利于降低传动装置的高度，使汽车的重心下降，从而可提高整机的平稳性。这种齿轮常做成齿廓为渐开线的弧线齿，可在普通的弧齿锥齿轮机床上加工，且可磨齿。这种传动，小、大齿轮的螺旋角β_{m1}与β_{m2}不相等，一般$\beta_{m1}>\beta_{m2}$。通常可取$\beta_{m2}=30°\sim35°$，β_{m1}则视z_1而定，z_1越小，β_{m1}应越大。由于β_m不相等，故一对准双曲面齿轮要能正常传动，必须保证法向齿距相等，即两轮的法向模数是相等的，但其端面模数却不是相等的。小齿轮的端面模数一般较大，故与锥齿轮传动相比，在传动比相同时，其小齿轮直径得以增大，从而可提高传动的刚性。

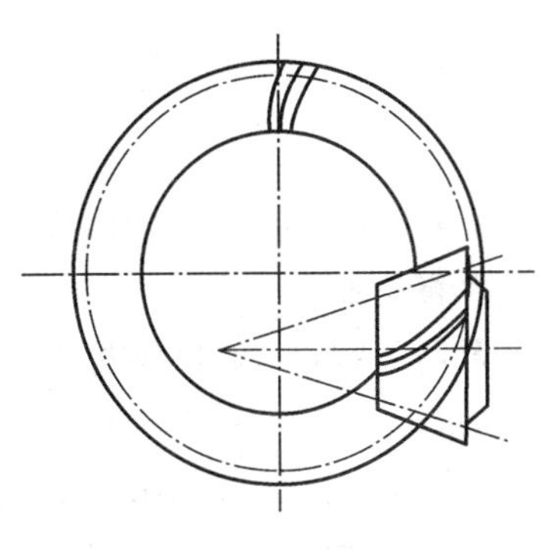

图3-31　准双曲面齿轮传动

这种齿轮传动具有轴的布置方便、传动平稳、噪声低、承载能力大等特点，多用于高速、重载、传动比大而要求结构紧凑的场合，不仅广泛应用于汽车工业，在其他工业领域也逐渐得到了应用。

3.10　齿轮传动类型的选择

选择齿轮传动的类型时，应根据齿轮传动的特点，考虑主机设备对传动装置的要求（包括功率、转速、传动比、结构尺寸、效率、重量、平稳性、噪声、传动精度、可靠性等），从满足功能需求出发，合理选择齿轮传动的类型。一般可考虑以下的原则。

(1) 对于平行轴传动，多采用直齿或斜齿圆柱齿轮传动；对于相交轴传动，多采用直齿或曲线齿锥齿轮传动；对于两轴既不平行又不相交的传动（交错轴传动），可采用准双曲面齿轮传动和交错轴螺旋齿轮传动。考虑到结构和工艺简单，应优先采用平行轴齿轮传动。

(2) 对于高速、大功率的外啮合传动，应着重考虑提高其传动的平稳性和可靠性，可选用斜齿圆柱齿轮传动；对于低速、重载长期运转的齿轮传动，应着重提高其传动效率，可选用直齿圆柱齿轮传动。

(3) 对于速度较低的相交轴传动，可采用直齿锥齿轮传动，其效率比较高；速度较高时，则应选用曲线齿锥齿轮传动，以提高其传动平稳性。

(4) 在汽车、拖拉机等机械中，在交错轴间传递运动和动力时，可选用准双曲面齿轮传动，其传动效率虽较低，但在有空间限制的条件下，可以传递较大的功率。

(5) 各种行星齿轮传动和谐波齿轮传动主要用于同轴性好（即输入轴与输出轴处于同一轴线）、要求结构紧凑和传动比大的齿轮传动装置中。

习　题

3-1　选择齿轮材料时,为何小齿轮的材料要选得比大齿轮好些或小齿轮的齿面硬度取得高些?

3-2　试画出图 3-22 所示的减速器中各齿轮上所受各力的方向(F_t,F_r,F_a)。

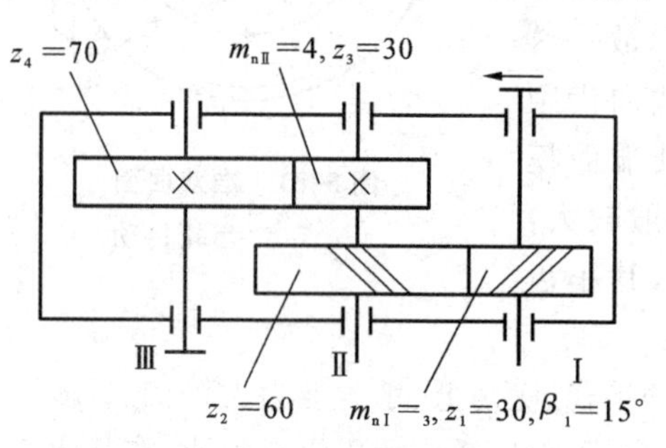

题 3-3 图　双级斜齿圆柱齿轮减速器

3-3　如题图所示的双级斜齿圆柱齿轮减速器,要求轴Ⅱ上两齿轮产生的轴向力 F_{a2} 与 F_{a3} 互相抵消。设第一对齿轮的螺旋角 $\beta_{I}=15°$,试确定第二对齿轮的螺旋角 β_{II}。第二对齿轮 3 和 4 的螺旋线方向如何?

3-4　有一台单级直齿圆柱齿轮减速器。已知:$z_1=32$,$z_2=108$,中心距 $a=210$ mm,齿宽$b=72$ mm,大、小齿轮材料均为 45 钢,小齿轮调质,硬度为 250～270HBS,齿轮精度为 8 级,输入转速 $n_1=1\ 460$ r/min。采用电动机驱动,载荷平稳,齿轮工作寿命为 10 000 小时。试求该齿轮传动所允许传递的最大功率。

3-5　试设计提升机构上用的闭式直齿圆柱齿轮传动。已知:齿数比 $u=4.6$,转速 $n_1=730$ r/min,传递功率 $P_1=10$ kW;双向传动,预期寿命 5 年,每天工作 16 小时;对称布置,原动机为电动机,载荷为中等冲击;$z_1=25$,大、小齿轮材料均为 45 钢,调质处理;齿轮精度为 8 级,可靠性要求一般。

3-6　试设计闭式双级圆柱齿轮减速器(见图 3-22)中高速级斜齿圆柱齿轮。已知:传递功率 $P_1=20$ kW,转速 $n_1=1\ 430$ r/min,齿数比 $u=4.3$,单向传动,齿轮不对称布置,轴的刚性较小,载荷有有轻微冲击。大、小齿轮材料均用 40Cr,表面淬火,齿面硬度为 48～55HRC,齿轮精度为 7 级,两班制工作,预期寿命 5 年,可靠性一般。

3-7　试设计一闭式单级直齿锥齿轮传动。已知:输入转矩 $T_1=90.5$ N·m,输入转速$n_1=970$ r/min,齿数比 $u=2.5$。载荷平稳,长期运转,可靠性一般。

3-8　校核一对直齿锥齿轮传动所能传递的功率 P_1。已知:$z_1=18$,$z_2=36$,$m=2$ mm,$b=13$ mm,$n_1=930$ r/min。由电动机驱动,单向转动,载荷有轻微冲击,工作寿命为 24 000 小时。齿轮材料为 45 钢,小齿轮调质,硬度为 230～250HBS;大齿轮正火,硬度为 190～210HBS。齿轮精度为 8 级,小齿轮悬臂布置,设备可靠性要求较高。

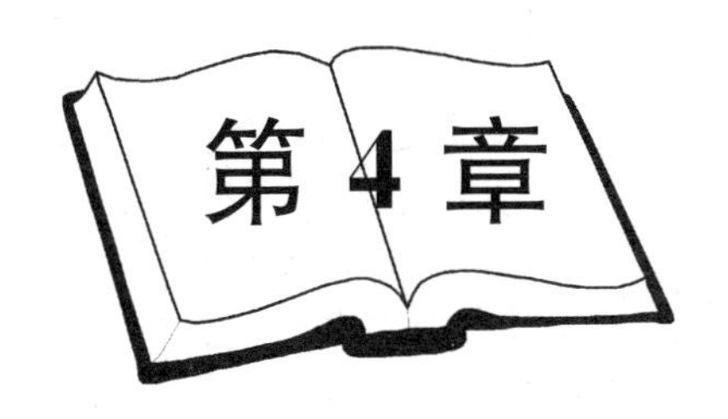

蜗杆传动设计

4.1 蜗杆传动概述

蜗杆传动用于传递空间两交错轴之间的运动和动力。通常两轴线的交错角为90°。

4.1.1 蜗杆传动的特点

蜗杆传动具有传动比大(在动力传动中,一般传动比 $i=10\sim80$;在分度机构中,i 可达1 000)、结构紧凑、传动平稳、噪声低和能自锁等优点,应用颇为广泛。其不足之处是:由于在啮合齿面间产生很大的相对滑动速度,因此摩擦发热大,传动效率低,且常需耗用非铁合金,故不适用于大功率和长期连续工作场合的传动。

4.1.2 蜗杆传动设计的主要任务

蜗杆传动设计的主要任务是:在满足蜗杆传动的轮齿强度、蜗杆刚度、热平衡和经济性等约束条件下,合理确定蜗杆传动的主要类型、参数(如模数、蜗杆头数、蜗轮齿数、变位系数、蜗杆分度圆柱导程角和中心距等)、几何尺寸和结构尺寸,以达到预定的传动功能和性能的要求。

4.1.3 蜗杆传动的类型

按蜗杆的形状分为:圆柱蜗杆传动(见图 4-1(a))、环面蜗杆传动(见图 4-1(b))和锥面蜗杆传动(见图 4-1(c))等。下面主要介绍圆柱蜗杆传动(环面蜗杆传动见4.7节,锥面蜗杆传动见参考文献[4.3])。

圆柱蜗杆传动分为普通圆柱蜗杆传动和圆弧圆柱蜗杆传动。

1. 普通圆柱蜗杆传动

普通圆柱蜗杆传动多用直母线刀刃加工。按齿廓曲线的不同,普通圆柱蜗杆传动可分为如图 4-2 所示的四种。

(1) 阿基米德蜗杆(ZA 蜗杆)　蜗杆的齿面为阿基米德螺旋面,在轴向剖面Ⅰ—Ⅰ上具有直线齿廓,端面齿廓为阿基米德螺旋线。加工时,车刀切削平面通过蜗杆轴线

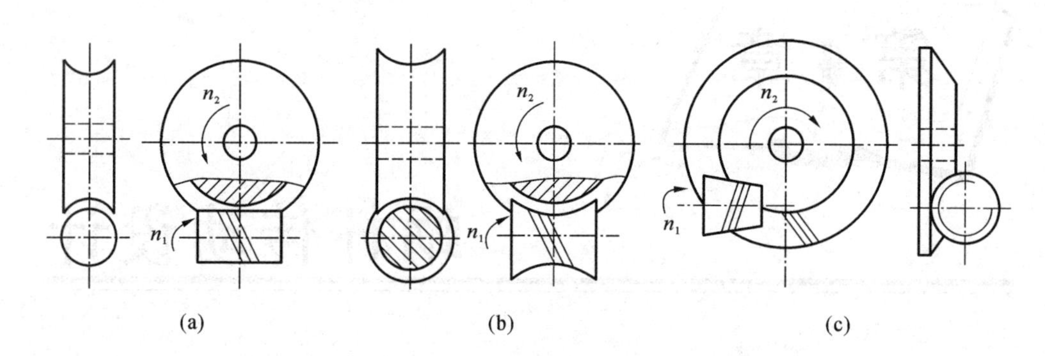

图 4-1　蜗杆传动的类型

(a) 圆柱蜗杆传动；(b) 环面蜗杆传动；(c) 锥面蜗杆传动

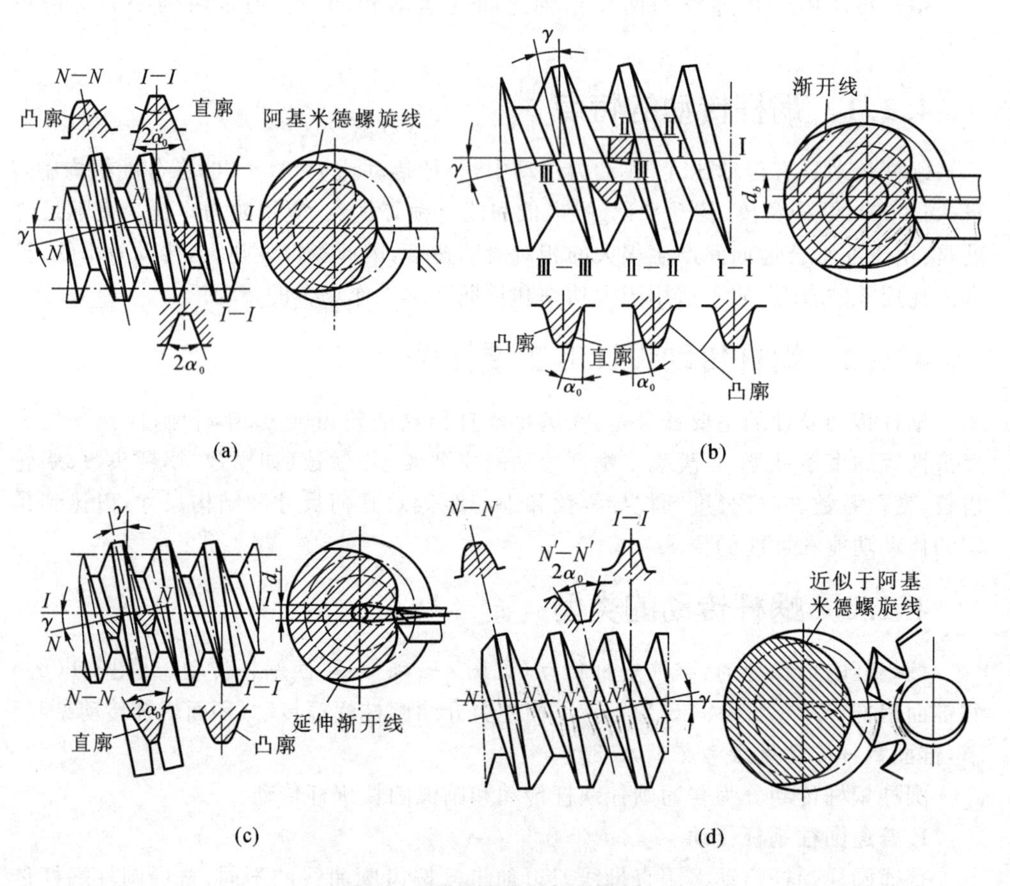

图 4-2　普通圆柱蜗杆的类型

(a) 阿基米德蜗杆(ZA 蜗杆)；(b) 渐开线蜗杆(ZI 蜗杆)；

(c) 法向直廓蜗杆(ZN 蜗杆)；(d) 锥面包络圆柱蜗杆(ZK 蜗杆)

（见图 4-2(a)）。车削简单，但当导程角大时，加工不便，且难于磨削，不易保证加工精度。一般用于低速、轻载或不太重要的传动。

(2) 渐开线蜗杆(ZI 蜗杆)　蜗杆的齿面为渐开螺旋面，端面齿廓为渐开线。加工时，车刀刀刃平面与基圆相切（见图 4-2(b)）。可以磨削，易保证加工精度。一般用于蜗杆头数较多、转速较高和较精密的传动。

(3) 法向直廓蜗杆(ZN 蜗杆)　蜗杆的端面齿廓为延伸渐开线，法面 N—N 齿廓为直线。车削时，车刀刀刃平面置于螺旋线的法面上（见图 4-2(c)）。加工简单，可用砂轮磨削，常用于多头、精密传动。

(4) 锥面包络圆柱蜗杆(ZK 蜗杆)　蜗杆的齿面为圆锥面族的包络曲面，在各个剖面上的齿廓都呈曲线。加工时，采用盘状铣刀或砂轮放置在蜗杆齿槽的法向面内，由刀具锥面包络而成（见图 4-2(d)）。切削和磨削容易，易获得高精度，目前应用广泛。

2. 圆弧圆柱蜗杆传动(ZC 型)

圆弧圆柱蜗杆的齿形分为两种：一种是蜗杆轴向剖面为圆弧形齿廓，用圆弧形车刀加工，切削时，刀刃平面通过蜗杆轴线（见图 4-3(a)）；另一种是蜗杆用轴向剖面为

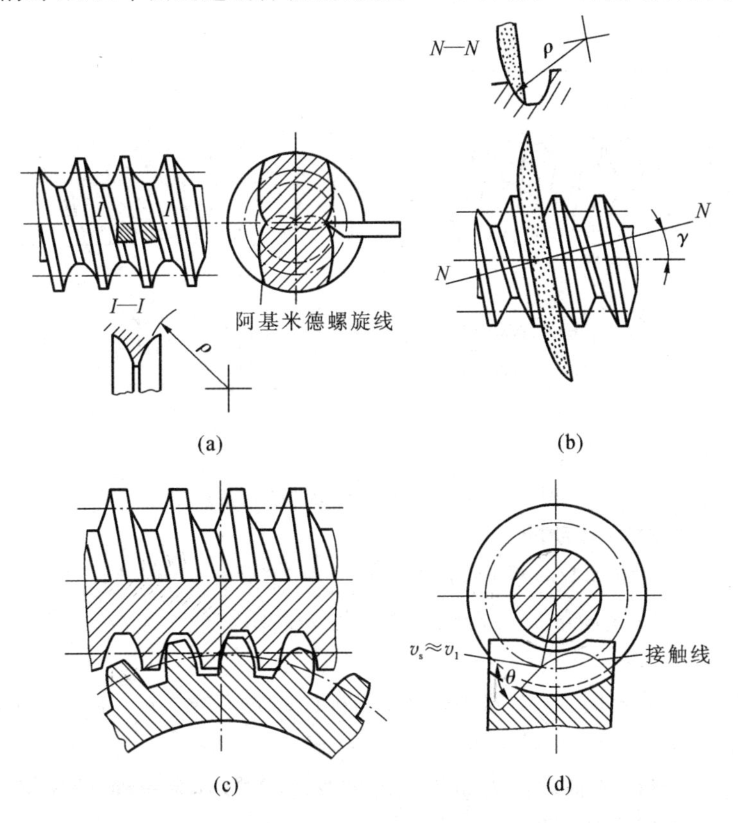

图 4-3　圆弧圆柱蜗杆传动

圆弧的环面砂轮,装置在蜗杆螺旋线的法面内,由砂轮面包络而成(见图 4-3(b)),可获得很高的精度,目前我国正推广这一种。圆弧圆柱蜗杆传动在中间平面上蜗杆的齿廓为内凹弧形,与之相配的蜗轮齿廓则为凸弧形,是一种凹凸弧齿廓相啮合的传动(见图 4-3(c)),其综合曲率半径大,承载能力高,一般较普通圆柱蜗杆传动高 50%~150%,同时,由于瞬时接触线与滑动速度方向交角大(见图 4-3(d)),有利于啮合面间的油膜形成,摩擦小,传动效率高,一般可达 90%以上。蜗杆能磨削,精度高,广泛应用于冶金、矿山、化工、起重运输等机械中。

4.2 圆柱蜗杆传动的主要参数及几何尺寸

4.2.1 普通圆柱蜗杆传动的主要参数及几何尺寸计算

对于阿基米德蜗杆传动,在中间平面(通过蜗杆轴线且垂直于蜗轮轴线的平面,参见图4-4)上,相当于齿条与齿轮的啮合传动。在设计时,常取此平面内的参数和尺寸作为计算基准。

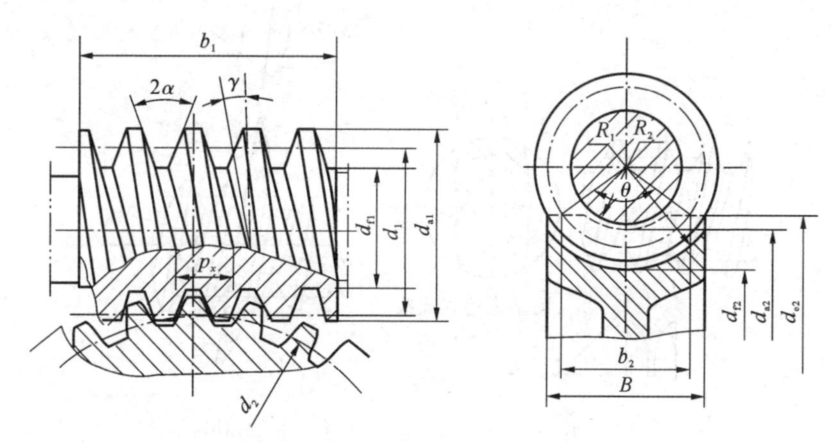

图 4-4　普通圆柱蜗杆传动的几何尺寸

1. 普通圆柱蜗杆传动的主要参数

蜗杆传动的主要参数有模数 m、齿形角 α、蜗杆头数 z_1、蜗轮齿数 z_2、蜗杆直径系数 q、蜗杆分度圆柱导程角 γ、传动比 i、中心距 a 和蜗轮变位系数 x_2 等。

1) 模数 m 和齿形角 α

蜗杆和蜗轮啮合时,在中间平面上,蜗杆的轴向模数 m_{x1}、轴向压力角 α_{x1} 分别与蜗轮的端面模数 m_{t2}、端面压力角 α_{t2} 相等,即 $m_{x1}=m_{t2}=m$,$\alpha_{x1}=\alpha_{t2}=\alpha$。模数 m 取标准值。ZA 蜗杆的轴向压力角为标准值,$\alpha_x=20°$,其余三种 (ZN、ZI、ZK) 蜗杆的法向压力角为标准值,即 $\alpha_n=20°$。

2）蜗杆分度圆直径 d_1 和直径系数 q

加工蜗轮时，常用与配对蜗杆具有同样参数和直径的蜗轮滚刀来加工。这样，只要有一种尺寸的蜗杆，就必须用与之配对的蜗轮滚刀。为了减少蜗轮滚刀的数目，便于刀具的标准化，将蜗杆分度圆直径 d_1 定为标准值，即对应于每一种标准模数规定一定数量的蜗杆分度圆直径 d_1，并把 d_1 与 m 的比值称为蜗杆直径系数 q，即

$$q=\frac{d_1}{m} \tag{4-1}$$

式中，m、d_1、z_1 和 q 的匹配情况如表 4-1 所示。

表 4-1　普通圆柱蜗杆传动常用的参数匹配（摘自 GB/T 10085—1988）

模数 m /mm	分度圆直径 d_1 /mm	蜗杆头数 z_1	直径系数 q	m^2d_1	模数 m /mm	分度圆直径 d_1 /mm	蜗杆头数 z_1	直径系数 q	m^2d_1
1.25	20	1	16.000	31	6.3	80	1,2,4	12.698	3 175
	22.4	1	17.900	35		112	1	17.798	4 445
1.6	20	1,2,4	12.500	51.2	8	63	1,2,4	7.875	4 032
	28	1	17.500	72		80	1,2,4,6	10.000	5 120
2	18	1,2,4	9.000	72		100	1,2,4	12.500	6 400
	22.4	1,2,4	11.2	89.2		140	1	17.500	8 960
	28	1,2,4	14.00	112	10	71	1,2,4	7.100	7 100
	35.5	1	17.750	142		90	1,2,4,6	9.000	9 000
2.5	20	1,2,4	8.000	125		112	1	11.200	11 200
	25	1,2,4,6	10.000	156		160	1	16.000	16 000
	31.5	1,2,4	12.600 0	197	12.5	90	1,2,4	7.200	14 062
	45	1	18.000	281		112	1,2,4	8.960	17 500
3.15	25	1,2,4	7.937	248		140	1,2,4	11.200	21 875
	31.5	1,2,4,6	10.000	313		200	1	16.000	31 250
	40	1,2,4	12.678	396	16	112	1,2,4	7.000	28 672
	56	1	17.778	556		140	1,2,4	8.750	35 840
4	31.5	1,2,4	7.875	504		180	1,2,4	11.250	46 080
	40	1,2,4,6	10.000	640		250	1	15.625	64 000
	50	1,2,4	12.500	800	20	140	1,2,4	7.000	56 000
	71	1	17.750	1136		160	1,2,4	8.000	64 000
5	40	1,2,4	8.000	1000		224	1,2,4	11.200	89 600
	50	1,2,4,6	10.000	1 250		315	1	15.750	126 000
	63	1,2,4	12.600	1 575	25	180	1,2,4	7.200	112 500
	90	1	18.000	2 250		200	1,2,4	8.000	125 000
6.3	50	1,2,4	7.936	1 984		280	1,2,4	11.200	175 000
	63	1,2,4,6	10.000	2 500		400	1	16.000	250 000

3）传动比 i

通常蜗杆传动是以蜗杆为主动的减速装置，故其传动比 i 为

$$i=\frac{n_1}{n_2}=\frac{z_2}{z_1} \tag{4-2}$$

式中 n_1、n_2——蜗杆和蜗轮的转速(r/min)。

将蜗杆分度圆柱螺旋线展开成图 4-5 所示的直角三角形的斜边。图中，p_z 为导程，对于多头蜗杆，$p_z=z_1p_x$，其中，$p_x=\pi m$ 为蜗杆的轴向齿距。蜗杆分度圆柱导程角为

$$\tan\gamma=\frac{p_z}{\pi d_1}=\frac{z_1p_x}{\pi d_1}=\frac{z_1m}{d_1}=\frac{z_1}{q} \tag{4-3}$$

由蜗杆传动的正确啮合条件可知，当两轴线的交错角为 90°时，导程角 γ 与蜗轮分度圆螺旋角 β 相等，且方向相同。

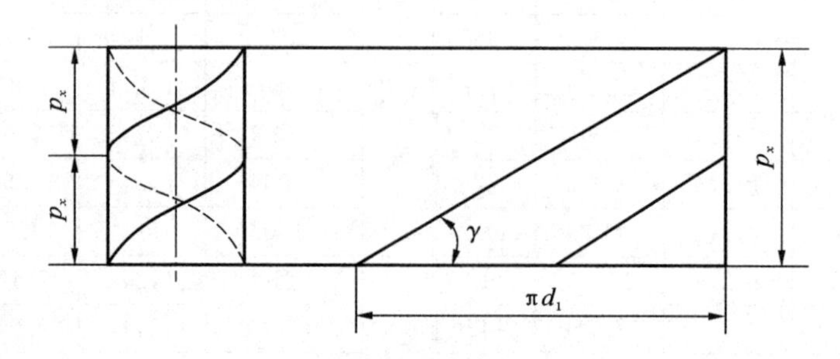

图 4-5 导程角与导程的关系

4）变位系数 x_2

普通圆柱蜗杆传动变位的主要目的是凑中心距和凑传动比，使之符合标准或推荐值。

蜗杆传动的变位方法与齿轮传动相同，也是在切削时，将刀具相对于蜗轮移位。

凑中心距时，蜗轮变位系数 x_2 为

$$x_2=\frac{a'}{m}-\frac{1}{2}(q+z_2)=\frac{a'-a}{m} \tag{4-4}$$

式中 a、a'——未变位时的中心距和变位后的中心距。

凑传动比时，变位前、后的传动中心距不变，即 $a=a'$，用改变蜗轮齿数 z_2 来达到传动比略作调整的目的。变位系数 x_2 为

$$x_2=\frac{z_2-z_2'}{2} \tag{4-5}$$

式中 z_2'——变位蜗轮的齿数。

2. 普通圆柱蜗杆传动的几何尺寸计算

普通圆柱蜗杆传动的几何尺寸计算公式如表 4-2 和表 4-3(参见图 4-4)所示。

表 4-2 圆柱蜗杆传动的主要几何尺寸的计算公式

名　　称	符号	普通圆柱蜗杆传动	圆弧圆柱蜗杆传动
中心距	a	$a=0.5m(q+z_2)$	$a=0.5m(q+z_2+2x_2)$
		$a'=0.5m(q+z_2+2x_2)$(变位)	
齿形角	α	$\alpha_x=20°$(ZA型),	$\alpha_n=23°$或$24°$
		$\alpha_n=20°$(ZN、ZI、ZK型)	
蜗轮齿数	z_2	$z_2=z_1 i$	$z_2=z_1 i$
传动比	i	$i=z_2/z_1$	$i=z_2/z_1$
模数	m	$m=m_x=m_n/\cos\gamma$(m取标准值)	$m=m_x=m_n/\cos\gamma$(m取标准值)
蜗杆分度圆直径	d_1	$d_1=mq$	$d_1=mq$
蜗杆轴向齿距	p_x	$p_x=m\pi$	$p_x=m\pi$
蜗杆导程	p_z	$p_z=z_1 p_x$	$p_z=z_1 p_x$
蜗杆分度圆柱导程角	γ	$\gamma=\arctan z_1/q$	$\gamma=\arctan z_1/q$
顶隙	c	$c=c^* m, c^*=0.2$	$c-0.16m$
蜗杆齿顶高	h_{a1}	$h_{a1}=h_a^* m$	$z_1\leqslant 3, h_{a1}=m; z_1>3, h_{a1}=0.9m$
		一般$h_a^*=1$;短齿,$h_a^*=0.8$	
蜗杆齿根高	h_{f1}	$h_{f1}=h_a^* m+c$	$h_{f1}=1.16m$
蜗杆齿高	h_1	$h_1=h_{a1}+h_{f1}$	$h_1=h_{a1}+h_{f1}$
蜗杆齿顶圆直径	d_{a1}	$d_{a1}=d_1+2h_{a1}$	$d_{a1}=d_1+2h_{a1}$
蜗杆齿根圆直径	d_{f1}	$d_{f1}=d_1-2h_{f1}$	$d_{f1}=d_1-2h_{f1}$
蜗杆螺纹部分长度	b_1	根据表4-3中公式计算	$b_1=2.5m\sqrt{z_2+2+2x_2}$
蜗杆轴向齿厚	S_{x1}	$S_{x1}=0.5m\pi$	$S_{x1}=0.4m\pi$
蜗杆法向齿厚	S_{n1}	$S_{n1}=S_{x1}\cos\gamma$	$S_{n1}=S_{x1}\cos\gamma$
蜗轮分度圆直径	d_2	$d_2=z_2 m$	$d_2=z_2 m$
蜗轮齿顶高	h_{a2}	$h_{a2}=h_a^* m$	$z_1\leqslant 3, h_{a2}=m+x_2 m$
		$h_{a2}=m(h_a^*+x_2)$(变位)	$z_1>3, h_{a2}=0.9m+x_2 m$
蜗轮齿根高	h_{f2}	$h_{f2}=m(h_a^*+c^*)$	$h_{f2}=1.16m-x_2 m$
		$h_{f2}=m(h_a^*-x_2+c^*)$(变位)	
蜗轮喉圆直径	d_{a2}	$d_{a2}=d_2+2h_{a2}$	$d_{a2}=d_2+2h_{a2}$
蜗轮齿根圆直径	d_{f2}	$d_{f2}=d_2-2h_{f2}$	$d_{f2}=d_2-2h_{f2}$
蜗轮齿宽	b_2	$b_2\approx 2m(0.5+\sqrt{q+1})$	$b_2\approx 2m(0.5+\sqrt{q+1})$
蜗轮齿根圆弧半径	R_1	$R_1=0.5d_{a1}+c$	$R_1=0.5d_{a1}+c$
蜗轮齿顶圆弧半径	R_2	$R_2=0.5d_{f1}+c$	$R_2=0.5d_{f1}+c$
蜗轮顶圆直径	d_{e2}	按表4-3选取	$d_{e2}=d_{a2}+2(0.3\sim 0.5)m$
蜗轮轮缘宽度	B	按表4-3选取	$B=0.45(d_1+6m)$
齿廓圆弧中心到蜗杆齿厚对称线的距离	l_1		$l_1=\rho\cos\alpha_n+0.5S_{n1}$
齿廓圆弧中心到蜗杆轴线的距离	l_2		$l_2=\rho\sin\alpha_n+0.5d_1$

表 4-3 普通圆柱蜗杆传动的蜗轮宽度 B、顶圆直径 d_{e2} 及蜗杆螺纹部分长度 b_1 的计算公式

<table>
<tr><th>z_1</th><th>B</th><th>d_{e2}</th><th>x_2</th><th colspan="2">b_1</th></tr>
<tr><td rowspan="2">1</td><td rowspan="8">$\leqslant 0.75d_{a1}$</td><td rowspan="2">$\leqslant d_{a2}+2m$</td><td>0</td><td>$\geqslant(11+0.06z_2)m$</td><td rowspan="10">当变位系数 x_2 为中间值时,b_1 取 x_2 邻近两公式所求值的较大者。经磨削的蜗杆,按左式所求的长度应再增加一定的值:
当 $m<10$ mm 时,增加 25 mm;
当 $m=10\sim16$ mm 时,增加 35～40 mm;
当 $m>16$ mm 时,增加 50 mm</td></tr>
<tr><td>-0.5</td><td>$\geqslant(8+0.06z_2)m$</td></tr>
<tr><td rowspan="3">2</td><td rowspan="6">$\leqslant d_{a2}+1.5m$</td><td>-0.1</td><td>$\geqslant(10.5+z_1)m$</td></tr>
<tr><td>0.5</td><td>$\geqslant(11+0.1z_2)m$</td></tr>
<tr><td>1.0</td><td>$\geqslant(12+0.1z_2)m$</td></tr>
<tr><td rowspan="3">3</td><td>0</td><td>$\geqslant(12.5+0.09z_2)m$</td></tr>
<tr><td>-0.5</td><td>$\geqslant(9.5+0.09z_2)m$</td></tr>
<tr><td>-0.1</td><td>$\geqslant(10.5+z_1)m$</td></tr>
<tr><td rowspan="2">4</td><td rowspan="2">$\leqslant 0.67d_{a1}$</td><td rowspan="2">$\leqslant d_{a2}+m$</td><td>0.5</td><td>$\geqslant(12.5+0.1z_2)m$</td></tr>
<tr><td>0.1</td><td>$\geqslant(13+0.1z_2)m$</td></tr>
</table>

4.2.2 圆弧圆柱蜗杆传动的主要参数及几何尺寸计算

1. 圆弧圆柱蜗杆传动的主要参数

圆弧圆柱蜗杆的基本齿廓是指通过蜗杆分度圆柱的法截面齿形,如图 4-6 所示。圆弧圆柱蜗杆传动的主要参数有模数 m、齿形角 α_0、齿廓圆弧半径 ρ 和蜗轮变位系数 x_2 等。砂轮轴截面齿形角 $\alpha_0=23°$;砂轮轴截面圆弧半径 $\rho=(5\sim6)m$ (m 为模数)。蜗轮变位系数 $x_2=0.5\sim1.5$。圆弧圆柱蜗杆传动常用的参数匹配情况如表 4-4 所示。

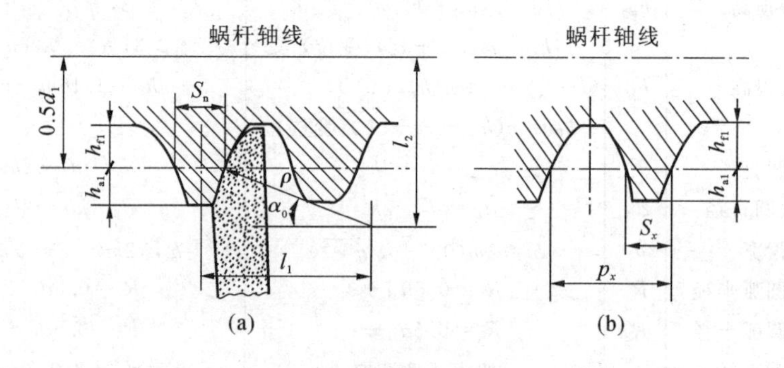

图 4-6 圆弧圆柱蜗杆齿形

(a) 法截面齿形;(b) 轴截面齿形

2. 圆弧圆柱蜗杆传动的几何尺寸计算

圆弧圆柱蜗杆传动的几何尺寸计算如表 4-2 (参见图 4-4、图 4-6)所示。

表 4-4 圆弧圆柱蜗杆传动常用的参数匹配

中心距 a /mm	公称传动比 i	模数 m /mm	蜗杆分度圆直径 d_1 /mm	蜗杆头数 z_1	蜗轮齿数 z_2	蜗轮变位系数 x_2	实际传动比 i_c	中心距 a /mm	公称传动比 i	模数 m /mm	蜗杆分度圆直径 d_1 /mm	蜗杆头数 z_1	蜗轮齿数 z_2	蜗轮变位系数 x_2	实际传动比 i_c
	10	4.8	46.4	3	31	0.5	10.33		10	9.2	80.6	3	29	0.685	9.67
	12.5	4	44	3	37	1	12.33		12.5	7.8	69.4	3	36	0.628	12
	16	4.8	46.4	2	31	0.5	15.5		16	8.2	78.6	2	33	0.659	16.5
	20	3.8	38.4	2	41	0.763	20.5		20	7.1	70.8	2	39	0.866	19.5
100	25	3.2	36.6	2	49	1.031	24.5	180	25	5.6	58.8	2	52	0.893	26
	31.5	4.8	46.4	1	31	0.5	31		31.5	8.2	78.6	1	33	0.659	33
	40	3.8	38.4	1	41	0.763	41		40	7.1	70.8	1	40	0.366	40
	50	3.2	36.6	1	50	0.531	50		50	5.6	58.8	1	52	0.893	52
	60	2.75	32.5	1	60	0.455	60		60	5	55	1	60	0.5	60
	10	6.2	57.6	3	31	0.016	10.33		10	10	82	3	31	0.4	10.33
	12.5	5.2	54.6	3	37	0.288	12.33		12.5	8.2	78.6	3	38	0.598	12.67
	16	6.2	57.6	2	31	0.016	15.5		16	10	82	2	31	0.4	15.5
	20	4.8	46.4	2	41	0.708	20.5		20	7.8	69.4	2	41	0.692	20.5
125	25	4	44	2	51	0.250	25.5	200	25	6.5	67	2	51	0.115	25.5
	31.5	6.2	57.6	1	30	0.516	30		31.5	10	82	1	31	0.4	31
	40	4.8	46.4	1	41	0.708	41		40	7.8	69.4	1	41	0.692	41
	50	4	44	1	50	0.750	50		50	6.5	67	1	50	0.615	50
	60	3.5	39	1	59	0.643	59		60	5.6	58.8	1	60	0.464	60
	10	7.8	59.4	3	31	0.564	10.33		10	12.5	105	3	31	0.3	10.33
	12.5	6.5	67	3	37	0.962	12.33		12.5	10.5	99	3	37	0.595	12.33
	16	7.8	69.4	2	31	0.564	15.5		16	12.5	105	2	31	0.3	15.5
	20	6.2	57.6	2	41	0.661	20.5		20	10	82	2	41	0.4	20.5
160	25	5.2	54.6	2	49	1.019	24.5	250	25	8.2	78.6	2	51	0.195	25.5
	31.5	7.8	69.4	1	31	0.564	31		31.5	12.5	105	1	31	0.3	31
	40	6.2	57.6	1	41	0.661	41		40	10	82	1	41	0.4	41
	50	5.2	54.6	1	50	0.519	50		50	82	78.6	1	50	0.695	50
	60	4.4	47.2	1	61	0.5	61		60	7.1	70.8	1	59	0.725	59

4.3　蜗杆传动的失效形式和设计约束

4.3.1　蜗杆传动的滑动速度

如图4-7所示，当蜗杆传动在节点啮合处啮合时，蜗杆的圆周速度为v_1，蜗轮的圆周速度为v_2，滑动速度v_s为

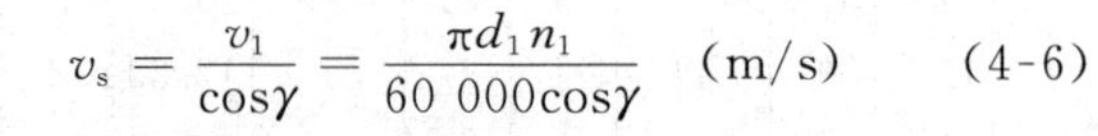

$$v_s=\frac{v_1}{\cos\gamma}=\frac{\pi d_1 n_1}{60\ 000\cos\gamma}\quad (\mathrm{m/s})\qquad (4\text{-}6)$$

由于v_s比蜗杆的圆周速度还要大，所以在蜗杆、蜗轮的齿廓间将产生很大的相对滑动，引起较大的摩擦、磨损和发热，导致传动效率的降低。

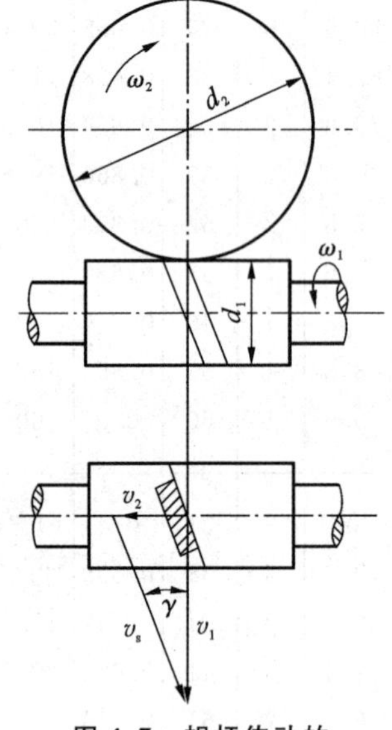

图4-7　蜗杆传动的滑动速度

4.3.2　蜗杆传动的失效形式

闭式蜗杆传动的失效形式主要是轮齿齿面的点蚀、磨损和胶合，有时($z_2>80$)会出现轮齿的弯曲折断。通常情况下，蜗杆材料的机械强度高于蜗轮，故失效多发生在强度较低的蜗轮上。在一般闭式传动中，由于蜗杆、蜗轮齿面间的相对滑动速度大，摩擦发热大，使润滑油黏度因温度升高而下降，润滑条件变坏，容易发生胶合或点蚀。在开式传动中，主要是轮齿的磨损和弯曲折断。

4.3.3　蜗杆传动的设计约束

根据蜗杆传动的失效形式和工作特点，设计时应作不同的考虑。

(1) 闭式传动　控制蜗轮齿面的点蚀和胶合，按齿面接触强度条件计算，其约束条件是接触应力不超过许用值。当$z_2>80$时，还需防止轮齿弯曲折断，按轮齿弯曲疲劳强度条件计算，其约束条件是齿根弯曲应力不超过许用值。

(2) 连续工作的闭式传动　在这种工作条件下，摩擦发热大，效率低，温升高，若散热不好，将可能因润滑条件恶化而产生胶合。因此，其约束条件除上述两项外，还应控制温升，即热平衡时，润滑油的温度不超过许用值。

(3) 开式传动　主要控制因磨损而引起的蜗轮轮齿的折断，按轮齿弯曲疲劳强度条件计算，其约束条件是轮齿弯曲应力不超过许用值。

对蜗杆来说，主要是控制蜗杆轴的变形，其约束条件是蜗杆轴的变形不超过许用值。

4.4　圆柱蜗杆传动的强度条件

4.4.1　蜗杆传动的受力分析

蜗杆传动受力分析的过程和斜齿圆柱齿轮传动的相似。为简化起见，受力分析时通常不考虑摩擦力的影响。假定作用在蜗杆齿面上的法向力 F_n 集中作用于节点 C 上(见图4-8)，F_n 可分解为三个相互垂直的分力：圆周力 F_t、径向力 F_r 和轴向力 F_a。由于蜗杆轴与蜗轮轴在空间交错成90°，所以作用在蜗杆上的圆周力和蜗轮上的轴向力、蜗杆上的轴向力和蜗轮上的圆周力、蜗杆上的径向力和蜗轮上的径向力分别大小相等而方向相反。

各力的大小分别为

$$F_{t1}=\frac{2T_1}{d_1}=F_{a2} \tag{4-7}$$

$$F_{a1}=F_{t2}=\frac{2T_2}{d_2} \tag{4-8}$$

$$F_{r1}=F_{r2}=F_{t2}\tan\alpha \tag{4-9}$$

$$F_n=\frac{F_{a1}}{\cos\alpha_n\cos\gamma}=\frac{F_{t2}}{\cos\alpha_n\cos\gamma}=\frac{2T_2}{d_2\cos\alpha_n\cos\gamma} \tag{4-10}$$

式中　T_1、T_2——蜗杆、蜗轮上的名义转矩，$T_2=T_1 i\eta$，其中，i 为传动比，η 为传动效率；

α_n——蜗杆法面压力角。

确定各分力的方向时，先确定蜗杆受力的方向。因蜗杆主动，所以蜗杆所受的圆周力 F_{t1} 的方向与它的转向相反；径向力 F_{r1} 的方向总是沿半径指向轴心；轴向力 F_{a1} 的方向，分析方法与斜齿圆柱齿轮传动相同，对主动蜗杆用左(右)手法则判定。蜗轮所受的三个分力的方向可由图4-8所示的关系确定。

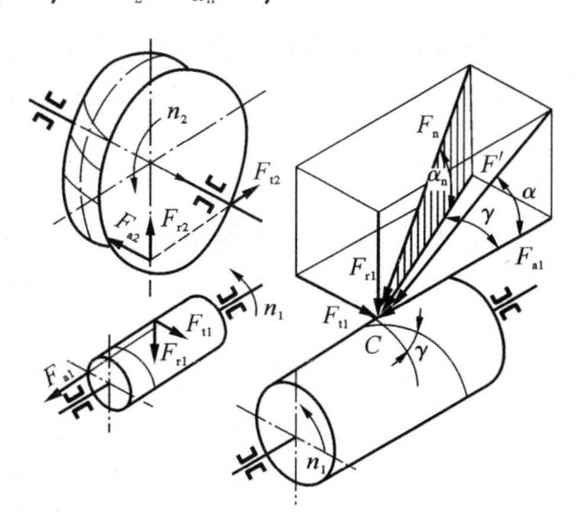

图4-8　蜗杆传动的受力分析

4.4.2　蜗杆传动的强度条件

根据设计约束分析，蜗杆传动的强度条件包括蜗轮齿面接触强度条件和轮齿弯曲疲劳强度条件。如前所述，蜗杆传动的失效多发生在蜗轮上，所以，在进行蜗杆传动的强度计算时，只需对蜗轮轮齿进行强度校核，至于蜗杆的强度可按轴的强度计算方法进行(参见第6章)，必要时还要进行蜗杆的刚度计算。对于闭式蜗杆传动，只需校核齿面接触疲劳强度,一般无须校核蜗轮轮齿的弯曲疲劳强度,只有当蜗轮齿数很多($z_2>80$)时,才需校核蜗轮轮齿的弯曲疲劳强度。对于开式蜗杆传动,只需校核齿根弯曲疲劳强度。

4.4.3 普通圆柱蜗杆传动的强度条件

1. 齿面接触疲劳强度条件

蜗轮与蜗杆啮合处的齿面接触应力与齿轮传动相似,利用赫兹应力公式,考虑蜗杆传动的特点,可得普通圆柱蜗杆传动的齿面接触疲劳强度条件:

$$\sigma_H = Z_E\sqrt{\frac{9K_AT_2}{m^2d_1z_2^2}} \leqslant \sigma_{HP} \quad (\text{MPa}) \tag{4-11}$$

将上式整理后,得蜗杆传动齿面接触疲劳强度的设计公式:

$$m^2d_1 \geqslant 9K_AT_2\left(\frac{Z_E}{z_2\sigma_{HP}}\right)^2 \quad (\text{mm}^3) \tag{4-12}$$

式中 K_A——使用系数,可由表 3-1 查得;

Z_E——弹性系数,青铜或铸铁蜗轮与钢蜗杆配对时,$Z_E=160\ \sqrt{\text{MPa}}$。

设计时,由上式求出 m^2d_1 后,按表 4-1 查出相应的 m、d_1 及 q 值,作为蜗杆传动的设计参数。

2. 弯曲疲劳强度条件

蜗轮轮齿的齿形复杂,难以精确计算,借用斜齿圆柱齿轮轮齿弯曲疲劳强度条件公式(3-17),考虑蜗轮齿形的特点,经简化,可得普通圆柱蜗杆传动的弯曲疲劳强度条件:

$$\sigma_F = \frac{1.64K_AT_2}{m^2d_1z_2}Y_{Fa}Y_\beta \leqslant \sigma_{FP} \quad (\text{MPa}) \tag{4-13}$$

将上式整理后,得蜗轮轮齿弯曲疲劳强度的设计公式:

$$m^2d_1 \geqslant \frac{1.64K_AT_2}{z_2\sigma_{FP}}Y_{Fa}Y_\beta \quad (\text{mm}^3) \tag{4-14}$$

式中 Y_{Fa}——蜗轮轮齿的齿形系数,根据当量齿数 $z_v=z/\cos^3\gamma$ 由表 4-5 查取;

Y_β——螺旋角系数,$Y_\beta=1-\gamma/140°$。

表 4-5 蜗轮齿形系数 Y_{Fa}

z_v	Y_{Fa}	z_v	Y_{Fa}	z_v	Y_{Fa}	z_v	Y_{Fa}
20	2.24	30	1.99	40	1.76	80	1.52
40	2.12	32	1.94	45	1.68	100	1.47
26	2.10	35	1.86	50	1.64	150	1.44
28	2.04	38	1.82	60	1.59	300	1.40

3. 许用应力

1) 许用接触应力

当蜗轮材料为强度极限 $\sigma_b<300$ MPa 的青铜,而蜗杆材料为钢时,传动的承载

能力常取决于蜗轮的接触疲劳强度。表 4-6 列出了应力循环次数 $N=10^7$ 的基本许用应力 σ'_{HP}，当应力循环次数 $N\neq10^7$ 时，σ'_{HP}应乘以寿命系数 Z_N，即 $\sigma_{HP}=\sigma'_{HP}Z_N$。若 t_h 为工作时间(h)，n_2 为蜗轮的转速(r/min)，则寿命系数 Z_N 为

$$Z_N=\sqrt[8]{10^7/N},N=60n_2t_h \tag{4-15}$$

若 $N>25\times10^7$，应取 $N=25\times10^7$，再代入计算。

表 4-6　普通圆柱蜗杆传动中蜗轮的基本许用应力 σ'_{HP}和 σ'_{FP}(MPa)

蜗轮材料	铸造方法	适用的滑动速度/$(m\cdot s^{-1})$	机械性能		σ'_{HP} 蜗杆齿面硬度		σ'_{FP}	
			$\sigma_{0.2}$	σ_b	≤350HBS	>45HRC	一侧受载	两侧受载
ZCuSn10P1	砂　模	≤12	130	220	180	200	51	32
	金属模	≤25	170	310	200	220	70	40
ZCuSnPb5Zn5	砂　模	≤10	90	200	110	125	33	24
	金属模	≤12	100	250	135	150	40	29
ZCuAl10Fe3	砂　模	≤10	180	496	见表 4-7		82	64
	金属模		200	540			90	80
HT150	砂　模	≤2	—	150			40	25
HT200	砂　模	≤2～2.5	—	200			48	30

注：对齿面硬度大于 45HRC 的磨削蜗杆，σ'_{HP}值可提高 20%。

当蜗轮材料为铸铁或为强度极限 $\sigma_b>300$ MPa 的青铜时，传动的承载能力常取决于蜗轮的抗胶合能力。目前尚无成熟的胶合计算方法，故采用接触强度公式计算是一种条件性的计算。但许用应力的大小与应力循环次数无关，而与齿面间相对滑动速度 v_s 有关，其许用接触应力 σ_{HP}按表 4-7 选取。表 4-7 的数据是在良好的跑合与润滑条件下给出的，若不满足此条件，则表中的数据应降低 30%左右。

表 4-7　铸铁或青铜($\sigma_b>300$ MPa)蜗轮的许用接触应力 σ_{HP}(MPa)

材　　料		滑动速度 $v_s/(m\cdot s^{-1})$						
蜗轮	蜗杆	0.5	1	2	3	4	6	8
ZCuAl10Fe3	钢(淬火)①	250	230	210	180	160	120	90
HT200 HT150	渗碳钢	130	115	90	—	—	—	—
HT150	钢(调质或正火)	110	90	70	—	—	—	—

注：蜗杆未经淬火时，表中值需降低 20%。

2) 许用弯曲应力

表 4-6 中还列出了应力循环次数 $N=10^6$ 时常用材料的基本许用弯曲应力 σ'_{FP}，当 $N\neq10^6$ 时，应将 σ'_{FP} 乘以寿命系数 Y_N，即 $\sigma_{\mathrm{FP}}=\sigma'_{\mathrm{FP}}Y_N$。其中，$Y_N$ 按下式计算：

$$Y_N=\sqrt[9]{10^6/N} \tag{4-16}$$

当 $N>25\times10^7$ 时，应取 $N=25\times10^7$。

4.4.4 圆弧圆柱蜗杆传动的强度条件

1. 蜗轮齿面接触疲劳强度条件

蜗轮与蜗杆啮合处的齿面接触应力，与普通圆柱蜗杆传动相似，利用赫兹应力公式，考虑蜗杆和蜗轮齿廓特点，可得齿面接触疲劳强度条件：

$$\sigma_{\mathrm{H}}=Z_{\mathrm{E}}Z_{\rho}\sqrt{T_2K_{\mathrm{A}}/a^3}\leqslant\sigma_{\mathrm{HP}}\quad(\mathrm{MPa}) \tag{4-17}$$

式中 Z_{E}——材料弹性系数($\sqrt{\mathrm{MPa}}$)，可由表 4-8 查得；

Z_{ρ}——接触系数，是考虑蜗杆传动的接触线长度和曲率半径对接触强度的影响系数，根据 d_1/a 的值由图 4-9 查得(d_1/a 按已知尺寸算出，初步设计时，按 i 选取：当 $i=70\sim20$ 时，$d_1/a=0.3\sim0.4$；当 $i=20\sim5$ 时，$d_1/a=0.4\sim0.5$；i 较小时取大值)；

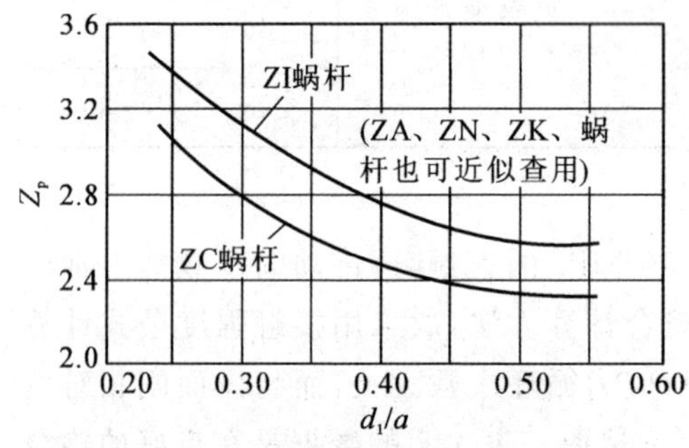

图 4-9 圆柱蜗杆传动的接触系数 Z_{ρ}

T_2——蜗轮转矩(N·mm)；

K_{A}——使用系数，可由表 3-1 查得；

a——中心距(mm)；

σ_{HP}——许用接触应力(MPa)。

由式(4-17)可得圆弧圆柱蜗杆传动的中心距设计公式：

$$a\geqslant\sqrt[3]{T_2K_{\mathrm{A}}(Z_{\mathrm{E}}Z_{\rho}/\sigma_{\mathrm{HP}})^2}\quad(\mathrm{mm}) \tag{4-18}$$

2. 蜗轮轮齿的弯曲疲劳强度条件

由于蜗轮轮齿的齿形比较复杂，难以精确计算其弯曲应力，根据实践经验，齿根弯曲强度主要与模数 m 和齿宽有关，可用简单的条件性计算法，即 U 系数法来校核。蜗轮轮齿弯曲疲劳强度条件为

$$U=\frac{F_{\mathrm{t2}}K_{\mathrm{A}}}{mb_2}\leqslant U_{\mathrm{p}} \tag{4-19}$$

式中 F_{t2}——蜗轮的圆周力(N)；

K_{A}——使用系数，可由表 3-1 查得；

m——蜗杆轴向模数，即蜗轮端面模数；

b_2——蜗轮齿宽(mm)；

U_{p}——许用 U 系数，可按式(4-21)计算。

3. 许用应力

1) 齿面许用接触应力 σ_{HP}

$$\sigma_{HP} = \sigma_{Hlim} Z_N Z_n / S_{Hmin} \quad (MPa) \tag{4-20}$$

式中 σ_{Hlim}——蜗轮材料的接触疲劳极限,可由表4-8查得;

Z_N——寿命系数,$Z_N=\sqrt[6]{25\ 000/t_h}\leqslant 1.6$,其中,$t_h$ 为工作小时数(h),对于载荷不变的间歇或短时传动,按实际运转时数计算;

Z_n——转速系数,$Z_n=\left[\dfrac{1}{(n_2/8)+1}\right]^{1/8}$;

S_{Hmin}——最小安全系数,根据机器要求的可靠度和由失效将引起的后果的严重程度而定,一般可取 $S_{Hmin}=1\sim1.3$。

表4-8 圆弧圆柱蜗杆传动中蜗轮常用材料的性能

蜗轮材料牌号(德国)	铸造方法	抗拉强度 σ_b /MPa	屈服强度 $\sigma_{0.2}$ /MPa	弹性模量 E /MPa	弹性系数 Z_E $\sqrt{MPa}$	接触疲劳极限① σ_{Hlim} /MPa	极限 U 系数② U_{lim} /MPa	相近的国产材料牌号	铸造方法	抗拉强度 σ_b /MPa	屈服强度 $\sigma_{0.2}$ /MPa
G-CuSn12	砂模铸造	260	140	88 300	147	265	115	铸锡青铜 ZCuSn10P1	砂模铸造	250	140
GZ-CuSn12	离心铸造	280	150	88 300	147	425	190		离心铸造	250	200
G-CuAl10Fe	砂模铸造	500	180	122 600	164	250	400	铸铝铁青铜 ZCuAl10Fe3	砂模铸造	400	180
GZ-CuAl10Fe	离心铸造	550	220	122 600	164	265	500		离心铸造	530	230
GG-25	砂模铸造	300	120	98 100	152.2	350	150	HT300	砂模铸造	300	—

注1:本表数据主要引自《齿轮手册》,因与德国的蜗轮材料相近的国产材料性能稍低,当选用国产材料时,σ_{Hlim}、U_{lim}应适当降低。

注2:① σ_{Hlim}值适用于蜗杆为钢制渗碳淬硬60±2HRC(并经磨削)的传动,如果蜗杆为调质(不磨削)蜗杆,将σ_{Hlim}值乘以0.75,如果蜗杆为铸铁蜗杆(不磨削),将σ_{Hlim}值乘以0.5。

② U_{lim}值适用于齿形角 α_n(或 α_x)$=20°$者。当 $\alpha_n=23°$时,将U_{lim}乘以1.1;当受反复循环载荷作用时,将U_{lim}乘以0.7;当受短期冲击过载(时间约15 s)作静强度校核时,将U_{lim}乘以2.5。

2) 许用 U 系数 U_p

$$U_p = U_{lim}/S_{Fmin} \tag{4-21}$$

式中 U_{lim}——轮齿弯曲计算时的极限 U 系数(MPa),可由表4-8查得;

S_{Fmin}——弯曲强度最小安全系数,根据机器要求的可靠度和重要性而定,一般 $S_{Fmin}=1\sim1.7$。

例4-1 校核一搅拌机用的闭式蜗杆减速器中阿基米德蜗杆传动的强度。已知输入功率 $P_1=7.5$ kW,蜗杆转速 $n_1=1450$ r/min,传动比 $i=20$,中心距 $a=204$ mm,$m=8$ mm,$z_1=2$,$z_2=41$,

$d_1=80$ mm,蜗杆材料为45钢,表面淬火,硬度为45～55HRC。蜗轮用铸锡青铜ZCuSn10P1,砂模铸造。传动不反向。工作载荷稳定,要求工作寿命 t_h 为12 000小时。

解 因为是闭式传动,$z_2<80$,故只需校核蜗轮的齿面接触疲劳强度。

(1) 确定作用在蜗轮上的转矩 T_2。

按 $z_1=2$,估取效率 $\eta=0.8$,$n_2=n_1/i=1\,450/20$ r/min$=72.5$ r/min,则

$$T_2=9\,550\times10^3\times\frac{P_2}{n_2}=9\,550\times10^3\times\frac{7.5\times0.8}{72.5}\ \text{N}\cdot\text{mm}=790\,344.8\ \text{N}\cdot\text{mm}$$

(2) 确定使用系数。

查表3-1,得 $K_A=1.1$。

(3) 确定许用接触应力 σ_{HP}。

查表4-6,$\sigma'_{HP}=200$ MPa,于是得

$$N=60n_2t_h=60\times72.5\times12\,000=5.22\times10^7$$

$$Z_N=\sqrt[8]{10^7/N}=\sqrt[8]{10^7/(5.22\times10^7)}=0.813$$

$$\sigma_{HP}=\sigma'_{HP}Z_N=200\times0.813\ \text{MPa}=162.6\ \text{MPa}$$

(4) 确定材料系数。

青铜蜗轮与钢蜗杆配对时,$Z_E=160\sqrt{\text{MPa}}$。

(5) 计算齿面接触应力。

$$\sigma_H=Z_E\sqrt{\frac{9K_AT_2}{m^2d_1z_2^2}}=160\sqrt{\frac{9\times1.1\times790\,344.8}{8^2\times80\times41^2}}\ \text{MPa}=152.55\ \text{MPa}<\sigma_{HP}$$

蜗轮齿面接触强度满足。

4.5 蜗杆传动的效率和热平衡计算

4.5.1 蜗杆传动的效率

闭式蜗杆传动的总效率 η 包括:轮齿啮合损耗功率的效率 η_1;轴承摩擦损耗功率的效率 η_2;浸入油中的零件搅油损耗功率的效率 η_3,即

$$\eta=\eta_1\eta_2\eta_3 \tag{4-22}$$

当蜗杆主动时,η_1 可近似按下式计算,即

$$\eta_1=\frac{\tan\gamma}{\tan(\gamma+\rho_v)} \tag{4-23}$$

式中 ρ_v——当量摩擦角,根据相对滑动速度 v_s(m/s)由表4-9选取。

导程角 γ 是影响蜗杆传动啮合效率的最主要的参数之一。设 μ_v 为当量摩擦系数,从图4-10可以看出,η_1 随 γ 增大而提高,但到一定值后即下降。当 $\gamma>28°$ 后,η_1 随 γ 的变化就比较缓慢,而大导程角的蜗杆制造困难,所以一般取 $\gamma<28°$。

由于轴承摩擦及浸入油中零件搅油损耗的功率不大,一般 $\eta_2\eta_3=0.95$～0.96。

表 4-9　圆柱蜗杆传动的当量摩擦角 ρ_v 值

蜗杆传动类型	普通圆柱蜗杆传动			圆弧圆柱蜗杆传动		
蜗轮齿圈材料	锡青铜	无锡青铜	灰铸铁	锡青铜	无锡青铜	灰铸铁
$v_s/(m\cdot s^{-1})$	ρ_v			ρ_v		
1.0	2°35′～3°10′	4°00′	4°00′～5°10′	1°45′～2°25′	3°12′	3°12′～4°17′
1.5	2°17′～2°52′	3°43′	3°43′～4°34′	1°40′～2°11′	2°59′	2°59′～3°43′
2.0	2°00′～2°35′	3°09′	3°09′～4°00′	1°21′～1°54′	2°25′	2°25′～3°12′
2.5	1°43′～2°17′	2°52′		1°16′～1°47′	2°21′	
3.0	1°36′～2°00′	2°35′		1°05′～1°33′	2°07′	
4.0	1°22′～1°47′	2°17′		1°02′～1°23′	1°54′	
5	1°16′～1°40′	2°00′		0°59′～1°20′	1°40′	
8	1°02′～1°30′	1°43′		0°48′～1°16′	1°26′	
10	0°55′～1°22′			0°41′～1°09′		
15	0°48′～1°09′			0°38′～0°59′		

注：对于淬硬、磨削和抛光蜗杆，当润滑良好时，取小值。

在设计之初，普通圆柱蜗杆传动的效率可按以下方式近似选取：当 $z_1=1$ 时，$\eta=0.7$；当 $z_1=2$ 时，$\eta=0.8$；当 $z_1=3$ 时，$\eta=0.85$；当 $z_1=4$ 时，$\eta=0.9$。圆弧圆柱蜗杆传动的效率比普通圆柱蜗杆传动高5%～10%。

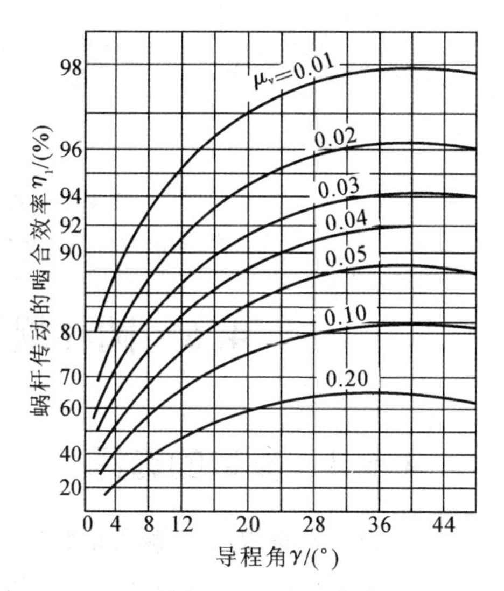

图 4-10　蜗杆传动的效率与蜗杆导程角的关系

4.5.2　蜗杆传动的热平衡计算

传动时，蜗杆、蜗轮啮合面间相对滑动速度大，摩擦、发热大，效率低。对于闭式蜗杆传动，若散热不良，会因油温不断升高，而使润滑条件恶化，导致齿面失效。所以，设计闭式蜗杆传动时，要进行热平衡计算。

设热平衡时的工作油温为 t_1，则热平衡约束条件为

$$t_1=\frac{1\,000P_1(1-\eta)}{K_tA}+t_0\leqslant t_p \qquad (4\text{-}24)$$

式中　t_p——油的许用工作温度(℃)，一般为 60～70 ℃，最高不超过 90 ℃；

t_0——环境温度(℃)，一般取 $t_0=20$ ℃；

P_1——蜗杆传递的功率(kW);

η——蜗杆传动的总效率;

A——箱体的散热面积(m^2),即箱体内表面被油浸着或油能飞溅到,且外表面又被空气所冷却的箱体表面积,凸缘及散热片面积按50%计算;

K_t——散热系数(W/(m^2·℃)),在自然通风良好的地方,取$K_t=14\sim17.5$;通风不好时,取$K_t=8.7\sim10.5$。

若计算结果t_1超出允许值,可采取以下措施:

(1) 在箱体外壁增加散热片,以增大散热面积A;

(2) 在蜗杆轴端装风扇(见图4-11(a)),进行人工通风,以增大散热系数K_t,此时,$K_t=20\sim28$ W/(m^2·℃);

(3) 在箱体油池中设蛇形冷却管(见图4-11(b));

(4) 采用压力喷油润滑(见图4-11(c))。

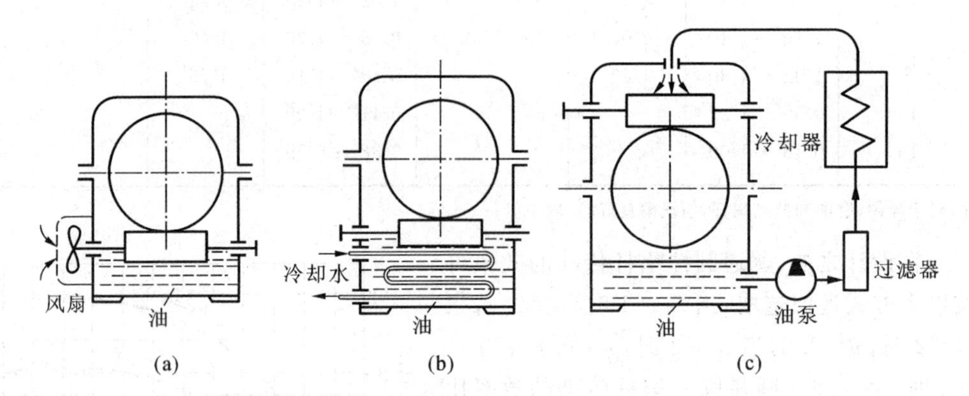

图4-11 蜗杆减速器的冷却方法

(a) 风扇冷却;(b) 冷却水管冷却;(c) 压力喷油润滑冷却

4.6 圆柱蜗杆传动的设计方法

4.6.1 参数的选择

1. 蜗杆的头数 z_1 和蜗轮的齿数 z_2

一般取$z_1=1\sim4$,由式(4-3)可知,蜗杆的头数z_1越多,蜗杆分度圆柱导程角γ就越大,反之就越小。由前所述可知,导程角γ越大,传动效率越高,故传递动力大,要求效率高时,应选用多头蜗杆;但头数过多,导程角太大,加工困难,故头数不宜选得过多,常取$z_1=2,3,4$。要实现大传动比或反行程自锁时,应取$z_1=1$。

对于动力传动,蜗轮齿数z_2一般可取29~70。为了避免加工蜗轮时发生根切,z_2应大于27。为防止蜗轮尺寸过大,造成相配蜗杆轴的跨距增大,降低蜗杆的刚度,

最好应使 z_2 小于 100。

2. 中心距 a 和传动比 i

圆柱蜗杆传动装置的中心距 a，一般应按标准 GB/T 10085—1988 推荐的下列数值(mm)选取：

40,50,63,80,100,125,160,(180),200,(225),250,(280),

315,(355),400,(450),500(注：括号内的数字尽可能不用)

蜗杆传动减速装置的传动比 i 公称值推荐为

5,7.5,10,12.5,15,20,25,30,40,50,60,70,80

其中,10,20, 40, 80 为基本传动比,应优先选用。

3. 变位系数 x_2

变位系数 x_2 取得过大会使蜗轮齿顶变尖,过小又会使蜗轮发生根切。对于普通圆柱蜗杆传动,一般取 $x_2=-1\sim+1$,常用 $x_2=-0.7\sim0.7$;对于圆弧圆柱蜗杆传动,一般取 $x_2=0.5\sim1.5$,常用 $x_2=0.5\sim1.0$。

4. 齿廓圆弧半径 ρ

加工圆弧圆柱蜗杆的砂轮轴截面的圆弧半径根据 m 选定:当 $m\leqslant10$ mm 时,$\rho=(5.5\sim6)m$;当 $m>10$ mm 时,$\rho=(5\sim5.5)m$。

4.6.2 圆柱蜗杆传动的设计方法

设计蜗杆传动时,应根据已知条件(包括传动比、传递功率的大小等)、功能需求,在满足强度、经济等约束条件下,确定出一组较优的传动参数和尺寸。

1. 选择蜗杆、蜗轮的材料和热处理方式

根据蜗杆传动的主要失效形式,要求蜗杆、蜗轮的材料组合具有良好的减摩、耐磨和抗胶合性能,并具有足够的强度。

蜗杆材料一般选用碳素钢或合金钢,根据工作条件选用合适的热处理方法。对于高速重载的蜗杆传动,蜗杆材料常用 20Cr、20CrMnTi、12CrNi3A(渗碳淬火到 58～63HRC)或 40、54 钢和 40Cr、40CrNi、42SiMn(表面淬火到 45～55HRC),淬火后需磨削。一般情况下,蜗杆多采用 40、45 钢调质处理(硬度<270HBS)。对于高速或重要传动,蜗轮材料常用 ZCuSn10P1(铸锡磷青铜)。它的特点是:减摩和耐磨性好,抗胶合能力强,但其强度较低,价格较贵,允许滑动速度 $v_s\leqslant25$ m/s。速度较低的传动,可用 ZCuAl10Fe3(铝铁青铜),它的抗胶合能力远比锡青铜差,但强度较高,价格便宜,其允许滑动速度 $v_s\leqslant4$ m/s。在低速、轻载或不重要的传动中,蜗轮可用灰铸铁(HT200 或 HT300)制造,其允许滑动速度 $v_s\leqslant2$ m/s。

设计时,材料和热处理方式可以选择多种方案,需在传动的重要性、传递功率和转速的大小、传动体积和重量的要求以及经济性等方面进行综合考虑和分析,从中确定 1～2 种较优方案作为设计方案。

2. 确定传动参数(设计方案)

对蜗杆传动而言,所确定的传动参数有 a、i、d_1、m、z_1、z_2 和 x_2 等。一组具体的数值,就代表一种设计方案,设计的目的就是要确定一组理想的数值,使之在满足强度、经济性等约束的前提下,能实现预期的功能需求。根据 4.4 节和 4.5 节所提出的各种约束条件,可以确定出多组能满足约束条件和功能需求的设计方案。例如,对于闭式圆弧圆柱蜗杆传动,可按式(4-18)初步确定中心距 a,然后,按表 4-4 选出多组相近的 a、i、d_1、m、z_1、z_2 和 x_2 等值,并判断是否满足所规定的全部约束,从而可以得到多种可行的设计方案,通过有关性能和经济等方面的分析,从中确定一种较优方案作为最终的设计方案。

3. 计算几何尺寸和结构尺寸,绘制蜗轮和蜗杆的工作图

设计闭式蜗杆传动减速箱时,在减速箱尺寸确定后,还需进行热平衡计算。

例 4-2 设计离心泵传动装置的圆弧圆柱蜗杆减速器。已知输入功率 $P_1=53$ kW,转速 $n_1=1\,000$ r/min,传动比 $i=10$,载荷平稳,每天连续工作 8 小时,要求工作寿命为 5 年。

解 (1) 选择蜗杆、蜗轮材料和热处理方式及精度等级。

本着可靠、实用和经济的原则,根据该离心泵传动装置传递功率较大、速度较高的实际工作情况,为了避免蜗轮尺寸过大,可选择较好的蜗杆、蜗轮材料。如选择蜗杆材料为 40Cr,表面淬火(45～55HRC)后磨削;蜗轮轮缘材料为 ZCuSn10P1,砂模铸造(方案 1)。还可采用其他的选择方案,例如,蜗杆、蜗轮的材料不变,将蜗轮轮缘的铸造方式改为离心铸造(方案 2),等等。

精度的选择对蜗杆传动的性能、成本等有很大的影响,应慎重考虑。精度选择也可以有多种不同的方案。本例根据给定的工作情况,选取 8 级精度(GB/T 10089—1988),读者还可以选择其他的方案进行设计计算。

(2) 设计计算。

通过设计计算可以获得多种可行方案,下面仅按上面提出的两种方案进行计算,计算结果列于表 4-10。

表 4-10 圆弧圆柱蜗杆传动的计算结果

设计计算项目	设计依据	方案 1	方案 2
蜗轮接触疲劳极限 σ_{Hlim}/MPa	表 4-8	260	420
蜗轮工作小时 t_{h}/h	$t_{\mathrm{h}}=300\times8\times5$	12 000	12 000
蜗轮寿命系数 Z_N	$Z_N=\sqrt[6]{25\,000/t_{\mathrm{h}}}$	1.13	1.13
蜗轮转速 $n_2/(\mathrm{r\cdot min^{-1}})$	$n_2=n_1/i$	100	100
转速系数 Z_n	$Z_n=\left[\dfrac{1}{(n_2/8)+1}\right]^{1/8}$	0.772	0.772
最小安全系数 S_{Hmin}	可靠性一般	1.1	1.1

续表

设计计算项目	设 计 依 据	方案 1	方案 2
许用接触应力 σ_{HP}/MPa	$\sigma_{HP}=\sigma_{Hmin}Z_NZ_n/S_{Hmin}$	192.84	311.51
初设传动效率 η		0.9	0.9
蜗轮轴上的转矩 T_2/(N·mm)	$T_2=9\ 550\times10^3P_1\eta/n_2$	45 55300	4 555 300
弹性系数 Z_E	表 4-8	147	147
接触系数 Z_ρ	设 $d_1/a=0.42$,见图 4-9	2.42	2.42
使用系数 K_A	表 3-1	1	1
计算中心距 a/mm	$a=\sqrt[3]{T_2K_A(Z_\rho Z_E/\sigma_{HP})^2}$	249.3	181.1
实取中心距 a/mm	表 4-4	250	200
蜗杆头数 z_1	表 4-4	3	3
蜗轮齿数 z_2	表 4-4	31	31
模数 m/mm	表 4-4	12.5	10
蜗杆分度圆柱直径 d_1/mm	表 4-4	105	82
蜗轮变位系数 x_2	表 4-4	0.3	0.4
比值 d_1/a		0.42,与假设同	0.41,与假设同
蜗杆速度 v_1/(m·s^{-1})	$v_1=n_1\pi d_1/60\ 000$	5.497	4.293
蜗杆齿顶圆直径 d_{a1}/mm	$d_{a1}=d_1+2m$	130	102
蜗杆齿根圆直径 d_{f1}/mm	$d_{f1}=d_1-2\times1.16m$	72.25	58.8
直径系数 q	$q=d_1/m$	8.4	8.2
导程角 γ/(° ′ ″)	$\gamma=\arctan z_1/q$	19°39′15″	20°05′42″
蜗杆螺纹部分长度 b_1/ mm	$b_1=2.5m\sqrt{z_2+2+2x_2}$	181.44	145.34
蜗轮分度圆直径 d_2/mm	$d_2=mz_2$	387.5	310
蜗轮喉圆直径 d_{a2}/ mm	$d_{a2}=d_2+2m(1+x_2)+0$	420	338
蜗轮齿根圆直径 d_{f2}/ mm	$d_{f2}=d_2-2m(1.16-x_2)$	366	294.8
蜗轮顶圆直径 d_{e2}/mm	$d_{e2}=d_{a2}+2\times0.5m$	432.5	348
蜗轮轮缘宽度 B/mm	$B=0.45(d_1+6m)$	81	64

其余几何尺寸的计算,蜗杆、蜗轮的结构设计及工作图略。

(3) 计算结果分析。

从蜗杆传动尺寸紧凑程度来看,方案 2 比方案 1 要好,因此选用方案 2。从铸造蜗轮轮缘的方式来看,若生产批量大,选用方案 2 为好;若生产批量小,方案 1 的铸造设备费用低,选用方案 1 为宜。

4.7　环面蜗杆传动

环面蜗杆传动的主要特征是蜗杆包围蜗轮,蜗杆体是一个由凹圆弧为母线所形成的回转体。环面蜗轩传动一般可分为两大类:直廓环面蜗杆传动(见图 4-12)和平面包络环面蜗杆传动(见图 4-13)。

4.7.1　直廓环面蜗杆传动(TSL 型)

直廓环面蜗杆的齿面形成原理如图 4-12(a)所示,与直径为 d_0 的成形圆相切的直母线车刀,以 ω_2 绕蜗轮中心 O_2 回转,同时,蜗杆毛坯以 ω_1 回转,并使 ω_1 与 ω_2 之比为定值,这时刀刃的轨迹即为这种蜗杆的螺旋齿面。直廓环面蜗杆传动的特点是:蜗杆和蜗轮的外形都是环面回转体,可以互相包容,实现多齿接触和双接触线接触,接触面积大;接触线与相对滑动速度方向之间的夹角接近 90°(见图 4-12(b)),易于形成油膜润滑,传动效率高;齿面综合曲率半径亦大,其承载能力为普通圆柱蜗杆传动的 2～4 倍,应用较广泛。其缺点是:工艺复杂,蜗杆齿面为不可展曲面,难以精确磨削。

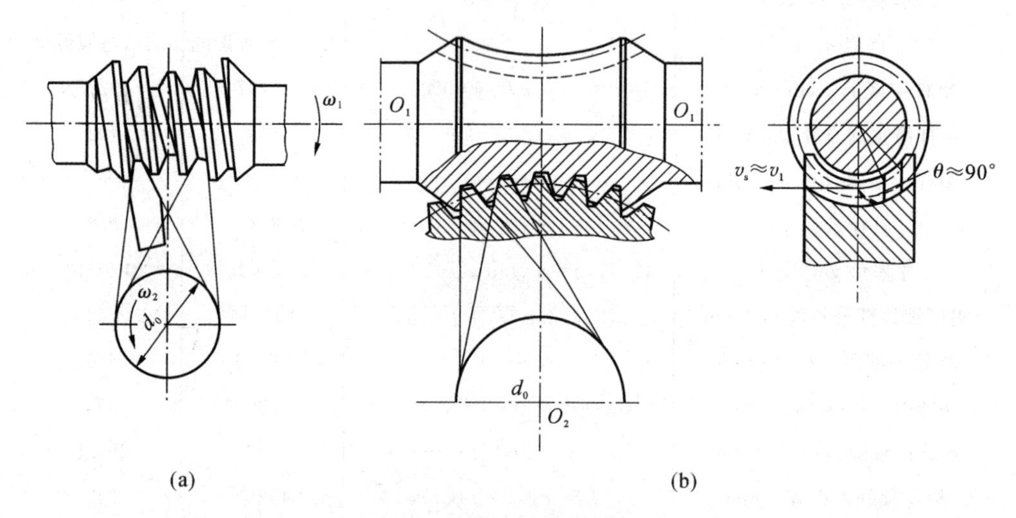

图 4-12　直廓环面蜗杆传动

4.7.2　平面包络环面蜗杆传动

平面包络环面蜗杆传动的蜗杆,其齿面是用盘状铣刀或平面砂轮在专用机床上,按包络原理加工的螺旋面。此种环面蜗杆与平面齿蜗轮(即平面齿齿轮,其齿形为梯形直线齿廓)构成的传动,称为平面一次包络环面蜗杆传动(见图 4-13(a))。若以上述蜗杆螺旋面为母面的滚刀,按包络原理,加工出蜗轮齿面,以此蜗轮与上述蜗杆所构成的传动,称为平面二次包络环面蜗杆传动(见图 4-13(b))。这种蜗杆齿面可淬硬磨削,加工精度高,传动效率高,承载能力与TSL型相当,应用日益广泛。

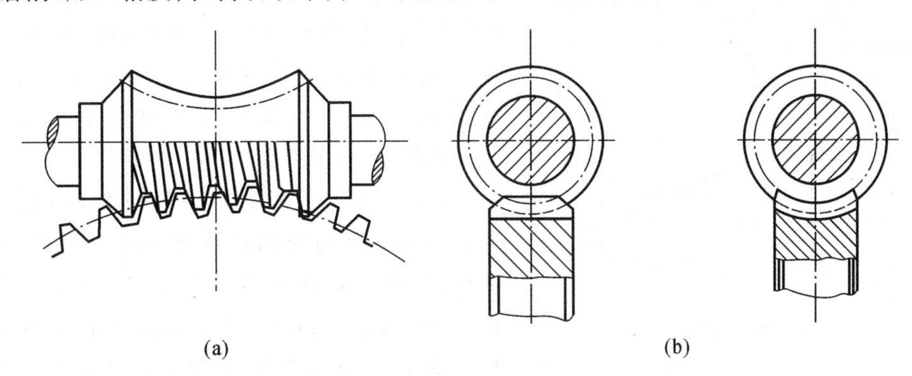

图4-13　平面包络环面蜗杆传动

(a) 一次包络蜗杆传动;(b) 二次包络蜗杆传动

4.8　蜗杆传动类型的选择

设计蜗杆传动时,应根据各种蜗杆传动的特点,考虑传动的要求和使用条件,从满足功能要求出发,合理选择蜗杆传动的类型。以下介绍蜗杆传动类型选择的原则。

(1) 重载、高速及要求效率高、精度高的重要场合,可选用圆弧圆柱蜗杆传动或平面包络环面蜗杆传动。

(2) 要求传动效率高、蜗杆不磨削的大功率场合,则可选用直廓环面蜗杆传动。

(3) 速度高、要求较精密、蜗杆头数较多的场合,且要求蜗杆加工工艺简单时,可选用渐开线圆柱蜗杆传动,或锥包络蜗杆传动或法向直廓蜗杆传动。

(4) 载荷较小、速度较低、精度要求不高或不太重要的场合,且要求蜗杆加工工艺简单时,可选用阿基米德圆柱蜗杆传动。

(5) 要求自锁的低速、轻载场合,可选用单头阿基米德圆柱蜗杆传动。

习　　题

4-1　试分析题图所示蜗杆传动中各轴的转动方向,蜗轮轮齿的螺旋方向及蜗杆、蜗轮所受各力的作用位置和方向。

4-2　试校核带式运输机用单级蜗杆减速器中的普通圆柱蜗杆传动。蜗杆轴上的输入功率 $P_1=5.5$ kW,$n_1=960$ r/min,$n_2=65$ r/min,由电动机驱动,载荷平稳。每天连续工作16小时,要求工作寿命为5年。蜗杆材料为45钢,表面淬火(45～50HRC),蜗轮材料为ZCuSn10P1,砂模铸造。$z_1=2$,$z_2=30$,$m=10$ mm,$d_1=112$ mm,$a=206$ mm。

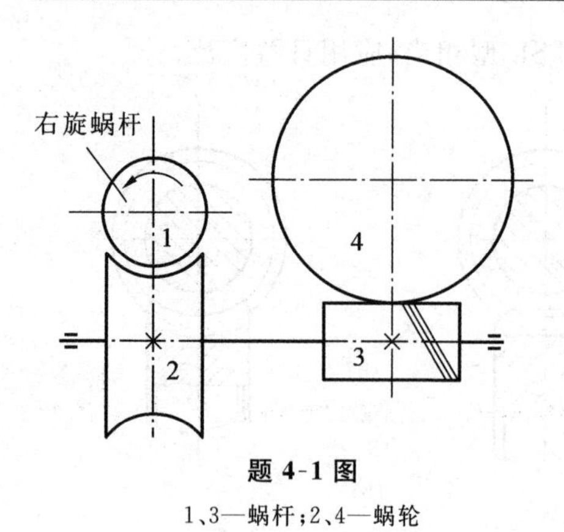

题 4-1 图

1、3—蜗杆；2、4—蜗轮

4-3 设计一起重设备的阿基米德蜗杆传动系统，载荷有中等冲击。蜗杆轴由电动机驱动，传递功率 $P_1=10$ kW，$n_1=1470$ r/min，$n_2=120$ r/min，连续工作，每天工作 8 小时，要求工作寿命为 10 年。

4-4 试设计用于升降机的单级蜗杆减速器中的圆弧圆柱蜗杆传动系统。由电动机驱动，工作有轻微冲击。已知：$P_1=7.5$ kW，$n_1=1440$ r/min，$n_2=72$ r/min，单向运转，每天两班工作，连续工作，要求工作寿命为 5 年。

挠性传动设计

挠性传动是一类较常用的机械传动方式，它主要包含带传动、链传动和绳传动。这种传动通过环形曳引元件，在两个或两个以上的传动轮之间传递运动或动力。在三种主要的挠性传动中，曳引元件分别是传动带、传动链和传动绳。按照工作原理来分，挠性传动又可分为摩擦型传动和啮合型传动，即靠曳引元件与传动轮接触的摩擦传动或靠特殊形状的曳引元件与传动轮轮齿相互啮合传动。链传动通过链条的各个链节与链轮轮齿啮合实现传动；带传动则分为摩擦型带传动和啮合型带传动两种；绳传动一般为摩擦型传动。

5.1 V带传动设计

5.1.1 带传动概述

1. 摩擦型带传动的特点及应用

V带传动是摩擦型带传动中应用最广的一种。摩擦型带传动装置通常是由主动轮1、从动轮2和张紧在两轮上的环形传动带3组成的，如图5-1所示。传动带在静止时受预拉力的作用，带与带轮接触面间产生正压力。当主动轮转动时，靠带与主、从动带轮接触面间的摩擦力，拖动从动轮转动，实现传动。摩擦型带除V带（见图5-2(a)）外，还有平带（见图5-2(b)）、多楔带（见图5-2(c)）和圆带（见图5-2(d)）。平带传动装置结构简单，效率较高，常用于传动中心距较大的场合。在与平带传动同样的条件下，V带传动产生的摩擦力比平带传动大得多，故在一般机械中，多采用V带传动。多楔带兼有平带与V带的优点，柔性好，摩擦力大，主要用于传递较大功率、结构要求紧凑的场合。圆带传动的传递功率较小，一般用于轻、小型机械，如缝纫机等。

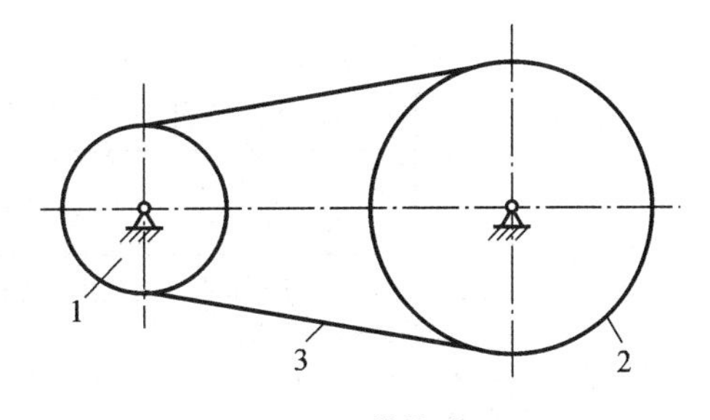

图5-1 带传动

1—主动轮；2—从动轮；3—传动带

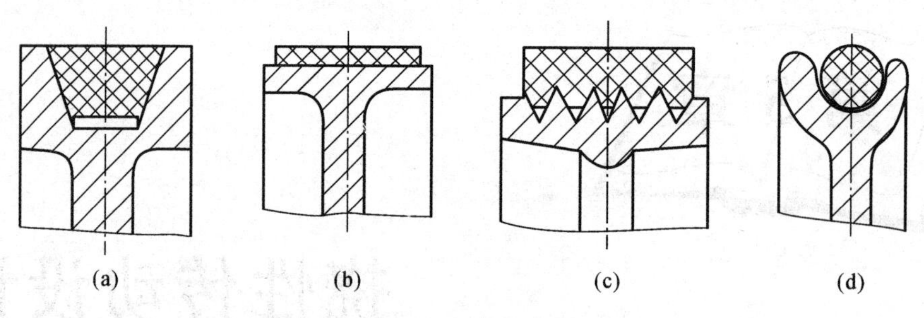

图 5-2 带的类型

(a) V 带；(b) 平带；(c) 多楔带；(d) 圆带

2. V 带的类型与标准

V 带的种类有普通 V 带、窄 V 带、宽 V 带、大楔角 V 带、齿形 V 带、汽车 V 带、联组 V 带和接头 V 带等。其中普通 V 带传动应用最广。

普通 V 带为相对高度 $h/b_p \approx 0.7$ 的 V 带，它的规格尺寸、性能、测量方法及使用要求等均已标准化。普通 V 带按截面大小分为七种型号，其截面尺寸、长度如表 5-1 所示。

表 5-1 普通 V 带截面尺寸、长度和单位长度质量(摘自 GB/T 11544—1997)

截面	Y	Z	A	B	C	D	E
顶宽 b/mm	6.0	10.0	13.0	17.0	22.0	32.0	38.0
节宽 b_p/mm	5.3	8.5	11.0	14.0	19.0	27.0	32.0
高度 h/mm	4.0	6.0	8.0	11.0	14.0	19.0	23.0
楔角 α/(°)	40°						
基准长度 L_d/mm	200～500	400～1 600	630～2 800	900～5 600	1 800～10 000	2 800～14 000	4 500～16 000
单位长度质量 /(kg·m^{-1})	0.04	0.06	0.10	0.17	0.30	0.60	0.87

注：① 节宽 b_p 为带的截面宽度，当带垂直且其底边弯曲时，在带中保持原长度不变的任意一条周线称为节线，由全部节线构成的面称为节面；

② 基准长度 L_d 为 V 带在规定的张紧力下，位于测量带轮基准直径(与所配用 V 带的节宽 b_p 相对应的带轮直径)上的圆周长度。

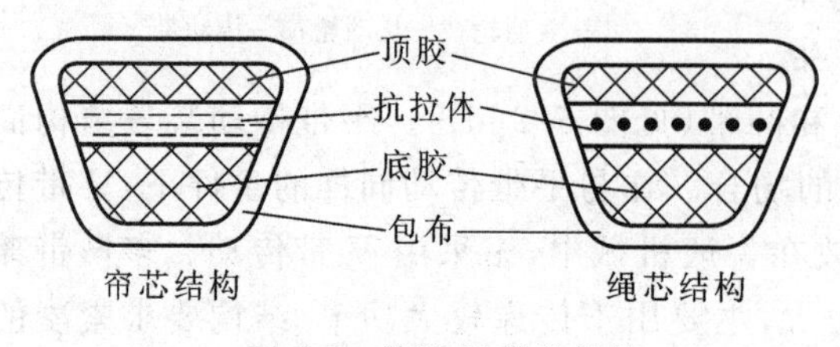

图 5-3 普通 V 带的结构

普通 V 带均制成无接头的环状带。按带芯的结构分为帘芯 V 带和绳芯 V 带(见图 5-3)两种。为了提高带的承载能力，近年来已普遍采用化学纤维绳芯结构的 V 带。

3. 带传动的特点

带传动的主要优点是：① 具有弹性，能缓冲、吸振，传动平稳，噪声小；② 过载时，带在带轮上打滑，防止其他零部件损坏，起安全保护作用；③ 适用于中心距较大的场合；④ 结构简单，成本较低，装拆方便。

带传动的主要缺点是：① 带在带轮上有相对滑动，传动比不恒定；② 传动效率低，带的寿命较短；③ 传动的外廓尺寸大；④ 需要张紧，支承带轮的轴及轴承受力较大；⑤ 不宜用于高温、易燃等场所。

5.1.2　V带传动的设计约束分析

1. 带传动中的力分析

以一定的初拉力将带张紧在两带轮上，未工作时，带的两边均受相同的初拉力 F_0（见图5-4(a)）。工作时，主动轮对带的摩擦力 F_f 与带的运动方向一致，而从动轮对带的摩擦力 F_f 则与带的运动方向相反（见图 5-4(b)）。这样，传动带两边的拉力就不相等。带绕上主动轮的一边被拉紧，拉力由 F_0 增至 F_1，为紧边；而另一边则由 F_0 减至 F_2，为松边。假定环形带总长不变，那么紧边拉力增量 F_1-F_0 应与松边拉力减量 F_0-F_2 相等，或

$$F_0=\frac{1}{2}(F_1+F_2) \tag{5-1}$$

显然，紧边、松边的拉力差应等于接触面间的摩擦力的总和 F_f，称为带传动的有效拉力，即圆周力 F，且

$$F=F_1-F_2=F_f \tag{5-2}$$

综合上述两式，得

紧边拉力　　$F_1=F_0+F/2$

松边拉力　　$F_2=F_0-F/2$

当 F_f 达到极限 F_{flim} 时，F_1 与 F_2 的关系可用柔韧体摩擦的欧拉公式表示：

$$F_1/F_2=e^{f\alpha} \tag{5-3}$$

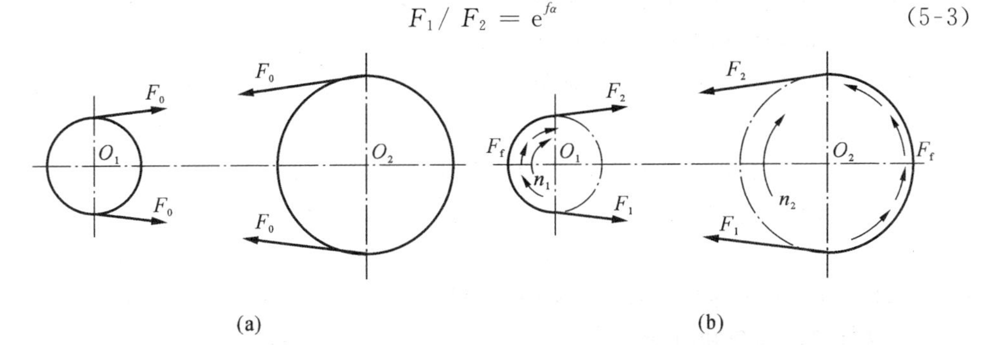

图 5-4　带传动的受力情况

式中 f——带与带轮间的摩擦系数；

α——带在带轮上的包角(见图 5-6,其中 α_1 为小带轮包角,α_2 为大带轮包角)。

综上所述,可得

$$F_{\mathrm{flim}} = 2F_0 \frac{e^{f\alpha}-1}{e^{f\alpha}+1} = F_1\left(1-\frac{1}{e^{f\alpha}}\right) \tag{5-4}$$

带在正常传动时,须使有效圆周力 $F<F_{\mathrm{flim}}$。

2. 传动带的应力分析

带传动工作时,带内将产生以下几种应力。

1) 拉应力

紧边拉应力
$$\sigma_1 = F_1/A \quad (\mathrm{MPa}) \tag{5-5}$$

松边拉应力
$$\sigma_2 = F_2/A \quad (\mathrm{MPa}) \tag{5-6}$$

式中 A——带的横截面面积(mm^2)。

2) 离心拉应力

当带沿带轮轮缘作圆周运动时,带上每一质点都受离心力的作用。带的离心力 $F_c=qv^2$。此力作用于整个传动带,因此,它产生的离心拉应力 σ_c 在带的所有横剖面上都是相等的。即

$$\sigma_c = \frac{F_c}{A} = \frac{qv^2}{A} \quad (\mathrm{MPa}) \tag{5-7}$$

式中 q——传动带单位长度的质量(kg/m),可由表 5-1 查得；

v——带速(m/s)。

3) 弯曲应力

带绕在带轮上时,由于弯曲而产生弯曲应力 σ_b。根据材料力学公式,有

$$\sigma_b = \frac{2Ey}{d_d} \quad (\mathrm{MPa}) \tag{5-8}$$

式中 E——带的弹性模量(MPa)；

d_d——带轮的基准直径(mm)；

y——带的中性层到最外层的距离(mm)。

为防止过大的弯曲应力,对每种型号的 V 带,都规定了相应的最小带轮基准直径 d_{dmin}。

图 5-5 所示为带的各个横剖面上的应力分布情况。

带中的最大应力为

$$\sigma_{\max} = \sigma_1 + \sigma_c + \sigma_{b1} \tag{5-9}$$

带中的最大应力产生在带的紧边开始绕上的带轮处。

3. 弹性滑动现象和打滑

带是弹性体,它在受力情况下会产生弹性变形。由于带在紧边和松边上所受的

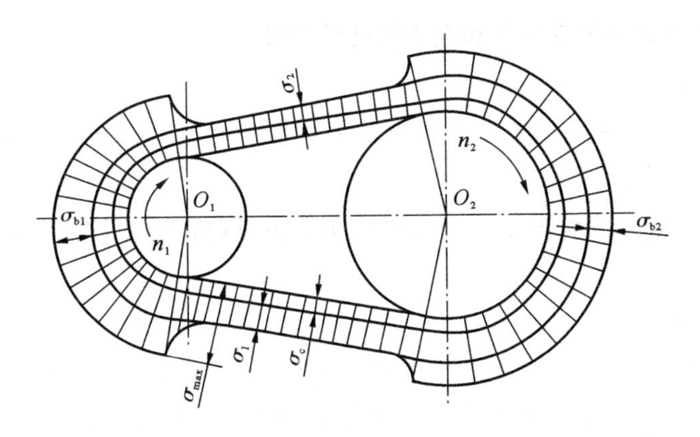

图 5-5　传动带的应力分布

拉力不相等，因而产生的弹性变形也不相同。如图 5-6 所示，带在 a_1 点绕上主动轮，到 c_1 点离开，在此过程中，带所受的拉力由 F_1 逐渐降到 F_2，拉力减小，使带向后收缩，带在带轮接触面上出现局部微量的向后滑动，造成带的速度逐渐小于主动轮的圆周速度 v_1（即 $v_{带}<v_1$）。带在 a_2 点绕上从动轮，到 c_2 点离开，在此过程中，带所受的拉力由 F_2 逐渐增加到 F_1，拉力增加，使带向前伸长，带在带轮接触面上出现局部微量的向前滑动，造成带的速度逐渐大于从动轮的圆周速度 v_2（即 $v_{带}>v_2$）。这种微量的滑动现象称为弹性滑动。弹性滑动的大小与带传动传递的载荷成正比，可用滑动率 ε 来表征弹性滑动的大小，$\varepsilon=(v_1-v_2)/v_1$。

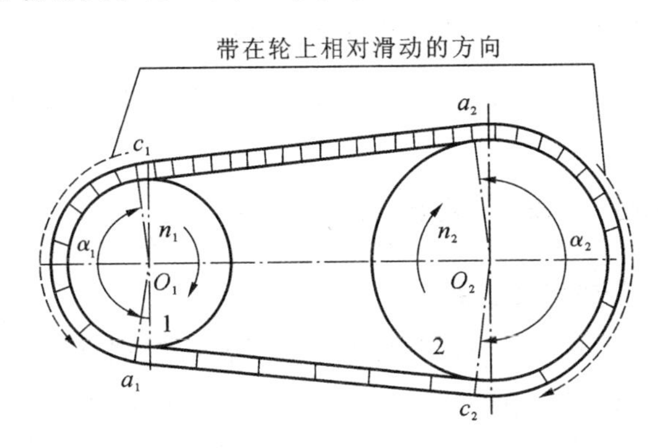

图 5-6　带的弹性滑动

带传动中，弹性滑动是不可避免的。它除了造成功率损失、降低传动功率和增加带的磨损外，还会引起从动轮的圆周速度下降，使传动比不准确。

当带传动的载荷增大时，有效拉力 F 相应增大。当有效拉力 F 达到或超过带与小带轮之间的摩擦力的总和的极限时，带与带轮在整个接触弧上发生相对滑动，这种现象称为打滑。打滑使得带传动的运动处于不稳定状态，带也受到严重的磨损，带传动装置不能正常工作，这是必须避免的。

4. 带传动设计的约束条件和允许的传动功率

1) 主要失效形式

(1) 打滑　当传递的圆周力 F 超过了带与带轮之间的摩擦力的总和的极限时，发生过载打滑，使传动失效。

(2) 疲劳破坏　传动带在变应力长期作用下，因疲劳而发生裂纹、脱层、松散，直至断裂。

2) 设计约束条件

带传动的设计准则是：在保证带传动不发生打滑的前提下，充分发挥带传动的能力，并使传动带具有一定的疲劳强度和寿命，且带速 v 不能过高或过低。

根据设计准则，带传动应满足下列两个约束条件：

不打滑条件

$$F = 1\,000\,\frac{P}{v} \leqslant F_1\left(1-\frac{1}{e^{f\alpha}}\right) \quad (\text{N})$$

疲劳强度条件

$$\sigma_{\max} = \sigma_1 + \sigma_{b1} + \sigma_c \leqslant [\sigma] \quad (\text{MPa})$$

或

$$\sigma_1 = \frac{F_1}{A} \leqslant [\sigma] - \sigma_{b1} - \sigma_c$$

由以上两式可得同时满足两个约束条件的传动功率为

$$P_0 = \frac{Fv}{1\,000} = ([\sigma] - \sigma_{b1} - \sigma_c)\left(1-\frac{1}{e^{f\alpha}}\right)\frac{Av}{1\,000} \quad (\text{kW}) \qquad (5\text{-}10)$$

5.1.3　普通 V 带传动设计

1. 单根普通 V 带的许用功率

表 5-2 列出了根据式(5-10)计算得出的单根普通 V 带在特定条件(载荷平稳，$\alpha_1=180°$，$i=1$，特定带长)下所能传递的基本额定功率 P_0，可供设计时查阅。若设计普通 V 带的包角 α_1、带长 L_d、传动比 i 不符合上述特定条件，应对 P_0 予以修正。于是，可得经修正的单根普通 V 带的许用功率：

$$[P_0] = (P_0 + \Delta P_0)K_\alpha K_L \quad (\text{kW})$$

式中　P_0——单根普通 V 带的基本额定功率(kW)；

ΔP_0——$i\neq1$ 时，单根普通 V 带的基本额定功率增量，可由表 5-3 查得；

K_α——包角系数可由表 5-4 查得；

K_L——带长系数可由表 5-5 查得。

表5-2 单根普通V带的基本额定功率 P_0(kW)

带型	d_{d1}/mm	$n_1/(r \cdot min^{-1})$ 700	800	950	1 200	1 450	1 600	1 800	2 000	2 200	2 400	2 600	2 800	3 200
Z	50	0.09	0.10	0.12	0.14	0.16	0.17	0.19	0.20	0.21	0.22	0.24	0.26	0.28
	56	0.11	0.12	0.14	0.17	0.19	0.20	0.23	0.25	0.28	0.30	0.32	0.33	0.35
	63	0.13	0.15	0.18	0.22	0.25	0.27	0.30	0.32	0.35	0.37	0.39	0.41	0.45
	71	0.17	0.20	0.23	0.27	0.30	0.33	0.36	0.39	0.43	0.46	0.48	0.50	0.54
	80	0.20	0.22	0.26	0.30	0.35	0.39	0.42	0.44	0.47	0.50	0.53	0.56	0.61
	90	0.22	0.24	0.28	0.33	0.36	0.40	0.44	0.48	0.51	0.54	0.57	0.60	0.64
A	75	0.40	0.45	0.51	0.60	0.68	0.73	0.78	0.84	0.88	0.92	0.96	1.00	1.04
	90	0.61	0.68	0.77	0.93	1.07	1.15	1.24	1.34	1.42	1.50	1.57	1.64	1.75
	100	0.74	0.83	0.95	1.14	1.32	1.42	1.54	1.66	1.76	1.87	1.96	2.05	2.19
	112	0.90	1.00	1.15	1.39	1.61	1.74	1.89	2.04	2.17	2.30	2.40	2.51	2.68
	125	1.07	1.19	1.37	1.66	1.92	2.07	2.26	2.44	2.59	2.74	2.86	2.98	3.16
	140	1.26	1.41	1.62	1.96	2.28	2.45	2.66	2.87	3.04	3.22	3.36	3.48	3.65
	160	1.51	1.69	1.95	2.36	2.73	2.94	3.18	3.42	3.61	3.80	3.93	4.06	4.19
	180	1.76	1.97	2.27	2.47	3.16	3.40	3.66	3.93	4.12	4.32	4.43	4.54	4.58
B	125	1.30	1.44	1.64	1.93	2.19	2.33	2.50	2.64	2.76	2.85	2.90	2.96	2.94
	140	1.64	1.82	2.08	2.47	2.82	3.00	3.23	3.42	3.58	3.70	3.78	3.85	3.83
	160	2.09	2.32	2.66	3.17	3.62	3.86	4.15	4.40	4.60	4.75	4.82	4.89	4.80
	180	2.53	2.81	3.22	3.85	4.39	4.68	5.02	5.30	5.52	5.67	5.72	5.76	5.52
	200	2.96	3.30	3.77	4.50	5.13	5.46	5.83	6.13	6.35	6.47	6.45	6.43	5.95
	224	3.47	3.86	4.42	5.26	5.97	6.33	6.73	7.02	7.19	7.25	7.10	6.95	6.05
	250	4.00	4.46	5.10	6.04	6.82	7.20	7.63	7.82	7.97	7.89	7.26	7.14	5.60
	280	4.61	5.13	5.85	6.90	7.76	8.13	8.46	8.60	8.53	8.22	7.51	6.80	4.26
C	200	3.69	4.07	4.58	5.29	5.84	6.07	6.28	6.34	6.26	6.02	5.61	5.01	3.23
	224	4.64	5.12	5.78	6.71	7.45	7.75	8.00	8.06	7.92	7.57	6.93	6.08	3.57
	250	5.64	6.23	7.04	8.21	9.04	9.38	9.63	9.62	9.34	8.75	7.85	6.56	2.93
	280	6.76	7.52	8.49	9.81	10.72	11.06	11.22	11.04	10.48	9.50	8.08	6.13	—
	315	8.09	8.92	10.05	11.53	12.46	12.72	12.67	12.14	11.08	9.43	7.11	4.16	—
	355	9.50	10.46	11.73	13.31	14.12	14.19	13.73	12.59	10.70	7.98	4.32	—	—
	400	11.02	12.10	13.48	15.04	15.53	15.24	14.08	11.95	8.75	4.34	—	—	—
	450	12.63	13.80	15.23	16.59	16.47	15.57	13.29	9.64	4.44	—	—	—	—

表 5-3 单根普通 V 带的额定功率增量 ΔP_0(kW)

带型	传动比i										带速 $v/(m\cdot s^{-1})$ ≤
	1.00～1.01	1.02～1.04	1.05～1.08	1.09～1.12	1.13～1.18	1.19～1.24	1.25～1.34	1.35～1.50* 1.51	1.51* 1.52～1.99	≥2.00	
Z		0.00									1, 2, 3, 4
					0.01						5, 6.3
								0.02			7.5, 8.8, 10, 12.5
						0.03					15, 16.7
		0.02				0.04			0.05	0.06	18.3, 20
A								0.02		0.03	
			0.01	0.02	0.02	0.03	0.03	0.04	0.04	0.05	2.5
			0.02	0.03	0.04	0.05	0.06	0.07	0.08	0.09	5
			0.02	0.03	0.04	0.05	0.06	0.08	0.09	0.10	6.7
			0.03	0.04	0.05	0.06	0.07	0.08	0.09	0.11	8.3
	0.00	0.02	0.03	0.05	0.07	0.08	0.10	0.11	0.13	0.15	10
		0.02	0.04	0.06	0.08	0.09	0.11	0.13	0.15	0.17	12.5
		0.02	0.04	0.06	0.09	0.11	0.13	0.15	0.17	0.19	15
		0.03	0.06	0.08	0.11	0.13	0.16	0.19	0.22	0.24	17.5
		0.03	0.07	0.10	0.13	0.16	0.19	0.23	0.26	0.29	20
		0.04	0.08	0.11	0.15	0.19	0.23	0.26	0.30	0.34	25.5
B		0.04	0.01	0.02	0.03	0.04	0.04	0.05	0.06	0.06	30
		0.01	0.03	0.04	0.06	0.07	0.08	0.10	0.11	0.13	5
		0.02	0.05	0.07	0.10	0.12	0.15	0.17	0.20	0.22	10
		0.03	0.06	0.08	0.11	0.14	0.17	0.20	0.23	0.25	11.7
		0.03	0.07	0.10	0.13	0.17	0.20	0.23	0.26	0.30	13.3
	0.00	0.04	0.08	0.13	0.17	0.21	0.25	0.30	0.34	0.38	15
		0.05	0.00	0.15	0.20	0.25	0.31	0.36	0.40	0.46	20
		0.06	0.01	0.17	0.23	0.28	0.34	0.39	0.45	0.51	22.5
		0.06	0.03	0.19	0.25	0.32	0.38	0.44	0.51	0.57	25
		0.07	0.04	0.21	0.28	0.35	0.42	0.49	0.56	0.63	27.5
		0.08	0.06	0.23	0.31	0.39	0.46	0.54	0.62	0.70	30
C		0.02	0.04	0.06	0.08	0.10	0.12	0.14	0.16	0.18	35
		0.08	0.06	0.09	0.12	0.15	0.18	0.21	0.24	0.26	5
		0.04	0.08	0.12	0.16	0.20	0.23	0.27	0.31	0.35	7.5
		0.05	0.10	0.15	0.20	0.24	0.29	0.34	0.39	0.44	10
		0.06	0.12	0.18	0.24	0.29	0.35	0.41	0.47	0.53	12.5
	0.00	0.07	0.14	0.21	0.27	0.34	0.41	0.48	0.55	0.62	15
		0.08	0.16	0.23	0.31	0.39	0.47	0.55	0.63	0.71	17.5
		0.09	0.19	0.27	0.37	0.47	0.56	0.65	0.74	0.83	20
		0.02	0.24	0.35	0.47	0.59	0.70	0.82	0.94	0.06	25.5
		0.04	0.28	0.42	0.58	0.71	0.85	0.99	0.14	0.27	30
		0.06	0.31	0.47	0.63	0.78	0.94	0.10	0.25	0.41	35.5, 40

注:传动比 1.35～1.50*、1.51～1.99 只适用于 Z 型 V 带。

表 5-4　包角系数 K_α

小轮包角	180°	175°	170°	165°	160°	155°	150°	145°	140°	135°	130°	125°	120°	110°	100°	90°
K_α	1	0.99	0.98	0.96	0.95	0.93	0.92	0.91	0.89	0.88	0.86	0.84	0.82	0.78	0.74	0.69

表 5-5　长度系数 K_L

基准长度 L_d/mm	K_L					基准长度 L_d/mm	K_L					
	Y	Z	A	B	C		Z	A	B	C	D	E
200	0.81					2 240		1.06	1	0.91		
224	0.82					2 500		1.09	1.03	0.93		
250	0.84					2 800		1.11	1.05	0.95	0.83	
280	0.87					3 150		1.13	1.07	0.97	0.36	
315	0.89					3 550		1.17	1.09	0.99	0.88	
355	0.92					4 000		1.19	1.13	1.02	0.91	
400	0.96	0.87				4 500		1.15	1.04	0.93	0.90	
450	1.00	0.89				5 000			1.18	1.07	0.96	0.92
500	1.02	0.91				5 600				1.09	0.98	0.95
560		0.94				6 300				1.12	1.00	0.97
630		0.96	0.81			7 100				1.15	1.03	1.00
710		0.99	0.83			8 000				1.18	1.06	1.02
800		1.00	0.85			9 000				1.21	1.08	1.05
900		1.03	0.87	0.82		10 000				1.23	1.11	1.07
1 000		1.06	0.89	0.84		11 200					1.14	1.10
1 120		1.08	0.91	0.86		12 500					1.17	1.12
1 250		1.11	0.93	0.88		14 000					1.20	1.15
1 400		1.14	0.96	0.90		16 000					1.22	1.18
1 600		1.16	0.99	0.92	0.83							
1 800		1.18	1.01	0.95	0.86							
2 000			1.03	0.98	0.88							

2. 普通 V 带传动设计和带传动有关参数的选择与计算

1）确定设计功率 P_c

$$P_c = K_A P \quad (\text{kW})$$

式中　K_A——工况系数，可由表 5-6 查取；

P——所需传递的功率。

注意：在选取工况系数时，在反复启动、正反转频繁、工作条件恶劣等场合下，K_A 应乘以 1.2。

表 5-6　工况系数 K_A

工况		K_A					
		空、轻载启动			重载启动		
		每天工作时间/h					
		<10	10～16	>16	<10	10～16	>16
载荷变动最小	液体搅拌机、通风机和鼓风机(≤7.5 kW)、离心式水泵和压缩机、轻载荷输送机	1.0	1.1	1.2	1.1	1.2	1.3
载荷变动小	带式输送机(不均匀载荷)、通风机(>7.5 kW)、旋转式水泵和压缩机(非离心式)、发动机、金属切削机床、印刷机、旋转筛、锯木机和木工机械	1.1	1.2	1.3	1.2	1.3	1.4
载荷变动较大	制砖机、斗式提升机、往复式水泵和压缩机、起重机、磨粉机、冲剪机床、橡胶机械、振动筛、纺织机械、重载输送机	1.2	1.3	1.4	1.4	1.5	1.6
载荷变动很大	破碎机(旋转式、颚式等)、磨碎机(球磨、棒磨、管磨等)	1.3	1.4	1.5	1.5	1.6	1.8

注：① 空、轻载启动—电动机(交流启动、三角启动、直流并励)、四缸以上的内燃机、装有离心式离合器、液力联轴器的动力机；

② 重载启动—电动机(联机交流启动、直流复励或串励)、四缸以下的内燃机。

2) 初选带的型号

根据带传动的设计功率 P_c 及小带轮转速 n_1，按图 5-7 初选带的型号。

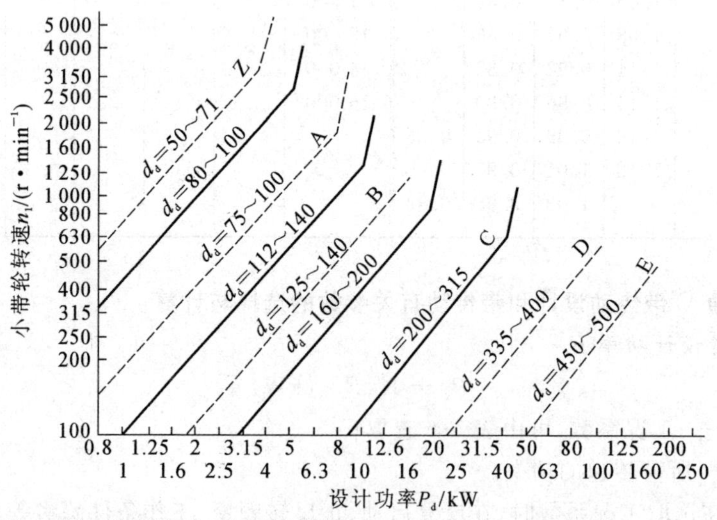

注: Y型带主要传递运动，故未列入图内。

图 5-7　普通 V 带选型图

3）确定带轮基准直径 d_{d1}、d_{d2}

普通 V 带传动的国家标准中规定了带轮的最小基准直径和带轮的基准直径系列，如表5-7所示。

表 5-7　普通 V 带轮的最小基准直径　(mm)

型　号	Y	Z	A	B	C	D	E
d_{dmin}	20	50	75	125	200	355	500

注：带轮直径系列为 20,22.4,25,28,31.5,35.5,40,45,50,56,63,71,75,80,85,90,95,100,106,112,118,125,132,140,150,160,170,180,200,212,224,236,250,265,280,300,315,335,355,375,400,425,450,475,500,530,560,600,630,670,710,750,800,900,1 000,1 060,1 120,1 250,1 400,1 500,1 600,1 800,2 000,2 240,2 500。

当其他条件不变时，带轮基准直径越小，带传动越紧凑，但带内的弯曲应力也越大，将导致带的疲劳强度下降，传动效率下降。选择小带轮基准直径时，应使 $d_{d1} \geqslant d_{dmin}$，并取标准直径。若传动比要求较精确，大带轮基准直径 d_{d2} 由下式确定：

$$d_{d2} = id_{d1}(1-\varepsilon) = \frac{n_1}{n_2}d_{d1}(1-\varepsilon) \quad (\text{mm}) \tag{5-11a}$$

常取滑动率 $\varepsilon \approx 0.01 \sim 0.02$，若忽略滑动率 ε 的影响，则有

$$d_{d2} = id_{d1} = \frac{n_1}{n_2}d_{d1} \quad (\text{mm}) \tag{5-11b}$$

d_{d1}、d_{d2} 按表 5-7 取标准值。

4）验算带速 v

带速的计算公式为

$$v = \frac{\pi d_{d1} n_1}{60 \times 1\ 000} \quad (\text{m/s}) \tag{5-12}$$

带速 v 太高，则离心力过大，使带与带轮间的正压力过小，传动能力弱，易打滑；同时离心应力大，带易疲劳破坏。带速 v 太低，则要求有效拉力 F 过大，使带的根数过多。一般 v 在 5～25 m/s 之间。当 v 在 10～20 m/s 时，传动能力可得到充分利用。若 v 过高或过低，可调整 d_{d1} 或 n_1。

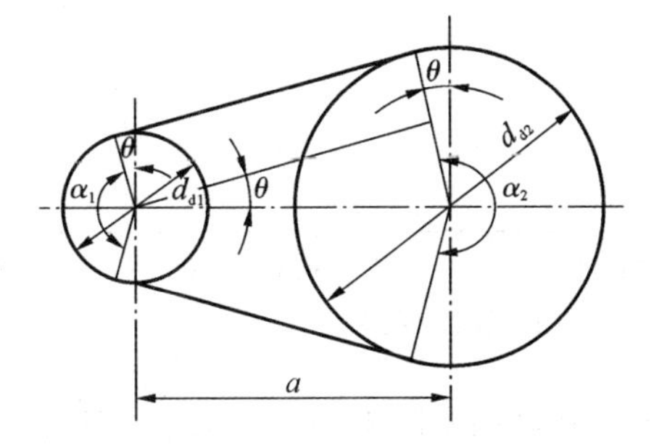

图 5-8　带传动的几何计算

5）确定中心距 a、带长 L 和包角 α

带传动的中心距 a、带轮直径 d_d、带长 L 和包角 α 等如图 5-8 所示。中心距 a 的大小，直接关系到传动尺寸和带在单位时间内的绕转次数。中心距 a 大，则传动尺寸大，但在单位时间内的绕转次数减少，可增加带的疲劳寿命，同时使包角 α_1 增大，提高传动能力。一般可按下式初选中心距 a_0：

$$0.7(d_{d1}+d_{d2}) \leqslant a_0 \leqslant 2(d_{d1}+d_{d2}) \quad (\text{mm}) \tag{5-13}$$

带长根据带轮的基准直径和初选的中心距 a_0 计算：

$$L_{d0} = 2a_0 + \frac{\pi}{2}(d_{d1}+d_{d2}) + \frac{(d_{d2}-d_{d1})^2}{4a_0} \quad (\text{mm}) \tag{5-14}$$

根据初算的带长 L_{d0}，由表 5-8 选取相近的基准长度 L_d。

表 5-8 普通 V 带的长度(摘自 GB/T 11544—1997)

带 型	Y	Z	A	B	C	D	E
L_d/mm	200	405	630	930	1 565	2 740	4 660
	224	475	700	1 000	1 760	3 100	5 040
	250	530	790	1 100	1 950	3 330	5 420
	280	625	890	1 210	2 195	3 730	6 100
	315	700	990	1 370	2 420	4 080	6 850
	355	780	1 100	1 560	2 715	4 620	7 650
	400	820	1 250	1 760	2 880	5 400	9 150
	450	1 080	1 430	1 950	3 520	6 100	12 230
	500	1 330	1 550	2 180	3 080	6 840	13 750
		1 420	1 640	2 300	3 520	7 620	15 280
		1 540	1 750	2 500	4 060	9 140	16 800
			1 940	2 700	4 600	10 700	
			2 050	2 870	5 380	12 200	
			2 200	3 200	6 100	13 700	
			2 300	3 600	6 815	15 200	
			2 480	4 060	7 600		
			2 700	4 430	9 100		
				4 820	10 700		
				5 370			
				6 070			

注：基准长度 L_d 为 V 带在规定的张紧力下，位于测量带轮基准直径(与所配用 V 带的节宽 b_p 相对应的带轮直径)上的周线长度。

传动的实际中心距 a 用下式计算：

$$a = A + \sqrt{A^2 - B} \quad (\text{mm}) \tag{5-15}$$

其中，$A=\dfrac{L_d}{4}-\dfrac{\pi(d_{d1}+d_{d2})}{8}$，$B=\dfrac{(d_{d2}-d_{d1})^2}{8}$

小带轮包角 α_1 按下式计算：

$$\alpha_1 = 180° - \frac{d_{d2}-d_{d1}}{a} \times 57.3°$$

一般要求 $\alpha_1 \geqslant 120°$。

6）确定带的根数 z

$$z \geqslant \frac{P_c}{[P]} = \frac{P_c}{(P_0 + \Delta P_0)K_\alpha K_L} \tag{5-16}$$

带的根数 z 应根据计算值圆整。带的根数不宜过多，否则各根带受力不均。一般取 $z<10$，当 z 过大时，应改选带轮基准直径或改选带型，重新设计。

7）确定初拉力 F_0

F_0 小，带传动的传动能力小，易出现打滑。F_0 过大，则带的寿命低，对轴及轴承的压力大。一般认为，既能发挥带的传动能力，又能保证带的寿命的单根 V 带的初拉力应为

$$F_0 = 500 \times \frac{(2.5 - K_\alpha)P_c}{K_\alpha z v} + qv^2 \quad (\text{N}) \tag{5-17}$$

8）计算压力 F_Q

为了设计轴和轴承，应计算 V 带对轴的压力 F_Q。F_Q 可近似地按带的两边的初拉力 F_0 的合力计算，如图 5-9 所示。即

$$F_Q \approx 2zF_0 \sin\frac{\alpha_1}{2} \quad (\text{N}) \tag{5-18}$$

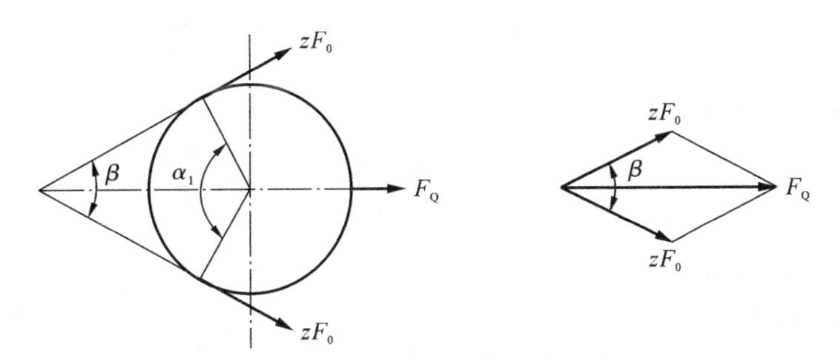

图 5-9　带传动作用在轴上的压力

例 5-1　设计一带式运输机中的普通 V 带传动。原动机为 Y112M—4 异步电动机，其额定功率 $P=4$ kW，满载转速 $n_1=1\ 440$ r/min，从动轮转速 $n_2=450$ r/min，一班制工作，载荷变动较小，要求中心距 $a\leqslant 550$ mm。

解　(1) 计算设计功率 P_c。

由表 5-6 查得 $K_A=1.1$，故

$$P_c = K_A P = 1.1 \times 4 \text{ kW} = 4.4 \text{ kW}$$

(2) 选择带型。

根据 $P_c=4.4$ kW，$n_1=1\ 440$ r/min，由图 5-7 初步选用 A 型。

(3) 选取带轮基准直径 d_{d1} 和 d_{d2}。

由表 5-7 取 $d_{d1}=100$ mm，由式(5-11(a))，并取 $\varepsilon=0.02$，得

$$d_{d2} = \frac{n_1}{n_2}d_{d1}(1-\varepsilon) = \frac{1\ 440}{450} \times 100 \times (1-0.02) \text{ mm} = 309.2 \text{ mm}$$

由表 5-7 取直径系列值 $d_{d2}=315$ mm。

(4) 验算带速 v。

$$v=\frac{\pi d_{d1}n_1}{60\times 1\,000}=\frac{\pi\times 100\times 1440}{60\times 1\,000}\ \text{m/s}=7.54\ \text{m/s}$$

在 5～25 m/s 范围内,带速合适。

(5) 确定中心距 a 和带的基准长度 L_d。

初选中心距 $a_0=450$ mm,符合

$$0.7(d_{d1}+d_{d2})<a_0<2(d_{d1}+d_{d2})$$

由式(5-14)得带长

$$\begin{aligned}L_{d0}&=2a_0+\frac{\pi}{2}(d_{d1}+d_{d2})+\frac{(d_{d2}-d_{d1})^2}{4a_0}\\&=\left[2\times 450+\frac{3.14}{2}\times(100+315)+\frac{(315-100)^2}{4\times 450}\right]\text{mm}\\&=1\,577.6\ \text{mm}\end{aligned}$$

由表 5-8,对 A 型带取基准长度 $L_d=1\,640$ mm,然后计算实际中心距。

$$A=\frac{L_d}{4}-\frac{\pi(d_{d1}+d_{d2})}{8}=\left[\frac{1\,640}{4}-\frac{\pi(100+315)}{8}\right]\text{mm}=247.1\ \text{mm}$$

$$B=\frac{(d_{d2}-d_{d1})^2}{8}=\frac{(315-100)^2}{8}\ \text{mm}^2=5\,778.1\ \text{mm}^2$$

$$a=A+\sqrt{A^2-B}=\left(247.1+\sqrt{247.1^2-5\,778.1}\right)\text{mm}=482.2\ \text{mm}$$

取 $a=480$ mm。

(6) 验算小带轮包角 α_1。

$$\begin{aligned}\alpha_1&=180^\circ-\frac{d_{d2}-d_{d1}}{a}\times 57.3^\circ=180^\circ-\frac{315-100}{480}\times 57.3^\circ\\&\approx 154.33^\circ>120^\circ\end{aligned}$$

在要求的范围以上,包角合适。

(7) 确定带的根数 z。

因 $d_{d1}=100$ mm,$n_1=1\,440$ r/min,查表 5-2 得

$$P_0=1.31\ \text{kW}$$

因 $i=\dfrac{d_{d2}}{d_{d1}(1-\varepsilon)}=\dfrac{315}{100\times(1-0.02)}\approx 3.21$,$v=7.54$ m/s,查表 5-3 得

$$\Delta P_0=0.1\ \text{kW}$$

因 $\alpha_1=154.33^\circ$,查表 5-4 得 $K_\alpha=0.928$

因 $L_d=1\,640$ mm,查表 5-5 得 $K_L=0.996$

由式(5-16)得

$$\begin{aligned}z&\geqslant\frac{P_c}{[P]}=\frac{P_c}{(P_1+\Delta P_1)K_\alpha K_L}\\&=\frac{4.4}{(1.31+0.1)\times 0.928\times 0.996}=3.37\end{aligned}$$

取 $z=4$ 根。

(8) 确定初拉力 F_0。

由表 5-1 查得 A 型带单位长度质量 $q=0.1$ kg/m。

由式(5-17)得单根普通 V 带的初拉力

$$F_0 = 500 \times \frac{(2.5-K_\alpha)P_c}{K_\alpha z v} + qv^2$$
$$= \left[500 \times \frac{(2.5-0.928)\times 4.4}{0.928 \times 4 \times 7.54} + 0.1 \times 7.54^2\right] \text{N}$$
$$\approx 124.3 \text{ N}$$

(9) 计算压力 F_Q。

由式(5-18)得压力

$$F_Q = 2zF_0 \sin\frac{\alpha_1}{2} = 2 \times 4 \times 124.3 \times \sin\frac{154.33^\circ}{2} \text{ N} \approx 970 \text{ N}$$

(10) 带传动的结构设计(略)。

除此之外,通过同样的分析计算,还可获得若干种可行方案,如表 5-9 所示。

表 5-9　可行方案

项　目	参　数	方案 1	方案 2	方案 3	方案 4
带(A 型)	根数 z	7	5	4	3
	带长 L_d/mm	1 250	1 400	1 640	1 800
带轮	直径 d_{d1}/mm	75	90	100	112
	直径 d_{d2}/mm	236	280	315	355
传动参数	中心距 a/mm	370	400	480	520
	小带轮包角 α_1(≥120°)	155.1	152.8	154.33	153.2
	带速 v(5～25 m/s)	5.65	6.79	7.54	8.44
	作用在轴上的压力 F_Q/N	1 290.5	1 076.9	970	903.5
	初拉力 F_0/N	94.4	110.8	124.3	154.8
结果		可行	可行	可行	可行

第 1 种方案 $z=7$,根数过多,应使组带长的长度偏差尽量小。第 2～4 种方案都可行,从带长与中心距考虑,第 4 种值最大,第 3 种值次之,第 2 种值最小(较佳);但从带的根数与轴的压力考虑,第 2 种根数多,轴的压力大,第 3、4 种值则依次较优。

5.2　链传动设计

链传动装置是在装于平行轴上的链轮之间,以链条作为挠性曳引元件的一种啮合传动装置,如图 5-10 所示 。

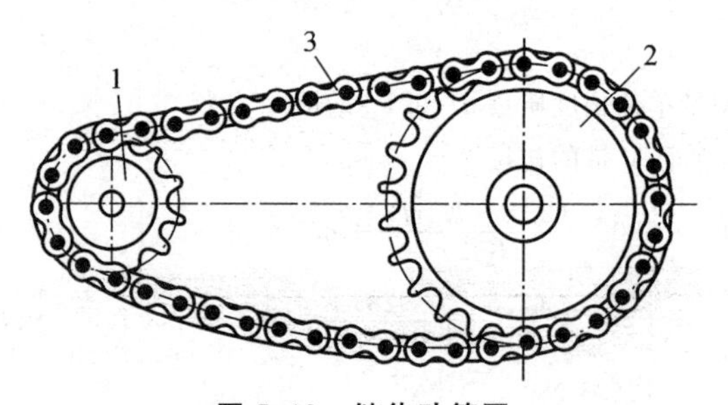

图 5-10 链传动简图

1—小链轮;2—大链轮;3—链条

5.2.1 链传动的特点、类型

与带传动、齿轮传动相比,链传动的优点是:没有弹性滑动和打滑,能保持准确的平均传动比,传动效率较高(封闭式链传动的传动效率 η=0.95～0.98);轴的压力较小;传递功率大,过载能力强;能在低速、重载下较好工作;能适应恶劣环境(如多尘、油污、腐蚀和高强度场合)。其缺点是:瞬时链速和瞬时传动比不是常数,工作中有冲击和噪声。

按用途不同,链可分为传动链、起重链和曳引链。传动链主要用于传递运动和动力,应用很广泛。其工作速度 $v\leqslant 15$ m/s;传递功率 $P\leqslant 100$ kW;最大速比 $i\leqslant 8$,一般 $i=2\sim 3$;传动效率 η=0.95～0.98。

传动链的类型主要有滚子链(见图 5-11)和齿形链(见图 5-12)。齿形链比滚子链工作平稳、噪声小,承受冲击载荷能力强,但结构较复杂,成本较高。滚子链的应用最为广泛。

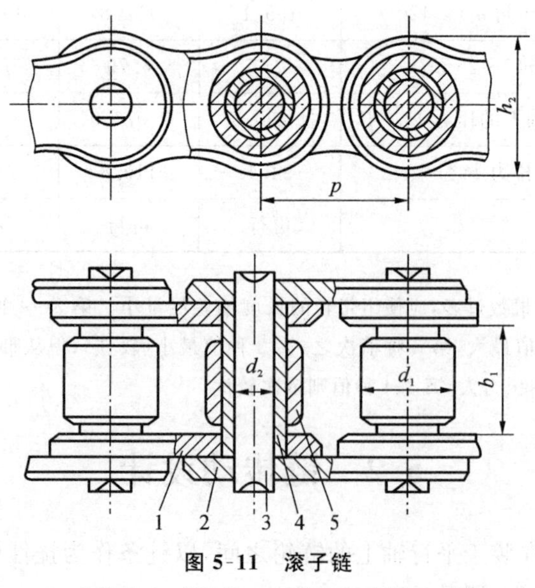

图 5-11 滚子链

1—内链板;2—外链板;3—销轴;4—套筒;5—滚子

滚子链的结构如图5-11所示，它由内链板1、外链板2、销轴3、套筒4和滚子5组成。销轴与外链板、套筒与内链板分别用过盈配合连接，而销轴与套筒、滚子与套筒之间则为间隙配合。所以，当链条与链轮轮齿啮合时，滚子与轮齿间基本上为滚动摩擦，套筒与销轴间、滚子与套筒间为滑动摩擦。链板一般做成“8”字形，以使各截面接近等强度，并可减轻重量和运动时的惯性。

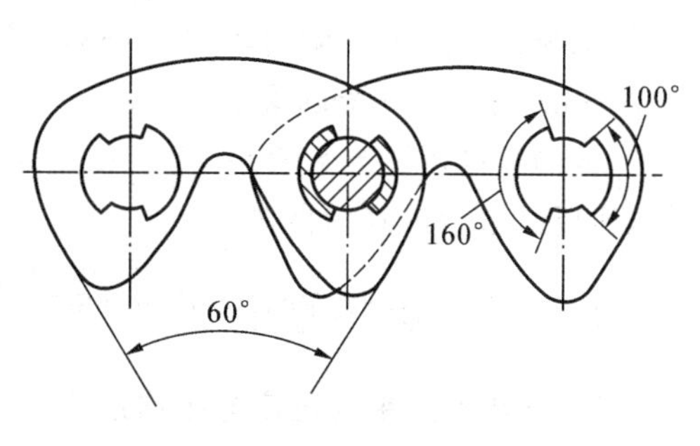

图5-12　齿形链

滚子链是标准件，其主要参数是链的节距 p，它是指链条上相邻两销轴中心间的距离。表5-10列出了GB/T 1243—2006规定的几种规格的滚子链。GB/T 1243—2006规定滚子链分A、B两个系列。表中的链号数乘以25.4/16即为节距值，表中的链号与相应的国际标准一致。本节仅介绍最常用的A系列滚子链传动的设计。

滚子链的标记方法为

链号—排数×链节数，标准编号

表5-10　滚子链的规格及主要参数(摘自GB/T 1243—2006)

链号	节距 p/mm	排距 p_1/mm	滚子外径 d_1/mm	内链节内宽 b_1/mm	销轴直径 d_2/mm	内链板高度 h_2/mm	极限拉伸载荷(单排) Q/N	每米质量(单排) q/(kg · m^{-1})
05B	8.00	5.64	5.00	3.00	2.31	7.11	4 400	0.18
06B	9.525	10.24	6.35	5.72	3.28	8.26	8 900	0.40
08A	12.70	14.38	7.95	7.85	3.96	12.07	13 800	0.60
08B	12.70	13.92	8.51	7.75	4.45	11.81	17 800	0.70
10A	15.875	18.11	10.16	9.40	5.08	15.09	21 800	1.00
12A	19.05	22.78	11.91	12.57	5.94	18.08	31 100	1.50
16A	25.40	29.29	15.88	15.75	7.92	24.13	55 600	2.60
20A	31.75	35.76	19.05	18.90	9.53	30.18	86 700	3.80
24A	38.10	45.44	22.23	25.22	11.10	36.20	124 600	5.60
28A	44.45	48.87	25.40	25.22	12.70	42.24	169 000	7.50
32A	50.80	58.55	28.58	31.55	14.27	48.26	222 400	10.10
40A	63.50	71.55	39.68	37.85	19.24	60.33	347 000	16.10
48A	76.20	87.93	47.63	47.35	23.80	72.39	500 400	22.60

注：① 极限拉伸载荷也可用kgf表示，取1 kgf=9.8 N；

② 过渡链节的极限拉伸载荷按0.8Q计算。

例如:16A—1×80,GB/T 1243—2006,即为按本标准制造的A系列、节距25.4 mm、单排、80节的滚子链。

链的长度用链节数表示,为了使链条连成环形时,正好是外链板与内链板相连接,所以链节数最好为偶数。

5.2.2 链传动的运动特性

1. 链传动的平均速度与平均速比

由于链绕在链轮上,链节与相应的轮齿啮合后这一段链条折成正多边形的一部分(见图5-13)。完整的正多边形的边长为链条的节距 p,边数等于链轮齿数 z。链轮每转一转,随之转过的链长为 zp,故链的平均速度 v 为

$$v=\frac{z_1 n_1 p}{60\times 1\,000}=\frac{z_2 n_2 p}{60\times 1\,000}\quad (\mathrm{m/s})$$

式中 z_1、z_2——主、从动轮齿数;

n_1、n_2——主、从动轮转速(r/min);

p——链的节距(mm)。

链传动的平均传动比为 $i\approx z_2/z_1$。

2. 链传动的运动不均匀性

如图5-13所示,链轮转动时,绕在其上的链条的销轴轴心沿链轮节圆(半径为 R_1,$R_1=d_1/2$)运动,而链节其余部分的运动轨迹基本不在节圆上。设链轮以角速度 ω_1 转动时,该链轮的销轴轴心 A 作等速圆周运动,其圆周速度 $v_1=R_1\omega_1$。

为了便于分析,设链在转动时主动边始终处于水平位置。v_1 可分解为沿链条前进方向的水平分速度 v 和上下垂直运动的分速度 v_1',其值分别为

$$v=v_1\cos\beta=R_1\omega_1\cos\beta$$

$$v_1'=v_1\sin\beta=R_1\omega_1\sin\beta$$

式中 β——A 点处圆周速度与水平线的夹角。

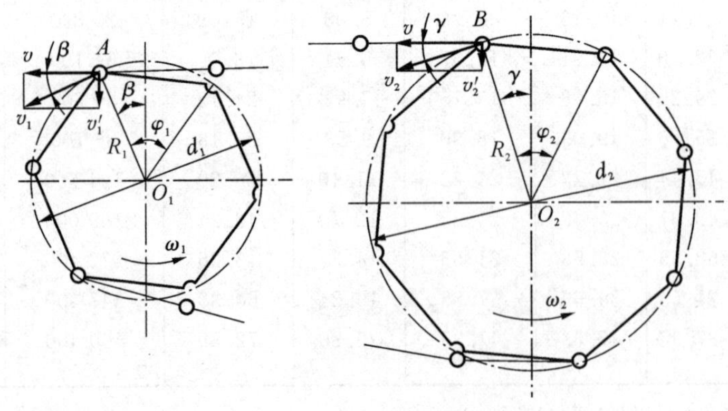

图5-13 链传动的速度分析

由图可知，链条的每一链节在主动链轮上对应的中心角为 φ_1（$\varphi_1=360°/z_1$），则 β 角的变化范围为 $[-\varphi_1/2 \sim +\varphi_1/2]$。显然，当 $\beta=\pm\varphi_1/2$ 时，链速最小，$v_{\min}=R_1\omega_1\cos(\varphi_1/2)$；当 $\beta=0$ 时，链速最大，$v_{\max}=R_1\omega_1$。所以，主动链轮作等速回转时，链条前进的瞬时速度 v 周期性地由小变大，又由大变小，每转过一个节距就变化一次。

与此同时，v_1' 的大小也在周期性地变化，使链节减速上升，然后加速下降。

设从动轮角速度为 ω_2，圆周速度为 v_2，由图 5-13 可知

$$v_2=\frac{v}{\cos\gamma}=\frac{v_1\cos\beta}{\cos\gamma}=R_2\omega_2$$

又因 $v_1=R_1\omega_1$，而 $\frac{R_1\omega_1\cos\beta}{\cos\gamma}=R_2\omega_2$，所以瞬时传动比为

$$i_t\approx\frac{\omega_1}{\omega_2}=\frac{R_2\cos\gamma}{R_1\cos\beta}$$

随着 β 角和 γ 角不断变化，链传动的瞬时传动比也不断变化。当主动链轮以等角速度回转时，从动链轮的角速度将周期性地变化。只有在 $z_1=z_2$，且传动的中心距恰为节距 p 的整数倍时，传动比才可能在啮合过程中保持不变，恒为 1。

由上面分析可知，链轮齿数 z 越少，链条节距 p 越大，链传动的运动不均匀性越严重。

3. 链传动的动载荷

链传动中的动载荷主要由于以下因素而产生。

（1）链速 v 周期性变化产生的加速度 a 对动载荷的影响。

$$a=\frac{\mathrm{d}v}{\mathrm{d}t}=-R_1\omega_1^2\sin\beta$$

当销轴位于 $\beta=\pm\varphi_1/2$ 时，加速度达到最大值，即

$$a_{\max}=\pm R_1\omega_1^2\sin\frac{\varphi_1}{2}=\pm R_1\omega_1^2\sin\frac{180°}{z}=\pm\frac{\omega_1^2p}{2}$$

式中，$R_1=\frac{p}{2\sin(180°/z)}$。

由上式可知，当链的质量相同时，链轮转速越高，节距越大，则链的动载荷就越大。

（2）链的垂直方向分速度 v' 周期性变化会导致链传动的横向振动，它也是造成链传动动载荷很重要的一个原因。

（3）当链条的铰链啮入链轮齿间时，由于链条铰链作直线运动而链轮轮齿作圆周运动，两者之间的相对速度造成啮合冲击和动载荷。

由于以上几种主要原因，链传动有不平稳现象、冲击和动载荷，这是链传动的固有特性，称为链传动的运动不均匀性，也称为链传动的多边形效应。

另外，由于链和链轮的制造误差、安装误差，以及链条的松弛，在启动、制动、反转、突然超载或卸载情况下出现的惯性冲击，也将增大链传动的动载荷。

5.2.3　链传动的设计约束分析

链传动中的多种失效形式是制约链传动设计的约束条件。所以，链传动的承载能力，应根据其主要失效形式，由相应的约束条件来确定。

1. 链传动的主要失效形式

1) 铰链磨损

链节在进入啮合和退出啮合时，销轴与套筒之间存在相对滑动，在不能保证充分润滑的条件下，将引起铰链的磨损。磨损导致链轮节距增加，链与链轮的啮合点外移，最终将产生跳齿或脱链而使传动失效。由于磨损主要表现在外链节节距的变化上，内链节节距的变化很小，因而实际铰链节距的不均匀性增大，使传动更不平稳。磨损是开式链传动的主要失效形式。但是近几年来由于链轮的材料、热处理工艺、防护和润滑的状况等都有了很大的改进，因而在闭式传动中链因铰链磨损而产生的失效已不再是限制链传动的主要因素。

2) 链的疲劳破坏

由于链在运动过程中所受的载荷不断变化，因而链在变应力状态下工作，经过一定的循环次数后，链板会产生疲劳断裂或滚子表面会产生疲劳点蚀和疲劳裂纹。在润滑条件良好和设计安装正确的情况下，疲劳强度是决定链传动工作能力的主要因素。

3) 多次冲击破断

工作中由于链条反复启动、制动、反转或受重复冲击载荷时承受较大的动载荷，经过多次冲击，滚子、套筒和销轴最后产生冲击断裂。它的应力总循环次数一般在 10^4 以内，它的载荷一般较疲劳破坏允许的载荷要大，但比一次冲击破断载荷要小。

4) 胶合

由于套筒和销轴间存在相对运动，在变载荷的作用下，润滑油膜难以形成，当转速很高时，使套筒与销轴间发生金属直接接触而产生很大摩擦力，其产生的热量导致套筒与销轴的胶合。在这种情况下，或者销轴被剪断，或者套筒、销轴与链板的过盈配合松动，从而造成链传动的失效。

5) 过载拉断

在低速、重载的传动中或者链突然受很大的过载时，链条静力拉断，承载能力受到链元件的静拉力强度的限制。

6) 链轮轮齿的磨损或塑性变形

在滚子链传动中，链轮轮齿磨损或塑性变形超过一定量后，链的工作寿命将明显下降。可以采用适当的材料和热处理方式来降低其磨损量和塑性变形。通常链轮的寿命为链的寿命的 2～3 倍以上，故链传动的承载能力以链的强度和寿命为依据。

2. 滚子链传动的极限功率曲线

链传动的工作情况不同，失效形式也不同。图 5-14 所示为链在一定寿命下，小链轮在不同转速时由各种失效形式所限定的极限功率曲线（亦称帐篷曲线）。图中，1 是在良好而充分润滑条件下由磨损破坏限定的极限功率曲线；2 是在变应力下由链板疲劳破坏限定的极限功率曲线；3 是由滚子、套筒冲击疲劳破坏限定的极限功率曲线；4 是由销轴与套筒胶合限定的极限功率曲线；5 是在良好润滑条件下的额定功率曲线，它是设计时所使用的曲线；6 是在润滑条件不好或工作环境恶劣的情况下的极限功率曲线，这种情况下链磨损严重，所能传递的功率甚低。

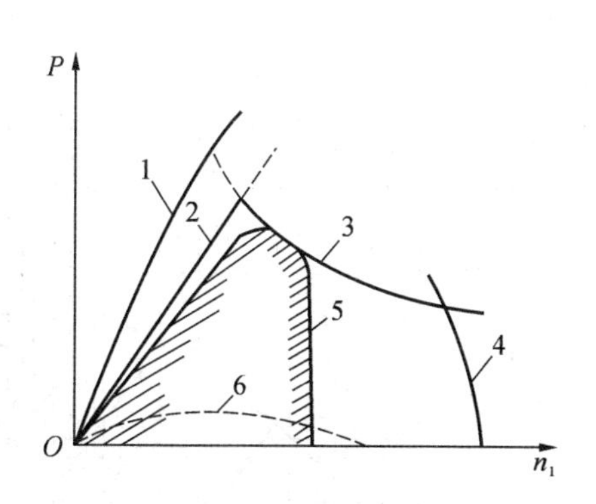

图 5-14 滚子链的极限功率曲线

3. 滚子链传动的额定功率曲线

图 5-15 所示为常用滚子链的额定功率曲线，它是将在特定条件下由实验得到的极限功率曲线（图 5-14 中的 2、3、4 曲线）作了一些修改而得到的。所谓特定条件是指：$z_1=19$；$L=100p$；单排链；两链轮安装在平行的水平轴上，两链轮共面；载荷平稳；按照推荐的润滑方式润滑（见图 5-16）；工作寿命为 15 000 h；链因磨损而引起的相对伸长量不超过 3%。该图为 A 系列链条在特定情况下链速 $v \geqslant 0.6$ m/s 时允许传动的额定功率 P_0。

当实际情况不符合特定条件时，由图 5-15 查得的 P_0 值应乘以一系列的修正系数，它们是：小链轮齿数系数 K_Z，链长系数 K_L，多排链系数 K_P 和工作情况系数 K_A 等。

当不能按图 5-16 推荐的方式润滑而使润滑不良时，要根据链条的磨损失效限定的额定功率选择链条，设计时应将额定功率值 P_0 按如下方式降低：

$v \leqslant 1.5$ m/s，当润滑不良时，取图中所示值的 30%～60%；当无润滑时，取图中所示值的 15%（寿命不能保证 15 000 h）；

$1.5\ \text{m/s} < v \leqslant 7$ m/s，当润滑不良时，取图中所示值的 15%～30%；

$v > 7$ m/s，当润滑不良时，该传动不可靠，不宜采用。

链传动所需的额定功率按下式确定：

$$P_0 \geqslant \frac{P_c}{K_Z K_L K_P} \quad (\text{kW}) \tag{5-19}$$

$$P_c = K_A P \quad (\text{kW}) \tag{5-20}$$

式中 P_0——在特定条件下，常用链所能传递的功率（见图 5-15）；

P_c——链传动的计算功率；

K_A——工作情况系数（见表 5-11），当工作情况特别恶劣时，K_A 值较表中值要大得多；

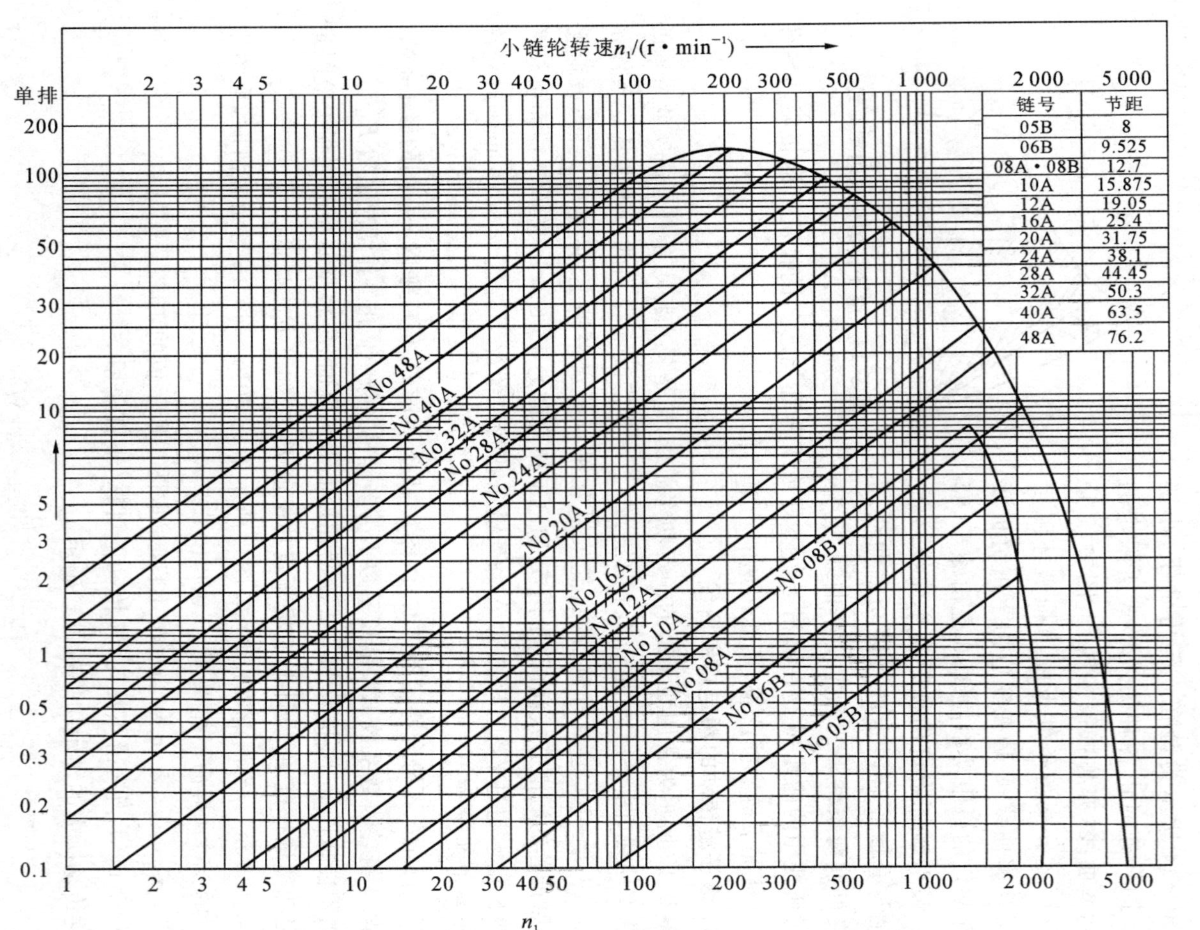

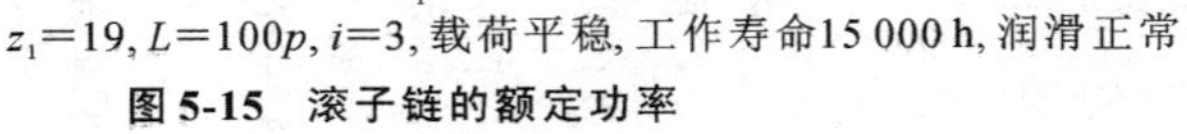
$z_1=19, L=100p, i=3$, 载荷平稳, 工作寿命15 000 h, 润滑正常

图 5-15　滚子链的额定功率

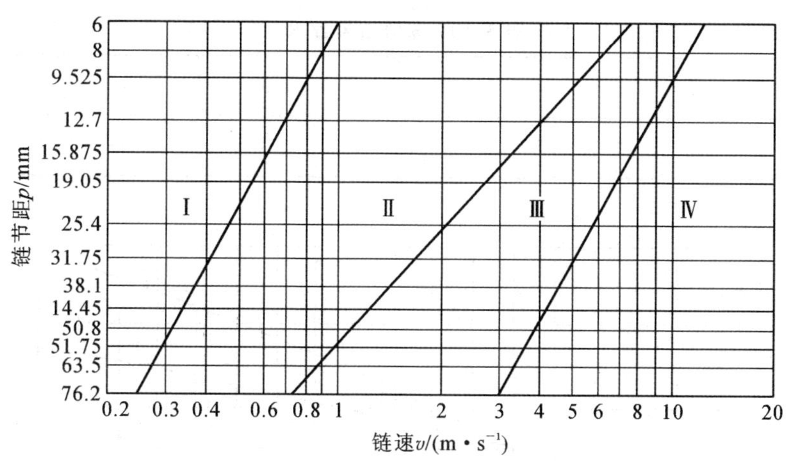

图 5-16　推荐的润滑方式

Ⅰ—人工定期润滑；Ⅱ—滴油润滑；Ⅲ—油浴或飞溅润滑；Ⅳ—压力喷油润滑

K_Z、K_Z'——小链轮齿数系数（见表 5-12），当工作点落在图 5-15 中曲线顶点的左侧时（链板疲劳），查表中的 K_Z，当工作点落在曲线顶点的右侧时（滚子、套筒冲击疲劳），查表中的 K_Z'；

K_P——多排链系数（见表 5-13）；

K_L——链长系数（见图 5-17），链板疲劳查曲线 1，滚子、套筒冲击疲劳查曲线 2，当失效形式难以预知时，K_L 值可以按曲线 1、2 中的小值决定。

表 5-11　链传动工作情况系数 K_A

载荷情况	原动机种类		
	电动机 汽轮机	内燃机	
		有流体机构	无流体机构
平稳的传动	1.0	1.0	1.2
稍有冲击的传动	1.3	1.2	1.4
有大冲击的传动	1.5	1.4	1.7

表 5-12　小链轮齿数系数 K_Z 及 K_Z'

z_1	9	10	11	12	13	14	15	16	17
K_Z	0.446	0.500	0.554	0.609	0.664	0.719	0.775	0.831	0.887
K_Z'	0.326	0.382	0.441	0.502	0.566	0.633	0.701	0.773	0.846
z_1	19	21	23	25	27	29	31	33	35
K_Z	1.00	1.11	1.23	1.34	1.46	1.58	1.70	1.82	1.93
K_Z'	1.00	1.16	1.33	1.51	1.69	1.89	2.08	2.29	2.50

表 5-13　多排链系数 K_P

排　数	1	2	3	4	5	6
K_P	1	1.7	2.5	3.3	4.0	4.6

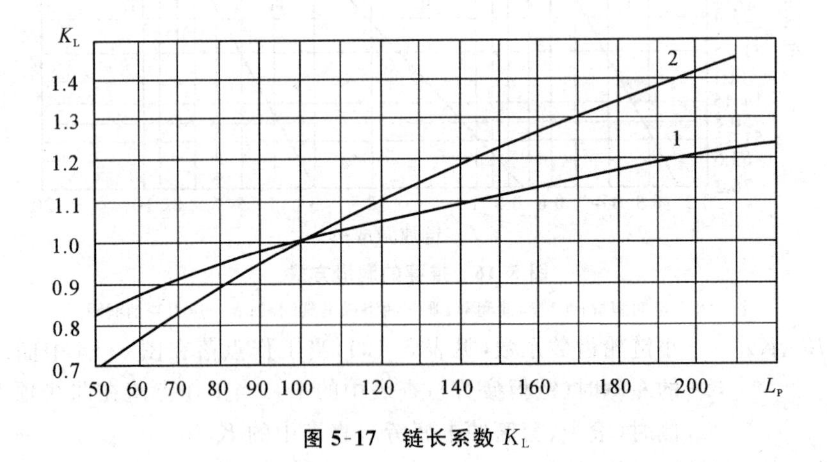

图 5-17　链长系数 K_L

5.2.4　链传动的设计

链传动根据链速不同分为一般与低速两种情况。通常,一般($v \geqslant 0.6$ m/s)链传动按功率曲线设计计算,低速($v<0.6$ m/s)链传动按静强度设计计算。

1. 一般($v \geqslant 0.6$ m/s)链传动的设计方法

1) 确定链轮齿数和速比

链轮齿数的多少对传动平稳性和使用寿命有很大影响。小链轮齿数的选择应适中。若小链轮齿数过少,运动速度的不均匀性和动载荷都会很大;链节在进入和退出啮合时,相对转角增大,磨损增加,冲击和功率损耗也增大。

当链速很低时,滚子链传动的小链轮最小齿数可选到 $z_{1min}=9$,一般小链轮齿数 z_1 可根据传动比按表 5-14 选取。

表 5-14　小链轮齿数 z_1

传动比 i	1～2	3～4	5～6	>6
齿数 z_1	27～31	25～29	17～21	17

但小链轮齿数也不宜过多。如 z_1 选得太大,大链轮齿数 z_2 则将更大,除了增大传动尺寸和重量外,也会因链条节距的伸长而发生脱链,导致使用寿命降低。z_1 确定后,从动轮齿数 $z_2=iz_1$,通常 $z_{2max}=120$。链传动速比 i 通常小于 6,推荐 $i=2$～3.5,但在 $v<3$ m/s、载荷平稳、外形尺寸不受限制时,i_{max}可达到 10。

2）选择型号，确定链节距和排数

链节距的大小直接决定了链的尺寸、重量和承载能力，而且也影响链传动的运动不均匀性，产生冲击、振动和噪声。为了既保证链传动有足够的承载能力，又减小冲击、振动和噪声，设计时应尽量选用较小的链节距。在高速、重载时，宜用小节距多排链；低速、重载时，宜用大节距排数较少的链。

链的型号确定：可先根据式(5-19)和式(5-20)计算出 P_0 值，再根据 P_0 和小链轮转速 n_1 由图 5-15 确定链条型号、链节距。

3）确定中心距和链节数

中心距的大小对传动有很大影响。中心距小时，链节数减少，链速一定时，单位时间内每一链节的应力变化次数和屈伸次数增多，因此，链的疲劳和磨损增加。中心距大时，链节数增多，吸振能力大，使用寿命长。但中心距 a 太大时，又会发生链的颤抖现象(尤其在松边上)，使运动的平稳性降低。

设计时如无结构上的特殊要求，一般可初定中心距 $a=(30\sim50)p$。最大中心距 $a_{\max}\approx80p$，最小中心距 $a_{\min}$ 可按下式取值：

当 $i\leqslant3$ 时，
$$a_{\min}=\frac{1}{2}(d_{a1}+d_{a2})+(30\sim50)\quad(\text{mm})\tag{5-21}$$

当 $i>3$ 时，
$$a_{\min}=\frac{1}{2}(d_{a1}+d_{a2})\times\frac{9+i}{10}\quad(\text{mm})\tag{5-22}$$

式中 d_{a1}、d_{a2}——小、大链轮的顶圆直径(mm)。

链节数 L_p 的确定：利用带传动中带长的计算公式

$$L=2a_0+\frac{\pi}{2}(D_1+D_2)+\frac{(D_2-D_1)^2}{4a_0}$$

将该式除以链节距 p，整理后得链条的节数

$$L_p=2\frac{a_0}{p}+\frac{z_1+z_2}{2}+\left(\frac{z_2-z_1}{2\pi}\right)^2\cdot\frac{p}{a_0}\tag{5-23}$$

L_p 应取整数，且最好为偶数。故应按圆整的 L_p 计算中心距 a：

$$a=\frac{p}{4}\left[\left(L_p-\frac{z_1+z_2}{2}\right)+\sqrt{\left(L_p-\frac{z_1+z_2}{2}\right)^2-8\left(\frac{z_2-z_1}{2\pi}\right)^2}\right]\tag{5-24}$$

为了保证链条有一定的垂度，不致安装太紧，实际安装中心距 a' 应比计算值小 0.2%～0.4%。若要求中心距可调整，则其调整范围一般应大于或等于 $2p$，即 $\Delta a\geqslant 2p$，这时实际安装中心距为

$$a'=a-\Delta a\tag{5-25}$$

对于中心距固定又无张紧装置的链传动，应注意中心距的准确性。

4）计算作用在轴上的轴压力

由于链传动是啮合传动，无须很大的张紧力，故作用在轴上的压力 F_Q 也较小，

可取 $F_Q=(1.2\sim1.3)F$,F 为链传动的工作拉力,且

$$F=1\,000P/v \quad (\mathrm{N}) \tag{5-26}$$

2. 低速($v<0.6$ m/s)链传动的设计方法

对于链速 $v<0.6$ m/s 的低速链传动,其主要失效形式是链条受静力拉断,故应进行静强度校核。静强度安全系数应满足下式要求:

$$S=\frac{Q_n}{K_A F}\geqslant 4\sim 8 \tag{5-27}$$

式中　Q_n——链的极限拉伸载荷,$Q_n=nQ$,其中 n 为链的排数,Q 为单排链的极限拉伸载荷(见表 5-9)。

例 5-2　设计一拖动某带式运输机的滚子链传动系统。已知:电动机型号为 Y160M—6(额定功率 $P=7.5$ kW,转速 $n_1=970$ r/min),从动轮转速 $n_2=300$ r/min,载荷平稳,链传动的中心距不应小于 550 mm,要求中心距可调整。

解　(1) 选择链轮齿数。

链传动速比 $i=\frac{n_1}{n_2}=\frac{970}{300}=3.23$,由表 5-14 取小链轮齿数 $z_1=25$。

大链轮齿数 $z_2=iz_1=3.23\times25=81$,$z_2<120$,合适。

(2) 确定计算功率。

已知链传动工作平稳,采用电动机驱动,由表 5-11 取 $K_A=1.3$,计算功率为

$$P_c=K_A P=1.3\times7.5\ \mathrm{kW}=9.75\ \mathrm{kW}$$

(3) 初定中心距 a_0,确定链节数 L_p。

初定中心距 $a_0=(30\sim50)p$,取 $a_0=40p$。

$$\begin{aligned}L_p&=\frac{2a_0}{p}+\frac{z_1+z_2}{2}+\left(\frac{z_2-z_1}{2\pi}\right)^2\frac{p}{a_0}\\&=\frac{2\times40p}{p}+\frac{25+81}{2}+\left(\frac{81-25}{2\pi}\right)^2\frac{p}{40p}=134.99\end{aligned}$$

取 $L_p=136$ 节(取偶数)。

(4) 确定链节距 p。

由式(5-19)可知,首先确定系数 K_Z、K_L、K_P。

由表 5-12 查得小链轮齿数系数 $K_Z=1.34$;由图 5-17 查得 $K_L=1.09$。

选单排链,由表 5-13 查得 $K_P=1.0$。

所需传递的额定功率

$$P_0=\frac{P_c}{K_Z K_L K_P}=\frac{9.75}{1.34\times1.09\times1.0}\ \mathrm{kW}=6.7\ \mathrm{kW}$$

由图 5-15 选择滚子链型号为 10A,链节距 $p=15.875$ mm。

(5) 确定链长和中心距。

链长　$L=L_p\,p/1\,000=136\times15.875/1\,000\ \mathrm{m}=2.16\ \mathrm{m}$

中心距

$$a=\frac{p}{4}\left[\left(L_{p}-\frac{z_1+z_2}{2}\right)+\sqrt{\left(L_{p}-\frac{z_1+z_2}{2}\right)^2-8\left(\frac{z_2-z_1}{2\pi}\right)^2}\right]$$

$$=\frac{15.875}{4}\left[\left(136-\frac{25+81}{2}\right)+\sqrt{\left(136-\frac{25+81}{2}\right)^2-8\left(\frac{81-25}{2\pi}\right)^2}\right]\ \text{mm}$$

$$=643.3\ \text{mm}$$

$a>550$ mm，符合设计要求。中心距的调整量一般应大于 $2p$。

$$\Delta a\geqslant 2p=2\times 15.875\ \text{mm}=31.75\ \text{mm}$$

实际安装中心距　$a'=a-\Delta a=(643.3-31.75)\ \text{mm}=611.55\ \text{mm}$

(6) 求作用在轴上的压力。

链速　$v=\dfrac{n_1 z_1 p}{60\ 000}=\dfrac{970\times 25\times 15.875}{60\ 000}\ \text{m/s}=6.416\ \text{m/s}$

工作拉力　$F=1\ 000P/v=1\ 000\times 7.5/6.416\ \text{N}=1\ 168.9\ \text{N}$

工作平稳，取压轴力系数 $K_Q=1.2$，则

轴上的压力　$F_Q=K_Q F=1.2\times 1\ 168.9\ \text{N}=1\ 402.7\ \text{N}$

(7) 选择润滑方式。

根据链速 $v=6.416$ m/s，链节距 $p=15.875$ mm，按图 5-16 链传动选择油浴或飞溅润滑方式。

设计结果：滚子链型号 10A—1×136 GB/T 1243—2006，链轮齿数 $z_1=25$，$z_2=81$，中心距 $a'=611.55$ mm，压力 $F_Q=1\ 402.7$ N。

5.3　其他挠性传动

5.3.1　绳传动

1. 传递动力和张力

如图 5-18 所示，将钢丝绳装入绳轮的槽内，其传递动力和张力的关系与 V 带工作时相同。当绳轮的中心距较大时，由绳的自重可产生张力，当绳轮的中心距不大，

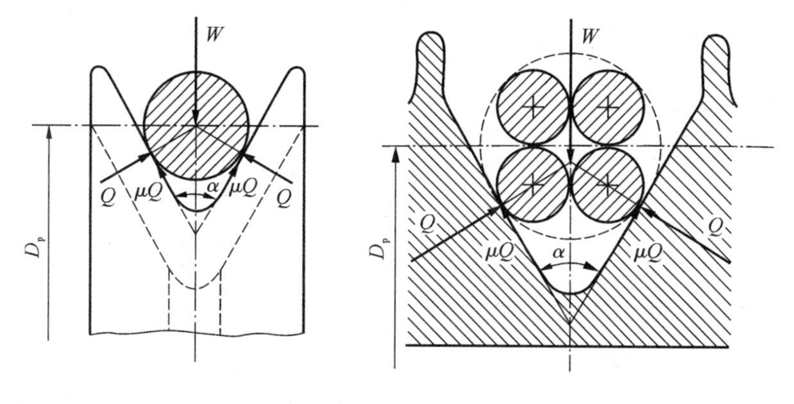

图 5-18　绳传动

张力不足时,可考虑用张紧轮。

对于两绳轮直径相等的情况,如图 5-19(a)所示,设单位长度的绳重为 w(N/m),由图5-19(a)、(b)可求得 A 点的张力 F_T 为

$$F_T = wS\sqrt{\left(\frac{S}{2f}\right)^2 + 1} \tag{5-28}$$

式中 f——自重引起的下垂量(m),$f=\dfrac{wa^2}{8H}$。

取 $S\approx a/2$。

若两绳轮直径不等,如图 5-19(c)所示,这时,A、B 两点产生的张力分别为(由图5-19(c)、(d)求得)

$$F_{TA} = \sqrt{F_H{}^2 + (wS_A)^2}, \quad F_{TB} = \sqrt{F_H{}^2 + (wS_B)^2} \tag{5-29}$$

式中 F_H——A(或 B)点的水平分力,有

$$F_H = \frac{wS^2}{h^2}\left[f_B - \frac{h}{2} \pm \sqrt{f_B(f_B - h)}\right] \tag{5-30}$$

F_{SA}、F_{SB}——C 点至 A、B 点的距离,且

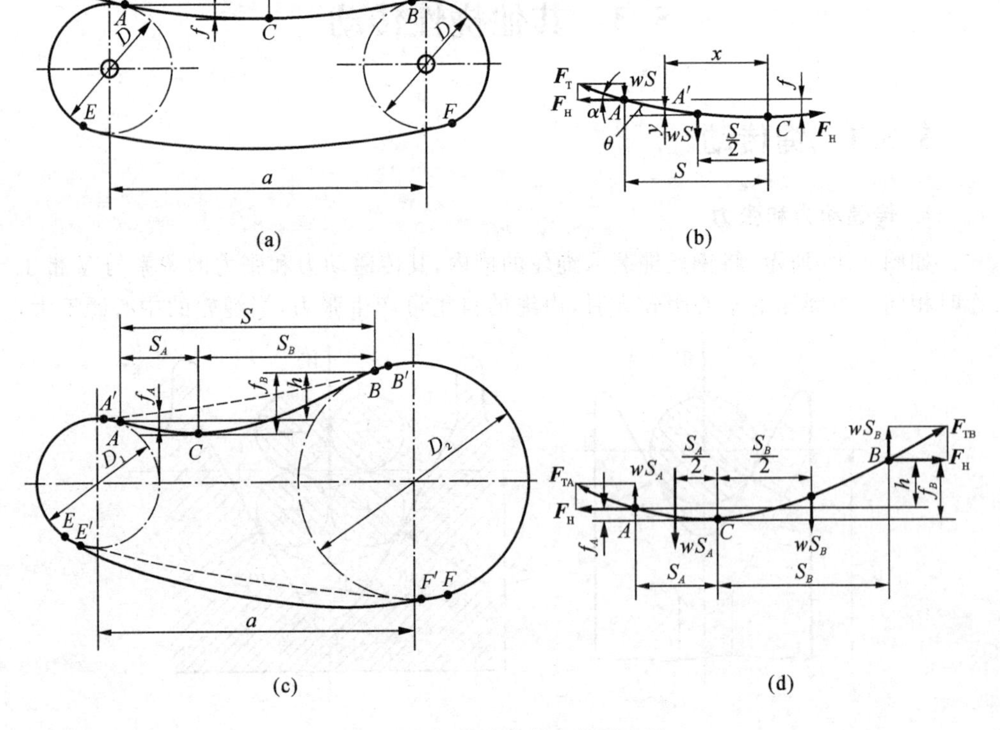

图 5-19 绳传动的张力和下垂量

$$F_{SA}=\frac{S}{2}-\frac{hF_H}{wS},\quad F_{SB}=\frac{S}{2}+\frac{hF_H}{wS} \tag{5-31}$$

由式(5-31)，当 $F_H<\frac{wS^2}{2h}$ 时，F_{SA}、F_{SB} 均为正值，最大变形点 C 在 A、B 点的中间，这时式(5-30)取负号。如果式(5-30)取正号，则 F_{SA} 为负值，变形曲线如图5-19(c)中的虚线所示，C 点移至 A 点的左方。

在传递动力时，绳与绳轮之间的摩擦系数一般为 $\mu=0.15$ 左右。当绳径为25 mm左右时，其传动效率为90%～95%；当绳径为50 mm左右时，其传动效率为85%～90%。

2. 传动绳的类型、特性及选择

传动绳按材料分有麻绳、棉绳、尼龙绳、钢丝绳等。麻、棉、尼龙等纤维材料绳用于一般的传动；钢丝绳则常用于重物搬移，如起重、升降机等。以下主要介绍钢丝绳。

常用钢丝绳的类型及特性见表5-15。

钢丝绳的绳芯分为有机纤维芯、石棉纤维芯和金属芯。有机纤维芯的挠性和弹性较好，但承受横向压力差，不宜用在多层卷绕场合，其耐高温性也差。石棉纤维芯宜用于高温环境。金属芯强度高，可承受较大的横向压力，可用于多层卷绕场合，并能在高温环境下工作，但挠性和弹性较差。

在室内工作的起重、升降机可用光面钢丝绳。在室外、潮湿空气与水中以及有酸性侵蚀的环境中工作的起重、升降机应选用镀锌钢丝绳。

表5-15　常用钢丝绳的类型和特性

类型		纤维芯	金属芯	特性和用途	
点接触	单股			股内钢丝直径相等。各层之间钢丝与钢丝互相交叉，呈点接触，接触应力很高，使用寿命较低	包麻钢丝绳的股芯。可用作不运动的拉索，如用于张拉电线杆等
	多股				用于各种起重、提升和牵引设备，为普通钢丝绳。当 $e<20$ 时不宜采用

续表

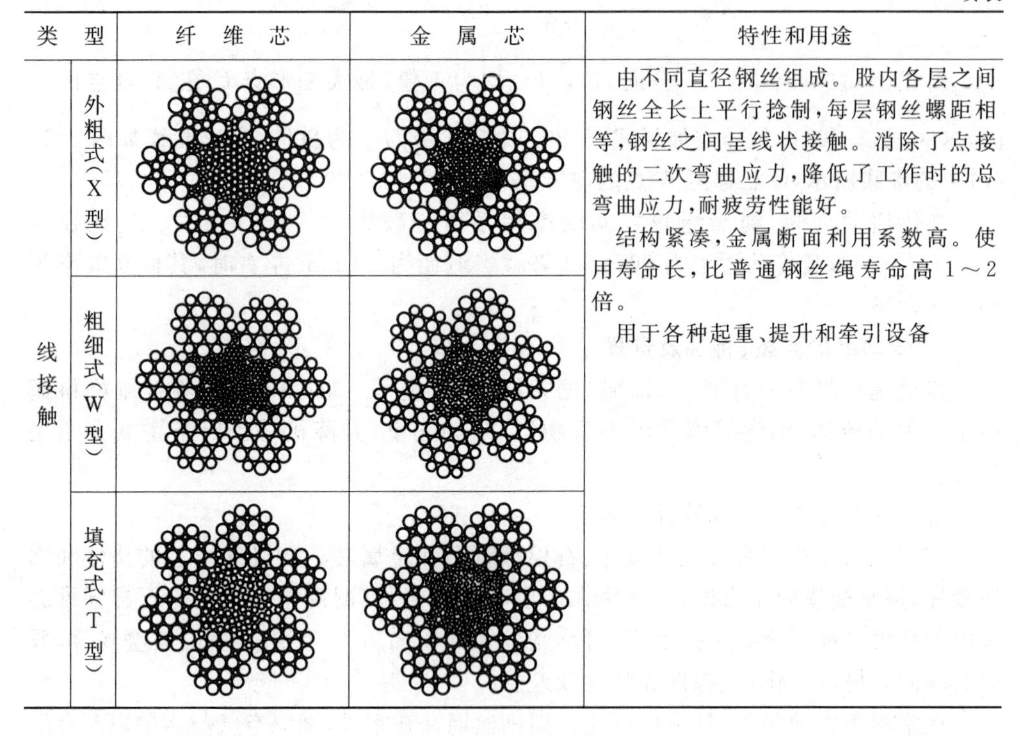

类型		纤维芯	金属芯	特性和用途
线接触	外粗式(X型)			由不同直径钢丝组成。股内各层之间钢丝全长上平行捻制,每层钢丝螺距相等,钢丝之间呈线状接触。消除了点接触的二次弯曲应力,降低了工作时的总弯曲应力,耐疲劳性能好。 结构紧凑,金属断面利用系数高。使用寿命长,比普通钢丝绳寿命高 1～2 倍。 用于各种起重、提升和牵引设备
	粗细式(W型)			
	填充式(T型)			

当钢丝的捻向与各股的捻向相反时,称为交互捻绳。交互捻绳不易松散和扭转,但僵性较大,寿命较低,广泛用于起重机中。当钢丝的捻向与各股的捻向相同时,称为同向捻绳。同向捻绳挠性好,磨损小,寿命较长,但较易松散和扭转,可用于有导轨的电梯中。

钢丝绳常常由于绳丝的磨损和疲劳断裂而损坏。钢丝绳的直径根据所受拉力并保证一定的安全系数来选择。考虑到钢丝所受弯曲应力与绳轮直径大小有关,因此,对绳轮直径与钢丝直径的比值规定了最小值。具体选择方法可参考有关手册。

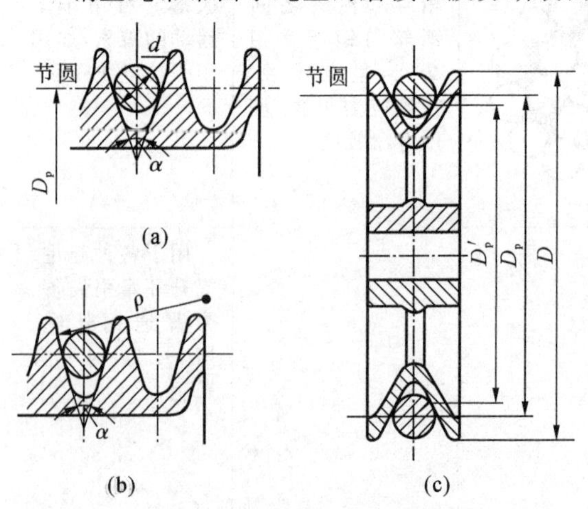

图 5-20 绳轮的槽形和节圆直径

3. 绳轮设计

绳轮一般采用铸铁或铸铜材料。在其外圆周开沟槽时应考虑:对于纤维绳,沟槽形状一般采用 V 形槽;对于钢丝绳,沟槽形状一般采用如图 5-20 所示开 $\alpha=30\sim60°$ 的 V 形槽,槽底半径为 0.4～1.5 mm 的圆弧。

绳轮的节圆直径 D_p 与钢丝绳直径 d 的比值一般应取较大的值，否则钢丝绳的寿命会缩短。通常按以下规范进行设计：

麻绳	$D_p \geqslant 40d$
棉绳	$D_p \geqslant 30d$
钢丝绳	$D_p \geqslant 50d$

5.3.2　同步带传动

同步带传动如图 5-21 所示。封闭环形带的工作面上有等间距的齿形，与带有齿形的带轮作啮合运动，传递运动和动力。

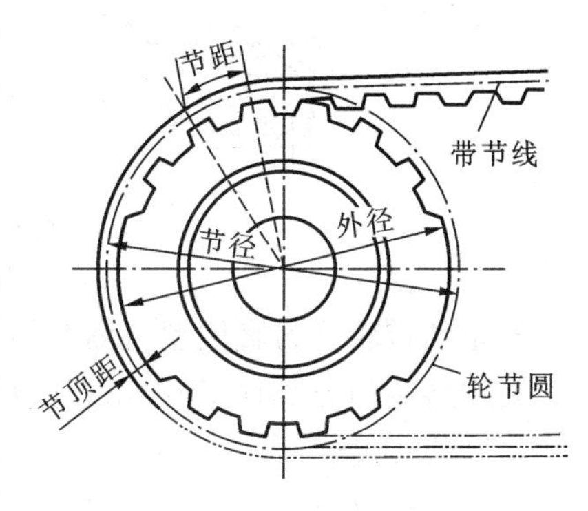

图 5-21　同步带传动

1. 同步带传动的特点和分类

与其他挠性传动相比，同步带传动的特点是：① 由于是啮合传动，故传动比较准确，工作时无滑动；② 传动效率高，可达 $\eta=98\%$；③ 传动平稳，能吸振，噪声小；④ 传动比可达 10，且带轮直径比 V 带小很多，结构紧凑，高速达 50 m/s，传递功率达 300 kW；⑤ 维护保养方便，能在高温、灰尘、积水及腐蚀介质中工作，不需润滑；⑥ 安装要求高，对两带轮轴线的平行度及中心距要求严格，以防止发生干涉、跳齿、爬齿等现象；⑦ 带与带轮的制造工艺复杂。

同步带传动按用途可分为：① 一般工业用同步带传动，齿形呈梯形，主要用于各种中、小功率机械；② 高转矩同步带传动，齿形为圆弧形，主要用于重型机械。上述梯形齿已有 ISO 标准及我国的型号、尺寸标准，圆弧齿已有各国企业的型号、尺寸标准。

2. 同步带的结构

如图 5-22 所示，同步带一般由承载绳 4、带齿 2、带背 3 和包布层 1 组成。其中，承载绳的作用是传递动力和保持节距不变，采用抗拉强度较高、伸长率较小的材料制造。目前承载绳的常用材料为钢丝、玻璃纤维以及芳香族聚酰胺纤维。带齿直接与带轮啮合，要求剪切强度和耐磨性高，耐热性和耐油性好。带背用于连接和包覆承载绳，要求柔韧性和抗弯强度高，以及与承载绳的黏结性好。目前带背的常用材料为氯丁橡胶和聚氨酯橡胶。包布层一般要求抗拉强度高，耐磨性好，与氯丁橡胶基体的黏结性好，在受拉时经线方向伸长小而纬线方向伸长大，一般用尼龙或锦纶丝织成。

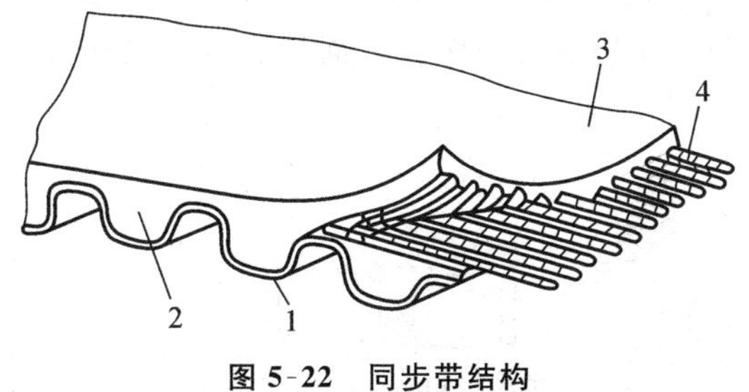

图 5-22　同步带结构

1—包布层；2—带齿；3—带背；4—承载绳

3. 同步带轮

如图 5-23 所示,同步带轮一般由齿圈 1、挡圈 2 和轮毂 3 组成。带轮型号与带相同,按节距分为七种型号。

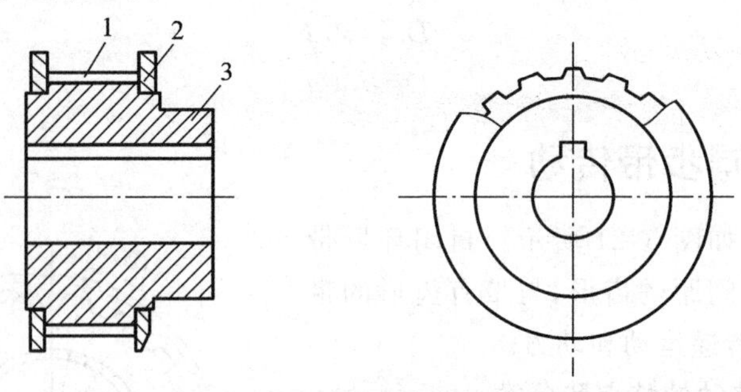

图 5-23　同步带轮

1—齿圈;2—挡圈;3—轮毂

常用的带轮分为直线型与渐开线型两种。直线齿型带轮与带接触面很大,其缺点是要用特制的刀具加工,而渐开线齿型带轮却可用标准滚刀加工,因此,一般推荐采用渐开线齿型。

5.3.3　高速带传动

带速 $v>30$ m/s,高速轴转速为 10 000～50 000 r/min 的带传动,都属于高速带传动。带速 $v\geqslant100$ m/s的带传动,称为超高速带传动。

高速带传动通常用于增速传动,增速比为 2～4,有时可达到 8。

带传动由于要求传动可靠、运转平稳并有一定的寿命,所以需采用重量轻、厚度薄而均匀、曲挠性好的环形平带。过去多采用丝织带和麻织带,现在则常用锦纶编织带、薄型强力编织带和高速环形胶带等。对采用硫化接头的带,必须使接头与带的曲挠性能接近。

高速带传动的缺点是:带的寿命低,传动效率也低。

在高速带轮设计中应注意:带轮的质量轻,运转时空气阻力小,并须进行动平衡试验。带轮通常采用钢或铝硅合金制造。

为防止带从带轮上滑落,两轮轮缘都应加工出凸度,制成双锥面或鼓形面。在轮缘表面常开出环形槽(见图 5-24),以防止运转时带与轮缘表面形成空气层而降低摩擦系数,影响正常传动。

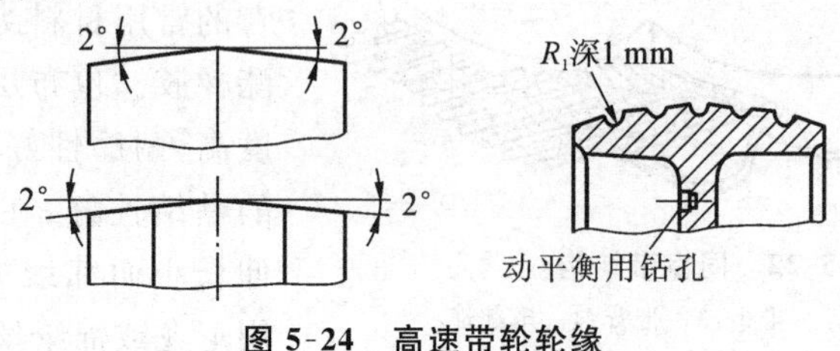

图 5-24　高速带轮轮缘

5.3.4 齿形链传动

齿形链又称无声链,它是由若干齿形链板用铰链连接而成(见图5-25)。图中,1为齿形链板,2为导向板,3为销轴。链板两侧工作边为直边,夹角一般为60°。由链板的工作边和链轮轮齿的啮合来实现传动。为了防止链相对于链轮作侧向移动,齿形链中设置了导向板。

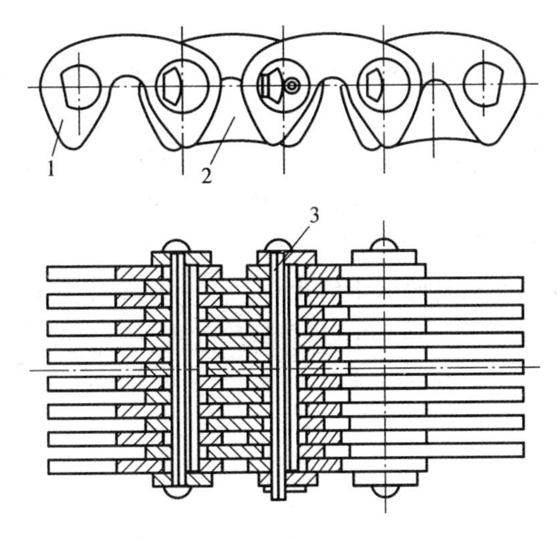

图5-25 齿形链

1—齿形链板;2—导向板;3—销轴

与滚子链相比,齿形链齿部受力均匀,传动平稳,振动、噪声小,承受冲击性能较好,其允许的线速度较高($v\leqslant 30$ m/s)。齿形链的缺点是结构比较复杂,质量大,成本较高。

习 题

5-1 已知V带传递的实际功率$P=7$ kW,带速$v=10$ m/s,紧边拉力是松边拉力的2倍。试求有效拉力(圆周力)F和紧边拉力F_1的值。

5-2 设单根V带所能传递的最大功率$P=5$ kW,已知主动轮直径$d_{d1}=140$ mm,转速$n_1=1\ 460$ r/min,包角$\alpha_1=140°$,带与带轮间的当量摩擦系数$f_v=0.5$。试求最大有效拉力(圆周力)F和紧边拉力F_1。

5-3 有一A型普通V带传动,主动轴转速$n_1=1\ 480$ r/min,从动轴转速$n_2=600$ r/min,传递的最大功率$P=1.5$ kW。假设带速$v=7.75$ m/s,中心距$a=800$ mm,当量摩擦系数$f_v=0.5$。试求带轮基准直径d_{d1}、d_{d2},带基准长度L_d和初拉力F_0。

5-4 设计一破碎机装置用普通V带传动。已知电动机型号为Y132S—4,电动

机额定功率 $P=5.5$ kW，转速 $n_1=1\ 440$ r/min，传动比 $i=2$，两班制工作，希望中心距不超过 600 mm。要求绘制大带轮的工作图(设该轮轴孔直径 $d=35$ mm)。

5-5 一滚子链传动装置，已知：主动链齿数 $z_1=23$，传动比 $i=3.75$，链节距 $p=12.7$ mm，主动链轮转速 $n_1=1\ 440$ r/min。试求：

(1) 链的平均速度 v；

(2) 瞬时速度波动值；

(3) 两链轮的节圆直径。

5-6 单列滚子链传动的功率 $P=0.6$ kW，链节距 $p=12.7$ mm，主动链轮转速 $n_1=145$ r/min，主动链轮齿数 $z_1=19$，有冲击载荷。试校核此传动的静强度。

5-7 一滚子链传动，已知：链节距 $p=15.875$ mm，小链轮齿数 $z_1=18$，大链轮齿数 $z_2=60$，中心距 $a=700$ mm，小链轮转速 $n_1=730$ r/min，载荷平稳。试计算：链节数、链所能传递的最大功率及链的工作拉力。

5-8 设计一带式运输机的滚子链传动。已知传递功率 $P=7.5$ kW，主动链轮转速 $n_1=960$ r/min，轴径 $d=38$ mm，从动链轮转速 $n_2=330$ r/min。采用电动机驱动，载荷平稳，一班制工作。按规定条件润滑，两链轮中心线与水平线成 30°夹角。

轴和轴毂连接设计

6.1 轴

6.1.1 轴的功能及类型

轴是组成机器的重要零件之一，其主要功能是支承作回转运动的传动零件（如齿轮、蜗轮等），并传递运动和动力。

根据轴的受载情况的不同，轴可分为心轴、转轴和传动轴三类，如图 6-1 所示。心轴工作时只受弯矩而不受转矩作用，如机车车辆的轴（见图 6-1(a)）；转轴工作时既受弯矩又受转矩作用，如减速器的轴（见图 6-1(b)）；传动轴工作时则主要受转矩作用，不受弯矩或所受弯矩很小，如汽车的传动轴（见图 6-1(c)）。

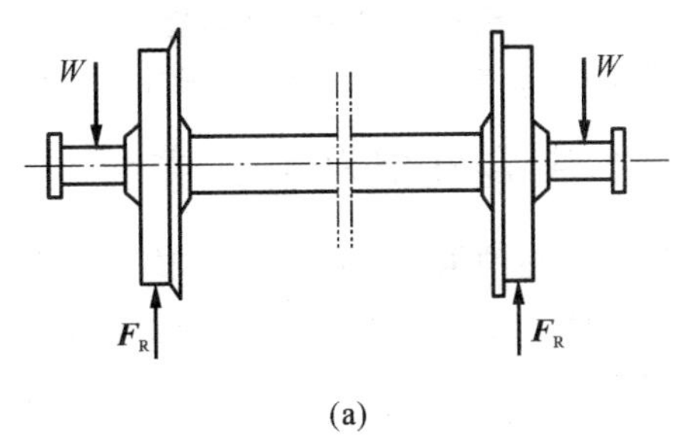

(a)

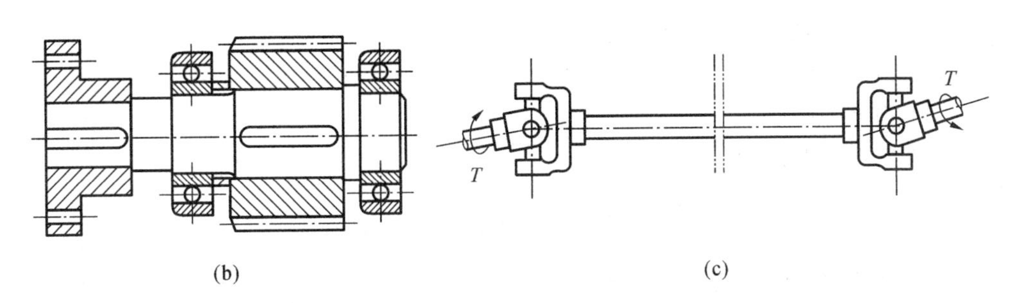

(b)　　(c)

图 6-1　轴的种类

(a) 心轴（转动的车轴）；(b) 转轴；(c) 传动轴

根据轴的轴线形状不同,轴又可分为直轴、曲轴和挠性钢丝轴,如图 6-2 所示。曲轴是往复机械的专用零件。挠性钢丝轴由几层紧贴在一起的钢丝层构成,其轴线可任意弯曲,常用于振捣器等设备中。本章重点讨论直轴。直轴还可分为光轴和阶梯轴,或实心轴和空心轴。但由于轴的功能特点是支承和定位轴上零件,因此用得最多的还是各段轴径不同的阶梯轴。

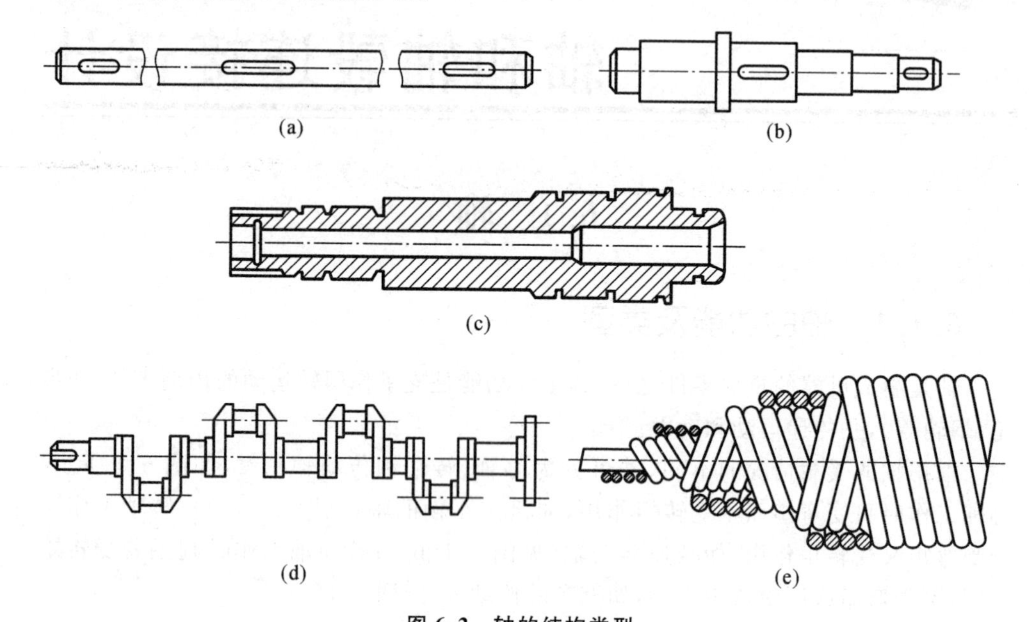

图 6-2 轴的结构类型

(a) 光轴;(b) 阶梯轴;(c) 空心轴;(d) 曲轴;(e) 钢丝软轴

6.1.2 轴设计的主要任务和约束条件

轴的工作能力主要取决于它的强度、刚度、临界转速等物理约束,轴的形状主要取决于轴上零件的定位、固定、加工需求等几何约束。因此,轴设计的主要任务是根据工作要求并考虑制造工艺因素,选择合适的材料,进行轴的结构设计,使其满足各种物理约束和几何约束条件。

轴设计常用的约束条件如下。

1) 物理约束

(1) 强度条件:$\sigma \leqslant [\sigma]$。

(2) 刚度条件:$y \leqslant [y]$。

(3) 临界转速:$n \leqslant [n_c]$。

2) 几何约束

(1) 轴上零件的轴向定位与固定;

(2) 轴上零件的周向固定(轴毂连接);

(3) 加工工艺和装配工艺等。

6.1.3　轴的材料及选择

用做轴的材料的种类很多，选择时应主要考虑如下因素：

(1) 轴的强度、刚度及耐磨性要求；

(2) 轴的热处理方式及机加工工艺性的要求；

(3) 轴的材料来源和经济性等。

轴的常用材料是碳钢和合金钢。碳钢比合金钢价格低廉，对应力集中的敏感性低，可通过热处理改善其综合性能，加工工艺性好，故应用最广。一般用途的轴，多用碳含量为0.25%～0.5%的中碳钢，尤其是45钢。对于不重要或受力较小的轴，也可用Q235A等普通碳素钢。

合金钢具有比碳钢更好的机械性能和淬火性能，但对应力集中比较敏感，且价格较贵，多用于对强度和耐磨性有特殊要求的轴。如：20Cr、20CrMnTi等低碳合金钢，经渗碳处理后可提高耐磨性；20CrMoV、38CrMoAl等合金钢，有良好的高温机械性能，常用于在高温、高速和重载条件下工作的轴。值得注意的是：由于常温下合金钢与碳素钢的弹性模量相差不多，因此当其他条件相同时，要通过选用合金钢来提高轴的刚度难以实现。

低碳钢和低碳合金钢经渗碳淬火，可提高其耐磨性，常用于韧性要求较高或在转速较高场合下工作的轴。

球墨铸铁和高强度铸铁因具有良好的工艺性，不需要锻压设备，吸振性好，对应力集中的敏感性低，故近年来被广泛应用于制造结构形状复杂的曲轴等，只是铸件的质量难以控制。

轴的毛坯多用轧制的圆钢或锻钢。锻钢内部组织均匀，强度较好，因此，重要的大尺寸的轴，常用锻造毛坯。轴的常用材料机械性能如表6-1所示。

表6-1　轴的常用材料机械性能

材　料	热处理	毛坯直径 d,D/mm	硬　度 HBS	抗拉强度 σ_b/MPa	屈服点 σ_s/MPa	弯曲疲劳极限 σ_{-1}/MPa	剪切疲劳极限 τ_{-1}/MPa	备　注
Q235A				440	235	200	105	用于不重要或载荷不大的轴
45	正火	25	≤241	600	360	260	150	应用最广泛
	正火 回火	≤100 >100～300	170～217 162～217	600 580	300 290	275 270	140 135	
	调质	≤200	217～255	650	360	300	155	
40Cr	调质	25 ≤100 >100～300	 241～266 241～266	1 000 750 700	800 550 550	500 350 340	280 200 185	用于载荷较大而无很大冲击的重要轴

续表

材　料	热处理	毛坯直径 d,D/mm	硬　度 HBS	抗拉强度 σ_b/MPa	屈服点 σ_s/MPa	弯曲疲劳极限 σ_{-1}/MPa	剪切疲劳极限 τ_{-1}/MPa	备　注
40MnB	调质	25 200	241～286	1 000 750	800 550	485 335	280 195	性能接近40Cr,用于重要的轴
35CrMo	调质	25 ≤100 >100～300	207～269 207～269	1 000 750 700	850 550 500	510 390 350	285 200 185	—
20Cr	渗碳淬火回火	15 30 ≤60	表面 HRC 50～60	850 650 650	550 400 400	375 280 280	215 160 160	用于要求强度和韧度均较高的轴
20CrMnTi	渗碳淬火回火	15	表面 HRC 50～62	1 100	850	525	300	—
1Cr18Ni9Ti	淬火	≤60 >60～100 >100～200	192	550 540 500	200 200 200	205 195 185	120 115 105	用于在高、低温及强腐蚀状况下工作的轴
球墨铸铁	QT400-15		156～197	400	300	145	125	—
球墨铸铁	QT600-3		197～269	600	420	215	185	—

注:① 剪切屈服极限 $\tau_s=(0.55\sim0.62)\sigma_s$,$\sigma_0\approx1.4\sigma_{-1}$,$\tau_0=1.5\tau_{-1}$;

② 等效系数 ψ,碳素钢 $\psi_\sigma=0.1\sim0.2$,$\psi_\tau=0.05\sim0.1$,合金钢 $\psi_\sigma=0.2\sim0.3$,$\psi_\tau=0.1\sim0.15$。

6.2　轴的结构设计

轴结构设计的目的是合理地定出轴的几何形状和尺寸。由于影响轴结构设计的因素很多,故轴不可能有标准的结构形式。一般地讲,在满足规定的功能要求和设计约束的前提下,轴的结构设计方案有较大的灵活性,即轴的结构设计具有多方案性。设计时,应在提出多种可行方案的基础上,经分析、对比后,确定一种技术、经济性能指标较好者作为入选方案。通常,轴的结构设计应力求受力合理,有利于提高轴的工作能力,有利于节约材料和减轻质量;应力求轴上零件的定位和固定可靠,并有利于装拆、调整和具有良好的工艺性。

6.2.1　轴上零件的布置

合理布置轴上零件可改善轴的受力状况,提高轴的强度和刚度。

(1) 使弯矩分布合理。合理改进轴上零件的结构,可减少轴上载荷和改善其应力特征,提高轴的强度和刚度。对于图6-3(a)所示的轮轴,如把轴毂配合面分为两段(见图6-3(b)),则可减少轴的弯矩,使载荷分布更趋合理。

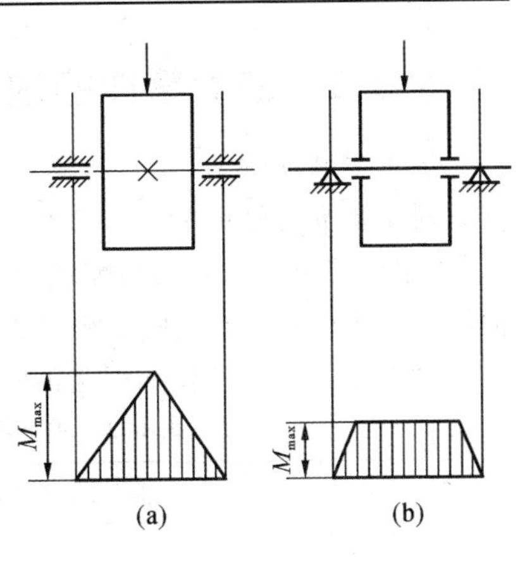

图6-3 改善轴上弯矩的分布

(2) 使转矩分配合理。图6-4中轴上装有三个传动轮,如将输入轮布置在轴的一端(见图6-4(a)),当只考虑轴受转矩时,输入转矩为 T_1+T_2,则此时轴上受的最大转矩为 T_1+T_2。如将输入轮布置在两个输出轮之间(见图6-4(b)),则轴上的最大转矩为 T_1。

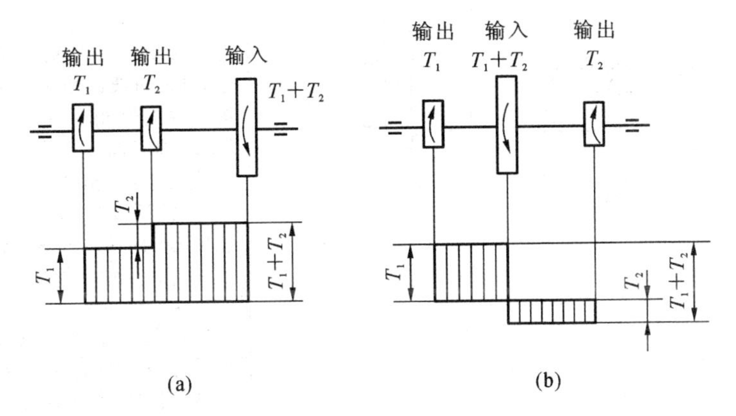

图6-4 轴上零件的合理布置

(a) 输入轮在一端的轴;(b) 输入轮在中间的轴

(3) 改变应力状态。图6-5(a)所示的卷筒轴工作时,既受弯矩又受转矩作用,当卷筒的安装结构改为图6-5(b)所示形式时,则卷筒轴只受弯矩作用,因此改变了轴的应力状态。

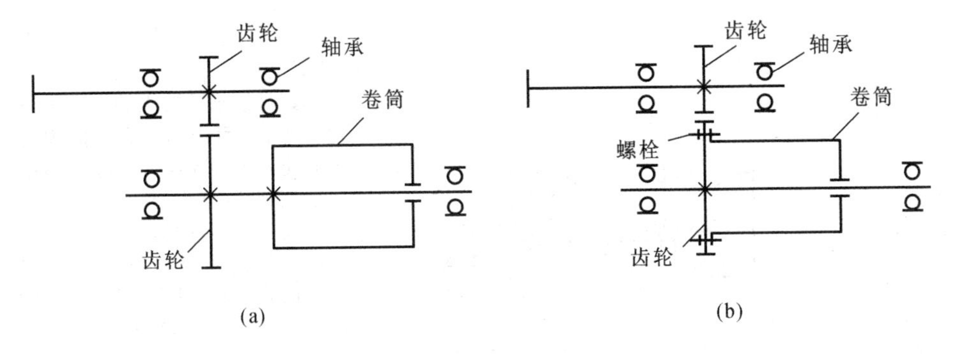

图6-5 改变轴的应力状态

6.2.2 轴上零件的轴向固定

零件安装在轴上，要有准确的定位。各轴段长度的确定，应尽可能使其结构紧凑。对于不允许轴向滑动的零件，零件受力后不要改变其准确的位置，即定位要准确，固定要可靠。与轮毂相配装的轴段长度，一般应略小于轮毂宽 2～3 mm。对轴向滑动的零件，轴上应留出相应的滑移距离。

轴上零件轴向定位和固定的常用方法见表 6-2。

表 6-2 轴上零件轴向定位和固定的常用方式

零件	轴向固定形式	特点
轴肩与轴环	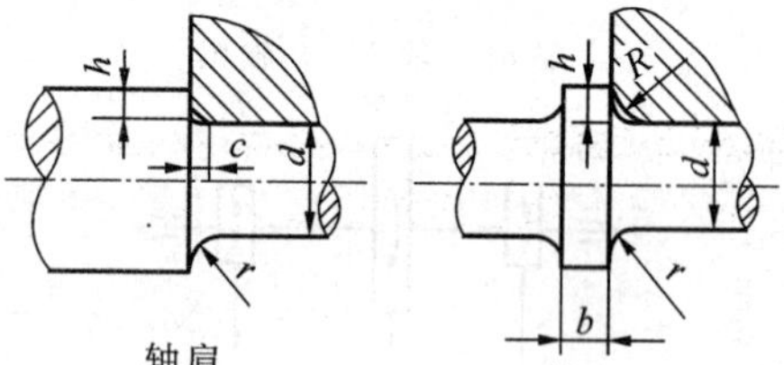	简单可靠，能承受较大的载荷，常用于齿轮、链轮、带轮、联轴器和轴承的定位。但应注意：① 为了保证轴上零件与轴的定位端面靠紧，轴的过渡圆角半径 r 应小于相配零件的倒角尺寸 c 或圆角半径 R；② 轴肩高度 h 既不能太大，也不能太小，一般 $h=(0.07\sim0.1)d$；③ 轴环高度与轴肩相同，轴环宽度 $b\approx1.4h$。与滚动轴承配合处的 h 与 r 见轴承标准
轴端挡圈与锥面	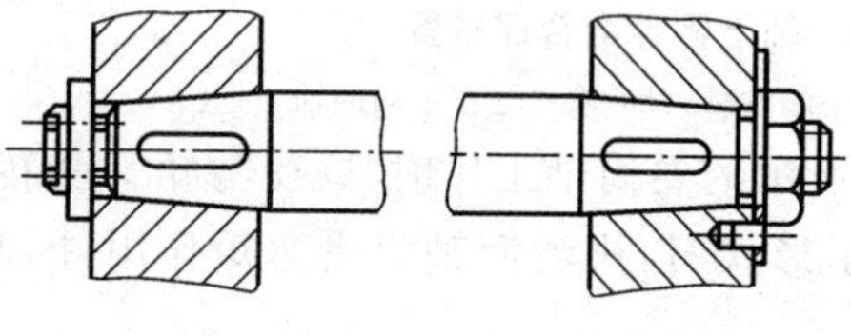	锥面定心精度高，拆卸容易，能承受冲击及振动载荷；常用于轴端零件的固定，与轴端压板或螺母联合使用，使零件获得双向轴向固定
圆螺母和套筒	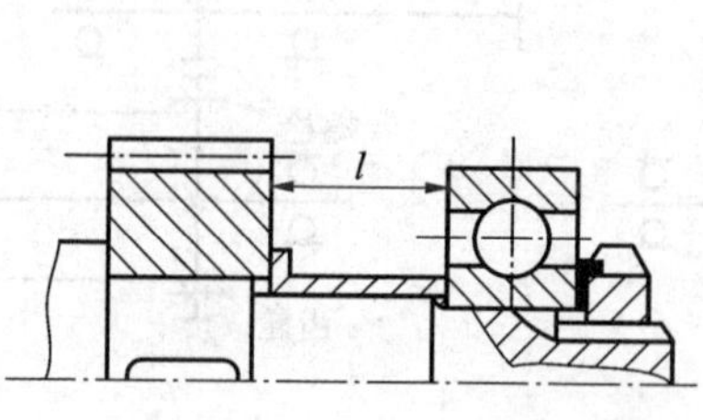	圆螺母能承受较大的轴向力，固定可靠，常用于轴端零件的固定。但轴上须切制螺纹，有应力集中，一般用细牙螺纹。 套筒用于两个零件相隔距离不大时的轴向固定，结构简单，可减少轴的阶梯数，对应力集中也有所改善

续表

	轴向固定形式	特　　点
弹性挡圈		结构紧凑、简单，常用于滚动轴承的轴向固定，但不能承受轴向力。当位于受载轴段时，轴的强度削弱较大
紧定螺钉和锁紧挡圈		轴结构简单，零件位置可调整并兼做周向固定用，多用于光轴上零件的固定。但能承受的载荷较小，不宜用于转速较高的轴

6.2.3　轴上零件的周向固定

轴上零件与轴的周向固定件所形成的连接，通常称为轴毂连接。轴毂连接的形式多种多样，图 6-6 所示为常用的几种。

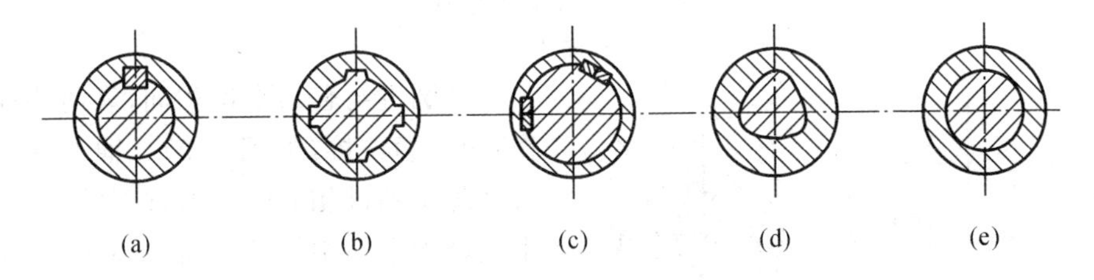

图 6-6　轴毂连接的形式

(a) 平键连接；(b) 花键连接；(c) 切向键连接；(d) 成形连接；(e) 过盈连接

1. 键连接

键是标准件，其连接种类很多，通常分为平键连接、半圆键连接和斜键连接三类。

按用途分，平键可分为普通平键、导向键和滑动键三种。其中：普通平键应用最为广泛，用于静连接，如图 6-7 所示；导向键和滑动键用于动连接。按端部形状分，普通平键又可分为圆头(A 型)、方头(B 型)和单圆头(C 型)三种。平键工作时，靠其两侧面传递扭矩，键的上表面和轮毂槽底之间留有间隙。这种键定心性较好，装拆方便。但这种键不能实现轴上零件的轴向固定。

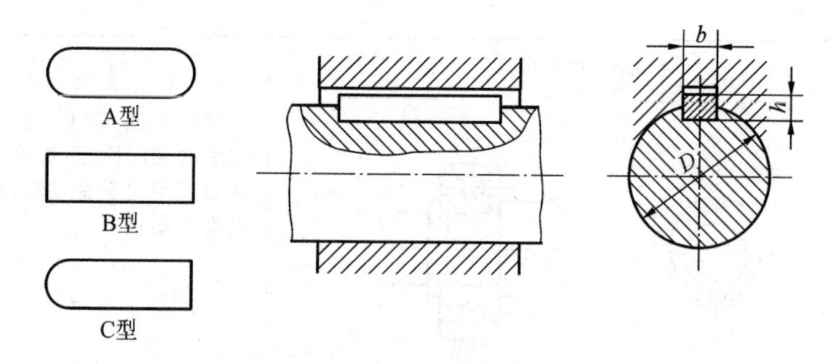

图 6-7　普通平键连接

图 6-8 所示为用于动连接的导向键和滑动键。传动零件可在轴上作轴向移动(如变速箱中的滑移齿轮)。导向键用螺钉固定在轴上,而轮毂可沿导向键移动,常用于轮毂移动距离不大的场合。滑动键通常固定在轮毂上,并与轮毂一同沿轴上的键槽移动,这样,当轮毂移动距离较大时,就可避免使用很长的导向键。

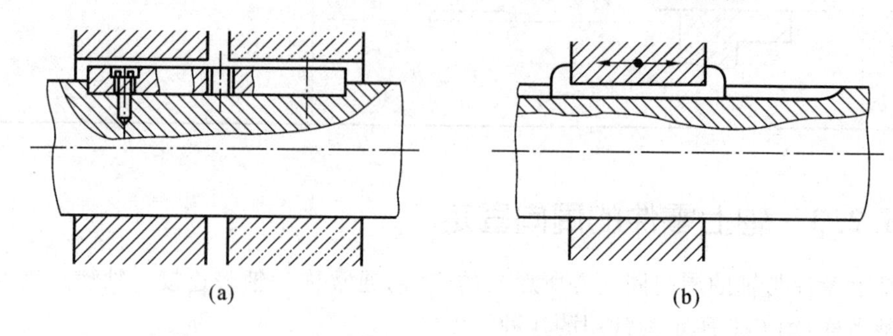

图 6-8　导向键和滑动键

(a) 导向键;(b) 滑动键

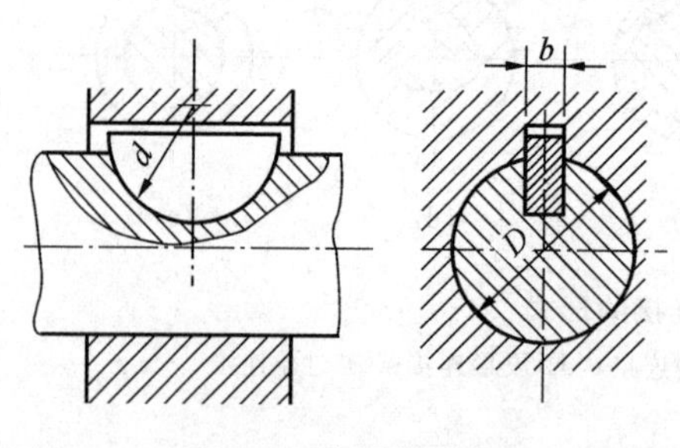

图 6-9　半圆键连接

半圆键与普通平键相同,靠两侧面工作,用于静连接(见图 6-9)。轴上键槽用尺寸与半圆键相同的盘形铣刀铣出,因而半圆键能在槽中绕其几何中心摆动,以适应轮毂槽底面的斜度。半圆键连接的优点是工艺性好,装配方便;缺点是键槽较深,对轴削弱较大,一般只用于轻载场合。

斜键分为楔键和切向键。楔键的上、下两面为工作面,分别与轮毂和轴上的键槽的底面贴合(见图 6-10)。键的上表面和轮毂的底面各有 1∶100 的斜度。装配打紧后,键楔紧在轴毂之间,工作时主要靠键上、下表面与毂间的摩擦力来传递转矩。这种键连接还能实现轴上零件的轴向固定并承受单向的轴向力。由于楔键连接装配后容易产生轴上零件的偏心或倾斜,因此多用于对中要求不严、不受冲击或变载的低速轴的轴毂连接。

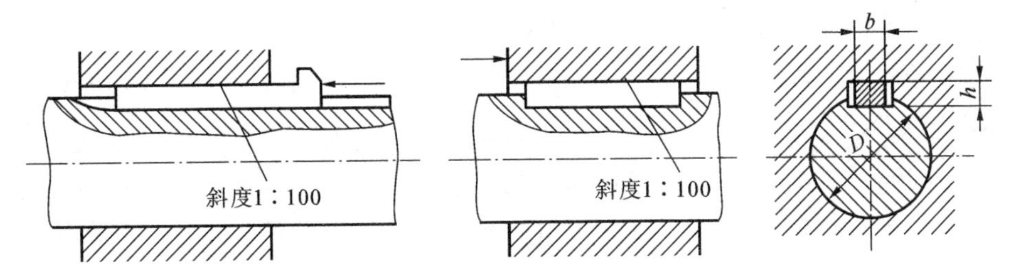

图 6-10　楔键连接

切向键由两个具有 1∶100 斜度的楔键组成(见图 6-11)。装配时,一对楔键分别从毂的两端打入,使其两斜面相互贴合,上、下相互平行的两面构成切向键的工作面;装配后,其中工作面通过轴心线所在的平面,这样,工作时工作面上的挤压力将沿轴的切线方向作用,从而能最大限度地传递转矩。

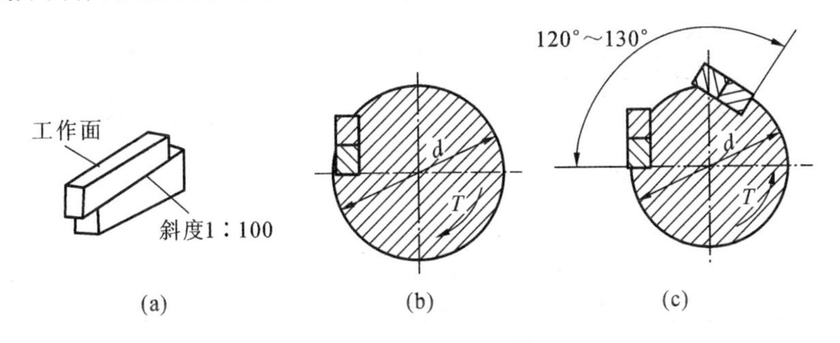

图 6-11　切向键连接

(a) 两个楔键;(b) 单向转动;(c) 双向转动

单个切向键只能传递一个方向的扭矩,若要传递双向扭矩,则须用两个切向键,相隔120°～130°布置(见图 6-11)。由于切向键的键槽对轴的削弱较大,常用于轴径大于 100 mm、对中性要求不高而载荷较大的重型机械中。

2. 花键连接

花键连接由带有多个键齿的轴和毂孔组成(见图 6-12(a)、(b)),齿侧面为工作面,可用于静连接或动连接。它比键连接有更高的承载能力,较好的定心性和导向性;对轴的削弱也较小,适用于载荷较大或变载及定心要求较高的静连接、动连接。

花键有标准尺寸,根据齿形不同,花键可分为矩形花键、渐开线花键,如图 6-12(c)、(d)所示。

矩形花键按其齿的尺寸和数目不同,分为轻、中、重三种系列,分别适用于轻载、中载、重载的连接;矩形花键在连接中按内径定心(见图 6-13),轴和毂的定心表面在热处理后均需磨削,定心精度较高。

渐开线花键的齿廓为渐开线,其定心方式可分为外径定心和齿廓定心两种。与矩形花键相比,渐开线花键的齿根较厚,应力集中较小,连接强度高。齿廓定心时,因齿面受载后齿面上有径向分力,故它有一定的自动定心能力,一般优先选用齿廓定心

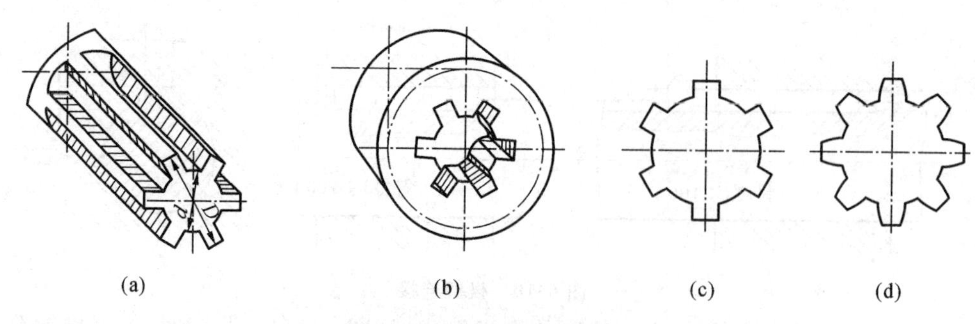

(a)　(b)　(c)　(d)

图 6-12　花键连接及花键种类

(a) 花键轴;(b) 毂孔;(c) 矩形花键;(d) 渐开线花键

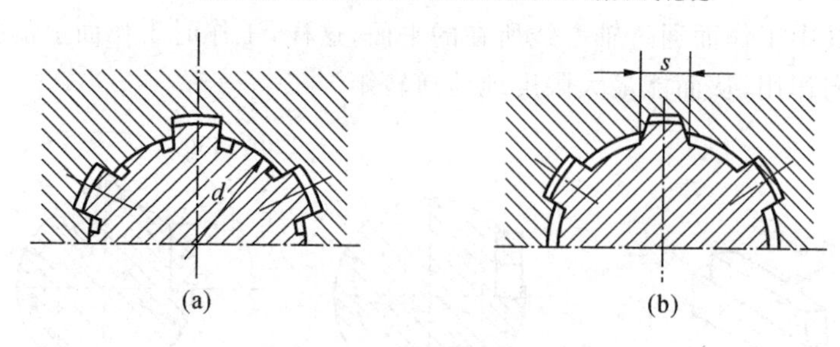

(a)　(b)

图 6-13　花键的定心方法

(a) 矩形花键内径定心;(b) 渐开线花键齿廓定心

方式。必须注意,加工花键孔的拉刀制造成本较高,故渐开线花键常用于载荷较大,定心精度要求高以及尺寸较大的连接。

3. 成形连接

成形连接是利用非圆剖面的轴和相应的轮毂构成的轴毂连接,它是无键连接的一种形式。轴和毂孔可做成柱形或锥形的(见图 6-14)。前者可传递转矩,并可用于没有载荷作用下的轴向移动的动连接;后者除传递转矩外,还可承受单向的轴向力。

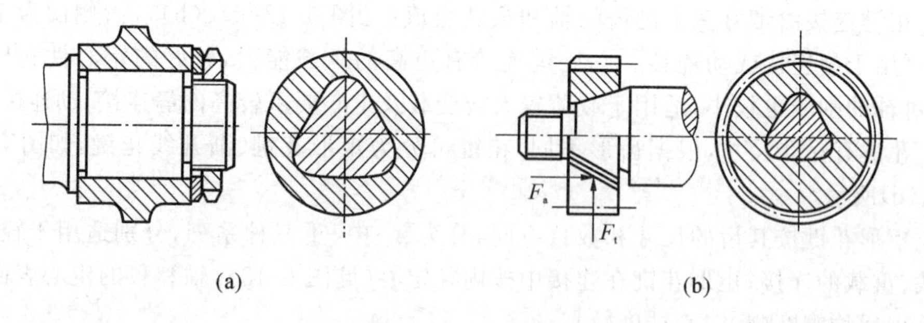

(a)　(b)

图 6-14　成形连接

(a) 轴和毂孔是柱形的;(b) 轴和毂孔是锥形的

成形连接无应力集中源,定心性好,承载能力高,但加工比较复杂,特别是为了保证配合精度,最后一道工序多要在专用机床上进行磨削,故目前应用还不广泛。

4. 过盈连接

过盈连接是利用零件间的过盈量来实现连接的。轴和轮毂孔之间因过盈配合而相互压紧，在配合表面上产生正压力，工作时依靠此正压力产生的摩擦力（也称为固持力）来传递载荷。过盈连接既能实现周向固定传递转矩，又能实现轴向固定传递轴向力。其优点是：结构简单，定心性能好，承载能力大，受变载和冲击载荷的能力好，常用于某些齿轮、车轮、飞轮等的轴毂连接。其缺点是：承载能力取决于过盈量的大小，对配合面的加工精度要求较高，装拆也不方便。

过盈连接的配合表面常为圆柱面或圆锥面，如图 6-15 所示。前者的装配方法有压入法和温差法两种：当过盈量或尺寸较小时，一般用压入法装配；当过盈量或尺寸较大时，或对连接质量要求较高时，常用温差法装配。后者的装配可通过螺纹连接和液压装拆法实现（见图 6-15(b)、(c)）。螺纹连接使配合面间产生相对的轴向位移和压紧，这种结构常用于轴端；液压装拆是用高压油泵将高压油通过油孔和油沟压入连接的配合面，使轮毂孔径胀大而轴径缩小，同时施加一定的轴向力使之相互压紧，当压至预定的位置时，排除高压油即可。这种装配对配合面的接触精度要求较高，需要高压油泵等专用设备。

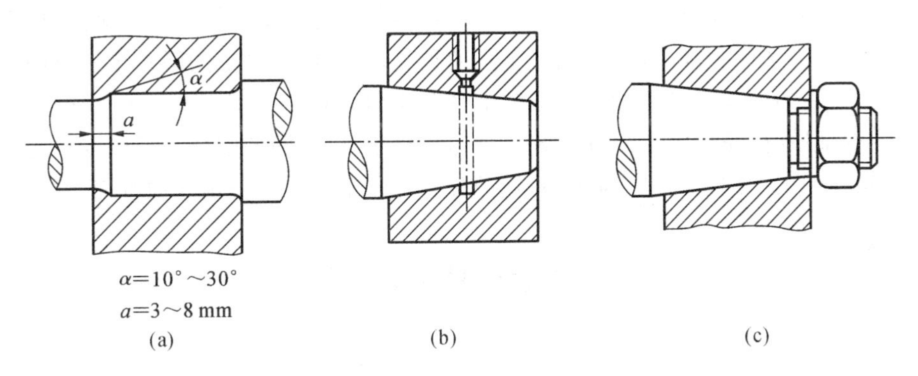

图 6-15　过盈连接

(a) 圆柱面压入端的结构；(b) 用液压装配；(c) 用螺母压紧

图 6-16 所示为另一种由弹性连接所构成的过盈连接，它利用一对或多对内、外锥面贴合的弹性环，当螺母（或螺栓）锁紧时，内环和外环相互压紧，从而形成过盈连接。

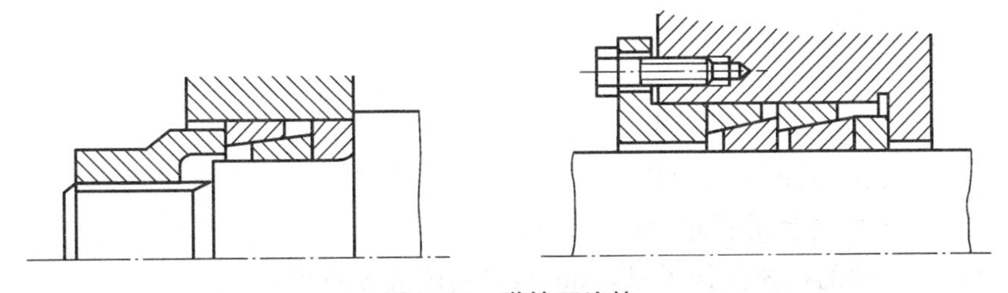

图 6-16　弹性环连接

6.2.4　减轻轴的应力集中的措施

轴的结构应尽量避免形状的突然变化,以免产生应力集中。如直径过渡处应尽可能用轴肩圆角来代替环形槽,并尽可能采用较大的圆角半径。图 6-17 所示为几种减轻圆角应力集中的结构。

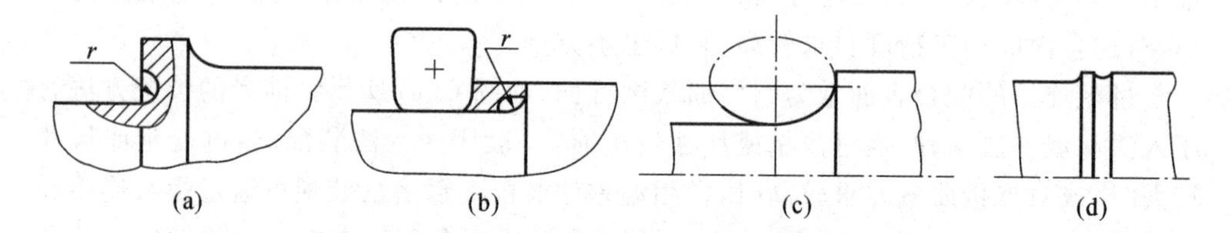

图 6-17　减轻应力集中的结构

(a) 凹切圆角;(b) 中间环;(c) 椭圆形圆角;(d) 减载槽

6.2.5　轴结构工艺性约束

设计轴时,要使轴的结构便于加工、测量、装拆和维修,力求减轻劳动量,提高劳动生产率。为了便于加工,减少加工工具的种类,应使同一轴上的圆角半径、键槽、越程槽、退刀槽的尺寸尽量相同。一根轴上的各个键槽应开在轴的同一母线上。当有几个花键轴段时,花键尺寸最好也统一。为了便于装配,轴的配合直径应圆整为标准值,轴端应加工出倒角(一般为 45°);过盈配合零件轴端应加工出导向锥面。

6.3　轴设计中的物理约束

6.3.1　强度约束条件

1. 扭转强度

对只受转矩或以承受转矩为主的传动轴,应按扭转强度条件计算轴的直径。若有弯矩作用,可用降低许用应力的方法来考虑其影响。

扭转强度约束条件为

$$\tau_T = \frac{T}{W_T} = \frac{9550 \times 10^3 P/n}{W_T} \leqslant [\tau_T] \tag{6-1}$$

式中　τ_T——轴的扭转应力(MPa);

T——轴所传递的转矩(N · mm);

W_T——轴的抗扭截面模量(mm^3),可由附表 8 查得;

P——轴所传递的功率(kW);

n——轴的转速(r/min);

$[\tau_T]$——轴的许用扭转应力(MPa),可由表 6-3 查得。

对于实心圆轴,$W_T=\pi d^3/16\approx d^3/5$,以此代入式(6-1),可得轴的直径约束条件:

$$d \geqslant \sqrt[3]{\frac{5}{[\tau_T]}\left(9\ 550\times 10^3\ \frac{P}{n}\right)} = C\sqrt[3]{\frac{P}{n}}\quad (\text{mm}) \tag{6-2}$$

式中　C——取决于轴材料的许用扭转应力$[\tau_T]$的系数,其值可查表 6-3。当弯矩相对转矩很小时,C 取较小值,$[\tau_T]$取较大值;反之,C 取较大值,$[\tau_T]$取较小值。

表 6-3　几种轴材料的$[\tau_T]$和 C 值

轴的材料	Q235	1Cr18Ni9Ti	35	45	40Cr,35SiMn,2Cr13,20CrMnTi
$[\tau_T]$	12～20	12～25	20～30	30～40	40～52
C	160～135	148～125	135～118	118～107	107～98

应用式(6-2)求出的 d 值,一般作为轴最细处的直径。此外,也可采用经验公式来估算轴的直径。如在一般减速器中,高速输入轴的直径可按与其相连的电动机轴的直径 D 估算,$d=(0.8\sim1.2)D$;各级低速轴的轴径可按同级齿轮中心距 a 估算,$d=(0.3\sim0.4)a$。

2. 弯扭合成强度条件

对于同时承受弯矩和转矩的轴,可根据弯矩和转矩的合成强度进行计算。计算时,先根据结构设计所确定的轴几何结构和轴上零件位置,画出轴的受力简图,然后,绘制弯矩图、扭矩图,再按第三强度理论条件建立轴的弯扭合成强度约束条件:

$$\sigma_{ca} = \sqrt{M^2+T^2}/W = \frac{M_{ca}}{W} \leqslant [\sigma] \tag{6-3}$$

考虑到弯矩 M 所产生的弯曲应力和转矩 T 所产生的扭转应力的性质不同,对上式中的转矩 T 乘以折合系数 α,则强度约束条件的一般公式为

$$\sigma_{ca} = \frac{\sqrt{M^2+(\alpha T)^2}}{W} = \frac{M_{ca}}{W} \leqslant [\sigma_{-1}]_b \tag{6-4}$$

式中　M_{ca}——当量弯矩,$M_{ca}=\sqrt{M^2+(\alpha T)^2}$。

α——根据转矩性质而定的折合系数:转矩不变时,$\alpha=[\sigma_{-1}]_b/[\sigma_{+1}]_b\approx0.3$;转矩按脉动循环变化时,$\alpha=[\sigma_{-1}]_b/[\sigma_0]_b\approx0.6$;转矩按对称循环变化时,$\alpha=[\sigma_{-1}]_b/[\sigma_{-1}]_b=1$。若转矩的变化规律不清楚,一般按脉动循环处理。

$[\sigma_{-1}]_b$、$[\sigma_0]_b$、$[\sigma_{+1}]_b$——对称循环、脉动循环及静应力状态下的许用应力,可由表 6-4 查得。

W——轴的抗弯截面模量(mm^3),可由附表 8 查得。

表 6-4　轴的许用弯曲应力　(MPa)

材　　料	σ_b	$[\sigma_{+1}]_b$	$[\sigma_0]_b$	$[\sigma_{-1}]_b$
碳钢	400	130	70	40
	500	170	75	45
	600	200	95	55
	700	230	110	65
合金钢	800	270	130	75
	900	300	140	80
	1 000	330	150	90
	1 200	400	180	110
铸钢	400	100	50	30
	500	120	70	40

对实心轴,式(6-4)也可写成轴径的约束条件:

$$d \geqslant \sqrt[3]{\frac{M_{ca}}{0.1[\sigma_{-1}]_b}} \quad (\text{mm}) \tag{6-5}$$

轴上有键槽或过盈配合时,为了补偿轴的削弱,按上式计算的轴径 d 应增大,一个键槽增大 4%～5%,两个键槽增大 7%～10%。

3. 基于疲劳强度的安全系数约束

对于一般用途的轴,按当量弯矩计算轴的强度或直径已足够精确。但由于上述计算中没有考虑应力集中、轴径尺寸和表面品质等因素对轴的疲劳强度的影响,因此对于重要的轴,还需要进行轴危险截面处的疲劳安全系数的精确计算,评定轴的安全裕度,即建立轴在危险截面处安全系数的约束条件。

如第 2 章所述,安全系数的约束条件为

$$S_{ca} = \frac{S_\sigma S_\tau}{\sqrt{S_\sigma^2 + S_\tau^2}} \geqslant [S] \tag{6-6}$$

$$S_\sigma = \frac{\sigma_{-1}}{\dfrac{k_\sigma}{\beta\varepsilon_\sigma}\sigma_a + \psi_\sigma\sigma_m} \tag{6-7}$$

$$S_\tau = \frac{\tau_{-1}}{\dfrac{k_\tau}{\beta\varepsilon_\tau}\tau_a + \psi_\tau\tau_m} \tag{6-8}$$

式中　S_{ca}——计算安全系数;

$[S]$——许用安全系数,可由表 6-5 查得;

S_σ、S_τ——受弯矩和转矩作用的安全系数；

σ_{-1}、τ_{-1}——对称循环应力时材料试件的弯曲和扭转疲劳极限，可由表6-1查得；

k_σ、k_τ——弯曲和扭转时的有效应力集中系数，可由附表1至附表3查得；

ε_σ、ε_τ——弯曲和扭转时的绝对尺寸系数，可由附表4查得；

β——弯曲和扭转时的表面质量系数，可由附表5和附表7查得；

ψ_σ、ψ_τ——弯曲和扭转时的平均应力折合应力幅的等效系数，见表6-1的注释；

σ_a、τ_a——弯曲和扭转时的应力幅；

σ_m、τ_m——弯曲和扭转时的平均应力。

表6-5 疲劳强度的许用安全系数[S]

条　　件	[S]
载荷可精确计算，材质均匀，材料性能精确可靠	1.3～1.5
计算精度较低，材质不够均匀	1.5～1.8
计算精度很低，材质很不均匀，或尺寸很大的轴（d>200 mm）	1.8～2.5

对一般转轴，弯曲应力按对称循环变化，故 $\sigma_a = M/W$，$\sigma_m = 0$；当轴不转动或载荷随轴一起转动时，考虑到载荷波动的实际情况，弯曲应力可作为脉动循环变化考虑，即 $\sigma_a = \sigma_m = M/(2W)$。但多数情况下，转矩变化的规律难以确定。一般而言，对单方向转动的转轴，常视之为按脉动循环变化，即 $\tau_a = \tau_m = T/(2W_T)$；若轴经常正反转，则应按对称循环处理，即$\tau_a = T/W_T$，$\tau_m = 0$。

当式(6-6)不能得到满足时，应该改进轴的结构以降低应力集中，也可采用热处理、表面强化处理等工艺措施及加大轴的直径，改用较好材料等方法解决。

4. 基于静强度的安全系数约束

对于应力循环严重不对称或短时过载严重的轴，在尖峰载荷作用下，可能产生塑性变形，为了防止在疲劳破坏前发生大的塑性变形，还应按尖峰载荷校核轴的静强度安全系数。其约束条件为

$$S_0 = \frac{S_{0\sigma} S_{0\tau}}{\sqrt{S_{0\sigma}^2 + S_{0\tau}^2}} \geqslant [S_0] \tag{6-9}$$

$$S_{0\sigma} = \frac{\sigma_s}{\sigma_{max}} \tag{6-10}$$

$$S_{0\tau} = \frac{\tau_s}{\tau_{max}} \tag{6-11}$$

式中　S_0——静强度计算安全系数；

$S_{0\sigma}$、$S_{0\tau}$——受弯矩和转矩作用的静强度安全系数；

$[S_0]$——静强度许用安全系数，可由表 6-6 查得；

σ_s、τ_s——材料抗弯、抗扭屈服极限；

σ_{max}、τ_{max}——尖峰载荷所产生的弯曲、扭转应力。

表 6-6　静强度许用安全系数$[S_0]$

σ_s/σ_b	0.45～0.55	0.55～0.70	0.70～0.90	铸造轴
$[S_0]$	1.2～1.5	1.4～1.8	1.7～2.2	1.6～2.5

6.3.2　刚度约束条件

轴受载后会发生弯曲变形和扭转变形(见图 6-18)，严重时将影响轴和轴上零件的正常工作。对于安装齿轮的轴，若轴的弯曲变形过大，会引起齿上载荷集中，导致轮齿啮合状况恶化。对于采用滑动轴承支承的轴，若轴的弯曲变形过大，会使压力沿轴承宽度方向分布不均匀，甚至发生边缘接触，造成不均匀的磨损和过度发热。电动机主轴变形过大，则会改变定子和转子间的间隙，从而影响电动机的性能等。因此，对那些刚度要求较高的轴，需要进行轴的弯曲变形和扭转变形的计算，使其满足下列刚度约束条件：

$$y \leqslant [y],\quad \theta \leqslant [\theta],\quad \varphi \leqslant [\varphi] \tag{6-12}$$

式中　y、$[y]$——轴的最大挠度和许用挠度(mm)；

θ、$[\theta]$——轴的最大偏转角和许用偏转角(rad)；

φ、$[\varphi]$——轴的最大扭转角和许用扭转角(rad)。

y、θ、φ 可按材料力学公式计算。其相应的许用值则根据各类机器的要求来确定，如表 6-7 所示。

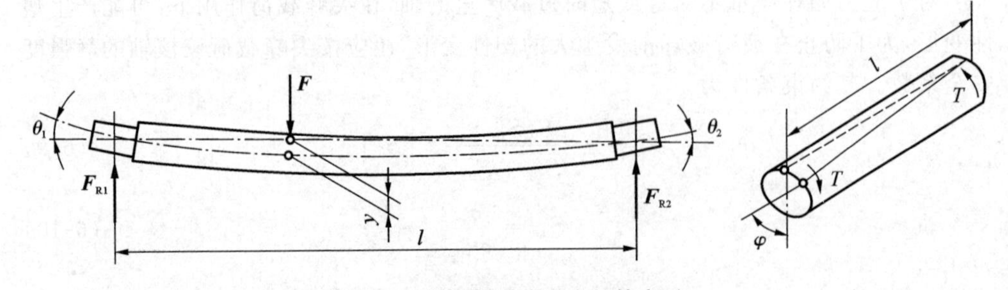

图 6-18　轴的弯曲变形和扭转变形

表6-7　轴的许用挠度、许用偏转角、许用扭转角

应用场合	$[y]$/mm	应用场合	$[\theta]$/rad	应用场合	$[\varphi]$/(°/m)
一般用途的轴	$(0.0003\sim0.005)l$	滑动轴承	$\leqslant0.001$	一般传动	$0.5\sim1$
刚度要求较高的轴	$\leqslant0.0002l$	向心球轴承	$\leqslant0.005$	较精密的传动	$0.25\sim0.5$
安装齿轮的轴	$(0.01\sim0.05)m_n$	向心球面轴承	$\leqslant0.05$	重要传动	0.25
安装蜗轮的轴	$(0.02\sim0.05)m_t$	圆柱滚子轴承	$\leqslant0.0025$	l—支承间跨距； Δ—电动机定子与转子的间隙； m_n—齿轮法面模数； m_t—蜗轮端面模数	
蜗杆轴	$(0.01\sim0.02)m_t$	圆锥滚子轴承	$\leqslant0.0016$		
电动机轴	$\leqslant0.1\Delta$	安装齿轮处	$\leqslant0.001\sim0.002$		

6.3.3　临界转速约束条件

大多数机器中的轴，虽然不受周期性外载荷的作用，但由于零件的材质分布不均匀，以及制造、安装误差等因素的影响，零件的重心发生偏移，回转时离心力会使轴受到周期性载荷的作用。若轴受载荷作用引起的强迫振动频率与轴的固有频率相同或接近时，将产生共振现象，以致轴或轴上零件乃至整个机器遭到破坏。发生共振时，轴的转速称为临界转速。

因此，对于重要的轴，尤其是高速轴或受周期性外载荷作用的轴，都必须计算其临界转速，并使轴的工作转速 n 避开临界转速 n_c。

轴的临界转速可以有许多个，最低的一个称为一阶临界转速，其余为二阶、三阶。

工作转速低于一阶临界转速的轴称为刚性轴；超过一阶临界转速的轴称为挠性轴。两者的临界转速约束条件分别为

刚性轴
$$n<(0.75\sim0.8)n_{c1} \tag{6-13}$$

挠性轴
$$1.4n_{c1}\leqslant n\leqslant0.7n_{c2} \tag{6-14}$$

式中　n_{c1}、n_{c2}——一阶、二阶临界转速。

6.4　轴的设计

6.4.1　设计方法

轴的设计是根据给定的轴的功能要求（传递功率或转矩，所支承零件的要求等）和满足物理、几何约束的前提下，确定轴的最佳形状和尺寸。尽管轴设计中所受的物理约束很多，但设计时，其物理约束的选择仍是有区别的。对一般用途的轴，满足强度约束条件，具有合理的结构和良好的工艺性即可。对于刚度要求高的轴，如机床主

轴,工作时不允许有过大的变形,则应按刚度约束条件来设计轴的尺寸。对于高速或载荷作周期变化的轴,为避免发生共振,则应按临界转速约束条件进行轴的稳定性计算。

轴的设计并无固定不变的步骤,要根据具体情况来定,一般方法如下。

(1) 按扭转强度约束条件式(6-2)或与同类机器类比,初步确定轴的最小直径 $d_{\min}$。

(2) 考虑轴上零件的定位和装配及轴的加工等几何约束,进行轴的结构设计,确定轴的几何尺寸。

值得指出的是,轴结构设计的结果具有多样性。根据不同的工作要求、不同的轴上零件的装配方案以及轴的不同加工工艺等,都将得出不同的轴的结构形式。因此设计时,必须对其结果进行综合评价,确定较优的方案。

(3) 根据轴的结构尺寸和工作要求,选择相应的物理约束,检验设计结果是否满足相应的物理约束。若不满足,则需对轴的结构尺寸作必要的修改,进行再设计,直至满足要求。

例 6-1　设计皮带运输机减速器的主动轴。已知传递功率 $P=10$ kW,转速 $n=200$ r/min,齿轮的齿宽 $B=100$ mm,齿数 $z=40$,模数 $m_n=5$ mm,螺旋角 $\beta=9°22'$,轴端装有联轴器。

解　(1) 选择轴的材料。

轴的材料选择 45 钢,经调质处理。由表 6-1 查得:$\sigma_b=650$ MPa,$\sigma_s=360$ MPa,$\sigma_{-1}=300$ MPa,$\tau_{-1}=155$ MPa;查表 6-4,得$[\sigma_{-1}]_b=60$ MPa。

(2) 初步计算轴径。

选　$$C=110,\quad d_{\min}=C\sqrt[3]{\frac{P}{n}}=110\times\sqrt[3]{\frac{10}{200}}\ \text{mm}=40.5\ \text{mm}$$

考虑到轴端装联轴器需开键槽,将其轴径增加 4%～5%,故取轴的直径为 45 mm。

(3) 进行轴的结构设计。

按工作要求,轴上所支承的零件主要有齿轮、轴端联轴器以及滚动轴承。轴端联轴器选用弹性柱销联轴器 HL4 $\frac{\text{JC}45\times84}{\text{JA}45\times84}$ GB/T 5014—1995;根据轴的受力,选取 7211C 滚动轴承,其尺寸 $d\times D\times B$ 为 $55\times100\times21$,根据轴上零件的定位、加工要求以及不同的零件装配方案,参考轴的结构设计的基本要求,可确定轴的各段尺寸,得出如图 6-19(a)、(b)所示的两种不同的轴结构。轴环宽度为 18 mm,齿轮用平键周向固定,轴向通过轴环和套筒定位。按图 6-19(b)的结构形式,齿轮、套筒、右端轴承和端盖、联轴器依次从轴的右端装入,仅左端轴承从左端装入。图 6-19(a)则不同。仅从这两个装配方案比较来看,图 6-19(b)的装拆更为简单方便,若成批生产,该方案在机加工和装拆等方面更能发挥其长处。综合考虑各种因素,故初步选定轴的结构尺寸如图 6-19(b)所示。

(4) 按弯扭合成强度校核轴。

① 画受力简图,如图 6-19 所示。

画轴空间受力简图(见图 6-19(c)),将轴上作用力分解为垂直面受力(见图 6-19(d))和水平面受力(见图 6-19(e))。分别求出垂直面上的支反力和水平面上的支反力。对于零件,作用于轴上的分布载荷或转矩(因轴上零件如齿轮、联轴器等均有宽度)可当做集中力,作用于轴上零件的宽度中点。支反力的位置随轴承类型和布置方式的不同而异,一般可按图 6-20 取定,其中 a 值参见滚动轴承样本。

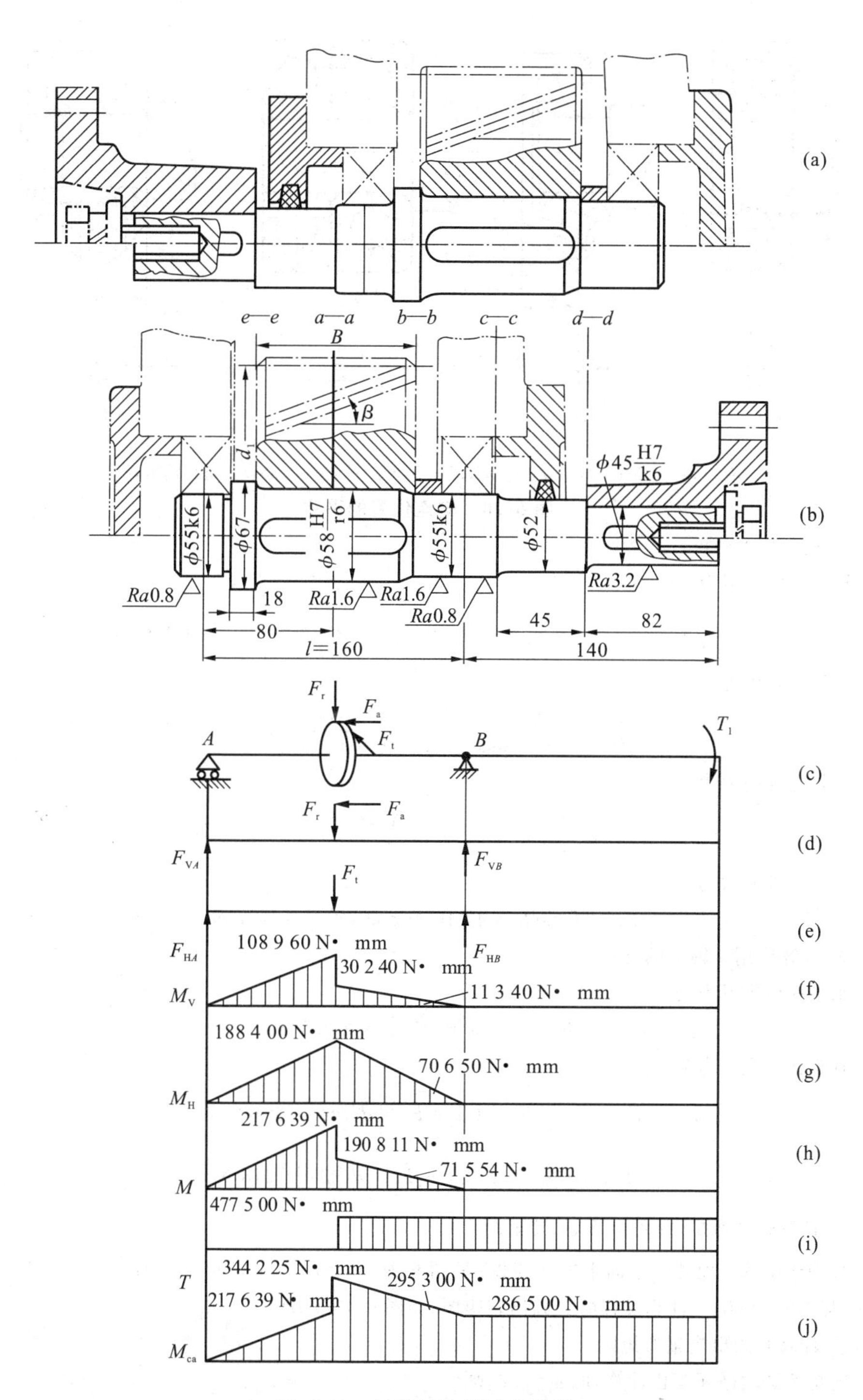

图 6-19　轴的结构及受力分析

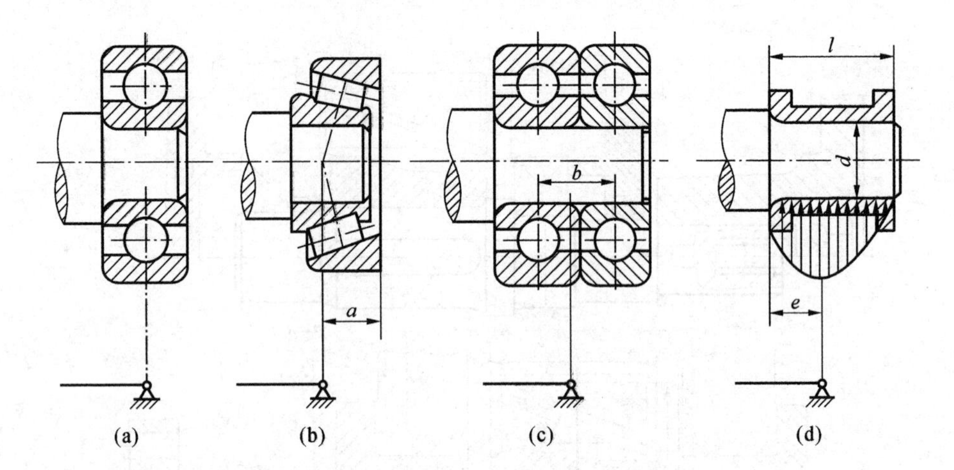

注:$l/d<1, e=0.5l; l/d>1, e=0.5d$;但 e 不小于$(0.25\sim0.35)l$。调心轴承,$e=0.5l$

图 6-20 支点位置的确定

② 轴上受力分析。

轴传递的转矩为

$$T_1 = 9.55\times10^6 \frac{P}{n} = 9.55\times10^6 \frac{10}{200}\ \text{N}\cdot\text{mm} = 477\ 500\ \text{N}\cdot\text{mm}$$

齿轮的圆周力为

$$F_t = \frac{2T_1}{d_1} = \frac{2T_1}{zm_n/\cos\beta} = \frac{2\times 477\ 500}{40\times 5/\cos9°22'}\ \text{N} = 4\ 710\ \text{N}$$

齿轮的径向力为

$$F_r = F_t\frac{\tan\alpha_n}{\cos\beta} = 4\ 710\times\frac{\tan20°}{\cos9°22'}\ \text{N} = 1\ 740\ \text{N}$$

齿轮的轴向力为

$$F_a = F_t\tan\beta = 4\ 710\times\tan9°22'\ \text{N} = 777\ \text{N}$$

③ 计算作用于轴上的支反力。

水平面内支反力为

$$F_{HA} = F_{HB} = F_t/2 = 2\ 355\ \text{N}$$

垂直面内支反力为

$$F_{VA} = \frac{1}{l}(F_r\times l/2 + F_a\times d_1/2) = 1\ 362\ \text{N}$$

$$F_{VB} = \frac{1}{l}(F_r\times l/2 - F_a\times d_1/2) = 378\ \text{N}$$

④ 计算轴的弯矩,并画出弯矩、转矩图。

分别作出垂直面和水平面上的弯矩图(见图 6-19(f)、(g)),并按 $M=\sqrt{M_H{}^2+M_V{}^2}$ 进行弯矩合成(见图 6-19(h)),计算过程略。画出转矩图,如图 6-19(i)所示。

⑤ 计算并画出当量弯矩图。

转矩按脉动循环变化计算,取 $\alpha=0.6$,则

$$\alpha T = 0.6\times 477\ 500\ \text{N}\cdot\text{mm} = 286\ 500\ \text{N}\cdot\text{mm}$$

按 $M_{ca}=\sqrt{M^2+(\alpha T)^2}$ 计算,并画出当量弯矩图,如图 6-19(j)所示。

⑥ 校核轴的强度。

一般而言,判断轴的强度是否满足要求,只需对危险截面进行校核即可,而轴的危险截面多发生在当量弯矩最大或当量弯矩较大且轴的直径较小处。根据轴的结构尺寸和当量弯矩图可知,a—a 截面处弯矩最大,且截面尺寸也非最大,属于危险截面;b—b 截面处当量弯矩不大但轴径较小,也属于危险截面。而对于 c—c、d—d 截面,其仅受纯转矩作用,虽 d—d 截面尺寸最小,但由于轴的最小直径是按扭转强度较为宽裕而确定的,故强度肯定满足,无须校核弯扭合成强度。

a—a 截面右侧当量弯矩为

$$M_{ca}^{a}=\sqrt{M^2+(\alpha T)^2}=\sqrt{(190\ 811)^2+(286\ 500)^2}\ \text{N}\cdot\text{mm}$$
$$=344\ 225\ \text{N}\cdot\text{mm}$$

b—b 截面处当量弯矩为

$$M_{ca}^{b}=\sqrt{M^2+(\alpha T)^2}=\sqrt{(71\ 554)^2+(286\ 500)^2}\ \text{N}\cdot\text{mm}$$
$$=295\ 300\ \text{N}\cdot\text{mm}$$

强度校核:考虑键槽的影响,查附表 8 计算,$W^a=16.9\ \text{cm}^3$($b=16$ mm,$t=6$ mm)。$W^b=0.1d^3=16.6\ \text{cm}^3$。

$$\sigma_{ca}^{a}=\frac{M_{ca}^{a}}{W^a}=\frac{344.225}{16.9}\ \text{MPa}=20.4\ \text{MPa}$$

$$\sigma_{ca}^{b}=\frac{M_{ca}^{b}}{W^a}=\frac{295.3}{16.6}\ \text{MPa}=17.75\ \text{MPa}$$

显然,

$$\sigma_{ca}^{a}\leqslant[\sigma_{-1}]_b,\quad \sigma_{ca}^{b}\leqslant[\sigma_{-1}]_b$$

故安全。

(5) 按安全系数校核。

① 判断危险截面。

截面 a—a、b—b、c—c、d—d 和 e—e 都有应力集中(由键槽、齿轮和轴的配合、过渡圆角等引起),且当量弯矩均较大,故确定为危险截面。下面仅以 a—a 截面为例进行安全系数校核。

② 疲劳强度校核。

a. a—a 截面上的应力:

弯曲应力幅　$\sigma_a=\dfrac{M}{W}=\dfrac{\sqrt{188.4^2+108.9^2}}{16.9}\ \text{MPa}=12.88\ \text{MPa}$

扭转应力幅　$\tau_a=\dfrac{T}{2W_T}=\dfrac{477}{2\times30.1}\ \text{MPa}=7.92\ \text{MPa}$

弯曲平均应力　$\sigma_m=0$

扭转平均应力　$\tau_m=\tau_a=7.92\ \text{MPa}$

b. 材料的疲劳极限:根据 $\sigma_b=650$ MPa,$\sigma_s=360$ MPa,查表 6-1 得

$$\psi_\sigma=0.2,\quad \psi_\tau=0.1$$

c. a—a 截面应力集中系数:查附表 1 得

$$k_\sigma=1.825,\quad k_\tau=1.625$$

d. 表面状态系数及尺寸系数：查附表 5、附表 4 得

$$\beta = 0.94(\sigma_b = 650 \text{ MPa}, Ra = 1.6 \ \mu\text{m})$$

$$\varepsilon_\sigma = 0.81, \quad \varepsilon_\tau = 0.76$$

e. 分别考虑弯矩或扭矩作用时的安全系数：

$$S_\sigma = \frac{\sigma_{-1}}{\frac{k_\sigma}{\varepsilon_\sigma \beta}\sigma_a + \psi_\sigma \sigma_m} = 9.7$$

$$S_\tau = \frac{\tau_{-1}}{\frac{k_\tau}{\varepsilon_\tau \beta}\tau_a + \psi_\tau \tau_m} = 8.2$$

$$S_{ca} = \frac{S_\sigma S_\tau}{\sqrt{S_\sigma^2 + S_\tau^2}} = 6.26 > [S] = 1.4$$

故安全。

6.4.2 利用 Autodesk Inventor 进行轴的设计

针对例 6-1，简单介绍利用 Autodesk Inventor 进行轴的设计的方法。

启动 Inventor 2010，打开设计加速器。点击轴的图标，打开轴生成器窗口，其中“设计”模块界面如图 6-21 所示，可添加并任意修改轴段及轴上特征，如倒角、圆角及各种标准、键槽类型、凹槽等。

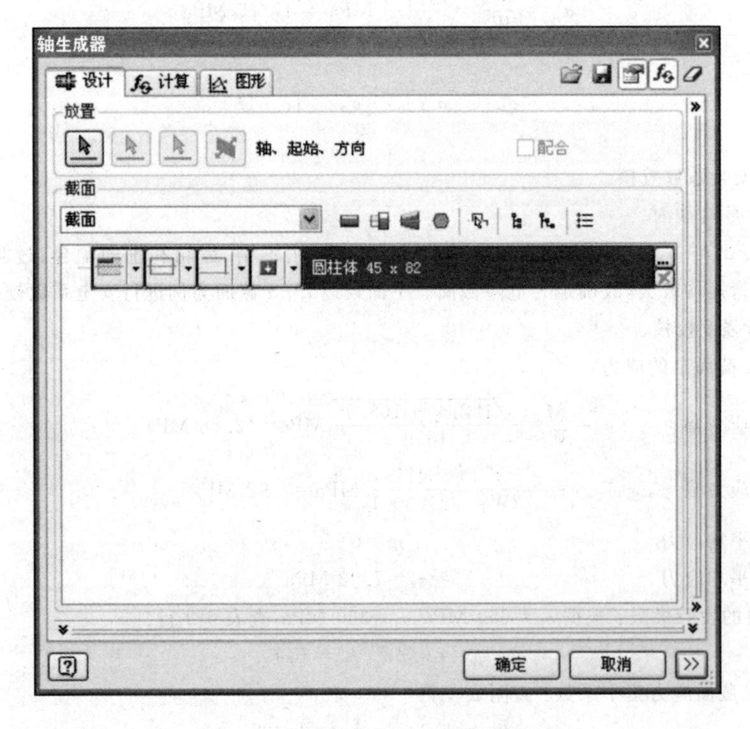

图 6-21 轴生成器“设计”模块界面

在树控件中选择轴段，然后单击图标...可编辑轴段。

在树控件中选择轴段，然后单击图标可删除轴段。

按照设计要求依次加入各轴段及特征。轴生成器记录了如图 6-22 所示的各轴段数据，点击“确定”键后得到如图 6-23 所示的轴的三维模型。

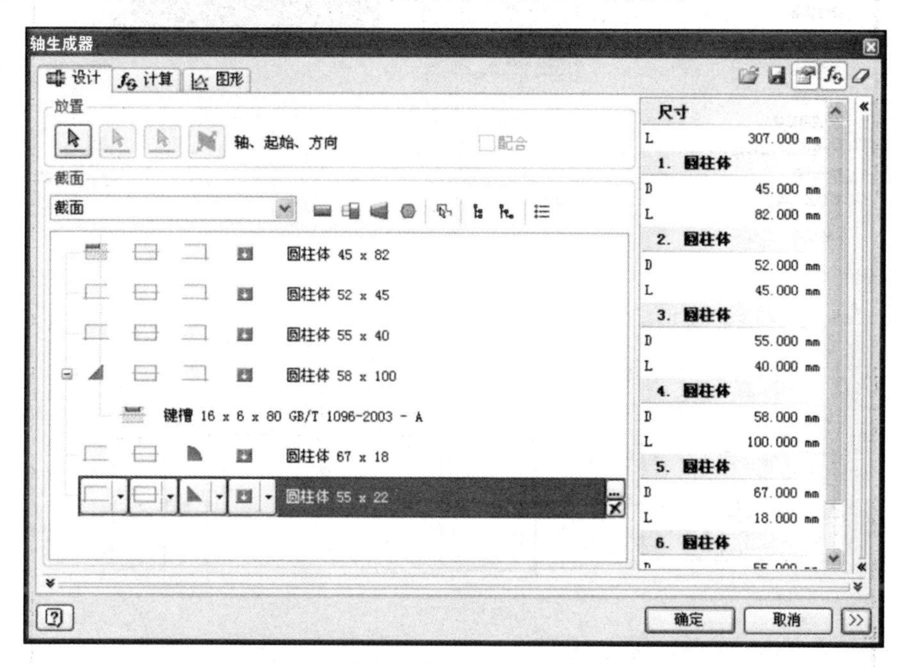

图 6-22　轴段信息

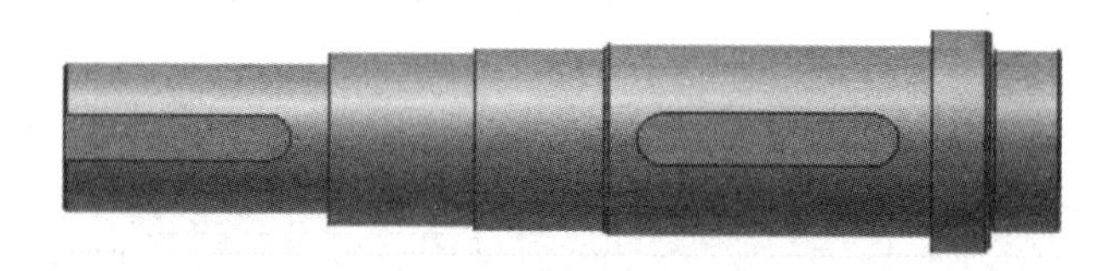

图 6-23　轴三维模型

轴生成器还具有对多个支承和载荷的轴进行分析求解计算的功能。轴的计算界面如图 6-24 所示。该界面右侧上部为定义载荷与支承的切换选项。

根据需要可依次定义各种载荷——扭矩（需分别定义两次扭矩，按一端负向、一端正向加载）、径向载荷（如齿轮的径向力、圆周力，注意齿轮的径向力沿 Y 轴方向，圆周力沿 X 轴方向）、轴向载荷（如齿轮轴向力）、弯矩（如由齿轮轴向载荷产生的附加力偶）。

利用支承定义功能可以定义支承的类型和位置。

定义、加载完毕后点击计算图标。其界面如图 6-25 所示，计算结果显示在界面右侧。

在轴生成器中选择“图形”功能，可分别查看各种力矩、应力等图形。

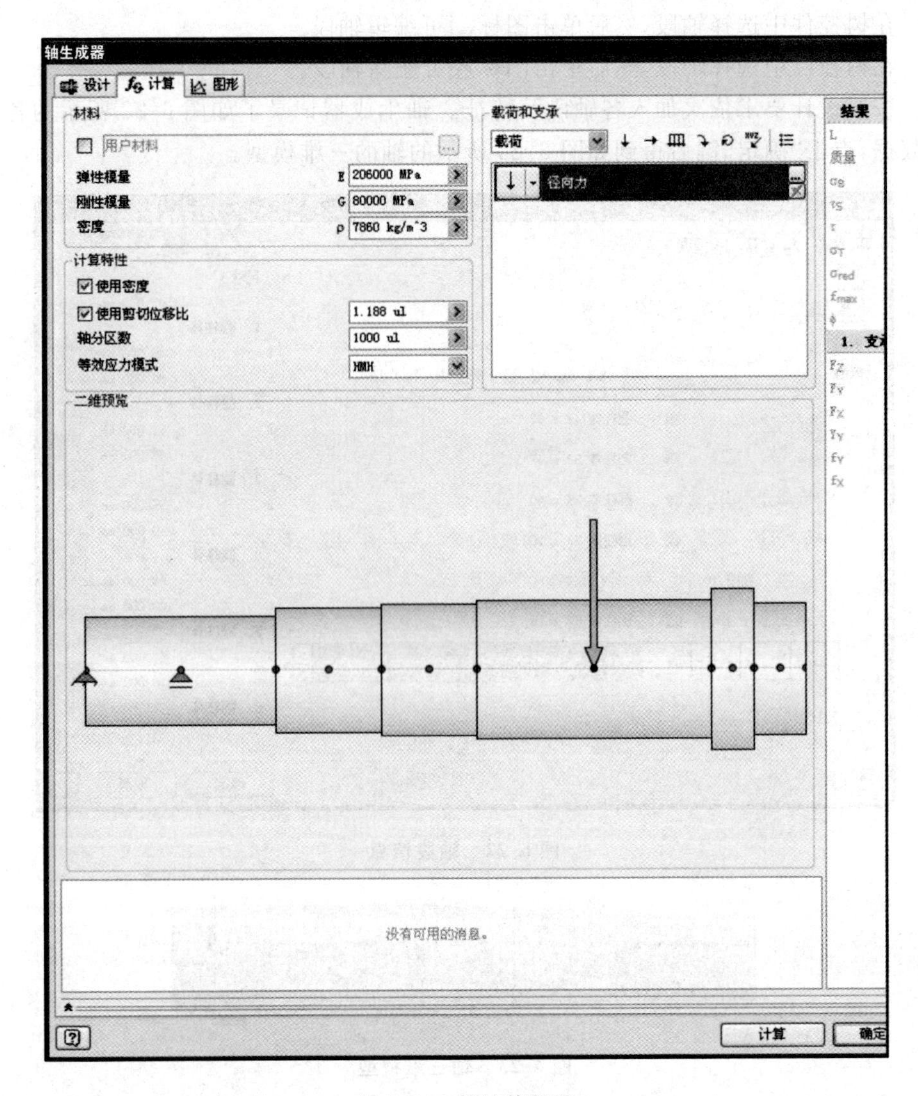

图 6-24　轴计算界面

在“计算”功能界面的右上角，点选图标可查看所有计算结果。表 6-8 至表6-13 列出了部分结果。

表 6-8　材料及相关参数

材　料	钢
弹性模量 E/MPa	206 000
刚性模量 G/MPa	80 000
密度 ρ/(kg/m^3)	7 860

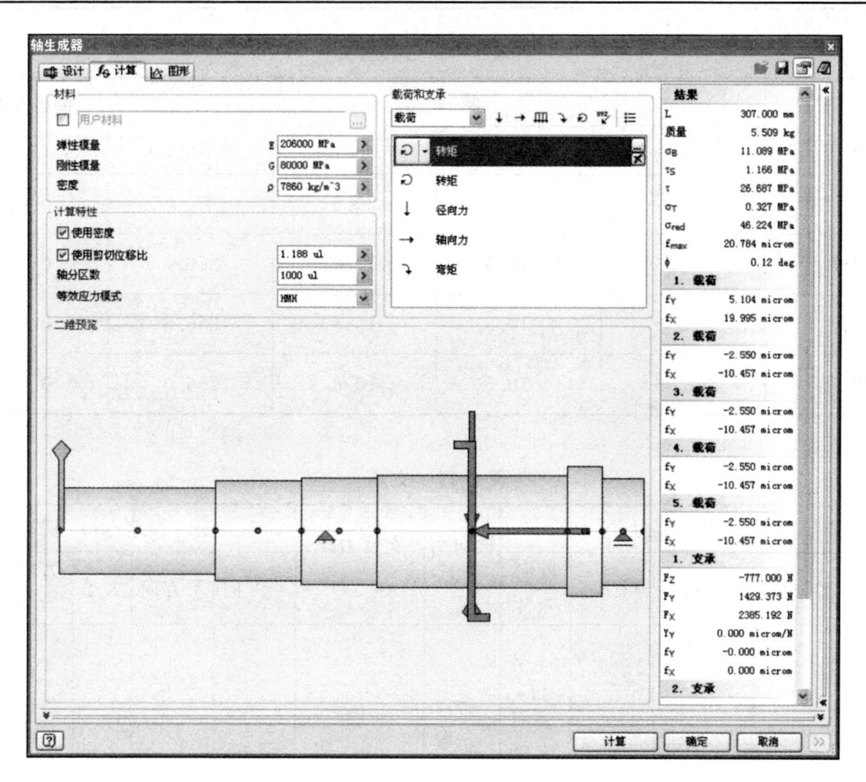

图 6-25　计算界面与计算结果

表 6-9　计算特性

密度 ρ/(kg/m^3)	7 860
剪切位移比 β	1.188
分区数	1 000
等效应力模式	HMH

表 6-10　载荷

位　置	径　向　力				弯　　矩			轴向力	转　矩
	Y 方向	X 方向	大小	方向	Y 方向	X 方向	大小		
1 mm									477.5 N·m
217 mm	1 740 N	4 710 N	5 021 N	69.72°					
217 mm								−777 N	
217 mm					78.75 N·m		78.75 N·m		

表 6-11 偏差

位 置 /mm	偏 差				偏差角度 /(°)
	Y 方向/μm	X 方向/μm	大小/μm	方向/(°)	
1	5.2	20	20.6	75.7	0.01
217	−2.6	−10.5	10.8	256.3	0.01
217	−2.6	−10.5	10.8	256.3	0.01
217	−2.6	−10.5	10.8	256.3	0.01

表 6-12 支承

<table>
<tr><th rowspan="2">类型</th><th rowspan="2">位置
/mm</th><th colspan="4">反 作 用 力/N</th><th rowspan="2">轴向力
/N</th><th rowspan="2">支反力矩
/(μm·N^{−1})</th><th colspan="4">偏 差/μm</th><th rowspan="2">偏差
角度
/(°)</th></tr>
<tr><th>Y 方向</th><th>X 方向</th><th>大小</th><th>方向
/(°)</th><th>Y 方向</th><th>X 方向</th><th>大小</th><th>方向
/(°)</th></tr>
<tr><td>固定</td><td>140</td><td>1 429.37</td><td>2 385.192</td><td>2 780.7</td><td>59.07</td><td rowspan="2">−777</td><td rowspan="2">0.005</td><td>0</td><td>0</td><td>0</td><td>180</td><td>0.01</td></tr>
<tr><td>自由</td><td>296</td><td>364.66</td><td>2 324.81</td><td>2 353.23</td><td>81.09</td><td>−1.967</td><td>−12.54</td><td>12.69</td><td>261.09</td><td>0.00</td></tr>
</table>

表 6-13 设计结果

长度 L/mm	307.000
质量/kg	5.509
最大弯曲应力 σ_B/MPa	11.089
最大剪切应力 τ_S/MPa	1.166
最大扭应力 τ/MPa	26.687
最大拉伸应力 σ_T/MPa	0.327
最大约化应力 σ_{red}/MPa	46.224
最大偏差 f_{max}/μm	20.784
扭转角度 φ/(°)	0.12

部分载荷、应力图等如图 6-26 至图 6-31 所示。

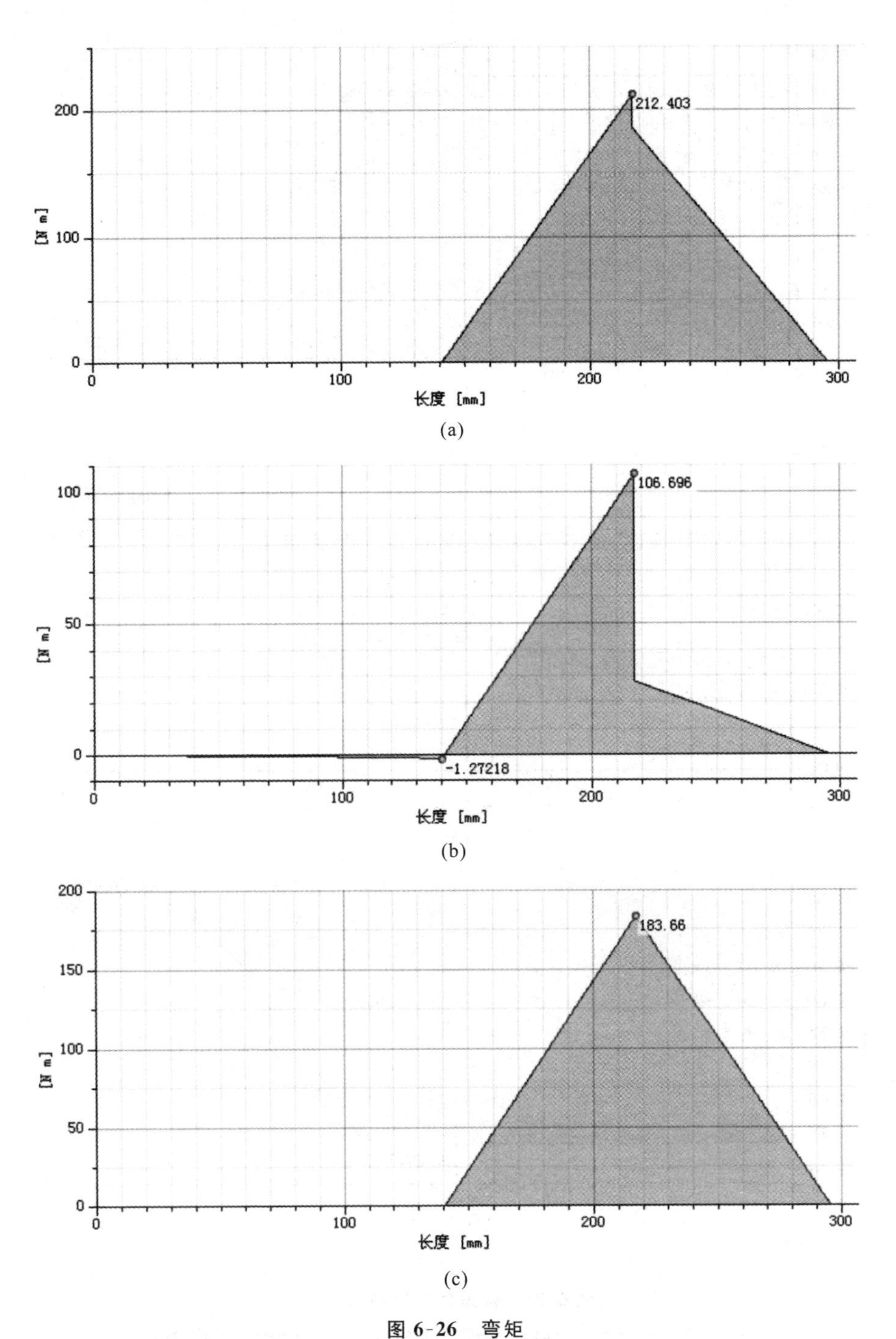

图 6-26　弯矩

(a) 合成弯矩；(b) YZ 平面弯矩；(c) XZ 平面弯矩

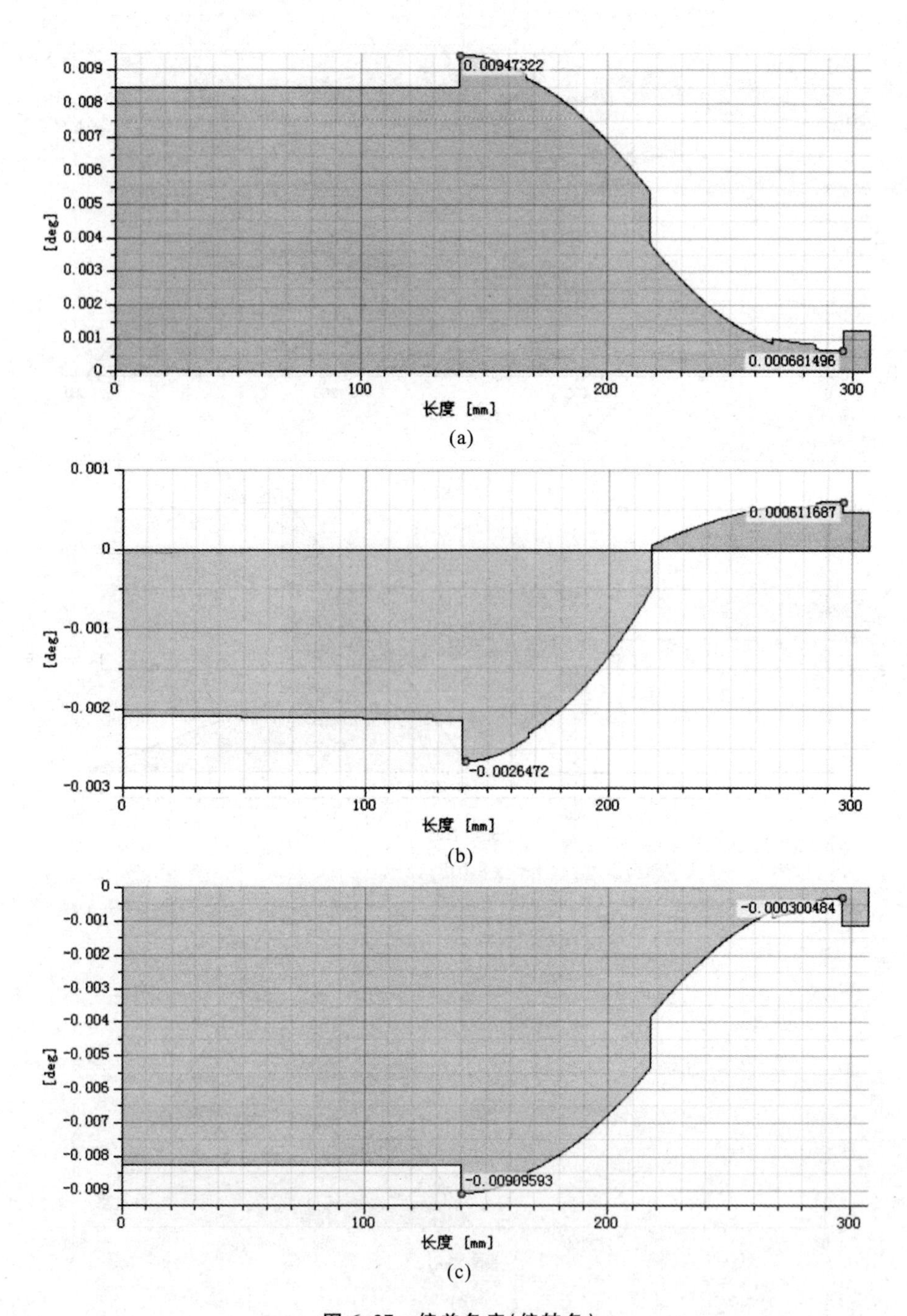

图 6-27 偏差角度(偏转角)

(a) 合成偏差角度;(b) YZ 平面偏差角度(偏转角);(c) XZ 平面偏差角度(偏转角)

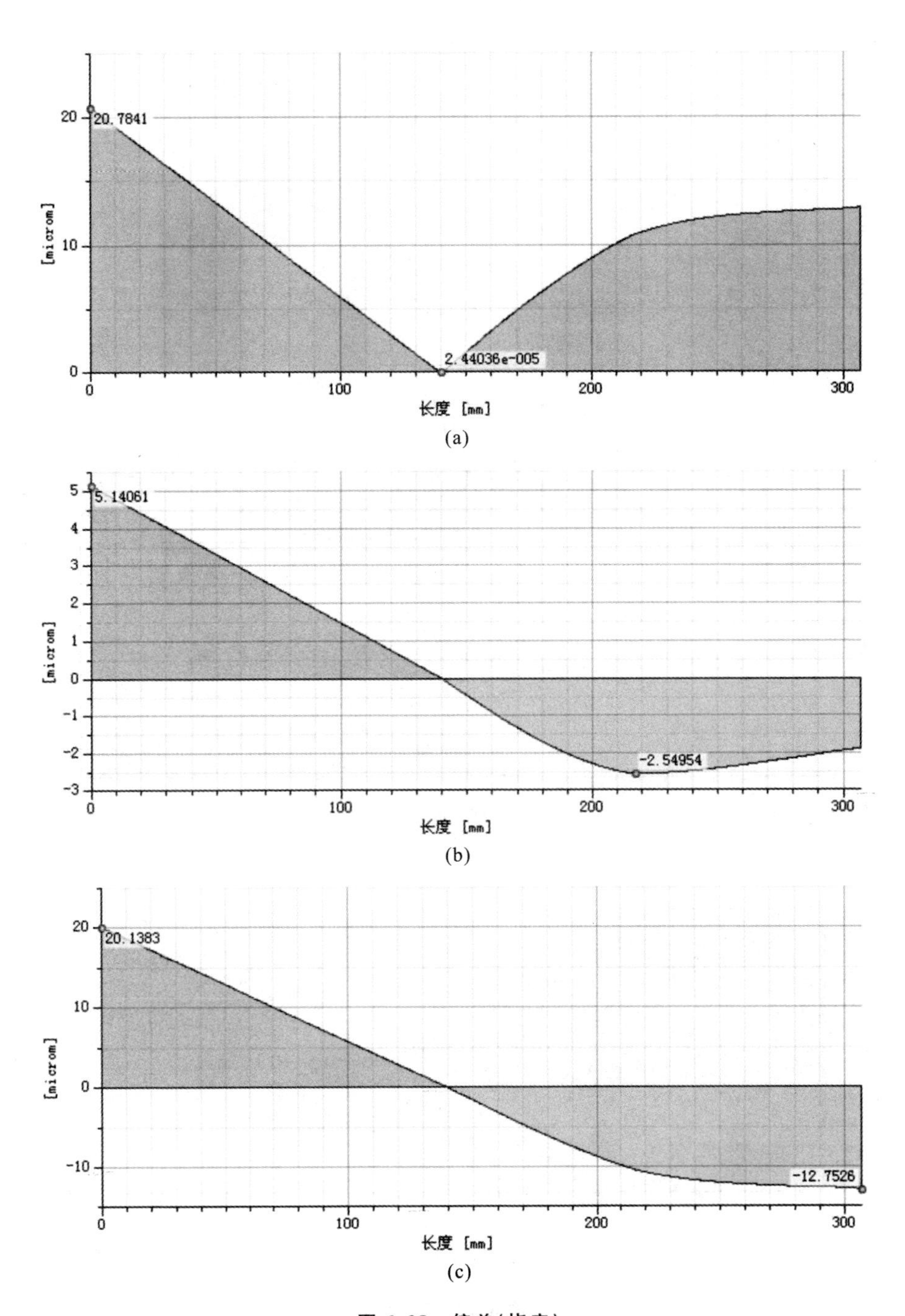

图 6-28　偏差(挠度)

(a) 合成偏差(挠度);(b) *YZ* 平面偏差(挠度);(c) *XZ* 平面偏差(挠度)

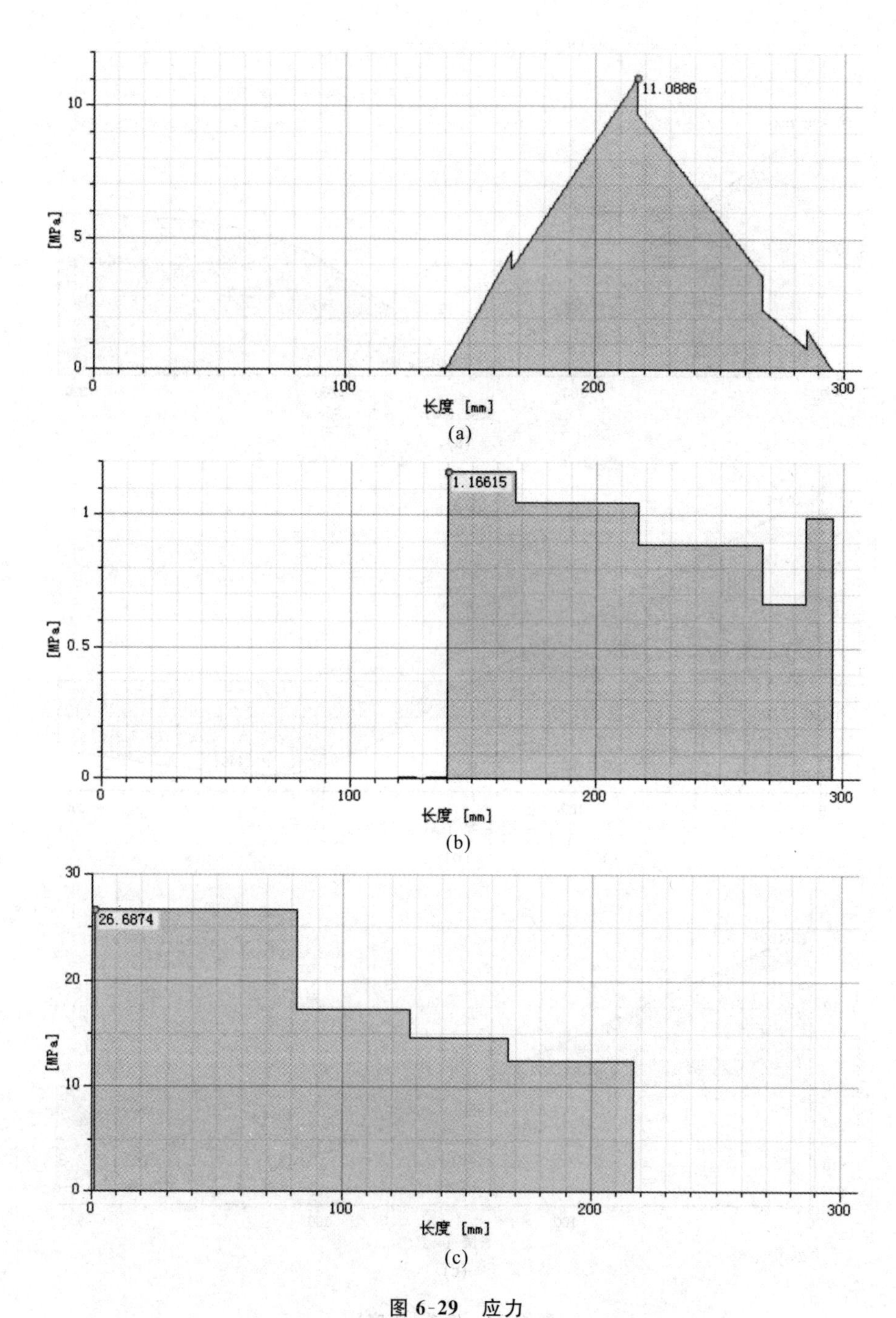

图 6-29　应力

(a) 弯曲应力;(b) 剪切应力;(c) 扭应力;(d) 约化应力(当量应力)

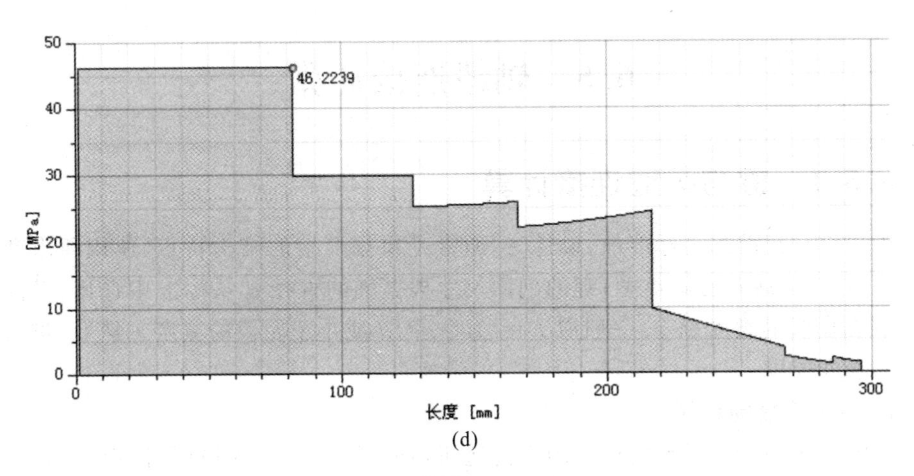

(d)

续图 6-29

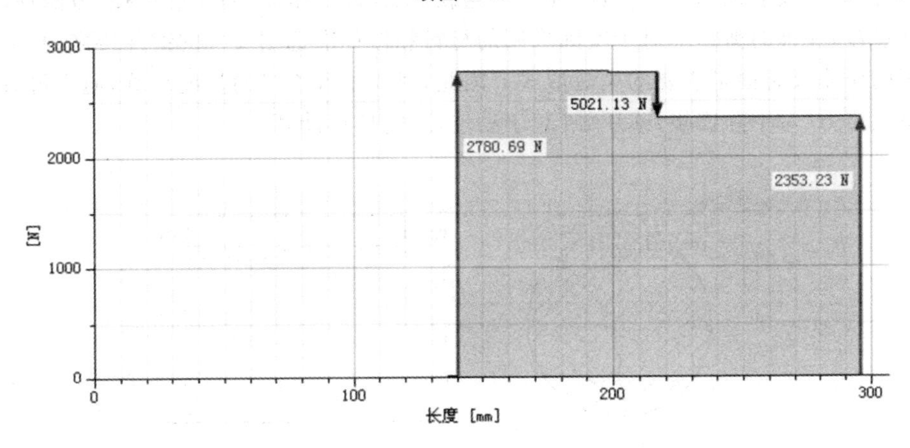

图 6-30　剪切力

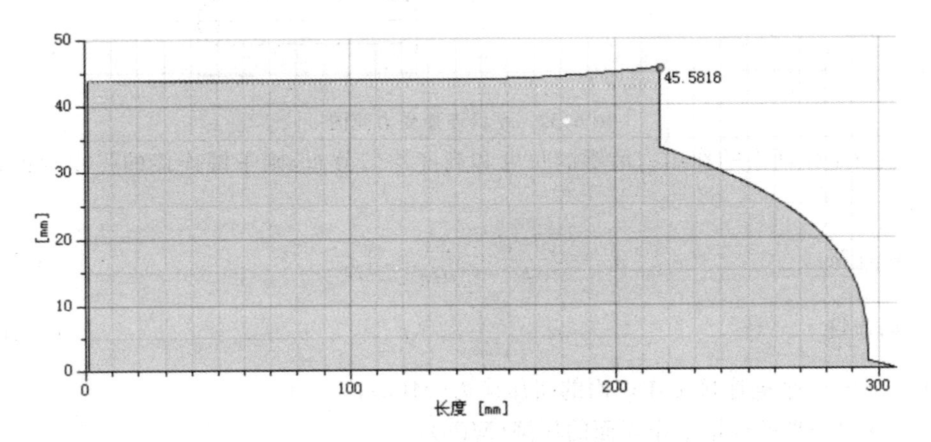

图 6-31　理想直径

6.5 轴毂连接计算

6.5.1 键与花键连接计算

由于键与花键都是标准件，设计时，通常是根据连接的结构特点、使用要求和工作条件，选择键或花键的类型；键的剖面尺寸根据轴的直径 d 从标准中选出；键的长度 L 根据轮毂的宽度确定，一般取 $L=(1.5\sim2)d$ 或小于轮毂的宽度。然后，进行连接件的强度校核。

1. 平键连接的计算

如图 6-32 所示，当平键连接用于传递扭矩时，键的侧面受挤压，截面 a—a 受剪切，可能的失效形式是较弱零件(通常为轮毂)工作面的压溃(对于静连接)或磨损(对于动连接)和键的剪断。对于实际采用的材料和按标准选用尺寸的键连接来说，工作表面的压溃或磨损是主要的失效形式。因此，对于平键连接的强度计算，通常可只进行挤压应力(对于静连接)或压强(对于动连接)的校核计算。

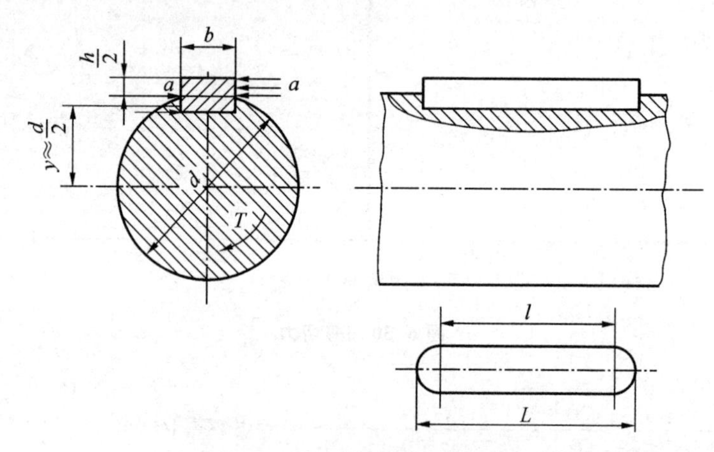

图 6-32　平键连接受力简图

假设工作面上的作用力沿键的长度和高度均匀分布，则平键连接的强度约束条件为

静连接
$$\sigma_p=\frac{2T/d}{lk}=\frac{2T}{dlk}\leqslant[\sigma_p] \tag{6-15}$$

动连接
$$p=\frac{2T}{dlk}\leqslant[p] \tag{6-16}$$

式中　σ_p——平键连接工作表面的挤压应力(MPa)；

p——平键连接工作表面的压强(MPa)；

T——转矩(N·mm)；

d——轴的直径(mm)；

l——平键的接触长度(mm),A 型平键 $l=L-b$,B 型平键 $l=L$,C 型平键 $l=L-0.5b$;

k——键与轮毂的接触高度,一般 $k\approx0.5h$ mm, h 为平键的高度;

$[\sigma_p]$——许用挤压应力(MPa),可由表 6-14 查得;

$[p]$——许用压强(MPa),可由表 6-14 查得。

如果计算结果为强度不足,则可采用双键按 180°布置。考虑载荷分布的不均匀性,双键连接的强度按1.5个键计算。

表 6-14　键连接的许用挤压应力和许用压强(MPa)

连接方式	连接中较弱零件的材料	静载荷	轻度冲击载荷	冲击载荷
静连接时许用挤压应力$[\sigma_p]$	钢	125～150	100～120	60～90
	铸铁	70～80	50～60	30～45
动连接时许用压强$[p]$	钢	50	40	30

2. 花键连接的强度约束

花键连接的主要失效形式是齿面的压溃(静连接)或磨损(动连接),通常只进行连接的挤压强度或耐磨性的条件性计算。

如图 6-33 所示,假设压力在齿侧接触面上均匀分布,各齿压力的合力作用在平均直径 d_m 处,则花键连接的强度约束条件为

静连接
$$\sigma_p=\frac{2T}{\varphi zhld_m}\leqslant[\sigma_p] \tag{6-17}$$

动连接
$$p=\frac{2T}{\varphi zhld_m}\leqslant[p] \tag{6-18}$$

式中　φ——各齿间载荷分配不均匀系数,其值视加工精度而定,一般取 $\varphi\approx0.7\sim0.8$;

z——花键齿数;

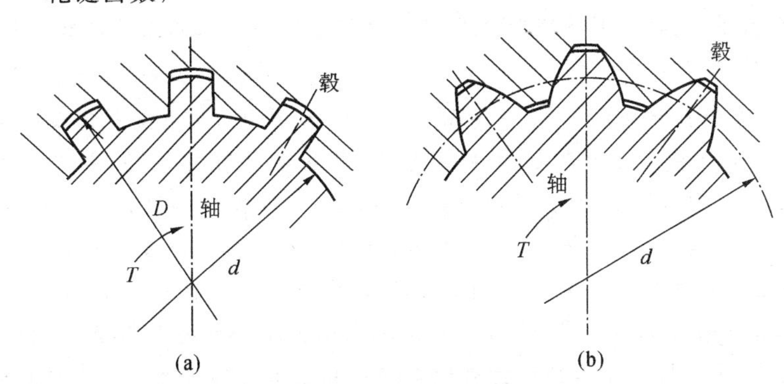

图 6-33　花键计算参数

(a) 矩形花键;(b) 渐开线花键

h——花键齿侧面的工作高度,对矩形花键,$h=0.5(D-d)$,其中D和d分别为花键轴的外径和内径,对渐开线花键,$h=m$,其中m为模数;

d_m——花键平均直径(mm),对矩形花键,$d_m=(D+d)/2$,对渐开线花键,$d_m=d$,其中d为分度圆直径;

l——齿的工作长度(mm);

$[\sigma_p]$——许用挤压应力(MPa),可由表6-15查得;

$[p]$——许用压强(MPa),可由表6-15查得。

表6-15　花键连接的许用挤压应力和许用压强　(MPa)

连接工作方式	许用值	工作条件	齿面未经热处理	齿面经过热处理
静载荷	$[\sigma_p]$	不良	35～50	40～70
		中等	60～100	100～140
		良好	80～120	120～200
空载时移动的动连接	$[p]$	不良	15～20	20～35
		中等	20～30	30～60
		良好	25～40	40～70
受载时移动的动连接	$[p]$	不良	—	3～10
		中等	—	5～15
		良好	—	10～20

习　题

6-1　在初算轴传递转矩段的最小直径公式$d\geqslant C\sqrt[3]{P/n}$中,系数$C$与什么有关?当材料已确定时,$C$应如何选取?计算出的$d$值应经如何处理才能定出最细段直径?此轴径应放在轴的哪一部分?

6-2　计算当量弯矩公式$M_{ca}=\sqrt{M^2+(\alpha T)^2}$中,系数$\alpha$的含义是什么?如何取值?

6-3　已知一单级直齿圆柱齿轮减速器,用电动机直接拖动,电动机功率$P=22$ kW,转速$n_1=1\ 470$ r/min,齿轮模数$m=4$ mm,齿数$z_1=18$,$z_2=82$。若支承间的跨距$l=180$ mm,轴的材料用45钢调质,试计算输出轴危险截面的直径d。

6-4　题图所示为一混砂机传动机构,其V带传动水平布置,压轴力$Q=3\ 000$ N,减速器输入轴所传递的转矩$T=510$ N·m,其上小齿轮分度圆直径$d_1=132.992$ mm,$\beta_1=12°10'38''$,$b_1=120$ mm,轴的材料为45钢,其支承跨距如图所示。试按扭转强度确定轴端直径、按弯扭合成强度计算轴危险截面的直径(初选7300C型滚动轴承)。画出轴的结构图,并按安全系数校核轴的疲劳强度。

6-5　题图所示为一铸铁 V 带轮用普通平键装在直径 $D=48$ mm 的电动机轴上。电动机额定功率 $P=11$ kW，转速 $n=730$ r/min，带轮轮毂宽度 $L_1=80$ mm，受冲击载荷。试确定键的尺寸，并校核其强度。

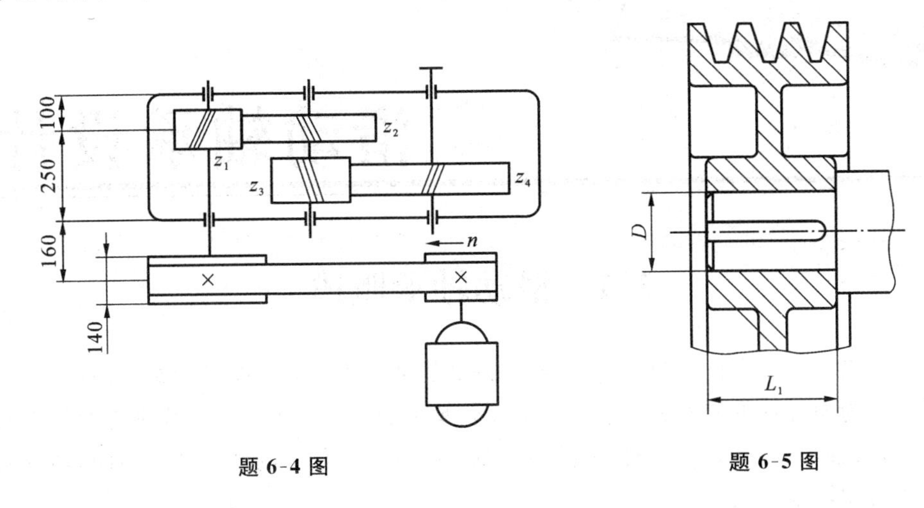

题 6-4 图　　　　题 6-5 图

滑动轴承设计

7.1 滑动轴承概述

用于支承旋转零件(如转轴、心轴等)的装置通称为轴承。按其承载方向的不同,轴承可分为向心轴承和推力轴承两大类。轴承上的反作用力与轴心线垂直的称为向心轴承,与轴心线方向一致的称为推力轴承。按轴承工作时的摩擦性质不同,轴承又可分为滑动轴承和滚动轴承。

滑动轴承根据其相对运动的两表面间油膜形成原理的不同,还可分为流体动力润滑轴承(简称动压轴承)和流体静力润滑轴承(简称静压轴承)。本章主要讨论动压轴承,对静压轴承只作简要介绍。与滚动轴承相比,滑动轴承具有承载能力高、抗振性好、工作平稳可靠、噪声小、寿命长等优点。它广泛用于内燃机、轧钢机、大型电动机及仪表、雷达、天文望远镜等中。

在动压轴承中,随着工作条件和润滑性能的变化,其滑动表面间的摩擦状态亦有所不同。通常将其分为如下三种状态。

1) 完全液体摩擦

完全液体摩擦状态(见图 7-1(a)),是指滑动轴承中相对滑动的两表面完全被润滑油膜所隔开,油膜有足够的厚度,消除了两摩擦表面的直接接触。此时,只存在液

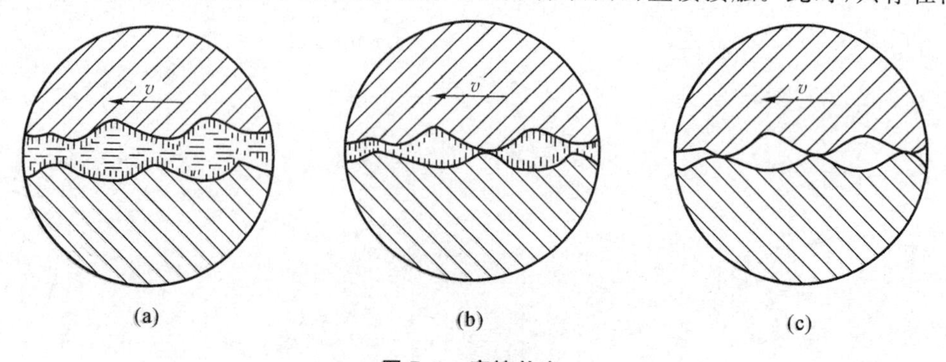

图 7-1 摩擦状态

(a) 完全液体摩擦状态;(b) 边界摩擦状态;(c) 干摩擦状态

体分子之间的摩擦，故摩擦系数很小（$f=0.001\sim0.008$），显著地减少了摩擦和磨损。

2）边界摩擦

当滑动轴承的两相对滑动表面有润滑油存在时，由于润滑油与摩擦表面的吸附作用，将在摩擦表面上形成一层极薄的边界油膜（见图7-1(b)），它能承受很高的压强而不破坏。边界油膜的厚度小于1 μm，不足以将两摩擦表面分隔开，所以，相对滑动时，两摩擦表面微观的尖峰相遇就会把油膜划破，形成局部的金属直接接触，故这种状态称为边界摩擦状态。一般而言，边界油膜可覆盖摩擦表面的大部分，虽它不能像完全液体摩擦那样完全避免两摩擦表面间的直接接触，却可起着减轻磨损的作用。这种状态的摩擦系数 $f=0.008\sim0.01$。

3）干摩擦

两摩擦表面间没有任何物质时的摩擦状态称为干摩擦状态（见图7-1(c)）。在实际中，没有理想的干摩擦，因为任何金属表面上总存在各种氧化膜，很难出现纯粹的金属接触（除非在洁净的实验室）。处在干摩擦状态时，金属表面将产生大量的摩擦损耗和严重的磨损，故滑动轴承中不允许出现干摩擦状态，否则，将导致强烈的升温，把轴瓦烧毁。

除上述三种本质上不同的摩擦状态外，还有介于其间的摩擦状态，如半液体摩擦状态、半干摩擦状态。前者的两摩擦表面间已部分被液体隔开，而尚余少许尖峰部分直接接触；后者的大部分仍属边界摩擦状态，少部分边界油膜破裂而属干摩擦状态。

综上可见，完全液体摩擦是滑动轴承工作的最理想状态。对那些重要且高速旋转的机器，应确保轴承在完全液体摩擦状态下工作，这类轴承常称为液体摩擦滑动轴承。边界摩擦常与半液体摩擦状态、半干摩擦状态并存，统称为非液体摩擦状态。对那些在低速而有冲击下工作的不太重要的机器，可按非液体摩擦状态设计轴承，称之为非液体摩擦滑动轴承。

滑动轴承设计的主要任务是：① 合理地确定轴承的形式和结构；② 合理地选择轴瓦的结构和材料；③ 合理地选择润滑剂、润滑方法及润滑装置（参见第14章）；④ 按功能要求和满足约束的原则，确定轴承的主要参数。

7.2　滑动轴承的结构形式

7.2.1　向心滑动轴承的结构形式

1. 剖分式

图7-2所示为一种普通的剖分式轴承结构，它由轴承盖、轴承座、剖分轴瓦和螺栓组成。轴瓦是直接与轴颈相接触的重要零件。为了安装时易对中，轴承盖和轴承

座的剖分面常做出阶梯形的榫口。润滑油通过轴承盖上的油孔和轴瓦上的油沟流入轴承间隙润滑摩擦面。轴承剖分面最好与载荷方向近于垂直,以防剖分面位于承载区出现泄漏,降低承载能力。多数轴承采用正剖分式结构,如图 7-2(a)所示;当径向载荷有较大偏斜时可采用斜剖分式结构,如图7-2(b)所示。

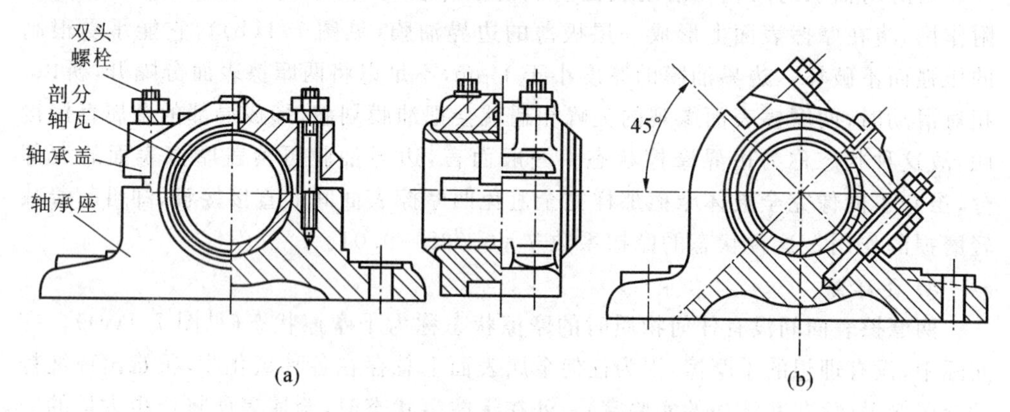

图 7-2　剖分式滑动轴承

(a) 正剖分式滑动轴承;(b) 斜剖分式滑动轴承

剖分式滑动轴承装拆比较方便,轴承间隙调整也可通过在剖分面上增减薄垫片实现。对于正、斜剖分式滑动轴承,已分别制定了标准 JB/T 2561—2007、JB/T 2562—2007,设计时可参考选用。

2. 整体式

图 7-3 所示为常见的整体式滑动轴承结构。套筒式轴瓦(或轴套)压装在轴承座中(对某些机器,也可直接压装在机体孔中)。润滑油通过轴套上的油孔和内表面上的油沟进入摩擦面。

这种轴承结构制造简单,刚度较大。其缺点是轴瓦磨损后间隙无法调整,且轴颈只能从端部装入。因此,它仅适用于轴颈不大、低速轻载或间歇工作的机械。对于整体式滑动轴承,制定有标准 JB/T 2560—2007,设计时可参考选用。

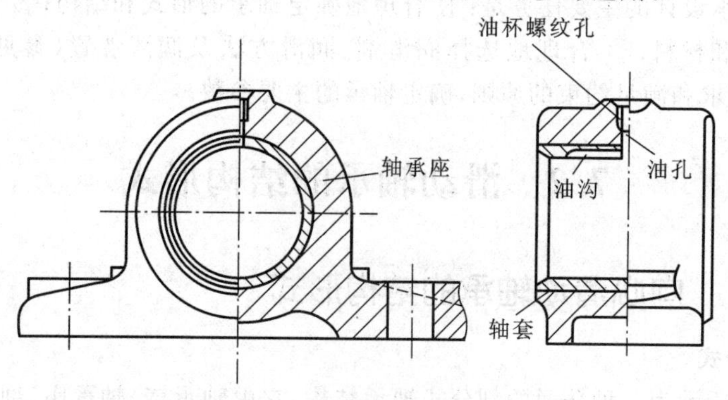

图 7-3　整体式向心滑动轴承

3. 自动调心式

轴承宽度与轴颈直径之比（l/d）称为宽径比。当宽径比较大时，轴的弯曲变形或轴孔倾斜时，易造成轴颈与轴瓦端部的局部接触，引起剧烈的磨损和发热。因此，当 $l/d>1.5$ 时，宜采用自动调心式轴承（见图 7-4）。这种轴承的特点是：轴瓦外表面做成球面形状，与轴承盖和轴承座的球状内表面相配合，球面中心通过轴颈的轴线，因此轴瓦可以自动调位，以适应轴颈在轴弯曲时产生的偏斜。

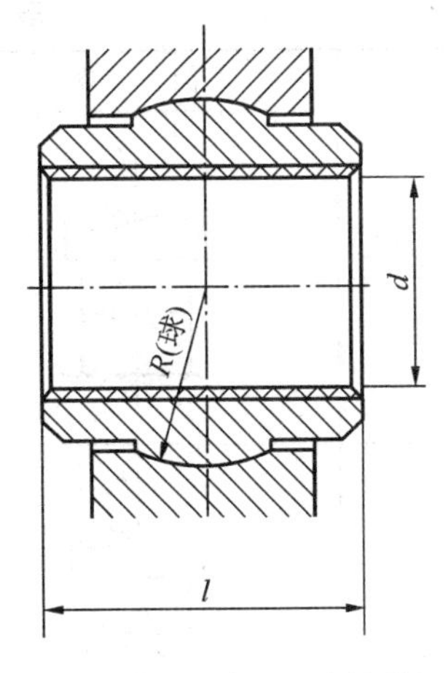

图 7-4　自动调心式轴承

4. 间隙可调式

图 7-5 所示为间隙可调式的轴承结构。轴瓦外表面为锥形（见图 7-5(a)），与内锥形表面的轴套相配合。轴瓦上开有一条纵向槽，调整轴套两端的螺母可使轴瓦沿轴向移动，从而可调整轴颈与轴瓦间的间隙。图 7-5(b)所示为用于圆锥形轴颈的结构，轴瓦做成能与圆锥轴颈相配合的内锥孔。

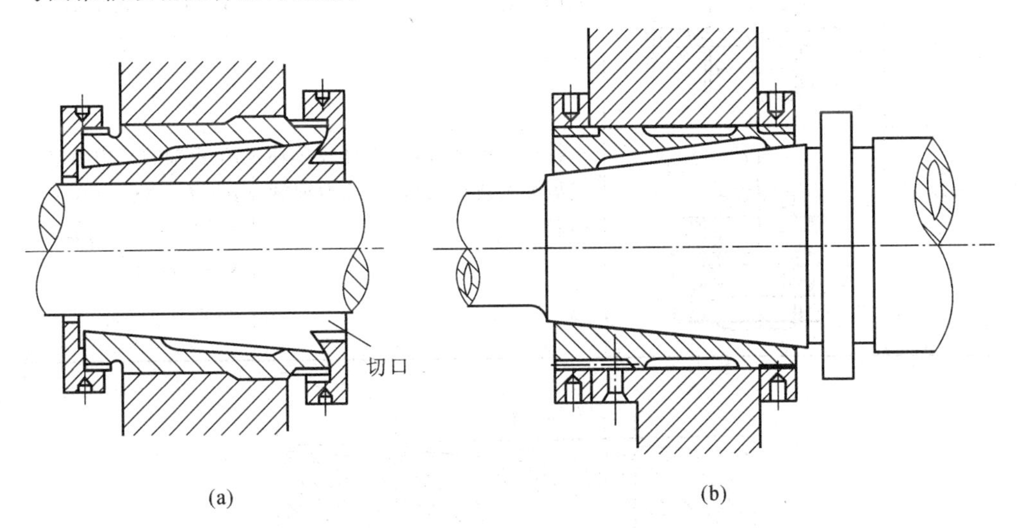

图 7-5　间隙可调式向心滑动轴承

7.2.2　推力滑动轴承的结构形式

推力滑动轴承只能承受轴向载荷，与向心轴承联合使用才可同时承受轴向和径向载荷。其常用的结构形式与结构尺寸见表 7-1。

对于尺寸较大的平面推力轴承，为了改善轴承的性能，便于形成液体摩擦状态，可设计成多油楔结构（见图 7-6）。

表 7-1　推力滑动轴承的结构形式

形　式	简　　图	基本特点及应用	结构尺寸
实心式	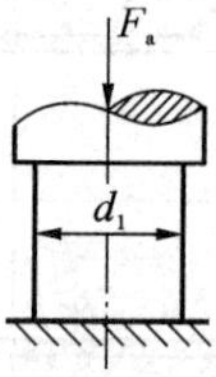 F_a, d_1	支承面上压强分布极不均匀，中心处压强最大，线速度为 0，对润滑很不利，导致支承面磨损极不均匀，使用较少	d_1 由轴的结构确定
空心式	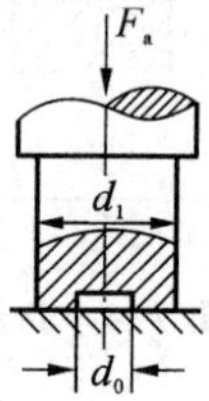 F_a, d_1, d_0	支承面上压强分布较均匀，润滑条件有所改善	d_1 由轴的结构确定 $d_0=(0.4\sim0.6)d_1$
单环式	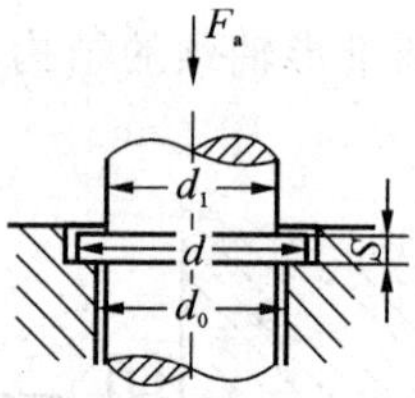 F_a, d_1, d, d_0, S	利用轴环的端面止推，结构简单，润滑方便，广泛用于低速、轻载的场合	d_1 由轴的结构确定 $d\approx d_1+2S$ $S=(0.1\sim0.3)d_1$ d_0 略大于 d_1
多环式	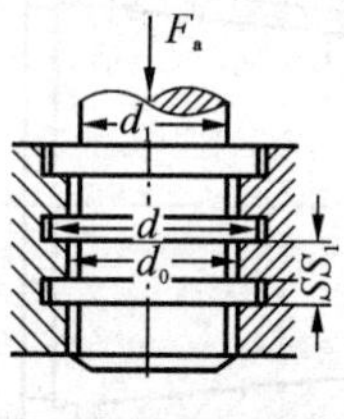 F_a, d_1, d, d_0, S, S_1	特点同单环式，可承受较单环式更大的载荷，也可承受双向轴向载荷	d_1 由轴的结构确定 $d\approx d_1+2S$ $S=(0.1\sim0.3)d_1$ $S_1=(2\sim3)S$ d_0 略大于 d_1

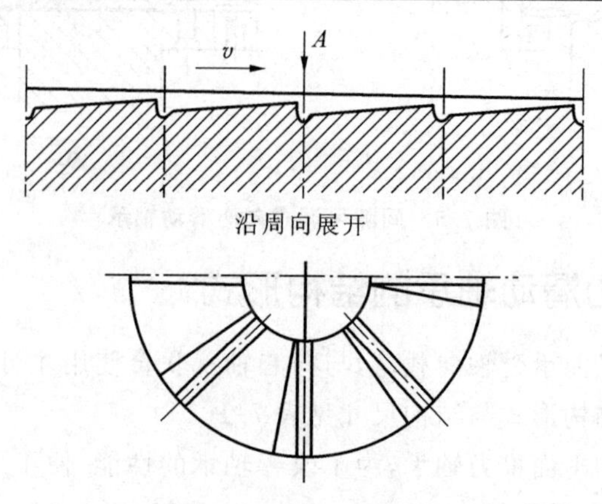

图 7-6　多油楔推力轴承

7.3　轴瓦的材料和结构

7.3.1　轴瓦的材料

轴瓦是滑动轴承的重要零件。在液体摩擦状态下工作时，轴颈与轴瓦间有油膜隔开，但在启动、停车、换向或转速变化时，两者仍不可避免地有直接接触。因此，轴瓦的磨损和胶合(烧瓦)是其主要的失效形式。

对轴瓦材料的基本要求是：① 有足够的抗压强度和疲劳强度；② 低摩擦系数，有良好的耐磨性、抗胶合性、跑合性、嵌藏性和顺应性；③ 热膨胀系数小，有良好的导热性和润滑性以及耐腐蚀性；④ 有良好的工艺性。现有的轴瓦材料尚不能满足上述全部要求，因此设计时只能根据使用中最主要的要求选择材料。

常用的轴瓦材料有金属材料(如轴承合金、铜合金、铝合金和减磨铸铁等)、粉末冶金材料(如含油轴承材料)和非金属材料(如塑料、橡胶、硬木和石墨等)三大类。现择几种主要材料介绍如下。

(1) 轴承合金　轴承合金又称巴氏合金或白合金，其金相组织是在锡或铅的软基体中夹着锑、铜和碱土金属等硬合金颗粒。它的减磨性能最好，很容易和轴颈跑合，具有良好的抗胶合性和耐腐蚀性，但它的弹性模量和弹性极限都很低，机械强度比青铜、铸铁等低很多，一般只用做轴承衬的材料。锡基合金的热膨胀性质比铅基合金好，更适用于高速轴承。

(2) 铜合金　铜合金有锡青铜、铝青铜和铅青铜三种。青铜有很高的疲劳强度，耐热性和减磨性均很好，工作温度可高达 250 ℃，但可塑性差，不易跑合，与之相配的轴颈必须淬硬。它适用于中速重载、低速重载的轴承。

(3) 粉末冶金　不同的金属粉末经压制烧结而成的多孔结构材料，称为粉末冶金材料，其孔隙占体积的 10%～35%，可储存润滑油，故用这种材料制成的轴承又称为含油轴承。运转时，轴瓦温度升高，油因膨胀系数比金属大，从而自动进入摩擦表面润滑轴承。停车时，因毛细管作用，润滑油又被吸回孔隙中。含油轴承加一次油便可工作较长时间，若能定期加油，则效果更好。但由于它韧性差，宜用于载荷平稳、低速和加油不方便的场合。

(4) 非金属材料　非金属轴瓦材料以塑料居多，其优点是：摩擦系数小，可承受冲击载荷，可塑性、跑合性良好，耐磨、耐腐蚀，可用水、油及化学溶液润滑。但它的导热性差(只有青铜的 1/2 000～1/5 000)，耐热性低(120～150 ℃时焦化)，膨胀系数大，易变形。为改善这些缺陷，可将薄层塑料作为轴承衬黏附在金属轴瓦上使用。塑料轴承一般用于温度不高、载荷不大的场合。

尼龙轴承自润性、耐腐蚀性、耐磨性、减振性等都较好，但导热性不好，吸水性大，线膨胀系数大，尺寸稳定性不好，适用于速度不高或散热条件好的地方。

橡胶轴承弹性大,能减轻振动,使运转平稳,可以用水润滑,常用于离心水泵、水轮机等中。

常用轴承材料的性能及用途见表 7-2。

表 7-2　常用轴承材料的性能及用途

<table>
<tr><th rowspan="2">材料</th><th rowspan="2">牌　　号</th><th rowspan="2">[p]/MPa</th><th rowspan="2">[v]/(m/s)</th><th rowspan="2">[pv]/(MPa·m/s)</th><th colspan="2">HBS</th><th rowspan="2">应用举例</th></tr>
<tr><th>金属模</th><th>砂模</th></tr>
<tr><td rowspan="3">耐磨铸铁</td><td>耐磨铸铁-1(HT)</td><td>0.05～9</td><td>2～0.2</td><td>0.2～1.8</td><td colspan="2">180～229</td><td>铬镍合金灰铸铁,用于与经热处理(淬火或正火)的轴相配合的轴承</td></tr>
<tr><td rowspan="2">耐磨铸铁-1(QT)</td><td rowspan="2">0.5～12</td><td rowspan="2">5～1.0</td><td rowspan="2">2.5～12</td><td colspan="2">210～260</td><td>球墨铸铁,用于与经热处理的轴相配合的轴承</td></tr>
<tr><td colspan="2">167～197</td><td>球墨铸铁,用于与不经淬火的轴相配合的轴承</td></tr>
<tr><td rowspan="5">铸造青铜</td><td>$ZCuSn_{10}P_1$</td><td>15</td><td>10</td><td>15(20)</td><td>90</td><td>80</td><td>磷锡青铜,用于在重载、中速、高温及冲击条件下工作的轴承</td></tr>
<tr><td>$ZQSn_{6-6-3}$</td><td>8</td><td>3</td><td>10(12)</td><td>65</td><td>60</td><td>锡锌铅青铜,用于在中载、中速条件下工作的轴承,起重机轴承及机床的一般主轴轴承</td></tr>
<tr><td>$ZCuAl_{10}Fe_3$</td><td>30</td><td>8</td><td>12(60)</td><td>110</td><td>100</td><td>铝铁青铜,用于受冲击载荷处,轴承温度可达 300 ℃。轴颈需淬火</td></tr>
<tr><td rowspan="2">$ZCuPb_{30}$</td><td>25(平稳)</td><td>12</td><td>30(90)</td><td colspan="2" rowspan="2">25</td><td rowspan="2">铅青铜,浇注在钢轴瓦上做轴承衬,可受很大的冲击载荷,也适用于精密机床的主轴轴承</td></tr>
<tr><td>15(冲击)</td><td>8</td><td>(60)</td></tr>
<tr><td>铸锌铝合金</td><td>$ZZnAl_{10-5}$</td><td>20</td><td>9</td><td>16</td><td>100</td><td>80</td><td>用于 750 kW 以下的减速器、各种轧钢机辊轴承,工作温度低于 80 ℃</td></tr>
<tr><td rowspan="2">铸锡基轴承合金</td><td rowspan="2">$ZSnSb_{11}Cu_6$</td><td>25(平稳)</td><td>80</td><td>20(100)</td><td colspan="2" rowspan="2">27</td><td rowspan="2">用做轴承衬,用于重载、高速、温度低于 110 ℃的重要轴承,如汽轮机,大于 750 kW的电动机、内燃机,高转速的机床主轴的轴承等</td></tr>
<tr><td>20(冲击)</td><td>60</td><td>15(10)</td></tr>
</table>

续表

材料	牌　　号	$[p]$ /MPa	$[v]$ /(m/s)	$[pv]$ /(MPa·m/s)	HBS 金属模	HBS 砂模	应用举例
铸铅基轴承合金	$ZPbSb_{16}Sn_{16}Ch_2$	15	12	10(50)	30		用于不剧变的重载、高速的轴承，如车床、发电机、压缩机、轧钢机等的轴承，温度低于 120 ℃
	$ZPbSb_{15}Sn_5$	20	15	15	20		用于冲击载荷 $pv \leqslant$ 10 Pa·m/s或稳定载荷 $p \leqslant$20 Pa·m/s 下工作的轴承，如汽轮机、中等功率的电动机、拖拉机、发动机、空压机的轴承
铁质陶瓷（含油轴承）		21	0.125	0.5（定期给油） 1.8（较少而足够的润滑） 4（润滑充足）	50～85		常用于载荷平稳、低速及加油不方便处，轴颈最好淬火，径向间隙为轴径的0.15%～0.02%
		4.9～4.8	0.25～0.75				
尼龙 6 尼龙 66 尼龙 1010			5	0.09（无润滑）			用于速度不高或散热条件好的地方
				1.6（滴油连续工作） 2.5（滴油间歇工作）			

注：① 括弧中的$[pv]$值为极限值，其余为润滑良好时的一般值；

② 耐磨铸铁的$[p]$及$[pv]$与 v 有关，可用内插法计算，例如，对耐磨铸铁-1(QT)，当 v=3 m/s 时，则 $[pv]$ $=\left[2.5+\frac{12-2.5}{5-1}(5-3)\right]$ MPa·m/s = 7.2 MPa·m/s，　$[p]=\frac{7.2}{3}$ MPa = 2.4 MPa。

7.3.2　轴瓦结构

常用的轴瓦有整体式和剖分式两种结构。按制造工艺不同，分为整体铸造、双金属或三金属等多种形式。非金属轴瓦既可是整体非金属，也可是金属套上镶非金属材料。

整体式轴瓦（又称轴套）是套筒形的。剖分式轴瓦多由两部分组成（见图 7-7）。为了改善轴瓦表面的摩擦性质，常在其内表面上浇铸一层或两层减磨材料，称为轴承衬，即轴瓦做成双金属结构或三金属结构（见图 7-8）。

轴瓦和轴承座不允许有相对移动。为了防止轴瓦的移动，可将其两端做成凸缘（见图 7-7(b)），用于轴向定位，或用销钉（或螺钉）将其固定在轴承座上（见图 7-9）。

为了使滑动轴承获得良好的润滑，轴瓦或轴颈上需开设油孔及油沟，油孔用于供应润滑油，油沟用于输送和分布润滑油。其位置和形状对轴承的承载能力和寿命影

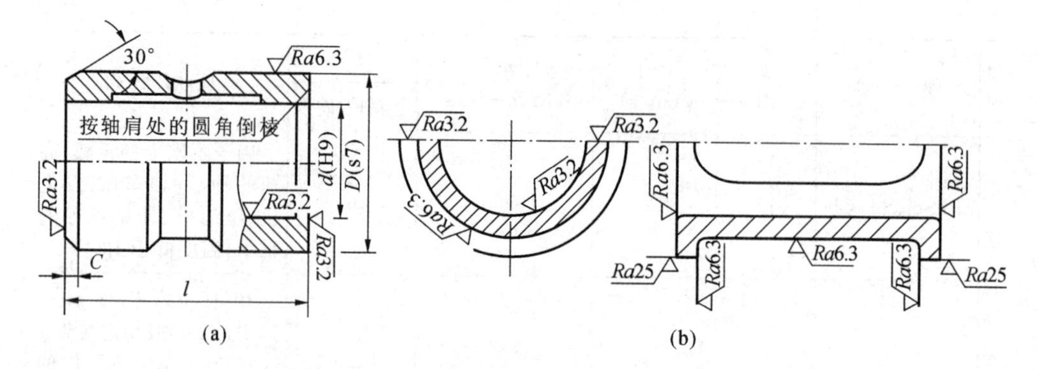

图 7-7 整体式轴瓦和剖分式轴瓦

(a) 整体式轴瓦;(b) 剖分式轴瓦

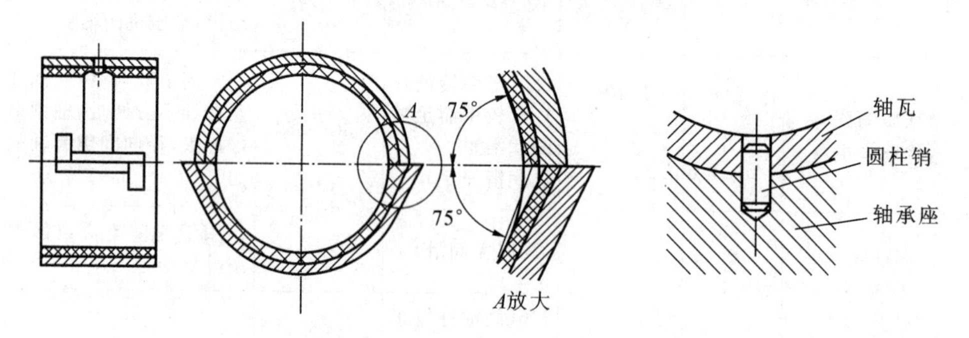

图 7-8 双金属轴瓦　　图 7-9 用销钉固定轴瓦

响很大。通常,油孔应设置在油膜压力最小的地方,油沟应开在轴承不受力或油膜压力较小的区域,要求既便于供油又不降低轴承的承载能力。图 7-10 所示为油沟对轴承承载能力的影响,不正确的油沟设计会降低油膜的承载能力。图 7-11 所示为几种常见的油沟。油孔和油沟均位于轴承的非承载区,油沟的长度均较轴承宽度短。关于轴瓦的结构尺寸和标准可查阅有关资料。

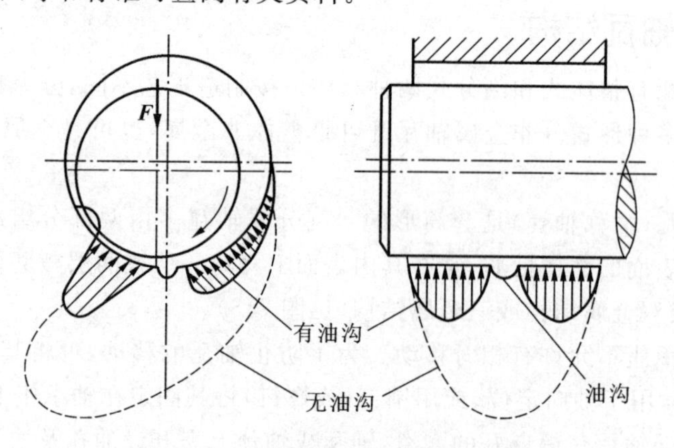

图 7-10 油沟对轴承承载能力的影响

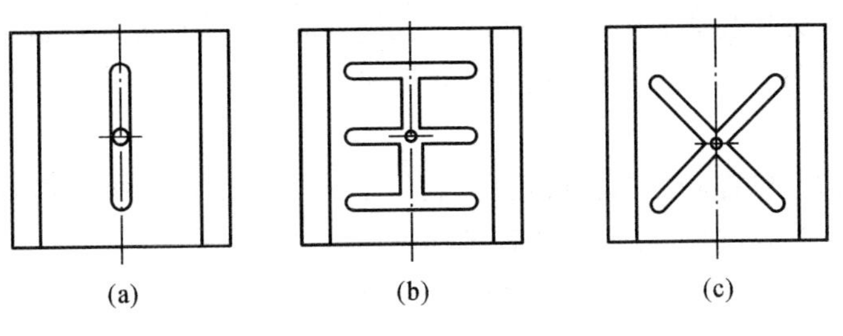

图 7-11　油沟(非承载轴瓦)

7.4　非液体摩擦滑动轴承的设计

7.4.1　失效形式和设计约束条件

非液体摩擦滑动轴承工作时，因其摩擦表面不能被润滑油完全隔开，只能形成边界油膜，存在局部金属表面的直接接触，因此，轴承工作表面的磨损和因边界油膜的破裂导致的工作表面胶合或烧瓦是其主要失效形式。设计时，约束条件是边界油膜不破裂。但由于人们对边界油膜的强度和破裂温度的影响机理尚未完全弄清，因此目前的设计计算仍然只能是间接的、条件性的，其相应的设计约束条件如下。

1）轴承的平均压强

限制轴承的平均压强 p，以保证润滑油不被过大的压力所挤出，避免工作表面的过度磨损，即

$$p \leqslant [p] \tag{7-1}$$

对于向心轴承，有

$$p=\frac{F_r}{dl} \leqslant [p] \quad (\mathrm{MPa}) \tag{7-2}$$

式中　F_r——径向载荷(N)；

d——轴颈直径(mm)；

l——轴承宽度(mm)；

$[p]$——轴瓦材料的许用压强，可由表 7-2 查得。

对于推力轴承，有

$$p=\frac{4F_a}{\pi Z(d^2-d_0^2)k} \leqslant [p] \quad (\mathrm{MPa}) \tag{7-3}$$

式中　F_a——轴向载荷(N)；

d、d_0——接触面积的外径和内径(mm)；

Z——推力环数目；

k——考虑因开油沟使接触面积减小的系数，通常取 $k=0.8\sim0.9$。

$[p]$——许用压强,当 $Z>1$ 时,考虑到多环推力轴承各环间的载荷分布不均匀,应把表 7-2 中的许用值降低 50%。

2) 轴承的 pv 值

由于 pv 值与摩擦功率损耗成正比,它简洁地表征了轴承的发热因素。限制 pv 值,以防止轴承温升过高,出现胶合破坏,即

$$pv \leqslant [pv] \tag{7-4}$$

对于向心轴承,有

$$pv=\frac{F_r}{dl}\times\frac{\pi dn}{60\times 1\,000}=\frac{F_r n}{19\,100 l}\leqslant[pv] \quad (\mathrm{MPa\cdot m/s}) \tag{7-5}$$

对于推力轴承,上式中 v 应取平均线速度,即

$$v_m=\frac{\pi d_m n}{60\times 1\,000},\quad d_m=\frac{d+d_0}{2}$$

式中 n——轴的转速(r/min);

$[pv]$——轴瓦材料的许用值(见表 7-2),考虑到推力轴承采用平均速度计算,$[pv]$ 值应比表 7-2 中值有更大的降低,通常钢轴颈对金属轴瓦时,可取 $[pv]=2\sim4$ MPa·m/s。

3) 轴承的滑动速度 v

当压强 p 较小时,即使 p 与 pv 都在许用范围内,也可能因滑动速度 v 过大而加剧磨损,故要求

$$v\leqslant[v] \quad (\mathrm{m/s}) \tag{7-6}$$

表 7-2 给出的许用值多数属于极限值,考虑到同一种轴承材料用于不同机器,因载荷性质、供油情况和散热条件不同,其寿命也各异。因此,应按具体的机器寿命或修理间隔期决定许用值 $[p]$、$[v]$、$[pv]$。实际设计时,可参考有关标准资料。

液体摩擦滑动轴承在启动和停车时,处于非液体摩擦状态,设计时也应按上述方法初算。

7.4.2 设计方法

1) 选择轴承的结构形式及材料

设计时,一般根据已知的轴颈直径 d、转速 n 和轴承载荷 F 及使用要求,确定轴承的结构形式及轴瓦结构,并按表 7-2 初定轴瓦材料。

2) 初步确定轴承的基本尺寸参数

宽径比 l/d 是轴承的重要参数,可参考表 7-4 的推荐值,根据已知轴颈直径 d 确定轴承长度 l 及相关的轴承座外形尺寸,并按不同的使用和旋转精度要求,合理选择轴承的配合,以确保轴承具有一定的间隙。

3) 校核是否满足约束条件

按式(7-1)、式(7-4)和式(7-6)对轴承进行校核计算,若不满足约束条件,则进行

再设计。一般能满足约束条件的方案不是唯一的，设计时，应初步确定数种可行的方案，经分析、评价，确定出一种较好的设计方案。

4）选择润滑剂和润滑装置（参见第14章，此处略）

7.5　液体摩擦动压向心滑动轴承的设计

7.5.1　设计约束分析

1. 形成动压油膜和液体摩擦的约束条件

图7-12所示为动压向心滑动轴承工作过程的示意图。O_1 为轴颈中心，O_2 为轴承中心，当 O_1、O_2 重合时，轴颈与轴承间有一间隙 δ，称为半径间隙，也称为设计间隙（见图7-12(e)）。轴颈静止时，在外载荷 F 的作用下，轴颈处于轴承孔最下方的稳定位置，两表面间自然形成一弯曲的楔形，轴颈中心 O_1 相对于轴承中心 O_2 的偏心距 e（即 O_1O_2 的连线）等于半径间隙（见图7-12(a)）。润滑油从供油系统进入轴承间隙，并因油的黏性作用而吸附于轴颈和轴承表面上。轴颈开始转动时，速度极低，这时轴颈和轴承直接接触，其摩擦为金属间的直接摩擦。作用于轴颈上的摩擦力的方向与其表面上的圆周速度方向相反，迫使轴颈沿轴承孔内壁向上爬（见图7-12(b)）。随着轴颈转速的升高，润滑油顺着旋转方向被不断带入楔形间隙。由于间隙越来越小，根据流体通过管道时流量不变的原理，当楔形间隙逐渐减小时，润滑油的流速将逐渐增大，使润滑油被挤压而产生油膜压力。若轴颈与轴承表面间不能形成楔形间隙（各截面的间隙相等）或油不是从间隙大的截面被带入，则润滑油将从间隙中顺利通过而不引起润滑油流速的增大，油膜压力也就不能形成。这就是所谓的油楔现象。在间隙最小处，流速越来越大，润滑油被挤得越来越厉害，这些油膜压力的合力达到足以将轴颈推离的大小，使轴颈和轴承的金属接触面积不断减少，以致在轴颈和轴承间形成一层较薄的油膜（见图7-12(c)）。但由于油膜压力尚不足以完全平衡外载 F，油膜厚度还没有大于两表面粗糙度之和，此时轴承仍处于非液体摩擦状态。当

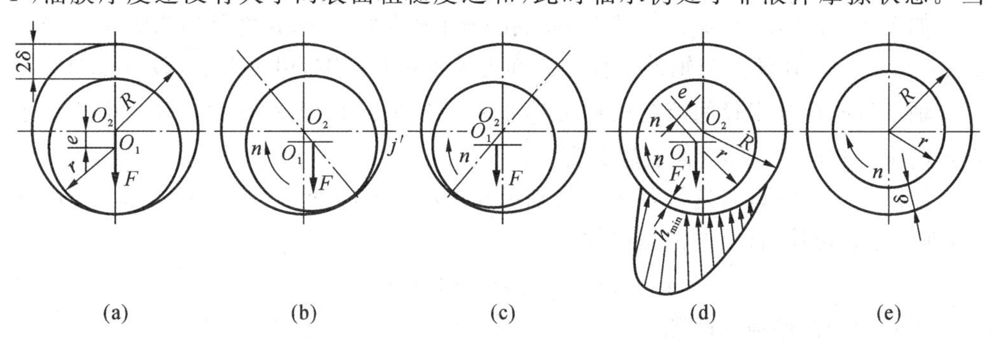

图7-12　动压向心滑动轴承的工作过程

(a) 静止；(b) 刚启动；(c) 转速不高；(d) 转速达一定值；(e) 转速趋于无穷大

轴颈转速升至一定值时,油膜完全将轴颈托起,形成将两表面完全隔开的油膜厚度 h_{min}。此时,轴承开始按完全液体摩擦状态工作(见图 7-12(d))。当轴颈转速进一步升高时,油膜压力进一步升高,轴颈不断抬高,使轴承偏心距 e 不断减小,导致两表面形成的楔形角减小。楔形角减小会使油膜压力下降。然而,油膜压力下降,又将使轴心下移,增大楔形角,使油压升高。如此反复,直至油膜压力的合力与外载荷达到新的平衡为止。理论上,当轴颈转速达到无穷大时,轴承偏心距 e 将趋于零(见图 7-12(e))。

从上述滑动轴承运行机理可见,动压轴承形成动压油膜需具备如下条件:

(1) 两工作表面间必须构成楔形间隙;

(2) 两工作表面间应充满具有一定黏度的润滑油或其他流体;

(3) 两工作表面间存在一定相对滑动,且运动方向总是带动润滑油从大截面流进,小截面流出。

这三条通常称为形成动压油膜的必要条件,缺少其中任何一条都不可能形成动压效应,构成动压轴承。除此之外,为了保证动压轴承完全在液体摩擦状态下工作,轴承工作时的最小油膜厚度 h_{min} 必须大于油膜允许值。同时,考虑到轴承工作时,不可避免存在摩擦,引起轴承升温,因此,还必须控制轴承的温升不超过允许值。另外,动压轴承在启动和停车时,处于非液体摩擦状态,受到平均压强 p、滑动速度 v 及 pv 的约束。这些约束条件分别为

$$p \leqslant [p] \tag{7-7}$$

$$pv \leqslant [pv] \tag{7-8}$$

$$v \leqslant [v] \tag{7-9}$$

$$h_{min} \geqslant [h_{min}] \tag{7-10}$$

$$\Delta t \leqslant [\Delta t] \tag{7-11}$$

有关平均压强 p、滑动速度 v 及 pv 的约束已在 7-4 节中讨论过,下面主要讨论最小油膜厚度和温升的约束。

2. 最小油膜厚度 h_{min}

如图 7-13 所示,设 R、r 分别为轴承孔和轴颈的半径,两者之差即为轴承半径间隙 $\delta=R-r$。半径间隙与轴颈半径之比称为轴承相对间隙,用 ψ 表示,即 $\psi=\delta/r$。

轴承偏心距与半径间隙之比称为偏心率,用 χ 表示,即 $\chi=e/\delta$。偏心率表示了轴颈的偏心程度,χ 愈大,偏心越厉害。

如图 7-13 所示,若选轴颈中心与轴承孔中心的连心线 O_1O_2 为极坐标 φ 角的基准,则任意 φ 角处,轴承的油膜厚度为

$$h = \delta + e\cos\varphi = \delta(1 + \chi\cos\varphi) \tag{7-12}$$

当 $\varphi=0$ 时,得最大间隙

$$h_{max} = \delta + e$$

当 $\varphi=\pi$ 时,得最小间隙(即最小油膜厚度)

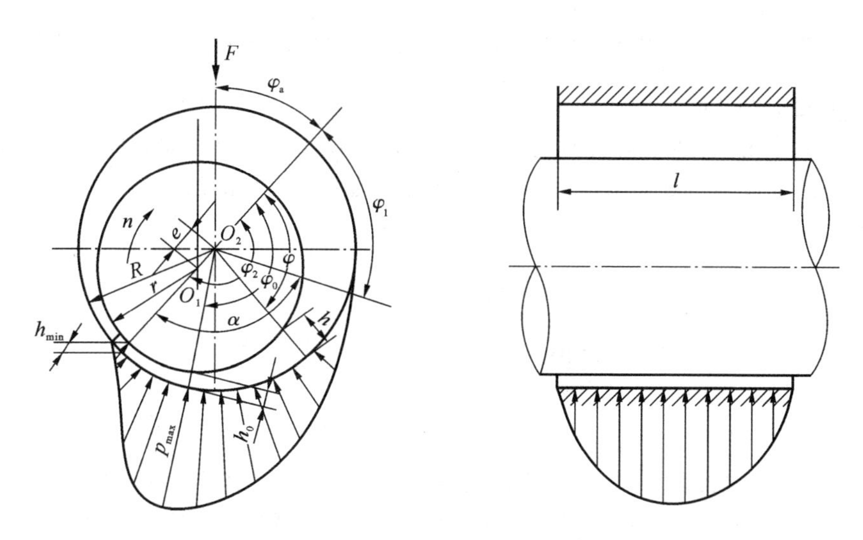

图 7-13　向心轴承几何关系及压力分布

$$h_{min} = \delta - e = \delta(1-\chi) = r\psi(1-\chi) \tag{7-13}$$

显然,当轴承结构参数一定时,计算 h_{min} 的关键是确定 χ,而 χ 与轴承工作时的流体动力特性直接相关。

3. 雷诺方程

为了描述动压滑动轴承中油压与表面滑动速度及润滑油黏度间的关系,雷诺教授在 19 世纪末,基于黏性流体力学方程和流体流动连续方程,对被润滑油隔开的两刚体平板(其中一刚体水平移动,另一刚体静止)的流体动力学问题进行了研究(见图 7-14),并假设:① 润滑油沿 z 向无流动;② 润滑油流动为层流,即润滑油的剪切力 τ

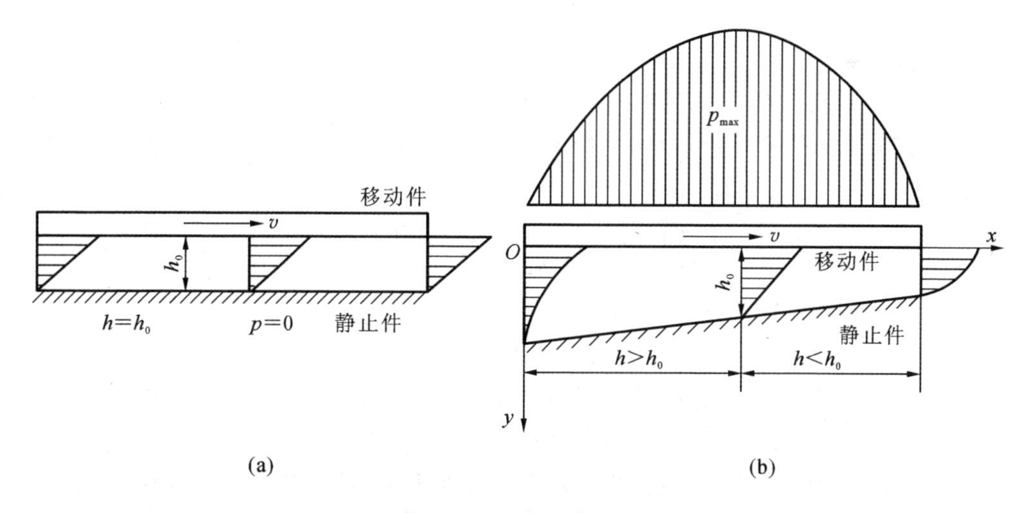

图 7-14　油楔承载机理

(a) 两平行平板;(b) 两非平行平板

与垂直于速度方向的速度梯度成正比，$\tau=-\eta\frac{\partial v}{\partial y}$；③ 油与工作表面吸附牢固，表面的油分子随工作表面一同运动或静止；④ 不计油的惯性和重力等。

经研究指出，当两平板间形成平行间隙时(见图 7-14(a))，油膜间的压力为零；当两平板间形成楔形间隙时，油膜间的压力变化如图 7-14(b)所示，其压力变化与有关参数的关系为

$$\frac{\partial p}{\partial x}=6\eta v\frac{(h-h_0)}{h^3} \tag{7-14}$$

式中 h_0——油压最大处的间隙(两工作表面间)；

h——任一截面处的间隙；

η——润滑油黏度。

上式称为一维雷诺方程。显然，如能找到 h 与 x 间的函数关系，通过对 x 的一次积分，就能求出油压 p 的分布。整理上式，并考虑润滑油沿 z 向的流动，则可得

$$\frac{\partial}{\partial x}\left(\frac{h^3}{\eta}\cdot\frac{\partial p}{\partial x}\right)+\frac{\partial}{\partial z}\left(\frac{h^3}{\eta}\cdot\frac{\partial p}{\partial z}\right)=6v\frac{\partial h}{\partial x} \tag{7-15}$$

式(7-15)称为二维雷诺方程，它是计算液体动压轴承的基本方程。由于数学计算上的困难，它尚未有解析解，有关它的数值计算可参见有关书籍。

若假设轴承宽度为无限宽，不考虑润滑油沿轴承的轴向流动，则无限宽轴承工作时的油膜压力可用式(7-14)进行计算。假设在轴承楔形间隙内，油膜压力的起始角为 φ_1、油膜压力的终止角为 φ_2，在 $\varphi=\varphi_0$ 处，油膜压力达到最大，则结合式(7-12)，可将一维雷诺方程(7-14)改为极坐标形式。设 $\mathrm{d}x=r\mathrm{d}\varphi$，得

$$\mathrm{d}p=6\eta\frac{v}{r\psi^2}\cdot\frac{\chi(\cos\varphi-\cos\varphi_0)}{(1+\chi\cos\varphi)^3}\mathrm{d}\varphi \tag{7-16}$$

4. 偏心率 χ

利用式(7-16)，沿轴承的周向和轴向积分，同时，注意到有限宽度轴承因端泄而导致油膜压力沿轴向抛物线分布的影响(见图 7-15)，经详细推导后，可得与外载荷 F 相平衡的油膜总压力为

$$F=\frac{2\eta vl}{\psi^2}\left\{-2\int_{\varphi_1}^{\varphi_2}\left[\int_{\varphi_1}^{\varphi}\frac{\chi(\cos\varphi-\cos\varphi_0)}{(1+\chi\cos\varphi)^3}\mathrm{d}\varphi\right]K_B[\cos(\varphi_a+\varphi)\mathrm{d}\varphi]\right\} \tag{7-17}$$

式中 l——轴承的实际宽度(m)；

φ_a——外载荷 F 作用的位置角(见图 7-13)；

K_B——考虑轴承端泄降低油膜压力而引入的系数($K_B<1$)，它是轴承宽径比 l/d 及偏心率 χ 的函数。

实际上，轴承为有限宽，其两端必定存在端泄现象，且两端的压力为零。端泄对轴承油膜压力的影响如图 7-15 所示。

令式(7-17)中

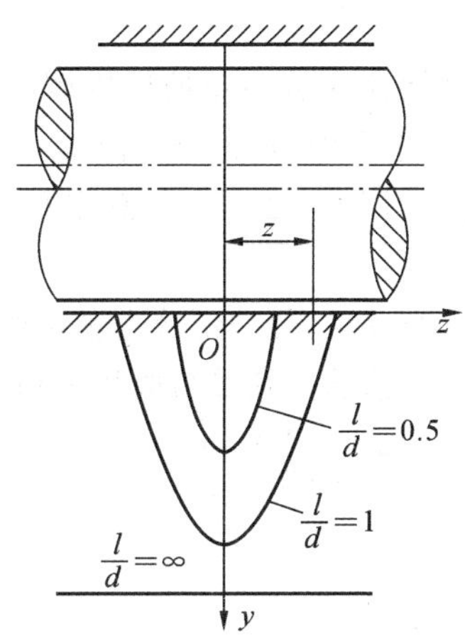

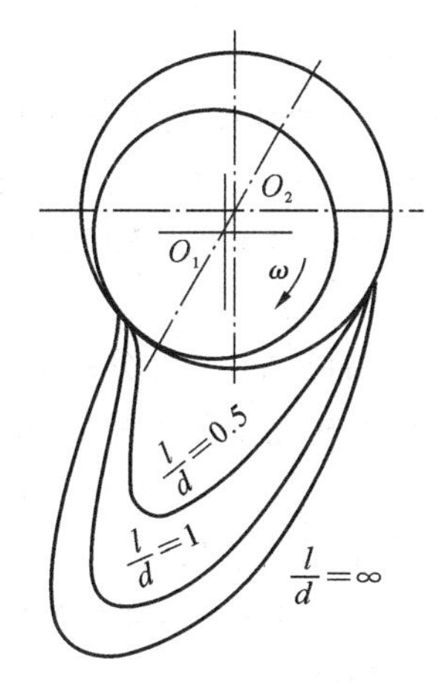

图 7-15　端泄对轴承承载能力的影响

$$-2\int_{\varphi_1}^{\varphi_2}\left[\int_{\varphi_1}^{\varphi}\frac{\chi(\cos\varphi-\cos\varphi_0)}{(1+\chi\cos\varphi)^3}\mathrm{d}\varphi\right]K_{\mathrm{B}}[\cos(\varphi_{\mathrm{a}}+\varphi)\mathrm{d}\varphi]=C_{\mathrm{P}} \tag{7-18}$$

则得

$$F=\frac{2\eta v l}{\psi^2}C_{\mathrm{P}}\quad 或\quad C_{\mathrm{P}}=\frac{F\psi^2}{2\eta v l} \tag{7-19}$$

式中　C_{P}——承载量系数，它是一个无量纲系数，为偏心率 χ 和宽径比 l/d 的函数。

图 7-16 所示为轴瓦包角为 180°时 C_{P} 与偏心率 χ 等的关系曲线。当轴承承受的外载荷和轴承参数已知时，可由式(7-19)和此曲线图求得偏心率 χ，从而计算出最小油膜厚度 $h_{\min}$。

5. 最小油膜厚度允许值$[h_{\min}]$

对于结构参数和工况条件已定的轴承，从式(7-19)和图 7-16 可知，偏心率 χ 愈大，则 C_{P} 的值愈大，轴承的承载能力愈高。然而，由式(7-13)可知，最大偏心率 χ 受到最小油膜厚度 $h_{\min}$的限制。为了保证轴承获得完全液体摩擦，避免轴颈与轴瓦直接接触，最小油膜厚度 $h_{\min}$必须大于等于轴颈和轴瓦两接触表面粗糙度 Rz_1、Rz_2 之和，即

$$h_{\min}\geqslant Rz_1+Rz_2=[h_{\min}] \tag{7-20}$$

综合考虑到轴颈和轴瓦的制造和安装误差以及轴颈的变形等因素，一般用安全系数 S 来评判油膜厚度，要求：

$$S=\frac{h_{\min}}{Rz_1+Rz_2}\geqslant 2\sim 3 \tag{7-21}$$

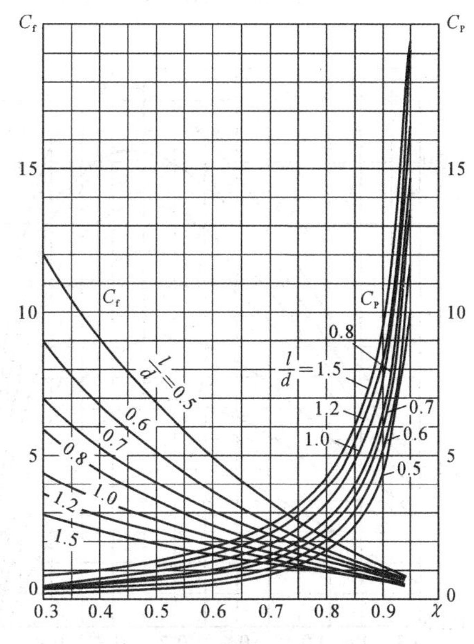

图 7-16　承载量系数和摩擦特性系数(包角为 180°)

6. 温升 Δt

当轴承在完全液体摩擦状态下工作时，仍然存在着由于液体内摩擦(黏性)而造成的摩擦功损耗，摩擦力将转化为热量，引起轴承升温，使油黏性降低，从而导致轴承不能正常工作，严重时出现抱轴(或烧瓦)事故。因此，必须进行热平衡计算，控制温升不超过允许值。

摩擦功产生的热量，一部分由流动的润滑油带走，另一部分由轴承座向四周空气散发。因此，轴承的热平衡条件是：单位时间内，轴承发热量与散热量相平衡，即

$$fFv = c\rho Q\Delta t + \alpha_s A\Delta t \quad (\mathrm{W}) \tag{7-22}$$

式中　f——液体摩擦系数；

F——轴承承载能力，即载荷(N)；

v——轴颈圆周速度(m/s)；

c——润滑油比热，一般为 1680～2 100 J/(kg · ℃)；

ρ——润滑油密度，一般为 850～900 kg/m^3；

Q——轴承耗油量(m^3/s)；

A——轴承散热面积(m^2)，$A=\pi dl$；

Δt——润滑油的出油温度 t_2 与进油温度 t_1 之差(温升)(℃)，$\Delta t=t_2-t_1$；

α_s——轴承的散热系数，依轴承结构尺寸和通风条件而定。轻型轴承或散热困难的环境中，$\alpha_s=50$ J/(m^2 · s · ℃)；中型轴承及一般通风条件下，$\alpha_s=80$ J/(m^2 · s · ℃)；重型轴承及散热条件良好时，$\alpha_s=140$ J/(m^2 · s · ℃)。

热平衡时润滑油的温度差(温升)为

$$\Delta t=t_2-t_1=\frac{\dfrac{f}{\psi}\cdot\dfrac{F}{dl}}{c\rho\dfrac{Q}{\psi vdl}+\dfrac{\pi\alpha_s}{\psi v}}=\frac{C_f p}{c\rho C_Q+\dfrac{\pi\alpha_s}{\psi v}} \tag{7-23}$$

式中　C_f——摩擦特性系数，$C_f=\dfrac{f}{\psi}$；

C_Q——流量系数，$C_Q=\dfrac{Q}{\psi vdl}$；

C_f、C_Q——无量纲系数，是轴承宽径比 l/d 和偏心率 χ 的函数，分别如图 7-16 和图 7-17 所示。

p 以 N/m^2 为单位。

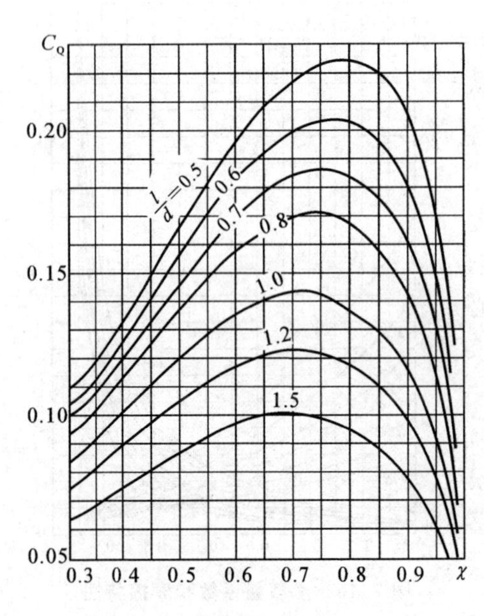

图 7-17　流量系数(包角为 180°)

上式只是求出了润滑油的平均温差。实际上，润滑油从入口至出口，温度是逐渐升高的，因而油的黏度各处不同。计算轴承

承载能力时，应采用润滑油平均温度下的黏度。平均温度为

$$t_m = t_1 + \frac{\Delta t}{2} \tag{7-24}$$

一般平均温度不应超过75 ℃。进油温度t_1一般控制在35～45 ℃（t_1太低时外部冷却困难）。

7.5.2　设计方法

1. 设计步骤

1）初步确定一种设计方案

根据轴承直径d、转速n及轴承上的外载荷F等工作条件，参考有关经验数据，初步确定一种轴承的设计方案，具体包括：

（1）确定轴承的结构形式；

（2）选定有关参数，如l/d、ψ、η、Rz和几何形状偏差等；

（3）选择轴瓦结构和材料。

2）校核计算

校核计算主要包括轴承最小油膜厚度和润滑油温升计算。

3）综合评定与再设计

一般而言，满足设计约束的轴承设计方案不是唯一的，设计时，应提出多种可行方案，经综合分析比较后，确定较优的设计方案。同时，设计过程中，不可避免会出现反复，如选择η需预先估计轴承的工作温度t_m。一旦校核计算不满足要求时，则需重新设计。只有如此不断地反复设计，才能获得较好的设计结果。

2. 参数选择

轴承参数选择得正确与否，对轴承的工作性能影响极大。因此，必须恰当选择，必要时须参考有关成熟的经验数据。

1）相对间隙ψ

相对间隙是影响轴承工作性能的一个主要参数，轴承的承载能力与ψ^2成反比。一般而言，相对间隙越小，轴承承载能力愈高。但另一方面，相对间隙小，又会增大摩擦系数，使轴承温升大，降低油的黏度，使轴承承载能力下降。相对间隙对运转平稳性也有较大影响，减小相对间隙可提高轴承运转平稳性。通常情况下，载荷重、速度低时宜取较小的ψ值，载荷轻、速度高时宜取较大的ψ值，对于旋转精度要求高的轴承宜取较小的ψ值。设计时，可按如下经验公式计算：

$$\psi = (0.6 \sim 1.0) \times 10^{-3} v^{0.25} \tag{7-25}$$

各种典型机器常用的轴承相对间隙推荐值如表7-3所示。

表 7-3 各种机器的相对间隙 ψ 推荐值

机器名称	相对间隙 ψ
汽轮机、电动机、发电机	0.001～0.002
轧钢机、铁路机车	0.000 2～0.001 5
机床、内燃机	0.000 2～0.001
风机、离心泵、齿轮变速装置	0.001～0.003

2) 宽径比 l/d

宽径比对轴承承载能力、耗油量和轴承温升影响极大。l/d 小，承载能力小，耗油量大，温升小，占空间小；反之，则相反。通常 l/d 控制在 0.3～1.5 范围内，高速重载轴承温升高，有边缘接触危险，l/d 宜取小值；低速重载轴承为提高轴承刚度，l/d 宜取大值；高速轻载轴承，如无过高刚性要求，l/d 可取小值。典型机器的 l/d 推荐值如表 7-4 所示。

表 7-4 各种机器 l/d 推荐值

<table>
<tr><th>机器</th><th>轴承或销</th><th>l/d</th><th>机器</th><th>轴承或销</th><th>l/d</th></tr>
<tr><td rowspan="3">汽车及航空活塞发动机</td><td>曲轴主轴承</td><td>0.75～1.75</td><td rowspan="3">柴油机</td><td>曲轴主轴承</td><td>0.6～2.0</td></tr>
<tr><td>连杆轴承</td><td>0.75～1.75</td><td>连杆轴承</td><td>0.6～1.5</td></tr>
<tr><td>活塞销</td><td>1.5～2.2</td><td>活塞销</td><td>1.5～2.0</td></tr>
<tr><td rowspan="3">空气压缩机及往复式泵</td><td>主轴承</td><td>1.0～2.0</td><td>电机</td><td>主轴承</td><td>0.6～1.5</td></tr>
<tr><td>连杆轴承</td><td>1.0～1.25</td><td>机床</td><td>主轴承</td><td>0.8～1.2</td></tr>
<tr><td>活塞销</td><td>1.2～1.5</td><td>冲剪床</td><td>主轴承</td><td>1.0～2.0</td></tr>
<tr><td>铁路车辆</td><td>轮轴支承</td><td>1.8～2.0</td><td>起重设备</td><td></td><td>1.5～2.0</td></tr>
<tr><td>汽轮机</td><td>主轴承</td><td>0.4～1.0</td><td>齿轮减速器</td><td></td><td>1.0～2.0</td></tr>
</table>

3) 润滑油黏度 η

黏度大，则轴承承载能力高，但摩擦功耗大，流量小，轴承温升高。因此，润滑油黏度应根据载荷大小、运转速度高低选取。一般原则为：载荷大，速度低，选用黏度大的润滑油；载荷小，速度高，选用黏度低的润滑油。对一般轴承，可按转速用下式计算：

$$\eta = (n^{1/3} \times 10^{7/6})^{-1} \tag{7-26}$$

4) 轴承表面粗糙度和几何形状偏差

轴承最小油膜厚度 h_{min} 受轴承表面粗糙度限制。故加工精度越高，h_{min} 可越小，轴承承载能力越高。当然，轴承的造价也高。常用轴瓦表面粗糙度 Rz 的推荐值如表 7-5 所示，与之相配的轴颈表面粗糙度值应小些。

表 7-5　轴瓦表面粗糙度 Rz

轴承工作条件	表面粗糙度 $Rz/\mu m$
油环润滑轴承	6.3
压强低($p\leqslant 3\ N/mm^2$)和转速高($v=17\sim 60$ m/s)的轴承(如汽轮机、发电机轴承)	$\leqslant$3.2
中、高速和大偏心率($\chi\geqslant 0.90$)的重型轴承(如轧钢机轴承)	0.2～0.8

轴颈和轴承的几何形状偏差：圆度公差一般取为直径公差的 1/5～1/2；圆柱度公差一般取为直径公差的 1/10～1/4。

例 7-1　设计汽轮机转子的向心动压滑动轴承。已知轴承直径 $d=200$ mm，载荷 $F=65\ 000$ N，轴颈转速 $n=3\ 000$ r/min，载荷垂直向下，装配要求轴承剖分，拟采用 L-AN32 机械油。进油温度控制在 40 ℃左右。

解　(1) 设计过程与结果如表 7-6 所示。

(2) 综合评价与再设计。

方案 1 中平均油温计算值与初始假设值相差较大，考虑到轴承为重要应用场合，应重新假设 t_m，再进行设计计算，直至与假设基本相符为止。

方案 2 与方案 3 均满足设计要求，但考虑到方案 3 比方案 2 有更大的油膜厚度，因此，轴承的承载能力更大，且油膜厚度大，也相应降低了轴颈和轴瓦表面的加工要求，经济性更好。两者相比，选方案 3 更合适。

表 7-6　向心动压滑动轴承的设计过程与结果

计算项目	计算根据	计算结果		
		方案 1	方案 2	方案 3
选轴承结构形式	使用和装配要求	正剖分轴承结构，由剖分面两侧供油，轴承包角180°	同方案 1	同方案 1
轴承宽径比 l/d	表 7-4	0.8	0.8	1
轴承宽度　l	$l=\left(\frac{l}{d}\right)\times d$	0.16 m	0.16 m	0.2m
选轴瓦材料				
平均压强　p	$p=\frac{F}{dl}=\frac{65\ 000}{0.2\times l}$	2.03 MPa	2.03 MPa	1.625 MPa
轴承速度　v	$v=\frac{\pi dn}{60\times 1\ 000}=\frac{3.14\times 200\times 3\ 000}{60\ 000}$	31.4 m/s	31.4 m/s	31.4 m/s
pv 值	pv	63.74 MPa · m/s	63.74 MPa · m/s	51.03 MPa · m/s
轴瓦材料	表 7-2	ZSnSb11Cn6	同方案 1	ZCuPbSb16-16-2

续表

计算项目	计算根据	计算结果		
		方案 1	方案 2	方案 3
参数选择				
润滑油牌号	自定(参见第 14 章)	L-AN32	同方案 1	同方案 1
假设平均油温	t_m	50 ℃	50 ℃	50 ℃
运动黏度	图 14-2	19 mm^2/s	19 mm^2/s	19 mm^2/s
动力黏度 η	$\eta=\nu\rho=19\times10^{-6}\times900$ ($\rho=900\ kg/m^3$)	0.017 1 Pa·s	0.017 1 Pa·s	0.017 1 Pa·s
相对间隙 ψ	式(7-25) $\psi=(0.6\sim1)\times10^{-3}\times v^{0.25}$ $=(0.6\sim1)\times10^{-3}\times31.4^{0.25}$ $=(0.001\ 42\sim0.002\ 37)$	0.001 45	0.001 9	0.002 3
轴颈表面粗糙度 Rz_1	表 7-5(精磨)	1.6 μm	1.6 μm	1.6 μm
轴瓦表面粗糙度 Rz_2	表 7-5	3.2 μm	3.2 μm	3.2 μm
校核计算				
承载量系数 C_P	$C_P=\dfrac{F\psi^2}{2\eta vl}$	0.796	1.365	1.6
偏心率 χ		0.5	0.68	0.65
最小油膜厚度	$h_{min}=\dfrac{d}{2}\psi(1-\chi)$	0.072 5 mm	0.060 8 mm	0.080 5 mm
安全系数 S	$S=\dfrac{h_{min}}{Rz_1+Rz_2}\geqslant2\sim3$	15.1≫2	12.7≫2	16.8≫2
油温计算				
摩擦特性系数 C_f	图 7-16	3.5	2	1.9
流量系数 C_Q	图 7-17	0.138	0.168	0.141
油温升 Δt	$\Delta t=\dfrac{C_f p}{c\rho C_Q+\pi\alpha_s/(\psi v)}$ $=\dfrac{C_f p}{1\ 700\times900C_Q+\dfrac{80\times3.14}{\psi\times31.4}}$ (c、ρ、α_s 取值参见式(7-22))	32.8 ℃	15.5 ℃	14.1 ℃
平均油温 t_m	$t_m=t_1+\dfrac{\Delta t}{2}$ $=40\ ℃+\dfrac{\Delta t}{2}$	56.4 ℃≫50 ℃ 与初始假设不符,需再设计	47.8 ℃ 与假设平均油温接近,满足要求	47.1 ℃ 与假设平均油温接近,满足要求

3. 利用 Antodesk Inventor 进行滑动轴承设计的验证

对于例7-1的设计结果，也可用 Inventor 所带的滑动轴承设计加速器进行验证。现以方案3为例将验证过程简述如下。

启动 Inventor 2010，打开设计加速器。点击下拉式菜单“动力传动”中的子项“轴承计算器”，在弹出的窗口中选中“强度计算类型”下的“校核计算”。再输入轴承载荷、尺寸、轴承润滑方法、运行状况和润滑剂的有关参数，如图7-18所示。

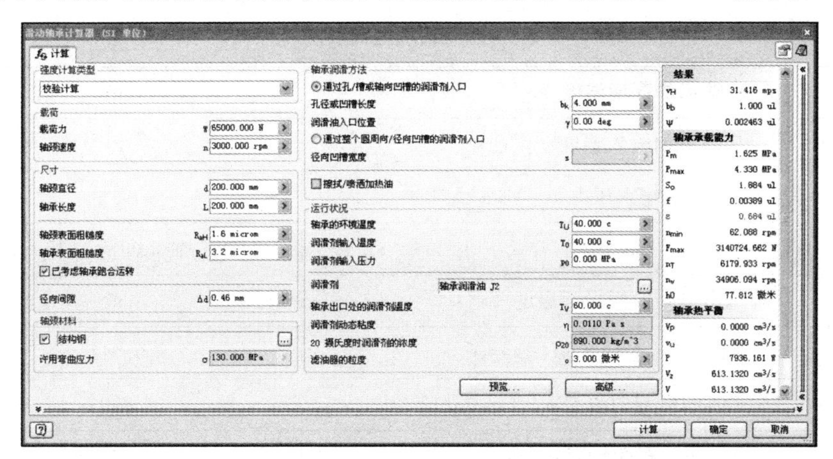

图7-18　滑动轴承计算器界面

点击“计算”按钮，可得到轴承的校核计算结果。从此例来看，计算结果与手算结果基本吻合。

为方便学习，现将与滑动轴承校核计算有关的数据及计算结果列于表7-7至表7-11中。

表7-7　轴承载荷、速度

载荷力 W/N	65 000
轴颈速度 n/(r/min)	3 000
圆周轴颈速度 v_H/(m/s)	31.416

表7-8　轴承尺寸

轴颈直径 d/mm	200
轴承长度 L/mm	200
相对轴承宽度 b_b	1
轴颈表面粗糙度 Ra_H/μm	1.6
轴承表面粗糙度 Ra_L/μm	3.2
径向间隙 Δd/mm	0.46
相对径向间隙 ψ	0.002 463

注：已考虑轴承跑合运转。

表 7-9　轴承润滑方法

孔径或凹槽长度 b_k/mm	4
润滑油入口位置 γ/(°)	0

注:通过孔/槽或轴向凹槽的润滑剂入口。

表 7-10　轴承运行状况

轴承的环境温度 T_U/℃	40
润滑剂输入温度 T_0/℃	40
润滑剂输入压力 p_0/MPa	0
润滑剂	轴承润滑油 J2
轴承出口处的润滑剂温度 T_V/℃	60
润滑剂动态黏度 η/(Pa·s)	0.011
20 ℃时润滑剂的浓度 ρ_{20}/(kg/m³)	890
滤油器的粒度 o/μm	3

表 7-11　轴承计算结果

轴承承载能力	轴承压力 p_m/MPa	1.625
	润滑槽的最大压力 p_{max}/MPa	4.330
	Sommerfeld 数值 S_o	1.884
	摩擦系数 f	0.003 89
	轴颈相对偏距 ε	0.684
	轴承压力 p_m/MPa	1.625
	润滑槽的最大压力 p_{max}/MPa	4.330
	润滑层的厚度 h_0/μm	77.812
轴承热平衡	摩擦引起的功率损失 P/W	7 936.161
	流体动压导致的油溢出 V_z/(cm³/s)	613.132
	注入轴承的总油量 V/(cm³/s)	613.132
	润滑油温升 ΔT/℃	7.586
	强度校核	正

7.6　其他轴承简介

7.6.1　多油楔滑动轴承

前述动压向心滑动轴承只有一个油楔产生油膜压力，通常称为单油楔滑动轴承。工作时，如果轴颈受到某些微小干扰而偏离平衡位置，使其难于自动恢复到原来的平衡位置，则轴颈将作一种新的有规则或无规则的运动，这种状态称为轴承失稳。轴承失稳的机理比较复杂，一般来说，载荷越轻，转速越高，轴承越容易失稳。为了提高轴承的工作稳定性和旋转精度，常把轴承做成多油楔形状，如图 7-19 所示。和单油楔轴承相比，多油楔轴承稳定性好，旋转精度高，但承载能力低，摩擦损耗大。它的承载能力等于各油楔中油膜力的向量和。

图 7-19(a)为椭圆轴承，工作时，可形成上、下两个动压油膜，有助于提高稳定性。这类轴承的加工也比较容易，在轴承的剖分面上垫上一定厚度的垫片，按圆形镗孔，然后撤去垫片，上、下合拢即为椭圆轴承。

图 7-19(b)为固定式三油楔轴承，工作时，可形成三个动压油膜，提高了旋转精度和稳定性。固定式三油楔轴承只允许轴颈沿一个固定的方向回转。

图 7-19(c)为摆动瓦多油楔轴承。轴瓦由三片以上(通常为奇数)的扇形块组成，轴瓦由带球端的螺钉支承着，单向回转时，支点不安置在轴瓦正中而都偏向同一侧。随着运转条件的改变，轴瓦的倾斜度可自动调整，以适应不同的载荷、转速、轴的弹性变形和偏斜，建立起液体摩擦状态。

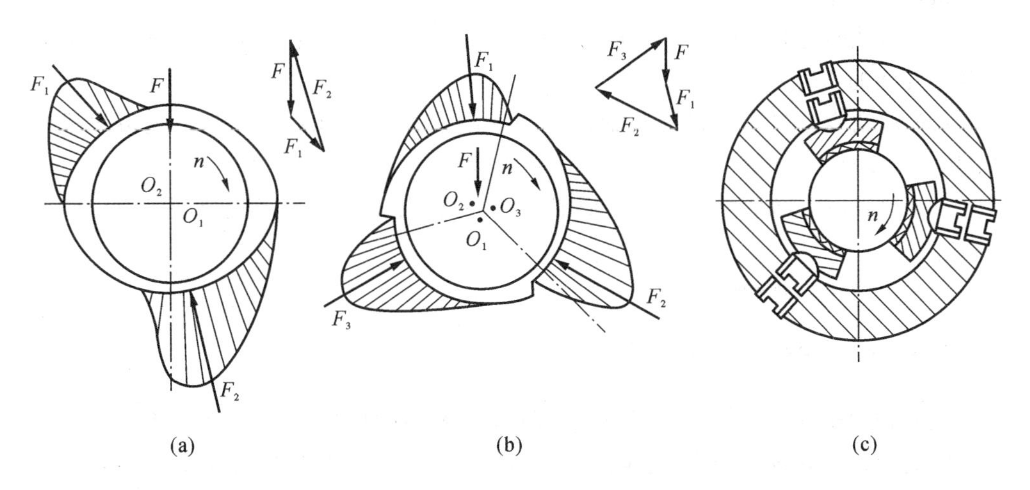

图 7-19　多油楔滑动轴承

(a) 椭圆轴承；(b) 固定式三油楔轴承；(c) 摆动瓦多油楔轴承

7.6.2 液体静压轴承

液体静压轴承是利用专门的供油装置,把具有一定压力的润滑油送入轴承静压油腔,形成具有压力的油膜,利用静压腔间压力差,平衡外载荷,保证轴承在完全液体润滑状态下工作的。

图 7-20 是液体静压轴承的示意图。高压油经节流器进入静压油腔,各静压油腔的压力由各自的节流器自动调节。当轴承载荷为零时,轴颈与轴孔同心,各油腔压力彼此相等,即 $P_1=P_2=P_3=P_4$,当轴承受载荷 F 时,轴颈下移 e,各静压油腔附近间隙发生变化。受力大的油膜减薄,流出的流量随之减少,据管道内各截面上流量相等的连续性原理,流经这部分节流器的流量也减少,在节流器中的压力降也减小。但是,因供油压力 P_s 保持不变,所以下油腔中压力 P_3 增大;上油腔的压力则相反,间隙增大,P_1 减小。这样,形成的上、下油腔压力差 P_3-P_1 平衡外载荷 F。

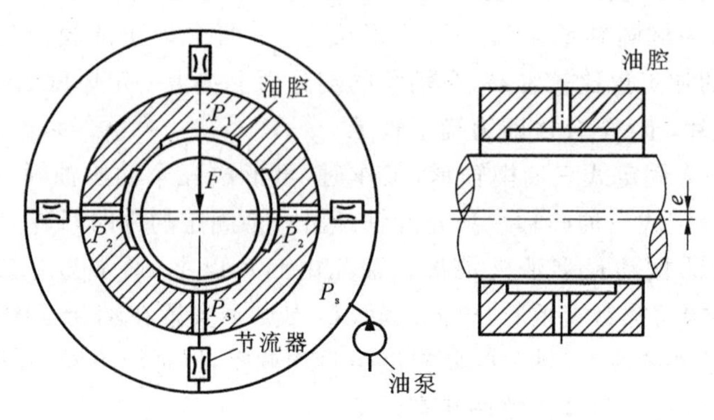

图 7-20 静压轴承

液体静压轴承主要具有如下特点。

(1) 承载能力取决于静压油腔间的压力差,当外载荷改变时,供油系统能自动调节各油腔间的压力差。

(2) 承载能力和润滑状态与轴颈表面速度无关,即使轴颈不旋转,也可形成油膜,具有承载能力,因而,摩擦系数小,承载能力强。

(3) 承载能力不是靠油楔作用形成的,因此,工作时不需要偏心距,因而旋转精度高。

(4) 必须有一套专门的供油装置,成本高。

7.6.3 气体轴承

气体轴承是用气体做润滑剂的滑动轴承。空气因其黏度仅为机械油的 1/4 000,且受温度变化的影响小,被首先采用。气体轴承可在高速下工作,轴颈转速可达每分钟几十万转。气体轴承也分为动压轴承和静压轴承两大类。动压气体轴承形成的气膜很薄,最大不超过 20 μm,故对轴承制造的精度要求十分高。气体轴承不存在油类污染，密封简单，回运精度高，运行噪声低，主要缺点是承载量不大。气体轴承常用于高速磨头、陀螺仪、医疗设备等方面。

习　　题

7-1　有一非液体摩擦向心滑动轴承，$l/d=1.5$，轴承材料的$[p]=5$ MPa，$[pv]=10$ MPa·m/s，$[v]=3$ m/s，轴颈直径$d=100$ mm。试求轴转速分别为$n=250$ r/min、$n=500$ r/min、$n=1\ 000$ r/min时，轴承所承受的最大载荷。

7-2　某液体动压向心滑动轴承，其轴颈直径$d=200$ mm，宽径比$l/d=1$，轴承包角为$180°$，径向载荷$F=100$ kN，轴颈转速$n=500$ r/min，轴承相对间隙$\psi=0.001\ 25$，拟采用L-AN68号机械油润滑，平均温度$t_m=50$ ℃。试求：

(1) 该轴承的偏心距e；

(2) 最小油膜厚度h_{min}；

(3) 轴承入口处润滑油的温度t_1。

7-3　已知某电动机主轴承的径向载荷$F=60$ kN，$d=160$ mm，$n=960$ r/min，载荷稳定，工作情况平稳，轴承包角$180°$，采用正剖分结构。试设计此液体摩擦动压向心滑动轴承。

滚动轴承的选择与校核

8.1 滚动轴承概述

滚动轴承依靠其主要元件间的滚动接触来支承转动或摆动零件，其相对运动表面间的摩擦是滚动摩擦。

滚动轴承的基本结构如图 8-1 所示，它由下列零件组成：① 带有滚道的内圈 1 和外圈 2；② 滚动体（球或滚子）3；③ 隔开并导引滚动体的保持架 4。内圈装在轴颈上，外圈装在轴承座（或机座）中。有些轴承可以少用一个套圈（少内圈或外圈），或者内、外两个套圈都不用，滚动体直接沿着轴或轴承座（或机座）上的滚道滚动。通常内圈随轴回转，外圈固定，但也可用于外圈回转而内圈不动，或是内、外圈同时回转的场合。内、外圈相对转动时，滚动体在内、外圈的滚道间滚动。常用的滚动体有球、圆柱滚子、滚针、圆锥滚子、球面滚子、非对称球面滚子、螺旋滚子等几种，如图 8-2 所示。轴承内、外圈上的滚道，有限制滚动体侧向位移的作用。

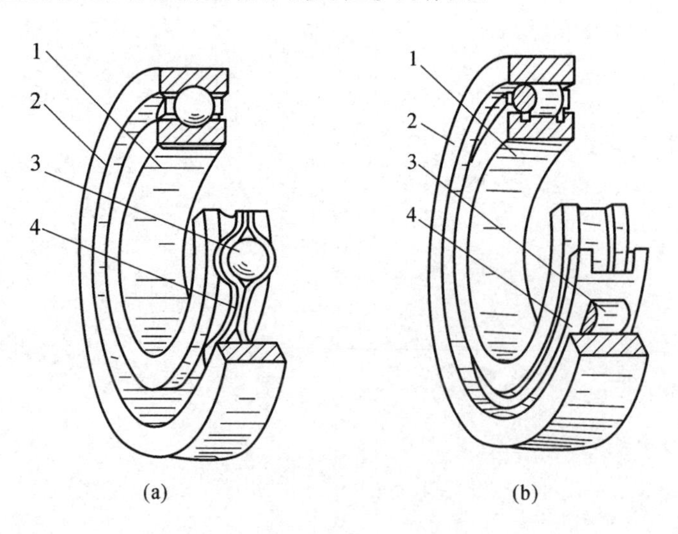

图 8-1 滚动轴承的基本结构

1—内圈；2—外圈；3—滚动体（球或滚子）；4—保持架

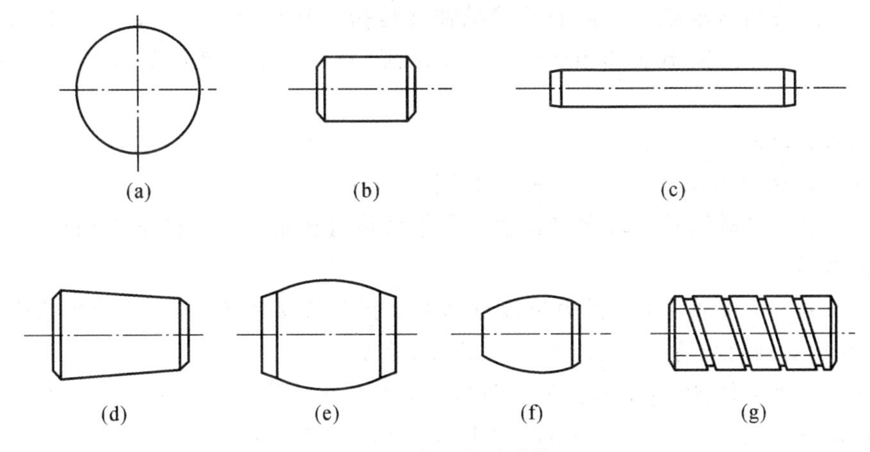

图 8-2　常用的滚动体

(a) 球；(b) 圆柱滚子；(c) 滚针；(d) 圆锥滚子；(e) 球面滚子；(f) 非对称球面滚子；(g) 螺旋滚子

与滑动轴承相比，滚动轴承的主要优点是：① 摩擦力矩和发热较小，在通常的速度范围内，摩擦力矩很少随速度而改变，启动转矩比滑动轴承的要小得多(比后者小80%～90%)；② 维护比较方便，润滑剂消耗较少；③ 轴承单位宽度的承载能力较大；④ 大大地减少了有色金属的消耗。

滚动轴承的缺点是：① 径向外廓尺寸比滑动轴承大；② 接触应力高，承受冲击载荷能力较差，高速重载荷下寿命较低；③ 小批生产特殊的滚动轴承时成本较高；④ 减振能力比滑动轴承低。

常用的滚动轴承绝大多数已经标准化，并由专业工厂大量制造及供应各种常用规格的轴承。设计时，一般只需根据具体的工作条件，正确选择轴承的型号并对其工作能力进行校核计算即可。因而，本章只讨论滚动轴承的选择及其校核计算的方法。

8.2　滚动轴承的主要类型及其代号

8.2.1　滚动轴承的主要类型、性能与特点

按滚动体的形状，滚动轴承可分为球轴承和滚子轴承。

按接触角的大小和所能承受载荷的方向，滚动轴承又可分为向心轴承和推力轴承。

1) 向心轴承

其公称接触角从 0°～45°，又可分为以下两种。

(1) 径向接触轴承　径向接触轴承是指公称接触角 $\alpha=0°$ 的向心轴承，主要承受径向载荷(例如，圆柱滚子轴承)。其中，公称接触角 $\alpha=0°$ 的球轴承(如深沟球轴承)除主要承受径向载荷外，也能承受较小的轴向载荷。

(2) 向心角接触轴承　向心角接触轴承是指公称接触角 $0°<\alpha\leqslant45°$ 的向心轴承,可同时承受径向载荷和单向的轴向载荷(例如,角接触球轴承及圆锥滚子轴承)。

2)推力轴承

其公称接触角 $45°<\alpha\leqslant90°$,又可分为以下两种。

(1) 轴向接触轴承　轴向接触轴承是指公称接触角 $\alpha=90°$ 的推力轴承,只能承受轴向载荷。

(2) 推力角接触轴承　推力角接触轴承是指公称接触角 $45°<\alpha<90°$ 的推力轴承,主要承受轴向载荷,但也能承受一定的径向载荷。

按自动调心性能,轴承可分为自动调心轴承和非自动调心轴承。

滚动轴承的类型很多,常用的各类滚动轴承的性能和特点见表 8-1。

表 8-1　滚动轴承的主要类型、尺寸系列代号及其特性(摘自 GB/T 272—1993)

轴承类型	结构简图、承受载荷方向	类型代号	尺寸系列代号	组合代号	特　性
双列角接触球轴承	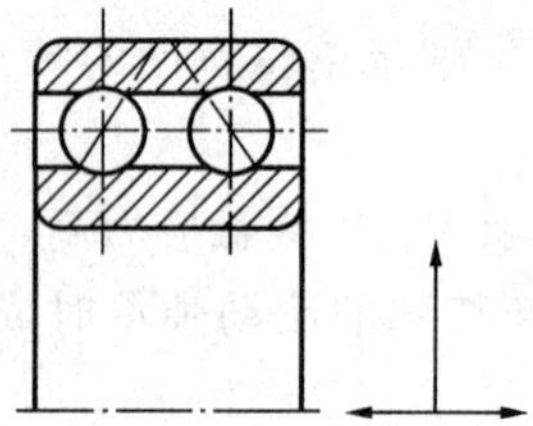	(0) (0)	32 33	32 33	同时能承受径向载荷和双向的轴向载荷,它具有比角接触球轴承更大的承载能力,有较好的刚性
调心球轴承	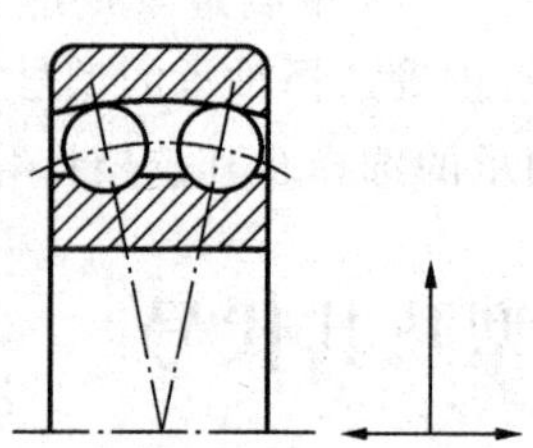	1 (1) 1 (1)	(0)2 22 (0)3 23	12 22 13 23	主要承受径向载荷,也可同时承受少量的双向的轴向载荷。外圈滚道为球面,具有自动调心性能。内、外圈轴线允许相对偏斜 2°～3°,适用于多支点轴、弯曲刚度小的轴以及难于精确对中的支承
调心滚子轴承	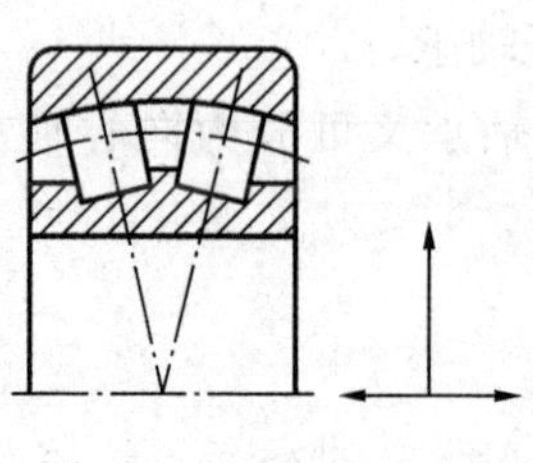	2 2 2 2 2 2 2 2	13 22 23 30 31 32 40 41	213 222 223 230 231 232 240 241	用于承受径向载荷,其承受载荷能力比调心球轴承约大一倍,也能承受少量的双向轴向载荷。外圈滚道为球面,具有调心性能,内、外圈轴线允许相对偏斜 0.5°～2°,适用于多支点轴、弯曲刚度小的轴以及难于精确对中的支承

续表

轴承类型	结构简图、承受载荷方向	类型代号	尺寸系列代号	组合代号	特　　性
推力调心滚子轴承	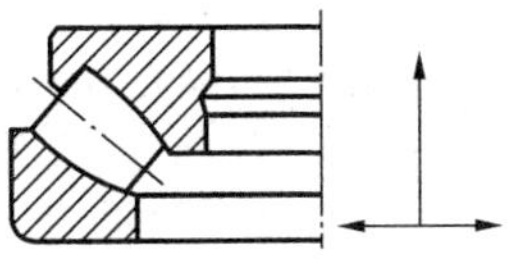	2 2 2	92 93 94	292 293 294	可以承受很大的轴向载荷和一定的径向载荷。滚子为非对称球面滚子，外圈滚道为球面，能自动调心，允许轴线偏斜1.5°～2.5°。为保证正常工作，需施加一定的轴向预载荷，常用于水轮机轴和起重机转盘等重型机械部件中
圆锥滚子轴承	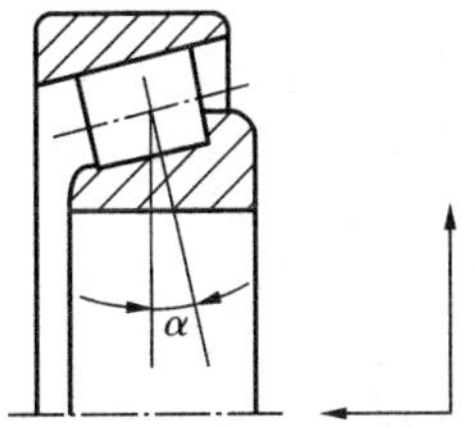 α	3 3 3 3 3 3 3 3 3 3	02 03 13 20 22 23 29 30 31 32	302 303 313 320 322 323 329 330 331 332	能承受较大的径向载荷和单向的轴向载荷，极限转速较低。 内、外圈可分离，故轴承游隙可在安装时调整，通常成对使用，对称安装。 适用于转速不太高、轴的刚性较好的场合
双列深沟球轴承	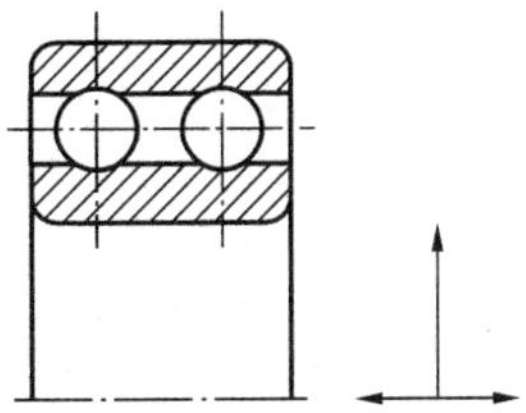	4 4	(2)2 (2)3	42 43	主要承受径向载荷，也能承受一定的双向轴向载荷，它具有比深沟球轴承更大的承受载荷能力
推力球轴承　单向	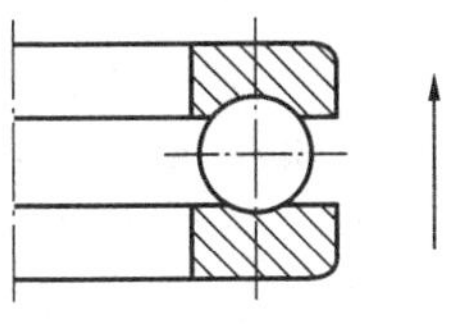	5 5 5 5	11 12 13 14	511 512 513 514	推力球轴承的套圈与滚动体多半是可分离的。单向推力球轴承只能承受单向的轴向载荷。两个圈的内孔不一样大：内孔较小的是紧圈，与轴配合；内孔较大的是松圈，与机座固定在一起。极限转速较低，适用于轴向力大而转速较低的场合。没有径向限位能力，不能单独组成支承，一般要与向心轴承组成组合支承使用

续表

轴承类型	结构简图、承受载荷方向	类型代号	尺寸系列代号	组合代号	特　　性
推力球轴承 双向	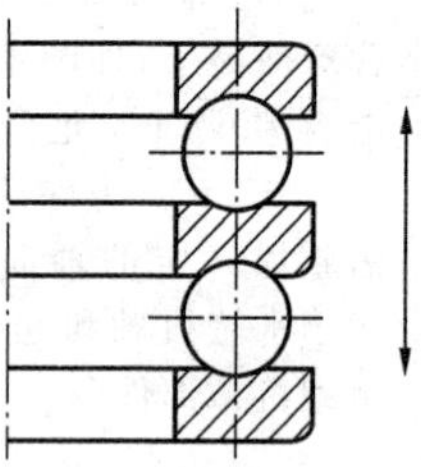	5 5 5	22 23 24	522 523 524	双向推力轴承可承受双向轴向载荷，中间圈为紧圈，与轴配合，另两圈为松圈。 高速时，离心力大，球与保持架磨损，发热严重，寿命降低。没有径向限位能力，不能单独组成支承，一般要与向心轴承组成组合支承使用。 常用于轴向载荷大、转速不高的场合
深沟球轴承	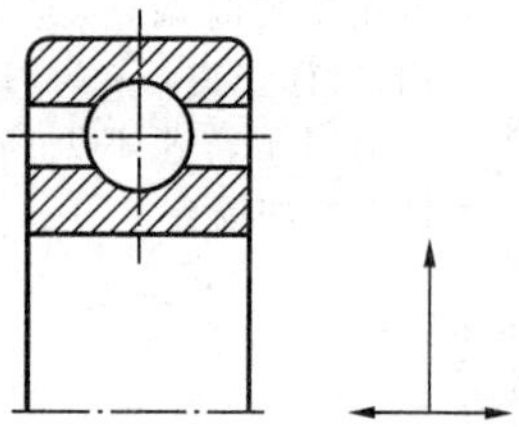	6 6 6 6 16 6 6 6 6	17 37 18 19 (0)0 (1)0 (0)2 (0)3 (0)4	617 637 618 619 160 60 62 63 64	主要承受径向载荷，也可同时承受少量的双向的轴向载荷，工作时内外圈轴线允许偏斜 8′～16′。 摩擦阻力小，极限转速高，结构简单，价格便宜，应用最广泛。但承受冲击载荷能力较差。 适用于高速场合，在高速时，可用来代替推力球轴承
角接触球轴承	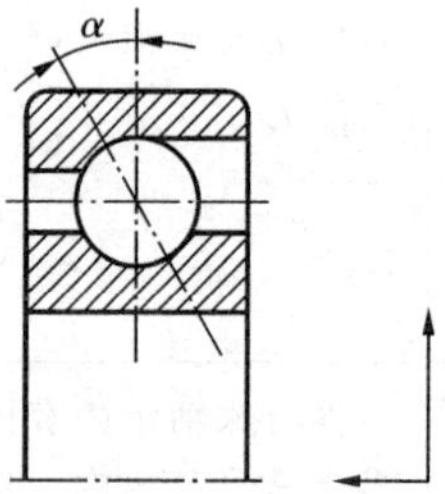	7 7 7 7 7	19 (1)0 (0)2 (0)3 (0)4	719 70 72 73 74	能同时承受径向载荷与单向的轴向载荷，公称接触角 α 有 15°、25°、40°三种。α 越大，轴向承载能力也越大。通常成对使用，对称安装。极限转速较高。 适用于转速较高、同时承受径向和轴向载荷的场合
推力圆柱滚子轴承	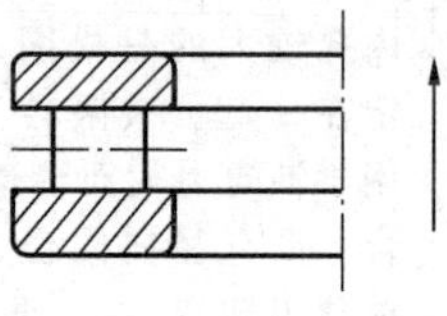	8 8	11 12	811 812	能承受很大的单向轴向载荷，但不能承受径向载荷，它比推力球轴承承载能力要大；套圈也分紧圈和松圈两种。其极限转速很低，故适用于低速重载荷的场合。没有径向限位能力，故不能单独组成支承

续表

轴承类型		结构简图、承受载荷方向	类型代号	尺寸系列代号	组合代号	特　　性
圆柱滚子轴承	外圈无挡边的圆柱滚子轴承	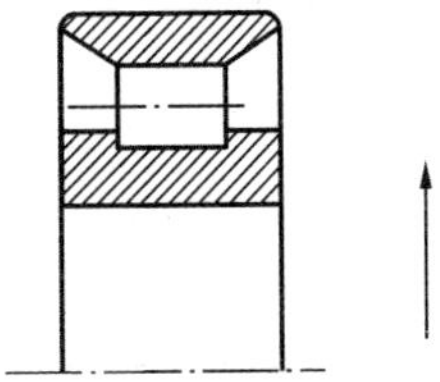	N N N N N N	10 (0)2 22 (0)3 23 (0)4	N10 N2 N22 N3 N23 N4	只能承受径向载荷，不能承受轴向载荷。承受载荷能力比同尺寸的球轴承大，尤其是承受冲击载荷能力大，极限转速较高。 对轴的偏斜敏感，允许外圈与内圈的偏斜度较小（2′～4′），故只能用于刚性较大的轴上，并要求支承座孔很好地对中。 双列圆柱滚子轴承比单列轴承承受载荷的能力更高。 这类轴承的外圈、内圈可以分离，还可以不带外圈或内圈
	双列圆柱滚子轴承	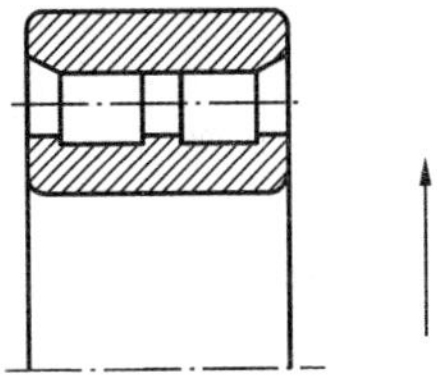	NN	30	NN30	
滚针轴承		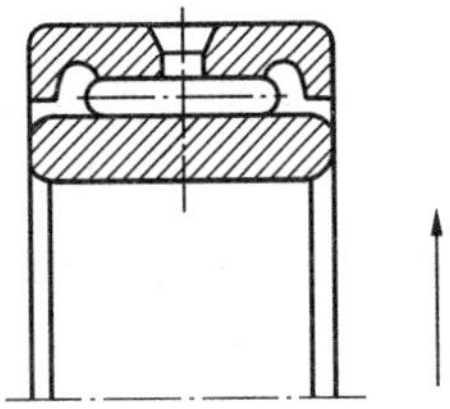	NA NA NA	48 49 69	NA48 NA49 NA69	这类轴承采用数量较多的滚针做滚动体，一般没有保持架。径向结构紧凑，且径向承受载荷能力很大，价格低廉。 缺点是不能承受轴向载荷，滚针间有摩擦，旋转精度及极限转速低，工作时不允许内、外圈轴线有偏斜。 常用于转速较低而径向尺寸受限制的场合。内外圈可分离
四点接触球轴承		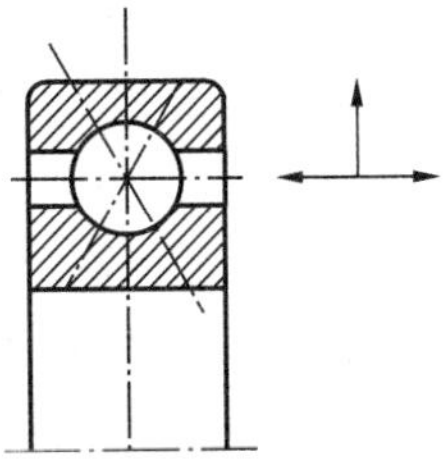	QJ QJ	(0)2 (0)3	QJ2 QJ3	它是双半内圈单列向心推力球轴承，能承受径向载荷及任一方向的轴向载荷。 球和滚道四点接触，与其他球轴承比较，当径向游隙相同时轴向游隙较小

8.2.2　滚动轴承的代号

为了统一表征各类轴承的特点，便于组织生产和选用，GB/T 272—1993 规定了轴承代号的表示方法。

滚动轴承代号由基本代号、前置代号和后置代号组成，用字母和数字等表示。轴承代号的构成如表 8-2 所示。

表 8-2　滚动轴承代号的构成

<table>
<tr><td>前置代号</td><td colspan="5">基本代号[1]</td><td colspan="8">后置代号</td></tr>
<tr><td rowspan="3">成套轴承分部件</td><td>五</td><td>四</td><td>三</td><td>二</td><td>一</td><td rowspan="3">内部结构</td><td rowspan="3">密封与防尘套圈类型</td><td rowspan="3">保持架及其材料</td><td rowspan="3">轴承材料</td><td rowspan="3">公差等级</td><td rowspan="3">游隙</td><td rowspan="3">配置[2]</td><td rowspan="3">其他</td></tr>
<tr><td rowspan="2">类型代号</td><td colspan="2">尺寸系列代号</td><td colspan="2" rowspan="2">内径代号</td></tr>
<tr><td>宽或高度系列代号</td><td>直径系列代号</td></tr>
</table>

注：① 基本代号下面的一至五表示代号自右向左的位置序数；

② 配置代号如“/DB”表示两轴承背对背安装，“/DF”表示两轴承面对面安装(见图 8-7)。

1. 基本代号

基本代号由轴承内径代号和组合代号组成(组合代号由轴承类型代号和尺寸系列代号组成，其表示方法如表 8-1 所示，其中，凡是用“( )”括住的数字，在组合代号中省略)，用来表明轴承的内径、直径系列、宽(或高)度系列和类型，一般用五位数字或数字和英文字母表示。

(1) 轴承内径用基本代号右起第一、二位数字表示，如表 8-3 所示。

(2) 轴承的直径系列(即结构相同、内径相同的轴承在外径和宽度方面的变化系列)用基本代号右起第三位数字表示。

(3) 轴承的宽(或高)度系列[即结构、内径和直径系列都相同的轴承，在宽(或高)度方面的变化系列]用基本代号右起第四位数字表示。当宽度系列为 0 系列(窄系列)或 1 系列(正常系列)时，对多数轴承在代号中没有标出宽度系列代号 0 或 1。对于调心滚子轴承(2 类)、圆锥滚子轴承(3 类)和圆柱滚子轴承(N 类)，宽(或高)度系列代号 0 或 1 应标出。但无论哪类轴承，只有用“( )”括住的 0 或 1 才不标出。

表 8-3　滚动轴承的内径代号

内径尺寸/mm	代号表示		举　例	
	第二位	第一位	代　号	内径尺寸/mm
10 12 15 17	0	0 1 2 3	深沟球轴承 6200	10
20①～480(5 的倍数)	内径②/5 的商		调心滚子轴承 23208	40
22、28、32 及 500 以上	/内径③		调心滚子轴承 230/500 深沟球轴承 62/22	500 22

注:① 内径为 22、28、32 mm 的除外,轴承内径小于 10 mm 的轴承代号见轴承手册;

② 公称内径除以 5 的商数,商数为个位数时,需在商数左边加“0”,如 08;

③ 用公称内径(mm)直接表示,但在与尺寸系列之间用“/”分开。

直径系列代号和宽(或高)度系列代号统称为尺寸系列代号,如表 8-4 所示。

表 8-4　轴承尺寸系列代号表示法

直径系列代号	向心轴承							推力轴承			
	宽度系列代号							高度系列代号			
	窄 0	正常 1	宽 2	特宽 3	特宽 4	特宽 5	特宽 6	特低 7	低 9	正常 1	正常 2
超特轻 7	—	17	—	37	—	—	—	—	—	—	—
超轻 8	08	18	28	38	48	58	68	—	—	—	—
超轻 9	09	19	29	39	49	59	69	—	—	—	—
特轻 0	00	10	20	30	40	50	60	70	90	10	—
特轻 1	01	11	21	31	41	51	61	71	91	11	—
轻 2	02	12	22	32	42	52	62	72	92	12	22
中 3	03	13	23	33	—	—	63	73	93	13	23
重 4	04	—	24	—	—	—	—	74	94	14	24

(4) 轴承类型代号用基本代号右起第五位数字表示(对圆柱滚子轴承和滚针轴承等类型代号用字母表示),其表示方法如表 8-1 所示。

2. 前置代号

滚动轴承的前置代号用于表示轴承的分部件,用字母表示。如 LN207 表示 N207 轴承的外圈可分离;R 表示不带可分离内圈或外圈的轴承,如 RNU207 表示无内圈的 NU207 轴承;K 表示轴承的滚动体与保持架组件,如 K81107 表示推力圆柱滚子轴承 81107 的滚子、保持架组件。

3. 后置代号

滚动轴承的后置代号是用字母和数字等表示轴承的结构、公差及材料的特殊要求等。后置代号的内容很多,下面介绍几个常用的代号。

内部结构代号表示同一类型轴承的不同内部结构,用字母紧跟着基本代号表示。如公称接触角为15°、25°和40°的角接触球轴承,分别用C、AC和B表示,说明其内部结构的不同。

轴承的公差等级分为2级、4级、5级、6级、6x级和0级,共六个级别,依次由高级到低级,其代号分别为/P2、/P4、/P5、/P6、/P6x和P0。公差等级中:6x级仅适用于圆锥滚子轴承;0级为普通级,在轴承代号中不标出。代号中各部分的含义举例如下(示例1,示例2)。

代号中各部分的含义示例1

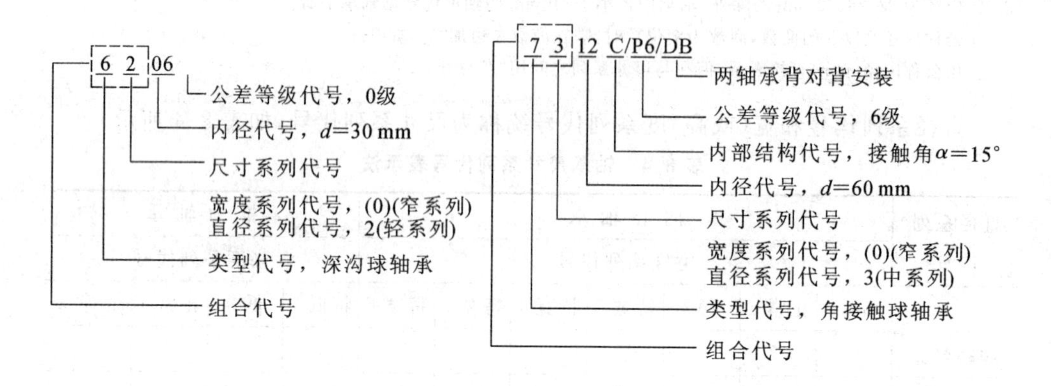

代号中各部分的含义示例2

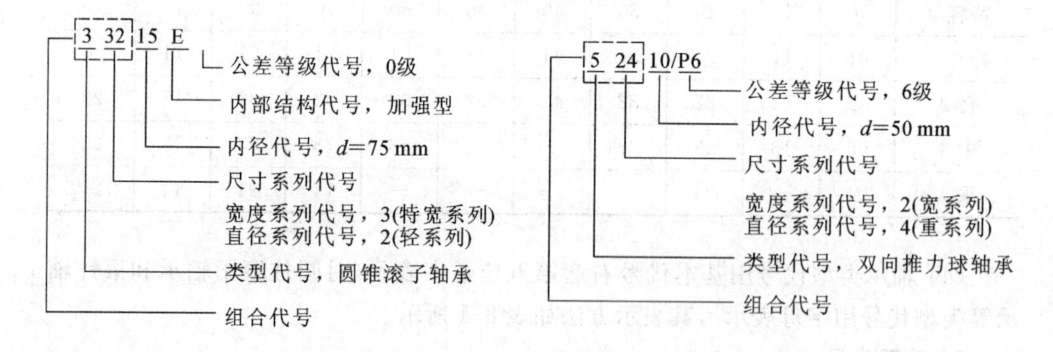

常用轴承径向游隙系列分为1组、2组、0组、3组、4组和5组,共六个组别,径向游隙依次由小到大。0组游隙是常用的游隙组别,在轴承代号中不标出。其余的游隙组别在轴承代号中分别用/C1、/C2、/C3、/C4、/C5表示。

实际应用中的滚动轴承类型是很多的,相应的轴承代号也是比较复杂的。以上介绍的代号是轴承代号中最基本、最常用的部分。熟悉了这部分代号，就可以识别和查选常用的轴承。有关滚动轴承更详细的表示方法，可查阅国家标准 GB/T 272—1993。

8.3 滚动轴承的选择

由于滚动轴承多为已标准化的外购件，因而在机械设计中，设计滚动轴承部件时，只需做以下两项工作：

(1) 正确选择出能满足约束条件的滚动轴承，包括合理选择轴承和校核所选出的轴承是否能满足疲劳强度、转速、静强度及经济等方面的约束；

(2) 进行滚动轴承部件的组合设计。

本节主要讨论滚动轴承的选择，有关轴承的校核将在下面几节中讨论。滚动轴承部件的组合设计属于结构设计的范畴，将在第13章中详细讨论。

滚动轴承的选择包括合理选择轴承的类型、尺寸系列、内径以及公差等级、特殊结构等。

8.3.1 类型选择

选用滚动轴承时，首先是选择滚动轴承的类型。选择轴承的类型时，应考虑轴承的工作条件、各类轴承的特点、价格等因素。与一般的零件设计一样，轴承类型的选择方案也不是唯一的，而是可以有多种。选择时，应首先提出多种可行方案，经进行深入分析比较后，再决定选用一种较合理的轴承类型。选择滚动轴承类型时应主要考虑以下问题。

1) 轴承所受载荷的大小、方向和性质

轴承所受载荷的大小、方向和性质是选择轴承类型的主要依据。

(1) 载荷的大小与性质　通常，球轴承适宜在中小载荷及载荷波动较小的场合工作，滚子轴承则可用于重载荷及载荷波动较大的场合。

(2) 载荷的方向　轴承受纯径向载荷时，可选用深沟球轴承(6类)、圆柱滚子轴承(N类)及滚针轴承(NA类)。轴承受纯轴向载荷时，可选用推力轴承。当径向载荷与轴向载荷联合作用时，一般选用角接触球轴承(7类)和圆锥滚子轴承(3类)。若径向载荷很大而轴向载荷较小，也可以采用深沟球轴承(6类)；若轴向载荷很大而径向载荷较小时，可采用推力调心滚子轴承(2类)或圆柱滚子轴承(N类)或深沟球轴承和推力轴承联合使用，以分别承受径向载荷和轴向载荷。

2) 轴承的转速

通常，转速较高、载荷较小或要求旋转精度较高时，宜选用球轴承；转速较低，载荷较大或有冲击载荷时，宜选用滚子轴承。

推力轴承的极限转速很低。工作转速较高时，若轴向载荷不十分大，可采用角接触球轴承。

3) 轴承的调心性能

当采用多支点轴或支点跨距大,或轴的中心线与轴承座中心线不重合而有较大的角度误差,或因轴受力造成很大的弯曲或倾斜时,会使轴承的内、外圈轴线发生偏斜。这时,应采用有一定调心性能的调心球轴承或调心滚子轴承。

值得注意的是,各类轴承内圈轴线相对外圈轴线的倾斜角度是有限制的,超过限制角度,会使轴承寿命降低。

4) 轴承的安装和拆卸

当轴承座没有剖分面而必须沿轴向安装和拆卸轴承部件时,应优先选用内外圈可分离的轴承(如圆柱滚子轴承、滚针轴承、圆锥滚子轴承等)。当轴承在长轴上安装时,为了便于装拆,可以选用其内圈孔为 1∶12 的圆锥孔轴承。

5) 经济性要求

一般来说,深沟球轴承价格最低,滚子轴承比球轴承价格高。轴承精度愈高,则价格愈高。选择轴承时,必须详细了解各类轴承的价格,在满足使用要求的前提下,尽可能地降低成本。

8.3.2 尺寸系列、内径等的选择

尺寸系列包括直径系列和宽度系列。选择轴承的尺寸系列时,主要考虑轴承承受载荷的大小,此外,也要考虑结构的要求。就直径系列而言,载荷很小时,一般可以选择超轻或特轻系列;载荷很大时,可考虑选择重系列。一般情况下,可先选用轻系列或中系列,待校核后再根据具体情况进行调整。对于宽度系列,通常可选用正常系列,若结构上有特殊要求,可根据具体情况选用其他系列。

轴承内径的大小与轴颈直径有关,一般可根据轴颈直径初步确定。

对于公差等级,若无特殊要求,一般选用 0 级,若有特殊要求,可根据具体情况选用不同的公差等级。

由于设计问题的复杂性,对轴承的选择不应指望一次成功,必须在选择、校核乃至结构设计的全过程中,反复分析、比较和修改,才能选择出符合设计要求的较好的轴承方案。

8.4 滚动轴承的工作情况及设计约束

所选出的轴承是否能满足设计约束,选择方案是否最优,还需要经进一步的验算(或称校核)来判断。为此,必须了解轴承工作时其有关元件所受的载荷、应力的情况和应满足的设计约束,这是进行校核时应首先考虑的问题。

8.4.1 滚动轴承工作时轴承元件上的载荷分布

外载荷作用于轴承上是通过滚动体由一个套圈传递给另一个套圈的。

滚动轴承的载荷分布与各个滚动体在接触处的弹性变形有关。图 8-3 和图 8-4 所示分别为向心轴承和单列角接触球轴承的载荷分布。如图 8-4 所示，轴承承受载荷时，滚动体沿接触角 α（滚动体与外圈滚道接触点处的法线与半径方向的夹角）的方向传力，其中，径向分力 F_r 与 F 之间形成夹角 β（载荷角）。当 β 不超过某一定值时，只有部分滚道承受载荷，每个滚动体所承受载荷的大小，取决于接触处的弹性变形。根据赫兹公式可得：

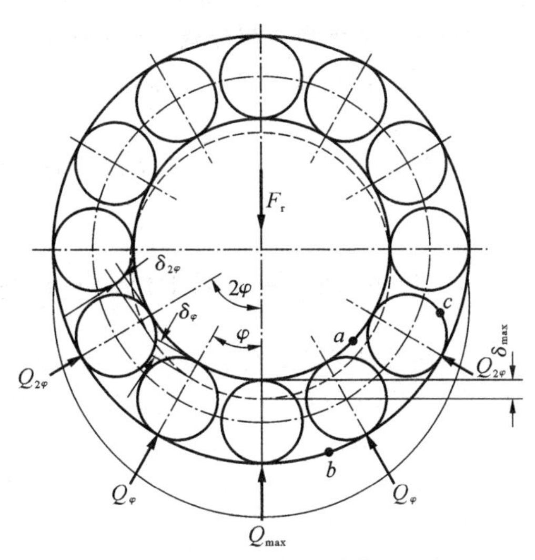

图 8-3　向心轴承中径向载荷的分布

点接触时（如各种球轴承）的载荷分布为

$$Q_\varphi/Q_{\max} = (\delta_\varphi/\delta_{\max})^{3/2}$$

线接触时（如单列圆锥滚子轴承）的载荷分布为

$$Q_\varphi/Q_{\max} = (\delta_\varphi/\delta_{\max})^{1.08}$$

式中　Q_φ——在位置 φ 处的滚动体载荷；

$Q_{\max}$——最大滚动体载荷；

δ_φ——在位置 φ 处的滚动体位移；

$\delta_{\max}$——最大位移，如图 8-3 所示。

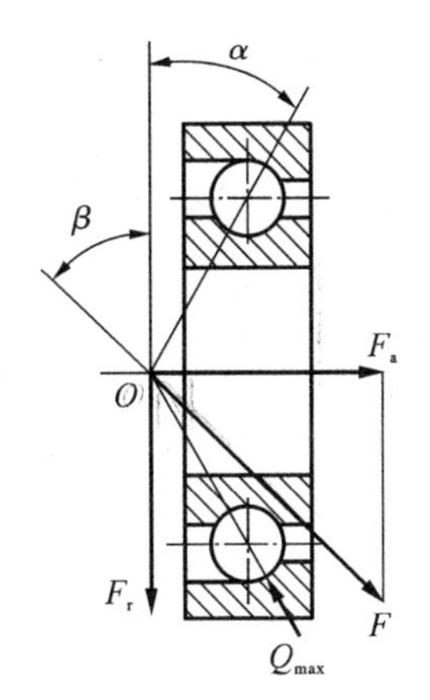

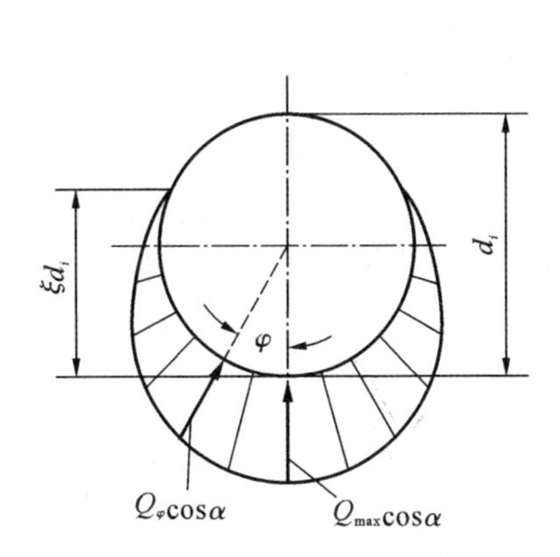

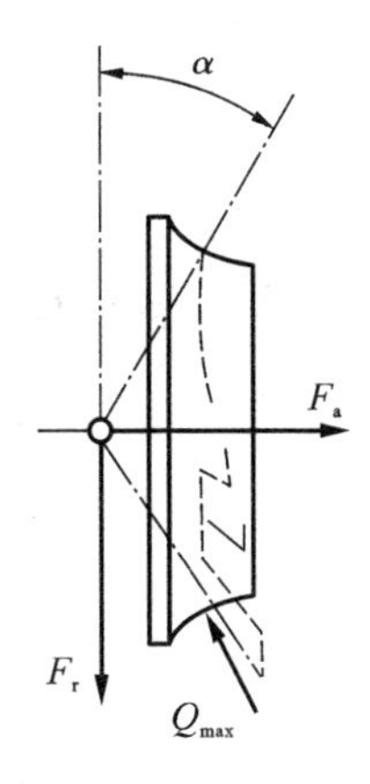

图 8-4　单列角接触球轴承的载荷分布

α—接触角；d_i—滚道直径；F_a—轴向力；F_r—径向力；β—轴承载荷 F 方向角；Q_φ—滚动体载荷；φ—滚动体位置角；$Q_{\max}$—最大滚动体载荷；ξd_i—滚动体载荷的延伸区（当 $\frac{F_a}{F_r} \leqslant e$① 时，随着 F_a 增加，ξ 也增加，且 $\xi \leqslant 1$，表示在不同的轴向力 F_a 作用下，承受载荷的滚动体数目不同）

① e 为判断系数，见表 8-7。

根据滚动体受力与外载荷平衡的条件,可得到 Q_{max} 与径向力 F_r 及轴向力 F_a 之间的关系。若所考察的轴承为半周承受载荷(即图 8-4 中 $\xi=0.5$),可求得

点接触时　　　　$Q_{max}=4.37F_r/(Z\cos\alpha)$

线接触时　　　　$Q_{max}=4.06F_r/(Z\cos\alpha)$

式中　Z——滚动体数目。

8.4.2　轴承工作时元件上载荷及应力的变化

由滚动轴承的载荷分布可知,轴承工作时各滚动体所承受的载荷将由小逐渐增大,直到最大值 Q_{max},然后再逐渐减小。因此,滚动体承受的载荷是变化的。

对于工作时旋转的内圈上任一点 a(见图 8-3),其在承受载荷区内,每次与滚动体接触就受载荷一次,因此旋转内圈上 a 点的载荷及应力是周期性变化的,如图 8-5(a)所示。

对于固定的外圈,各点所受载荷随位置不同而大小不同,对位于承受载荷区内的任一点 b(见图 8-3),每一个滚动体滚过其便受载荷一次,而所受载荷的最大值是不变的,承受稳定的脉动载荷,如图 8-5(b)所示。

滚动体工作时,有自转又有公转,因而,其上任一点 c(见图 8-3)所受的载荷和应力也是变化的,其变化规律与内圈相似,只是变化频率增加,如图 8-5(c)所示。

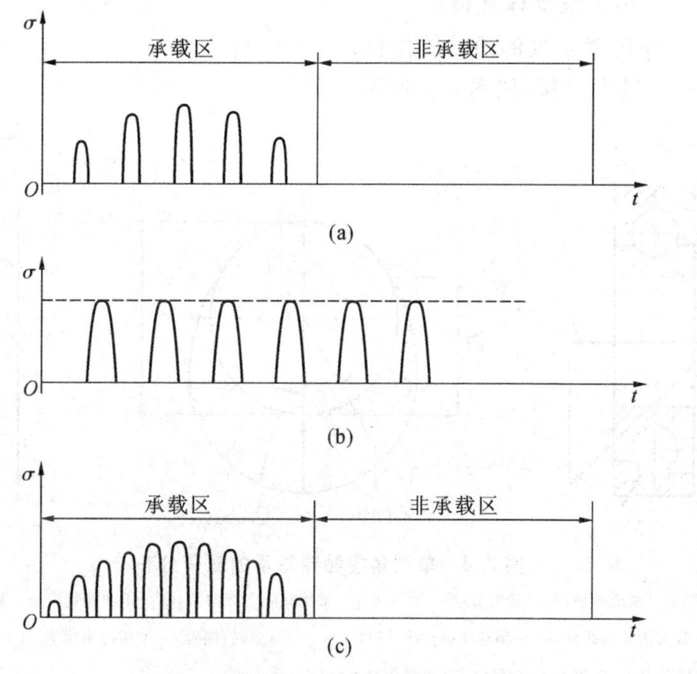

图 8-5　滚动轴承各元件上应力变化情况

(a) 内圈上 a 点的接触应力变化;(b) 外圈上 b 点的接触应力变化;(c) 滚动体上 c 点的接触应力变化

综上所述,滚动轴承各元件上所受的应力,都可近似看成脉动循环变化的接触应力。

8.4.3　滚动轴承失效形式和设计约束

滚动轴承在运转过程中,如出现异常发热、振动和噪声,则轴承元件就可能已经失效。这时轴承不能继续正常工作。常见的滚动轴承失效形式主要有以下几种。

(1) 疲劳点蚀　实践证明,有适当的润滑和密封,安装和维护条件正常时,绝大多数轴承由于滚动体沿着套圈滚动,在相互接触的物体表层内会产生变化的接触应力,经过一定次数循环后,就导致表层下不深处形成微观裂缝。微观裂缝被渗入其中的润滑油挤裂而引起点蚀。

(2) 塑性变形　在过大的静载荷或冲击载荷作用下,滚动体或套圈滚道上会出现不均匀的塑性变形凹坑。这种情况多发生在转速极低或摆动的轴承中。

(3) 磨粒磨损与黏着磨损　滚动轴承在密封不可靠以及多尘的运转条件下工作时,易发生磨粒磨损。通常在滚动体与套圈之间,特别是滚动体与保持架之间有滑动摩擦,如果润滑不好,发热严重时,可能使滚动体回火,甚至产生胶合磨损。转速越高、磨损越严重。

另外,不正常的安装、拆卸及操作也会引起轴承元件破裂等损坏,这些也是应该避免的。

校核时需要满足的设计约束主要是避免轴承失效,以保证轴承能在规定的期限内正常工作。轴承在不同工况下其主要失效形式一般不同。对于中速运转的轴承,其主要失效形式是疲劳点蚀,设计约束是保证轴承具有足够的疲劳寿命,应按疲劳寿命进行校核计算;对于高速运转的轴承,由于其发热大,常产生过度磨损和烧伤,设计约束除保证轴承具有足够的疲劳寿命之外,还应限制其转速不超过极限值,即除进行寿命计算外,还要校核其极限转速;对于不转动或转速极低的轴承,其主要的失效形式是产生过大的塑性变形,设计约束是要防止其产生过大的塑性变形,需要进行静强度的校核计算。

此外,轴承组合结构设计要合理,保证充分的润滑和可靠的密封,这对提高轴承的寿命和保证其正常工作是非常重要的。

8.5　滚动轴承的校核计算

根据对滚动轴承设计约束的分析,滚动轴承的校核计算主要有疲劳寿命的校核计算、极限转速校核计算和静强度校核计算。

8.5.1　滚动轴承的疲劳寿命计算

1. 基本额定寿命和基本额定动载荷

所谓轴承的寿命,对于单个滚动轴承来说,是指其中一个套圈(或垫圈)或滚动体材料首次出现疲劳点蚀之前,一套圈(或垫圈)相对于另一套圈(或垫圈)所能运转的转数。

对同一批轴承(结构、尺寸、材料、热处理以及加工等完全相同),在完全相同的工作条件下进行寿命试验,滚动轴承的疲劳寿命是相当离散的。在同一批轴承中,最低寿命和最高寿命相差几倍,甚至几十倍。可用数理统计的方法求出其寿命分布规律,用基本额定寿命作为选择轴承的标准。基本额定寿命 L_{10} 是指一批相同的轴承,在相同条件下运转,其中 90%轴承不发生疲劳点蚀以前能运转的总转数(以 10^6 r 为单位)或在一定转速下所能运转的总工作小时数。

轴承的寿命与所受载荷的大小有关,工作载荷越大,轴承的寿命越短。滚动轴承的基本额定动载荷,就是使轴承的基本额定寿命为 10^6 r 时,轴承所能承受的载荷值,用字母 C 代表。对于向心轴承,基本额定动载荷指的是纯径向载荷,称为径向基本额定动载荷,用 C_r 表示;对于推力轴承,基本额定动载荷指的是纯轴向载荷,称为轴向基本额定动载荷,用 C_a 表示;对于角接触球轴承或圆锥滚子轴承,指的是使套圈间只产生纯径向位移的载荷的径向分量。

不同型号的轴承有不同的基本额定动载荷值,它表征不同型号轴承承受载荷能力的大小。

2. 滚动轴承疲劳寿命计算的基本公式

在大量试验研究基础上,得出代号为 6208 轴承的载荷-寿命曲线,如图 8-6 所示。该曲线表示这类轴承的载荷 P 与基本额定寿命 L_{10} 之间的关系。曲线上相应于寿命 $L_{10}=1$ 的载荷(25.6 kN),即为 6208 轴承的基本额定动载荷 C_r。其他型号的轴承,也有与上述曲线的函数规律完全一样的载荷-寿命曲线。此曲线用公式表示为

$$L_{10}=\left(\frac{C}{P}\right)^{\varepsilon}\quad(10^6\ \text{r})\tag{8-1}$$

式中 P——当量动载荷(N);

ε——寿命指数,对于球轴承 $\varepsilon=3$,对于滚子轴承 $\varepsilon=10/3$。

实际计算时,用小时数表示寿命比较方便。令 n 代表轴承的转速(r/min),则以小时数表示的轴承寿命为

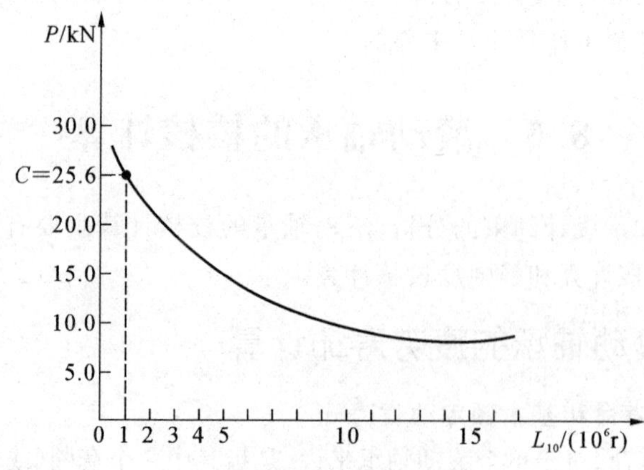

图 8-6 轴承的载荷-寿命曲线

$$L_h = \frac{10^6}{60n}\left(\frac{C}{P}\right)^{\varepsilon} \quad (\mathrm{h}) \tag{8-2}$$

通常在轴承样本中列出的额定动载荷值，是对一般温度(120 ℃以下)下工作的轴承而言的，在较高温度下工作的轴承，轴承元件材料的组织将产生变化，硬度将要降低，影响其承受载荷的能力。为此，寿命计算时，引入温度系数 f_t，寿命公式可写为

$$L_{10} = \left(\frac{f_t C}{P}\right)^{\varepsilon} \quad (10^6\ \mathrm{r}) \tag{8-3}$$

$$L_h = \frac{10^6}{60n}\left(\frac{f_t C}{P}\right)^{\varepsilon} \quad (\mathrm{h}) \tag{8-4}$$

式中 f_t——温度系数，可由表 8-5 查得。

表 8-5 温度系数 f_t

轴承工作温度/℃	≤120	125	150	175	200	225	250	300	350
温度系数 f_t	1.00	0.95	0.90	0.85	0.80	0.75	0.70	0.6	0.5

疲劳寿命校核计算应满足的约束条件为

$$L_h \geqslant L_h'$$

式中 L_h'——轴承预期计算寿命，列于表 8-6，可供参考。

表 8-6 推荐的轴承预期计算寿命 L_h'

机器类型	预期计算寿命 L_h'/h
不经常使用的仪器或设备，如闸门开闭装置等	300～3 000
短期或间断使用、中断使用不致引起严重后果的机械，如手动机械等	3 000～8 000
间断使用的机械，中断使用后果严重，如发动机辅助设备、流水作业线自动传送装置、升降机、车间吊车、不常使用的机床等	8 000～12 000
每日 8 小时工作的机械(利用率较高)，如一般的齿轮传动、某些固定电动机等	12 000～20 000
每日 8 小时工作的机械(利用率不高)，如金属切削机床、连续使用的起重机、木材加工机械、印刷机械等	20 000～30 000
24 小时连续工作的机械，如矿山升降机、纺织机械、泵、电动机等	40 000～60 000
24 小时连续工作、中断使用后果严重的机械，如纤维生产或造纸设备、发电站主电动机、矿井水泵、船舶桨轴等	100 000～200 000

如果当量动载荷 P 和转速 n 已知，预期计算寿命 L_h' 也已选定，工作温度低于 120 ℃时，则可由公式(8-5)计算出轴承应具有的基本额定动载荷 C' 值，从而可根据 C' 值选用所需轴承的型号：

$$C' = P\sqrt[\varepsilon]{\frac{60nL'_h}{10^6}} \quad (\mathrm{N}) \tag{8-5}$$

3. 滚动轴承的当量动载荷

滚动轴承的基本额定动载荷 C 是在一定条件下确定的。对于向心轴承,基本额定动载荷是内圈旋转、外圈静止时的径向载荷;对于向心角接触轴承,基本额定动载荷是使滚道半圈承受载荷的径向分量;对于推力轴承,基本额定动载荷是中心轴向载荷。因此,必须将工作中的实际载荷换算为与基本额定动载荷条件相同的当量动载荷后才能进行计算。换算后的当量动载荷是一个假想的载荷,用符号 P 表示。在当量动载荷 P 作用下的轴承寿命与工作中的实际载荷作用下的寿命相等。

在不变的径向和轴向载荷作用下,当量动载荷的计算公式为

$$P = XF_r + YF_a \tag{8-6a}$$

式中 F_r——轴承所受的径向载荷(N)(即轴承实际载荷的径向分量);

F_a——轴承所受的轴向载荷(N)(即轴承实际载荷的轴向分量);

X——径向动载荷系数,将实际径向载荷 F_r 转化为当量动载荷的修正系数,可由表 8-7 查得;

Y——轴向动载荷系数,将实际轴向载荷 F_a 转化为当量动载荷的修正系数,可由表 8-7 查得。

表 8-7 当量动载荷的 X、Y 系数

轴承类型		相对轴向载荷	判断系数	单列轴承				双列轴承或成对安装单列轴承(在同一支点上)			
名称	代号	iF_a/C_{0r}[①②]	e	$F_a/F_r \leqslant e$		$F_a/F_r > e$		$F_a/F_r \leqslant e$		$F_a/F_r > e$	
				X	Y	X	Y	X	Y	X	Y
		0.14	0.19				2.30				2.30
		0.028	0.22				1.99				1.99
		0.056	0.26				1.71				1.71
		0.084	0.28				1.55				1.55
深沟球轴承	60000	0.11	0.30	1	0	0.56	1.45	1	0	0.56	1.45
		0.17	0.34				1.31				1.31
		0.28	0.38				1.15				1.15
		0.42	0.42				1.04				1.04
		0.56	0.44				1.00				1.00
调心球轴承	10000	—	$1.5\tan\alpha$[②]	1	0	0.40	$0.40\cot\alpha$[②]	1	$0.42\cot\alpha$[②]	0.65	$0.65\cot\alpha$[②]
调心滚子轴承	20000	—	$1.5\tan\alpha$[②]	1	0	0.40	$0.40\cot\alpha$[②]	1	$0.45\cot\alpha$[②]	0.67	$0.67\cot\alpha$[②]

续表

轴承类型			相对轴向载荷	判断系数	单列轴承				双列轴承或成对安装单列轴承(在同一支点上)			
名称		代号	iF_a/C_{0r} [1][2]	e	$F_a/F_r \leqslant e$		$F_a/F_r > e$		$F_a/F_r \leqslant e$		$F_a/F_r > e$	
					X	Y	X	Y	X	Y	X	Y
角接触球轴承	$\alpha=15^\circ$	70000C	0.015	0.38				1.47		1.65		2.39
			0.029	0.40				1.40		1.57		2.28
			0.058	0.43				1.30		1.46		2.11
			0.087	0.46				1.23		1.38		2.00
			0.12	0.47	1	0	0.44	1.19	1	1.34	0.27	1.93
			0.17	0.50				1.12		1.26		1.82
			0.29	0.55				1.02		1.14		1.66
			0.44	0.56				1.00		1.12		1.63
			0.58	0.56				1.00		1.12		1.63
	$\alpha=25^\circ$	70000AC	—	0.68	1	0	0.41	0.87	1	0.92	0.67	1.41
	$\alpha=40^\circ$	70000B	—	1.14			0.35	0.57		0.55	0.57	0.93
圆锥滚子轴承		30000	—	$1.5\tan\alpha$ [2]	1	0	0.40	$0.40\cot\alpha$ [2]	1	$0.45\cot\alpha$ [2]	0.67	$0.67\cot\alpha$ [2]

注：① C_{0r}为径向额定静载荷(N)；对于“相对轴向载荷”的中间值，X、Y 和 e 值可由线性内插法求得。

② 具体数值按不同型号的轴承查有关设计手册。

对于只能承受纯径向载荷的向心圆柱滚子轴承、滚针轴承、螺旋滚子轴承，

$$P = F_r \tag{8-6b}$$

对于只能承受纯轴向载荷的推力轴承，

$$P = F_a \tag{8-6c}$$

上述当量动载荷的计算公式只是求出了理论值，而机器工作时还可能产生振动和冲击，轴承实际所受的载荷要比计算值大。因此，应根据机器的实际工作情况，引入载荷系数 f_p，对其进行修正。这样，修正后的当量动载荷应按下面的公式计算：

$$P = f_p(XF_r + YF_a) \tag{8-7a}$$

$$P = f_pF_r \tag{8-7b}$$

$$P = f_pF_a \tag{8-7c}$$

式中　f_p——载荷系数，可查表 8-8 求得。

表 8-8　载荷系数 f_p

载荷性质	f_p	举　例
无冲击或轻微冲击	1.0～1.2	电动机、汽轮机、通风机、水泵等中
中等冲击或中等惯性力	1.2～1.8	车辆、动力机械、起重机、造纸机、冶金机械、选矿机、卷扬机、机床等中
强大冲击	1.8～3.0	破碎机、轧钢机、钻探机、振动筛等中

对于向心球轴承(深沟球轴承和角接触球轴承等),当 P 超过 C_{0r}(C_{0r}为径向基本额定静载荷,N)或 $0.5C_r$ 中任何一个值时,对于向心滚子轴承,当 P 超过 $0.5C_r$ 时,对于推力球轴承,当 P 超过$0.5C_{0a}$(C_{0a}为轴向基本额定静载荷,N)时,用户应向轴承制造厂查询寿命计算公式的适用情况。

在表 8-7 中:当 $F_a/F_r>e$ 时(e 为轴向载荷影响系数或称判别系数),表示轴向载荷对轴承寿命影响较大,计算当量动载荷时必须考虑 F_a 的作用,此时 $P=XF_r+YF_a$;当 $F_a/F_r\leqslant e$ 时,表示轴向载荷对轴承寿命影响较小,计算当量动载荷时只需考虑 F_r 的作用,F_a 可忽略,此时 $P=F_r$。

由表 8-7 可以看出:对于深沟球轴承及公称接触角 $\alpha=15°$的角接触球轴承,其 e 值随iF_a/C_{0r}的增大而增大。其中 i 为轴承滚动体列数,轴承的 C_{0r}可从产品样本或手册中查出。对于每一种轴承,基本额定静载荷 C_{0r}是常数,它体现了轴承静强度的大小。比值 iF_a/C_{0r}反映了轴向载荷的相对大小,其变化将使接触角 α 发生变化,从而改变 Y 和 e 的值。

在按式(8-7)计算各轴承的当量动载荷 P 时,径向载荷 F_r 为外界作用到轴上的载荷在各轴承上产生的径向载荷(通常,轴承的 F_r 为该轴承的水平面内支反力与垂直面内支反力的矢量和)。对于深沟球轴承,其轴向载荷 F_a 由外界作用在轴上的总轴向力 F_A 决定,F_A 所指向的轴承,其所承受的轴向力 F_a 为外界作用在轴上的总轴向力 F_A(即 $F_a=F_A$),另一轴承所承受的轴向力为零;对于角接触球轴承和圆锥滚子轴承,其轴向力 F_a 由外界作用在轴上的总轴向力 F_A 与各轴承因径向载荷 F_r 产生的派生轴向力 S 之间的平衡条件得出,详细计算将在下一小节中讨论。

4. 角接触球轴承与圆锥滚子轴承的轴向载荷 F_a 的计算

角接触球轴承和圆锥滚子轴承承受纯径向载荷时,要产生派生的轴向力 S。图 8-7 所示为两种不同安装方式下,由纯径向载荷产生的派生轴向力 S 的情况。其中:(a) 为正装(或称为"面对面"安装,采用这种安装方式可以使左、右两轴承的载荷中心靠近);(b)为反装(或称为"背对背"安装,可使两载荷的中心距离加长)。不同安装方式下所产生的派生轴向力 S 的方向不同,但其方向总是由轴承宽度中点指向轴承载荷中心的(所谓轴承载荷中心,是指轴承所受的总载荷,即轴向载荷与径向载荷的矢量和的作用线与轴承轴心线的交点)。

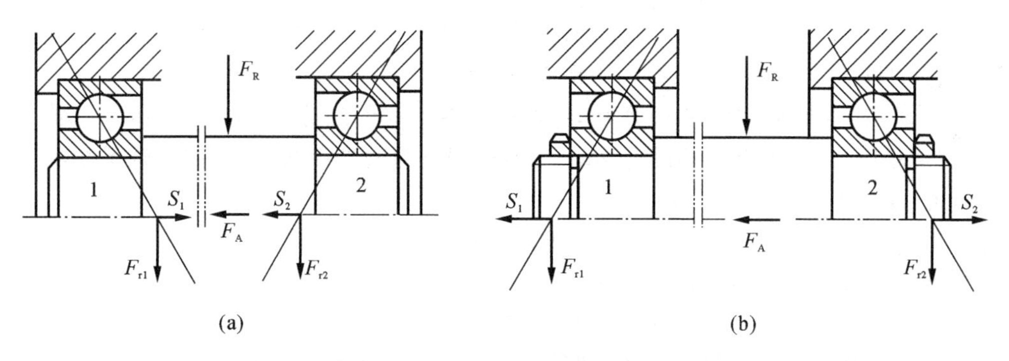

图 8-7　角接触球轴承的轴向载荷分析

(a) 正装；(b) 反装

F_R——作用于轴上的径向外载荷；　F_A——作用于轴上的轴向外载荷

角接触球轴承及圆锥滚子轴承的派生轴向力的大小取决于该轴承所受的径向载荷和轴承结构，其值可按表 8-9 计算。但计算支反力时，若两轴承支点间的距离不是很小，为简便起见，可以轴承宽度中点作为支反力的作用点，这样处理误差不大。

表 8-9　约有半数滚动体接触时的派生轴向力 S 的计算公式

圆锥滚子轴承	角接触球轴承		
	70000C($\alpha=15°$)	70000AC($\alpha=25°$)	70000B($\alpha=40°$)
$S=F_r/(2Y)$[①]	$S=0.5F_r$	$S=0.7F_r$	$S=1.1F_r$

注：① Y 是对应于表 8-7 中 $F_a/F_r>e$ 时的 Y 值。

图 8-8 所示为一成对安装的向心角接触轴承（可以是角接触球轴承或圆锥滚子轴承），F_R 及 F_A 分别为作用于轴上的径向外载荷及轴向外载荷。两轴承所受的径向载荷分别为 F_{r1} 及 F_{r2}，相应的派生轴向力为 S_1 及 S_2。

取轴与其相配合的轴承内圈为分离体，当达到轴向平衡时，应满足：

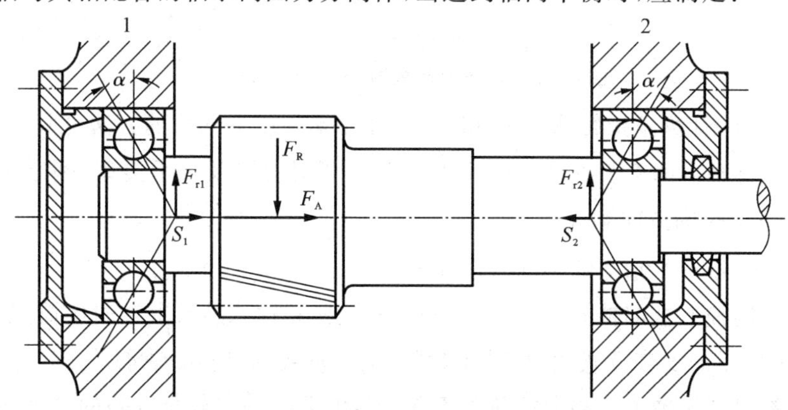

图 8-8　向心角接触轴承的轴向载荷

$$S_1 + F_A = S_2$$

下面以图 8-8 中的正装结构为例进行分析。

若 $S_1 + F_A > S_2$，如图 8-9 所示，则此时轴有右移的趋势，轴承 2 被“压紧”，轴承 1 被“放松”。但实际上轴并没有移动。因此，根据力的平衡关系，作用在轴承 2 的外圈上的力应是 $S_2 + S_2'$，且有

$$S_1 + F_A = S_2 + S_2'$$

作用在轴承 2 上的总的轴向力为

$$F_{a2} = S_2 + S_2' = S_1 + F_A \tag{8-8a}$$

作用在轴承 1 上的轴向力为(即轴承 1 只受其自身的派生轴向力作用)

$$F_{a1} = S_1 \tag{8-8b}$$

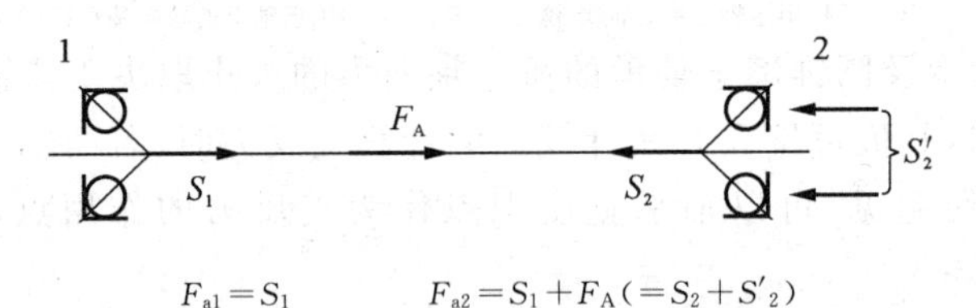

图 8-9　轴向力示意图($S_1 + F_A > S_2$ 时)

如果 $S_1 + F_A < S_2$，如图 8-10 所示，此时轴有左移的趋势，轴承 1 被“压紧”，轴承 2 被“放松”。为了保持轴的平衡，在轴承 1 的外圈上必有一个平衡力 S_1'作用，进行与上述同样的分析，得作用在轴承 1 及轴承 2 上的轴向力分别为

$$F_{a1} = S_2 - F_A \tag{8-9a}$$

$$F_{a2} = S_2 \tag{8-9b}$$

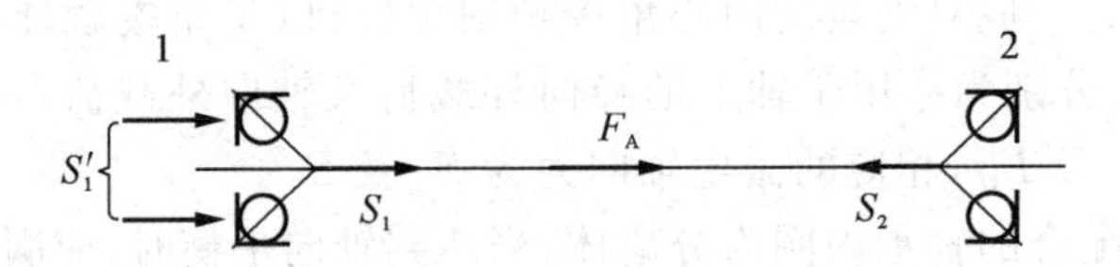

图 8-10　轴向力示意图($S_1 + F_A < S_2$ 时)

综上可知，计算角接触球轴承和圆锥滚子轴承所受轴向力的方法可归结如下：

(1) 根据轴承的安装方式(即“面对面”或“背对背”)及轴承类型，确定轴承的派生轴向力 S_1、S_2 的方向和大小；

(2) 确定作用于轴上的轴向外载荷的合力 F_A 的方向和大小；

(3) 判明轴上全部轴向载荷(包括轴向外载荷和轴承的派生轴向载荷)的合力指向，再根据轴承的安装方式找出被“压紧”的轴承及被“放松”的轴承；

(4) 被“压紧”轴承的轴向载荷等于除自身的派生轴向载荷以外的其他所有轴向载荷的代数和(即另一个轴承的派生轴向载荷与外载荷 F_A 的代数和)；

(5) 被“放松”轴承的轴向载荷等于轴承自身的派生轴向载荷。

例8-1 图8-11所示为轴承部件承受载荷的示意图(反装结构),轴承所受载荷平稳,常温下工作,转速 $n=3\ 000$ r/min,受力情况如图所示。设轴颈直径 $d=30$ mm,要求轴承使用寿命(即轴承预期寿命)为 $L'_{h}=4\ 500$ h,试选用一对70000 C型轴承。

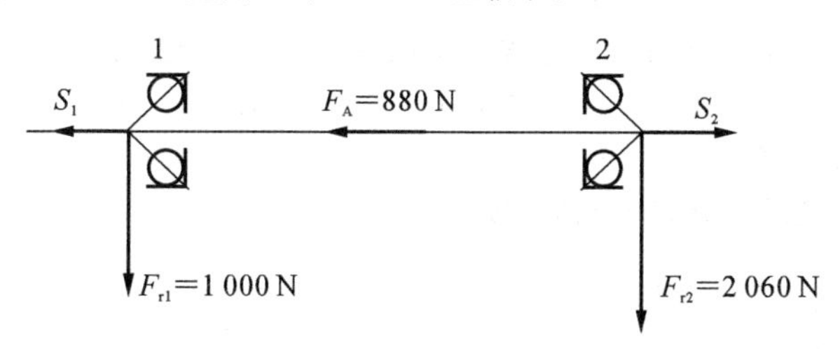

图8-11 轴承部件承受载荷示意图

解 根据工况,初选轴承7306C。查滚动轴承样本或机械设计手册,得

$$C_{r}=26\ 500\ \text{N}$$

$$C_{0r}=19\ 800\ \text{N}$$

由表8-5查得

$$f_{t}=1.0\quad(\text{常温下工作})$$

由表8-8查得

$$f_{p}=1.0\quad(\text{轴承所受载荷平稳})$$

(1) 计算派生轴向力 S_1、S_2。

由表8-9查得70000C型轴承的派生轴向力为 $S=0.5F_{r}$,则可求得轴承1、2的派生轴向力分别为

$$S_1=0.5F_{r1}=0.5\times 1\ 000\ \text{N}=500\ \text{N}$$

$$S_2=0.5F_{r2}=0.5\times 2\ 060\ \text{N}=1\ 030\ \text{N}$$

(2) 计算轴承所受的轴向载荷。

因为
$$S_1+F_{A}=500+880=1\ 380>S_2$$
并由图8-11分析知,轴承2被“压紧”,轴承1被“放松”。由此可得

$$F_{a2}=S_1+F_{A}=1\ 380\ \text{N}$$

$$F_{a1}=S_1=500\ \text{N}$$

(3) 计算当量动载荷。

轴承1:

$$\frac{F_{a1}}{C_0}=\frac{500}{19\ 800}=0.025$$

由表8-7,用线性插值法可求得 $e_1=0.39$。

$$\frac{F_{a1}}{F_{r1}}=\frac{500}{1\ 000}=0.5>e_1$$

由 e_1 查表8-7,并用线性插值法求得 $X_1=0.44$,$Y_1=1.43$。由此可得

$$\begin{aligned}P_1&=f_{p}(X_1F_{r1}+Y_1F_{a1})\\&=1.0(0.44\times 1\ 000+1.43\times 500)\ \text{N}=1\ 155\ \text{N}\end{aligned}$$

轴承2:

$$\frac{F_{a2}}{C_0} = \frac{1\ 380}{19\ 800} = 0.07$$

由表 8-7,用线性插值法可求得 $e_2 = 0.44$。

$$\frac{F_{a2}}{F_{r2}} = \frac{1\ 380}{2\ 060} = 0.67 > e_2$$

由 e_2 查表 8-7,并用线性插值法求得 $X_2 = 0.44, Y_2 = 1.27$。由此可得

$$P_2 = f_p(X_2 F_{r2} + Y_2 F_{a2}) = 1.0(0.44 \times 2\ 060 + 1.27 \times 1\ 380)\mathrm{N} = 2\ 659\ \mathrm{N}$$

(4) 轴承寿命 L_h 计算。

因 $P_2 > P_1$,故按轴承 2 计算轴承的寿命:

$$L_h = \frac{10^6}{60n}\left(\frac{f_t C}{P}\right)^{\varepsilon} = \frac{10^6}{60 \times 3\ 000}\left(1 \times \frac{26\ 500}{2\ 659}\right)^3 \mathrm{h} = 5\ 499\ \mathrm{h} > L'_h = 4\ 500\ \mathrm{h}$$

所选轴承 7306C 合格。

5. 利用 Autodesk Inventor 进行轴承的寿命计算

轴承的寿命计算也可用 Inventor 2010 方便快捷地完成,并能实现多方案的筛选。结合例 8-1,现将计算过程简单介绍如下。

启动 Inventor 2010,打开设计加速器,点击轴承图标,弹出“轴承生成器”窗口。在其“设计”选项卡上,可根据所输入的条件(包括轴承类型、外径、内径和轴承宽度)来选择轴承。根据题意要求,先从资源中心调入国标 70000C 型轴承,再输入所要求的轴承内径 30 mm,系统会筛选出初步符合要求的若干轴承型号,并列于显示窗口下方,如图 8-12 所示。

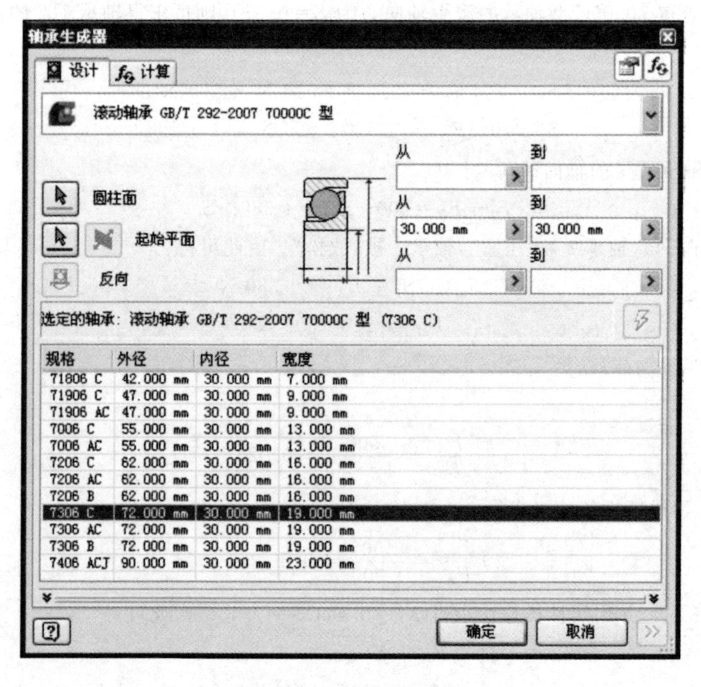

图 8-12　轴承型号选择

初选 7306C 轴承，点击“轴承生成器”窗口上方的“计算”按钮，进入轴承寿命计算界面，如图 8-13 所示。输入作用在轴承上的径向载荷、轴向载荷、转速、基本额定静载荷、基本额定动载荷、径向动载荷系数、轴向动载荷系数、轴承预期寿命及工况条件（如工作温度、可靠度、载荷系数等），再点击“计算”按钮，即可得到轴承的寿命值及寿命是否满足预期要求等信息。从此例来看，计算结果与手算结果完全吻合。

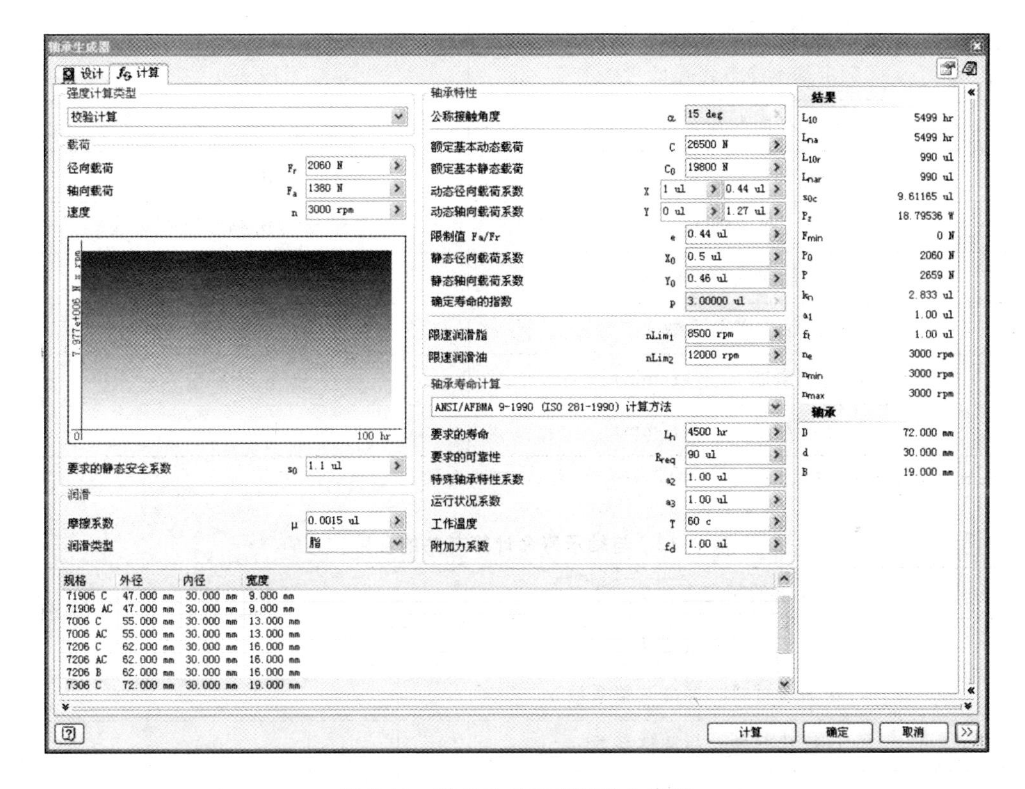

图 8-13　轴承生成器主要输入参数

为方便学习，现将与轴承寿命计算有关的数据及计算结果列于表 8-10 至表8-13 中。

表 8-10　轴承载荷、转速与静态安全系数

轴承径向载荷 F_r/N	2 060
轴承轴向载荷 F_a/N	1 380
转速 n/(r/min)	3 000
要求的静态安全系数 S_0	1.1

表 8-11　与轴承寿命计算有关的参数(一)

参数	数值
轴承内径 d/mm	30
轴承外径 D/mm	72
轴承宽度 B/mm	19
轴承的公称接触角 α/(°)	15
额定基本动态载荷 C/N	26 500
额定基本静态载荷 C_0/N	19 800
动态径向载荷系数 X	1.00/0.44
动态轴向载荷系数 Y	0.00/1.27
F_a/F_r 的限值 e	0.44
静态径向载荷系数 X_0	0.50
静态轴向载荷系数 Y_0	0.46
限速润滑脂 n_{lim1}/(r/min)	8 500
限速润滑油 n_{lim2}/(r/min)	12 000

注:轴承规格为滚动轴承 GB/T 292-2007 70000C 型 (7306 C 型)。

表 8-12　与轴承寿命计算有关的参数(二)

参数	数值
要求的额定寿命 L_{req}/h	4 500
要求的可靠性 R_{req}	90
特殊轴承材料的寿命调整系数 a_2	1
运行状况的寿命调整系数 a_3	1
工作温度 T/℃	60
附加力系数 f_d	1

注:计算方法——ANSI/AFBMA 9-2007 (ISO 281-2007)。

表 8-13　轴承寿命计算结果

项目	数值
基本额定寿命 L_{10}/h	5 499
调整的额定寿命 L_{na}/h	5 499
计算的静态安全系数 S_{0c}	9.611 65
摩擦引起的功率损失 P_z/W	18.795 36
最小必要载荷 F_{min}/N	0

续表

静态等效载荷 P_0/N	2 060
动态等效载荷 P/N	2 659
超限回转系数 k_n	2.833
可靠性的寿命调整系数 a_1	1.00
温度系数 f_t	1.00
等效转速 n_e/(r/min)	3 000
最小转速 n_{min}/(r/min)	3 000
最大转速 n_{max}/(r/min)	3 000
强度校核	正

6. 同一支点成对安装同型号向心角接触轴承的计算特点

当轴系中某一支点上对称成对安装（“背对背”或“面对面”）同型号的向心角接触轴承时，轴系受力处于三支点静不定状态（见图 8-14），计算时，需考虑到轴承的变形及由于轴向载荷大小，导致轴承反力作用点的变化。一般情况下，多采用近似计算。将成对轴承看做是双列轴承，并认为反力的作用点位于两轴承中点处。对角接触球轴承在计算径向当量载荷时用双列轴承的 X 和 Y 值，相对轴向载荷（见表 8-7）按单列轴承的 C_{0r} 值及轴承承受的轴向力 F_a 确定；对角接触滚子轴承在计算当量动载荷时的系数 X 及 Y，由表 8-7 查双列轴承的数值。对于角接触轴承的径向基本额定动载荷 $C_{r\Sigma}$ 可按下列公式计算：

对于点接触轴承

$$C_{r\Sigma} = 2^{0.7} C_r = 1.625 C_r \tag{8-10}$$

对于线接触轴承

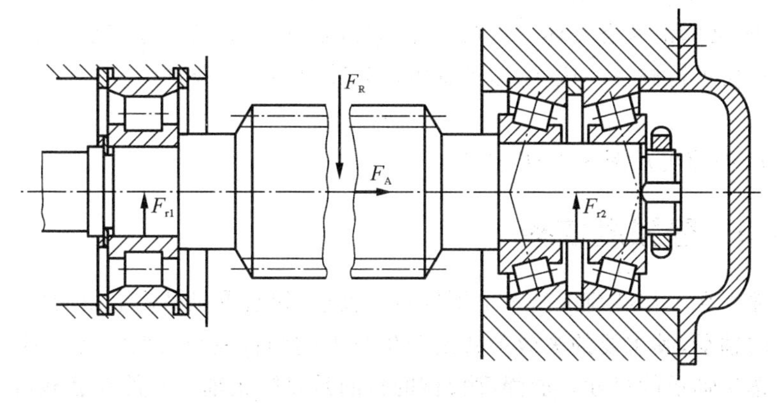

图 8-14　同一支点成对安装同型号向心角接触轴承

$$C_{r\Sigma} = 2^{7/9} C_r = 1.71 C_r \tag{8-11}$$

式中 C_{0r}和C_r——单个轴承的基本额定静载荷和基本额定动载荷。

表 8-14 可靠性不为 90%时的寿命修正系数 α_1

可靠性/(%)	L_n	α_1
90	L_{10}	1
95	L_5	0.62
96	L_4	0.53
97	L_3	0.44
98	L_2	0.33
99	L_1	0.21

7. 滚动轴承的修正额定寿命

滚动轴承寿命通常是指按标准 GB/T 6391—2003 计算的基本额定寿命,此寿命是指 90%可靠性的寿命。但是,对于某些使用场合,需要计算另外等级的可靠性寿命时,只要引入寿命修正系数 α_1,便可得出不同可靠性时的修正额定寿命:

$$L_n = \alpha_1 L_{10} \tag{8-12}$$

式中 L_{10}——可靠性为 90%(破坏率为 10%)时的寿命,按式(8-3)计算;

α_1——可靠性不为 90%时的额定寿命修正系数,其值可由表 8-14 查得。

8.5.2 极限转速校核

滚动轴承转速过高,会使摩擦表面间产生很高的温度,影响润滑剂的性能,破坏油膜,从而导致滚动体回火或元件胶合,使轴承失效。因此,对于高速滚动轴承,除应满足疲劳寿命的约束外,还应满足转速的约束,其约束条件为

$$n_{max} \leqslant n_{lim} \tag{8-13}$$

式中 n_{max}——滚动轴承的最大工作转速;

n_{lim}——滚动轴承的极限转速。

滚动轴承的极限转速 n_{lim}值已列入轴承样本中,在有关标准和手册中可以查到。但这个转速是指载荷不太大($P \leqslant 0.1C$,C 为基本额定动载荷),冷却条件正常,且轴承公差等级为 0 级时的最大允许转速。当轴承在重载荷($P > 0.1C$)下工作时,接触应力将增大;向心轴承受轴向力作用时,将使受载滚动体数目增加,增大轴承接触表面间的摩擦,使润滑状态变坏。这时,要用载荷系数 f_1 和载荷分布系数 f_2 对手册中的极限转速值进行修正。这样,滚动轴承极限转速的约束条件为

$$n_{max} \leqslant f_1 f_2 n_{lim} \tag{8-14}$$

式中,f_1、f_2 的值可从图 8-15 中查得。

8.5.3 静强度校核

对于那些在工作载荷下基本上不旋转的轴承(如起重机吊钩上用的推力轴承)或转速极低的轴承,其主要的失效形式是产生过大的塑性变形,因此,这时应按轴承的静强度来选择轴承的尺寸。静强度校核的目的是要防止轴承元件在静载荷和冲击载荷作用下产生过大的塑性变形,以保证轴承能平稳地工作,此时应按轴承的静载荷选

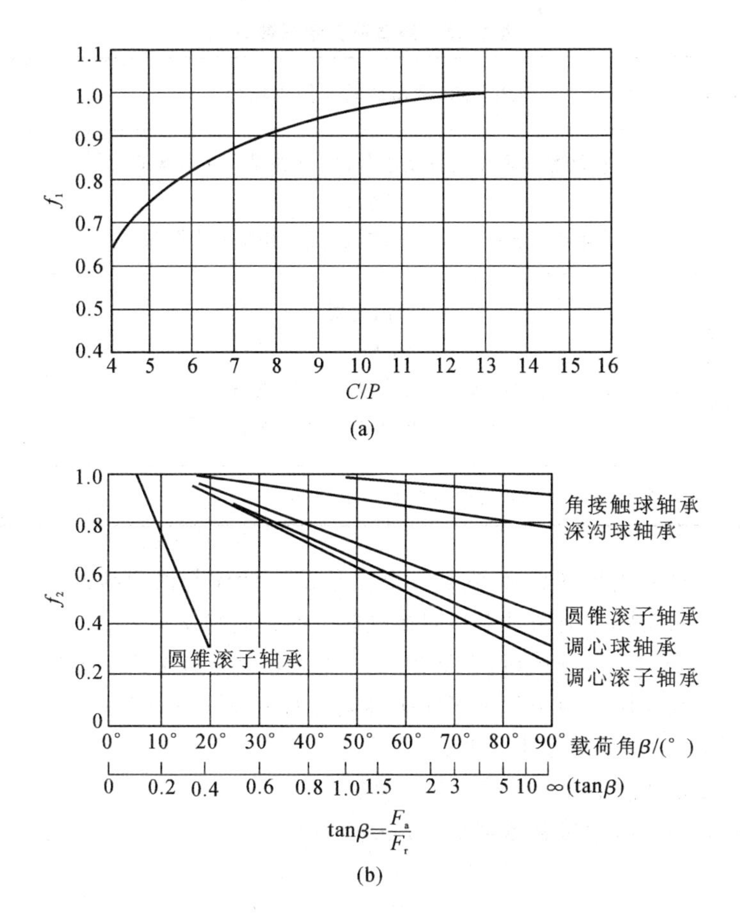

图 8-15　载荷系数 f_1 和载荷分布系数 f_2

(a) 载荷系数 f_1；(b) 载荷分布系数 f_2

择轴承尺寸。故其约束强度条件为

$$\frac{C_{0r}}{P_{0r}} \geqslant S_0 \quad 或 \quad \frac{C_{0a}}{P_{0a}} \geqslant S_0 \tag{8-15}$$

式中　S_0——轴承静载荷安全系数，其值见表 8-15。

C_{0r}——径向额定静载荷，它是在最大载荷滚动体与滚道接触中心处，引起的与下列计算接触应力相当的径向静载荷：对调心球轴承为 4 600 MPa；对所有其他的向心球轴承为 4 200 MPa；对所有向心滚子轴承为 4 000 MPa；对单列角接触球轴承，其径向额定静载荷是指使轴承套圈间仅产生相对纯径向位移的载荷的径向分量。

C_{0a}——轴向额定静载荷，它是在最大载荷滚动体与滚道接触中心处，引起的与下列计算接触应力相当的中心轴向静载荷：对推力球轴承为 4 200 MPa；对所有推力滚子轴承为 4 000 MPa。

表 8-15 静载荷安全系数 S_0

轴承使用情况	使用要求、载荷性质及使用场合	S_0
旋转轴承	对旋转精度和平稳性要求较高,或受强大冲击载荷	1.2～2.5
	一般情况	0.8～1.2
	对旋转精度和平稳性要求较低,没有冲击或振动	0.5～0.8
在工作载荷下基本上不旋转或摆动的轴承	水坝门装置	≥1
	吊桥	≥1.5
	附加动载荷较小的大型起重机吊钩	≥1
	附加动载荷很大的小型装卸起重机吊钩	≥1.6
各种使用场合下的推力调心滚子轴承		≥2

P_{0r}——径向当量静载荷,它是在最大载荷滚动体与滚道接触中心处,引起的与实际载荷条件下相同接触应力的径向静载荷。

P_{0a}——轴向当量静载荷,它是在最大载荷滚动体与滚道接触中心处,引起的与实际载荷条件下相同接触应力的中心轴向静载荷。

C_{0r}、C_{0a}可从有关设计手册中查到。

P_{0r}、P_{0a}可分别按下面的公式进行计算。

(1) 深沟球轴承,角接触球轴承,调心球轴承:

$$\left.\begin{aligned} P_{0r} &= X_0F_r + Y_0F_a \\ P_{0r} &= F_r \end{aligned}\right\} \tag{8-16a}$$

(取上两式计算值的较大者)

(2) 向心球轴承和 $\alpha\neq0°$时的向心滚子轴承:

$$\alpha \neq 0° \text{ 时}, \quad P_{0r} = X_0F_r + Y_0F_a, \quad P_{0r} = F_r \tag{8-16b}$$

(取上两式计算值的较大者)

$$\alpha = 0°(\text{且仅承受径向载荷的向心滚子轴承})\text{时}, \quad P_{0r} = F_r \tag{8-16c}$$

(3) $\alpha=90°$时的推力轴承:

$$P_{0a} = F_a \tag{8-16d}$$

(4) $\alpha\neq90°$时的推力轴承:

$$P_{0a} = 2.3F_r\tan\alpha + F_a \tag{8-16e}$$

对于双向轴承,此公式适用于径向载荷与轴向载荷之比为任意值的情况。对于单向轴承,当 $F_r/F_a\leqslant0.44\cot\alpha$ 时,该公式是可靠的。当 F_r/F_a 大至 $0.67\cot\alpha$ 时,该公式仍可给出满意的 P_{0a}值。

上述公式中,X_0 和 Y_0 分别为当量静载荷的径向载荷系数和轴向载荷系数,其值如表8-16 所示;F_r 为轴承径向载荷即轴承实际载荷的径向分量(N);F_a 为轴承轴向载荷即轴承实际载荷的轴向分量(N);α 为接触角。

表8-16　系数 X_0 和 Y_0 的值

<table>
<tr><td colspan="2" rowspan="2">轴承类型</td><td colspan="2">单列向心球轴承</td><td colspan="2">双列向心球轴承</td><td colspan="4">$\alpha \neq 0°$的向心滚子轴承</td></tr>
<tr><td>X_0</td><td>$Y_0$②</td><td>X_0</td><td>$Y_0$①,②</td><td colspan="2">X_0</td><td colspan="2">$Y_0$①</td></tr>
<tr><td colspan="2">深沟球轴承</td><td>0.6</td><td>0.5</td><td>0.6</td><td>0.5</td><td>单列</td><td>双列</td><td>单列</td><td>双列</td></tr>
<tr><td rowspan="7">角接触球轴承 α/(°)</td><td>15</td><td>0.5</td><td>0.46</td><td>1</td><td>0.92</td><td rowspan="9">0.5</td><td rowspan="9">1</td><td rowspan="9">0.22cotα</td><td rowspan="9">0.44cotα</td></tr>
<tr><td>20</td><td>0.5</td><td>0.42</td><td>1</td><td>0.84</td></tr>
<tr><td>25</td><td>0.5</td><td>0.38</td><td>1</td><td>0.76</td></tr>
<tr><td>30</td><td>0.5</td><td>0.33</td><td>1</td><td>0.66</td></tr>
<tr><td>35</td><td>0.5</td><td>0.29</td><td>1</td><td>0.58</td></tr>
<tr><td>40</td><td>0.5</td><td>0.26</td><td>1</td><td>0.52</td></tr>
<tr><td>45</td><td>0.5</td><td>0.22</td><td>1</td><td>0.44</td></tr>
<tr><td colspan="2">圆锥滚子轴承</td><td>0.5</td><td>0.22cotα</td><td>1</td><td>0.44cotα</td></tr>
<tr><td colspan="2">调心球轴承($\alpha \neq 0°$)</td><td>0.5</td><td>0.22cotα</td><td>1</td><td>0.44cotα</td></tr>
</table>

注:①对于两套相同的单列深沟或角接触轴承以"背对背"或"面对面"排列安装(成对安装)在同一轴上作为一个支承整体运转情况下,计算其径向当量静载荷时用双列轴承的 X_0 和 Y_0 值,以 F_r 和 F_a 为作用在该支承上的总载荷。

②对于中间接触角的 Y_0 值,用线性内插法求得。

8.6　新型轴承与滚动导轨简介

8.6.1　陶瓷轴承简介

随着科学技术的飞速发展,军事装备及民用高性能设备都向着高速、高精度方向发展。例如,航空涡轮发动机和增压器的主轴轴承的 dn 值已达到并超过 3×10^6 mm · r/min(d 为轴承内径,mm;n 为轴承转速,r/min)。普通滚动轴承已适应不了这种工作条件,因此人们研制出了陶瓷滚动轴承。

陶瓷滚动轴承的结构与普通滚动轴承相似,一般只是以陶瓷滚动体代替金属滚动体。以陶瓷滚子或陶瓷球作为滚动体的组合陶瓷轴承,作为高速、高精度轴承,不仅在军事装备上可以充分发挥其卓越的性能,而且可用于数控机床、加工中心和大型发电机组的主传动系统。

研究证明,采用氮化硅陶瓷滚动体的组合陶瓷滚子轴承(即钢套圈和陶瓷滚子)与普通轴承相比具有以下优点:

(1) 接触中不产生黏着和胶合,摩擦磨损极小;

(2) 热膨胀系数较低,热变形小,允许采用较小的游隙,故热稳定性好,旋转精度高;

(3) 有自润滑性,可以采用较为简单的润滑方式;

(4) 滚动体离心力小,因此外圈接触应力小,疲劳寿命高。

8.6.2　关节轴承简介

工业机器人的手腕位于手臂末端,用来支承末端执行器并调整其姿态。

一般手腕由多个同轴回转副或销轴回转副的关节组成。其关节部位的轴承采用关节轴承。

关节轴承是以滑动接触表面为球面,主要适用于摆动运动、倾斜运动和旋转运动的球面滑动轴承。按受载荷方向不同,可分为角接触、向心、推力和杆端关节轴承四大类。其常见的结构形式和特点如表 8-17 所示。有关关节轴承代号的表示方法,详见国家标准 GB/T 304.2—2002。

表 8-17　常用关节轴承的结构形式

序号	简　图	结构形式代号和名称	承受载荷的方向和相对大小	说　明
向心关节轴承		GE…E 型向心关节轴承	径向载荷和任一方向较小的轴向载荷	单缝外圈;无润滑油槽
向心关节轴承		GE…ES 型向心关节轴承	径向载荷和任一方向较小的轴向载荷	单缝外圈;有润滑油槽
角接触关节轴承		GAC…S 型角接触关节轴承	径向载荷和一方向的轴向(联合)载荷	内、外圈均为淬硬轴承钢;外圈有油槽和油孔

续表

序号	简　　图	结构形式 代号和名称	承受载荷的方向和 相对大小	说　　明
推力关节轴承		GX…S 型推力关节轴承	一方向的轴向载荷或联合载荷（此时，其径向载荷值不得大于轴向载荷的 0.5 倍）	轴圈和座圈均为淬硬轴承钢；座圈有油槽和油孔
杆端关节轴承		SI…E 型杆端关节轴承	径向载荷和任一方向小于或等于 0.2 倍径向载荷的轴向载荷	系 GE…E 型轴承与杆端的组装体。杆端有内螺纹，材料为碳素结构钢；无润滑油槽

8.6.3　滚动导轨简介

在工业机器人的机械系统中，为消除一般直线运动机构中因使用螺旋传动、齿轮传动等传动副而出现的机械误差，一些移动关节可采用直线电动机导轨结构。这种导轨在导轨盒内装有电动机，它是由滚动导轨与直线电动机组成的复合体。

直线滚动导轨副的结构如图 8-16 所示，其主要类型及特点如表 8-18 所示。

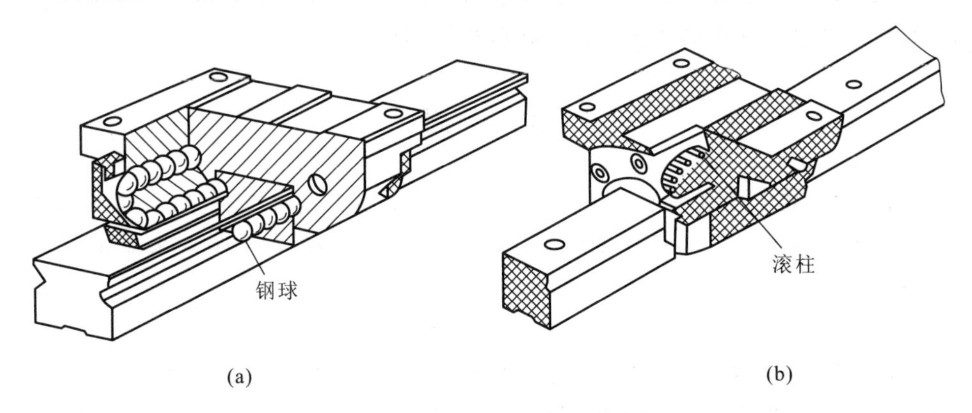

图 8-16　直线滚动导轨的滚动体

(a) 钢球式；(b) 滚柱式

表 8-18　直线滚动导轨的类型和特点

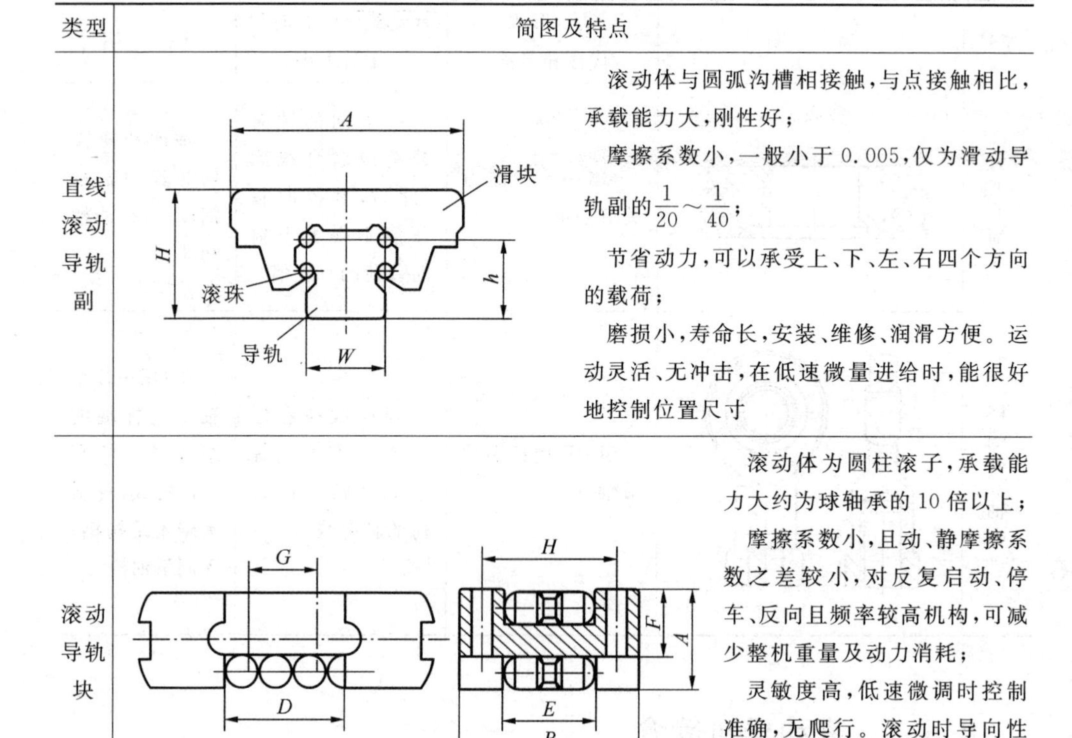

类型	简图及特点
直线滚动导轨副	滚动体与圆弧沟槽相接触，与点接触相比，承载能力大，刚性好； 摩擦系数小，一般小于 0.005，仅为滑动导轨副的$\frac{1}{20}\sim\frac{1}{40}$； 节省动力，可以承受上、下、左、右四个方向的载荷； 磨损小，寿命长，安装、维修、润滑方便。运动灵活、无冲击，在低速微量进给时，能很好地控制位置尺寸
滚动导轨块	滚动体为圆柱滚子，承载能力大约为球轴承的 10 倍以上； 摩擦系数小，且动、静摩擦系数之差较小，对反复启动、停车、反向且频率较高机构，可减少整机重量及动力消耗； 灵敏度高，低速微调时控制准确，无爬行。滚动时导向性好，可提高机械随动性及定位精度。润滑系统简单，装拆、调整方便

滚动导轨的寿命计算及其承受载荷能力的确定方法，基本上和滚动轴承是相同的。直线运动滚动支承的结构形式详见标准 ZQ64—1986。

习　　题

8-1　试说明下列各轴承的内径有多大，哪个轴承的公差等级最高，哪个轴承允许的极限转速最高，哪个轴承承受径向载荷的能力最强，哪个轴承不能承受径向载荷。

N307/P4；6207/P2；30207；52307/P6

8-2　根据工作条件，决定在轴的两端选用 $\alpha=15^\circ$ 的角接触球轴承，正装，轴颈直径 $d=35$ mm，工作中有中等冲击，转速 $n=1\ 800$ r/min，常温下工作。已知两轴承的径向载荷分别为 $F_{r1}=3\ 390$ N(左轴承)，$F_{r2}=1\ 040$ N(右轴承)，外部轴向载荷为 $F_A=870$ N，作用方向指向轴承 1(即 F_A 指向左)，试确定其工作寿命。

8-3　一农用水泵，决定选用深沟球轴承，轴颈直径 $d=35$ mm，转速 $n=2\ 900$ r/min。已知轴承承受的径向载荷 $F_r=1\ 810$ N，轴向载荷 $F_a=740$ N，预期寿命 $L_h'=6\ 000$ h，试选择轴承的型号。

8-4　一双向推力球轴承 52310，承受轴向载荷 $F_a=5\ 000$ N，轴的转速为 1 460 r/min，载荷有中等冲击，试计算其基本额定寿命。（附：轴承 52310 的基本额定动载荷 $C_a=74.5$ kN，基本额定静载荷 $C_{0a}=162$ kN。）

8-5　某轴由一对 30209 轴承支承，正装结构（见题 8-5 图）。已知：$F_A=1\ 000$ N，$F_{r1}=4\ 500$ N，$F_{r2}=2\ 500$ N；载荷有轻微冲击。试计算轴承的当量动载荷。

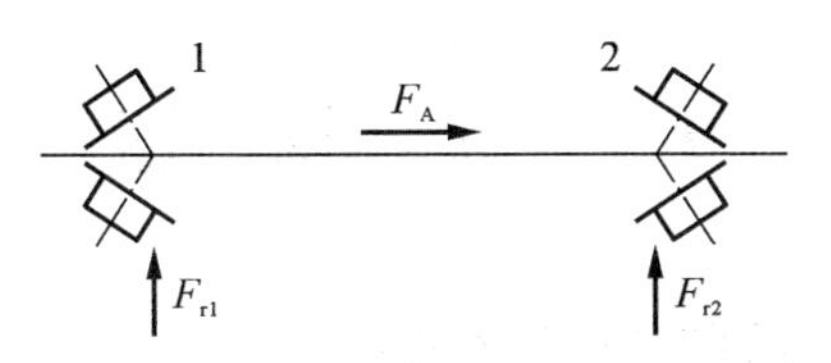

题 8-5 图

第9章 联轴器、离合器和制动器

9.1 联 轴 器

9.1.1 联轴器的功能与类型

1）联轴器的功能

联轴器是用来把两轴连接在一起(有时也用于连接轴与其他回转零件)，以传递运动与转矩的。机器运转时两轴不能分离，只有机器停车并将连接拆开后，两轴才能分离。

2）联轴器的类型

联轴器所连接的两轴，由于制造及安装误差，承载后的变形及温度变化的影响等，会引起两轴相对位置的变化，致使不能保证严格的对中，如图9-1所示。

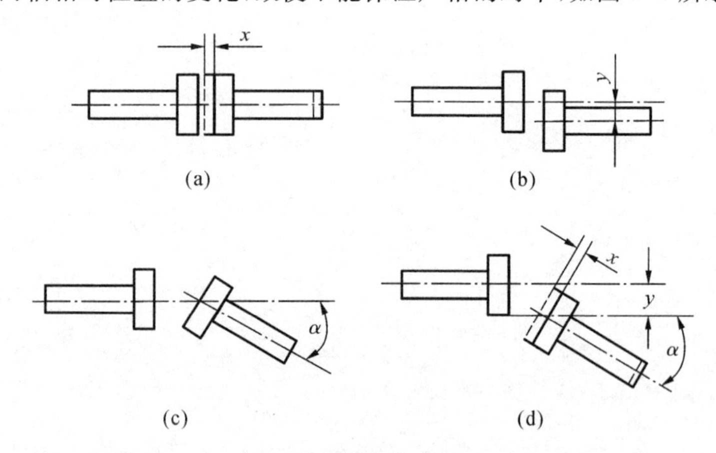

图9-1 轴线的相对位移

(a) 轴向位移 x；(b) 径向位移 y；(c) 角位移 α；(d) 综合位移 x、y、α

根据联轴器有无弹性元件、对各种相对位移有无补偿能力，联轴器可分为刚性联轴器、挠性联轴器和安全联轴器。联轴器的主要类型、特点及其作用如表9-1所示。

表9-1　联轴器的类型

类　型	在传动系统中的作用	备　注
刚性联轴器	只能传递运动和转矩，不具备其他功能	包括凸缘联轴器、套筒联轴器、夹壳联轴器等
挠性联轴器	无弹性元件的挠性联轴器，不仅能传递运动和转矩，而且具有不同程度的轴向(Δx)、径向(Δy)、角向($\Delta\alpha$)补偿性能	包括齿式联轴器、万向联轴器、链条联轴器、滑块联轴器等
	有弹性元件的挠性联轴器，能传递运动和转矩，具有不同程度的轴向(Δx)、径向(Δy)、角向($\Delta\alpha$)补偿性能，以及不同程度的减振、缓冲作用，能改善传动系统的工作性能	包括各种非金属弹性元件挠性联轴器和金属弹性元件挠性联轴器，各种弹性联轴器的结构不同，差异较大，在传动系统中的作用亦不尽相同
安全联轴器	传递运动和转矩，有过载安全保护。挠性安全联轴器还具有不同程度的补偿性能	包括销钉式、摩擦式、磁粉式、离心式、液压式等安全联轴器

9.1.2　常用联轴器的结构特点

1. 刚性联轴器

这类联轴器有套筒式、夹壳式和凸缘式等。这里只介绍较为常用的凸缘联轴器。

凸缘联轴器是把两个带有凸缘的半联轴器用键分别与两轴连接，然后用螺栓把两个半联轴器连成一体，以传递运动和转矩(见图9-2)。这种联轴器有以下两种主要的结构形式。图9-2(a)是普通的凸缘联轴器，通常是靠铰制孔用螺栓来实现两轴对中。采用铰制孔用螺栓时，螺栓杆与螺孔为过渡配合，靠螺栓杆承受挤压与剪切来传递转矩。图9-2(b)是有对中榫的凸缘联轴器，靠一个半联轴器上的凸肩与另一个半联轴器上的凹槽相配合而对中。连接两个半联轴器时用普通螺栓连接，此时螺栓杆与螺孔壁间存在间隙，装配时须拧紧螺栓，转矩靠半联轴器接合面的摩擦力矩来传递。为了运行安全，凸缘联轴器可做成带防护边的(见图9-2(c))。

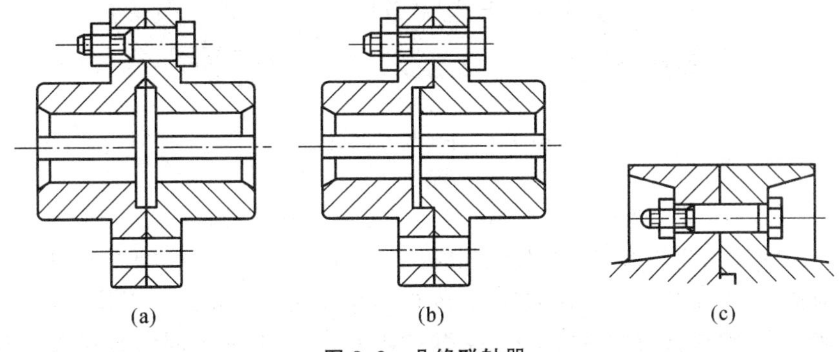

图9-2　凸缘联轴器

凸缘联轴器的材料可用灰铸铁和碳钢,重载时或圆周速度大于 30 m/s 时应用铸钢或锻钢。

由于凸缘联轴器属于刚性联轴器,对所连两轴间的相对位移缺乏补偿能力,故对两轴对中性的要求很高。当两轴有相对位移存在时,就会在机件内引起附加载荷,使工作情况恶化,这是它的主要缺点。但由于它构造简单、成本低、可传递较大的转矩,故当转速低、无冲击、轴的刚性大、对中性较好时常被采用。

2. 挠性联轴器

1) *无弹性元件的挠性联轴器*

这类联轴器因具有挠性,故可补偿两轴的相对位移。但因无弹性元件,故不能缓冲减振。常用的挠性联轴器有以下几种。

(1) 十字滑块联轴器　如图 9-3 所示,它由端面开有凹槽的两个半联轴器 1、3 和一个两端具有凸块的中间圆盘 2 所组成。中间圆盘两端的凸块相互垂直,并分别与两半联轴器的凹槽相嵌合,凸块的中心线通过圆盘中心。两个半联轴器分别装在主动轴和从动轴上。运转时,如果两轴线不同心或偏斜,中间圆盘的凸块将在半联轴器的凹槽内滑动,以补偿两轴的相对位移。因此,凹槽和凸块的工作面要求有较高的硬度(HRC46～50)并加润滑剂。当转速较高时,中间圆盘的偏心将会产生较大的离心力,加速工作面的磨损,并给轴和轴承带来较大的附加载荷,故它只宜用于低速的场合。它允许的径向位移 $y \leqslant 0.04d$(d 为轴径),角位移 $\alpha \leqslant 30'$。

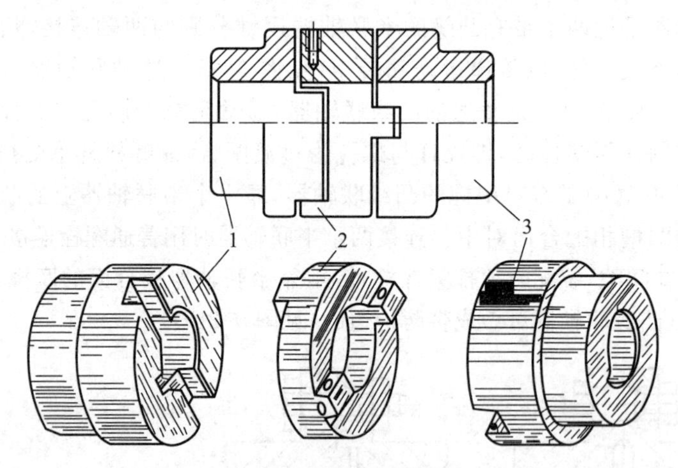

图 9-3　十字滑块联轴器

1,3—半联轴器;2—中间圆盘

(2) 齿轮联轴器　如图 9-4 所示,它主要由两个具有外齿的半联轴器 1、4 和两个具有内齿的外壳 2、3 组成。两外壳用螺栓 5 连成一体,两半联轴器分别装在主动轴和从动轴上,外壳与半联轴器通过内、外齿的相互啮合而相连。工作时,靠啮合的齿轮传递转矩,轮齿的齿廓常为 20°压力角的渐开线齿廓,轮齿间留有较大的齿侧间隙,外齿轮的齿顶做成球面,球面中心位于齿轮的轴线上,故能补偿两轴的综合位移。

这种联轴器能传递较大的转矩，但结构较复杂，制造较困难，在重型机器和起重设备中应用较广。它用于高速传动（如用于燃汽轮机传动轴系的连接）时，必须进行高精度加工，并经动平衡处理，还需要有良好的润滑和密封。齿式联轴器不适用于立轴。

(3) 万向联轴器　图 9-5 所示为万向联轴器的结构简图。它主要是由两个分别固定在主、从动轴上的叉形接头 1、2 和一个十字形零件（称十字头）3 组成。叉形接头和十字头是铰接的，因此允许被连接两轴的轴线夹角 α 很大。但当两轴线不重合时，主动轴等速转动，而从动轴将在某一范围内（$\omega_1\cos\alpha\leqslant\omega_2\leqslant\omega_1/\cos\alpha$）作周期性的变速转动，会在传动中引起附加动载荷。为了克服这一缺点，常将万向联轴器成对使用，构成双万向联轴器（见图 9-6），但应注意安装时必须保证 O_1 轴、O_2 轴与中间轴之间的夹角相等，并且中间轴的两端的叉形接头应在同一平面内（见图 9-6(b)）。只有采用这种双万向联轴器才可以使 $\omega_2=\omega_1$。

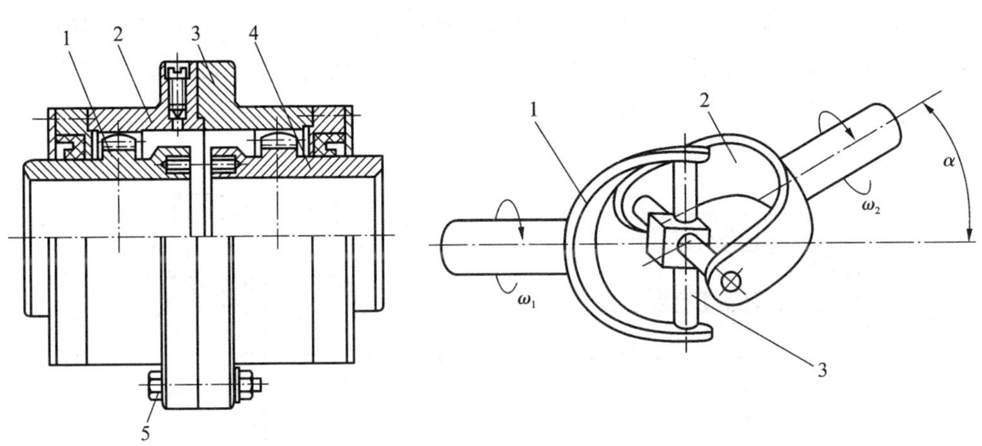

图 9-4　齿轮联轴器

1、4—半联轴器；2、3—外壳；5—螺栓

图 9-5　万向联轴器结构简图

1、2—叉形接头；3—十字头

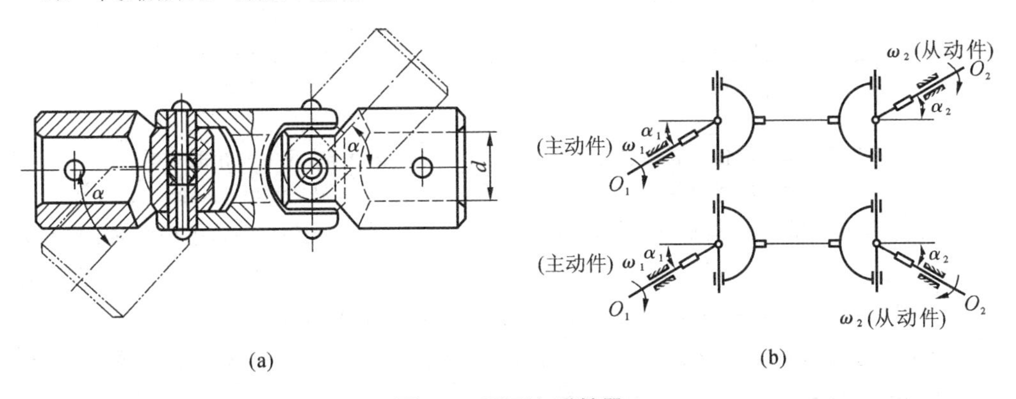

图 9-6　双万向联轴器

(a) 结构图；(b) 简图

万向联轴器可用于相交两轴间的连接(两轴夹角最大可达35°～45°),或工作时有较大角位移的场合。它能可靠地传递转矩和运动,结构比较紧凑,传动效率高,维修保养比较方便,因此,在汽车、拖拉机、金属切削机床中获得了广泛应用。

2) 有弹性元件的挠性联轴器

这类联轴器因装有弹性元件,不仅可以补偿两轴间的相对位移,而且具有缓冲、减振能力。

(1) 弹性圈柱销联轴器　如图9-7所示,它的结构与凸缘联轴器相似,只是用套有弹性圈1的柱销2代替了连接螺栓。这种联轴器结构比较简单,制造容易,不用润滑,弹性圈更换方便(不用移动半联轴器),具有一定的补偿两轴线相对偏移和减振、缓冲性能。这种联轴器多用于经常正、反转,启动频繁,转速较高的场合。

在安装这种联轴器时,应注意留出间隙 c,以便两轴工作时能作少量的相对轴向位移。

(2) 尼龙柱销联轴器　如图9-8所示,这种联轴器可以看成由弹性圈柱销联轴器经简化而成。即采用尼龙柱销1代替弹性圈和金属柱销。为了防止柱销滑出,在柱销两端配置挡圈2。在装配时也应注意留出间隙 c。

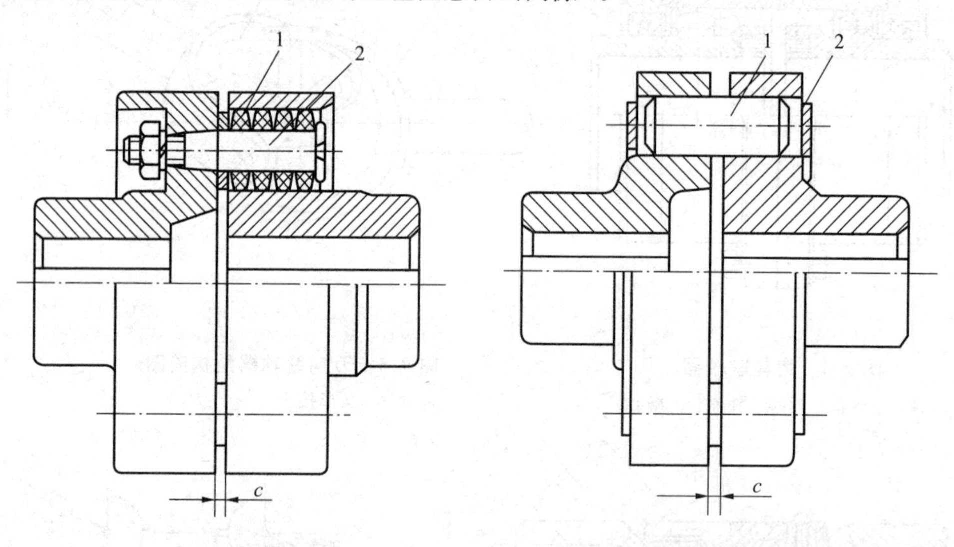

图9-7　弹性圈柱销联轴器

1—弹性圈;2—柱销

图9-8　尼龙柱销联轴器

1—尼龙柱销;2—挡圈

尼龙柱销联轴器结构简单,安装、制造方便,耐久性好,也有吸振和补偿轴向位移的能力。这种联轴器常用于轴向窜动量较大,经常正、反转,启动频繁,转速较高的场合和带载荷启动的高、低速传动轴系,可代替弹性圈柱销联轴器。它不宜用于可靠性要求高(如起重机提升机构)、重载和具有强烈冲击与振动的场合,对径向与角向位移大、安装精度低的传动轴系,也不宜选用。

3. 其他联轴器

1）剪切销安全联轴器

剪切销安全联轴器有单剪的和双剪的两种，如图 9-9 所示。单剪的安全联轴器的结构类似凸缘联轴器，用钢制销钉连接。销钉装在经过淬火的两段钢制套管中，过载时即被剪断。这类联轴器，由于销钉材料机械性能的不稳定以及制造尺寸误差等原因，工作精度不高，而且销钉剪断后，不能自动恢复工作能力，必须停车更换销钉。但由于它结构简单，所以在很少过载的机器中常采用。

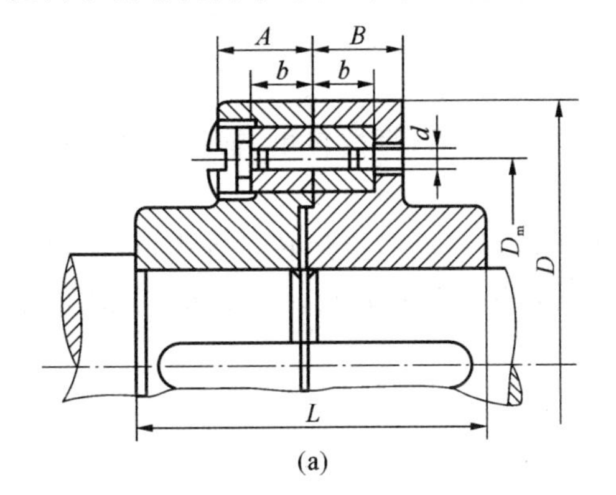

(a)

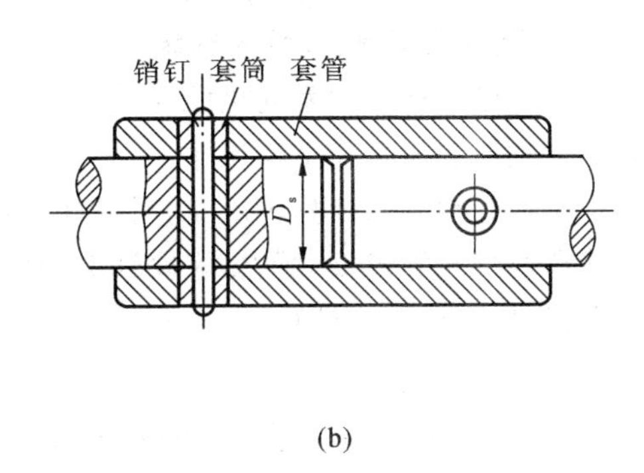

(b)

图 9-9　剪切销安全联轴器

(a) 单剪；(b) 双剪

2）带制动轮单面鼓形齿联轴器

图 9-10 所示为带制动轮单面鼓形齿联轴器。本图示例为重载型结构，用螺栓 3 将半联轴器 1、制动轮 2 及内齿圈 4 连接在一起，采用循环冷却、润滑。

图 9-10　带制动轮单面鼓形齿联轴器

1—半联轴器；2—制动轮；3—螺栓；4—内齿圈；5—外齿半联轴器

9.1.3　联轴器的选择

目前，常用的联轴器大多已标准化或规格化了，一般情况下，只需正确选择联轴器的类型，确定联轴器的型号及尺寸。必要时，可对其易损的薄弱环节进行载荷能力的校核计算，转速高时，还应验算其外缘的离心应力和弹性元件的变形，进行平衡试验等。

1. 联轴器类型的选择

选择联轴器类型时，应考虑以下几点。

(1) 所需传递转矩的大小和性质，对缓冲、减振功能的要求以及是否可能发生共振等。

(2) 联轴器所连两轴轴线的相对位移。即由制造和装配误差、轴受载和热膨胀变形以及部件之间的相对运动等引起联轴器所连两轴轴线的相对位移程度。

(3) 许用的外形尺寸和安装方法。为了便于装配、调整和维修,应考虑必需的操作空间。对于大型的联轴器,应能在轴不需作轴向移动的条件下实现装拆。

(4) 联轴器的许用转速。当 $n>5\ 000$ r/min 时,应考虑联轴器外缘的离心应力和弹性元件的变形等因素,并应进行平衡试验。高速时,不应选用非金属弹性元件和可动元件之间有间隙的挠性联轴器。

此外,还应考虑工作环境、使用寿命以及润滑、密封和经济性等条件,再参考各类联轴器特性,选择一种合适的联轴器类型。

2. 联轴器型号、尺寸的确定

对于已标准化和系列化的联轴器,选定合适类型后,可按转矩、轴直径和转速等确定联轴器的型号和结构尺寸。

确定联轴器的计算转矩 T_{ca} 时应注意:由于机器启动时及运转过程中,可能出现动载荷及过载等现象,所以,应取轴上的最大转矩作为计算转矩。当最大转矩不能精确求得时,可按下式计算:

$$T_{ca}=K_A T \tag{9-1}$$

式中 T——联轴器所需传递的名义转矩(N·m);

T_{ca}——联轴器所需传递的计算转矩(N·m);

K_A——工作情况系数(此系数也适用于离合器的选择),其值可由表 9-2 查得。

表 9-2 工作情况系数 K_A

分类	工作情况及举例	电动机、汽轮机	四缸和四缸以上内燃机	双缸内燃机	单缸内燃机
Ⅰ	转矩变化很小,如发电机、小型通风机、小型离心泵	1.3	1.5	1.8	2.2
Ⅱ	转矩变化小,如透平压缩机、木工机床、运输机	1.5	1.7	2.0	2.4
Ⅲ	转矩变化中等,如搅拌机、增压泵、有飞轮的压缩机、冲床	1.7	1.9	2.2	2.6
Ⅳ	转矩变化和冲击载荷中等,如织布机、水泥搅拌机、拖拉机	1.9	2.1	2.4	2.8
Ⅴ	转矩变化和冲击载荷大,如造纸机、挖掘机、起重机、碎石机	2.3	2.5	2.8	3.2
Ⅵ	转矩变化大并有强烈的冲击载荷,如压延机、无飞轮的活塞泵、重型初轧机	3.1	3.3	3.6	4.0

根据计算转矩、轴直径和转速等,由下面的条件,可从有关手册中选取联轴器的型号和结构尺寸:

$$T_{ca}\leqslant[T]$$

$$n\leqslant n_{max}$$

式中 $[T]$——所选联轴器型号的许用转矩(N·m)；

n——被连接轴的转速(r/min)；

n_{max}——所选联轴器允许的最高转速(r/min)。

多数情况下，每一型号联轴器适用的轴的直径均有一个范围。标准中已给出轴直径的最大与最小值，或者给出适用直径的尺寸系列，被连接两轴的直径都应在此范围之内。一般情况下被连接两轴的直径是不同的，两个轴端形状也可能不同。

例 9-1 如图 9-11 所示，在电动机与增压油泵间用联轴器相连。已知电动机功率 $P=7.5$ kW，转速 $n=960$ r/min，电动机伸出轴端的直径 $d_1=38$ mm，油泵轴的直径 $d_2=42$ mm，选择联轴器型号。

解 因为轴的转速较高，启动频繁，载荷有变化，宜选用缓冲性较好，同时具有可移性的弹性圈柱销联轴器。

计算转矩 $T_{ca}=K_A T$。查表 9-2 得：$K_A=1.7$。名义转矩

$$T=9\ 550\frac{P}{n}=9\ 550\times\frac{7.5}{960}\ \text{N·m}=74.6\ \text{N·m}$$

所以 $$T_{ca}=1.7\times74.6\ \text{N·m}=126.8\ \text{N·m}$$

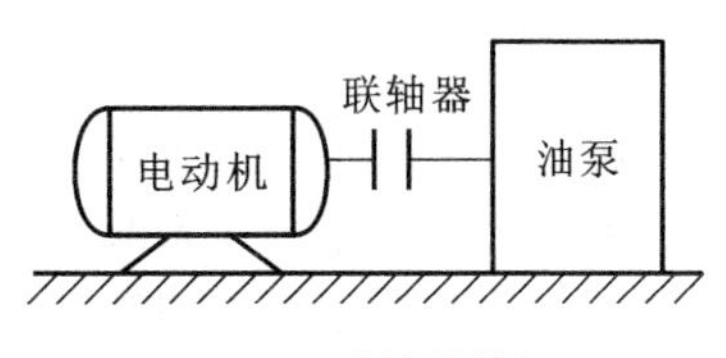

图 9-11 联轴器算例

查手册，选用弹性圈柱销联轴器：

$$\text{LT6}\ \frac{\text{Y}38\times82}{\text{Y}42\times112}\qquad \text{GB/T 4323—2002}$$

附：LT6 弹性圈柱销联轴器的技术参数

许用扭矩：250 N·m

许用转速：$n_{max}=3\ 300$ r/min(联轴器材料为铁)

$n_{max}=3\ 800$ r/min(联轴器材料为钢)

轴孔直径：$d_{min}=32$ mm，$d_{max}=42$ mm

9.2 离 合 器

9.2.1 离合器的功能与类型

1) 离合器的功能

离合器是一种在机器运转过程中，可使两轴随时接合或分离的装置。它的主要功能是用来操纵机器传动系统的断续，以便进行变速及换向等。

2) 离合器的类型

按操作的方式，离合器可分为以下两种。

(1) 外力操纵式离合器 外力操纵式离合器有机械操纵式、电磁操纵式、液压操纵式和气动操纵式等形式。

(2) 自动离合器 自动离合器能够自动进行接合或分离，不需人来操纵。例如：离心离合器，当转速达到一定值时，两轴能自动接合或分离；安全离合器，当转矩超过允许值时，两轴即自动分离；定向离合器，只允许单向传动，反转时即自动分离；等等。

离合器的主要类型见表 9-3。

表 9-3　离合器的分类

类　型		变型或附属型	自动或可控	是否可逆	典型应用
机械式	刚性	牙嵌	可控	是	农业机械、机床等
		齿型	可控	是或否	通用机械传动
		转键	可控	是	曲轴压力机
		滑键	可控	是	一般机械
		拉键	可控	是	小转矩机械传动
	摩擦	干式单片	可控	是	拖拉机、汽车
		湿式单片			
		干式多片	可控	是	汽车、工程机械、机床
		湿式多片			
		锥式	可控	是	机械传动
		涨圈	可控	是	机械传动
		扭簧	可控	是	机械传动
	离心	自由闸块式	自动	否	离心机、压缩机、搅拌机
		弹簧闸块式	自动	否	低启动转矩传动
		钢球式	自动	是或否	特殊传动
	超越	滚柱式	自动	否	升降机、汽车
		棘轮式	自动	否	农机、自行车等
		楔块式	自动	否	飞轮驱动、飞机
		螺旋弹簧式	自动	否	高转矩传动
		同步切换式	自动	否	发电机组等
电磁	磁场	湿式粉末	自动	是或否	专用传动
	磁滞	干式粉末	自动	是或否	专用传动
	涡流		自动或可控	是	小功率仪表、伺服传动
			自动或可控	是	电铲、拔丝、冲压
流体摩擦	气胎	鼓式	自动	是	
		缘式	自动	是	船舶
		盘式	自动	是	
	液压	盘式	自动	是	船舶、工业机械
流体	液力	变矩器	自动	否	液力变速箱
		耦合器	自动	是	挖掘机、矿山机械

9.2.2　常用离合器的结构特点

1. 牙嵌离合器

如图 9-12 所示，它主要由端面带齿的两个半离合器 1、2 组成，通过啮合的齿来传递转矩。其中半离合器 1 固装在主动轴上，而半离合器 2 利用导向平键安装在从动轴上，它可沿轴线移动。工作时利用操纵杆（图中未画出）带动滑环 3，使半离合器 2 作轴向移动，实现离合器的接合或分离。

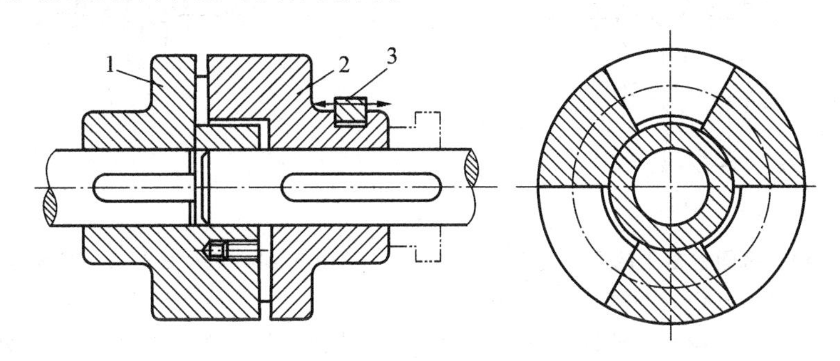

图 9-12　牙嵌离合器

1、2—半离合器；3—滑环

这种离合器沿圆柱面上的展开齿形有三角形、矩形、梯形和锯齿形三种（见图 9-13）。三角形齿接合和分离容易，但齿的强度较弱，多用于传递小转矩。梯形和锯齿形齿强度较高，接合和分离也较容易，多用于传递大转矩的场合，但锯齿形齿只能单向工作，反转时工作面将受较大的轴向分力，会迫使离合器自行分离。矩形齿制造容易，但只有在齿与槽对准时方能接合，因而接合困难；同时接合以后，齿与齿接触的工作面间无轴向分力作用，所以分离也较困难，故应用较少。

牙嵌离合器结构简单，外廓尺寸小，接合后两半离合器没有相对滑动，但只宜在两轴的转速差较小或相对静止的情况下接合，否则，齿与齿会发生很大冲击，影响齿的寿命。

2. 圆盘摩擦离合器

圆盘摩擦离合器是摩擦式离合器中应用最广的一种离合器。它与牙嵌离合器的根本区别在于它是依靠两接触面之间的摩擦力，使主、从动轴接合和传递转矩。因此，它具有下述特点：① 能在不停车或两轴具有任何大小转速差的情况下进行接合；② 控制离合器的接合过程，就能调节从动轴的加速时间，减少接合时的冲击和振动，实现平稳接合；③ 过载时，摩擦面间将发生打滑，可以避免其他零件的损坏。

圆盘摩擦离合器又分单片式和多片式两种。

1）单片式圆盘摩擦离合器

如图 9-14 所示，它由两个半离合器 1、2 组成。转矩是通过两个半离合器接触面之间的摩擦力来传递的。与牙嵌离合器一样，半离合器 1 固装在主动轴上，半离合器

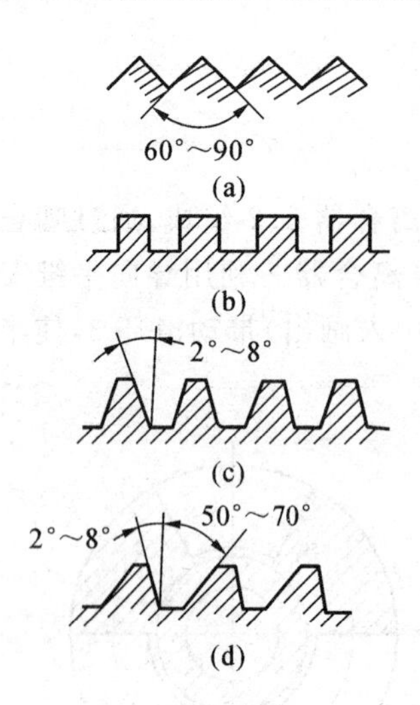

图 9-13　沿圆柱面上的展开齿形

(a) 三角形；(b) 矩形；(c) 梯形；(d)锯齿形

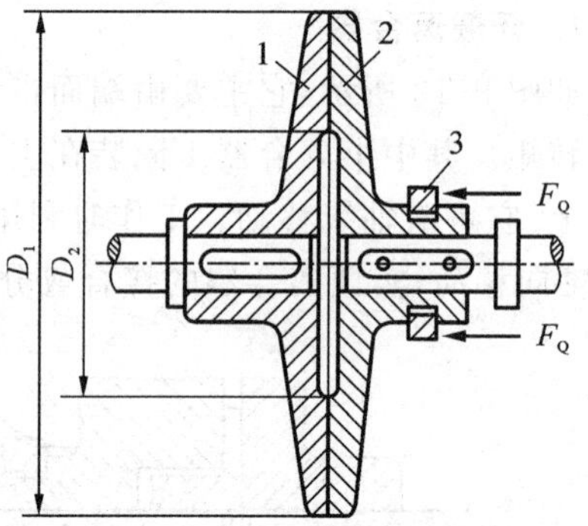

图 9-14　单片式圆盘摩擦离合器

1、2—半离合器；3—滑环

2 利用导向平键(或花键)安装在从动轴上，通过操纵杆和滑环 3 可以在从动轴上滑移。能传递的最大转矩为

$$T_{\max} = F_{Q} f R_{m} \tag{9-2}$$

式中　Q——两摩擦片之间的轴向压力；

f——摩擦系数；

R_{m}——平均半径。

设摩擦的合力作用在平均半径的圆周上。取环形接合面的外径为 D_1，内径为 D_2，则

$$R_{m} = \frac{D_1 + D_2}{4}$$

这种单片式摩擦离合器结构简单，散热性好，但传递的转矩较小。当需要传递较大转矩时，可采用多片式摩擦离合器。

2) 多片式摩擦离合器

如图 9-15 所示，它有两组摩擦片，其中外摩擦片 5 利用外圆上的花键与外鼓轮 2 相连(外鼓轮 2 与轴 1 固连)，内摩擦片 6 利用内圆上的花键与内套筒 4 相连(内套筒 4 与轴 3 固连)。当滑环 7 作轴向移动时，将拨动曲臂压杆 8，使压板 9 压紧或松开内、外摩擦片组，从而使离合器接合或分离。螺母 10 是用来调节内、外摩擦片组间隙大小的。外摩擦片和内摩擦片的结构形状如图 9-16 所示。若将内摩擦片改为图 9-16(c)中碟形的，使其具有一定的弹性，则离合器分离时摩擦片能自行弹开，接合时也较平稳。

多片式摩擦离合器能传递的最大转矩为

$$T_{\max} = F_{Q} f R_{m} z \tag{9-3}$$

式中　z——接合摩擦面对数(如图 9-15 中 $z=6$)。其他符号的含义同前。

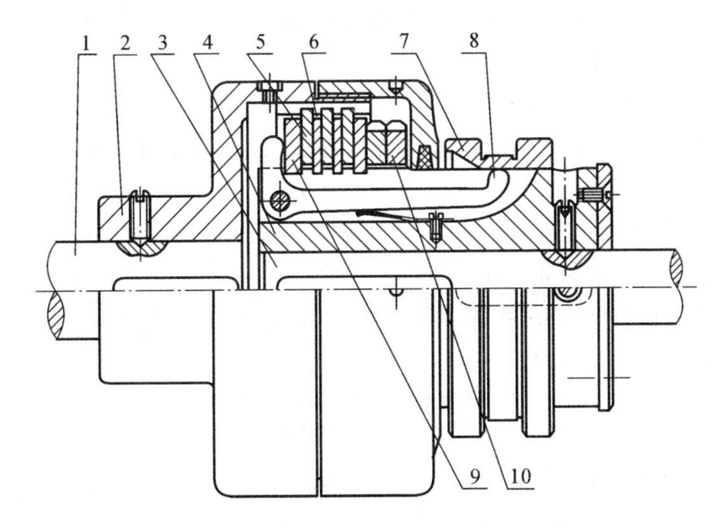

图 9-15　多片式摩擦离合器

1、3—轴；2—外鼓轮；4—内套筒；5—外摩擦片；
6—内摩擦片；7—滑环；8—曲臂压杆；9—压板；10—螺母

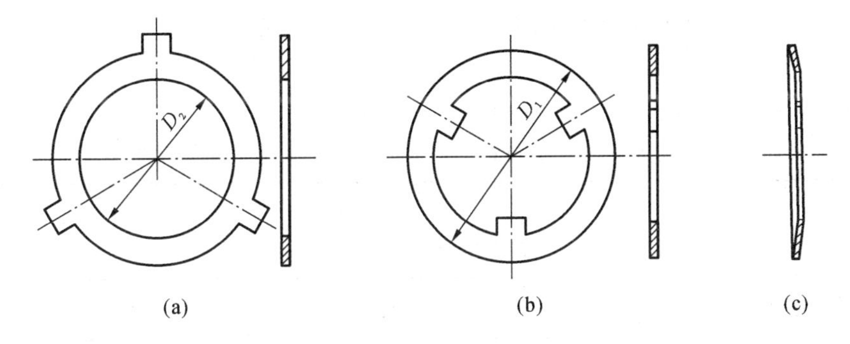

图 9-16　摩擦片

(a) 外摩擦片；(b) 内摩擦片；(c) 碟形内摩擦片

摩擦工作表面的内、外直径之比，是摩擦离合器的一个重要的无因次结构参数。为使不均匀的磨损不致过大，通常取外径与内径之比为 1.5～2。

由式(9-3)知，增加摩擦片数目，可以提高离合器传递转矩的能力，但摩擦片过多会影响分离动作的灵活性，故一般不超过 10～15 对。

摩擦离合器的工作过程一般可分为接合、工作和分离三个阶段。在接合和分离过程中，从动轴的转速总低于主动轴的转速，因而两摩擦工作面间必将产生相对滑动，从而会消耗一部分能量，并引起摩擦片的磨损和发热。为了限制磨损和发热，应使接合面上的压强 p 不超过许用压强$[p]$，即

$$p = \frac{4F_Q}{\pi(D_1^2 - D_2^2)} \leqslant [p] \tag{9-4}$$

式中 D_1、D_2——环形接合面的外径和内径(mm);

Q——轴向压力(N);

$[p]$——许用压强(N/mm^2)。

许用压强$[p]$为基本许用压强$[p_0]$与系数k_1、k_2、k_3的乘积,即

$$[p]=[p_0]k_1k_2k_3 \tag{9-5}$$

式中 k_1、k_2、k_3——因离合器的平均圆周速度、主动摩擦片数以及每小时的接合次数不同而引入的修正系数。

各种摩擦副材料的摩擦系数f和基本许用压强$[p_0]$如表9-4所示,修正系数k_1、k_2、k_3分别列于表9-5、表9-6和表9-7。

表9-4 摩擦系数f和基本许用压强$[p_0]$

摩擦副材料与润滑条件		摩擦系数f	圆盘摩擦离合器的基本许用压强$[p_0]$/(N·mm^{-2})
在油中工作	淬火钢-淬火钢	0.06	0.6~0.8
	铸铁-铸铁或淬火钢	0.08	0.6~0.8
	钢-夹布胶木	0.12	0.4~0.6
	淬火钢-粉末冶金材料	0.10	1~2
不在油中工作	压制石棉-钢或铸铁	0.30	0.2~0.3
	铸铁-铸铁或淬火钢	0.15	0.2~0.3
	淬火钢-粉末冶金材料	0.30	0.4~0.6

表9-5 修正系数k_1

平均圆周速度/(m·s^{-1})	1	2	2.5	3	4	6	8	10	15
k_1	1.35	1.08	1	0.94	0.86	0.75	0.68	0.63	0.55

表9-6 修正系数k_2

主动摩擦片数	3	4	5	6	7	8	9	10	11
k_2	1	0.97	0.94	0.91	0.88	0.85	0.82	0.79	0.76

表9-7 修正系数k_3

每小时接合次数	90	120	180	240	300	≥360
k_3	1	0.95	0.80	0.70	0.60	0.50

3. 磁粉离合器

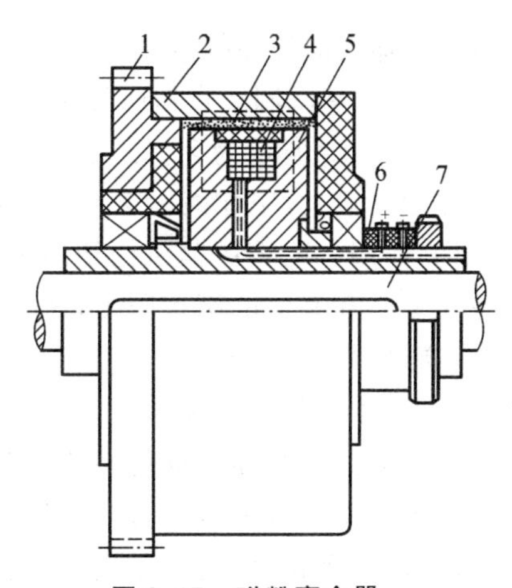

图9-17　磁粉离合器

1—齿轮；2—从动外鼓轮；3—混合物；4—环形激磁线圈；5—磁铁轮芯；6—接触环；7—主动轴

如图9-17所示，磁粉离合器主要由磁铁轮芯5、环形激磁线圈4、从动外鼓轮2和齿轮1组成。主动轴7与磁铁轮芯5固连，在轮芯外缘的凹槽内绕有环形激磁线圈4，线圈与接触环6相连；从动外鼓轮2与齿轮1相连，并与磁铁轮芯间有0.5～2 mm的间隙，其中填充磁导率高的铁粉和油或石墨的混合物3。这样，当线圈通电时，形成经轮芯、间隙、外鼓轮又回到轮芯的闭合磁通，使铁粉磁化。当主动轴旋转时，由于磁粉的作用，带动外鼓轮一起旋转来传递转矩。断电时，铁粉恢复为松散状态，离合器即行分离。

这种离合器接合平稳，使用寿命长，可以远距离操纵，但尺寸和重量较大。

4. 自动离合器

自动离合器是一种能根据机器运转参数（如转矩、转速或转向）的变化而自动完成接合与分离动作的离合器。常用的自动离合器有安全离合器、离心式离合器和定向离合器三类。

1）安全离合器

安全离合器在所传递的转矩超过一定数值时自动分离。它有许多种类型，图9-18所示为摩擦式安全离合器。它的基本构造与一般摩擦离合器大致相同，只是没有操纵机构，而利用调整螺钉1来调整弹簧2对内、外摩擦片3、4的压紧力，从而控

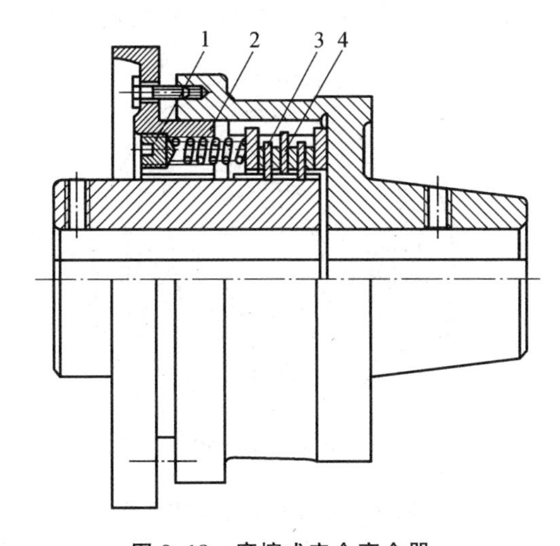

图9-18　摩擦式安全离合器

1—调整螺钉；2—弹簧；3、4—内、外摩擦片

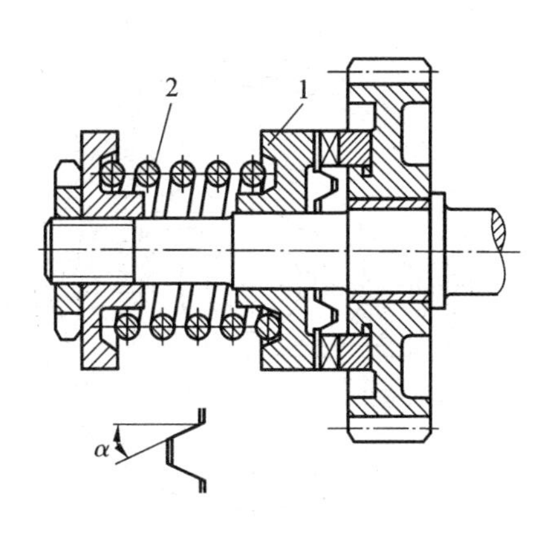

图9-19　牙嵌式安全离合器

1—半离合器；2—弹簧

制离合器所能传递的极限转矩。当载荷超过极限转矩时，内、外摩擦片接触面间会出现打滑，以此来限制离合器所传递的最大转矩。

图 9-19 所示为牙嵌式安全离合器。它的基本构造与牙嵌离合器相同，只是牙面的倾角 α 较大，工作时啮合牙面间能产生较大的轴向力 F_a。这种离合器也没有操纵机构，而用一弹簧压紧机构使两个半离合器接合，当转矩超过一定值时，F_a 将超过弹簧压紧力和有关的摩擦阻力，半离合器 1 就会向左滑移，使离合器分离；当转矩减小时，离合器又自动接合。

2）离心式离合器

离心式离合器是通过转速的变化，利用离心力的作用来控制接合和分离的一种离合器。离心式离合器有自动接合式和自动分离式两种。前者当主动轴达到一定转速时，能自动接合；后者相反，当主动轴达到一定转速时能自动分离。

图 9-20 所示为一种自动接合式离合器。它主要由与主动轴 4 相连的轴套 3，与从动轴(图中未画出)相连的外鼓轮 1、瓦块 2、弹簧 5 和螺母 6 组成。瓦块的一端铰接在轴套上，一端通过弹簧力拉向轮心，安装时使瓦块与外鼓轮保持一适当间隙。这种离合器常用做启动装置，当机器启动后，主动轴的转速逐渐增加，当达到某一值时，瓦块将因离心力带动外鼓轮和从动轴一起旋转。拉紧瓦块的力可以通过螺母来调节。

这种离合器有时用于电动机的伸出轴端，或直接装在皮带轮中，使电动机正、反转时都是空载启动，以降低电动机启动电流的延续时间，改善电动机的发热现象。

3）定向离合器

定向离合器只能传递单向转矩，反向时能自动分离。如前所述的锯齿形牙嵌离合器就是一种定向离合器，它只能单方向传递转矩，反向时会自动分离。这种利用齿的嵌合的定向离合器，空程时(分离状态运转)噪声大，故只宜用于低速场合。在高速情况下，可采用摩擦式定向离合器，其中应用较为广泛的是滚柱式定向离合

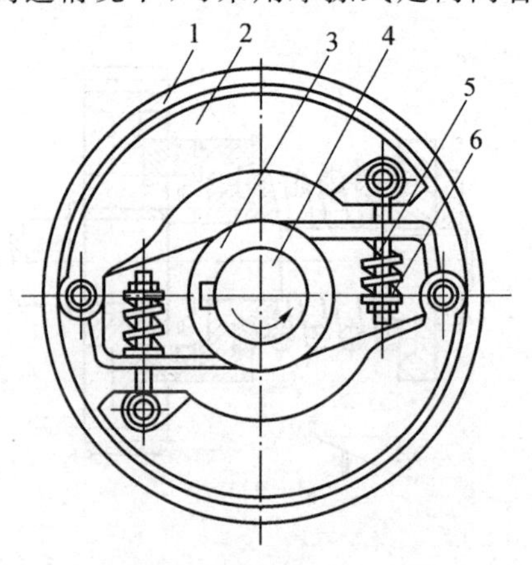

图 9-20　自动接合式离合器

1—外鼓轮；2—瓦块；3—轴套；
4—主动轴；5—弹簧；6—螺母

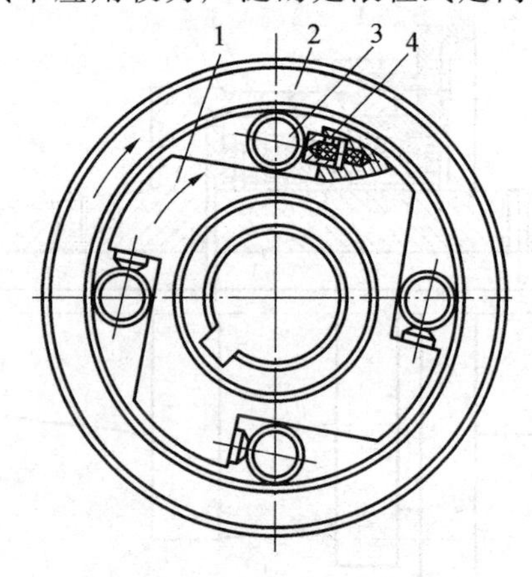

图 9-21　滚柱式定向离合器

1—星轮；2—外圈；
3—滚柱；4—弹簧顶杆

器(见图9-21)。它主要由星轮1、外圈2、弹簧顶杆4和滚柱3组成。弹簧的作用是将滚柱压向星轮的楔形槽内,使滚柱与星轮、外圈相接触。

星轮和外圈均可作为主动轮。当星轮为主动件并按图示方向旋转时,滚柱受摩擦力的作用被楔紧在槽内,因而带动外圈一起转动,这时离合器处于接合状态。当星轮反转时,滚柱受摩擦力的作用,被推到槽中较宽的部分,不再楔紧在槽内,这时离合器处于分离状态。

如果星轮仍按图示方向旋转,而外圈还能从另一条运动链获得与星轮转向相同但转速较大的运动时,按相对运动原理,离合器将处于分离状态。此时星轮和外圈互不相干,各自以不同的转速转动。所以,这种离合器又称为自由行走离合器。又由于它的接合和分离与星轮和外圈之间的转速差有关,因此也称超越离合器。

在汽车的发动机中装上这种定向离合器,启动时电动机通过定向离合器的外圈(此时外圈转向与图中所示相反)、滚柱、星轮带动发动机;当发动机发动以后,反过来带动星轮,使其获得与外圈转向相同但转速较大的运动,使离合器处于分离状态,以避免发动机带动启动电动机超速旋转。

定向离合器常用于汽车、拖拉机和机床等设备中。

9.2.3 离合器的选择

大多数离合器已标准化或规格化,设计时,只需参考有关手册对其进行类比设计或选择即可。

选择离合器时,首先根据机器的工作特点和使用条件,结合各种离合器的性能特点,确定离合器的类型。类型确定后,可根据被连接的两轴的直径、计算转矩和转速,从有关手册中查出适当的型号,必要时,可对其薄弱环节进行承载能力校核。

例9-2 某中型普通车床主轴变速箱的Ⅰ轴上采用片式摩擦离合器启动和正、反向转动。已知电动机额定功率为10 kW,Ⅰ轴转速为1 080 r/min,电动机至Ⅰ轴的效率η为0.97,求应选用多大规格的离合器。

解 根据中型普通车床的具体工作情况,可选用径向杠杆式多片摩擦离合器。由于普通车床是在空载下启动和反向,故只需按离合器结合后的静负载扭矩来选定离合器。其静负载扭矩可根据电动机的功率求得。因Ⅰ轴只有一个转速,故此转速即为其计算转速。其名义转矩可按下式计算:

$$T = 9\,550\frac{P}{n}\cdot\eta$$

式中 P——电动机功率(kW);

n——计算转速(r/min);

η——由电动机至安装离合器的轴的传动效率。

则
$$T=9\,550\times\frac{10}{1\,080}\times0.97\ \text{N}\cdot\text{m}=85.773\ \text{N}\cdot\text{m}$$

对中型机床,工作情况系数可取为$K_A=1.5$,可算得计算转矩

$$T_{ca}=K_A T=1.5\times85.773\ \text{N}\cdot\text{m}=128.660\ \text{N}\cdot\text{m}$$

根据计算转矩、轴径和转速,可从设计手册中选出离合器的具体型号,其特性参数如下:额定转矩为160 N·m;轴径 d_{max}=45 mm;摩擦面对数 z=10;摩擦面直径(外径)为 98 mm;摩擦面直径(内径)为 72 mm;接合力为 250 N;压紧力为 3 250 N。

9.3 制　动　器

9.3.1 制动器的功能与类型

1) 制动器的功能

制动器的主要功能是:用来降低机械速度或使机械停止运转,有时也用做限速装置。

2) 制动器的类型

常用制动器的类型主要有:外抱瓦块制动器、内张蹄式制动器、带式制动器、钳盘式制动器等,其特点和应用范围如表 9-8 所示。

表 9-8　常用机械制动器的特点与应用范围

形　式	制动器名称	特　点	应用范围
轮式(也称鼓式)制动器	外抱瓦块制动器(简称瓦块制动器,也称块式制动器)(见图9-22)	构造简单、可靠,制造与安装方便,双瓦块无轴向力,维修方便,价格便宜。有冲击和振动。广泛用于各种机械中	各种起重运输机械,石油机械,矿山机械,挖掘机械,冶金机械及设备,建筑机械,船舶机械等
	内张蹄式制动器(简称蹄式制动器)(见图 9-23)	结构紧凑,构造复杂,制动不够平稳,散热性差;制动鼓的热膨胀影响制动性能。价格贵,维修不方便,逐渐被盘式制动器所代替。曾广泛用于各种车辆的行走轮上	各种车辆多用,如汽车、拖拉机、叉车等,各种无轨运行式起重机的行走机构,筑路机械,飞机等
	带式制动器(见图 9-24)	结构简单、紧凑,包角大,因而制动力矩大。制动轮轴受有较大的弯曲力,制动带的压力分布不均匀等	各种卷扬机,机床,汽车起重机的起升机构以及要求紧凑的机构,作为装在低速轴或卷筒上的安全制动器

续表

形 式	制动器名称	特 点	应用范围
盘式制动器	单盘制动器(有干式和湿式之分)	制动平稳;湿式散热性较好;受轴向力	电动葫芦及各种车辆
	多盘制动器(有干式和湿式之分)	制动平稳,制动力矩大;干式散热性差,湿式散热性好;受轴向力	电动葫芦,机床,汽车,飞机,坦克以及工程机械等大型设备
	钳盘式制动器	制动平稳,可靠,动作灵敏;散热性好,无瓦块制动器的热衰退现象;制动力矩大,可调范围大,耐频繁制动,转动惯量小;防尘、防水能力强;摩擦材料所受压力大,受轴向力(可减至最小),横向尺寸大;价格贵,有的制动器需要液体(气体)泵站及管路等复杂设备	各种起重运输机械,矿山机械,石油机械,冶金机械及其设备,装卸机械,施工机械,建筑机械,叉车、汽车、坦克等车辆,印刷机械,造纸机械,机械式压力机,机床,拔丝机械等
	制动臂(楔块式)盘式制动器	同上,但不需要液体(气体)泵站等复杂设备;制动架结构大,铰轴多,机械效率稍低	中等容量的各种起重运输机械,冶金机械及其设备,石油机械,建筑机械等

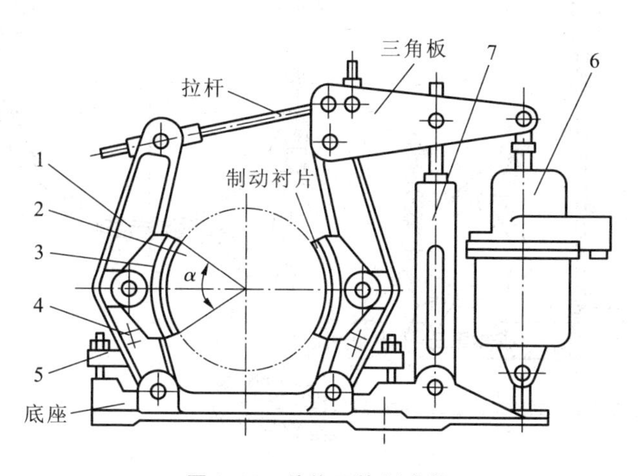

图 9-22 外抱瓦块制动器

1—制动架(包括制动臂、底座、三角板、拉杆等);2—制动轮;
3—制动瓦块(包括制动衬片);4—制动瓦块的自位装置;
5—退距(间隙)调整装置;6—松闸装置(电力液压推动器);7—紧闸装置(弹簧)

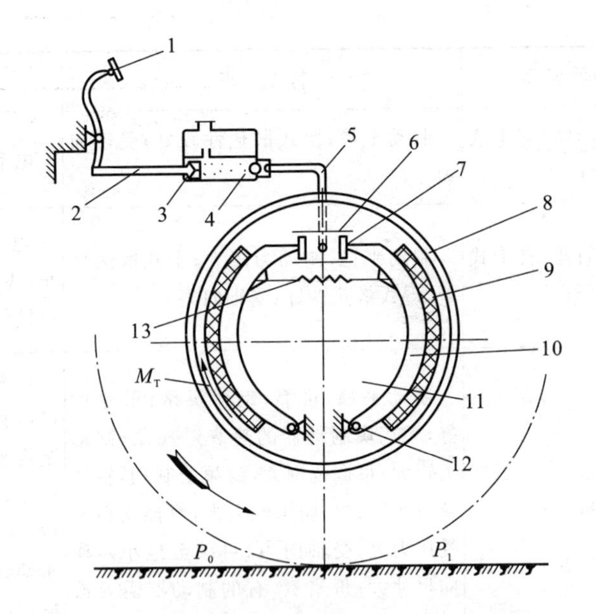

图 9-23　内张蹄式制动器制动系统工作原理

1—制动踏板;2—推杆;3—主缸活塞;4—制动主缸;5—油管;6—制动轮缸;7—轮缸活塞;8—制动鼓;9—制动垫片;10—制动蹄;11—制动底板;12—支承销;13—制动蹄回位弹簧

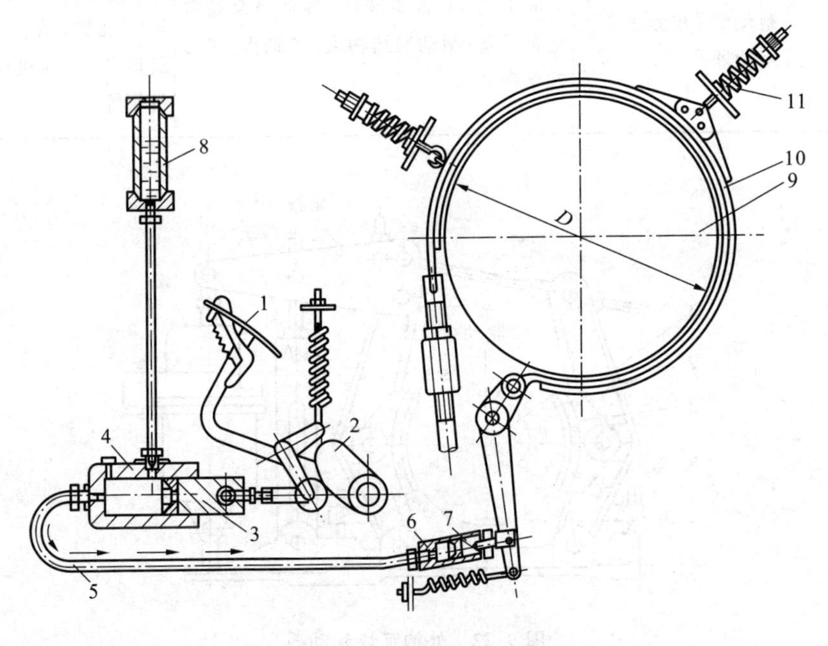

图 9-24　液压操纵带式制动器

1—踏板;2—凸轮;3、7—活塞;4、6—油缸;5—油管;8—储油器;9—制动轮;10—钢带;11—防止制动带偏斜和贴在制动轮上,并保证松闸间隙的机构

9.3.2 制动器的组成

制动器类型虽多，但其组成的主要零部件的功能大同小异。其主要组成部分一般包括以下部分(见图9-22)。

(1) 制动架或壳体，制动器的基础件，起联系或组装其他零部件的作用。

(2) 紧闸装置(手柄、杠杆、弹簧、液压或气压装置等)，它是使制动器起制动作用的紧闸部件。

(3) 松闸装置，也称驱动器装置(手柄、杠杆、电力液压推动器、电磁液压推动器、电磁阀和液压系统、电磁铁等)，它是使制动器不起制动作用的部件，即松闸部件。

(4) 摩擦副，即制动轮(盘)和制动瓦块，它是制动器执行制动的对偶件。

(5) 调整装置，它是调整制动器退距均等的机构。

(6) 辅助装置，它由制动瓦块的复位装置等其他零部件组成。

9.3.3 制动器选择的原则和方法

1. 制动器选择的原则

选择制动器时应考虑以下几个方面。

1) 配套主机的性能和结构

例如，起重机的起升机构、矿山机械的提升机都必须选用常闭式制动器，以保证安全性和可靠性。行走机构和回转机构选用常闭式或常开式制动器都可以，但为了容易和方便地控制制动，推荐选用常开式制动器。

2) 配套主机的使用环境、工作条件和保养条件

如主机上有液压站，则选用带液压的制动器；如主机要求干净，并有直流电源供给时，则选用直流短程电磁铁制动器最合适；有的设备要求制动平稳、无噪声，最好选用液压制动器或磁粉制动器。

3) 经济性

满足使用要求前提下，成本最好低些。

4) 制动器的安装位置和容量

制动器通常安装在机械传动中的高速轴上。此时，需要的制动力矩小，制动器的体积小，重量轻，但因机械传动的中间环节多，安全可靠性相对较差。如安装在机械传动的低速轴上，则比较安全可靠，但转动惯量大，所需的制动力矩大，制动器体积和重量相对也大。安全制动器通常安装在低速轴上。

2. 制动器的选择方法

首先根据机器的工作特点和使用条件，结合制动器的性能特点，按选择原则，选定合适的制动器类型和结构；然后根据机器运转情况计算制动轴上的负载转矩，并考虑一定的安全储备(乘以制动安全系数)求出计算制动转矩，以计算制动转矩为依据，

选出标准型号后,再进行必要的发热、制动时间(或距离、转角)等验算。

在设计或选择制动器时,主要依据制动转矩(T)。制动转矩的计算方法需根据不同机构的需要来确定,可参见有关起重机械的书籍。

下面为起重机械的制动安全系数:

$S=1.3\sim1.5$　　手动起升机构

$S=2\sim3$　　普通电动机起升机构

$S=3\sim4$　　抓斗起升机构和重型吊具的起升机构

$S=1.5$　　行走和回转机构

注:以上为简化计算,准确的计算方法,可参考有关资料。

例 9-3　某厂加工车间使用的电动双梁吊钩桥式起重机小车的起升机构。已知:最大起重质量为 10 t,起升高度 $H=15$ m,起升速度 $v=7.5$ m/min,小车运行速度 $v_0=45$ m/min。工作级别为 M5 级,机构接电持续率 JC=25%,小车质量估计为 4 t。

解　根据有关资料计算出所需静制动名义转矩

$$T=149.2\ \text{N}\cdot\text{m}$$

根据有关资料查出制动安全系数

$$S=1.75$$

所需静制动计算转矩

$$T_{ca}=ST=1.75\times149.2\ \text{N}\cdot\text{m}=261.1\ \text{N}\cdot\text{m}$$

由有关手册查得,选用 YWZ5-315/23 制动器,其制动转矩 $T=180\sim280$ N·m,制动轮直径 $D=315$ mm,制动器质量为 44.6 kg。

验算制动时间,满足 $t\leqslant[t]$;

计算时间 $t=0.64$ s;

通常起升机构启动时间$[t]=1\sim5$ s,故满足要求。

其他计算从略。

连接设计

机械是由零件组成的,只有通过连接才能将单独制造的零件组装成具体的机械。

根据连接后零件能否被拆开,连接可分为不可拆连接和可拆连接。前者如果不损坏组成零件就不能拆开(例如铆接、焊接等),后者则允许进行重复的拆开与装配(例如螺纹连接、销连接和花键连接等)。

连接技术的主要发展趋势是要使连接尽可能达到这样的作用:即被连接件犹如一个整体,同时符合连接件与被连接件之间的等强度条件。

10.1 螺纹连接

利用螺纹连接件(如螺钉、螺栓、双头螺柱、螺母)或利用在被连接件上制成的螺纹构成的可拆连接,称为螺纹连接。

螺纹连接在机械制造中应用很广。现代的机械中,60%以上的零件制有螺纹。螺纹连接的广泛应用主要是由于:① 螺纹拧紧时能产生很大的轴向力;② 它能方便地实现自锁,这是实现紧固所必需的;③ 外形尺寸小;④ 制造简单,能保持较高的精度。

除紧固目的以外,螺纹零件还可作为传动零件来使用。螺旋传动就是利用螺纹来传递运动(将旋转运动转换成直线运动)或动力的。

10.1.1 螺纹的类型及应用

螺纹有外螺纹与内螺纹之分,螺旋副是由外、内螺纹组合而成的。

起连接作用的螺纹称为连接螺纹;用于传递运动和动力的螺纹称为传动螺纹。螺纹还有米制和英制(螺距以每英寸牙数表示)之分。我国除管螺纹外,一般采用米制螺纹,在国际上通行的是米制螺纹。凡牙型、外径及螺距符合国家标准的螺纹称为标准螺纹。机械制造中常用的螺纹多为标准螺纹。若按螺纹的牙型来分,有以下几种螺纹。

(1) 三角螺纹　有普通三角螺纹和管螺纹。普通三角螺纹的牙型角为60°,又可分为粗牙螺纹和细牙螺纹,粗牙螺纹用于一般连接,细牙螺纹的螺距小,螺纹深度浅,导程和升角也小,自锁性能好,适合用于薄壁零件和微调装置。管螺纹属英制细牙三角形螺纹,多用于有紧密性要求的管件连接,其牙型角为 55°。

(2) 梯形螺纹　其牙型角为 30°,是应用最广泛的一种传动螺纹。

(3) 锯齿形螺纹　两侧牙型斜角分别为 $\beta=3°$ 和 $\beta'=30°$。3°的侧面用来承受载荷,可得到较高效率;30°的侧面用来增加牙根强度。这种螺纹适用于单向受载的传动螺旋。

(4) 矩形螺纹　其牙型角为 0°,传动效率高,但齿根强度较低,适用于做传动螺纹。

各种螺纹的牙型如图 10-1 所示。

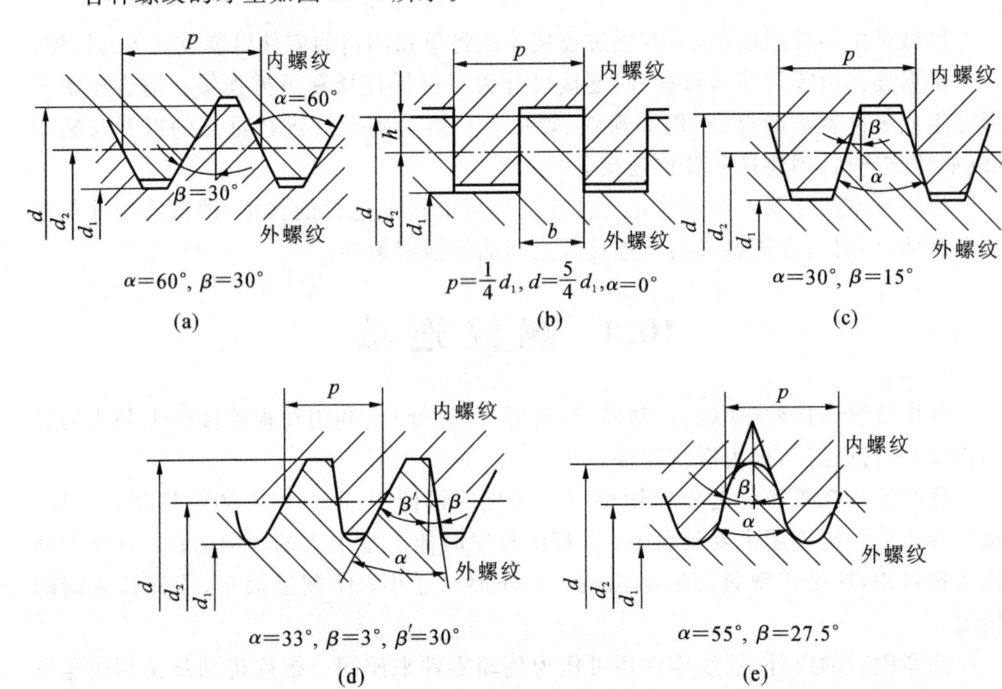

图 10-1　螺纹的类型

(a) 三角形螺纹;(b) 矩形螺纹;(c) 梯形螺纹;(d) 锯齿形螺纹;(e) 管螺纹

此外还有圆锥螺纹、圆锥管螺纹等。

在上述螺纹中,三角形螺纹(即普通螺纹)、管螺纹(圆柱螺纹)、梯形螺纹和锯齿形螺纹都已标准化。

10.1.2　螺纹的主要参数

圆柱形螺纹的主要参数(见图 10-2)如下。

(1) 大径 d、D:与外螺纹的牙顶(或内螺纹牙底)相重合的假想圆柱面的直径,是螺纹的公称直径(管螺纹除外)。

(2) 小径 d_1、D_1:与外螺纹的牙底(或内螺纹牙顶)相重合的假想圆柱面的直径,常用做危险剖面的计算直径。

（3）中径 d_2、D_2：一假想的与螺栓同心的圆柱面的直径，此圆柱面周向切割螺纹，使螺纹在此圆柱面上的牙厚和牙间相等。

（4）螺距 p：相邻两牙上对应点间的轴向距离，是螺纹的基本参数。

（5）线数 n：螺纹的螺旋线数。某处螺纹实体，只有一条沿螺旋线形成的螺纹称为单线螺纹，有 n 条沿等距螺旋线形成的螺纹称为 n 线螺纹。

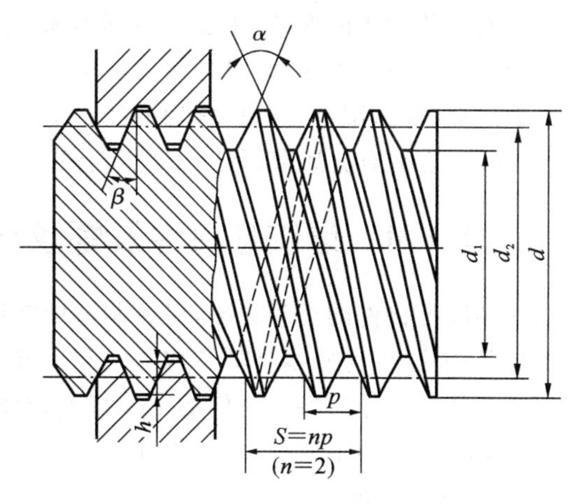

图 10-2 螺纹的主要参数

（6）导程 S：螺栓旋转一周，沿自身轴线相对于螺母所移动的距离。在单头螺纹中，螺距和导程是一致的；在多头螺纹中，导程等于螺距 p 和线数 n 的乘积。

（7）升角 λ：在螺纹中径圆柱面上的螺旋线的切线与垂直螺纹轴心线的平面的夹角。由几何关系可得：

$$\tan\lambda = \frac{S}{\pi d_2} = \frac{np}{\pi d_2} \tag{10-1}$$

（8）牙型角 α：螺纹牙在轴向截面上量出的两直线侧边间的夹角。

（9）牙廓的工作高度 h：螺栓和螺母的螺纹圈发生接触时的牙廓高度。牙廓的高度是沿径向测量的。工作高度等于外螺纹大径和内螺纹小径之差的一半。

10.1.3 螺纹副的受力关系、效率和自锁

由机械原理可知，旋紧或松开负载的螺旋副时，其受力、效率和自锁条件如下。

圆周力：旋紧时 $$F_t = F\tan(\lambda+\rho_v) \tag{10-2}$$

松开时 $$F_t = F\tan(\lambda-\rho_v) \tag{10-3}$$

效　率：旋紧时 $$\eta = \frac{\tan\lambda}{\tan(\lambda+\rho_v)} \tag{10-4}$$

松开时 $$\eta = \frac{\tan(\lambda-\rho_v)}{\tan\lambda} \tag{10-5}$$

自锁条件： $$\lambda \leqslant \rho_v \tag{10-6}$$

以上式中：当量摩擦角 $\rho_v = \arctan\mu_v$；当量摩擦系数 $\mu_v = \mu/\cos\beta$，其中 μ 为实际摩擦系数；F 为螺旋副所受的轴向力。

对于连接用螺纹，主要是要求螺旋副有可靠的自锁性，所以常用升角 λ 小、当量摩擦系数 μ_v 大的单线三角形螺纹。三角形螺纹标准中的细牙螺纹是比普通三角形螺纹具有更好自锁性能的螺纹。

对于传动用的螺纹,主要是要求螺旋副效率高,所以常用当量摩擦系数小的矩形、梯形、锯齿形螺纹,且升角尽可能地大一些,为此,线数也要尽可能地多一些。但线数过多,加工困难,所以,常用的线数为 2～3,最多到 4。由式(10-4)知,λ 增大到 25°以后,效率增加甚微,所以 4 线以上的螺纹较为少见。

10.1.4 螺纹连接件及螺纹连接的基本类型

螺纹连接件的类型很多,机械制造中常用的螺纹连接件有螺栓、双头螺柱、螺钉、螺母和垫片等,这些零件的结构形式和尺寸都已标准化(详见设计手册),设计时,要根据具体的工作条件及它们的结构特点合理地加以选用。

螺纹连接的主要类型有:螺栓连接、双头螺柱连接、螺钉连接和紧定螺钉连接。

1. 螺栓连接

螺栓连接是将螺栓杆穿过被连接件的孔,拧上螺母,将几个被连接件连成一体。被连接件的孔不需切制螺纹,因而不受被连接件材料的限制。通常用于被连接件不太厚,且有足够装配空间的情况。

螺栓连接有普通螺栓连接和铰制孔用螺栓连接之分。

图 10-3(a)是普通螺栓连接,被连接件上的孔和螺栓杆之间有间隙,故孔的加工精度可以较低。其结构简单,装拆方便,应用广泛。

图 10-3(b)是铰制孔用螺栓连接。孔和螺栓杆之间常采用基孔制过渡配合,因而,孔的加工精度要求较高。一般用于需螺栓承受横向载荷或需靠螺栓杆精确固定被连接件相对位置的场合。

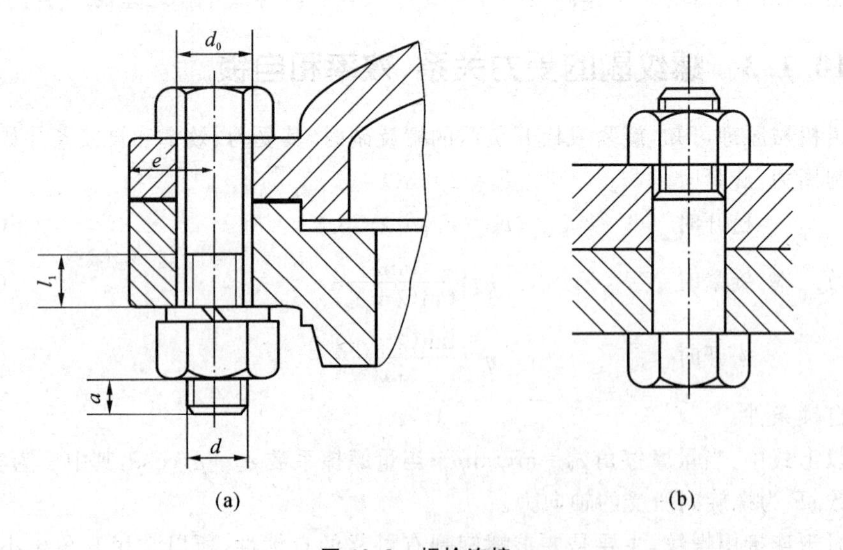

图 10-3 螺栓连接

(a) 普通螺栓连接;(b) 铰制孔用螺栓连接

螺栓连接有如下的尺寸关系：螺纹的余留长度 l_1，受拉螺栓连接：受静载荷时，$l_1 \geqslant (0.3 \sim 0.5)d$；受变载荷时，$l_1 \geqslant 0.75d$；受冲击、弯曲载荷时，$l_1 \geqslant d$；受剪螺栓连接，$l_1$ 尽可能地小；螺纹的伸出长度 $a \approx (0.2 \sim 0.4)d$；螺栓的轴线到被连接件边缘的距离

$$e = d + (3 \sim 6)\ \text{mm}$$

2. 双头螺柱连接

双头螺柱连接是将双头螺柱的一端旋紧在被连接件的螺纹孔中，另一端穿过另一（或其余几个）被连接件的孔，再旋上螺母，把被连接件连接成一体（见图 10-4）。这种连接用于被连接件之一太厚，且需经常装拆或结构上受到限制不能采用螺栓连接的场合。为使连接可靠，螺纹孔为钢或青铜时，取 $H \approx d$，为铸铁时，取 $H \approx (1.25 \sim 1.5)d$。为了加工、装配方便，还需有如下的尺寸要求：螺纹孔深度 $H_1 = H + (2 \sim 2.5)p$（p 为螺距），钻孔的深度 $H_2 = H_1 + (0.5 \sim 1)d$。

3. 螺钉连接

螺钉连接是不用螺母，直接将螺栓（或螺钉）旋入被连接件之一的螺纹孔内而实现的连接（见图10-5）。螺钉连接用于被连接件之一较厚的场合，但由于经常装拆容易使螺纹孔损坏，所以不宜用于需经常装拆的场合。螺纹的旋入深度及螺纹孔的尺寸要求同双头螺柱。

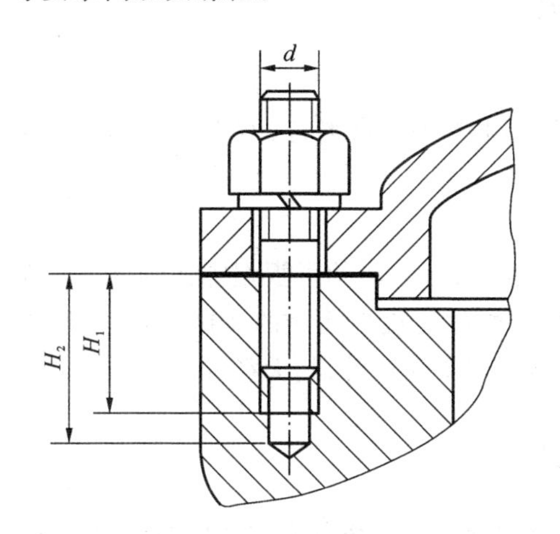

图 10-4 双头螺柱连接

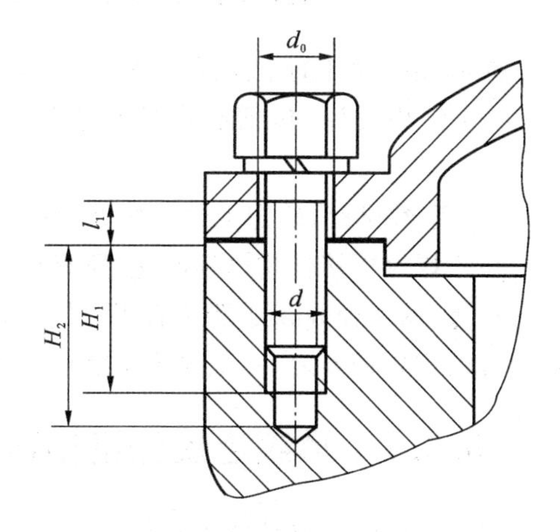

图 10-5 螺钉连接

4. 紧定螺钉连接

紧定螺钉连接如图 10-6 所示，它是利用紧定螺钉旋入并穿过一零件，以其末端压紧或嵌入另一零件，用以固定两零件之间的相互位置，并可传递不大的力或扭矩。多用于轴上零件的连接。

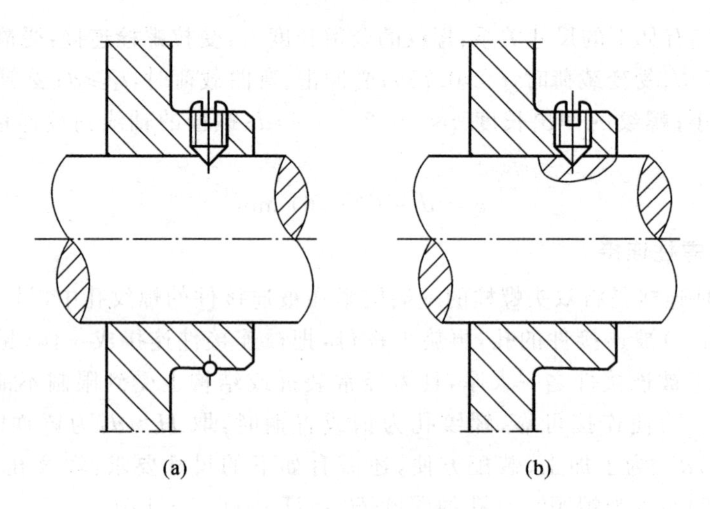

图 10-6　紧定螺钉连接

10.2　螺纹连接设计

10.2.1　螺纹连接的设计任务

螺纹连接设计的主要任务是：

(1) 结构设计，包括确定螺纹连接的类型和螺栓(或螺钉、双头螺柱等)的分布；

(2) 参数设计，确定螺纹连接件的尺寸。

由于螺纹连接件均已标准化，所有螺纹连接件的尺寸，均可根据螺栓(或螺钉、双头螺柱等)的大径 d 从手册中查得。因此，确定螺纹连接件尺寸的关键，亦即螺纹连接设计的主要任务之一，是要确定螺栓(或螺钉、双头螺柱等)的大径 d。

10.2.2　螺纹连接的结构设计

螺纹连接结构设计的主要目的是：要合理地确定连接接合面的几何形状、螺栓的布置形式和防松装置的结构，力求连接安全可靠、各螺栓和连接接合面间受力均匀、便于加工和装配。为此，设计时，应综合考虑以下几方面的问题。

(1) 连接接合面的几何形状应与机器的结构形状相适应。一般都设计成轴对称的简单几何形状，如图 10-7 所示，这样不但便于加工制造，而且便于对称布置螺栓，使连接的接合面受力比较均匀。

(2) 螺纹连接中，螺栓的数目推荐取为 3、4、6、8、12 等易于分度的数目，以利于划线钻孔。同一组螺栓的材料直径和长度应尽量相同，以简化结构和便于装配。

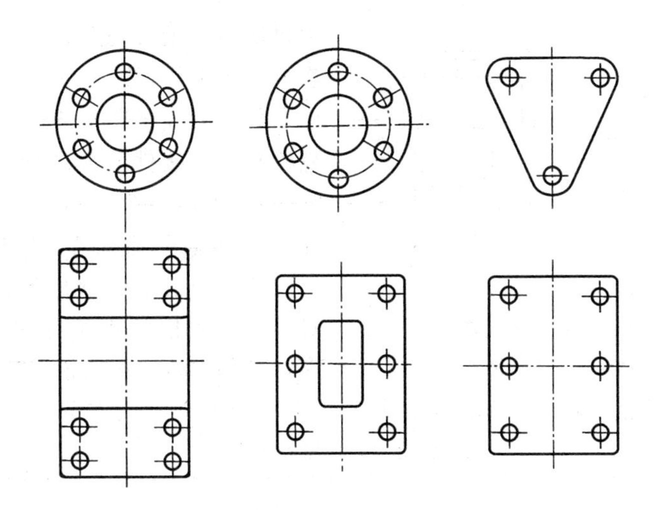

图10-7　螺纹连接接合面常见的形状

(3) 在螺纹连接中，螺栓应有合理的钉距、边距，注意留有足够的扳手空间(见图10-8)。有关扳手空间的具体尺寸，可查阅有关手册。螺栓之间的钉距 t 大致可按如下方式选取：

一般情况	$t=(5\sim8)d$
要求接合严格密封	$t=2.5d$
对接合面无要求时	$t=10d$

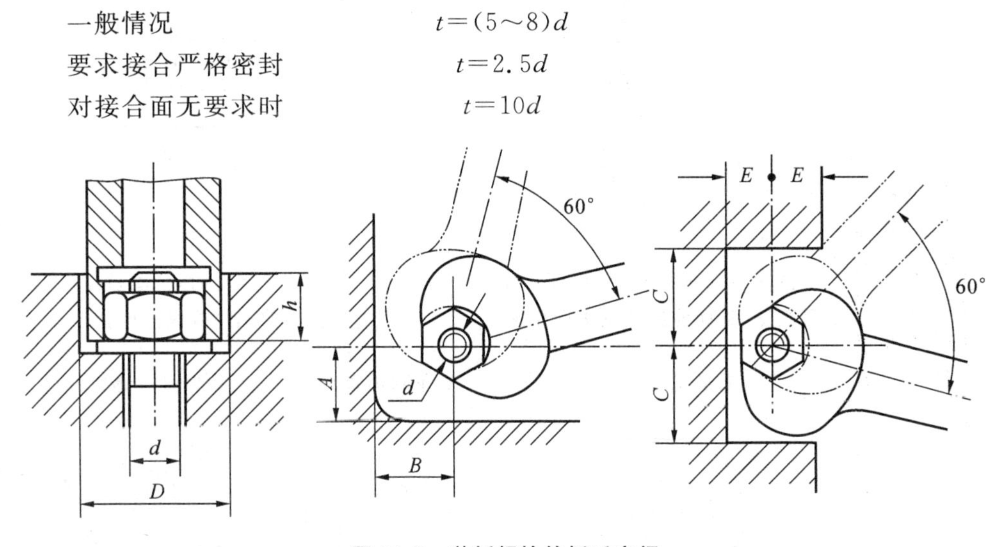

图10-8　装拆螺栓的扳手空间

(4) 螺栓头、螺母与底面的支承面应平整并与螺栓轴线相垂直，以免引起偏心载荷而削弱螺栓的强度。为此，可将被连接件上的支承面做成凸台或沉头座等(见图10-9)。

(5) 在螺纹连接中，一般都应设计有可靠的防松装置。连接用的三角形螺纹，一般都有自锁作用，此外，螺纹连接中还存在支承面的摩擦力矩。因此，在常温和静载下，螺纹连接一般不会自行松脱。但在冲击、振动和变载荷作用下，螺纹之间的摩擦

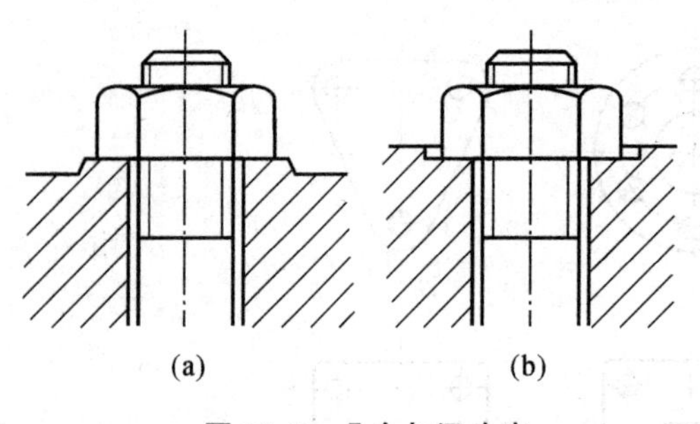

图 10-9　凸台与沉头座
(a) 凸台;(b) 沉头座

力可能瞬时消失,连接有可能自松,从而影响正常工作,甚至发生严重事故。当温度变化较大或在高温条件下工作时,由于螺栓与被连接件的温度变形差或材料的蠕变,也可能发生连接的自松。因此,设计螺纹连接时,必须考虑防松。

防松的根本问题是防止螺纹副的相对转动。防松的措施很多,按其工作原理,主要分为:摩擦防松、机械防松和破坏螺纹副之间的关系防松等。相应的防松原理和方法如表 10-1 所示。

表 10-1　防松原理和方法

防松原理	防松装置或方法
利用摩擦(使螺纹副中有不随连接载荷而变的压力,因而始终有摩擦力矩防止相对转动。压力可由螺纹副纵向或横向压紧而产生)	对顶螺母:两螺母对顶拧紧,螺栓旋合段受拉而螺母受压,从而使螺纹副纵向压紧 弹簧垫圈:利用拧紧螺母时,垫圈被压平后的弹性力使螺纹副纵向压紧 金属锁紧螺母:利用螺母末端椭圆口的弹性变形箍紧螺栓,横向压紧螺纹 尼龙圈锁紧螺母:利用螺母末端的尼龙圈箍紧螺栓,横向压紧螺纹 楔紧螺纹锁紧螺母(螺母、螺栓):利用楔紧螺纹,使螺纹副纵横压紧

续表

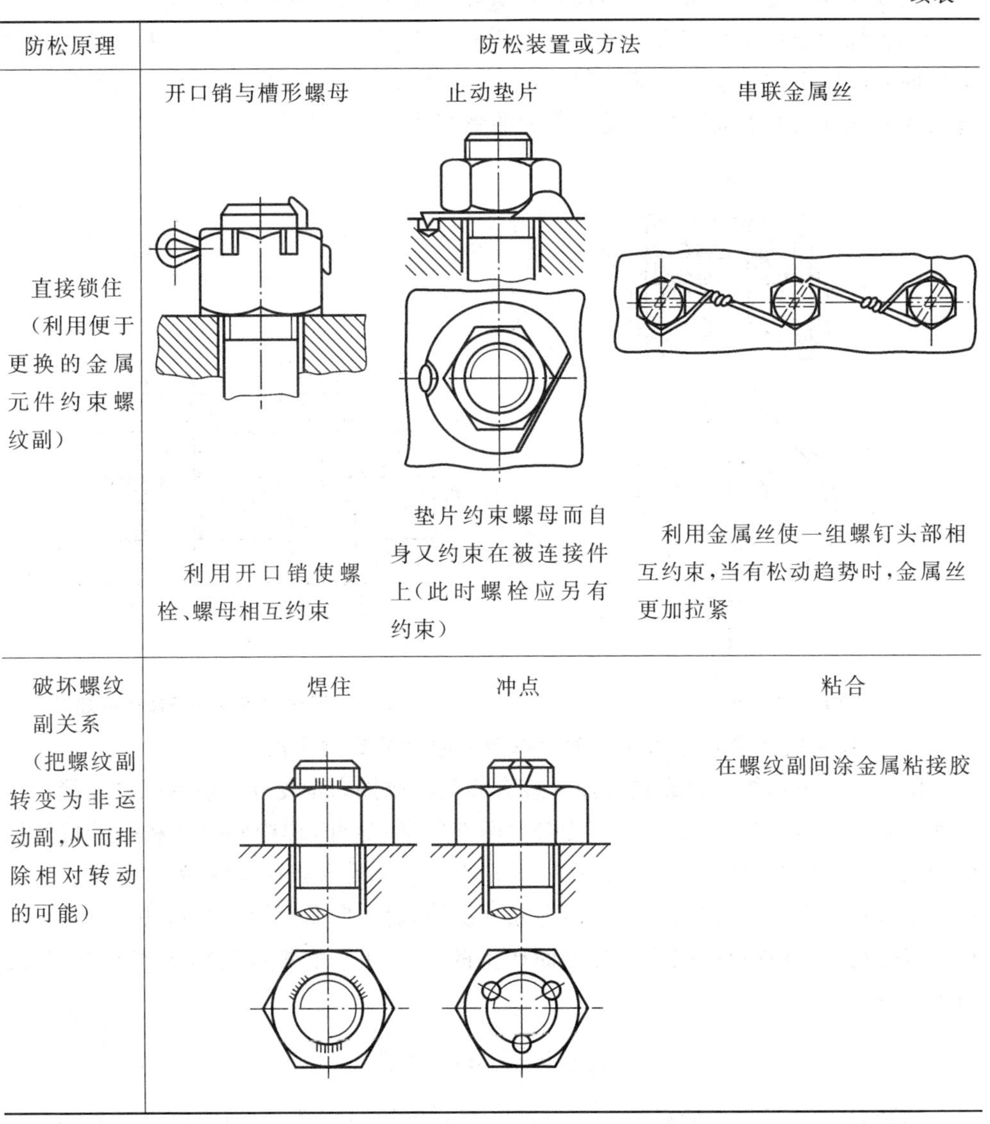

防松原理	防松装置或方法		
直接锁住（利用便于更换的金属元件约束螺纹副）	开口销与槽形螺母 利用开口销使螺栓、螺母相互约束	止动垫片 垫片约束螺母而自身又约束在被连接件上（此时螺栓应另有约束）	串联金属丝 利用金属丝使一组螺钉头部相互约束，当有松动趋势时，金属丝更加拉紧
破坏螺纹副关系（把螺纹副转变为非运动副，从而排除相对转动的可能）	焊住	冲点	粘合 在螺纹副间涂金属粘接胶

10.2.3 螺纹连接的参数设计

根据螺栓连接受载前是否旋紧螺母，使螺栓承受预紧力 F' 和螺纹间摩擦力矩 T 的作用，螺栓连接可分为松螺栓连接（不受预紧力 F' 和螺纹间摩擦力矩 T 的作用）和紧螺栓连接（受预紧力 F' 和螺纹间摩擦力矩 T 的作用）。

图 10-10 所示的吊钩螺栓连接为松螺栓连接（起重机或起重滑轮上常用这种螺栓连接），其工作时只受工作拉力的作用，即螺栓所受的总拉力 F_0 是工作拉力 F。

松螺栓连接受力简单。下面仅对紧螺栓连接的受力分析进行讨论。

根据螺栓连接中用于直接平衡外载荷的力不同，螺栓连接又可分为靠被连接件接合面间的摩擦力承受外载荷的螺栓连接、靠螺栓自身拉伸变形承受外载荷的螺栓连接和靠螺栓自身剪切变形承受外载荷的螺栓连接。

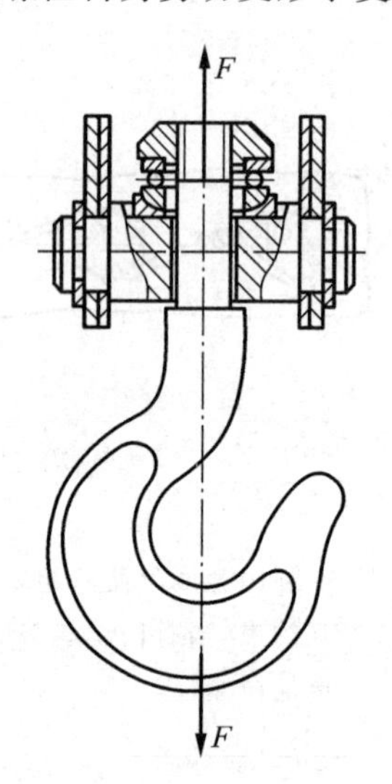

图 10-10　吊钩螺栓连接

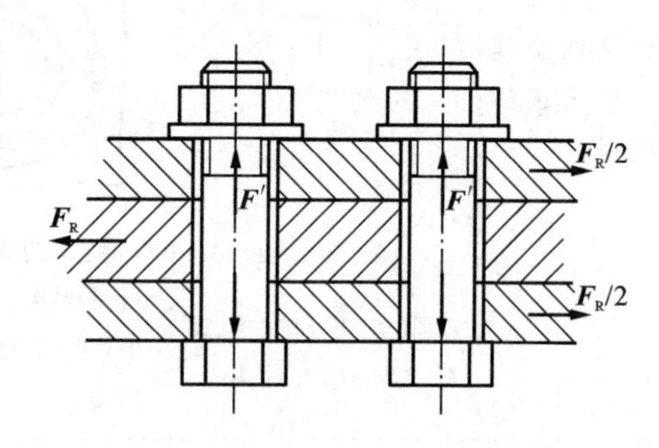

图 10-11　受横向载荷的普通螺栓连接

1. 靠被连接件接合面间的摩擦力承受外载荷的螺栓连接

图 10-11 所示为一种靠被连接件接合面间的摩擦力承受外载荷的螺栓连接。这种连接中，螺栓杆与被连接件上的孔壁之间有间隙(这样，螺栓的精度和孔的精度均可较低，可降低制造成本)。其特点是，螺栓不直接承受外载荷，靠螺栓旋紧后使被连接件之间产生正压力，进而产生摩擦力来抵抗外载荷(属紧螺栓连接)。因此，这类螺纹连接受载后，螺栓仅受因旋紧螺母而产生的预紧力 F' 和螺纹间的摩擦力矩 T_1 的作用，其中

$$T_1 = F'\frac{d_2}{2}\tan(\lambda + \rho_v)$$

预紧力 F' 使螺栓危险截面上产生拉应力 σ，摩擦力矩 T_1 则使螺栓危险截面上产生剪应力 τ。根据第四强度理论，两种应力可用一种当量拉应力表示。经理论分析，对于 M10～M68 的普通螺栓，摩擦力矩的作用相当于使拉伸载荷增大 30%。即可将 F' 增大 30%来考虑 T_1 的影响，认为螺栓所受的当量拉力为

$$F_v = 1.3F' \tag{10-7}$$

对于这类连接，受力分析的目的是要确定螺栓上所受预紧力 F'。下面仅以接合面为平面，横向载荷 F_R 的作用线与螺栓轴线垂直，并通过螺栓组的对称中心的螺栓连接(见图10-11)为例，分析如何确定其预紧力 F'。对于这类连接，设计时，通常是以连接的接合面不滑移作为计算准则。根据力的平衡条件，有

$$F'\mu zm > K_f F_R$$

由此，可求得每个螺栓的预紧力为

$$F' = \frac{K_f F_R}{\mu zm} \tag{10-8}$$

式中　μ——接合面间的摩擦系数，可由表10-2查得；

z——螺栓个数；

m——接合面对数；

K_f——考虑摩擦传力的可靠性系数，$K_f=1.1\sim1.3$。

这种连接螺栓的旋紧力往往很大，例如：若$z=1$，$m=1$，取$\mu=0.1$，$K_f=1.2$，则$F'=12F_R$。

表10-2　连接接合面间的摩擦系数

被连接件	接合面的表面状态	摩擦系数μ
钢或铸铁零件	干燥的机加工表面	0.10～0.16
	有油的机加工表面	0.06～0.10
钢结构构件	经喷砂处理	0.45～0.55
	涂覆锌漆	0.35～0.40
	轧制、经钢丝刷清理浮锈	0.30～0.35
铸铁对砖料、混凝土或木材	干燥表面	0.40～0.45

例10-1　图10-12所示的凸缘联轴器，在$D_0=250$ mm的圆周上均布六个螺栓，联轴器传递的转矩为$T=6\ 000$ N·m，螺栓强度级别为4.6级，材料为Q235，接合面的摩擦系数为$\mu=0.13$，试确定该连接中螺栓所受拉力。

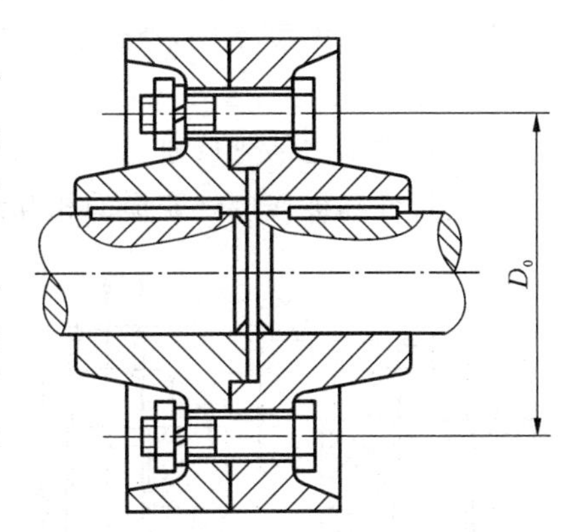

图10-12　凸缘联轴器

解　该连接属靠被连接件接合面间的摩擦力承受外载荷的螺栓连接，靠旋紧螺母后被连接件之间产生摩擦力矩来承受转矩。因此，在该连接中，螺栓受预紧力F'和螺纹间的摩擦力矩T_1的作用。根据平衡条件，可求得预紧力

$$F' = \frac{K_f T}{\mu zmD_0/2} = \frac{1.1\times6\ 000\times10^3}{0.16\times6\times250/2}\ \text{N} = 55\ 000\ \text{N}$$

考虑螺纹间的摩擦力矩T_1的影响，螺栓所受的当量拉力为

$$F_v = 1.3F' = 1.3\times55\ 000\ \text{N} = 71\ 500\ \text{N}$$

2. 靠螺栓自身拉伸变形承受载荷的螺栓连接

进行这类螺栓连接的受力分析时，为了简化计算，假定：

(1) 在螺栓连接中，各螺栓的拉伸刚度和预紧力大小均相同；

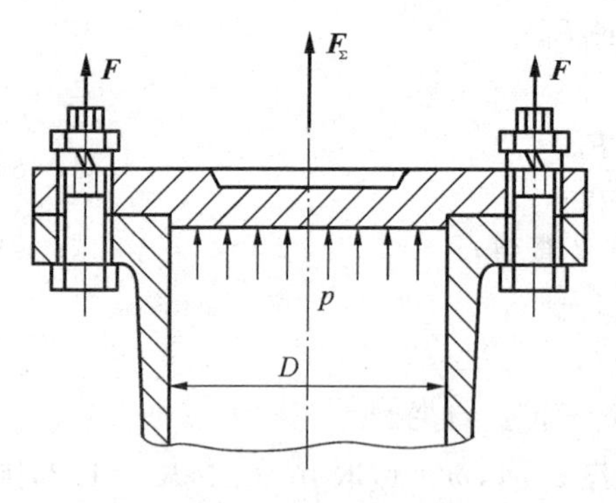

图 10-13　连接压力容器的螺栓连接

(2) 螺栓工作时所受的应力在其材料的弹性范围之内。

图 10-13 所示为一受拉螺栓连接的实例(连接压力容器的螺栓连接)。这种螺栓连接的特点是,连接受载后,螺栓组中每个螺栓(或受载最大的某些螺栓)被拉伸,且直接平衡外载荷。下面讨论这类螺栓连接工作时所受的总拉力。

这类螺栓连接,安装时必须拧紧,这时,螺栓受预紧力 F' 和螺纹间的摩擦力矩 T_1 的作用,承受工作拉力 F 后,由于螺栓和被连接件的弹性变形,螺栓所受的总拉力不等于预紧力 F' 和工作拉力 F 之和,其大小与螺栓的刚度 C_1,被连接件刚度 C_2 等因素有关系。当螺栓和被连接件的应变在弹性范围内时,各零件的受力可根据静力平衡和变形协调关系来确定。

图 10-14 所示为一靠螺栓自身的拉伸变形直接承受外载荷(螺栓受预紧力 F' 和轴向工作拉力 F 作用)的单个螺栓连接的受力变形图。其中,图 10-14(a)为螺母刚好拧到与被连接件接触,此时螺栓与被连接件均未受力,因而也不产生变形。图 10-14(b)为螺母已拧紧,但尚未承受工作拉力的情况,这时,螺栓受预紧力 F' 的作用。在预紧力 F' 的作用下,螺栓产生伸长变形 δ_1,被连接件产生压缩变形 δ_2。根据静力平衡条件,虽然螺栓所受的拉力与被连接件所受的压力大小相等,并均为 F',但由于一般两者刚度不同,所以它们的变形不同($\delta_1 \neq \delta_2$)。图 10-14(c)为螺栓受工作拉力 F 后的情况。这时,螺栓拉力增大到 F_0,拉力增量为 $F_0 - F'$,伸长增量为 $\Delta\delta_1$,而被连接件随之部分放松,其受压力减小到 F''(称为剩余预紧力),压缩减量为 $\Delta\delta_2$。由于连接件和被连接件变形的相互制约和协调,被连接件压缩变形的减量等于连接

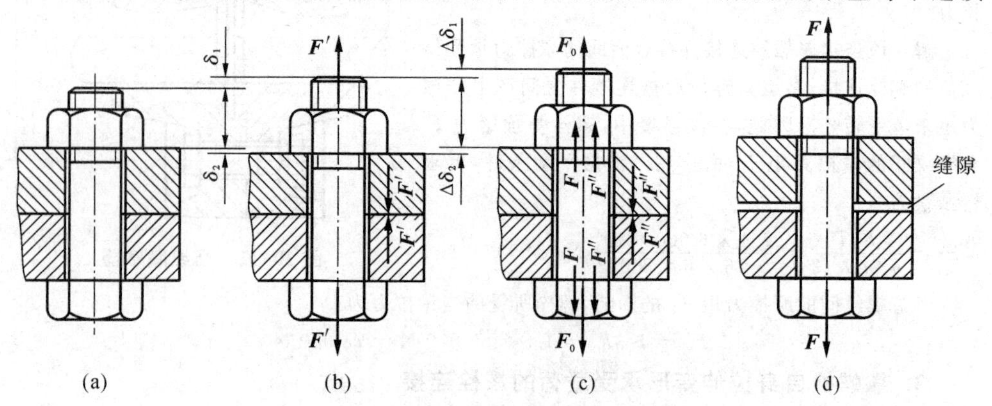

图 10-14　螺栓和被连接件的受力与变形

(a) 开始拧紧;(b) 拧紧后;(c) 受工作载荷时;(d) 工作载荷过大时

件(即螺栓)拉伸变形的增量,也就是 $\Delta\delta_1=\Delta\delta_2$。从而可知,紧螺栓连接受轴向载荷后,被连接件由于部分(亦可能全部)恢复弹性变形,因而,其反作用在螺栓上的力已不是原来的预紧力 F',而是剩余预紧力 F''。所以,这类螺栓连接,螺栓所受的总拉力 F_0 应等于剩余预紧力 F''与工作拉力 F 之和,即

$$F_0=F''+F \tag{10-9}$$

此外,由图 10-15 还可导出

$$\left.\begin{aligned}F'&=F''+\frac{C_2}{C_1+C_2}F\\F''&=F'-\frac{C_2}{C_1+C_2}F\\F_0&=F'+\frac{C_1}{C_1+C_2}F\end{aligned}\right\} \tag{10-10}$$

式(10-10)给出了螺栓所受的总拉力 F_0、预紧力 F'、剩余预紧力 F''与工作拉力 F 之间的关系。式中,$C_1/(C_1+C_2)$称为螺栓的相对刚度,其大小与螺栓及被连接件的材料、结构、尺寸和垫片等因素有关,其值在 0～1 之间。若被连接件的刚度很大(或采用刚性薄垫片),而螺栓的刚度很小(如采用细长或空心螺栓)时,则螺栓的相对刚度趋于零,这时,$F_0\approx F'$;反之,相对刚度趋于 1,这时,$F_0\approx F'+F$ 。由此可知,为了降低螺栓的受力,提高螺栓连接的承载能力,应使 $C_1/(C_1+C_2)$尽可能小一些。$C_1/(C_1+C_2)$值可以通过计算或实验确定。设计时,一般可按表 10-3 查取。$C_2/(C_1$

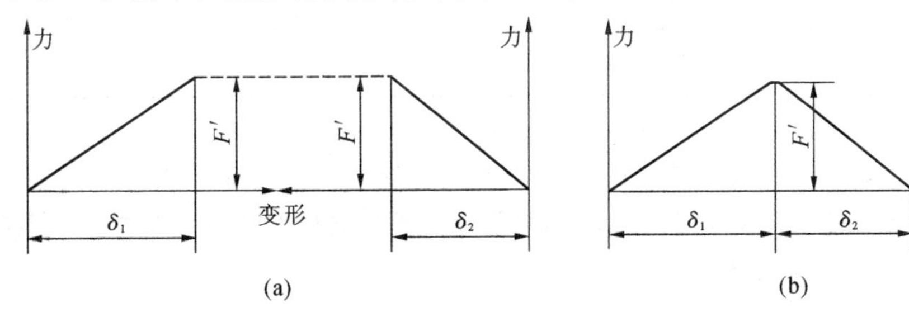

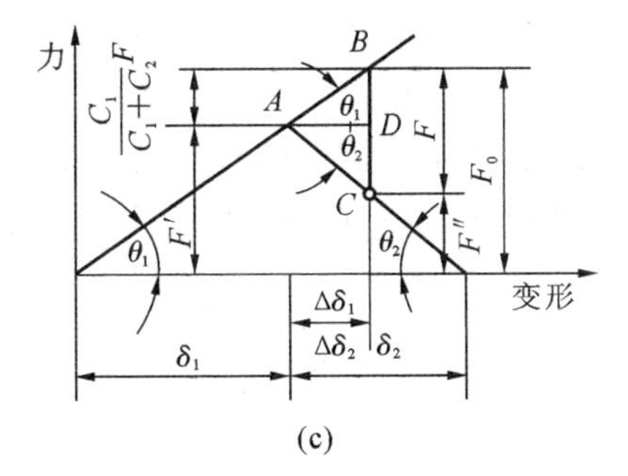

图 10-15　螺栓和被连接件的力与变形的关系

(a) 拧紧时;(b) (a)图中两线并拢;(c) 受工作载荷时

$+C_2$)称为被连接件的相对刚度,可按下式算出:

$$C_2/(C_1+C_2)=1-C_1/(C_1+C_2)$$

表 10-3 螺栓的相对刚度

被连接件(为钢时)所用垫片类别	$C_1/(C_1+C_2)$
金属垫片(或无垫片)	0.2~0.3
皮革垫片	0.7
铜皮石棉垫片	0.8
橡胶垫片	0.9

图 10-14(d)所示为螺栓工作载荷过大时连接出现间隙的情况,这是不允许的。为了保证连接的刚性或紧密性,F''应大于零。表 10-4 给出了不同情况下剩余预紧力的大致范围,可供选择 F''时参考。

表 10-4 剩余预紧力 F''与工作载荷 F 的关系

一般连接	工作载荷稳定	$F''=(0.2\sim0.6)F$
	工作载荷变化	$F''=(0.6\sim1.0)F$
有紧密性要求		$F''=(1.5\sim1.8)F$
地脚螺栓连接		$F''\geqslant F$

由于这类螺栓连接属紧螺栓连接,考虑到有可能在工作载荷下拧紧螺母,螺纹间还将产生摩擦力矩 T_1,由于 T_1 的作用,将使螺栓所受的拉伸载荷增大 30%,即螺栓所受的当量拉力应为

$$F_v=1.3F_0 \tag{10-11}$$

由式(10-9)和式(10-10)知,若求得最大工作拉力 F,则可求出螺栓所受的总拉力。

对于图 10-13 所示的受拉螺栓连接,螺栓均匀分布,工作拉力 F_Σ 的作用线与螺栓的轴线平行,且通过螺栓连接的形心,所以,每个螺栓所受的工作拉力相等,其大小为

$$F=\frac{F_\Sigma}{z} \tag{10-12}$$

式中 z——螺栓数目。

对于各种不同的螺栓连接,螺栓所受的拉力,均可根据力的平衡和变形协调关系求得。下面给出的例 10-2 即是其中的一个例子。

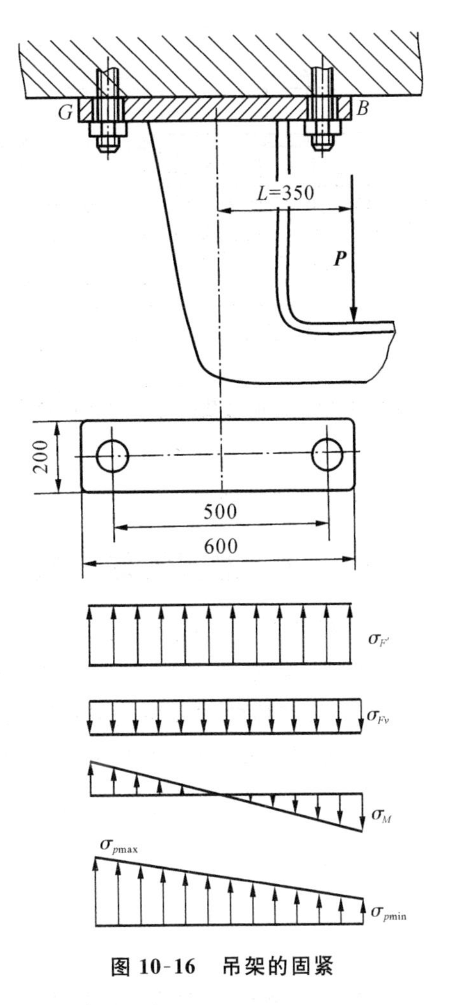

图 10-16 吊架的固紧

例 10-2 一铸铁吊架(见图 10-16)用两个螺栓固紧在钢梁上。吊架所承受的静载荷为 $P=6\ 000$ N,吊架底面尺寸及其他有关尺寸如图所示。试求受力最大的螺栓所受的拉力。

解 该螺栓连接属靠螺栓自身拉伸变形承受载荷的螺栓连接(受拉螺栓连接),螺栓受的拉力为

$$F_0 = F' + \frac{C_1}{C_1 + C_2}F$$

F_0 同螺纹间的摩擦力矩 T_1 一起作用。若将 F_0 增加30%来考虑 T_1 的影响,则可认为螺栓所受的当量拉力为

$$F_v = 1.3F_0$$

(1) 计算受力最大的螺栓所受的工作拉力。

$$F = \frac{P}{2} + \frac{PL}{500} = \left(\frac{6\ 000}{2} + \frac{6\ 000 \times 350}{500}\right)\text{N}$$
$$= 7\ 200\ \text{N}$$

(2) 预紧力 F' 的大小应能满足下面两个条件:

① 受弯矩($M=PL$)作用后,连接的右端不出现间隙;

② 受弯矩($M=PL$)作用后,连接的左端不被压溃。

为了满足第一个条件,应使:在接合面上,由预紧力 F' 产生的压应力 $\sigma_{F'}$ 比由拉力 P 产生的拉应力 σ_P 与由弯矩 M 产生的弯曲应力 σ_M 之和要大,即

$$\sigma_{F'} - \sigma_P - \sigma_M = \frac{2F'}{A} - \frac{P}{A} - \frac{PL}{W} \geqslant 0$$

式中,$A=200\times600\ \text{mm}^2$,$W=200\times600^2/6\ \text{mm}^3$。

由此可求得

$$F' \geqslant 13\ 500\ \text{N}$$

现取 $F'=13\ 500$ N,并校核是否满足连接的左端不被压溃的条件(一般可以满足,这里略去校核过程)。

(3) 确定螺栓的相对刚度。

由表 10-3 查得相对刚度为

$$C_1/(C_1+C_2) = 0.3$$

(4) 计算总拉力。

$$F_0 = F' + \frac{C_1}{C_1+C_2}F = (13\ 500 + 0.3\times7\ 200)\ \text{N} = 15\ 660\ \text{N}$$

(5) 计算考虑螺纹间的摩擦力矩 T_1 时螺栓所受的当量拉力。

$$F_v = 1.3F_0 = 1.3\times15\ 660\ \text{N} = 20\ 358\ \text{N}$$

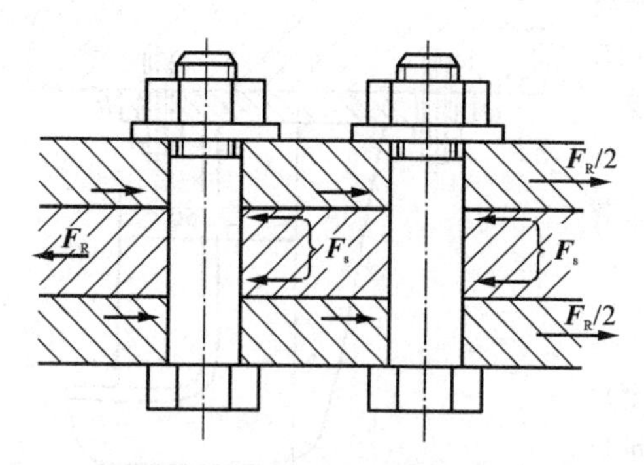

图 10-17 受横向载荷的铰制孔螺栓连接

3. 受剪螺栓连接

图 10-17 所示的受横向载荷的铰制孔螺栓连接为一受剪螺栓连接的实例。这种螺栓连接的特点是,连接受载后,螺栓组中每个螺栓均受剪切应力和挤压应力,且靠此直接承受外载荷。

这种螺栓连接一般拧紧力矩不大,预紧力和摩擦力矩可以忽略。如图所示,若每个螺栓承受的工作载荷均为剪力 F_s,根据平衡条件得:

$$F_s z = F_R \quad 或 \quad F_s = F_R / z \tag{10-13}$$

式中 z——螺栓数目。

10.2.4 主要失效形式和约束强度条件

单从螺栓受力的情况来看,主要有两种类型的螺栓:受拉螺栓(如图 10-13 中的螺栓)和受剪螺栓(如图 10-17 中的螺栓)。

1. 受拉螺栓的主要失效形式和约束强度条件

根据统计分析,受拉螺栓的主要失效形式为螺栓杆的塑性变形或断裂。若近似地把螺栓小径所对应的剖面视为危险剖面,则受拉螺栓的约束强度条件为

$$\sigma_{ca} = \frac{4F_v}{\pi d_1^2} \leqslant [\sigma] \tag{10-14}$$

或

$$d_1 \geqslant \sqrt{\frac{4 \times F_v}{\pi[\sigma]}} \quad (\text{mm}) \tag{10-15}$$

式中 F_v——螺栓所受的当量拉力;

$[\sigma]$——螺栓连接的许用应力,其值可由表 10-6 查得。

2. 受剪螺栓的主要失效形式和约束强度条件

这种螺栓连接,其螺栓杆与孔壁之间无间隙,其接触表面受挤压,在连接接合面处,螺杆受剪切(见图 10-17)。因此,这种连接的主要失效形式为螺栓杆和孔壁间压溃或螺栓杆被剪断,则其约束强度条件如下:

螺栓杆与孔壁的挤压强度条件

$$\sigma_p = \frac{F_s}{d_0 h} \leqslant [\sigma_p] \quad (\text{MPa}) \tag{10-16}$$

螺栓杆的剪切强度条件

$$\tau = \frac{4F_s}{\pi d_0^2 m} \leqslant [\tau] \quad (\text{MPa}) \tag{10-17}$$

式中 F_s——螺栓所受的工作剪力(N);

d_0——螺栓受剪面直径(螺栓杆直径,mm);

m——螺栓抗剪面数目;

h——选定计算处的受压高度;

$[\tau]$——螺栓材料的许用剪切应力(MPa),可由表10-7查得;

$[\sigma_p]$——螺栓杆或孔壁材料的许用挤压应力(MPa),可由表10-7查取,考虑到各零件的材料和受挤压高度可能不同,应选取$h[\sigma_p]$乘积小者计算。

3. 螺栓的材料和许用应力

1) 螺栓材料

常用的材料主要有Q215、Q235、25和45钢,对于重要的或特殊用途的螺纹连接件,可选用15Cr、20Cr、40Cr、15MnVB、30CrMrSi等机械性能较高的合金钢。

国家标准规定螺纹连接件按材料的机械性能等级分级,机械性能等级用数字表示,其含义如表10-5所示,由表可知,这两部分数字(点前和点后)乘积为公称屈服强度极限(σ_s)的1/10。螺母(公称高度大于或等于0.8D)的标记代号由可与其相配的最高性能等级螺栓的公称抗拉强度极限(σ_b)的1/100表示,螺栓、螺钉、螺柱、螺母的性能等级如表10-5所示。

表10-5　螺栓、螺钉、螺柱、螺母的性能等级

$\frac{\sigma_b}{100}\times10\times\frac{\sigma_s}{\sigma_b}$			性能级别										
			3.6	4.6	4.8	5.6	5.8	6.8	8.8 (≤M16)	8.8 (>M16)	9.8	10.9	12.9
螺栓、螺钉、螺柱	抗拉强度极限 σ_b/MPa	公称	300	400		500		600	800	800	900	1000	1200
		min	330	400	420	500	520	600	800	830	900	1040	1220
	屈服强度极限 σ_s/MPa	公称	180	240	320	300	400	480	640	640	720	900	1080
		min	190	240	340	300	420	480	640	660	720	940	1100
	布氏硬度 HB	min	90	109	113	134	140	181	232	248	269	312	365
	推荐材料		10 Q215	15 Q235	10 Q215	25 35	15 Q235	45	35	35	35 45	40Cr 15MnVB	30CrMnSi 15MnVB
相配合螺母	性能级别		4或5	4或5	4或5	5	5	6	8或9	8或9	9	10	12
	推荐材料		10 Q215	10 Q215	10 Q215	10 Q215	10 Q215	15 Q235	35	35	35	40Cr 15MnVB	30CrMnSi 15MnVB

注:9.8级仅适用于螺纹直径≤M16 mm的螺栓、螺钉和螺柱。

2) 许用应力

螺纹连接件的许用应力与载荷性质(静、变载荷)、连接是否拧紧,预紧力是否需要控制以及螺纹连接件的材料、结构尺寸等因素有关。精确选定许用应力必须考虑上述各因素,设计时可参照表 10-6 和表 10-7 选择。

表 10-6　紧螺栓连接的许用应力及安全系数

许用应力	不控制预紧力时的安全系数 S				控制预紧力时的安全系数 S
$[\sigma]=\frac{\sigma_s}{S}$	直径 / 材料	M6～M16	M16～M30	M30～M60	不分直径
	碳钢	4～3	3～2	2～1.3	1.2～1.5
	合金钢	5～4	4～2.5	2.5	

注:松螺栓连接时,取$[\sigma]=\frac{\sigma_s}{S}$,$S=1.2\sim1.7$。

表 10-7　许用剪切和挤压应力及安全系数

被连接件材料	剪　切		挤　压	
	许用应力	安全系数 S	许用应力	安全系数 S
钢	$[\tau]=\sigma_s/S$	2.5	$[\sigma_p]=\sigma_s/S$	1.25
铸铁			$[\sigma_p]=\sigma_b/S$	2～2.5

10.2.5　螺纹连接的设计方法

设计的目的是要根据螺纹连接的具体工作条件,确定螺纹连接件的尺寸。具体的设计方法如下。

(1) 根据约束强度条件确定螺栓(或螺钉、双头螺柱)的大径 d。根据螺栓连接的受力情况,通过分析,确定其所属类型,然后计算出受力最大螺栓的拉力 F_v(式(10-7)、式(10-11))或剪力 F_s(式(10-13)),即可按约束强度条件计算出螺栓的小径 d_1(或螺栓杆直径 d_0)。由所计算出的 d_1 或 d_0,根据标准即可查出相应的螺栓大径 d。

(2) 由螺栓大径 d,根据标准,查出全部螺纹连接件的尺寸和相应的代号。

需要指出的是,在很多情况下,螺纹的大径可以根据具体行业提供的经验数据选择,不一定都要进行详细的计算。但大径确定后,一定要按标准确定各个螺纹连接件的尺寸和代号。

例 10-3 根据例 10-1 的条件，确定螺栓的主要尺寸。

解 由例 10-1 得螺栓所受的当量拉力(考虑螺纹间的摩擦力矩 T_1)

$$F_v = 71\ 500\ \text{N}$$

选取螺栓材料为 Q235，强度级别为 4.6 级，若要求控制预紧力，由表 10-5 查得 $\sigma_s = 240$ MPa，由表 10-6 查得 $S = 1.2 \sim 1.5$，故有

$$[\sigma] = \frac{\sigma_s}{S} = \frac{240}{1.2 \sim 1.5}\ \text{MPa} = 200 \sim 160\ \text{MPa}$$

若取$[\sigma] = 185$ MPa，则由式(10-15)，得

$$d_1 \geqslant \sqrt{\frac{4 \times F_v}{\pi[\sigma]}} = \sqrt{\frac{4 \times 71\ 500}{\pi \times 185}}\ \text{mm} = 22.18\ \text{mm}$$

根据 GB/T 196—2003 查螺纹标准，得 $d = 27$ mm 时，$d_1 = 23.752$ mm>22.18 mm，满足要求，故可选用 M27 的普通螺栓。

10.3 螺旋传动

10.3.1 螺旋传动的类型

螺旋传动是用螺杆和螺母传递运动和动力的机械传动，主要用于把旋转运动转换成直线运动，将转矩转换成推力。螺旋传动按螺旋副摩擦的性质不同，可分为滑动螺旋传动和滚动螺旋传动。滑动螺旋传动又可分为普通滑动螺旋传动和静压螺旋传动。

普通滑动螺旋传动摩擦阻力大，传动效率低(一般为 0.3～0.4)，磨损快，但结构简单，便于制造，易于自锁，应用广泛。滚动螺旋传动和静压螺旋传动的摩擦阻力小，传动效率高(一般为 0.9 以上)，但结构复杂，只在重要的传动中使用。

螺旋按其用途，还可分为传动螺旋、传导螺旋和调整螺旋三种类型。

(1) 传动螺旋　它以传递动力为主，要求用较小的转矩产生较大的轴向推力。一般为间歇工作，工作速度不高，而且通常要求自锁。如千斤顶(见图 10-18)，搬动手柄对螺杆加一个转矩，则螺杆旋转并产生很大轴向推力以举起重物。

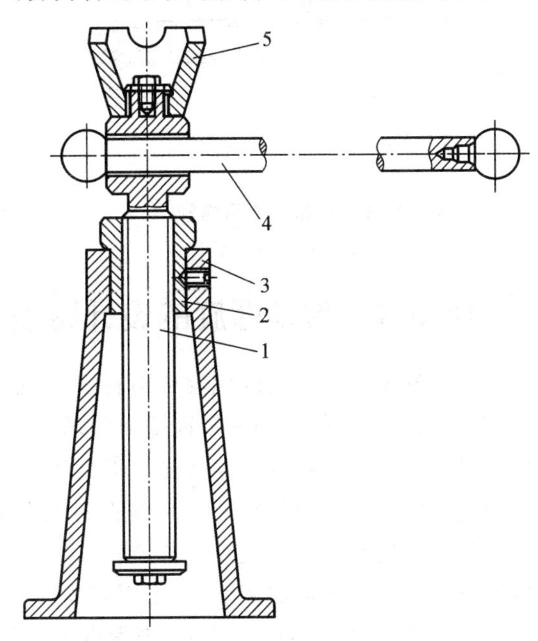

图 10-18 螺旋举重器(千斤顶)

1—螺杆；2—螺母；3—底座；4—手柄；5—托杯

(2) 传导螺旋　它以传递运动为主,常要求具有较高的运动精度。一般在较长时间内连续工作,工作速度也较高。例如用于机床进给机构的传导螺旋(见图10-19),螺杆旋转,推动螺母连同滑板和刀架作直线运动。

(3) 调整螺旋　它用以调整并固定零件或部件之间的相对位置。一般不在工作载荷作用下转动,要求能自锁,有时也要求有较高的精度。

螺旋传动按螺杆和螺母的相对运动关系,可以分为以下几种运动形式:① 螺杆转动,螺母移动(见图10-19);② 螺母固定,螺杆转动并移动(见图10-18);③ 螺母转动,螺杆移动(见图10-20)。

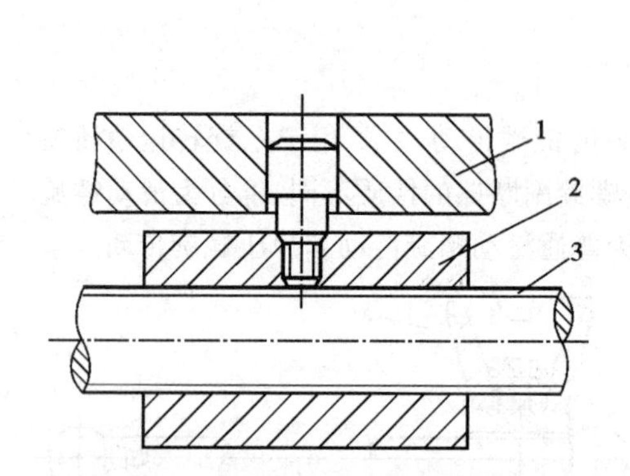

图 10-19　机床进给用螺旋

1—滑板;2—螺母;3—螺杆

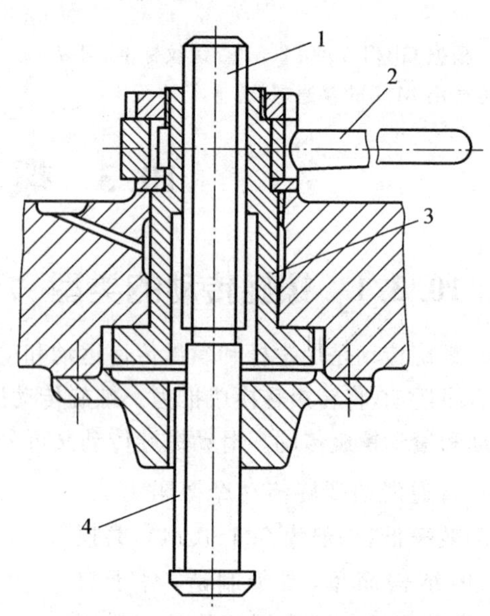

图 10-20　螺母转动、螺杆移动的机构

1—螺杆;2—手柄;3—螺母;4—导键

10.3.2　传动螺旋的设计特点

滑动螺旋传动常用的螺纹牙型有矩形、梯形、锯齿形和三角形。其中:梯形螺纹应用最广;锯齿形螺纹用于单面受力的场合;矩形螺纹由于工艺性较差,强度较低等原因,应用较少;三角形螺纹在受力不大的调整螺旋中有时被采用。螺杆常用右旋螺纹,只在某些特殊的场合,如车床横向进给丝杠,为了符合操作习惯,才采用左旋螺纹。传力螺旋和调整螺旋要求自锁时,应采用单线螺纹。对于传导螺旋,为了提高其传动效率和直线运动的速度,可采用多线(3～4 线)螺纹。

在螺旋传动的结构设计中,当螺杆短而粗且垂直布置时,如起重和加压装置的传力螺旋,可以利用螺母本身作为支承(见图10-18)。当螺杆细长且水平布置时,像机床的丝杠,应在螺杆的两端或中间附加支承,以提高螺杆的工作刚度。对于轴向尺寸较大的螺杆，应考虑采用对接的组合结构代替整体结构，以减少制造工艺上的困难。

螺母的结构除要求满足强度条件外，还要考虑其他的一些需要。最常用的是整体螺母，这种螺母结构简单，但由于磨损产生的轴向间隙不能补偿，因此只能用于精度较低的传动螺旋。对于双向传动的传导螺旋，为了消除轴向间隙和补偿旋合螺纹的磨损，避免反向转动时的空行程，可采用一些特殊结构。如图 10-21 所示的螺母，其右半部可通过一圆螺母定期调节，并用另一圆螺母锁紧。在图 10-22 所示的滑动螺旋传动结构中采用的是组合螺母，松脱螺钉 1，通过转动调整螺钉 2 使楔块 3 上下运动，同样可消除轴向间隙和补偿旋合螺纹的磨损。图10-23所示为对开螺母，转动槽形凸轮，则螺母的上、下部分分别上下移动而与螺杆分离，当反转凸轮合紧螺母时，螺纹轴向间隙也能消除(除矩形螺纹外)。

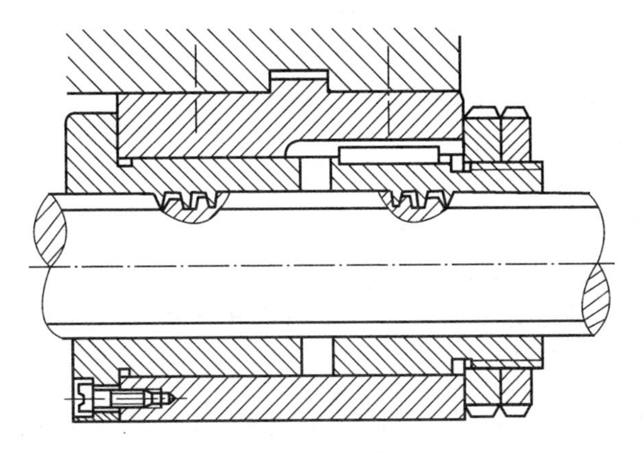

图 10-21　可调螺母

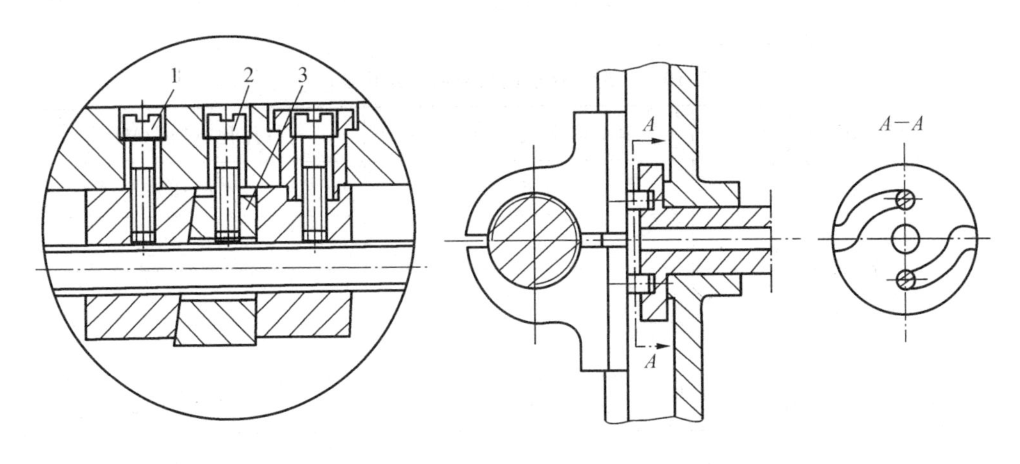

图 10-22　组合螺母

1—固定螺钉；2—调整螺钉；3—调整楔块

图 10-23　对开螺母

在进行螺旋传动的强度计算时，应根据具体的工作条件及可能失效情况，选择相应的计算准则，逐项进行计算。但由于螺纹牙间的压力和滑动速度都比较大，因而通常是先根据耐磨性进行计算，初步确定螺旋副的基本尺寸，如螺杆的直径和螺母的厚度等，然后再按照具体的情况进行其他项目的验算。

1. 耐磨性计算

螺纹的耐磨性与工作表面上压力 p、滑动速度 v、表面粗糙度及润滑状态等都有关系。在一般加工和润滑条件下，可只检验螺纹工作表面上的压力，以避免造成过度磨损。

耐磨性计算的约束条件为

$$p=\frac{FP}{\pi d_2 hH}\leqslant [p] \tag{10-18}$$

或

$$d_2\geqslant\sqrt{\frac{F}{\psi[p]}\cdot\frac{P}{\pi h}} \tag{10-19}$$

式中 F——作用在螺杆上的轴向力(N)。

d_2——螺纹中径(mm)。

H——螺母高度(mm)。

P——螺距(mm)。

$[p]$——许用比压(MPa)，其值可由表 10-8 查得。

h——螺纹接触高度(mm)。对于梯形和矩形螺纹，$h=0.5P$；对于锯齿形螺纹，$h=0.75P$。

ψ——系数，定义为 $\psi=\frac{H}{d_2}$。对于整体螺母，可取 $\psi=1.2\sim1.5$；对于剖分式螺母，可取 $\psi=2.5\sim3.5$；当制造精度较高、载荷较大，且要求使用寿命较长时，取 $\psi=4$。

表 10-8 滑动螺旋副材料的许用比压[p]

螺杆-螺母材料	滑动速度 $v/(\mathrm{m\cdot s^{-1}})$	许用比压$[p]$/MPa
铜-青铜	低速	18～25
	≤0.05	11～18
	0.1～0.2	7～10
	>0.25	1～2
淬火钢-青铜	0.1～0.2	10～13
钢-铸铁	≤0.05	12～16
	0.1～0.2	4～7

按上式算出 d_2 后，即可由螺纹标准数据表中查出公称直径 d 和 P，从而可进一步确定螺母高度 H 等尺寸。螺母的螺纹圈数一般应小于10。

2. 螺杆的强度计算

对受力较大的螺杆需进行强度计算，螺杆工作时既受轴向力 F，又受转矩 T 的作用，螺杆危险剖面上既受压缩（或拉伸）应力，又受剪切应力（见图10-24）。根据第四强度理论，其强度条件为

$$\sigma_{ca}=\sqrt{\sigma^2+3\tau^2}=\sqrt{\left(\frac{4F}{\pi d_1^2}\right)^2+3\left(\frac{T}{0.2d_1^3}\right)^2}\leqslant[\sigma]\quad(\text{MPa})\tag{10-20}$$

式中 d_1——螺杆的螺纹小径(mm)；

$[\sigma]$——螺杆材料的许用应力，一般可取 $[\sigma]=50\sim80$ MPa。

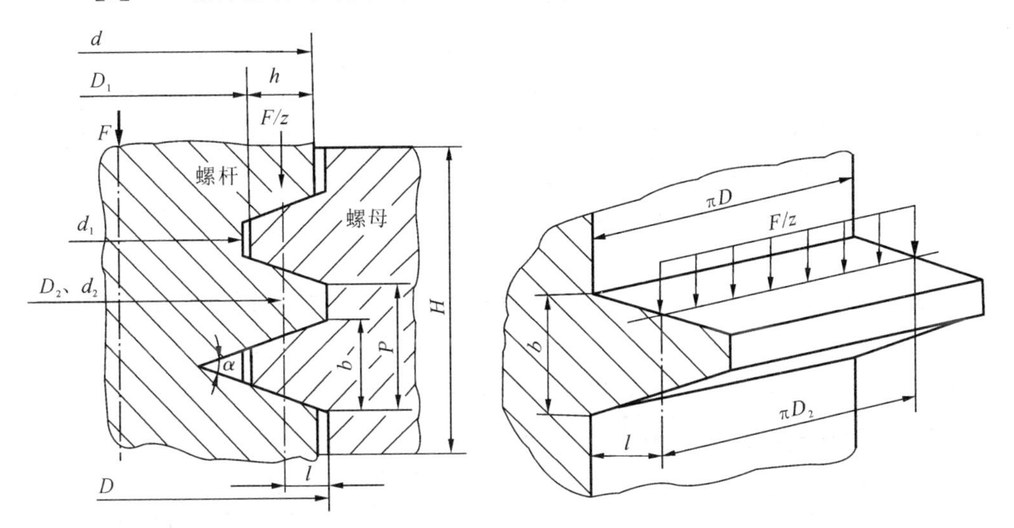

图10-24 螺纹副受力　　图10-25 螺母螺纹圈的受力

3. 螺纹牙的强度校核

一般来说，螺母材料的强度比螺杆低，故只需对螺母螺纹进行强度验算，通常验算牙根处的剪切和弯曲强度（见图10-25）。

牙根危险剖面的剪切强度条件式为

$$\tau=\frac{F}{\pi Dbz}\leqslant[\tau]\quad(\text{MPa})\tag{10-21}$$

牙根危险剖面的弯曲强度条件式为

$$\sigma_b=\frac{(F/z)\cdot l}{\pi Db^2/6}=\frac{6Fl}{\pi Db^2z}\leqslant[\sigma_b]\quad(\text{MPa})\tag{10-22}$$

式中 b——螺纹根部的厚度，矩形螺纹 $b=0.5P$，梯形螺纹 $b=0.65P$，锯齿形螺纹 $b=0.75P$；

z——承载螺纹的圈数；

l——弯曲力臂(mm)， $l=\frac{D-D_2}{2}$；

$[\tau]$——螺母材料的许用剪切应力，铸铁$[\tau]=40$ MPa，青铜$[\tau]=30\sim40$ MPa；

$[\sigma_b]$——螺母材料的许用弯曲应力，铸铁$[\sigma_b]=45\sim55$ MPa，青铜$[\sigma_b]=40\sim60$ MPa。

对于要求自锁的螺旋传动，还须按式(10-6)进行自锁条件的验算。

长径比大的受压螺杆在工作中可能发生侧向弯曲而失稳，还应对其进行压杆稳定性计算。具体计算可参考有关资料。

10.3.3 滚动螺旋传动简介

滚动螺旋传动又称滚珠丝杠副，其螺旋副间的滚动体绝大多数为滚珠，其传动的工作原理如图10-26所示。螺母与螺杆上都制有螺旋槽，装配好后就组成一个完整的螺旋滚道，滚珠就装填在这个滚道中。螺母螺纹的进出口用导路连起来，当螺杆或螺母回转时，滚珠从一端进入，经另一端进入导路，再返回到入口处，形成螺旋循环滚珠链。这样，因滚珠夹在螺杆与螺母之间，使螺旋副成为滚动摩擦，提高了传动效率和传动精度。

滚珠的循环方式有外循环和内循环两种。外循环的导路为一导管，滚珠在回路中经导路时离开螺杆表面，如图10-26(a)所示。内循环时，在螺母上开有侧孔，孔内镶有反向器(见图10-26(b))，将相邻两圈螺纹滚道沟通起来，滚珠通过反向器越过

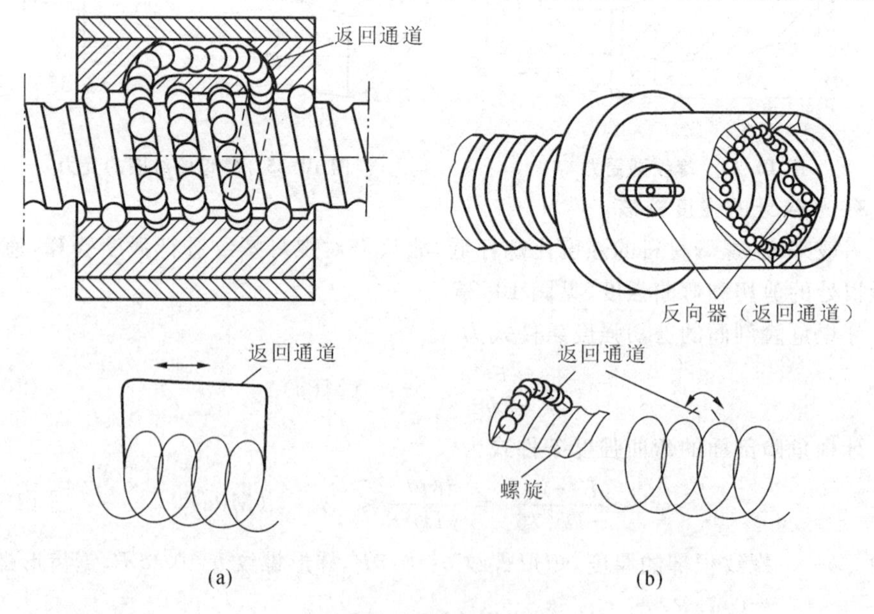

图10-26 滚珠螺旋传动

(a) 外循环；(b) 内循环

螺杆牙顶进入相邻螺纹滚道，形成一个循环回路。一个循环回路里只有一圈滚珠，设有一个反向器。滚珠在整个循环过程中不离开螺旋表面。

滚动螺旋传动具有传动效率高，启动力矩小，传动灵敏、平稳，工作寿命长等优点，在机床、汽车、拖拉机、航空等机械中应用较广。但制造工艺比较复杂，特别是长螺杆更难保证热处理及磨削工艺质量。它的刚性和抗振性能较滑动螺旋传动差。

10.4　销　连　接

销的基本形式是圆柱销和圆锥销。销主要用于定位，即固定零件之间的相对位置（见图 10-27），是组合加工和装配时的辅助零件。它也用于轴与毂的连接或其他零件的连接（见图 10-28），可传递不大的载荷，还可作为安全装置（见图 10-29）。

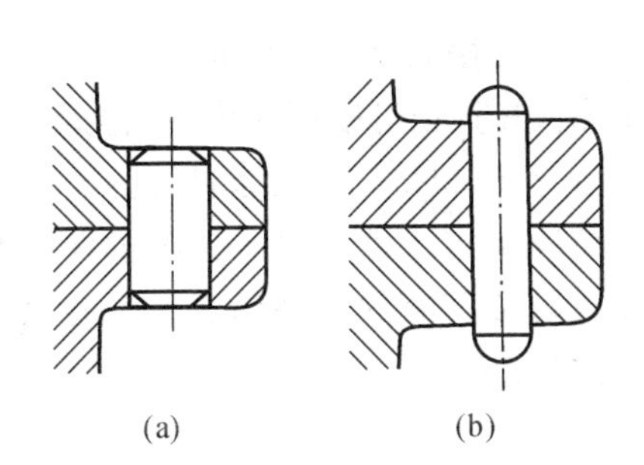

图 10-27　定位销

(a) 圆柱销；(b) 圆锥销

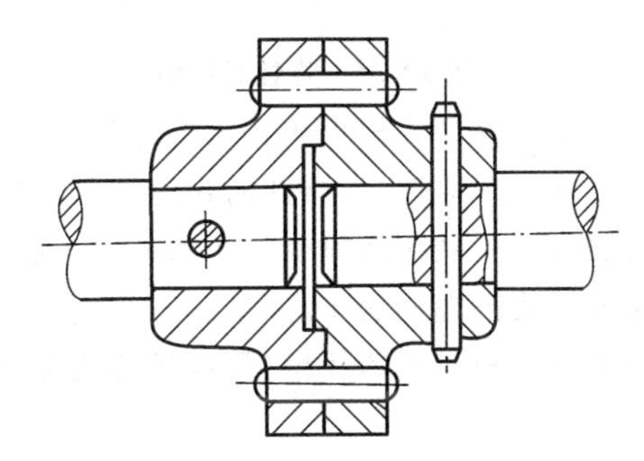

图 10-28　连接销

圆柱销利用微量过盈固定在销孔中，多次装拆会降低定位精度。圆锥销有1∶50的锥度，可自锁，靠锥面挤压作用固定在销孔中，定位精度高，安装也较方便，可多次装拆。

槽销（见图 10-30(a)）用弹簧钢滚压或模锻而成。槽常有三条：沿销全长的平行

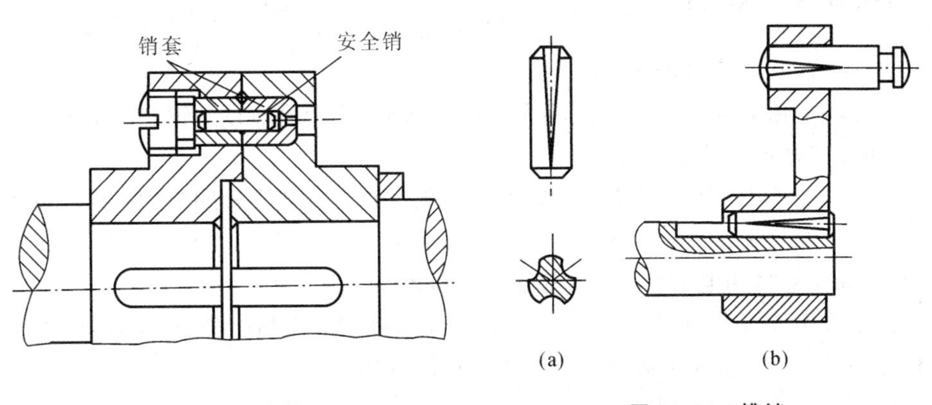

图 10-29　安全销

图 10-30　槽销

直槽;沿销全长的楔形槽;一端为短楔槽及中部为短凹槽的槽等。槽销压入销孔后,它的凹槽即产生收缩变形,借助材料的弹性而固定在销孔中,销孔无须铰光,可多次装拆,多用于传递载荷,对于受振动载荷的连接也适用。有些场合,槽销可代替键和螺栓等使用(见图 10-30(b))。

弹性圆柱销(见图 10-31)是由弹簧钢带卷制成的纵向开缝的圆管,借助于弹性,均匀挤紧在销孔中,对销孔精度要求较低,可多次装拆,用于有冲击振动的场合。但刚性较差,不适用于高精度定位。

开口销(见图 10-32)是一种防松零件,用于锁紧其他紧固件。

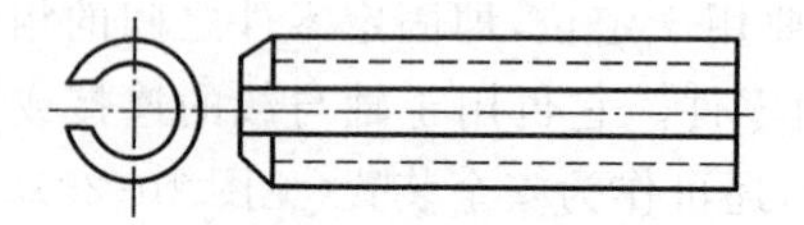

图 10-31 弹性圆柱销

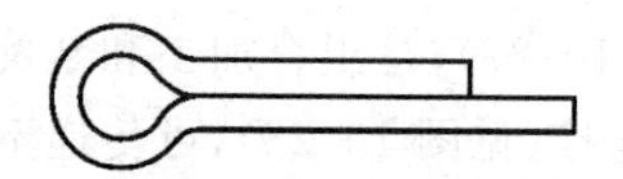

图 10-32 开口销

销的类型可根据工作要求选定。用于连接的销,其直径可根据连接的结构特点,按经验或规范确定,必要时再进行强度校核,一般按剪切和挤压强度条件计算。定位销通常不受载荷或只受很小的载荷,其直径可按结构确定。销在每一被连接件内的长度约为销直径的 1~2 倍。安全销的直径按过载时被剪断的条件确定。为避免安全销在剪断时损坏孔壁,可在销孔内加销套(见图 10-29)。

10.5 焊接与胶接

通过加热或加压,或两者并用,使两工件产生原子间结合的加工工艺和连接方式,称为焊连接,简称焊接。利用胶接剂在连接结合处产生结合力而使两被连接件连接在一起的连接方式,称为胶接。

10.5.1 焊接

10.5.1.1 焊接的应用

焊接的应用非常广泛,既可用于钢、铸钢、铸铁、有色合金以及镍、锌、铅等金属材料,也可用于塑料等非金属材料。

在机械制造中,焊接多用于件数少,或者要求结构轻或交货期短的非标准设备的毛坯。在石油化工、船舶、建筑、航空、航天、海洋工程各部门,焊接是主要的连接手段,在半导体器材和电子产品中焊接更是不可缺少。

由于采用焊接结构,产品具有成本低、生产周期短、成品率高、可靠性好、重量轻等优点,所以,焊接在工业各部门中得到了广泛应用。

10.5.1.2 焊接的基本方法

焊接的种类很多，若按焊接过程的特点分类，可分为熔焊、压力焊、钎焊等，较为重要的有熔焊中的电弧焊、电渣焊、激光焊和钎焊等。

1. 熔焊

1）电弧焊

图 10-33 所示为电弧焊过程示意图。这种焊接操作灵活，适用范围广，连接强度高，特别是埋弧焊（熔剂层下自动电弧焊）发明后，电弧焊的生产率和焊接质量均得到大大的提高。因此，这种焊接是目前用得最多的一种焊接方法。

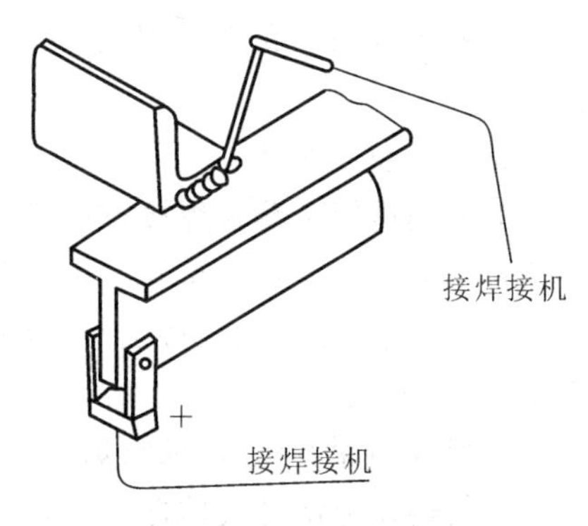

图 10-33 电弧焊

电弧焊主要适用于以下情况：

(1) 在金属构架、容器和壳体结构的制造中，用焊接代替铆接；

(2) 有些铸造的机械零件用焊接件代替；

(3) 某些巨型或形状复杂的零件，为了减少制造时的困难，将零件分开制造，然后再用焊接的方法，将它们连接起来。

根据被焊工件的相对位置，焊接接头的基本形式可分为对接、搭接和正交接（包括 T 形和 L 形）三种，如图 10-34 所示。

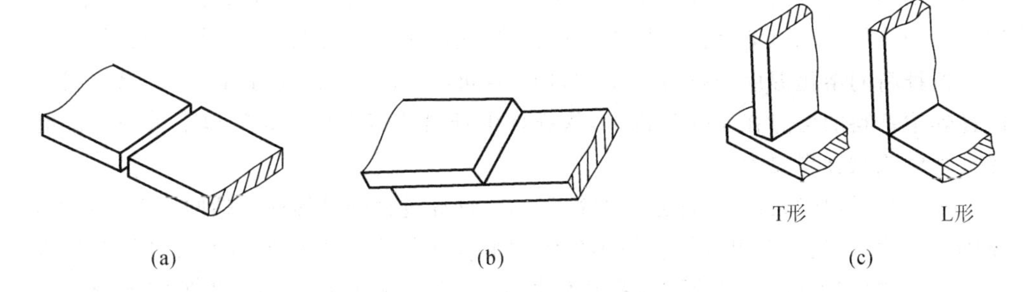

图 10-34 接头的基本形式

(a) 对接；(b) 搭接；(c) 正交接

焊件接头处形成的焊接缝称为焊缝。常见的焊缝大体可分为对接焊缝和填角焊缝两类。对接焊缝用于对接接头，填角焊缝用于搭接、正交接头。根据与载荷方向的相互关系，填角焊缝有端焊缝、侧焊缝、斜焊缝和混合焊缝之分。

为了保证接头的质量，焊接前，要在工件接口处预制出各种坡口。不同的接头和坡口对应着不同的焊缝式样。

2) 电渣焊

电渣焊是利用电流通过液态熔渣时所产生的电阻热来熔化电极及焊件而实现焊接的一种熔化焊接法。电渣焊适合大厚度焊件的焊接,生产率高,变形小,焊缝的化学成分比较容易控制,而且很少发生夹渣和气孔。但焊接后,焊件要进行正火处理。

3) 激光焊接

激光技术是现代的高科技之一。激光焊接具有其他焊接方法所不可能具有的优点。

它的主要优点如下。

(1) 特别适用于薄板焊接,对于激光焊来说,板厚超过 1 mm 就算是厚板了。对于厚板激光焊接,目前大部分采用的是 CO_2 激光器。

(2) 焊缝窄,热量输入特别小,这对因过热晶粒长大变脆的铁素体钢和 18Cr 不锈钢的焊接是非常合适的。

(3) 焊缝的深宽比(熔深与焊道宽度之比)大。

(4) 与熔化极惰性气体保护焊相比,在金属焊缝中没有溶解氧和溶解氮的问题。

(5) 可以高速焊接。

特别要说明的是,用激光产生热量完成钎焊,更是具有很多优点,它是现代电子原器件生产中的一项重要技术。

2. 钎焊

钎焊是利用熔点比两被连接件的材料低的钎料和母材一同加热,在母材不熔化的情况下,使钎料熔化并润湿、填充两被连接件接头处的间隙,形成钎缝,将被连接件连接起来的焊接方法。在钎缝中钎料与母材相互溶解和扩散,从而得到牢固的结合。用烙铁加热焊锡和电器元件的接头,使接头连接起来而组装电器,就是一种钎焊。

按钎料的熔化温度和钎焊接头强度的不同,钎焊可分为硬钎焊和软钎焊两种。硬钎焊中钎料的熔点在 450 ℃以上,软钎焊中钎料的熔点在 450 ℃以下。硬钎焊的接头强度比软钎焊要大。

在进行钎焊时,首先要注意可焊性问题。钎焊过程的可焊性包括两个方面:一是原则可焊性,二是工艺可焊性。原则可焊性取决于钎料与母材界面上所进行的物理化学过程(原则上讲,在钎焊下要把构件焊接起来,钎料与母材的交界处需要形成晶间或晶内结合),取决于这一过程的结果能否形成不可分离的钎焊接头。工艺可焊性是指用一定的方法得到牢固钎焊接头的可能性。因而,在设计钎焊时,首先要注意两被连接件材料能否用钎焊焊起来,其次是考虑什么样的钎料才能钎焊,然后再考虑选用什么样的工艺方法。

钎焊与熔焊相比,由于焊接时加热温度较低,焊件的组织和机械性能变化较小,变形较小,接头平整光滑,外表美观,可连接不同的材料,生产率高。钎焊在各工业部门得到了一定的应用,在无线电、仪表制造业中钎焊在许多情况下还是唯一有效的连接方法。

10.5.2　胶接

1. 胶接的特点及应用范围

胶接一般是不可拆连接。连接具有方法简便、无须复杂设备、变形小、接头应力分布均匀等特点。一般胶接接头还具有良好的密封性、电绝缘性和耐腐蚀性。

胶接既适用于非金属材料，也适用金属材料，不仅适用于同种材料相胶接，而且适用于异种材料相胶接(在焊接中通常这是困难的)。机械制造业中，胶接主要用于以下几个方面：① 大型结构件的连接；② 金属切削刀具的制作；③ 模具的制造；④ 紧固与密封件胶接；⑤ 设备维修时破损件的修复。

2. 胶接剂

胶接剂的种类很多，性能各异，可用不同的方法分类。

根据使用目的，胶接剂可分为：① 结构胶接剂；② 非结构胶接剂；③ 其他胶接剂。根据工艺特点，胶接剂又可分为以下五种：① 反应型胶接剂；② 热熔型胶接剂；③ 溶液型胶接剂；④ 乳液型胶接剂；⑤ 压敏型胶接剂。

胶接剂的主要性能是胶接强度(如耐热性、耐腐蚀性、耐老化性等)、固化条件(如温度、压力、保持时间等)，工艺性(如涂布性、流动性、有效储存期等)和其他特殊性能(如防锈等)。

胶接剂的机械性能，随着胶接件的材料、环境温度、固化条件、胶层厚度、工作时间、工艺水平等的不同而异。

胶接剂的选择原则，主要是针对胶接件的使用要求和环境条件，从胶接强度、工作温度、固化条件等方面选择胶接剂的品种，并兼顾胶接的特殊要求(如防锈等)和工艺上的方便。此外，如：对于受一般冲击、振动的胶接件，宜选用弹性模量小的胶接剂；对于在循环变应力条件下工作的胶接件，应选用膨胀系数与胶接件材料的膨胀系数相近的胶接剂等。

3. 胶接工艺

(1) 胶接件胶接表面的制备　胶接表面需经除油处理、机械处理和化学处理，以便清除表面油污和氧化层，改善表面粗糙度，达到最佳胶接表面状态。表面粗糙度一般应为$Ra1.6$～3.2，过高或过低都会降低胶接的强度。

(2) 胶接剂的配制　因大多数胶接剂是多组分的，在使用前应按规定的程序和正确的配方比例，妥善配制。

(3) 涂胶　采用适当的方法涂布胶接剂(如喷涂、刷涂、浸渍、贴膜等)，以保证厚薄合适，均匀无缺和无气泡等。

(4) 清理　在涂胶装配后，清除胶接件上多余的胶接剂，如产品允许在固化后进行机械加工或喷丸时，这一步可在固化后进行。

(5) 固化　根据胶接件的使用要求、接头形式、接头面积等，恰当选定固化条件，使胶接域固化。

(6) 质量检验　对胶接产品主要是进行 X 光超声波探伤、放射性同位素或激光全息摄影等无损检验,以防止胶接接头存在严重缺陷。

4. 胶接接头

胶接接头的受力状况如图 10-35 所示。

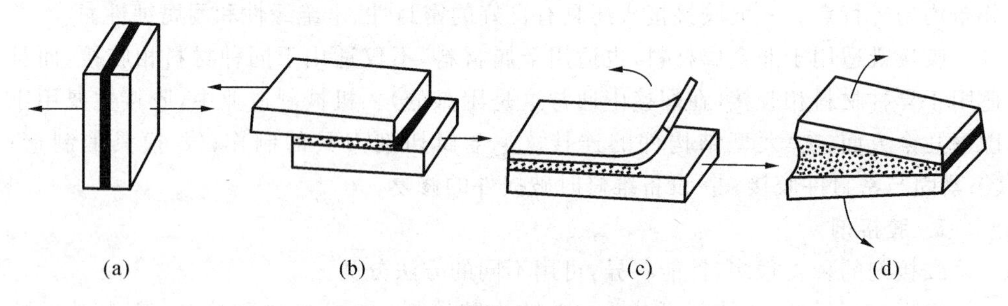

图 10-35　胶接接头的受力状况

(a) 拉伸;(b) 剪切;(c) 剥离;(d) 扯离

胶接接头的抗剪切和抗拉伸能力强,而抗扯离和抗剥离能力弱。

胶接设计时要注意:① 针对胶接件的工作要求正确地选择胶接剂;② 合理地选择接头的形式;③ 恰当选取工艺参数;④ 尽量使胶层应力分布均匀些,对于搭接接头,可采用适当的结构形式;⑤ 避免胶缝承受扯离、特别是剥离载荷,从结构上应适当采取防止剥离的措施,以防止从边缘或拐角处脱缝;⑥ 当有较大的冲击和振动时,应在胶接面间增加玻璃布层等缓冲减振材料。

习　题

10-1　查阅手册确定下列各螺纹连接的主要尺寸(如螺栓公称长度、孔径、孔深等),并按1∶1比例画出连接结构装配关系,写出标准螺纹连接的标记。

(1) 用六角螺栓(螺栓 GB/T 5782—2000 M16)连接两块厚度各为 30 mm 的钢板,并采用弹簧垫圈防松;

(2) 用螺钉(螺钉 GB/T 819—2000 M8)连接一厚度为 15 mm 的钢板和另一很厚的铸铝件;

(3) 用双头螺柱(螺柱 GB/T 898—1988 M24)连接一厚度为 40 mm 的钢板和一很厚的铸铁零件。

10-2　题图所示为一悬挂的轴承座,用两个普通螺栓与顶板连接。如果每个螺栓与被连接件的刚度相等,即 $C_1=C_2$,每个螺栓的预紧力为 1 000 N,要求当轴承受载时轴承座与顶板结合面间不出现间隙。问轴承上能承受的垂直载荷 F_R 是多少?并画出这时螺栓与被连接件的受力变形图。

10-3　题图所示为一刚性联轴器,其结构尺寸如图所示,用六个 M10 的铰制孔用螺栓(GB/T 27—1988)连接。螺栓材料为 45 钢,强度级别为 6.8 级。试计算该连接允许传递的最大转矩。若传递的最大转矩不变，改用普通螺栓连接，试求螺栓直径，并确定其公称长度，写出螺栓标记(两个半联轴器间的摩擦系数为 $\mu=0.16$)。

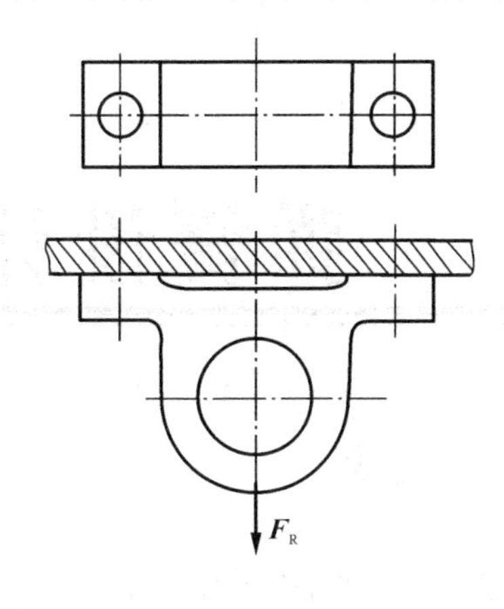

题 10-2 图

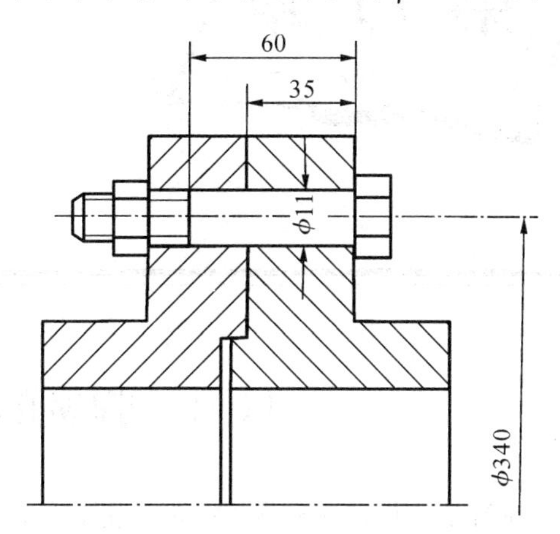

题 10-3 图

10-4 题图所示为由两块边板和一块承重板焊成的龙门起重机导轨托架。两边板各用四个螺栓与工字钢立柱连接，托架承受的最大载荷为 20 kN，问：

(1) 此连接是采用普通螺栓好还是采用铰制孔螺栓好？

(2) 若用铰制孔螺栓连接，已知螺栓材料为 45 钢，6.8 级，试确定螺栓直径。

10-5 题图所示为汽缸盖螺栓连接，汽缸中的气压为 $p=1.2$ MPa，汽缸内直径为 $D=200$ mm。为了保证汽缸紧密性要求，取剩余预紧力为 $F''=1.5F$(F 为螺栓所受的轴向工作拉力)。螺栓数 $z=12$，装配时控制预紧力，试设计此螺栓连接。

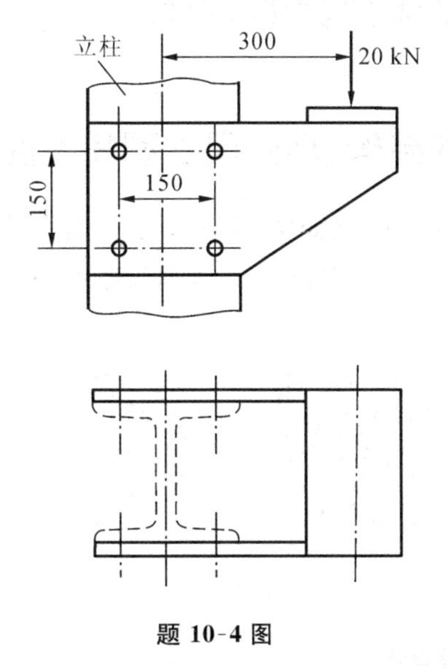

题 10-4 图

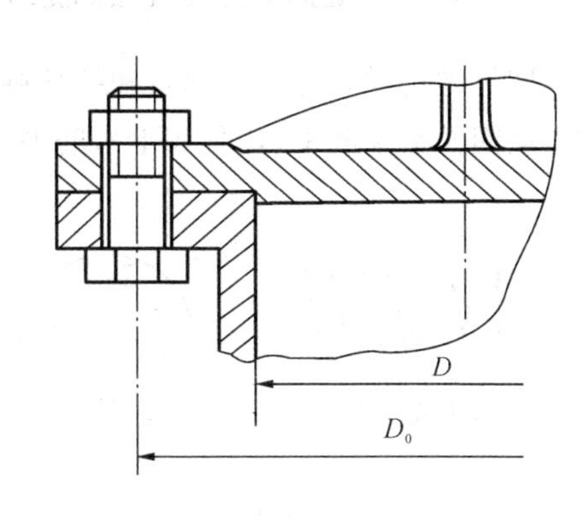

题 10-5 图

第11章 弹簧设计

11.1 弹簧的功能与类型

弹簧是常用的弹性零件,它在受载后产生较大的弹性变形,吸收并储存能量。弹簧有以下的主要功能:① 减振和缓冲,如缓冲器、车辆的缓冲弹簧等;② 控制运动,如制动器、离合器以及内燃机气门控制弹簧;③ 储存或释放能量,如钟表发条、定位控制机构中的弹簧;④ 测量力和力矩,用于测力计、弹簧秤等。

按弹簧的受力性质不同,弹簧主要分为拉伸弹簧、压缩弹簧、扭转弹簧和弯曲弹簧。按弹簧的形状不同,又可分为螺旋弹簧、板弹簧、环形弹簧、碟形弹簧等。此外还有空气弹簧、橡胶弹簧等。

11.2 圆柱拉、压螺旋弹簧的设计

11.2.1 圆柱拉、压螺旋弹簧的结构、几何尺寸和特性曲线

圆柱螺旋弹簧分压缩弹簧和拉伸弹簧。压缩弹簧如图 11-1 所示。通常其两端的端面圈并紧并磨平(代号 YⅠ),磨平部分不少于圆周长的 3/4,端头厚度一般不小

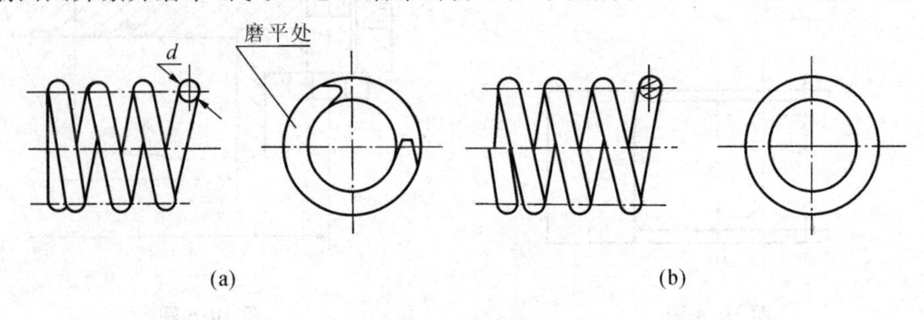

图 11-1 压缩弹簧

(a) YⅠ型;(b) YⅢ型

于 $d/8$。还有一种弹簧，其两个端面圈并紧但不磨平（代号 YⅢ）。拉伸弹簧如图 11-2 所示，其中图 11-2(a)和(b)所示分别为半圆形钩和圆环钩；图 11-2(c)所示为可调式挂钩，用于受力较大的场合。

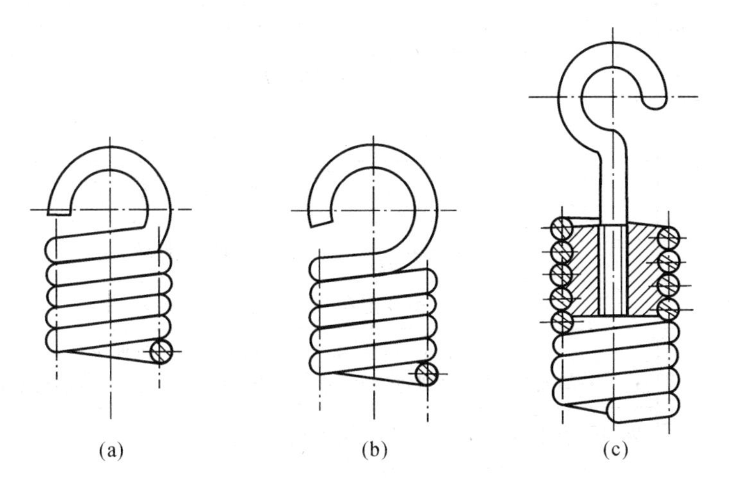

图 11-2　拉伸弹簧

(a) LⅠ型；(b) LⅡ型；(c) LⅦ型

圆柱螺旋弹簧的主要几何尺寸有：弹簧丝直径 d、外径 D、内径 D_1、中径 D_2、节距 p、螺旋升角 γ、自由高度（压缩弹簧）或长度（拉伸弹簧）H_0，如图 11-3 所示。此外还有有效圈数 n、总圈数 n_1。圆柱拉、压螺旋弹簧的几何尺寸计算公式如表 11-1 所示。

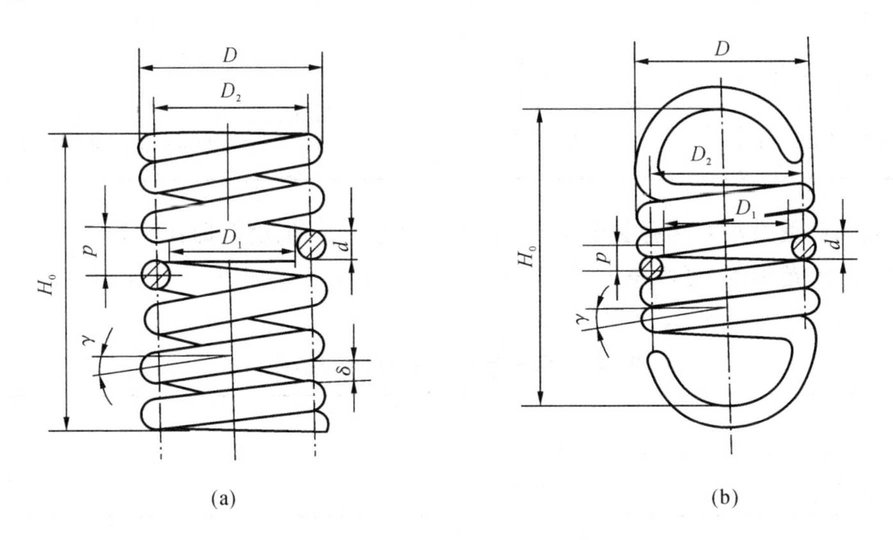

图 11-3　圆柱拉、压螺旋弹簧

表 11-1 圆柱形拉、压螺旋弹簧的几何尺寸计算公式

名称与代号	压缩螺旋弹簧	拉伸螺旋弹簧
弹簧丝直径 d/mm	由强度计算公式确定	
弹簧中径 D_2/mm	$D_2=Cd$	
弹簧内径 D_1/mm	$D_1=D_2-d$	
弹簧外径 D/mm	$D=D_2+d$	
弹簧指数 C	$C=D_2/d$,一般 $4\leqslant C\leqslant16$	
螺旋升角 $\gamma/(°)$	$\gamma=\arctan\dfrac{p}{\pi D_2}$ 对压缩弹簧,推荐 $\gamma=5°\sim9°$	
有效圈数 n	由变形条件计算确定,一般 $n>2$	
总圈数 n_1	压缩 $n_1=n+(2\sim2.5)$(冷卷); 拉伸 $n_1=n$ $n_1=n+(1.5\sim2)$(YI型热卷);n_1 的尾数为 1/4、1/2、3/4 或整圈,推荐 1/2 圈	
自由高度或长度 H_0/mm	两端圈磨平,$n_1=n+1.5$ 时,$H_0=np+d$ $n_1=n+2$ 时,$H_0=np+1.5d$ $n_1=n+2.5$ 时,$H_0=np+2d$ 两端圈不磨平,$n_1=n+2$ 时,$H_0=np+3d$ $n_1=n+2.5$ 时,$H_0=np+3.5d$	LⅠ型 $H_0=(n+1)d+D_1$ LⅡ型 $H_0=(n+1)d+2D_1$ LⅢ型 $H_0=(n+1.5)d+2D_1$
工作高度或长度 H_n/mm	$H_n=H_0-\lambda_n$	$H_n=H_0+\lambda_n$, λ_n——变形量
节距 p/mm	$p=d+\dfrac{\lambda_{max}}{n}+\delta_1=\pi D_2\tan\gamma(\gamma=5°\sim9°)$	$p=d$
间距 δ/mm	$\delta=p-d$	$\delta=0$
压缩弹簧高径比 b	$b=\dfrac{H_0}{D_2}$	
展开长度 L/mm	$L=\dfrac{\pi D_2 n_1}{\cos\gamma}$	$L=\pi D_2 n+$钩部展开长度

定义弹簧指数 C 为弹簧中径 D_2 和弹簧丝直径 d 的比值,即:$C=D_2/d$。通常 C 值在 4~16 范围内,可按表 11-2 选取。弹簧丝直径 d 相同时,C 值小,则弹簧中径 D_2 也小,其刚度较大,反之则刚度较小。

表 11-2 圆柱螺旋弹簧常用弹簧指数 C

弹簧直径 d/mm	0.2~0.4	0.5~1	1.1~2.2	2.5~6	7~16	18~42
C	7~14	5~12	5~10	4~10	4~8	4~6

弹簧应在弹性极限内工作,不允许有塑性变形。弹簧所受载荷与其变形之间的关系曲线称为弹簧的特性曲线。

压缩螺旋弹簧的特性曲线如图 11-4 所示。图中，H_0 为弹簧未受载时的自由高度。F_{min} 为最小工作载荷，它是使弹簧处于安装位置的初始载荷。在 F_{min} 的作用下，弹簧从自由高度 H_0 被压缩到 H_1，相应的弹簧压缩变形量为 λ_{min}。在弹簧的最大工作载荷 F_{max} 作用下，弹簧的压缩变形量增至 λ_{max}。图中 F_{lim} 为弹簧的极限载荷，在其作用下，弹簧高度为 H_{lim}，变形量为 λ_{lim}，弹簧丝应力达到了材料的弹性极限。此外，图中的 $h=\lambda_{max}-\lambda_{min}$，称为弹簧的工作行程。

拉伸螺旋弹簧的特性曲线如图 11-5 所示。按卷绕方法的不同，拉伸弹簧分为无初应力的和有初应力的两种。无初应力的拉伸弹簧，其特性曲线与压缩弹簧的特性曲线相同。有初应力的拉伸弹簧的特性曲线如图 11-5(c)所示：有一段假想的变形量 x，相应的初拉力 F_0 为克服这段假想变形量使弹簧开始变形所需的初拉力，当工作载荷大于 F_0 时，弹簧才开始伸长。

对于一般拉、压螺旋弹簧，最小工作载荷通常取为 $F_{min}\geqslant 0.2F_{lim}$；对于有初拉力的拉伸弹簧，取 $F_{min}>F_0$。弹簧的工作载荷应小于极限载荷，通常取 $F_{max}\leqslant 0.8F_{lim}$。因此，为保持弹簧的线性特性，弹簧的工作变形量应取在$(0.2\sim0.8)\lambda_{lim}$范围内。

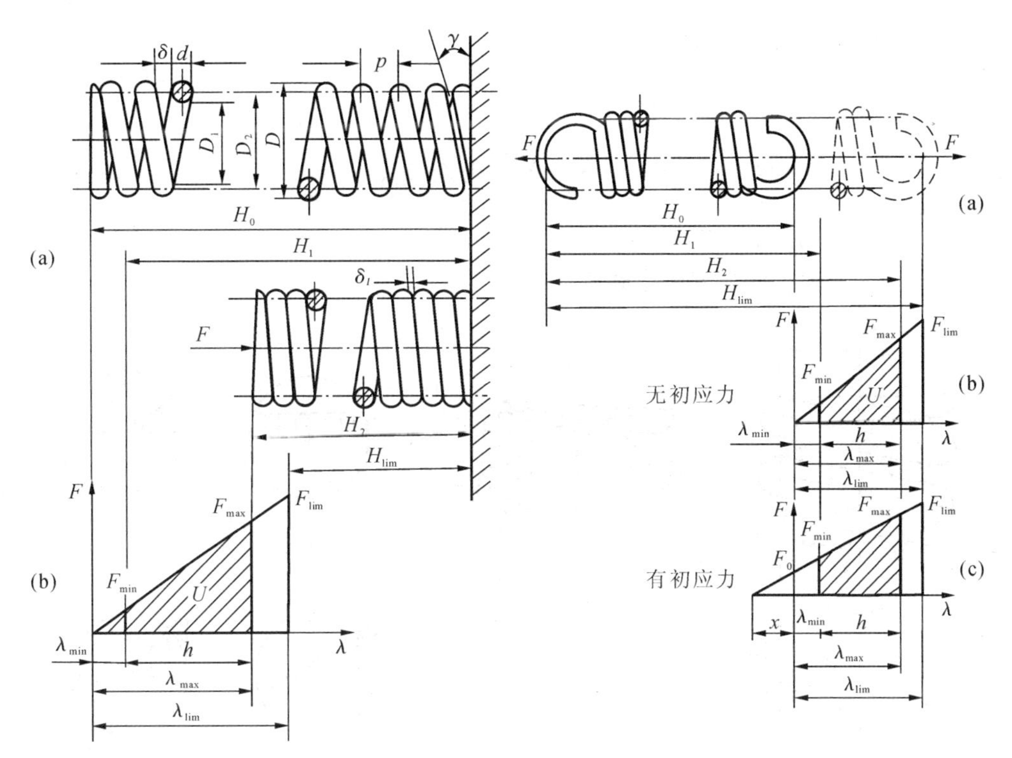

图 11-4 圆柱螺旋压缩弹簧的特性曲线　　图 11-5 圆柱螺旋拉伸弹簧的特性曲线

11.2.2　圆柱拉、压螺旋弹簧的设计约束分析

在圆柱拉、压螺旋弹簧设计中：对于拉伸弹簧主要的约束条件是强度条件和刚度条件；对于压缩弹簧，除上述两个约束条件外，还有稳定性条件。以下逐条进行分析。

1）强度约束条件

图 11-6 所示为承受轴向载荷的压缩弹簧，现分析其受力情况(拉伸弹簧的簧丝受力情况完全相同)，如图 11-6 所示。在通过轴线的剖面上，弹簧丝的剖面为椭圆，但由于螺旋升角一般很小，可近似地用圆形剖面代替。将作用于弹簧的轴向载荷 $\boldsymbol{F}$ 移至这个剖面，在此剖面上有转矩 $T=FD_2/2$ 和剪切力 $\boldsymbol{F}$ 的联合作用。二者在弹簧丝剖面上引起的最大剪切应力 τ 为

$$\tau_{\max}=K\frac{8FD_2}{\pi d^3}\quad(\text{MPa})\tag{11-1}$$

式中　K——曲度系数(或称补偿系数)，用以考虑螺旋升角和弹簧丝曲率等的影响，其值可按下式计算：

$$K=\frac{4C-1}{4C-4}+\frac{0.615}{C}\tag{11-2}$$

则弹簧丝的强度约束条件为

$$\tau_{\max}=K\frac{8F_{\max}D_2}{\pi d^3}\leqslant[\tau]\tag{11-3}$$

或

$$d\geqslant 1.6\sqrt{\frac{KF_{\max}C}{[\tau]}}\quad(\text{mm})\tag{11-4}$$

式中　$[\tau]$——许用剪切应力；

$F_{\max}$——弹簧的最大工作载荷。

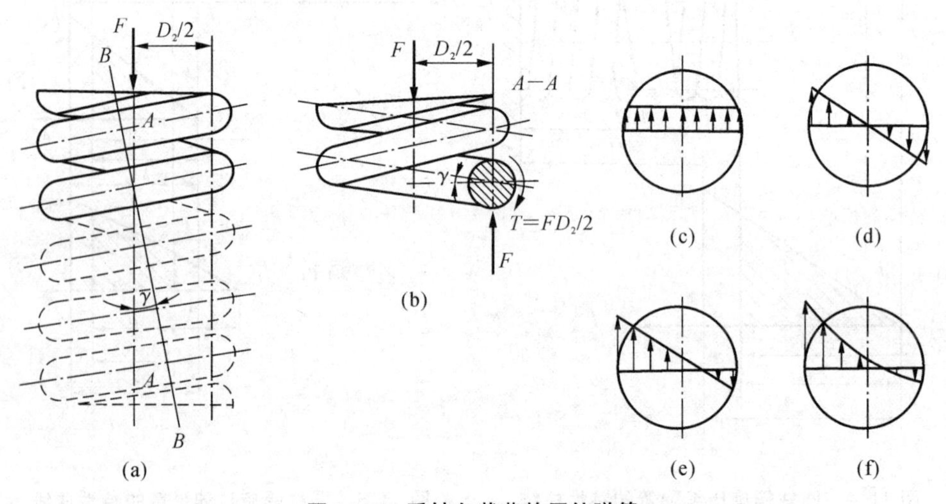

图 11-6　受轴向载荷的压缩弹簧

2）刚度约束条件

圆柱螺旋弹簧的变形计算公式是根据材料力学求得的，即

$$\lambda = \frac{8FC^3 n}{Gd} \quad (\text{mm}) \tag{11-5}$$

式中 G——材料的剪切弹性模量。

由此可得刚度约束条件为

$$k = \frac{F}{\lambda} = \frac{Gd}{8C^3 n} \tag{11-6}$$

或

$$n = \frac{Gd}{8C^3 k} = \frac{Gdh}{8C^3(F_{max} - F_{min})} \tag{11-7}$$

式中 k——弹簧刚度，表示弹簧单位变形时所需的力。

一般 n 应圆整为 0.5 的整数倍，且大于 2。

3）稳定性约束条件

当作用在压缩弹簧上的载荷过大，高径比 $b=H_0/D_2$ 超出一定范围时，弹簧会产生较大的侧向弯曲而失稳（见图 11-7）。

为保证弹簧的稳定性，一般规定：弹簧两端固定时，取$b<5.3$；一端固定、另一端自由时，取$b<3.7$；两端自由时，取 $b<2.6$。如未能满足上述要求，则要按下式进行稳定性验算：

$$F_{max} < F_C = C_B k H_0$$

式中 F_C——临界载荷；

C_B——不稳定系数，如图 11-8 所示。

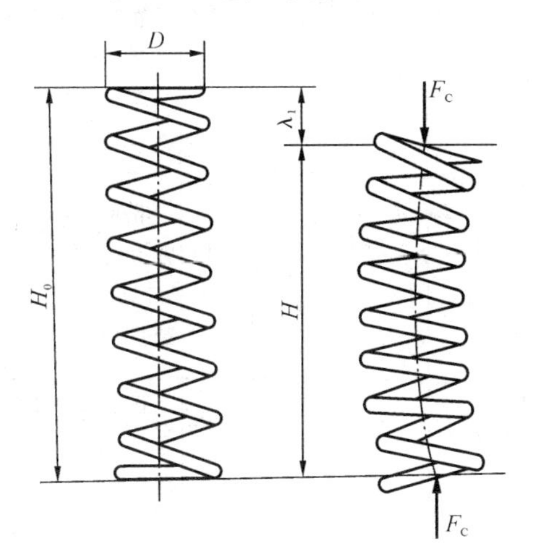

图 11-7 压缩弹簧的失稳

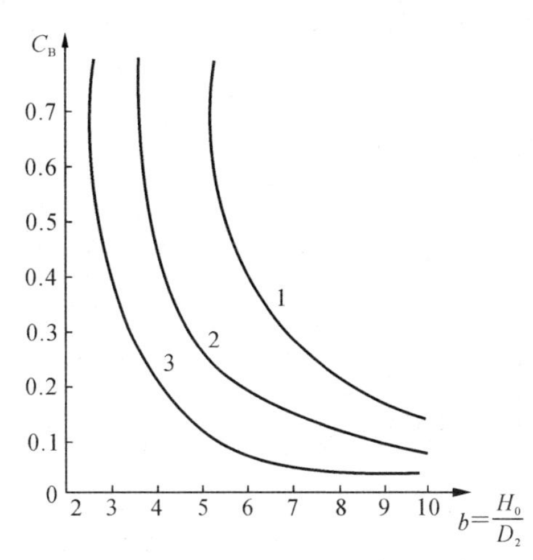

图 11-8 不稳定系数 C_B

1—两端固定；2—一端固定、一端自由；3—两端自由

11.2.3　弹簧的材料与许用应力

常用的弹簧材料有碳素弹簧钢、合金弹簧钢、不锈钢、铜合金材料及非金属材料。选择材料时，应根据弹簧的功用、载荷大小、载荷性质及循环特性、工作强度、周围介质及重要程度来进行选择。几种弹簧材料的性能和许用应力值如表 11-3 所示，弹簧钢丝的抗拉强度如表11-4所示。

表 11-3　弹簧材料的性能和许用应力值

<table>
<tr><th rowspan="2">类别</th><th rowspan="2">牌　号</th><th colspan="3">压缩弹簧许用剪切应力 $[\tau]$/MPa</th><th colspan="2">许用弯曲应力 $[\sigma_b]$/MPa</th><th rowspan="2">切变模量 G/MPa</th><th rowspan="2">弹性模量 E/MPa</th><th rowspan="2">推荐硬度范围 HRC</th><th rowspan="2">推荐使用温度 /℃</th><th rowspan="2">特性及用途</th></tr>
<tr><th>Ⅰ类</th><th>Ⅱ类</th><th>Ⅲ类</th><th>Ⅱ类</th><th>Ⅲ类</th></tr>
<tr><td rowspan="7">钢丝</td><td>碳素弹簧钢丝、琴钢丝</td><td>$(0.3\sim0.38)\sigma_b$</td><td>$(0.38\sim0.45)\sigma_b$</td><td>$0.5\sigma_b$</td><td>$(0.6\sim0.68)\sigma_b$</td><td>$0.8\sigma_b$</td><td rowspan="7">79×10^3</td><td rowspan="7">206×10^3</td><td rowspan="3">—</td><td rowspan="3">$-40\sim120$</td><td rowspan="3">强度高，性能好，适用于做小弹簧，如安全阀弹簧，或要求不高的大弹簧</td></tr>
<tr><td>油淬-回火碳素弹簧钢丝</td><td>$(0.35\sim0.4)\sigma_b$</td><td>$(0.4\sim0.47)\sigma_b$</td><td>$0.55\sigma_b$</td><td>$(0.6\sim0.68)\sigma_b$</td><td>$0.8\sigma_b$</td></tr>
<tr><td>65Mn</td><td>340</td><td>455</td><td>570</td><td>570</td><td>710</td></tr>
<tr><td>60Si2Mn
60Si2MnA</td><td rowspan="2">445</td><td rowspan="2">590</td><td rowspan="2">740</td><td rowspan="2">740</td><td rowspan="2">925</td><td>45～50</td><td>$-40\sim200$</td><td>弹性好，回火稳定性好，易脱碳，用于受大载荷的弹簧。60Si2Mn可做汽车、拖拉机弹簧，60Si2MnA可做机车缓冲弹簧</td></tr>
<tr><td>50CrVA</td><td>45～50</td><td>$-40\sim210$</td><td>用做截面大高应力的弹簧，亦可用做变载荷高温工作的弹簧</td></tr>
<tr><td>65Si2MnWA
60Si2CrVA</td><td>560</td><td>745</td><td>931</td><td>931</td><td>1 167</td><td>47～52</td><td>$-40\sim250$</td><td>强度高，耐高温，耐冲击，弹性好</td></tr>
<tr><td>30W4Cr2VA</td><td>442</td><td>588</td><td>735</td><td>735</td><td>920</td><td>43～47</td><td>$-40\sim350$</td><td>高温时强度高，淬透性好</td></tr>
</table>

续表

类别	牌号	压缩弹簧许用剪切应力 $[\tau]$/MPa			许用弯曲应力 $[\sigma_b]$/MPa		切变模量 G/MPa	弹性模量 E/MPa	推荐硬度范围 HRC	推荐使用温度 /℃	特性及用途
		Ⅰ类	Ⅱ类	Ⅲ类	Ⅱ类	Ⅲ类					
不锈钢丝	1Cr18Ni9 OCr19Ni10 OCr17Ni12Mo2 OCr17Ni8Al	$(0.28\sim0.34)\sigma_b$	$(0.34\sim0.38)\sigma_b$	$0.45\sigma_b$	$(0.5\sim0.65)\sigma_b$	$0.75\sigma_b$	71×10^3	185×10^3		−200～300	耐腐蚀
	1Cr18Ni9Ti 2Cr18Ni9	324	432	533	533	677	71.6×10^3	193×10^3	—	−250～300	耐腐蚀，耐高温，适用于做化工、航海用的小弹簧
	4Cr13	441	588	735	735	922	75.5×10^3	215×10^3	48～53	−40～300	耐腐蚀、耐高温，适用于做化工、航海用的较大尺寸弹簧
	Co40CrNiMo	500	667	834	834	1000	76.5×10^3	197×10^3	—	−40～400	耐腐蚀，高强度，无磁，低后效，高弹性
青铜丝	QSi3-1	265	353	442	442	550	41×10^3	93×10^3	HBS 90～100	−40～120	耐腐蚀，防磁。用做电器仪表、航海用弹簧
	QSn4-3 QSn6.5-0.1						40×10^3				
	QBe2	353	442	550	550	730	44×10^3	129×10^3	37～40	−40～120	导电性好，弹性好，耐腐蚀，防磁，用做精密仪器弹簧

注：① 按受力循环次数 N 不同，弹簧分为三类：Ⅰ类 $N>10^6$；Ⅱ类 $N=10^3\sim10^5$，可用做受冲击载荷的弹簧；Ⅲ类 $N<10^3$。

② 拉伸弹簧的许用剪应力为压缩弹簧的80%。

③ 表中的 $[\tau]$、$[\sigma_b]$、G 和 E 值，是在常温下按表中推荐硬度范围取下限值时的数值。

表 11-4　弹簧钢丝的抗拉强度 σ_b(MPa)

碳素弹簧钢丝(GB/T 23935—2009)				油淬-回火碳素弹簧钢丝(GB/T 23935—2009)			不锈钢弹簧钢丝(GB/T 23935—2009)			
钢丝直径 d/mm	B级低应力弹簧	C级中应力弹簧	D级高应力弹簧	钢丝直径 d/mm	A类一般强度	B类较高强度	钢丝直径 d/mm	A	B	C
								1Cr18Ni9		OCr17Ni8Al
								OCr19Ni10		
								OCr17Ni12Mo2		
1	1660	1960	2300	2	1618	1716	0.1～0.2	1618	2157	1961
1.6	1570	1830	2110	2.2～2.5	1569	1667	0.23～0.4	1569	2059	1961
2.0	1470	1710	1910	3	1520	1618	0.45～0.7	1569	1961	1814
2.5	1420	1660	1760	3.2～3.5	1471	1569	0.8～1.0	1471	1863	1765
3.0	1370	1570	1710	4	1422	1520	1.2～1.4	1373	1765	1667
3.2～3.5	1320	1570	1660	4.5	1373	1471	1.6～2.0	1324	1667	1569
4～4.5	1320	1520	1620	5	1324	1422	2.3～2.6	1275	1590	1471
5	1320	1470	1570	5.5～6.5	1275	1373	2.8～4	1177	1471	1373
6	1220	1420	1520	7～9	1226	1324	4.5～6	1079	1373	1275
7～8	1170	1370		10 以上	1177	1275	6.5～8	981	1275	—

注:表中 σ_b 值均为下限值。

11.2.4　圆柱拉、压螺旋弹簧的设计方法与实例

设计弹簧时,一般是根据弹簧的最大工作载荷 F_{max}、最小工作载荷 F_{min}、工作行程及其他尺寸限制和工作条件等,确定弹簧丝直径 d、工作圈数 n 以及其他几何尺寸,并绘制工作图。

由前面的分析可知,弹簧设计的主要约束条件为强度约束条件(如式(11-3)或式(11-4)),刚度约束条件(如式(11-6)或式(11-7))及(压缩弹簧的)稳定性约束条件(如 $b<[b]$)。除此以外,还可能有一些尺寸约束条件,如对内、外径的尺寸约束,如 $D_1 \leqslant [D_1]$、$D_2 \geqslant [D_2]$等。

弹簧设计的任务是:确定弹簧丝直径 d、工作圈数 n 以及其他几何尺寸,使其能满足上述所有的约束条件,进一步地还要求相应的设计指标(如体积、重量、振动稳定性等)达到最好。

具体设计步骤为:先根据工作条件、要求等,试选弹簧材料、弹簧指数 C。由于 σ_b 与 d 有关,所以往往还要事先假定弹簧丝的直径 d,再按式(11-4)、式(11-7)计算出 d、n 的值及相应的其他几何尺寸。如果所得结果与设计条件不符合,则以上过程要重复进行,直到求得满足所有约束条件的解即本问题的一个可行方案。实际设计中,

可行方案不是唯一的，往往需要从多个可行方案中求得较优解。对于这类问题，若采用数学规划的方法则属于优化设计的范畴，不在本书的讨论范围内，可参考有关资料。

以下就一个实例来说明圆柱螺旋弹簧的设计。

例 11-1 试设计一圆柱形螺旋压缩弹簧，簧丝剖面为圆形。已知最小载荷 $F_{min}=200$ N，最大载荷 $F_{max}=500$ N，工作行程 $h=10$ mm，弹簧为Ⅱ类，要求弹簧外径不超过 28 mm，端部并紧磨平。

解 试算一：

(1)选择弹簧材料和许用应力。选用 C 级碳素弹簧钢丝。根据外径要求，初选 $C=7$，由 $C=D_2/d=(D-d)/d$ 得 $d=3.5$ mm。由表 11-4 查得 $\sigma_b=1\ 570$ MPa；由表 11-3，取$[\tau]=0.41\sigma_b=644$ MPa。

(2) 计算弹簧丝直径 d。由式(11-2)得 $K=1.21$，由式(11-4)得 $d\geqslant 4.1$ mm，由此可知，$d=3.5$ mm的初算值不满足强度约束条件，应重新计算。

试算二：

(1) 选择弹簧材料同上。为取得较大的 d 值，选 $C=5.3$。由 $C=(D-d)/d$ 得 $d=4.4$ mm。查表 11-4 得 $\sigma_b=1\ 520$ MPa；由表 11-3，取$[\tau]=0.41\sigma_b=623$ MPa。

(2) 计算弹簧丝直径 d。由式(11-2)得 $K=1.29$，由式(11-4)得 $d\geqslant 3.7$ mm。可知：$d=4.4$ mm，满足强度约束条件。

(3) 计算有效工作圈数 n。查表 11-3 知，$G=79\ 000$ MPa，由式(11-7)得 $n=9.75$，取 $n=10$，考虑两端各并紧一圈，则总圈数 $n_1=n+2=12$。至此，得到了一个满足强度与刚度约束条件的可行方案，但考虑进一步减小弹簧外形尺寸与重量，应再次进行试算。

试算三：

(1) 仍选以上弹簧材料，取 $C=6$，求得 $K=1.253$，$d=4$ mm，查表 11-4，得 $\sigma_b=1\ 520$ MPa；由表 11-3，取$[\tau]=0.41\sigma_b=623$ MPa。

(2) 计算弹簧丝直径。由式(11-4)得 $d\geqslant 3.91$ mm。可知：$d=4$ mm，满足强度条件。

(3) 计算有效工作圈数 n。由试算二知，$G=79\ 000$ MPa，按式(11-7)得 $n=6.11$，取 $n=6.5$ 圈，仍参考两端各并紧一圈，$n_1=n+2=8.5$。

这一计算结果满足强度与刚度约束条件，从外形尺寸和重量来看，又是一个较优的解，可将这个解初步确定下来，以下再计算其他尺寸并作稳定性校核。

(4) 确定变形量 λ_{max}、λ_{min}、λ_{lim} 和实际最小载荷 F_{min}。弹簧的极限载荷为

$$F_{lim}=\frac{F_{max}}{0.8}=\frac{500}{0.8}\ \text{N}=625\ \text{N}$$

因为工作圈数由 6.11 改为 6.5，故弹簧的变形量和最小载荷也相应有所变化。在式(11-5)中，将 F_{min} 和 λ_{lim} 分别代以 F 和 λ，可得

$$\lambda_{lim}=\frac{8nF_{lim}C^3}{Gd}=\frac{8\times 6.5\times 625\times 6^3}{79\ 000\times 4}\ \text{mm}=22.22\ \text{mm}$$

同理可得

$$\lambda_{max}=\frac{8nF_{max}C^3}{Gd}=\frac{8\times 6.5\times 500\times 6^3}{79\ 000\times 4}\ \text{mm}=17.77\ \text{mm}$$

按图 11-4 可知

$$\lambda_{min}=\lambda_{max}-h=(17.77-10)\ \text{mm}=7.77\ \text{mm}$$

$$F_{min} = \frac{\lambda_{min} Gd}{8nC^3} = \frac{7.77 \times 79\,000 \times 4}{8 \times 6.5 \times 6^3}\ \text{N} = 218.6\ \text{N}$$

(5) 求弹簧的节距 p、自由高度 H_0、螺旋升角 γ 和簧丝展开长度 L。在 F_{max} 作用下相邻两圈的间距 $\delta_1 \geqslant 0.1d = 0.4$ mm,取 $\delta_1 = 0.5$ mm,则无载荷作用下弹簧的节距为

$$p = d + \lambda_{max}/n + \delta_1 = (4 + 17.77/6.5 + 0.5)\ \text{mm} = 7.23\ \text{mm}$$

p 基本符合在 $(1/2 \sim 1/3)D_2$ 的规定范围内的条件。

端面并紧磨平的弹簧自由高度为

$$H_0 = np + 1.5d = (6.5 \times 7.23 + 1.5 \times 4)\ \text{mm} = 52.995\ \text{mm}$$

取标准值 $H_0 = 52$ mm。

无载荷作用下弹簧的螺旋升角为

$$\gamma = \arctan \frac{p}{\pi D_2} = \arctan \frac{7.23}{\pi \times 24} = 5.48^\circ$$

基本满足 $\gamma = 5^\circ \sim 9^\circ$ 的范围。

弹簧簧丝的展开长度为

$$L = \pi D_2 n_1 / \cos\gamma = \pi \times 24 \times 8.5 / \cos 5.48^\circ\ \text{mm} = 643.5\ \text{mm}$$

(6) 校核稳定性。

$$b = H_0 / D_2 = 52/24 = 2.17$$

采用两端固定支座,$b = 2.17 < 5.3$,故不会失稳。

(7) 绘制弹簧特性线和零件工作图(略)。

11.3 板弹簧的设计

板弹簧的刚度很大,是一种强力弹簧。它主要用于各种车辆的减振装置和某些锻压设备的结构中。板弹簧分平板矩形弹簧和重叠板弹簧两类。

11.3.1 平板矩形弹簧

如图 11-9 所示为简单的、一块板的矩形弹簧,它的设计约束条件为最大弯曲应力 σ_{max} 与变形 λ 需满足:

$$\sigma_{max} = \frac{6Wl}{bt^2} < [\sigma] \tag{11-8}$$

$$\lambda = \frac{4Wl^3}{Ebt^3} < [\lambda] \tag{11-9}$$

11.3.2 重叠板弹簧

梯形板簧能承受比较大的载荷变量,但由于它占的空间较大,故可以按图 11-10 那样将梯形板切成等宽的几块,再重叠起来,形成小型化的板弹簧。这种重叠式的板弹簧,由于板与板之间有摩擦,所以在承受振动载荷时有衰减的作用。重叠板弹簧有

各种不同的结构，图 11-11 所示为其中的一种。重叠板的数目一般取 6～14 块，为防止过大的摩擦，也有只取 3～5 块的。在汽车上使用时，由于载荷及道路的状态在不断变化，板簧的载荷-变形曲线应是非线性的。因此，可设置如图 11-12 所示的辅助板簧。

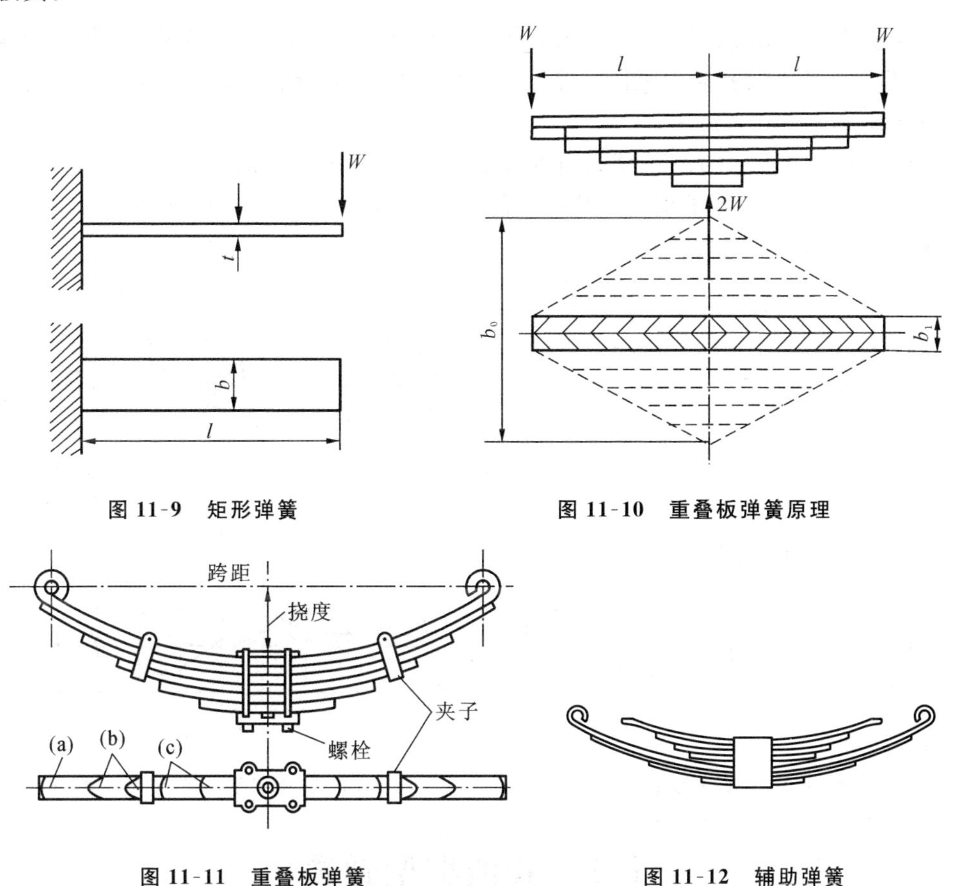

图 11-9 矩形弹簧

图 11-10 重叠板弹簧原理

图 11-11 重叠板弹簧

图 11-12 辅助弹簧

若不考虑板间的摩擦，如前述梯形板簧一样，重叠板簧的设计约束条件为

$$\sigma_{\max} = \frac{6Wl}{nbt^2} < [\sigma] \tag{11-10}$$

$$\lambda = k' \frac{Wl^3}{Enbt^3} < [\lambda] \tag{11-11}$$

式中 k'——修正系数，可按下式计算：

$$k' = \frac{12}{\left(1-\frac{n'}{n}\right)^3}\left[0.5-\frac{2n'}{n}+\left(\frac{n'}{n}\right)^2\left(1.5-\ln\frac{n'}{n}\right)\right] \tag{11-12}$$

式中 n——板的块数。n'可按式 $n'=n\times(b_1/b_0)$计算（b_1 和 b_0 的含义如图 11-10 所示）。

实际上，还存在板间的摩擦和板的挠度等，故严格地讲上述计算值与实测值之间还有一定的差距,但用于普通设计是足够的。

11.4 碟形弹簧

碟形弹簧呈无底碟状,一般用薄钢板冲压而成。实际中,将很多碟形弹簧组合起来,并装在导杆上或套筒中工作。碟形弹簧只能承受轴向载荷,是一种刚度很大的压缩弹簧。

如图 11-13 所示为一个碟形弹簧受载荷时的状态。一般 $h/t<1.3$,$R_0/R_i=1.5\sim2.5$。可根据 h/t 的值的变化作载荷-变形曲线(见图 11-14)。如果 $h/t>2.8$,则弹簧反向弯曲而不可恢复。

如果 $h=0$,则弹簧变为盘形垫圈。

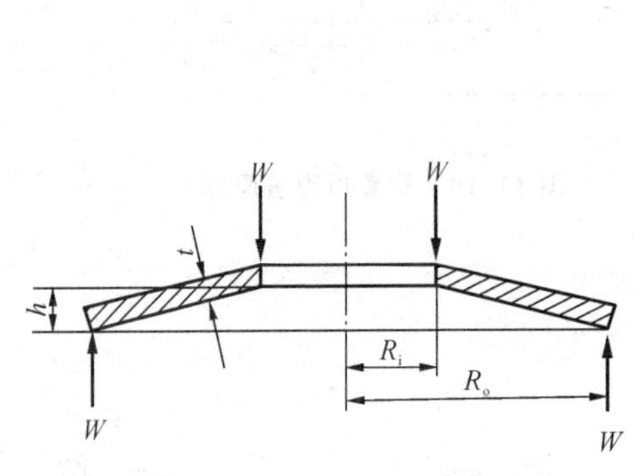

图 11-13 碟形弹簧

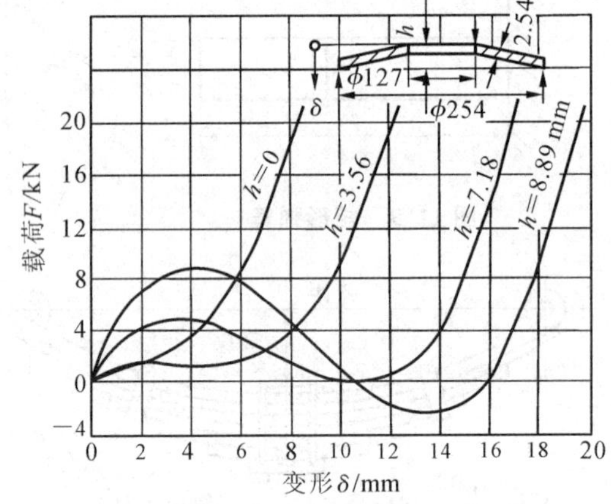

图 11-14 碟形弹簧的载荷-变形曲线

11.5 其他类型弹簧

11.5.1 橡胶弹簧

橡胶弹簧因其防振功能被用于各种机械和车辆中。它具有小型、重量轻的特点,与金属的接合比较容易,对振动有衰减作用,对于高频振动的绝缘效果良好,因而也有隔音的效果。橡胶耐压缩和剪切能力较强,而在受拉伸的场合中使用比较少。

由于天然及人造橡胶的质量已有很大的提高,其机械性能明显改善,在汽车等的机械部件上得到了大量使用。图 11-15(a)、(b)所示是防振橡胶弹簧用于支撑机构时的情形,图 11-15(c)是其在扭转时用于防振的情形。

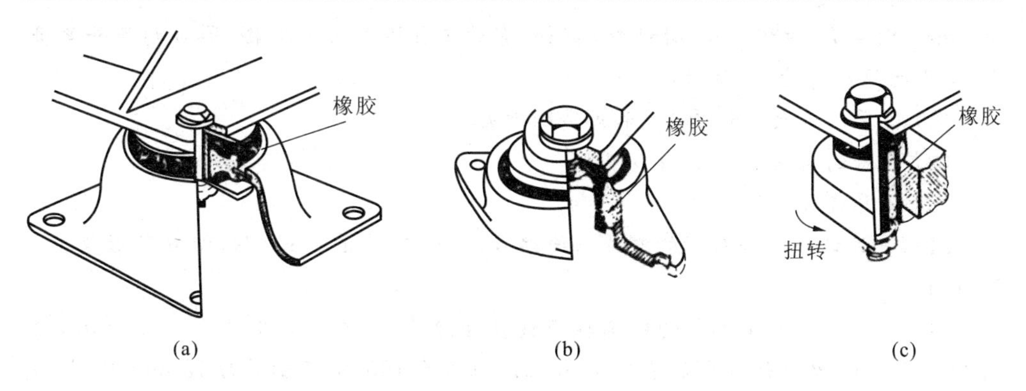

图 11-15　防振橡胶弹簧使用实例

11.5.2　空气弹簧

利用空气的压缩性，可使空气起到弹簧的作用，如汽车、自行车的轮胎就是一例。在各种车辆上空气弹簧已经实用化，将来它是一种在某些方面可能代替金属弹簧的产品。

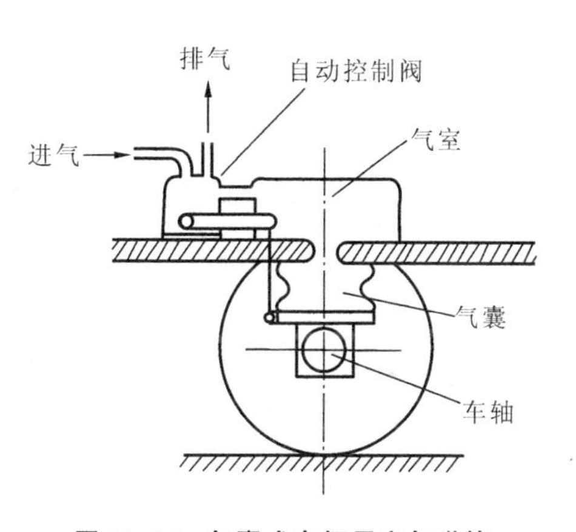

图 11-16　气囊式车辆用空气弹簧

图 11-16 是车辆空气弹簧的一个例子。该弹簧的橡胶气囊及气室内的空气因其压缩性而起弹簧的作用，可以支撑与内部气压和有效受压面积的乘积相等的载荷，如果车辆和车体的相对位置发生变化，可自动控制阀动作，控制空气的自动进出。因此，弹簧高度与载荷大小无关，而能保持车体的高度。

空气弹簧与金属弹簧相比，有以下的优点：① 可以使弹性系数与载荷无关，取较小的值；② 隔音效果很好；③ 对高频振动的绝缘性好。

习　　题

11-1　圆柱螺旋压缩弹簧，用Ⅱ型碳素弹簧钢丝制造。已知材料直径 $d=6$ mm，弹簧中径 $D_2=34$ mm，有效圈数 $n=10$，问当载荷 P 为 900 N 时，弹簧的变形量是多少？

11-2　某牙嵌式离合器用圆柱螺旋弹簧的参数如下：$D=36$ mm，$d=3$ mm，$n=5$，弹簧材料为Ⅱ型碳素弹簧钢丝，最大工作载荷 $P_{max}=100$ N，载荷循环次数 $N<10^3$，试校核此弹簧的强度。

11-3　某控制用圆柱螺旋压缩弹簧，最大工作载荷 $P_{max}=1\ 000$ N，簧丝直径 d

$=5$ mm，中径 $D_2=30$ mm，材料为 65Mn，有效工作圈数 $n=10$ 圈，弹簧两端并紧磨平，采用两端铰支结构，试求：

(1) 弹簧的最大变形量 λ_{max} 和弹簧刚度 k；

(2) 弹簧的自由高度 H_0；

(3) 验算弹簧的稳定性。

11-4　设计一受静载荷的螺旋拉伸弹簧，工作载荷 $P=560$ N，相应变形量 $\lambda=29$ mm。

11-5　设计一具有初拉力的圆柱螺旋拉伸弹簧，已知弹簧中径 $D_2=10$ mm，外径 $D<15$ mm，要求弹簧变形量为 6 mm 时，拉力为 160 N，变形量为 15 mm 时，拉力为 200 N。

第三篇

机械零部件的结构设计

机械零部件的结构设计是机械设计中的主要内容，也是学习机械设计时应掌握的重点内容之一。本篇通过“结构设计的方法和准则”以及“典型零部件的结构设计”两章，深入全面地介绍有关机械零部件的结构设计原理和方法。

结构设计的方法和准则

在机械设计中，结构设计是一个很重要的阶段。其重要性在于：① 它是方案设计的具体化，机械方案设计的结果都是以一定的结构形式表现出来的，根据结构设计进行零部件的加工、装配，以满足产品的功能要求；② 产品的结构形状与材料选择、尺寸确定、加工和装配工艺等因素密切相关，结构合理与否将直接影响产品的成本；③ 在机械设计中，很多计算都是针对某种特定的机构或结构的，因此，结构设计是进行科学计算的基础；④ 结构设计是一个很活跃的因素，常常需反复、交叉进行，合理的结构设计是提高设计质量的重要手段。

本章主要介绍机械结构设计的基本方法和一般准则。

12.1　结构设计的工作步骤和要求

结构设计实际上就是要确定产品、零部件的形状、尺寸及相互配置关系，它是原理方案（参见第16章）的具体化。结构设计是一个从抽象到具体、从粗略到精确的工作过程，要求根据既定的原理方案，确定总体空间布局、选择材料和加工方法，确定主要尺寸、检查空间相容性等，由主到次逐步进行结构的细化，直至完成总体方案图。事实上，结构设计与前面各章所介绍的参数设计密切相关，参数设计的结果是结构设计的重要依据，而结构设计的变化有时会引起参数值的变化。因此，结构设计与参数设计往往需交叉进行、反复修改。由于结构设计过程的复杂性，对结构设计的工作步骤只能给出一个原则性的流程图（见图12-1），图中列出了主要工作内容，其顺序仅供参考。工作流程说明如下。

（1）决定结构的要求主要包括以下几个方面：

① 与尺寸有关的要求，如传动功率、流量、连接尺寸、工作高度等；

② 与结构布置有关的要求，包括物料的流动方向、运动方向和位置、零部件的运动分配等；

③ 与确定材料有关的要求，耐磨性、疲劳寿命、抗腐蚀能力等。

决定结构的空间边界条件主要包括轴间距、轴的方向、零部件装入时的限制范围、最大外形尺寸等。

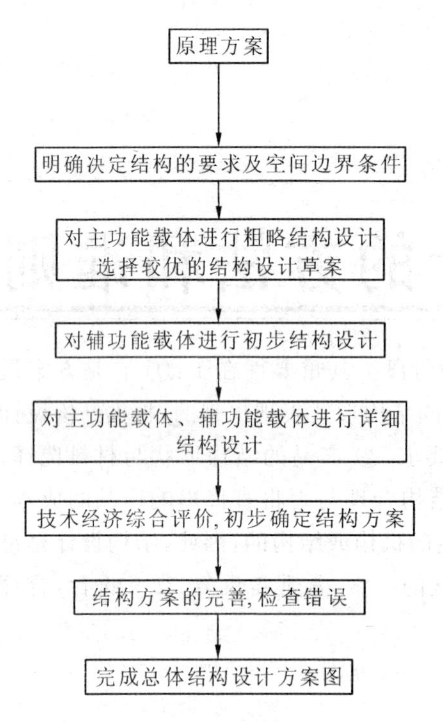

图 12-1　结构设计的工作流程

(2) 所谓主功能,是指实现能量转换或物料转换时起关键作用的功能,而主功能载体就是实现主功能的构件,如机床的主轴、内燃机的曲轴等。结构设计时,应首先对主功能载体进行粗略构形,初步确定主功能载体及主要工作面的形状、尺寸,如轴的最小直径、齿轮的直径、容器的最小壁厚等。然后按比例初步绘制结构设计草图,表示出主功能载体的基本形状、主要尺寸、运动的极限位置、空间限制、连接尺寸等。次要的结构此时可用简化的方式表达出来,如轴的支承形式等。

结构方案通常不是唯一的,应对主功能载体的结构草案进行分析判断,从功能要求出发,选出一种或几种较优的草案,以便作进一步的修改。

(3) 辅功能载体是指完成辅功能的那些构件,如轴的支承、工件的夹紧装置、轴外伸端处的密封、润滑装置等。为保证主功能载体能顺利工作,应确定哪些辅功能是必需的,并尽可能利用已有的结构形式,如借用件、标准件、通用件等。

(4) 辅功能载体初步设计好后,应对主功能载体进行精确的详细设计。详细设计时,应遵循结构设计基本准则(参见 12.3 节),并依据国家和行业标准、规范及较精确的计算结果,同时考虑辅功能的影响,逐步完成主功能载体的细节设计。

对辅功能载体也要进行详细的结构设计,补充标准件和外购件。

(5) 进行技术经济综合评价,从多个结构设计草案中挑选出满足功能要求、性能优良、结构简单、成本低的较优方案。

(6) 对选择出的结构方案进行完善并检查错误,消除综合评价时已发现的弱点,并可采纳已放弃方案中的可用结构,对关键问题通过优化的方法来进一步完善。此时还应检查结构方案在功能、空间相容性等方面是否存在缺陷或干扰因素(如运动干涉),必要时对结构加以改进。还应特别注意零件的结构工艺性,如对铸件应考虑最小壁厚、拔模斜度、铸造圆角等;又如对小尺寸的带轮可采用实心结构,而尺寸大时则应采用腹板式或轮辐式结构。

(7) 最后完成总体的结构设计方案图的绘制。此图是绘制全部生产用图纸的主要依据,是结构设计的最终结果,它应能清楚地表达产品的结构形状、尺寸、位置关系、材料等,对重要的细节应进行充分的描述,以保证设计意图能得到正确的体现。

12.2　结构设计的基本原则和方法

12.2.1　基本原则

明确、简单、安全是结构设计的基本原则，它们是前面所列出的全部工作内容的基础。遵循这些原则，能使预期功能得以实现，产品的经济性、安全性得到保证，从而提高设计的质量和成功率。

1. 明确

结构设计中，“明确”这一原则主要包括以下几方面。

1）功能明确

结构设计的首要问题是保证准确实现功能要求。因此，结构设计时，必须使各部分功能之间的联系清楚、明确，产品零部件之间应连接合理，每一功能都必须有确定的结构来实现。如图12-2所示的轴毂连接，锥形轴颈对轮毂起定心作用。当毂孔较小时，轮毂轴向位置偏右，定位轴肩不起作用（见图12-2(a)）；当毂孔尺寸较大时，轮毂轴向位置正确，但轴、孔间出现较大间隙，定心不准确（见图12-2(b)）。这种缺陷是由于锥形轴颈的功能不明确所引起的，它同时起着径向定心和轴向定位的双重作用。图12-2(c)所示为改进后的结构，圆柱面轴颈与孔依靠合理的配合精度来控制轮毂的中心位置，轮毂的轴向位置靠轴肩保证，这样，定心、定位功能便能准确实现。

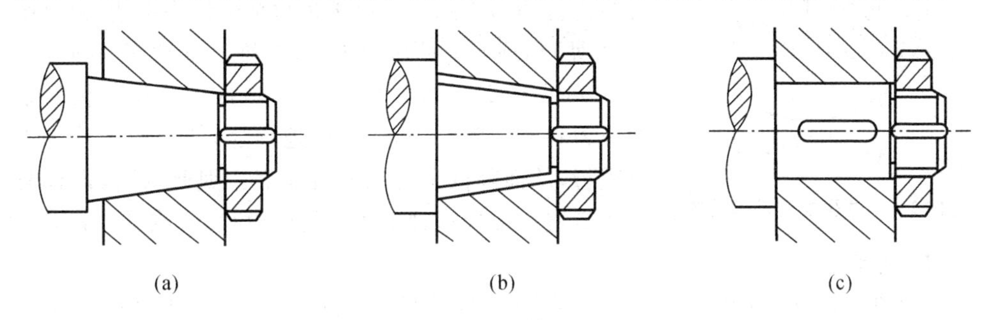

图12-2　锥形轴毂连接

(a) 毂孔尺寸较小；(b) 毂孔尺寸较大；(c) 改进后的结构

2）作用原理明确

结构设计中，实现各功能的作用原理应该是明确的，应尽量减少静不定问题，使能量流（力流）、物料流和信号流有明确的走向。如图12-3 (a)所示的滚动轴承组合由承受径向力的圆柱滚子轴承和承受轴向力的深沟球轴承组成。由于两个轴承的内、外圈均已固定，力流的传递路线是不明确的，因此，该结构中径向力的承受状态也是不明确的，结果导致了滚动轴承计算的不准确性，有可能降低轴承的使用寿命。图12-3 (b)所示的结构，推力球轴承只承受轴向载荷，圆柱滚子轴承只承受径向载荷，力流路线明确。

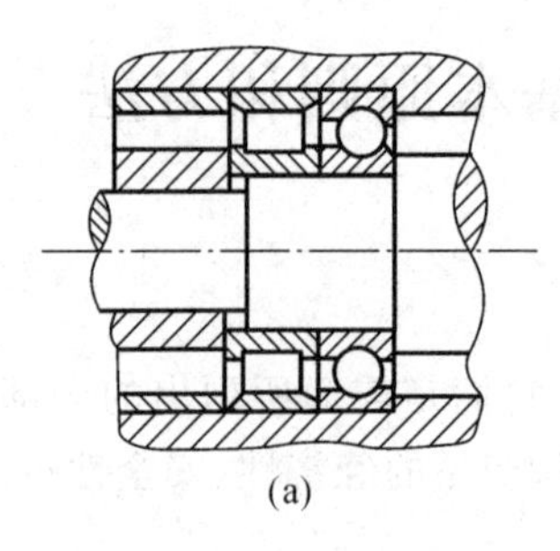

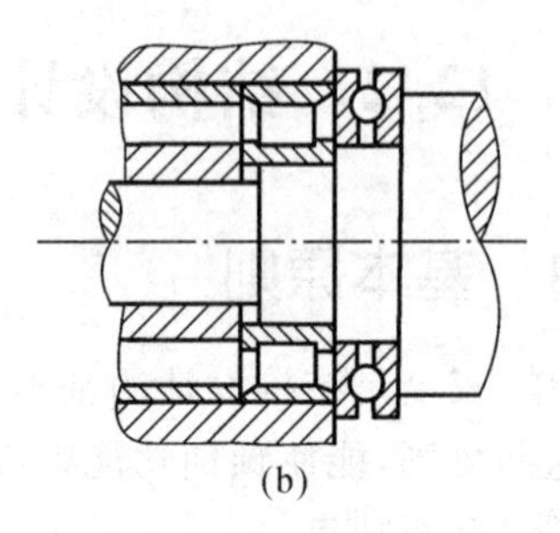

图 12-3 滚动轴承组合

另外,还应考虑各种可能出现的物理效应(如热膨胀、受力变形等)以及尺寸误差和形状误差等引起的不良影响,以免发生干涉、过载、急剧磨损等现象。

3) 工况及载荷状况明确

为了进行参数计算和选择材料,应确切掌握工况条件及载荷的状态如大小、类型、作用时间等。如果缺乏上述资料,则应在恰当的假设条件下进行计算,并尽可能通过试验对结构方案进行检验。结构设计时,应保证作用结构的受力状态或应力状态是可明确描述的,能够用相应的方法进行理论计算。如图12-4所示的轴毂连接,采用过盈配合及键连接双重配置,表面看起来似乎增强了安全性,但实际上事与愿违,这样做在很多情况下不仅不能提高承载能力,而且会使连接的强度降低。由于过盈配合使得键槽底部(图中 A 处)出现明显的应力集中,轮毂 B 处截面的强度削弱,C 处靠近高度集中的传力区,造成了作用结构复杂的应力状态,其受力不能明确地描述,使得精确计算难以进行,从而降低了使用的可靠性。因此,结构设计时应尽量避免出现这种不明确的应力状态(或受力状态)。

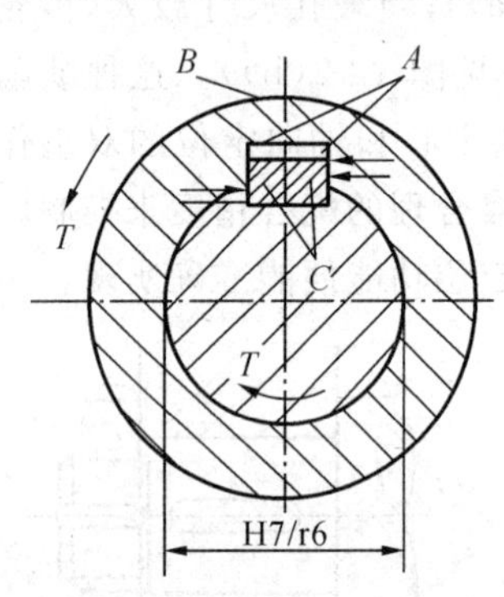

图 12-4 过盈配合及键连接

2. 简单

“简单”这一原则包含三方面的要求:零件数目尽量少、零部件间的连接关系简便、零件形状尽可能简单。

当某一功能用少量的零件即可实现时,其制造成本降低,并有利于提高工作精度和可靠性。零部件间的连接关系简便,可简化装配工艺,便于维护。为便于零件的加工,应优先采用简单的几何形状,如平面、圆柱面等。

3. 安全

安全原则要求:在结构设计时保证产品及其零部件在预期的工作期限内正常工作,不会对人和环境产生危害。

安全要求可以通过直接的、间接的、提示性的三种途径来实现。

1）直接安全技术

直接安全技术途径是指在结构设计时充分满足安全可靠的要求，通过所设计的系统或构件本身获得安全性。它有下述四种方法：

（1）保证结构可靠性　通过结构形状来保证工作的可靠性。图12-5所示为某机床正面的保护罩。当保护罩关闭时，电路中的行程开关闭合，电流接通，机床开始工作。图12-5(a)所示结构中，挺杆的运动仅仅由拉簧的弹力来控制，因此存在着严重的缺陷，当拉簧断裂或触头粘住时，则行程开关不会自动断开，机床就会在保护罩敞开的情况下运转，从而有可能引起事故。图12-5（b）采用形锁合结构，即使触头粘住，也会通过形状约束作用强迫其断开，安全性好。

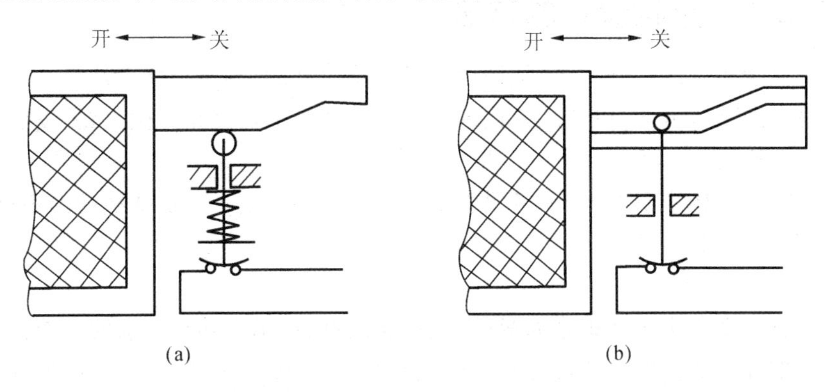

图12-5　机床保护罩的结构安全性

（2）保证零件可靠性　设计中保证零件具有足够的强度、刚度、耐磨性及稳定性，在规定的时间内不发生失效。

（3）限制失效　在使用期限内，即使发生局部元件失效，但仍保持有限的功能，避免出现危险状态。如弹性圈柱销联轴器，当弹性圈破裂后，联轴器仍能继续工作，尽管减振性能下降，但不会产生更严重的后果。又如图12-6(a)所示的螺钉连接，当螺钉松脱时，可能引起不良后果。图12-6(b)所示的螺钉连接则较为安全，即使松脱，螺钉也会留在原位上，保持着有限的连接功能。

（4）采用冗余配置　采用冗余配置是一种提高安全性、可靠性的有效手段。对关键设备可采用备用系统，当与之串联的其他系统发生故障时，备用系统可全部或部分地承担其功能，从而提高系统的安全性。如飞机的多驱动装置、大型汽轮机组轴承润滑的备用系统等。

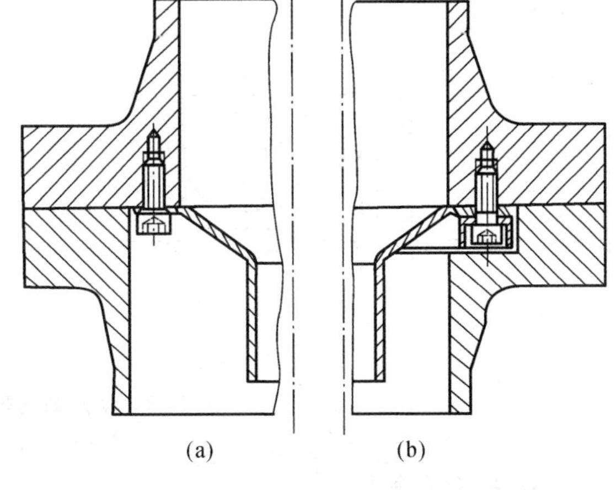

图12-6　螺钉连接的安全性

2）间接安全技术

间接安全途径是指通过保护系统和保护装置来提高系统的安全性，如限制扭矩的剪切销式安全离合器、汽车驾驶员使用的安全带、压力容器的安全阀等。

3）提示性安全技术

在危险发生前发出警告，如亮警示灯、响警铃等，并可通过显示装置说明危险部位和危险原因。提示性安全技术只是一种补充，结构设计时应力求采用直接安全技术来满足安全的要求，不得已时才采用间接安全技术，更不要把提示性安全技术作为方便的方法加以滥用。

12.2.2 结构设计的方法

为了得到较好的设计结果，结构设计时思路要开阔，要尽可能多地思考各种能实现功能要求的结构方案，以便从中挑选出较优方案。下面介绍开阔思路、发展结构方案的形态变换法。

通过零件结构本身的形态，可派生出不同的结构方案。可供变换的形态有四个：形状、位置、数量和尺寸。

1）形状变换

零件总是由若干表面组合而成的，从功能观点看，承担功能要求的表面称为功能面。改变零件功能面的形状可得到新的结构形式。例如，把齿轮的渐开线齿面改为圆弧齿面，把平带传动改为V形带传动，把滚动轴承的球形滚动体改为柱形滚动体等都属于形状变换。

2）位置变换

通过改变零件或零件之间功能面的相对位置来发展结构方案。如图12-7所示机构，图12-7(a)中摆杆1的接触面为平面，推杆2的接触面为球面，相互作用时，会产生横向推力，不利于推杆的运动；图12-7(b)中进行了位置变换，机构受力状况明显改善。

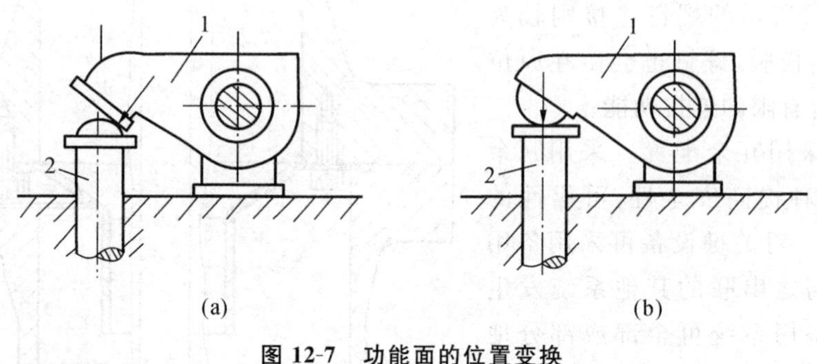

图12-7　功能面的位置变换

1—摆杆；2—推杆

3）数量变换

通过改变零件数目或功能面数目来改变结构，如将单键连接改为双键连接，一个支点由单个轴承支承改为由两个轴承支承，单排链改为双排链等。

4) 尺寸变换

通过改变零件的尺寸或改变零部件之间的距离来变换结构的形态，如增大齿轮模数、增加轴径、扩大带传动中心距等。

作为典型示例，表 12-1 所示为轴毂连接的各种形态变换。

表 12-1　轴毂连接的形态变换

项　目	方　案					
	1	2	3	4	5	6
形状	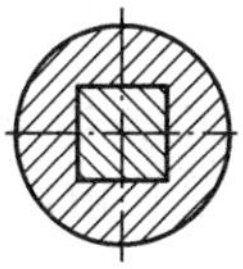	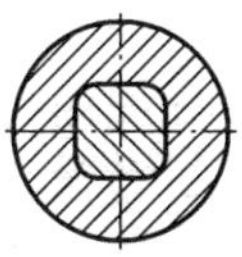	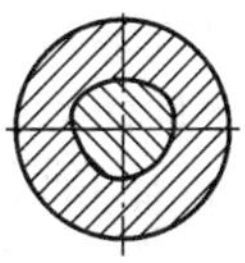	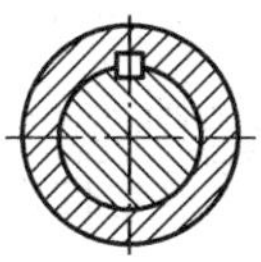	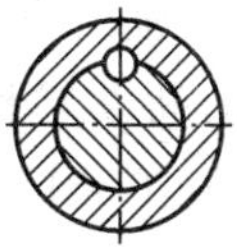	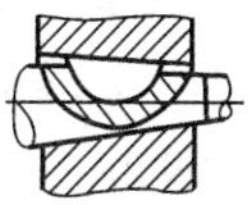
位置	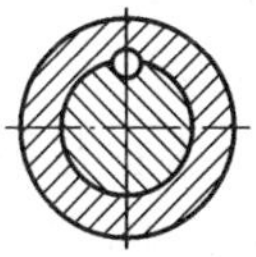		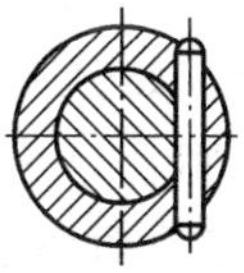			
尺寸	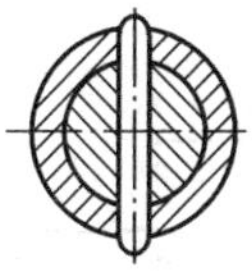	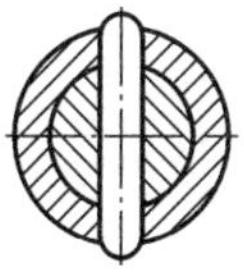				
数量	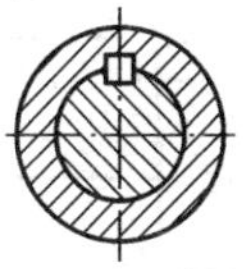	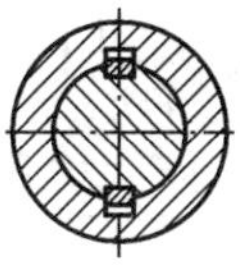	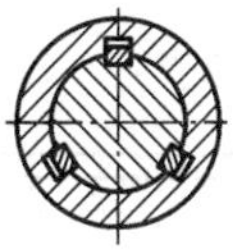	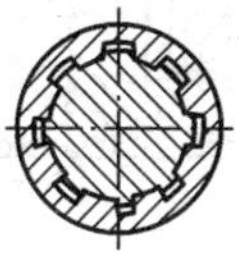		

12.3　结构设计的准则

为合理地进行结构设计，除了遵循 12.2 节提出的“明确”、“简单”、“安全”等基本原则外，还必须考虑下述的结构设计准则。

12.3.1　满足功能要求的设计准则

产品设计的主要目的是实现预定的功能要求。因此，满足功能要求的设计准则是结构设计时必须首先考虑的。要满足功能要求，必须做到以下几点。

1. 任务合理分配

产品设计时,通常有必要将任务进行合理地分配,即将一个功能分解成多个分功能,每一个分功能由一个功能载体承担,这样有利于对每一个分功能进行合理的优化结构设计和准确的计算,更充分地发挥各功能载体的工作能力,这与“明确”的原则是一致的。当然这样做有时会使加工、装配变得复杂,增加成本。

卸载带轮(见图 12-8)的设计是任务合理分配的典型示例。这种带轮常用于机床传动箱外的 V 带传动。带轮上所受的压轴力及转矩由箱体和轴分别承担。力和转矩的传递过程如下:压轴力通过滚动轴承 3、轴承座 1 及螺钉 2 传递给箱体;转矩通过法兰盘 4 及花键连接 5 传递给轴。这样,箱体承受压轴力,轴仅承受转矩而不承受弯矩,消除了轴的弯曲变形,提高了回转精度。

V 形带的断面结构(见图 5-3)设计是任务合理分配的另一个例子:抗拉体用来承受拉力;橡胶填充层承受带弯曲时的拉伸和压缩;包布层与带轮轮槽作用,产生传动所需的摩擦力。

前面所述为功能不同时的任务分配。有时为提高工作能力或受到尺寸限制,需将同一功能分配给多个功能载体承担。如分流式两级圆柱齿轮传动(见图 12-9),如果忽略制造、安装误差,每组齿轮原则上只承受全部扭矩的一半。与同参数的展开式两级圆柱齿轮传动相比,可提高传动功率近一倍。V 带传动中,多根带并行布置也是功能相同时任务分配的一个实例,其工作能力得到提高,并可缩小带轮的径向尺寸。

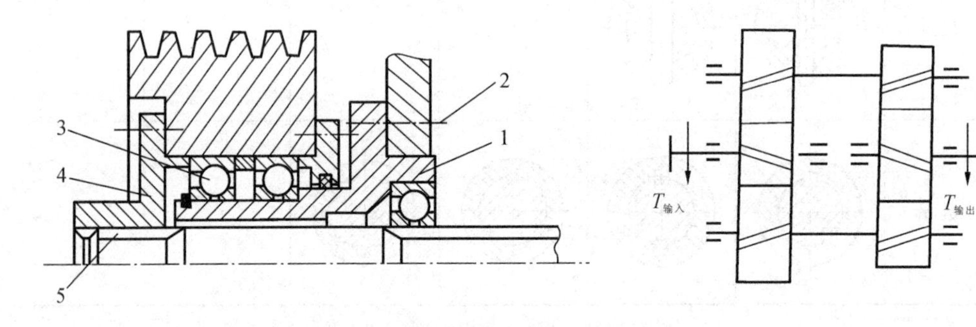

图 12-8　卸载 V 带轮

1—轴承座;2—螺钉;3—滚动轴承;4—法兰盘;5—花键连接

图 12-9　分流式齿轮传动

2. 功能集中

为了简化机械产品的结构,减少零件个数,降低加工成本,便于装配,以及缩小产品体积等,在某些情况下,可将多项功能集中于一个功能载体,即由一个零件或部件承担多个功能。只要不产生严重的缺陷,这种方法通常是经济的解决问题的方法。应注意的是:功能集中的程度以不过分增加零件的复杂程度为限。

功能集中的方法通常是采用整体结构,将功能不同,但运动情况一致、位置相近的零件组合在一起，结构上设计成一个整体。图 12-10 所示为一包装机械中的支架零件，原先由十一个零件分别加工后组装而成（见图 12-10(a)），加工量大，成本高。采用整体结构后（见图 12-10(b)），通过整体铸造一次完成，大大降低了成本。

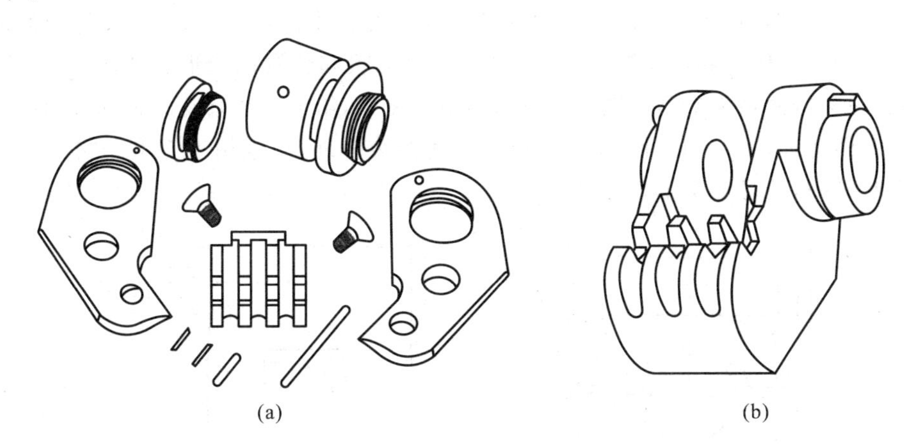

图 12-10　支架零件

(a) 用于组装的零件；(b) 整体结构

图 12-11(b)所示的螺钉是将图 12-11(a)的螺钉与防松垫圈集成在一起的整体结构，既有连接功能又有防松功能。另外，角接触轴承也具有功能集中的特点，既能承受径向力，又能同时承受轴向力。

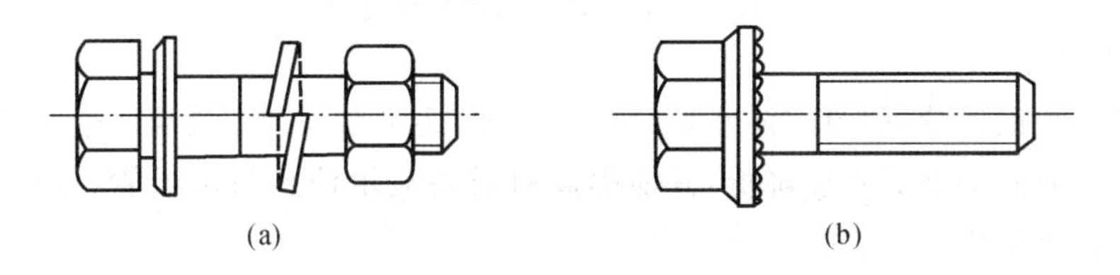

图 12-11　螺钉的集成结构

12.3.2　考虑造型的设计准则

产品结构设计不仅要满足功能要求，而且还应考虑产品造型的美学价值，使之对人产生吸引力。从心理学角度看，造型美观的产品，可使人心情愉快，不易疲劳，减少因精力疲惫而产生的误操作。考虑造型时应注意下述三个问题。

1）尺寸比例协调

在进行结构设计时，应注意保持外形轮廓各部分尺寸之间匀称而协调的比例关系。图 12-12

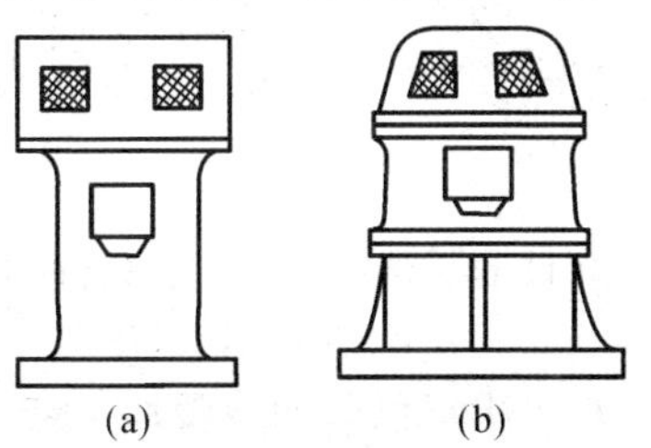

图 12-12　立式交流电动机的造型

所示为立式交流电动机的造型。图12-12(a)中电动机头部与座体尺寸比例不协调，缺乏稳定感；图12-12(b)中造型较合理。另外，应有意识地采用“黄金分割法”来确定尺寸关系，使产品造型更具美感。

2）形状统一

机械的外形通常由各种基本的几何形体(如长方体、圆柱体、锥体等)组合而成。结构设计时，应使这些形状配合适当，尽量减少形状和位置的变形。如图12-13所示为蜗杆减速器的箱体造型。图12-13(a)中造型复杂，给人一种杂乱的感觉，而且铸造困难，不便清理；图12-13(b)所示是新型减速器箱体外形，采用了矩形结构，简洁明快，形状统一，而且加工工艺性好。

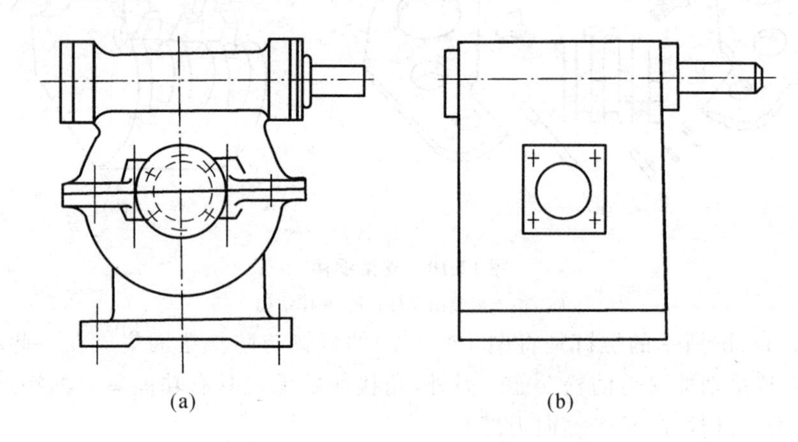

图 12-13　蜗杆减速器的箱体造型

3）色彩、图案的衬托

在机械表面涂漆，除具有防止锈蚀的功能外，还可增强视觉效果。恰当的色彩可以使操作者眼睛的疲劳程度降低，并能提高对设备显示信息的辨识能力。选择色彩时应注意以下原则。

(1) 色彩布置应与形状布置协调一致，突出功能面，如图12-14所示。

(2) 尽量采用少的色调，否则会产生零乱的感觉，如图12-15所示。

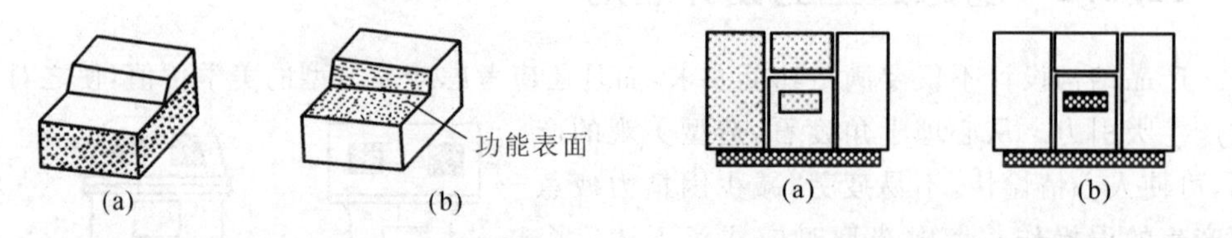

图 12-14　色彩布置应与形状布置协调

(a) 不好；(b) 较好

图 12-15　尽量采用少的色调

(a) 不好；(b) 较好

(3) 注意色彩的冷暖性。红、黄色为暖色，蓝、绿色为冷色。在噪声环境中，人眼对暖色的分辨能力下降，而对冷色的分辨能力上升。

机械表面常有一些说明性的图案和文字，造型设计时，应尽量采用风格相近的图案和文字，并力求表达方式统一（如全部凸起或全部凹下），应使图案、文字在种类、大小、位置和色彩等各方面与机械表面的形状和色彩背景相协调。

12.3.3　考虑加工工艺性的设计准则

机械零部件结构设计的主要目的是：保证功能的实现，使产品达到要求的性能。但同时，结构设计的结果也对产品零部件的生产成本、工时及质量有着不可低估的影响。因此，应在设计中采取必要的措施，力求使设计的零部件加工方便、材料损耗少、效率高、生产成本低，并能得到符合要求的质量保证。

实际中，零部件结构工艺性受到诸多因素的制约，如：生产批量的大小可能会影响坯件的生成方法；生产设备的条件可能会限制工件的尺寸；生产技术的发展（如自动化程度提高）也会引起结构工艺性的相应变化。因此，结构设计时应充分考虑上述因素对工艺性的影响。

1）铸件的结构工艺性

在机械产品中，铸件所占的比重很大，如减速器箱体、机床床身等通常都是用可铸材料铸造成形。合理地确定铸件结构是改善铸造工艺、提高质量、降低成本的重要途径。表12-2列出了铸件结构设计的一般准则，其他准则将在第13章中适当补充。

表12-2　铸件的结构设计准则

铸件结构设计准则	不　合　理	合　　理
应尽量减少分型面的数目，避免不必要的凸起和凹陷	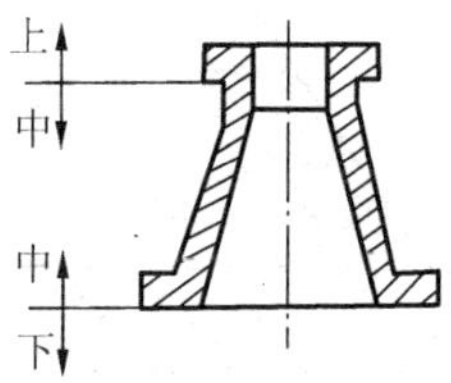 上 中 中 下	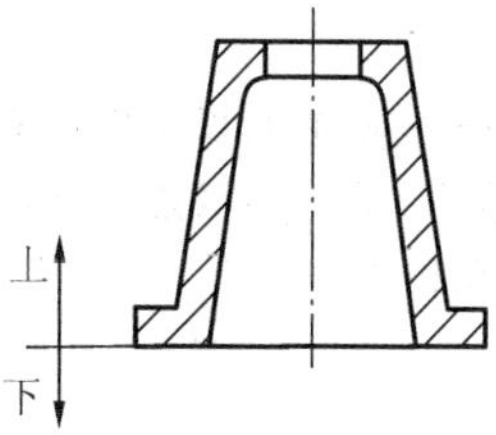 上 下
尽量少用或不用型芯	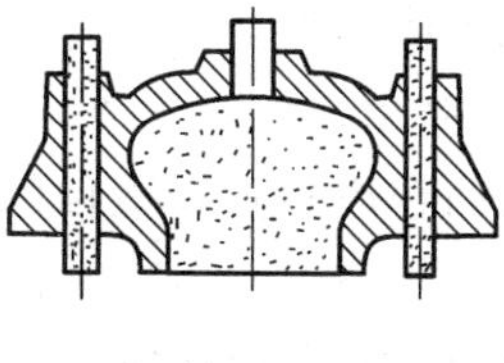	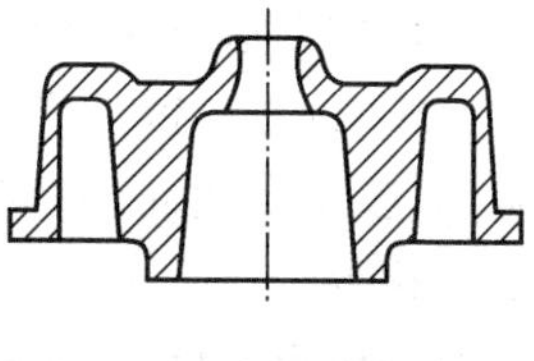

续表

铸件结构设计准则	不合理	合理
力求几何形状简单,避免不必要的曲面造型,减少模型加工费用	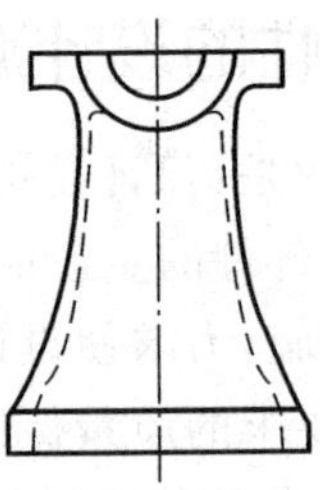	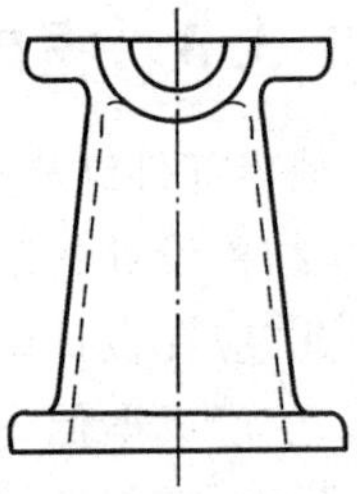
从分型面起沿拔模方向规定拔模斜度,便于起模	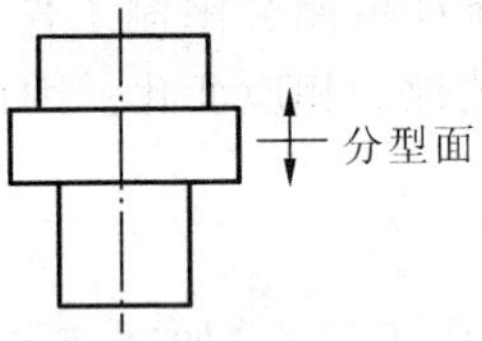 分型面	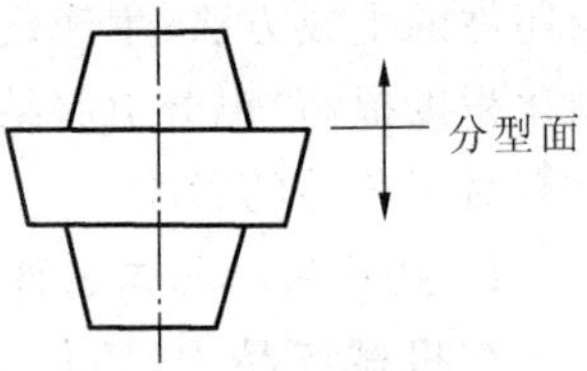 分型面
尽量避免妨碍起模的凸凹结构	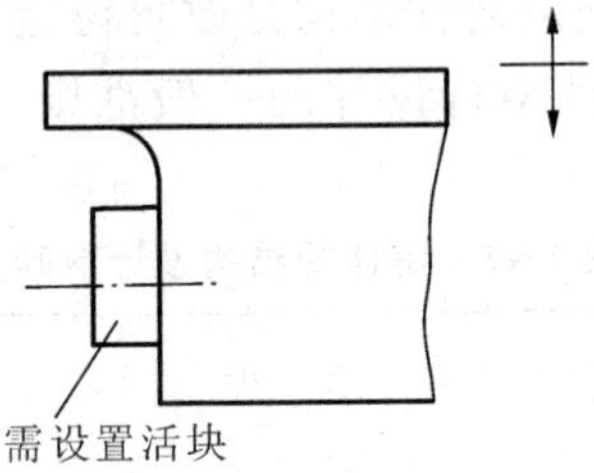 需设置活块	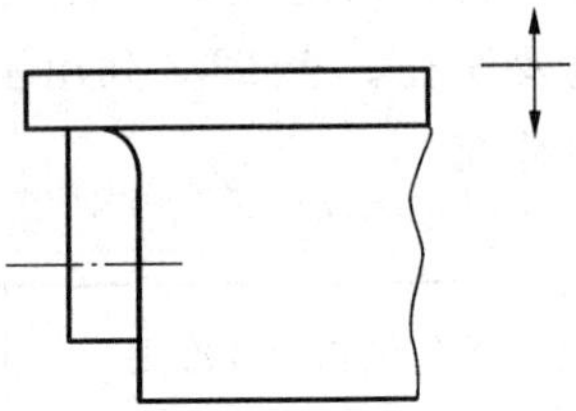
壁厚应均匀,以防出现缩孔,并尽量避免两连接壁成锐角相交	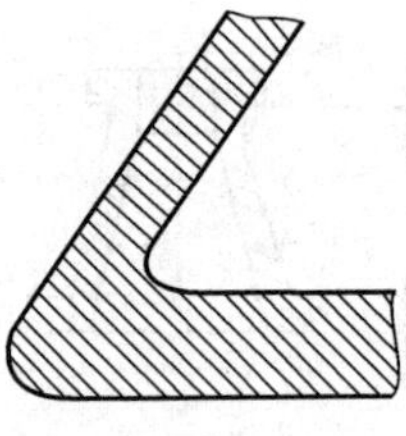	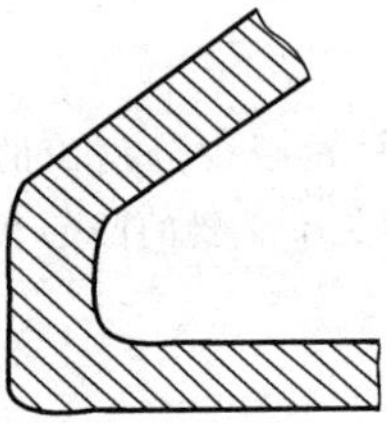

2) 锻件的结构工艺性

常用的锻造方法有自由锻和模锻两种。

对于自由锻,锻件形状应尽量简单、对称、平直,避免锥形和楔形表面,不应该有加强筋、工字形截面等复杂形状,凸台应布置在锻件的同一侧,并尽量使零件截面尺寸的变化少。

对于模锻零件,应正确选择分模面,分模面应是水平面。在分模面的两侧锻件的形状应尽量对称,形状力求简单,避免突出部分;同时,应规定拔模斜度,截面变化处尽量采用较大的过渡圆角。

3）机加工零件的结构工艺性

机械切削加工（如车、钻、铣、刨、磨等）是零件制造的重要过程。零件的机加工工艺性涉及诸多方面，如结构、毛坯选择、精度及表面粗糙度选定、材料等。这里仅从零件结构设计的角度来讨论欲获得良好机加工工艺性所应遵循的一般准则（见表12-3）。

表12-3　机加工零件的结构设计准则

机加工零件结构设计准则	不合理	合理
尽量减少加工面的面积，注意将加工面与非加工面严格分开	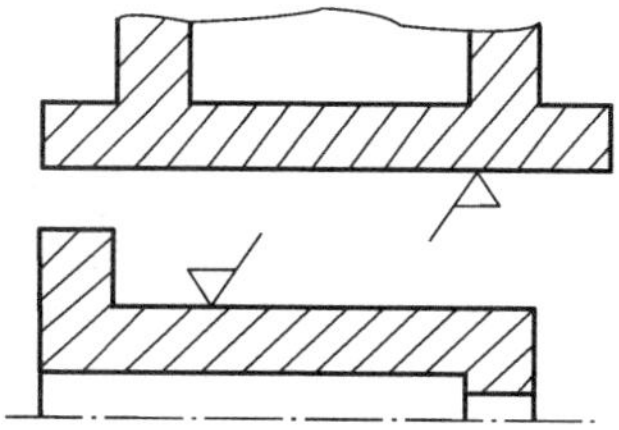	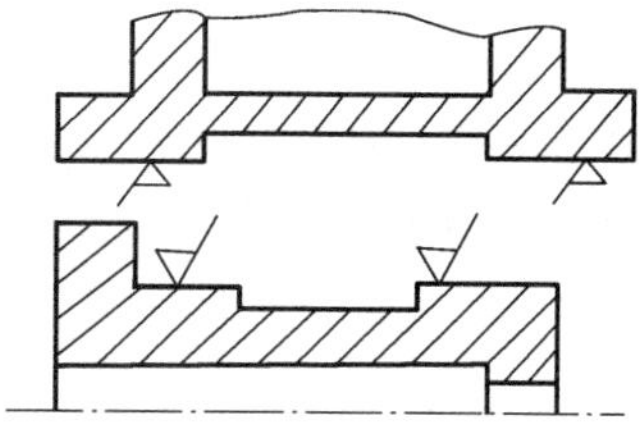
应给出必要的退刀槽或砂轮越程槽	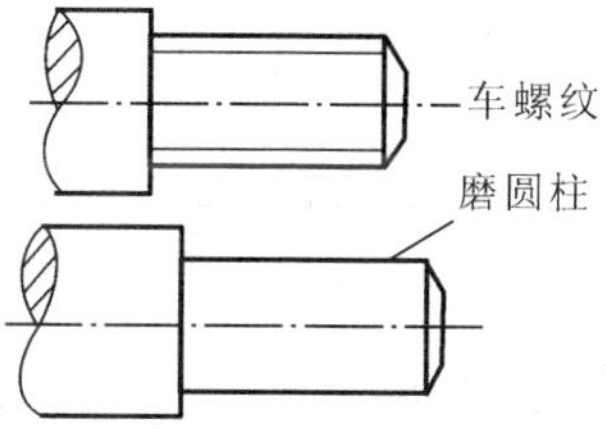 车螺纹 磨圆柱	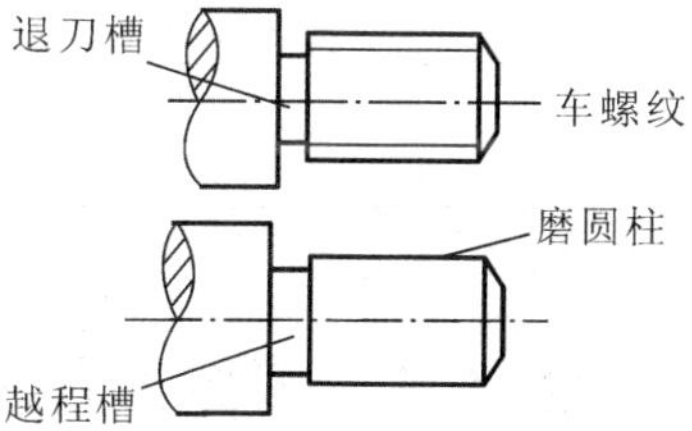 退刀槽 车螺纹 磨圆柱 越程槽
使零件切削时便于装夹	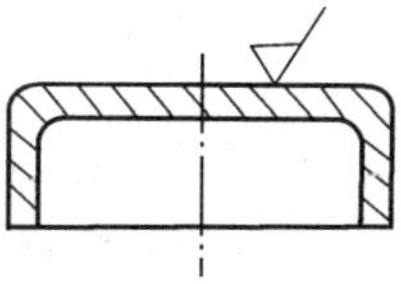	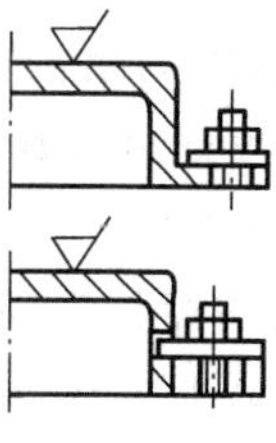
尽量减少加工时工件的装夹次数，以提高效率	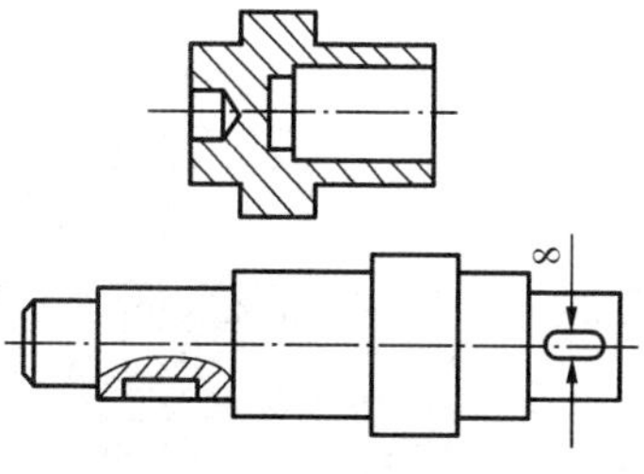	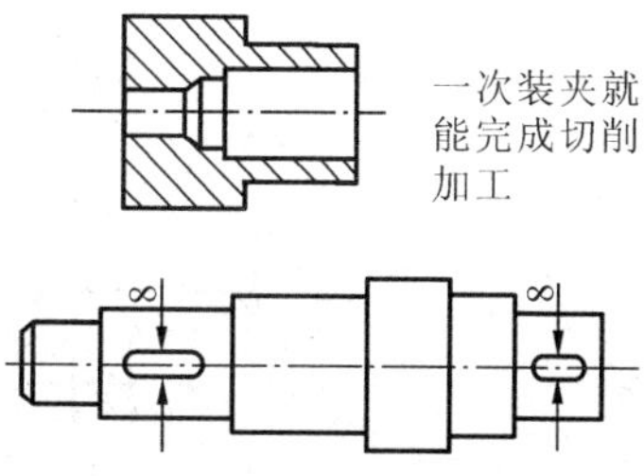 一次装夹就能完成切削加工

续表

机加工零件结构设计准则	不　合　理	合　　理
优先采用相同的锥度、圆角半径及孔径，减少刀具的调整次数，提高加工精度	R10　R5　▷1∶10　▷1∶8	R5　R5　▷1∶8　▷1∶8 两孔径相同，可一次加工
斜孔采用凸台和退刀底面，以防止钻头引偏		
尽量使加工面位于同一高度，一次加工完成		

12.3.4　考虑装配的设计准则

装配是产品制造过程中的重要工序，零部件结构对装配的质量、成本有着直接影响。有关装配的结构设计准则简述如下。

1）合理划分装配单元

整机应能分解成若干可单独装配的单元（部件或组件），以实现平行且专业化的装配作业，缩短装配周期，并且便于逐级技术检验和维修。

2）使零部件得到正确安装

（1）保证零件准确定位。图 12-16 所示的两法兰盘用普通螺栓连接。图 12-16

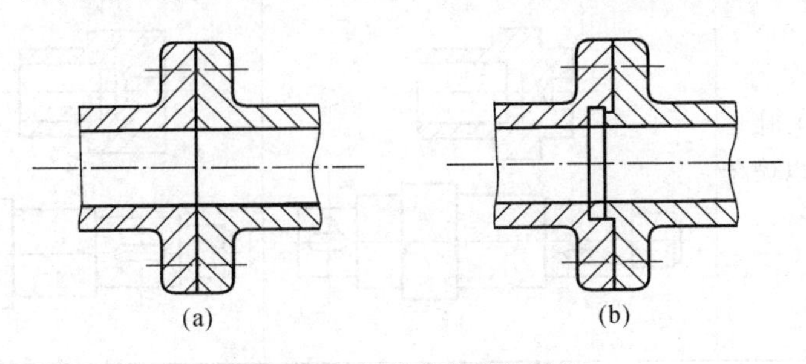

图 12-16　法兰盘的定位基准

(a)所示的结构无径向定位基准,装配时不能保证两孔的同轴度;图 12-16(b)所示以相配的圆柱面作为定位基准,结构合理。

(2) 避免双重配合。图 12-17(a)中零件 A 有两个端面与零件 B 配合,由于制造误差,不能保证零件 A 的正确位置。图 12-17(b)所示结构合理。

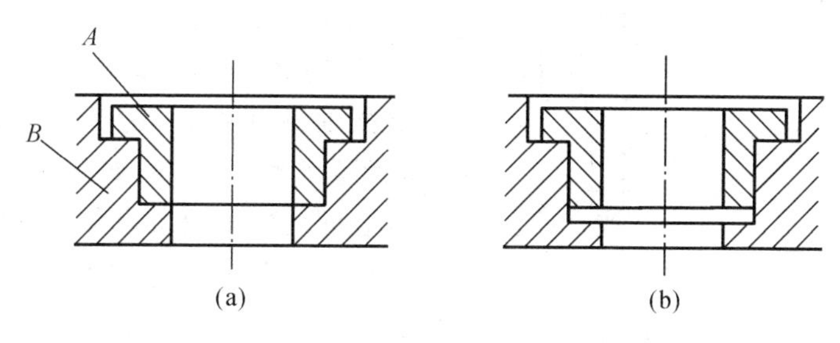

图 12-17　避免双重配合

(3) 防止错误装配。图 12-18 所示轴承座用两个销钉定位。图 12-18(a)中两销钉反向布置,到螺栓的距离相等,装配时很可能要将支座旋转 180°安装,导致座孔中心线与轴的中心线位置偏差增大(图中标注为 Δ)。因此,应将两定位销布置在同一侧,或使两定位销到螺栓的距离不等(见图 12-18(b))。

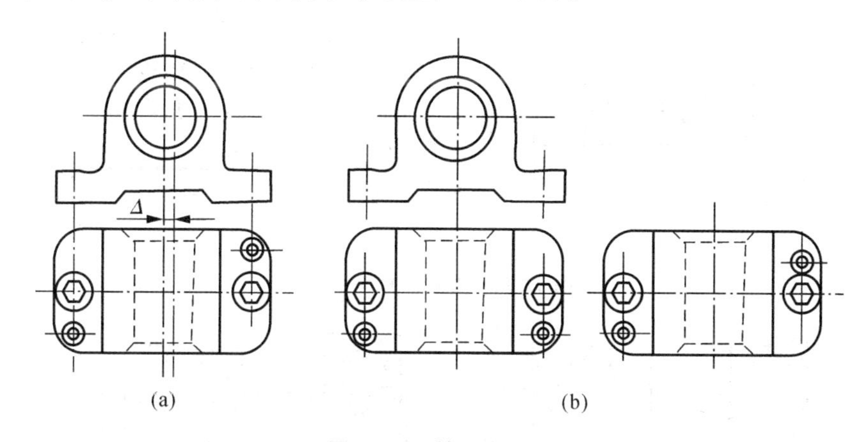

图 12-18　轴承座定位

(a) 错误;(b)正确

3) 使零部件便于装配和拆卸

首先应保证零件有足够的装配空间。图 12-19(a)中装配高度不够,使螺钉无法装入,应改为图 12-19(b)所示结构。对于螺栓连接还应给出足够的扳手空间,如图 12-20(a)中空间狭小,扳手无法转动。图 12-20(b)所示结构合理。

避免过长的配合面。图 12-21(a)中从左端装入齿轮 1 时,轮毂所经历的配合面过长,当轴孔配合较紧时,会增加装配难度,使配合面擦伤,且毂孔上的键槽不易与轴上的键对准。应设计成图 12-21(b)所示的结构,减小配合面的长度。为了使零件易于装入,孔及圆柱的端部应有倒角。

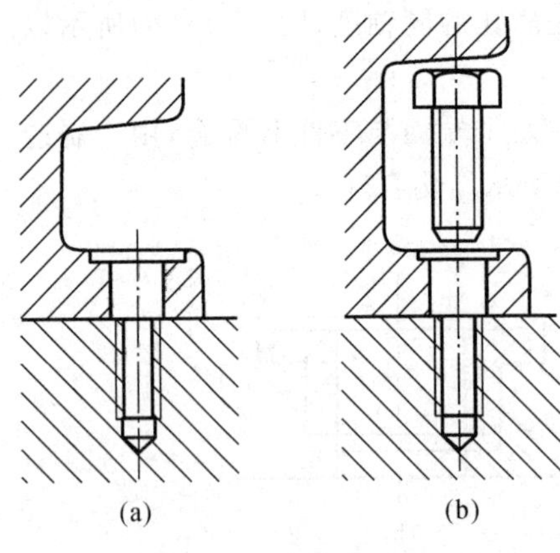

图 12-19　螺栓的装配空间

为便于拆卸零件,应给出安放拆卸工具的位置。如图 12-22 所示:图 12-22(a)中轴肩过高,拆卸工具无法作用于轴承内圈;图 12-22(b)中轴承外圈拆卸困难;图 12-22(c)、图 12-22(d)所示结构合理。

4) 使装配过程简化

装配轴系部件时,为补偿装配尺寸链误差,常设置调整补偿环,如图 12-23 所示。轴上零件装配后的累积误差靠调整环 1 来补偿,它的厚度是根据实测结果修配的。这样做既能降低装配精度要求,又能提高装配质量,使装配简化。

又如图 12-24 所示的圆柱齿轮传动装置。图12-24(a)中两轮齿宽相等,为保证全齿宽啮合,必须提高装配精度,增加了装配难度。而图12-24(b)中小齿轮略宽,允许有少量的轴向位移,从而使装配变得容易。

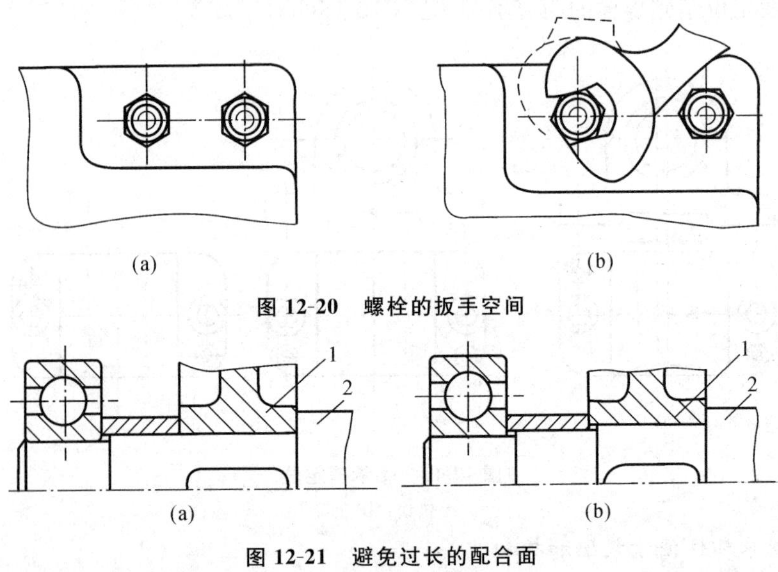

图 12-20　螺栓的扳手空间

图 12-21　避免过长的配合面

1—齿轮;2—轴

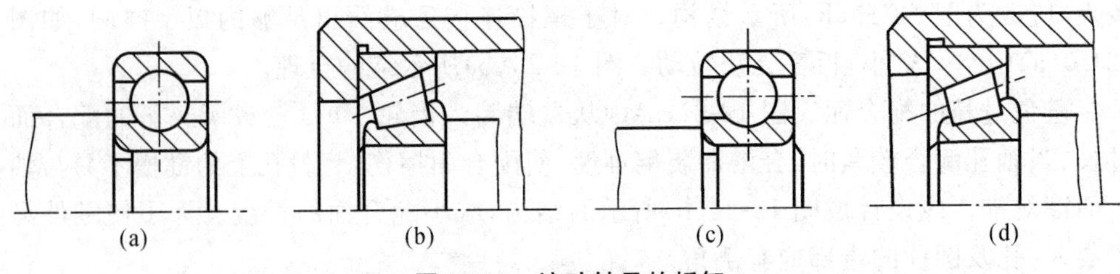

图 12-22　滚动轴承的拆卸

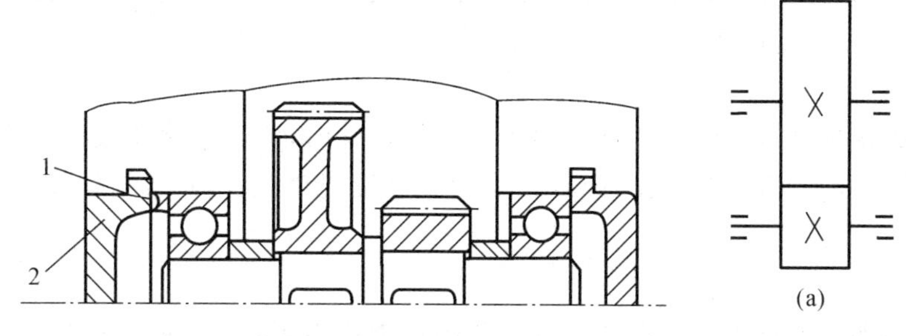

图 12-23　装配尺寸链的误差补偿

1—调整环；2—端盖

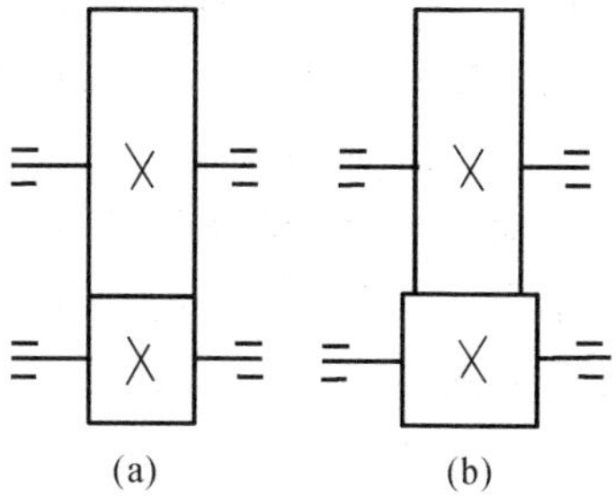

图 12-24　相配齿轮的齿宽

12.3.5　满足强度要求的设计准则

零件在工作中应具有足够的强度。设计时可在结构上采取有效措施，以提高零件的可靠性。

1）采用等强度结构

零件截面尺寸的变化应与其内应力的变化相适应，使各截面的强度相等，以便充分利用材料，减轻重量。图 12-25 所示结构为一悬臂支架，显然，悬臂内弯矩自受力点向左逐渐增大。图 12-25(a)所示结构强度差；图 12-25(b)所示结构虽然强度高，但不是等强度，浪费材料，增加了重量；图 12-25(c)为等强度结构。又如转轴的结构通常是阶梯形的，中间粗（弯矩大）、两头细（弯矩小），既便于轴上零件的装拆，又接近等强度，省材料。

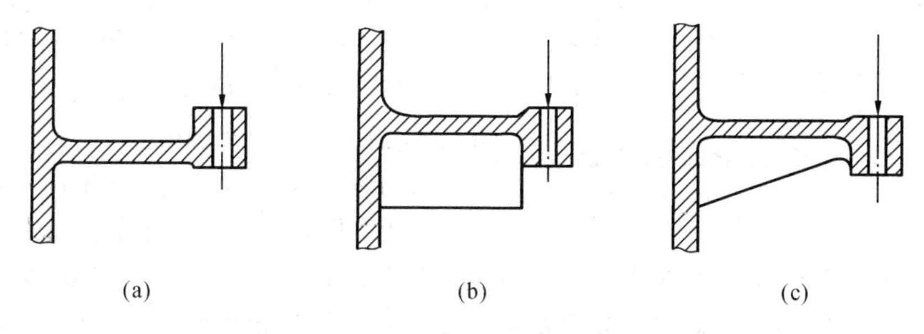

图 12-25　悬臂支架的等强度结构

2）改善受力状况

（1）使力流传递路线最短。力流传递路线越短，承载区域就越小，变形也就越小，并可能使零件所受应力最小。如悬臂布置的小锥齿轮轴，锥齿轮部分应尽量靠近轴承，以减小悬臂长度，提高轴的弯曲强度。

（2）使受力均匀。如齿轮传动中相对轴承非对称时，齿轮的布置应远离转矩输入端（见图 3-8）。

（3）分担载荷。该准则符合“任务合理分配”原则。在结构上采取一定的措施，把作用于一个零件的载荷分给若干个零件承担,从而使单个零件的载荷减小,提高了强度。如采用并联组合弹簧、双列轴承等。

3) 减小应力集中

应力集中是影响零件疲劳强度的重要因素。结构设计时,应尽量避免或减小应力集中。其方法已在前面有关章节作过介绍,如增大过渡圆角、采用卸载结构等,此处不再赘述。

4) 使载荷平衡

零部件在传递动力的过程中常常会产生一些附加力或力矩,它们对实现功能没有直接作用,然而是不可避免的。结构设计时,应采取措施使其在内部平衡,不致增加其他零件的载荷。例如,同一轴上的两个斜齿圆柱齿轮所产生的轴向力,可通过合理选择轮齿旋向及螺旋角的大小使轴向力相互抵消,使轴承的负载减小。

12.3.6 自助的设计准则

所谓“自助”,即通过合理的结构布置,使零件之间相互支持,达到加强功能、自我保护的目的。

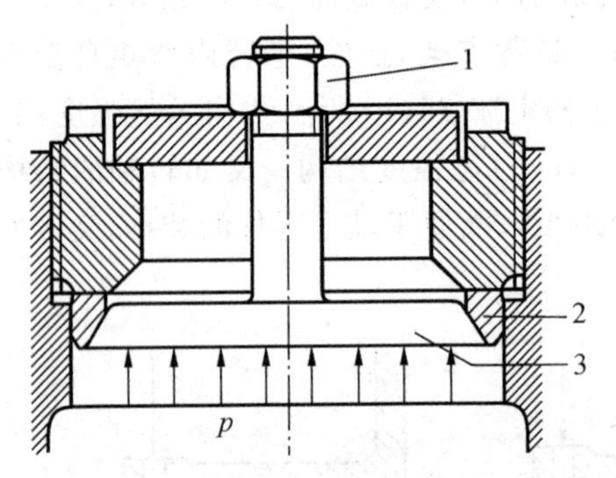

图 12-26 压力容器的密封装置

1—螺母;2—密封环;3—密封盖

1) 自加强准则

机器工作后,由于零件间确定的排列方式而产生某种辅助作用,使得总的作用加强。

图 12-26 所示为一压力容器的密封装置。旋紧螺母 1 使密封盖 3 压在密封环 2 上,产生初始作用,使密封面在正确的位置上相互接触。随着工作压力 p 的升高,密封盖与密封环之间的压力也增大,这就是辅助作用,它使总的密封效果加强。

又如摩擦轮无级变速器(见图 12-27)。弹簧 1 使摩擦轮 2 压在锥形轮 3 上,产生初始压力 F_N。扭矩输入后,装在轴上的滚子 4 与摩擦轮轮毂上 V 形槽的斜面相互作用,产生法向力 F,该力的轴向分力是 F_a,且 F_a 与输入的扭矩成正比。F_a 使摩擦面的压力加大,从而使摩擦力增大,提高了传动能力。

2) 自保护准则

在超负荷情况下,为防止零部件发生破坏,除采取必要的安全装置外,还可通过合理的结构设计,使零部件在过载时能够实现自我保护,避免重大事故发生。

自保护通常是由附加的传力路线产生辅助作用,这种辅助作用一般是通过弹性变形来实现的。受压的弹簧通常具备自保护性能,正常负荷下,弹簧是靠扭转变形(见图 12-28(a))或弯曲变形(见图 12-28(b))来传力的。超载时,弹簧闭合,靠各圈之间的压力传递多余载荷。当然,这种自保护是以丧失原有的部分功能为代价的。

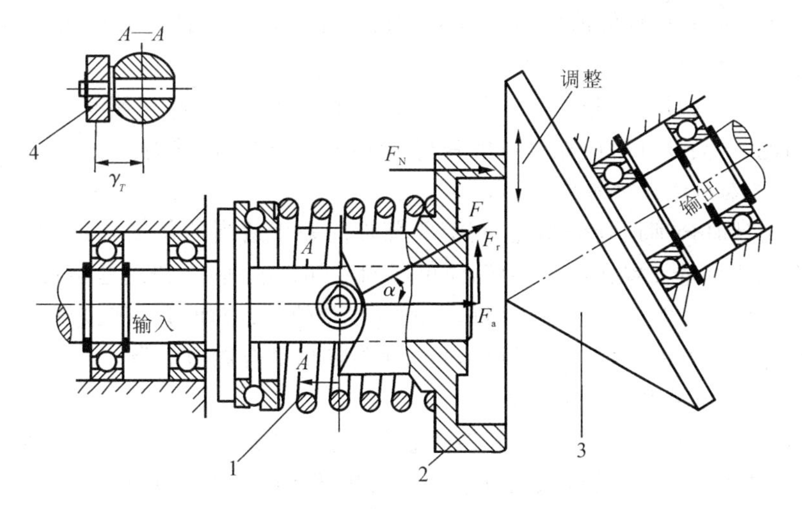

图 12-27　摩擦轮无级变速器

1—弹簧；2—摩擦轮；3—锥形轮；4—滚子

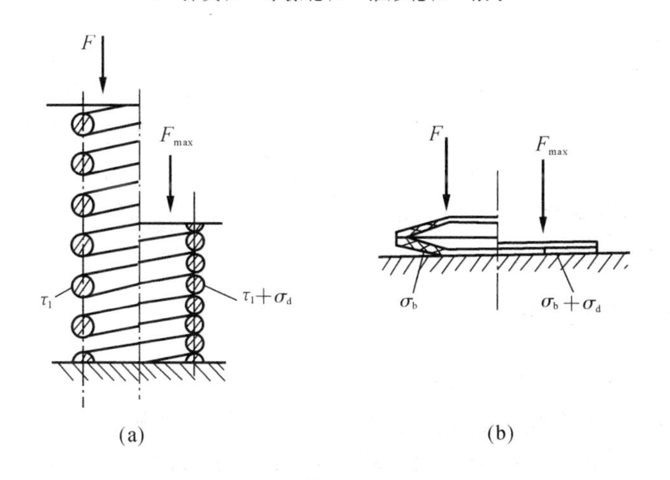

图 12-28　弹簧的自保护性能

第 9 章所介绍的摩擦离合器（见图 9-18）及牙嵌式离合器（见图 9-19）同样具有自保护性能。过载时，前者将发生打滑，避免其他零件损坏，后者牙面间啮合时的轴向推力迫使弹簧压缩，使离合器自动分离。

12.3.7　有利于回用的设计准则

回用就是将已报废的产品中的可用部分取回，重新加以利用。回用可分为零部件回用和材料回用。零部件回用是指继续保持报废产品中零部件的形状，对其稍加修整后重新投入使用，例如：汽车损坏后，其有用的零部件可用于其他车辆；电子产品中整机失效，而集成块正常时，集成块可再次使用。有些零部件可通过改变功能加以回用，如将废旧汽车轮胎用做轮船的缓冲碰垫。材料回用需要破坏零部件原有的形式,将报废产品中的有价值的材料分离、收回,送到新的生产过程中去(如冶炼、熔化),以达到材料再生的目的。

由此可见,“回用”使报废的产品获得新生,既节约了资源,又能有效地防止环境污染。因此,产品设计时应充分考虑有利于回用的结构设计准则。

1) 应使零部件拆卸简单

要求设计时合理地划分功能单元,零部件间采用适当的连接方式(如插入式结构),结合部位尽量安置在产品外部,使可回用零部件能简单、快速地被拆卸,并应保证拆卸过程中不使零部件进一步损坏。值得注意的是:应使可拆连接件在产品的使用期间内保持完好的功能,防止锈蚀,并避免拆卸后结合能力下降。

2) 应便于可用零部件的整修

从报废产品中拆卸下来的零部件通常需要进行整修才能投入到新的使用阶段中去。因此,结构设计时应做到如下几点:① 可用部分应能够方便地清洗,不致造成损坏;② 使检验容易,以便能够判断重复应用的可能性;③ 能够通过添加材料、压紧、测量和调整,使零部件修复。

3) 应使材料容易分离

为了使报废产品的材料按不同种类进行回收,应保证由不同材料制成的零部件能通过简单的方法迅速解体,使不同性质的材料分离。如第 13 章中图 13-9 所示的蜗轮结构,蜗轮齿圈是青铜材料,轮芯是灰铸铁。图 13-9(c)中齿圈与轮芯浇铸在一起,虽简化了制造和装配工艺,但不便于贵重材料的回收。图 13-9(b)采用螺栓连接式结构,使材料能迅速分离。

12.3.8 其他准则

1. 有利于标准化的设计准则

机械零部件的标准化,就是通过对零部件的尺寸、结构要素、材料性能、检验方法、设计方法、制图要求等制定出相应的标准,供设计、制造时遵照执行。标准化的意义在于:以最先进的方法对零部件进行专业化批量生产,提高生产效率和产品质量,节约能源及材料,降低成本;采用标准化的零部件,可减少设计工作量,缩短产品的设计、生产周期;增强了零部件的互换性,便于维护。因此,进行产品结构设计时应遵守下列基本准则:

(1) 在满足功能要求的前提下,尽可能采用标准件,以简化设计工作,并使产品的复杂程度降低;

(2) 非标准件的结构尺寸应力求标准化,如轴的直径应优先采用标准尺寸系列值,以便于轴上标准件如滚动轴承、密封圈、链轮等的选用。

2. 考虑热膨胀的设计准则

机器工作时,零部件的材料会因受热而膨胀。不仅是热力机械,普通机械在进行能量转换(如摩擦引起功率损耗)时也会产生热量,使零部件受热变形,产生附加应力，影响零部件的正常工作。因此，设计时除采用必要的散热方法外(如风冷、循环油冷却)，结构上还应采取相应措施，以降低或消除热膨胀的不利影响。

图 12-29(a)所示为钢制螺栓与铝制法兰盘的连接。由于铝的热膨胀系数比钢大，温度升高时螺栓受到较大的附加载荷，使螺栓的安全性下降。可采用图 12-29(b)所示的结构措施加以改进：增加一个套筒，其材料是热膨胀系数很小的镍铁合金(也称因钢)，这样既加长了螺栓，使其热变形量增加，又可通过调整各构件长度(l_1、l_2、l_3)的比例关系使螺栓与被连接件的热变形量之差降低到最低限度。

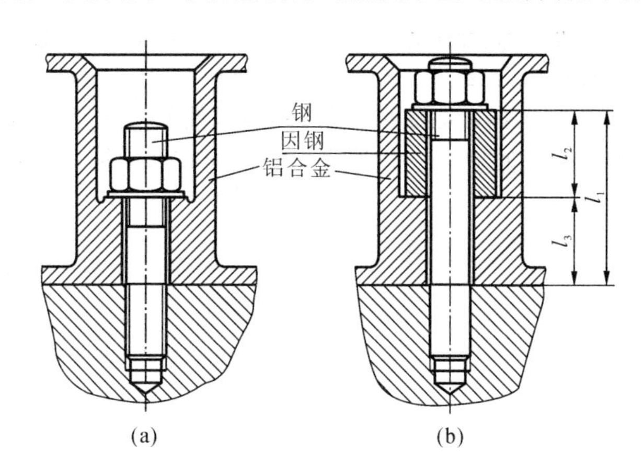

图 12-29　钢制螺栓与铝制法兰盘的连接

在轴系结构中，为防止由于轴的受热伸长使轴承受到附加轴向载荷，可在变形方向上预留间隙或采取轴向游动轴承(参见 13.3.2 小节)。

3. 考虑腐蚀的设计准则

机械设备中的腐蚀现象在多数情况下是不可避免的，但在结构设计中应考虑防腐蚀措施，使腐蚀降低到容许的限度以内。

根据腐蚀的原因，腐蚀可分为以下三种。

(1) 均匀表面腐蚀：在潮湿的环境下，金属表面与空气或介质中的氧气作用而产生的腐蚀。

(2) 狭缝腐蚀：狭小缝隙中腐蚀产物的水解作用使电解液(潮气、水状介质)的酸性浓缩引起的腐蚀。

(3) 接触腐蚀：有电化学势差的两种金属相互接触，再加上介质的作用，形成局部电解而产生的腐蚀。

对于均匀表面腐蚀，结构设计时应避免出现潮气集中部位。如图 12-30 所示，容器内的液体应排放干净。

对于狭缝腐蚀，应采取的措施是：过渡表面应光滑；焊接时不残留根隙(见图 12-31)；加大缝隙，使空气容易流通。

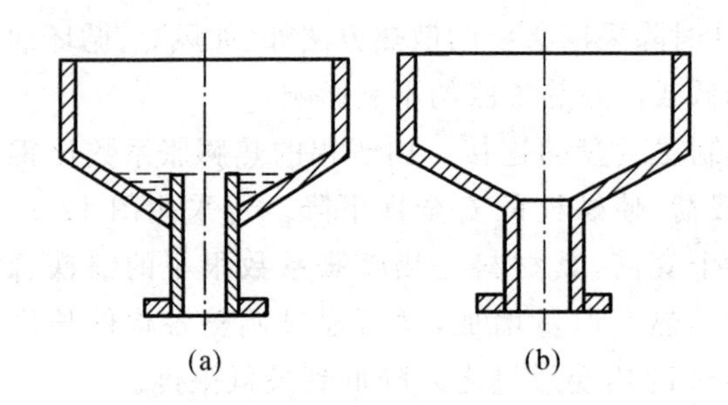

图 12-30 容器的防腐蚀结构

(a) 不合理;(b) 合理

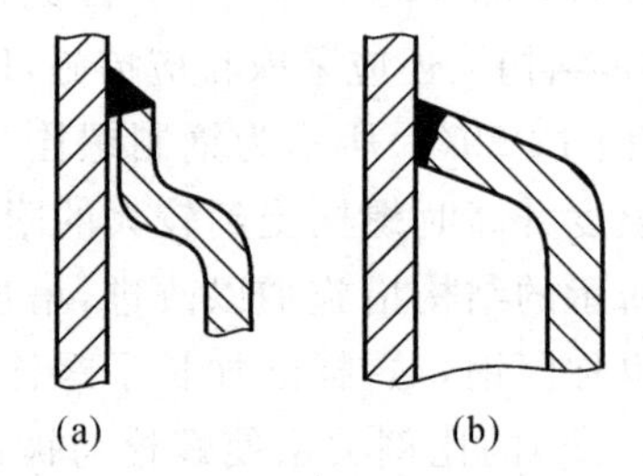

图 12-31 焊接时避免狭缝

(a) 不合理;(b) 合理

为防止接触腐蚀,应选择合适的金属材料配对,使其电化学势差小,或在两金属相邻表面之间设置绝缘层进行隔离,以阻止电解液对接触表面的作用。

第13章 典型零部件的结构设计

13.1 轮类零件的结构设计

13.1.1 轮类零件的结构特点

轮类零件包括齿轮、蜗轮、带轮、链轮等，它们在机械传动装置中有着相同的功用（传递运动和转矩），在结构上亦有很多相似之处。整体上可将轮类零件的结构划分成轮缘、轮毂和轮辐三个部分（见图13-1），它们分别承担着不同的功能。轮缘部分与其他零件配合作用（如配对的齿轮、传动带、链等），以传递运动及转矩；轮毂部分与轴相配，起轴向、径向定位作用；轮辐部分连接着轮缘和轮毂。轮缘和轮毂内孔是主要功能面，根据12.2节中介绍的结构设计方法，利用形态变换可得到各种轮类零件的结构形式。如：将图13-1中圆柱齿轮的功能表面轮缘进行形状变换，可得到锥齿轮、蜗轮、带轮等；将轮毂及轮辐进行尺寸变换，又可得到不同的典型结构。由此可见，轮类零件的结构设计是一个共性问题。本节以齿轮为重点，依据结构设计准则，详细介绍其结构设计方法，对其他轮类零件只作简要介绍。

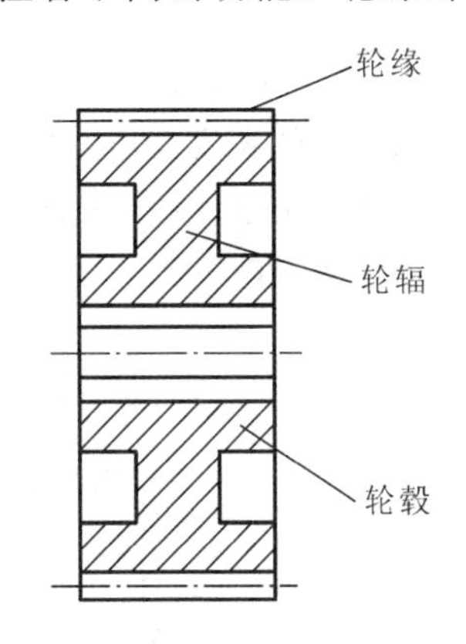

图13-1　轮类零件的整体结构

13.1.2 齿轮的结构设计

齿轮（包括圆柱齿轮和锥齿轮）的主参数，如齿数、模数、齿宽、齿高、螺旋角、分度圆直径等，是通过强度计算确定的，而结构设计主要确定轮辐、轮毂的形式和尺寸。设计齿轮结构时，要同时考虑加工、装配、强度、回用等多项设计准则，通过对轮辐、轮毂的形状、尺寸进行变换，设计出符合要求的齿轮结构。齿轮的直径大小是影响轮辐、轮毂形状尺寸的主要因素，通常是先根据齿轮直径确定合适的结构形式，然后再考虑其他因素对结构进行完善，有关细部结构的具体尺寸数值，可参阅相关手册。

齿轮结构可分成以下四种基本形式。

1）齿轮轴

对于直径很小的齿轮，如果从键槽底面到齿根的距离 x 过小（如圆柱齿轮 $x \leqslant 2.5m_n$，锥齿轮 $x \leqslant 1.6m$，m_n、m 为模数），则此处的强度可能不足，易发生断裂，此时应将齿轮与轴做成一体，称为齿轮轴（见图 13-2），齿轮与轴的材料相同。值得注意的是，齿轮轴虽简化了装配，但整体长度大，给轮齿加工带来了不便，而且，齿轮损坏后，轴也随之报废，不利于回用。故当 $x > 2.5\ m_n$（圆柱齿轮）或 $x > 1.6\ m$（锥齿轮）时，应将齿轮与轴分开制造。

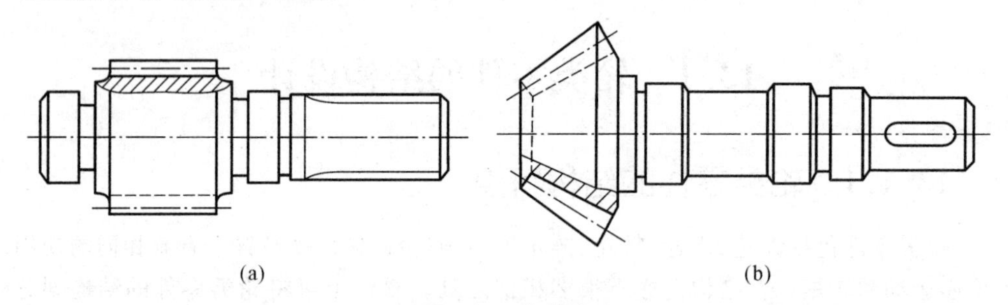

图 13-2　齿轮轴

(a) 圆柱齿轮轴；(b) 锥齿轮轴

2）实心式齿轮

当轮辐的宽度与齿宽相等时得到实心式齿轮结构（见图 13-3），它的结构简单、制造方便。其适用条件：① 齿顶圆直径 $d_a \leqslant 200$ mm；② 对可靠性有特殊要求；③ 高速传动时要求降低噪声。

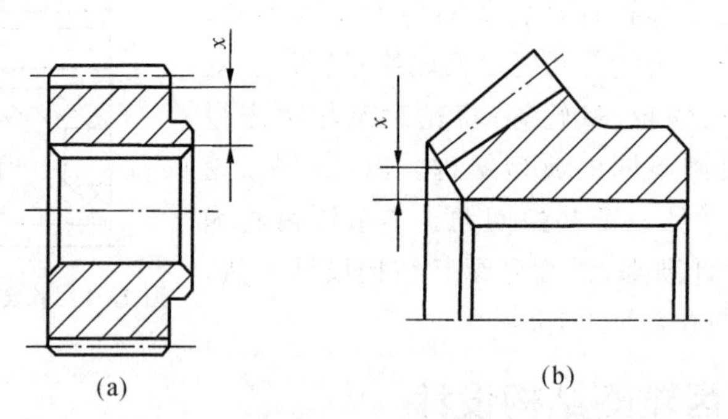

图 13-3　实心式齿轮

(a) 实心式圆柱齿轮；(b) 实心式锥齿轮

为便于装配和减少边缘应力集中，孔边及齿顶边缘应切制倒角。对于锥齿轮，轮毂的宽度应大于齿宽，以利于加工时装夹。

3）腹板式齿轮

当齿顶圆直径 $d_a > 200 \sim 500$ mm 时，可做成腹板式结构，以节省材料、减轻重量。考虑到加工时夹紧及搬运的需要，腹板上常对称地开出 4～6 个孔。直径较小时，腹板式齿轮的毛坯常用可锻材料通过锻造得到，批量小时采用自由锻（见

图 13-4)，批量大时采用模锻(见图13-5)。直径较大或结构复杂时，毛坯通常用铸铁、铸钢等材料铸造而成(见图 13-6)。对于模锻和铸造齿轮，为便于起模，应设计必要的拔模斜度和较大的过渡圆角。

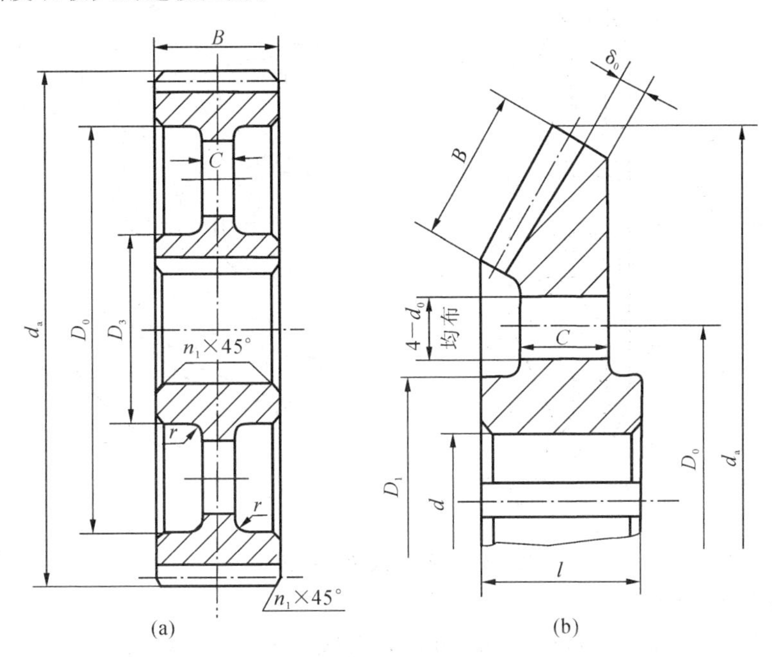

图 13-4　腹板式自由锻齿轮

(a) 自由锻圆柱齿轮；(b) 自由锻锥齿轮

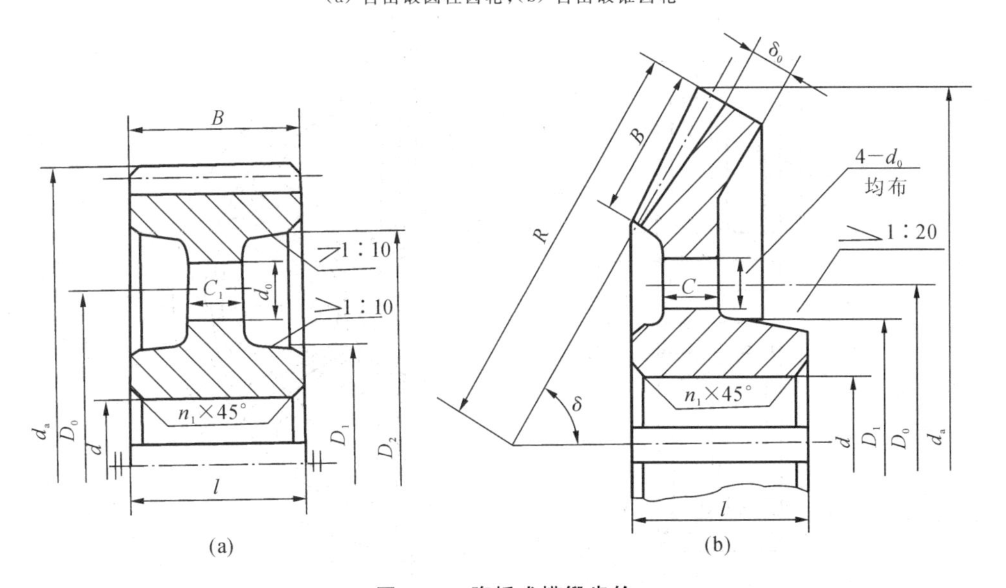

图 13-5　腹板式模锻齿轮

(a) 模锻圆柱齿轮；(b) 模锻锥齿轮

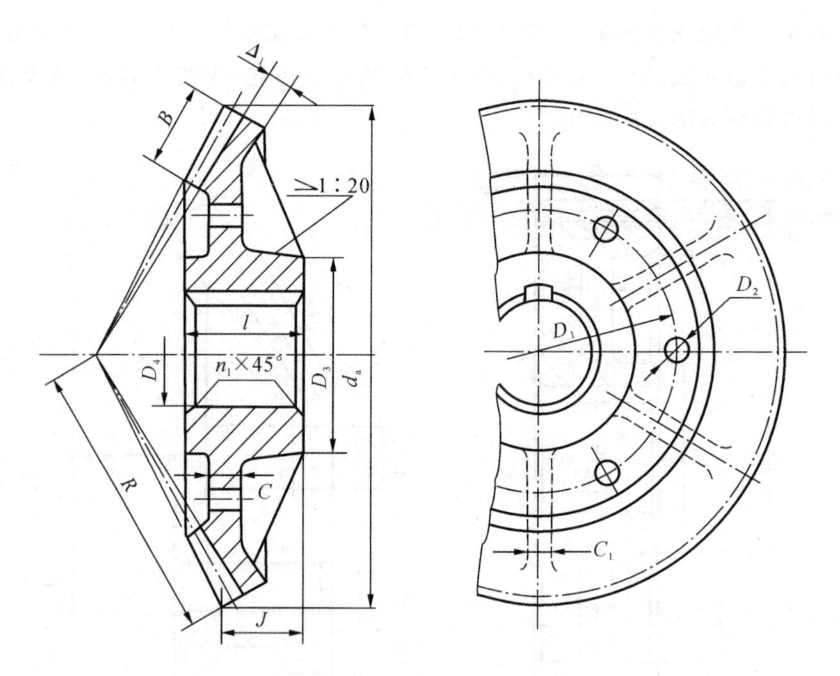

图 13-6 腹板式铸造锥齿轮

4）轮辐式齿轮

当齿顶圆直径 d_a>400～1 000 mm 时，为减轻重量，可做成轮辐式铸造齿轮(见图 13-7)，轮辐剖面常为椭圆形或"＋"字形。

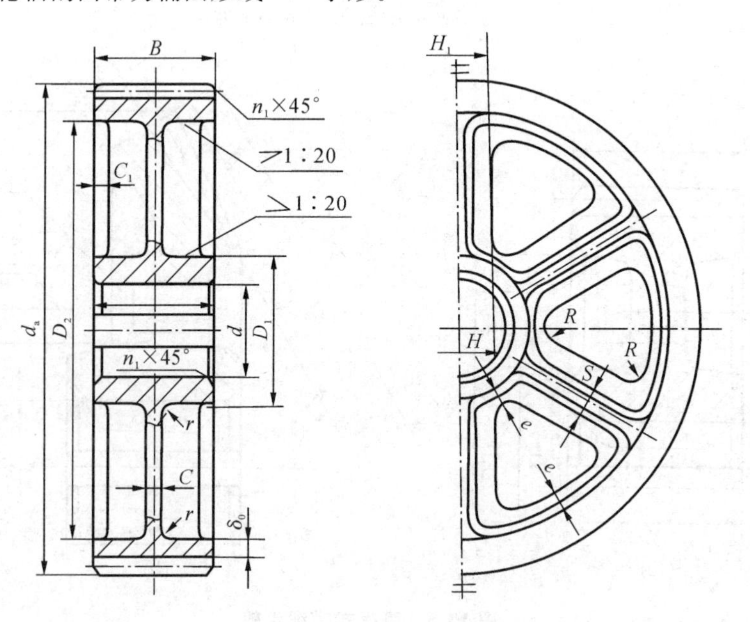

图 13-7 轮辐式铸造齿轮

13.1.3　蜗杆、蜗轮的结构设计

1. 蜗杆的结构形式

蜗杆的直径不大，常与轴做成一体。蜗杆螺旋为车制时(见图13-8 (a))，两端应有退刀槽。图13-8 (b)所示为铣制蜗杆，无退刀槽。蜗杆直径较大时也可与轴分开制造。螺旋部分长度参见表4-3。

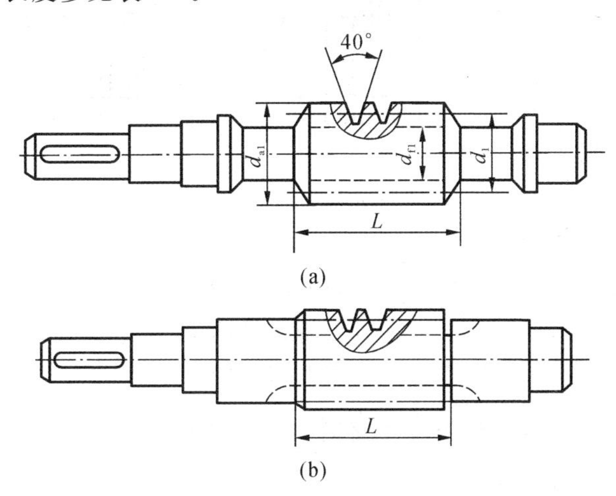

图13-8　蜗杆结构

(a) 车制蜗杆；(b) 铣制蜗杆

2. 蜗轮的结构形式

为了提高蜗杆传动的效率，蜗轮常用减摩性好的青铜材料制造。为了节省贵重金属用量，蜗轮一般采用组合式结构，轮缘用青铜材料，轮芯用铸铁。蜗轮轮芯的结构与齿轮类似。根据轮缘结构的不同可将蜗轮分成以下几种结构形式。

(1) 齿圈式(见图13-9(a))　齿圈与轮芯多用过盈配合，并在结合部的端面加装4～6个螺钉，以增强转矩作用时连接的可靠性。为防止钻孔时钻头引偏，应将螺钉孔向材质较硬的轮芯部分偏移2 mm左右。为承受轴向力及装配齿圈时轴向定位，在配合面的一端应制出台阶，台阶径向应留有间隙，防止双重配合。齿圈式结构常用于尺寸不大或工作温度变化较小的场合，以免热胀冷缩影响配合质量。

(2) 螺栓连接式(见图13-9(b))　可用普通螺栓或铰制孔用螺栓连接。用普通螺栓时，齿圈靠配合的圆柱面定心。这种结构装拆方便，有利于回用，常用于尺寸较大或齿面易磨损的场合。

(3) 拼铸式(见图13-9 (c))　在铸铁轮芯上加铸青铜齿圈后切齿，用于批量大的蜗轮。缺点是不利于材料的回用。

(4) 整体式(见图13-9 (d))　用于低速轻载时的铸铁蜗轮或直径很小的青铜蜗轮。

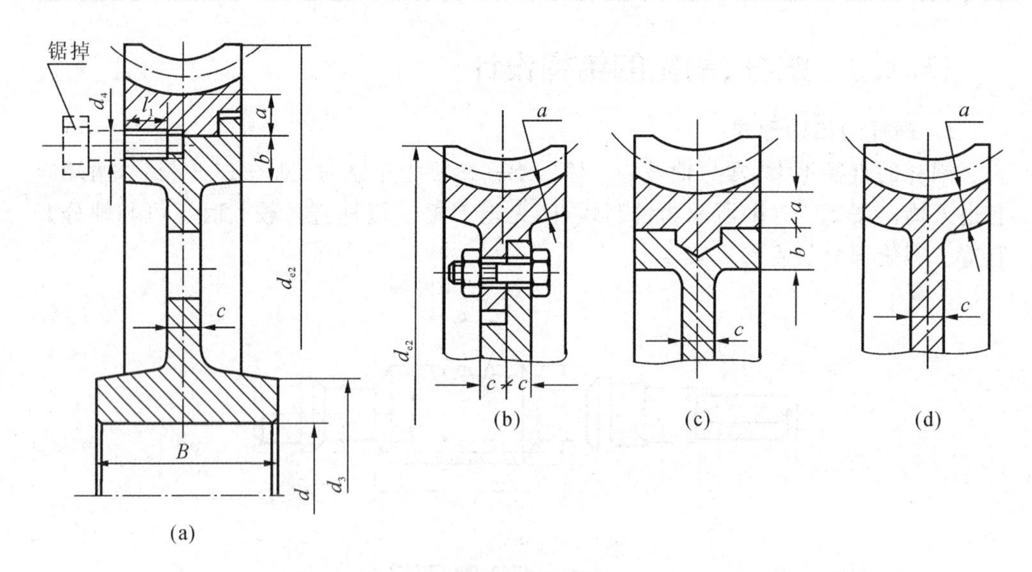

图 13-9　蜗轮结构

(a) 齿圈式;(b) 螺栓连接式;(c) 拼铸式;(d) 整体式

13.1.4　V 带轮的结构设计

V 带轮常用铸铁材料铸造而成。其基本结构形式有实心式($d_d \leqslant 3\ d$)、腹板式($d_d \leqslant 300 \sim 350$ mm)及轮辐式($d_d > 300 \sim 350$ mm)三种,如图 13-10 所示。V 带轮的结构设计主要是根据 V 带型号及传动比确定带轮基准直径 d_d,由基准直径选定结构形式,并根据带的型号及根数确定轮缘宽度。带轮轮槽的截面尺寸如表 13-1 所示。

表 13-1　普通 V 带轮轮槽截面尺寸

截面尺寸/mm			V 带 型 号						
			Y	Z	A	B	C	D	E
b_p			5.3	8.5	11	14	19	27	32
h_c			6.3	9.5	12	15	20	28	33
h_{amin}			1.6	2.0	2.75	3.5	4.8	8.1	9.6
e			8	12	15	19	25.5	37	44.5
f			7	8	10	12.5	17	23	29
δ			5	5.5	6	7.5	10	12	15
B			$B=(z-1)e+2f$,z 为轮槽数						
φ	32°	d_d	$\leqslant 60$						
	34°			$\leqslant 80$	$\leqslant 118$	$\leqslant 190$	$\leqslant 315$		
	36°		>60					$\leqslant 475$	$\leqslant 600$
	38°			>80	>118	>190	>315	>475	>600

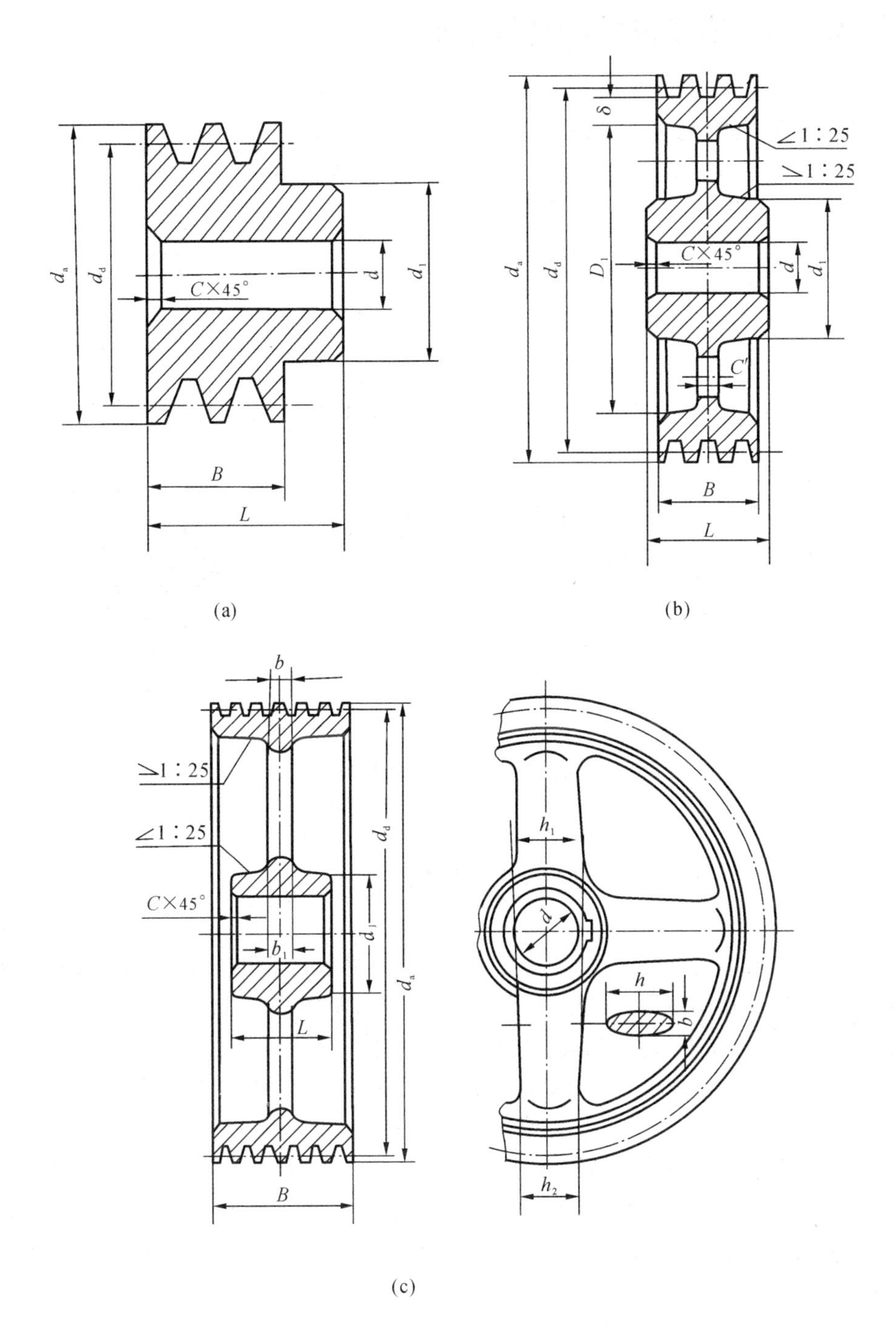

图 13-10　V 带轮结构

(a) 实心式;(b) 腹板式;(c) 轮辐式

13.1.5　滚子链轮的结构设计

滚子链轮的结构如图 13-11 所示。直径小时常做成整体式(见图 13-11(a))。中等直径做成孔板式(见图 13-11(b))。大直径链轮可做成组合式(见图 13-11(c),左图为齿圈与轮芯焊接结构,右图为螺栓连接结构,齿圈损坏后可更换)。

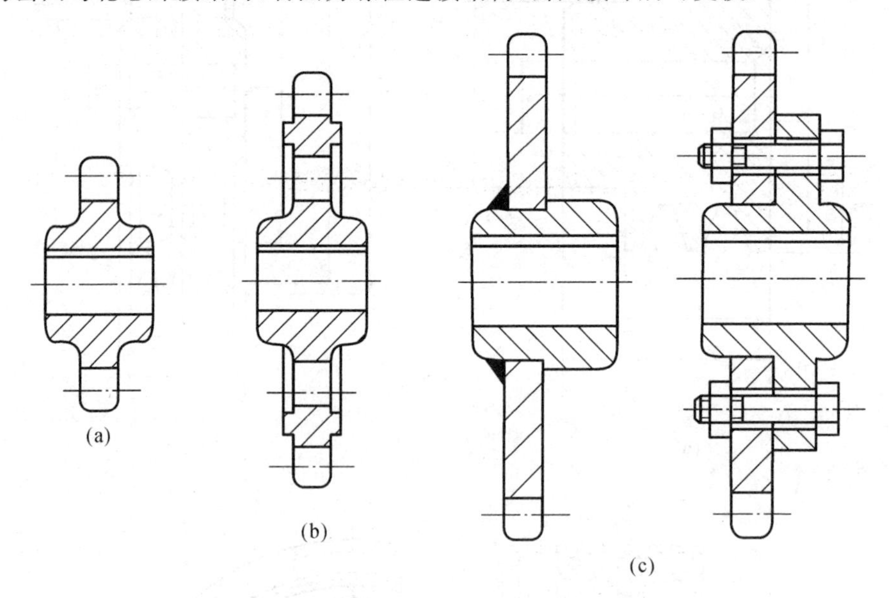

图 13-11　滚子链轮结构

(a) 整体式;(b) 孔板式;(c) 组合式

13.2　箱体类零件的结构设计

箱体是机器中很重要的零件,它对箱体内的零件起包容和支撑的作用,工作时承受机器的总重量及作用力、弯矩等。在一台机器中,箱体的重量约占总重量的 70%。因此,箱体的结构在很大程度上影响着机器的工作性能和经济性。

由于箱体的结构较为复杂,因而通常都是铸造成形。铸铁材料价格便宜、吸震性好,是箱体最常用的材料。当强度要求高时用铸钢,要求重量轻时也可用铝合金。

虽然各类机器中箱体的结构形式、尺寸差异较大,但对箱体类零件结构设计的基本要求是相近的,即:① 造型合理;② 具有足够的刚度和强度;③ 加工工艺性好;④ 便于箱体内零件的安装。下面以减速器箱体为例,结合结构设计准则,讨论箱体类零件的设计要点。

13.2.1　箱体的外观造型

从功能要求看,减速器箱体包容箱体内的所有零件,并通过轴承座支撑轴系部件。为使传动零件得到充足的润滑，箱体还起油池的作用。箱体造型时，常以内部零件的布置及尺寸大小为基本出发点，考虑包容、支撑、润滑等功能要求，结合造型的设计准则，确定箱体外形。

图 13-12 所示为常见的两级圆柱齿轮减速器，其箱体为剖分式结构，分为箱盖、箱座两部分。箱盖顶面成弧形，与内部齿轮的顶圆相适应，造型美观，并能节省材料，减小体积。箱座内腔呈长方形，用于存储润滑油。箱座的高度比箱盖略高，且与基础相连的底面较宽，所以各部分尺寸的比例协调，稳定性好。轴承座部分要安放轴承并承受支反力，所以其宽度和厚度较大，而且其外表面是环形的，与箱盖的形状统一。箱盖与箱座结合面设计有凸缘，以利于连接和密封。

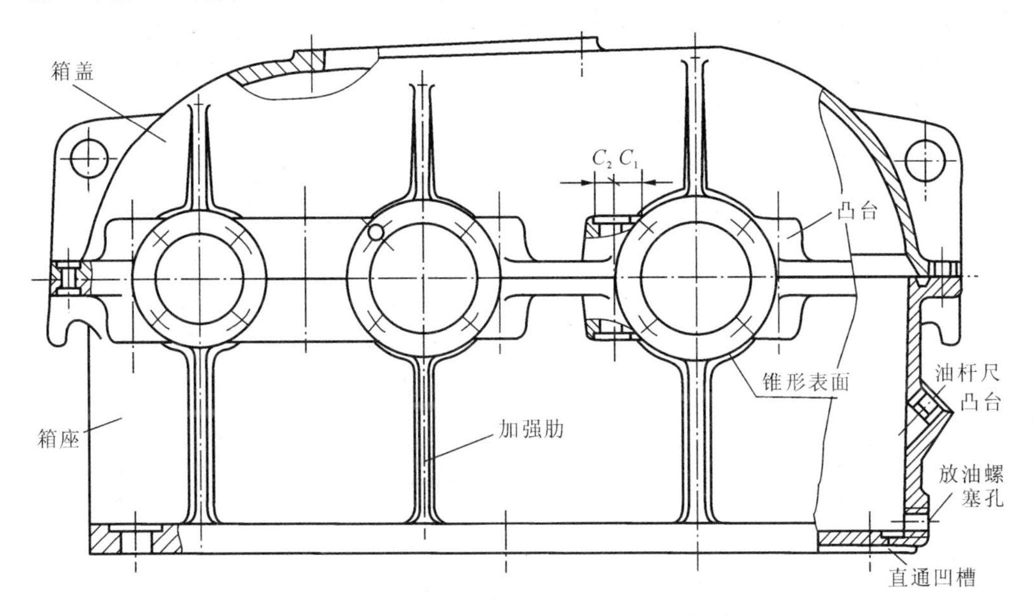

图 13-12　两级圆柱齿轮减速器箱体(剖分式)

图 13-13 所示为另一种箱体造型(图中只画出了箱座)。轴承座及其肋片内置，地脚螺栓处采用内凹结构，箱盖与箱座的连接采用长螺钉。这种减速器箱体外观简洁，形状变形少，内腔容积大，储油量多，但重量较大，铸造工艺较复杂，适合于较轻型的减速器。

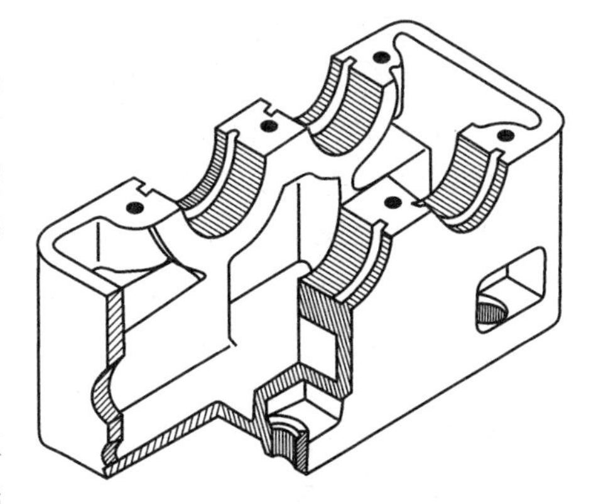

图 13-13　轴承座内置的箱体结构

13.2.2　提高箱体的刚度

箱体的工作能力主要取决于刚度，其次是强度。如何提高箱体的刚度是设计者首先要考虑的问题。一般来说，增加壁厚可以提高箱体的刚度,但这样会增加铸造的缺陷和箱体的重量。应在结构上采取相应措施以提高刚度。

最常用的措施是在受力较大的部位设置加强肋,这样既可增大箱体的刚度和强度,又不会明显增加重量。如图 13-12 所示,轴承座承受较大的支反力,在箱座和箱盖上设置加强肋,显著地提高了轴承座的支承刚度。同时,轴承座外表面呈锥形,有利于提高弯矩作用下的刚度。

图 13-14 所示设计不合理,箱座的侧壁位于底面凹槽上,支撑刚度不足。凹槽的宽度应小于箱体内腔的宽度。

为提高结合面的连接刚度,除保证结合面足够的加工精度外,连接螺栓应尽量靠近力作用点。如图 13-12 所示,为使螺栓靠近轴承中心,轴承旁设置了凸台。

整体式箱体有利于提高刚度。图 13-15 所示为整体式蜗杆减速器箱体。箱盖与箱座融为一体,省去了中间连接,整体刚度大为提高。

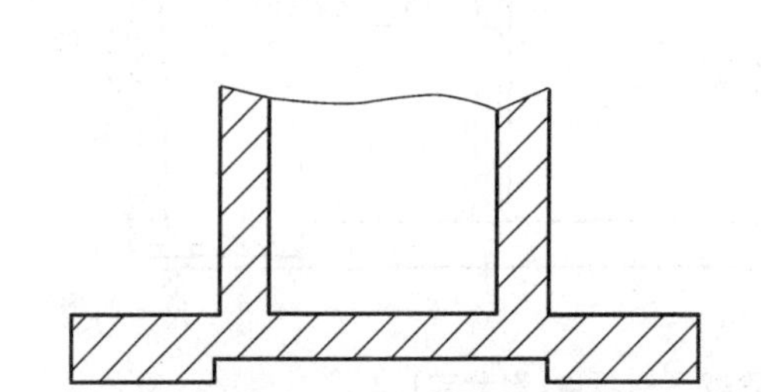

图 13-14 箱座底面刚度不足

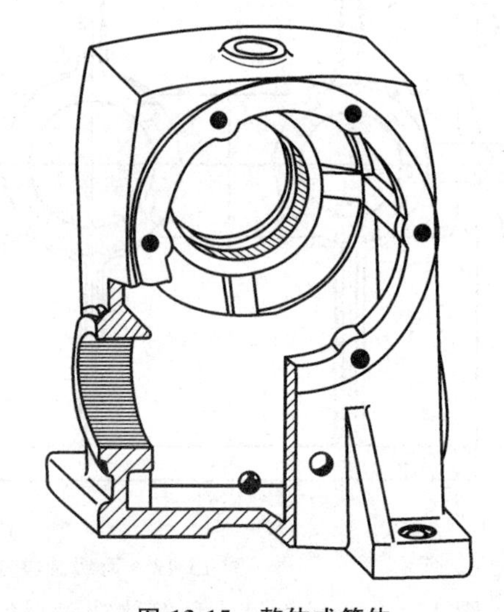

图 13-15 整体式箱体

由于箱体类零件形状复杂,外界的影响因素又很多,因而很难用数学分析方法准确计算箱体的变形和应力。在不太重要的场合,常利用经验或类比的方法进行箱体的结构设计,而略去了对刚度、强度的分析与校核,当然这种方法带有一定的盲目性。对于重要场合使用的箱体,还需要用模型或实物进行实测试验,资料充分时也可采用精确的计算方法——有限元法来分析应力和变形,以便进一步修改箱体的结构和尺寸。

13.2.3 箱体的加工工艺性

1. 铸造工艺性

1) 合理选择壁厚

箱体的壁厚除需满足刚度、强度的要求外,还要考虑铸造工艺的限制,保证浇铸时液态金属能通畅地流满铸型。一般减速器箱体壁厚不应小于 8 mm,加强肋的厚度可取主壁厚的0.6～0.8倍。另外，箱体各部分的厚度应尽可能均匀，以防止铸造时因冷却速度不一致而产生缩孔。

2）设置拔模斜度

在拔模方向上规定适当的拔模斜度，以利于拔模。如图13-12所示，轴承旁的凸台、加强肋、箱壁等均有拔模斜度。

3）简化铸造工艺

尽量少用活块，便于木模和砂型制作。图13-16是箱座吊钩的一种结构，吊钩沿拔模方向凸起，木模制作时需设置活块，工艺复杂。若无特殊要求（如需要增大吊钩强度），应采用图13-12所示的结构。图13-13所示的箱体外观虽然整洁，但其轴承座、加强肋等都在箱体内部，铸造工艺要比图13-12所示箱体复杂。

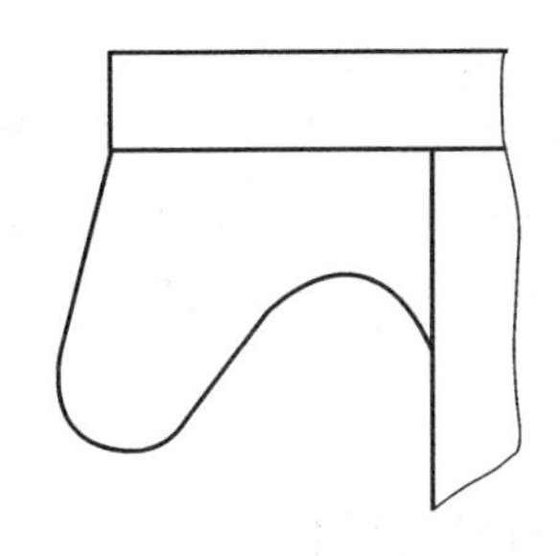

图13-16 凸起的吊钩

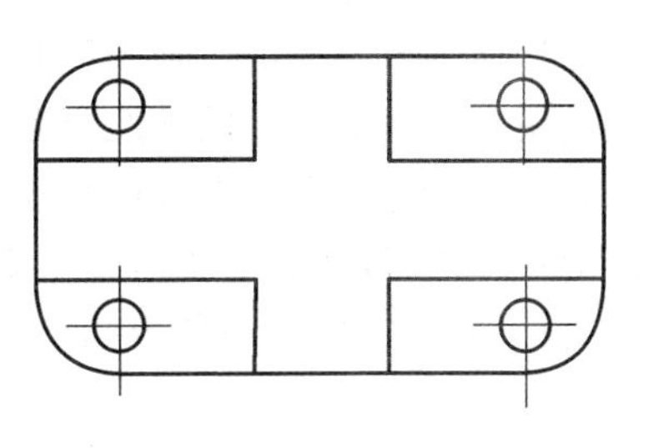

图13-17 箱座底面为十字凹槽

2. 机加工工艺性

铸造箱体的结合面、箱座底面、轴承座端面等均需铣削加工。结构设计时，应有利于加工，并注意使加工面积尽量少，以节约工时，减少刀具磨损。为此，箱盖、箱座的结合面通常是水平面，并与底面平行，铣削时工件易于定位。箱座底面通常设计成中间直通凹槽（见图13-12）或十字凹槽（见图13-17）形式，以减少加工面，提高接触的稳定性。轴承座端面应比结合面凸缘侧面突出5～8 mm，以保证加工面与非加工面严格分开。同样，安装放油螺塞、视孔盖处设计成凸台，以便于铣削加工。由于剖分式箱体加工面多，故其机械加工量比整体式箱体要大。

箱体上通常有许多孔需要加工，如轴承座孔、螺栓孔等，设计时应使孔加工工艺性良好。支撑同一根轴的两轴承座孔一般直径应相同（即使两轴承受力差别较大也应如此），镗孔加工时一次完成，以减少刀具调整次数，保证同轴度要求。轴承旁螺栓的凸台应一样高度，便于钻孔，且螺栓孔中心与箱体外壁应保持一定距离，以防止钻杆夹头与箱体发生干涉。设计油尺凸台时应注意使其位置恰当，位置太低，则孔与油面接近，易造成漏油，太高又会使钻孔时钻杆与结合面凸缘相干涉。放油螺塞处需加工螺纹孔，为保证污油能排放干净，孔的下方母线应低于箱座内底面，为防止钻孔时因受力不均而使钻头引偏，需将钻出边的底面铸造出一个凹坑（见图13-12）。

13.2.4　便于装配

由前所述可知,箱体常设计成剖分式结构,且剖分面与各轴的中心线重合。虽然剖分式箱体结构较复杂,机加工工作量大,但是这种箱体便于内部零件的装拆。以图13-12所示的减速器为例,装配时先将齿轮、套筒、轴承等装在轴上形成轴系部件,然后一起放在箱座的轴承座孔内,再合上箱盖。图13-15所示的整体式箱体内部零件装配较困难。

对于螺栓连接,要保证足够的扳手空间,以利于装拆。比如设计轴承旁凸台时,应使螺栓孔中心到轴承座外表面和到箱体外表面的距离满足拧动螺母时安放扳手的要求(见图13-12),图中距离 C_1、C_2 根据螺栓直径查有关规范。

为了保证轴承座孔的镗削精度和每次装拆后的装配精度,箱盖与箱座之间需用两个定位销定位。定位销间的距离愈远,定位精度愈高,故定位销常在结合面凸缘上对角布置。对于某些完全对称的箱盖(如单级蜗杆减速器),两定位销至箱盖对称线的距离应不相等,以防止装配时发生180°反向安装,确保配对的上、下两半轴承座孔与加工时相同,保持原有的位置精度。

13.3　支承部件的结构设计

机器中的轴系大多采用滚动轴承支承。滚动轴承类型的选择、轴承的布置及支承结构设计等对轴系受力、固定、运转精度、轴承寿命、机器性能等都起着至关重要的作用。本节就滚动轴承支承部件的功能要求、热膨胀要求、装配调整、支承刚度等问题讨论滚动轴承支承部件的组合结构设计,至于滚动轴承的润滑、密封等问题将在第14章介绍。

13.3.1　滚动轴承支承部件的功能要求

支承部件的主要功能是:对轴系回转零件起支承作用,并承受径向和轴向作用力,保证轴系部件在工作中能正常地传递轴向力,以防止轴系发生轴向窜动而改变工作位置。为满足功能要求,必须对滚动轴承支承部件进行轴向固定。

图13-18所示为一种最简单也是最常用的固定方法——两端固定,它基本上满足了支承部件的功能要求。每个支点的外侧各有一个顶住轴承外圈的轴承盖,它通过螺钉与机座连接,每个轴承盖限制轴系一个方向的轴向位移,合起来就限制了轴的双向位移。轴向力 $\boldsymbol{F}_A$ 的力流路线如图所示,它是通过轴肩、内圈、外圈及轴承盖来实现的。图13-18(a)所示为采用深沟球轴承的结构,只能承受少量的轴向力;图13-18(b)所示为采用角接触轴承的结构,可承受较大的轴向力。这种支承形式属功能集中型,每个轴承均承受径向力、轴向力的复合作用,简化了支承结构。

对于作用力较大的支承,为保证轴承工作能力的充分发挥及有利于轴承的寿命计算,应根据结构设计准则采取任务合理分配的支承形式。如图13-19所示,左端支

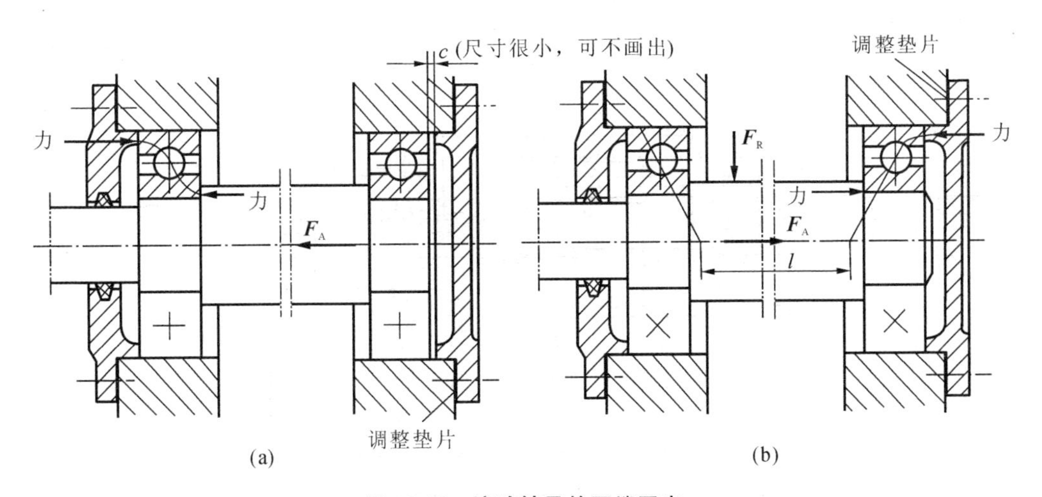

图 13-18　滚动轴承的两端固定

(a) 深沟球轴承组合；(b) 角接触轴承组合

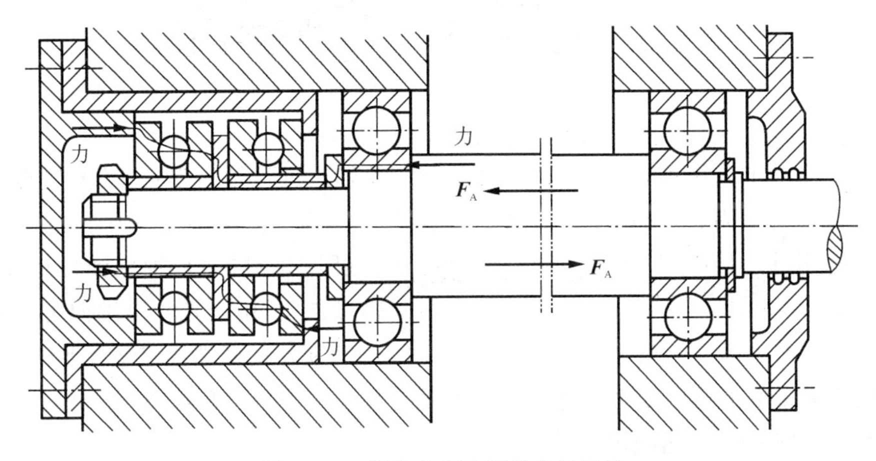

图 13-19　任务合理分配的支承结构

点由一个深沟球轴承和两个推力球轴承组成。工作时，两支点的深沟球轴承只需承受径向力，推力球轴承则承受左、右两个方向的轴向力。图中分别显示了轴向力 $\boldsymbol{F}_A$ 向左和向右时的力流路线。这种支承结构功能明确、力流关系清楚，有利于提高轴承的使用寿命。缺点是结构较复杂、庞大。

图 13-20 所示为人字齿轮传动，啮合时齿轮的轴向力相互抵消。当大齿轮轴两端固定以后，小齿轮轴的轴向工作位置靠轮齿的形锁合来保证。另外，由于加工误差，齿轮两侧螺旋角不易做到完全一致，为使轮齿受力均匀，啮合传动时，应允许小齿轮轴系能少量的轴向移动，故此时小齿轮轴系沿轴向不应固定。图中小齿轮轴两端均选用圆柱滚子轴承，这种轴承内、外圈可相互错动，不会限制轴的位移。但为防止轴承因振动而松脱，对这种轴承的内、外圈应分别进行轴向固定，如图中内圈靠轴用弹性挡圈固定，外圈则靠孔用弹性挡圈及轴承盖固定。

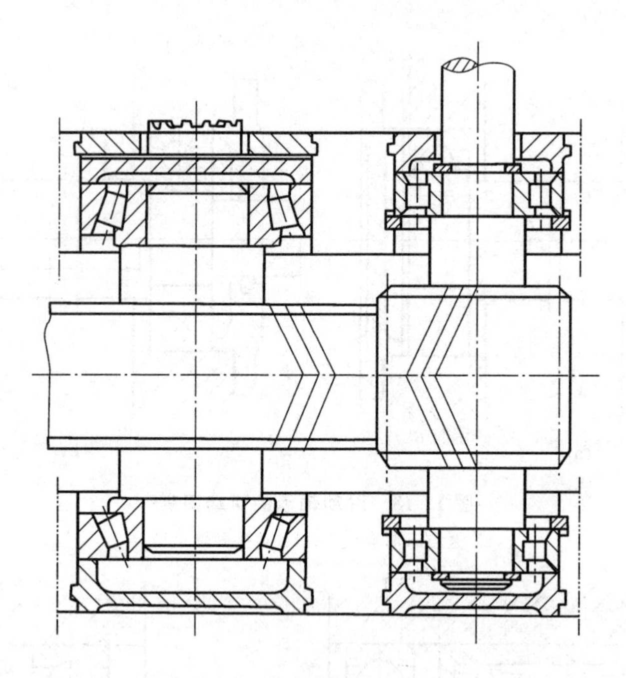

图 13-20　人字齿轮的支承结构

由上述支承结构可知,固定轴系就是对滚动轴承进行轴向固定,其方法都是通过内圈与轴的紧固、外圈与座孔的紧固来实现的。轴承内圈的紧固应根据轴向力的大小选用轴端挡圈(见图 13-21(a))、圆螺母(见图 13-21(b))、轴用弹性挡圈(见图 13-21(c))等,图 13-21 (d) 为紧定衬套与圆螺母结构,用于光轴上轴向力和转速都不大的调心轴承。一般来说,当轴系采用图 13-18 所示的两端固定支承形式时,轴承内圈不需采取上述的紧固措施。轴承外圈的紧固常采用轴承盖、孔用弹性挡圈、座孔凸肩、止动环等结构措施(见图 13-22)。

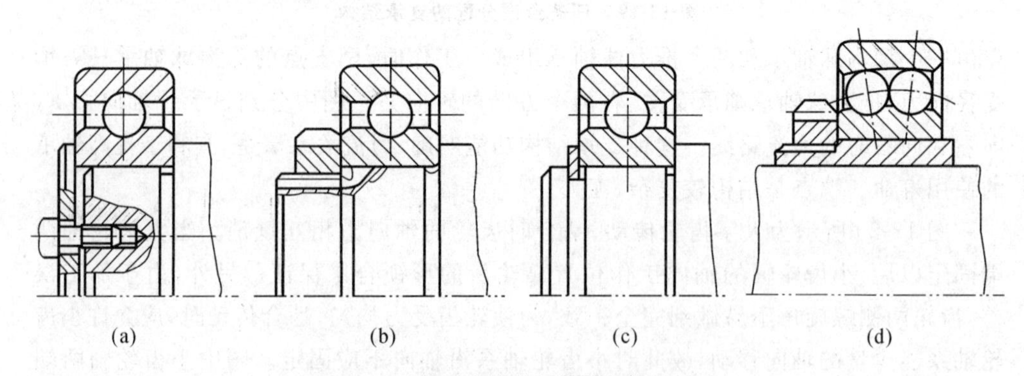

图 13-21　轴承内圈常用的轴向紧固方法

(a) 用轴端挡圈固定;(b) 用圆螺母固定;

(c) 用轴用弹性挡圈固定;(d) 紧定衬套与圆螺母结构

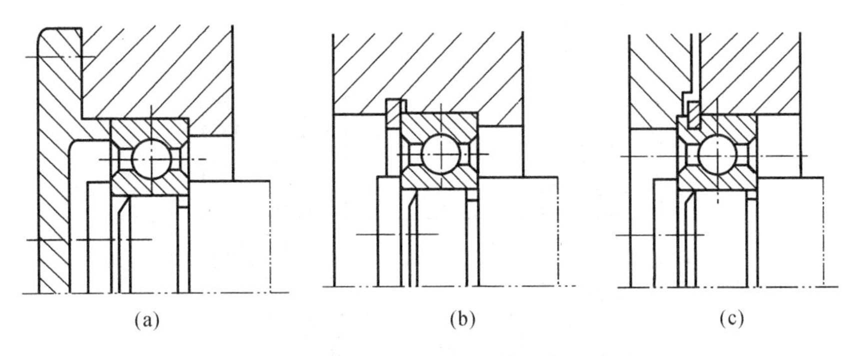

图 13-22　轴承外圈常用的轴向紧固方法

(a) 用轴承盖紧固；(b) 用孔用弹性挡圈与凸肩紧固；(c) 用止动环紧固

13.3.2　考虑热膨胀时支承部件的结构设计

轴系部件工作时，由于功率损失会使温度升高，轴受热后伸长，从而影响轴承的正常工作。因此，支承部件结构设计时必须考虑热膨胀问题。

1. 预留轴向间隙

对于图 13-18 所示的两端固定结构形式，其缺陷是显而易见的。由于两支点均被轴承盖固定，当轴受热伸长时，势必会使轴承受到附加载荷作用，影响轴承的使用寿命。因此，两端固定形式仅适合于工作温升不高且轴较短的场合（跨距 $L \leqslant 400$ mm），还应在轴承外圈与轴承盖之间留出轴向间隙 C，以补偿轴的受热伸长。对于图 13-18(a)所示的深沟球轴承，可取 $C=0.2 \sim 0.4$ mm，由于间隙较小，图上可不画出。对于图 13-18(b)所示的角接触轴承，热补偿间隙靠轴承内部的游隙保证。

2. 设置游动支点

当轴较长（跨距 $L>400$ mm）且工作温升较高时，轴的热膨胀量大，预留间隙的方法已不足以补偿轴的伸长量。此时应设置一个游动支点，采取一端固定一端游动的支承形式。如图 13-23 及图 13-24 所示，左端均为固定支点，承受双向轴向力；右端为游动支点，只承受径向力，轴受热伸长时可作轴向游动。设计时，应注意不要出现多余的或不足的轴向固定。

对于固定支点，轴向力不大时可采用深沟球轴承，如图 13-23 所示，其外圈左、右两面均被固定。图中上半部分靠轴承座孔的凸肩固定，这种结构使座孔不能一次镗削完成，影响加工效率和同轴度。轴向力较小时可用孔用弹性挡圈固定外圈，如图中下半部分所示。为了承受向右的轴向力，对固定支点的内圈也必须进行轴向固定。对于游动支点，常采用深沟球轴承，径向力大时也可采用圆柱滚子轴承（见图 13-23 中下半部分）。选用深沟球轴承时，轴承外圈与轴承盖之间留有较大间隙，使轴热膨胀时能自由伸长，但其内圈需轴向固定，以防轴承松脱。当游动支点选用圆柱滚子轴承时，因其内、外圈轴向可相对移动，故内、外圈均应轴向固定，以免外圈移动，造成过大错位。

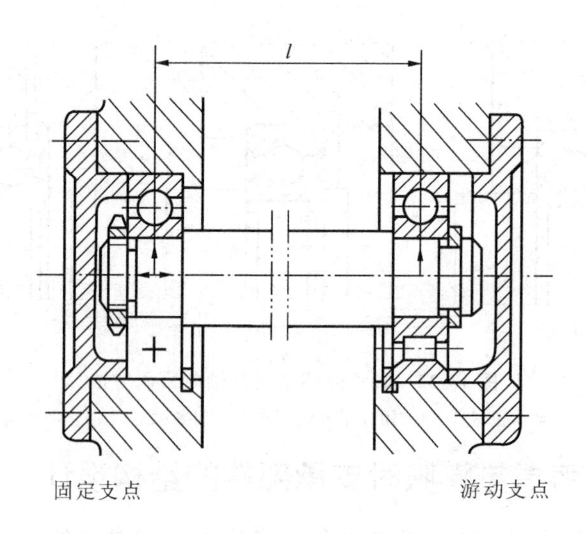

图 13-23　一端固定、一端游动支承(形式一)

图 13-24 中固定支点采用两个角接触轴承(角接触球轴承或圆锥滚子轴承)对称布置,分别承受左、右两方向的轴向力,共同承担径向力,适用于轴向载荷较大的场合。为了便于装配调整,固定支点采用了套杯结构,此时,选择游动支点轴承的尺寸时,一般应使轴承外径与套杯外径相等,或在座孔内增加衬套(如图所示),以利于两轴承座孔的加工。

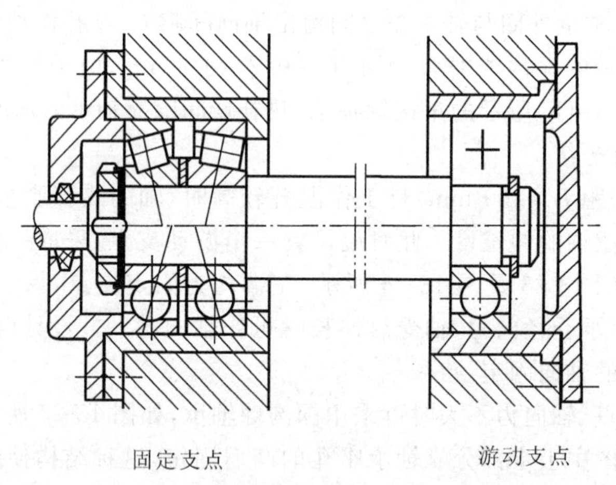

图 13-24　一端固定、一端游动支承(形式二)

图 13-19 所示的支承结构也属于有游动端的支承形式。

13.3.3　滚动轴承组合的调整

1. 轴承游隙的调整

为保证轴承正常运转,通常在轴承内部留有适当的轴向和径向游隙。游隙的大小对轴承的回转精度、受载、寿命、效率、噪声等都有很大影响。游隙过大，则轴承的旋转精度降低，噪声增大；游隙过小，则轴的热膨胀会使轴承受载加大，寿命缩短，效率降低。因此，轴承组合装配时应根据实际的工作状况适当地调整游隙，并从结构上保证能方便地进行调整。

调整游隙的常用方法有以下三种。

(1) 垫片调整　如图 13-18(b)所示的角接触轴承组合，通过增加或减少轴承盖与轴承座间的垫片组的厚度来调整游隙。如图 13-18(a)所示的深沟球轴承组合的热补偿间隙 c 也靠垫片调整。

(2) 螺钉调整　图 13-25 中用螺钉 1 和碟形零件 3 调整轴承游隙，螺母 2 起锁紧作用。用这种方法调整方便，但这样不能承受大的轴向力。

(3) 圆螺母调整　图 13-27(b)所示的结构是两圆锥滚子轴承反装结构，轴承游隙靠圆螺母调整。但操作不太方便，且螺纹会削弱轴的强度。

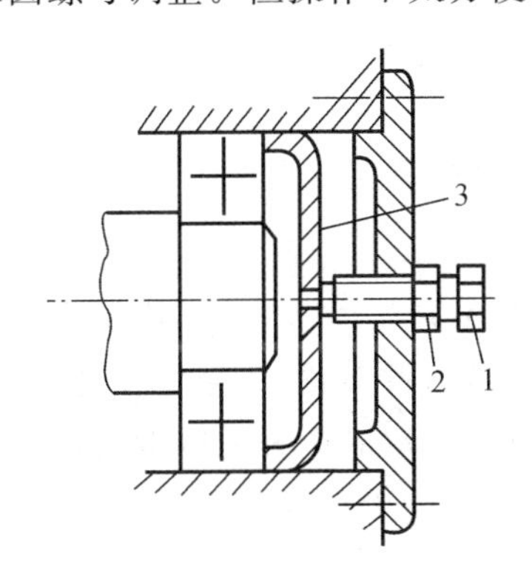

图 13-25　轴承游隙的调整

1—螺钉；2—螺母；3—碟形零件

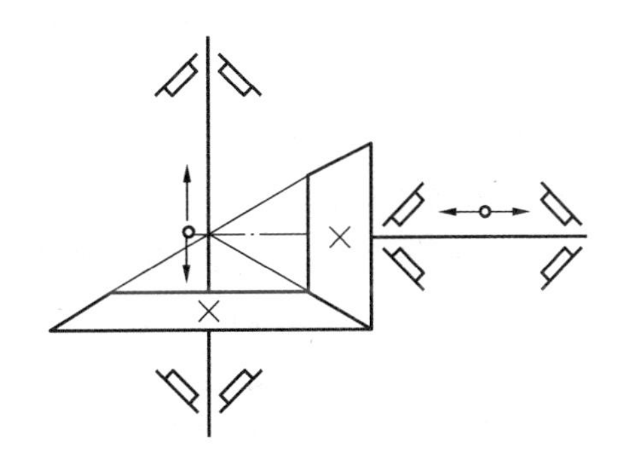

图 13-26　位置调整简图

2. 轴承组合位置的调整

某些传动零件在安装时要求处于准确的轴向工作位置，才能保证正确啮合。如图 13-26 所示的锥齿轮传动简图，装配时要求两个齿轮的节锥顶点重合，因此，两轴的轴承组合必须保证轴系能作轴向位置的调整。

图 13-27 所示为小锥齿轮轴组合部件，为便于齿轮轴向位置的调整，采用了套杯结构。图 13-27(a)中轴承正装，有两组调整垫片：套杯与轴承座之间的垫片 1 用来调整锥齿轮的轴向位置；轴承盖与套杯之间的垫片 2 用来调整轴承的游隙。图 13-27(b)中轴承反装，齿轮轴向位置的调整与图 13-27(a)相同，轴承盖与套杯之间的垫片只起密封作用。

13. 3. 4　提高轴系的支承刚度

增强轴系的支承刚度，可提高轴的旋转精度，减小振动噪声，保证轴承使用寿命。

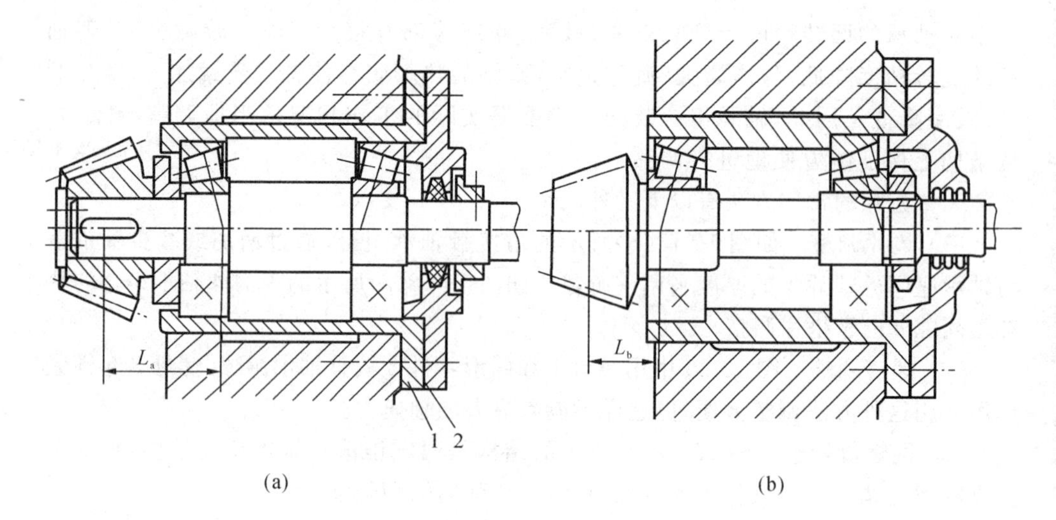

图 13-27　小锥齿轮轴向位置的调整

(a) 轴承正装;(b) 轴承反装

对刚度要求高的轴系部件,设计时可采取下列措施以提高支承刚度。

1. 合理布置轴承

同样的轴承,若布置方式不同,则轴的刚度也会不同。如图 13-27 所示为小锥齿轮轴角接触轴承的正、反两种安装方式。小锥齿轮是悬臂布置,故悬臂长度愈短,轴的刚度愈大,因 $L_b < L_a$,显然图 13-27(b)中轴比图 13-27(a)中轴的刚度大。如果受力零件在两轴承之间,则角接触轴承正装时跨距小,刚度大。由此可见,根据轴上工作零件的位置合理布置轴承,有利于提高轴系的支承刚度。

2. 对轴承进行预紧

由于轴承内部有一定的游隙,外载荷作用下轴承的滚动体与套圈接触处也会产生弹性变形,所以工作时内、外圈之间会发生相对移动,从而使轴系的支承刚度及旋转精度下降。对于精度要求高的轴系部件(如精密机床的主轴部件),常采用预紧的方法增强轴承的刚度。

预紧是指在安装轴承部件时,采取一定的措施,预先对轴承施加一轴向载荷,使轴承内部的游隙消除,并使滚动体和内、外套圈之间产生一定的预变形,处于压紧状态。预紧后的轴承在工作载荷作用时,其内、外圈的轴向及径向的相对移动量比未预紧时小得多,支承刚度和旋转精度得到显著的提高。但预紧量应根据轴承的受载情况和使用要求合理确定,预紧量过大,轴承的磨损和发热量增加,会导致轴承寿命降低。

通常是对成对使用的角接触轴承进行预紧。常用的预紧方法如图 13-28 所示。图 13-28(a)中,正装的圆锥滚子轴承通过夹紧外圈而预紧;图 13-28(b)中,角接触球轴承反装,在两轴承外圈之间加一金属垫片(调整其厚度可控制预紧量大小),通过圆螺母夹紧内圈使轴承预紧，也可将两轴承相邻的内圈端面磨窄，其效果与外圈加金属垫片相同；图13-28(c)中，在一对轴承中间装入长度不等的套筒，预紧量由套筒的长度差控制；图13-28(d)中，用弹簧预紧，可得到稳定的预紧力。

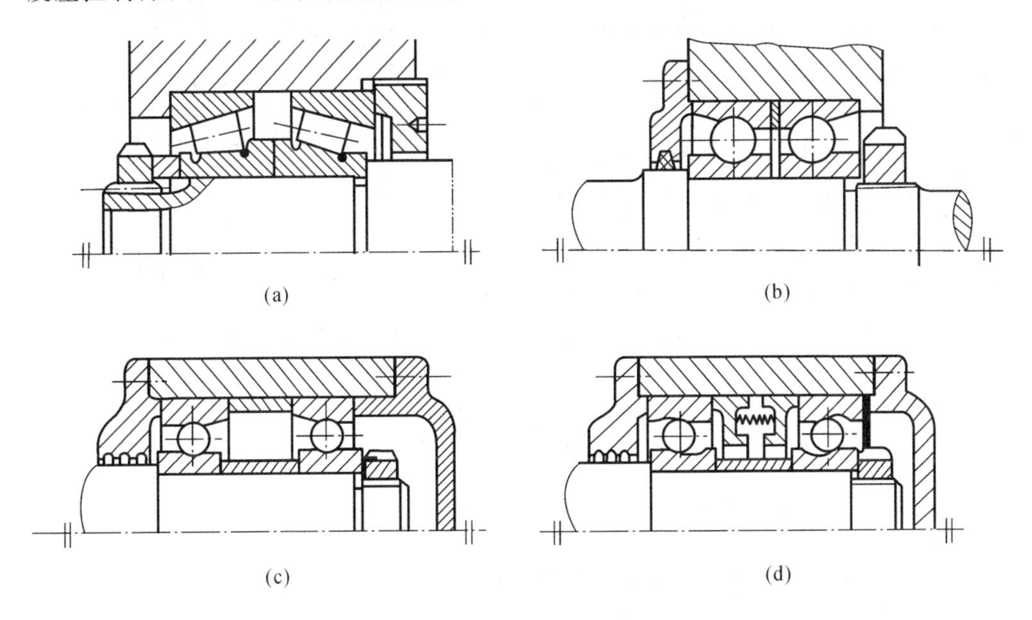

图13-28　角接触轴承的预紧结构

13.3.5　滚动轴承的配合与装配

轴承的配合是指内圈与轴的配合及外圈与座孔的配合，轴承的周向固定是通过配合来保证的。由于滚动轴承是标准件，因此与其他零件配合时，轴承内孔为基准孔，外圈是基准轴，其配合代号不用标注。实际上，轴承的孔径和外径都具有公差带较小的负偏差，与一般圆柱体基准孔和基准轴的偏差方向、数值都不相同，所以轴承内孔与轴的配合比一般圆柱体的同类配合要紧得多。

轴承配合种类的选择应根据转速的高低、载荷的大小、温度的变化等因素来决定。配合过松，会使旋转精度降低，振动加大；配合过紧，可能因为内、外圈过大的弹性变形而影响轴承的正常工作，也会使轴承装拆困难。一般来说，转速高、载荷大、温度变化大的轴承应选紧一些的配合，经常拆卸的轴承应选较松的配合，转动套圈配合应紧一些，游动支点的外圈配合应松一些。与轴承内圈配合的回转轴常采用n6、m6、k5、k6、j5、js6；与不转动的外圈相配合的轴承座孔常采用J6、J7、H7、G7等配合。

由于滚动轴承的配合通常较紧，为便于装配，防止损坏轴承，应采取合理的装配方法，保证装配质量，组合设计时也应采取相应措施。

安装轴承时,小轴承可用铜锤轻而均匀地敲击配合套圈装入,大轴承可用压力机压入,尺寸大且配合紧的轴承可将孔件加热膨胀后再进行装配。需注意的是,力应施加在被装配的套圈上,否则会损伤轴承。拆卸轴承时,可采用专用工具,如图 13-29 所示。为便于拆卸,轴承的定位轴肩高度应低于内圈高度,其值可查阅轴承样本。

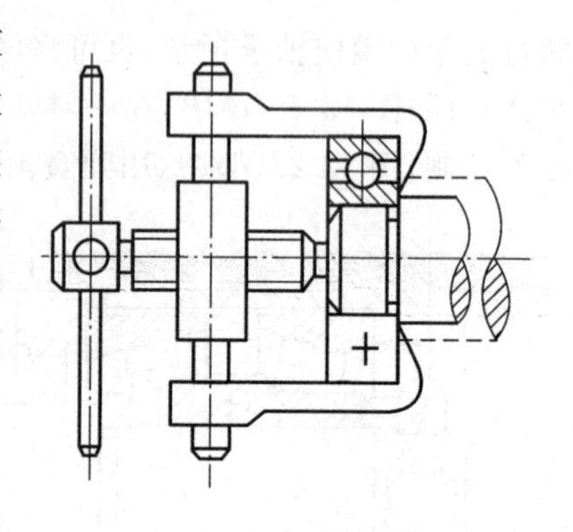
图 13-29 轴承的拆卸

套杯内的轴承装拆时轴向移动的距离较长,通常采用圆锥滚子轴承,其内、外圈分别装配,操作较方便,且套杯内孔非配合部分的直径应稍大些(见图 13-27(a)),既利于轴承外圈的装入,又减少了内孔精加工面积。

习 题

13-1 指出图中齿轮轴系的错误结构并改正。

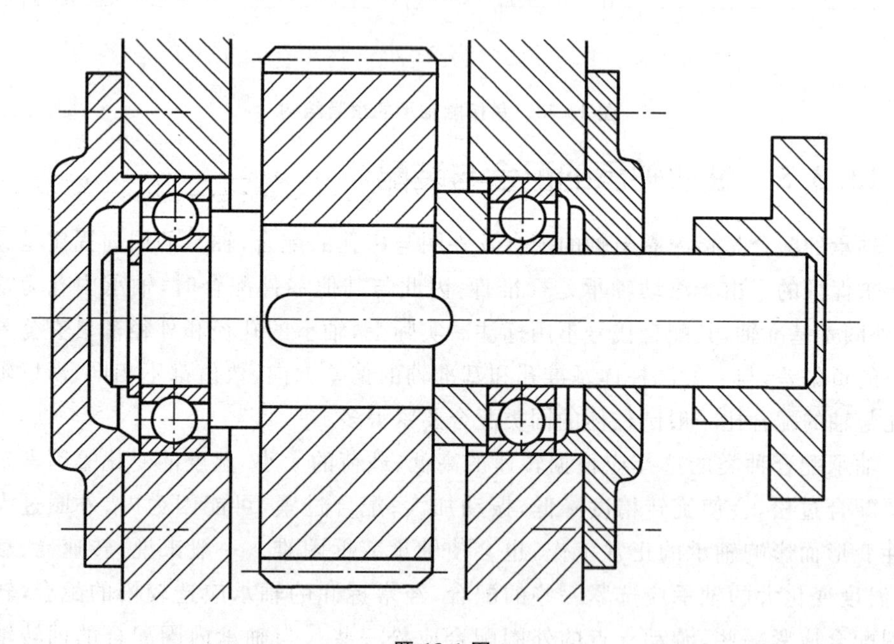
题 13-1 图

13-2 指出下列轴系中的结构错误,说明错误原因并画出正确结构。锥齿轮、蜗轮均用油润滑,轴承用脂润滑。

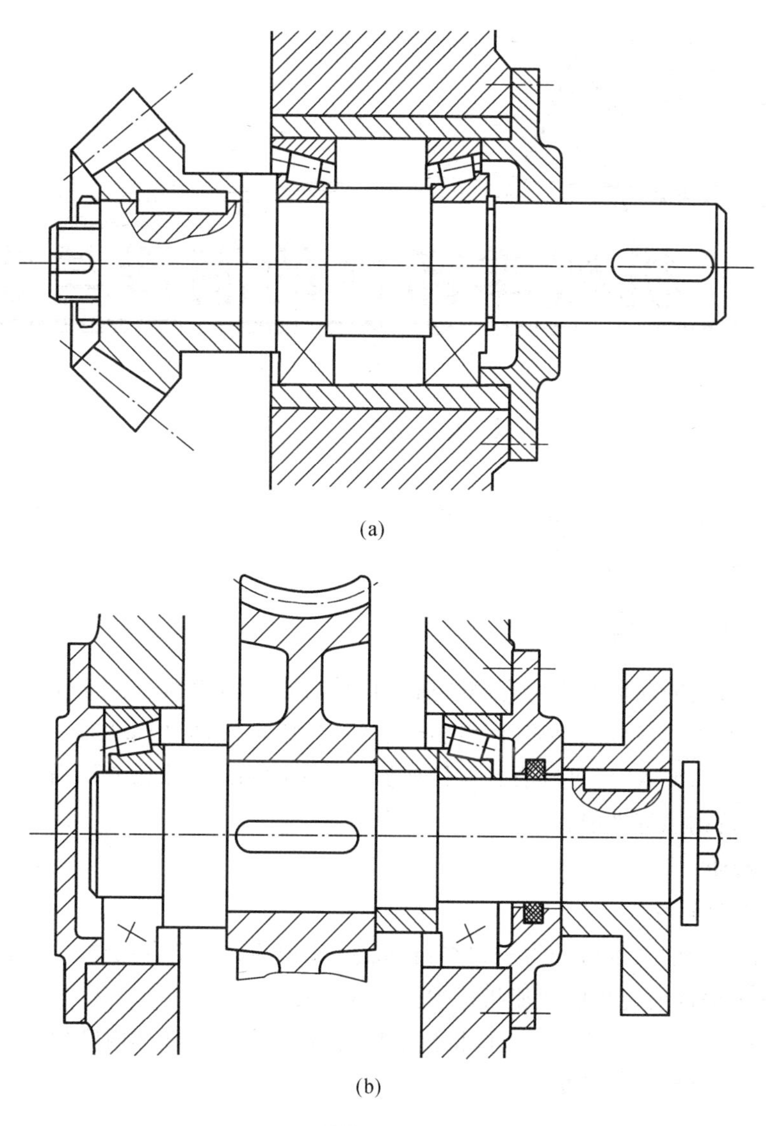

题 13-2 图

机械零部件的润滑与密封

14.1 润　　滑

正如第2章所述，润滑是减少摩擦和磨损的有效措施之一。在机械设计中，有关润滑的问题，主要涉及润滑剂和润滑方式的选择。

14.1.1 润滑剂

生产中常用的润滑剂主要有润滑油、润滑脂、固体润滑剂、气体润滑剂和添加剂等几大类。其中，矿物油和皂基润滑脂性能稳定、成本低，应用最广。一般润滑剂不能满足各种特殊要求时，可以有针对性地加入少量的添加剂来改善润滑剂的黏度、油性、抗氧化、抗锈蚀等性能。

1. 润滑油

1）润滑油的性能指标

常用的润滑油大致可分为三大类：有机油、矿物油和化学合成油。从润滑观点考虑，评判润滑油性能优劣的性能指标主要有以下几个。

（1）黏度　流体的黏度即流体抵抗变形的能力，它表征液体内摩擦阻力的大小。根据牛顿关于黏性流体的黏性定律，有

$$\tau = -\eta \frac{\partial v}{\partial y} \tag{14-1}$$

式中　τ——流体单位面积上的剪切阻力；

$\frac{\partial v}{\partial y}$——流体沿垂直于运动方向的速度梯度，式中的“－”号表示 v 随 y 的增大而减小；

η——比例常数，即流体的动力黏度。

黏度的常用单位有两个。

① 动力黏度 η　如图14-1所示，长、宽、高各为1 m的液体，如果使两平行平面 a 和 b 发生 v=1 m/s 的相对滑动速度，所需施加的力 F 为1 N时，该液体的黏度为1

个国际单位制的动力黏度，以 Pa · s（帕 · 秒）表示，1 Pa · s＝1 N · s/m²。动力黏度又称绝对黏度。动力黏度的厘米克秒制单位是 P (Poise)，中文称泊。P 的 1% 称为 cP（厘泊），其换算单位为

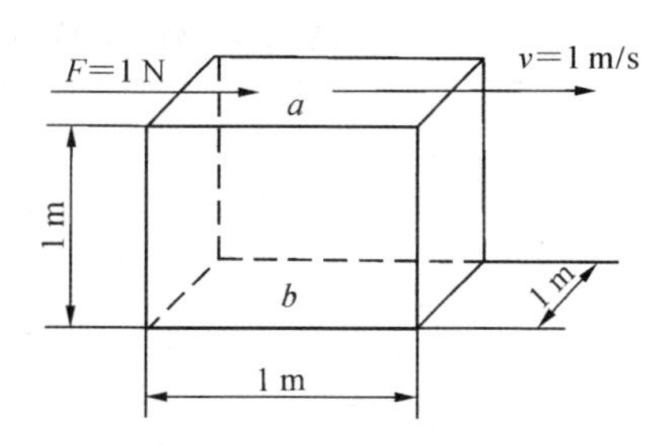

图 14-1　流体的动力黏度

$$1\ \mathrm{P}=1\ \mathrm{dyn\cdot s/cm^2}=100\ \mathrm{cP}=0.1\ \mathrm{Pa\cdot s}$$

② 运动黏度 ν　工业上常用动力黏度 η 与同温度下该液体的密度 ρ 的比值表示黏度，称为运动黏度 ν，它的国际单位为 m²/s。

$$\nu=\frac{\eta}{\rho}\quad (\mathrm{m^2/s}) \tag{14-2}$$

因 ρ 的单位为 kg/m³，即 N · s²/m⁴，故运动黏度的单位为 m²/s。

运动黏度的物理单位为 cm²/s。cm²/s 简称 St，中文称斯。cm²/s 的 1% 称 cSt，中文称厘斯。其换算单位为

$$1\ \mathrm{St}=1\ \mathrm{cm^2/s}=100\ \mathrm{cSt}=10^{-4}\ \mathrm{m^2/s} \tag{14-3}$$

温度和压力对黏度都有影响，其中，温度的影响尤其显著。

① 温度对黏度的影响　黏度随温度的升高而降低，衡量温度对润滑油黏度影响的程度常用黏度指数 α_t 表示。α_t 大的油，其黏度受温度的影响小。$\alpha_t \leqslant 35$ 为低黏度指数；$\alpha_t>35\sim85$ 为中黏度指数；$\alpha_t>85\sim110$ 为高黏度指数；$\alpha_t>110$ 为极高黏度指数。常见的几种润滑油在不同温度下的黏度-温度曲线如图 14-2 所示。

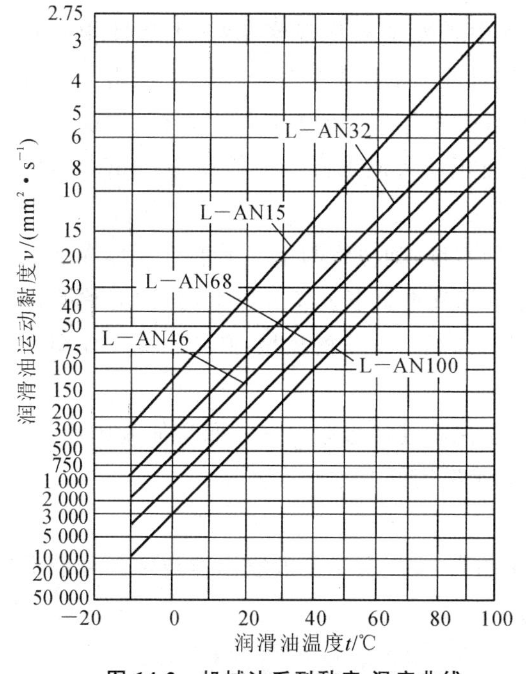

图 14-2　机械油系列黏度-温度曲线

② 压力对黏度的影响　润滑油的黏度随压力的升高而增大，通常可按下式计算：

$$\eta=\eta_0 e^{\alpha p} \tag{14-4}$$

式中　η——压强 p 作用下的动力黏度；

η_0——标准大气压下的动力黏度；

e——自然对数的底数；

α——黏度压力指数，其值可由表14-1 查得。

表 14-1 精制矿物油的黏度压力指数 $\alpha(\times 10^{-8}\ m^2/N)$

温度/℃	环烷基			石蜡基		
	锭子油	轻机油	重机油	轻机油	重机油	气缸油
30	2.1	2.6	2.8	2.2	2.4	3.4
60	1.6	2.0	2.3	1.9	2.1	2.8
90	1.3	1.6	1.8	1.4	1.6	2.2

压力在 5 MPa 以下时,压力对黏度的影响一般很小,可以忽略不计,但压力在 100 MPa以上时,黏度随压力变化很大,不可忽略。

(2) 油性　油性是指润滑油在金属表面上的吸附能力。工作过程中,润滑油中的极性分子在金属表面吸附,形成一层边界油膜。吸附能力愈强,油性愈好。一般认为,动、植物油和脂肪酸的油性较高。

(3) 极压性能　润滑油的极压性能是指在边界润滑状态下,处于高温、高压下的摩擦表面与润滑油中的某些成分发生化学反应,生成一种低熔点、低剪切强度的反应膜,使表面变得平滑而且具有防止黏着和擦伤的性能。极压性能对高负荷条件下工作的齿轮、滚动轴承等有重要意义。

(4) 氧化稳定性　润滑油在使用过程中若发生氧化现象,会产生酸性物质并聚合成大分子的胶质、沥青等沉淀物,影响润滑性能,并对金属有腐蚀作用。润滑油的氧化稳定性不但与化学组成有关,而且受工作条件的影响,其氧化程度随工作温度升高、工作压力加大以及与空气接触面积增大而加强。一般在 50～60 ℃,氧化速度加快;在 150 ℃以上氧化剧烈。

(5) 闪点和燃点　润滑油加热到一定的程度,油蒸汽与空气的混合气体在接近火焰时有闪光发生,此油温称为闪点。如果闪光时间长达 5 s 以上,此油温称为燃点。闪点低表示油料在高温下稳定性不好。高温下工作的机械,必须根据工作温度选用高闪点的润滑油以保证安全。

(6) 凝固点　凝固点是润滑油开始失去流动性的极限温度。润滑油凝固后,润滑性能显著变差。对低温下工作的机械,必须选用低凝固点的润滑油。

2) 常用润滑油

工业上常用润滑油的主要性质及用途如表 14-2 所示。国家标准规定各种润滑油牌号的黏度为该油 40 ℃时运动黏度的平均值。

表14-2　常用润滑油的主要性质及用途

名　称	牌　号	运动黏度/cSt（40℃）	闪点（开口）/℃ ≥	凝固点/℃ ≤	主要用途
全损耗系统用油（GB443—1989）	L-AN10	9.00～11.00	130	-5	用以代替原来的高速机油和机械油。分别用于纺机锭子、静压轴承、机床主轴、冲压和铸造等重型设备对润滑无特殊要求的全损耗系统，但不适用于循环润滑系统
	L-AN15	13.5～16.5	150	-5	
	L-AN22	19.8～24.2	150	-5	
	L-AN32	28.8～35.2	150	-5	
	L-AN46	41.4～50.6	160	-5	
	L-AN68	61.2～74.8	160	-5	
	L-AN100	90.0～110	180	-5	
	L-AN150	135～165	180	-5	
轴承油（SH0017—1990）	L-FC10	9.00～11.00	140	-18	适用于锭子、轴承、液压系统、齿轮和汽轮机等机械设备
	L-FC15	13.5～16.5	140	-12	
	L-FC22	19.8～24.2	140	-12	
	L-FC32	28.8～35.2	160	-12	
	L-FC46	41.4～50.6	180	-12	
汽轮机油（GB11120—1989）	L-TSA32	28.8～35.2	180	-7	适用于汽轮机、发电机等高速、高载荷轴承和各种小型液体润滑轴承
	L-TSA46	41.4～50.6	180	-7	
	L-TSA68	61.2～74.8	195	-7	
	L-TSA100	90.0～110	195	-7	

2. 润滑脂

润滑脂习惯上称为黄油或干油，是一种稠化的润滑油。

根据调制皂基的不同，常用的润滑脂主要有以下几种。

(1) 钙基润滑脂　钙基润滑脂具有良好的抗水性，但耐热性能差，工作温度不宜超过55～65 ℃。这种润滑脂的价格比较便宜。

(2) 钠基润滑脂　钠基润滑脂有较高的耐热性，工作温度可达 120 ℃，但抗水性差，比钙基润滑脂有较好的防腐性。

(3) 锂基润滑脂　锂基润滑脂既能抗水，又能耐高温，其最高温度可达 145 ℃，在 100 ℃条件下可长期工作。而且它有较好的机械安定性，是一种多用途的润滑脂，有取代钠基润滑脂的趋势。

(4) 铝基润滑脂　铝基润滑脂有良好的抗水性，对金属表面有较高的吸附能力，有一定的防锈作用。它在 70 ℃时开始软化，只适用于 50 ℃以下的温度。

润滑脂的主要性能指标有以下几个。

(1) 针入度　针入度是表征润滑脂稀稠度的指标。针入度越小，表示润滑脂越稠；反之，表示润滑脂流动性越大。

(2) 滴点 滴点是表征润滑脂受热后开始滴落时的温度。润滑脂能够使用的工作温度应低于滴点 20～30 ℃,若能低于 40～60 ℃则更好。

(3) 安定性 反映润滑脂在储存和使用过程中维持润滑性能的能力,包括抗水性、抗氧化性等。

3. 添加剂

为了改善润滑剂的性能而加入其中的某些物质称为添加剂。添加剂的种类很多,常见的有极压添加剂、油性剂、黏度指数改进剂、抗腐蚀添加剂、消泡添加剂、降凝剂、防锈剂等。使用添加剂是现代改善润滑性能的重要手段,设计时应对其给予足够的重视。

在重载接触副中使用的极压添加剂,能在高温下分解出活性元素,与金属表面起化学反应,生成一种低剪切强度的金属化合物薄层,可以增进抗黏着能力。例如,加有极压添加剂的 90 号极压工业齿轮油,其抗胶合能力较普通的 90 号工业齿轮油提高 3～4 倍。

常见的几种添加剂及其作用如表 14-3 所示。

表 14-3 常见的添加剂及其作用

目的	添加剂	说明
油性剂	脂肪、油脂肪、酸油	加入量 1%～3%
抗磨与极压添加剂	磷酸二甲酚酯,环烷酸铅,含硫、磷、氯的油与石蜡,MoS2,菜子油,铅皂	加入量 0.1%～5%
抗氧化添加剂	二硫代磷酸锌、硫化烯、烃酚胺	加入量 0.25%～5%
抗腐蚀添加剂	2,6-二叔丁基对甲酚、N-苯基萘胺	
防锈剂	石油磺酸钙(或钡与钠)、二硫代磷酸醋、二硫代碳酸醋、羊毛脂	
降凝剂	聚甲基丙烯酸酯、聚丙烯酰胺、石蜡烷化酚	加入量 0.1%～1%,用于低温工作的润滑油
增黏剂	聚异丁烯、聚丙烯酸酯	改善油的黏温特性,使其适应较大的工作和温度范围,加入量 3%～10%
消泡添加剂	硅酮、有机聚合物	

4. 润滑剂的选用

选择润滑剂时可参考以下几个原则。

(1) 类型选择 润滑油的润滑及散热效果较好,应用广泛。润滑脂易保持在润滑部位,润滑系统简单,密封性好。使用时,应根据工作要求首先合理选用润滑剂的类型。添加剂的加入能大大提高润滑剂的性能,应尽量发挥各种添加剂的作用。

(2) 工作条件 轻载、高速条件下,选黏度低的润滑油,有利于减少润滑油的发热。高温、重载、低速条件下，选黏度高的润滑油或基础油黏度高的润滑脂，以利于形成油膜。受重载、间断或冲击载荷时，要加入油性剂或极压添加剂，以提高边界膜及极压膜的承载能力。一般，润滑油的工作温度最好不超过60℃，而润滑脂的工作温度应低于其滴点20～30℃。高温下工作的油常加抗氧化剂以防油变质。工作温度变化大的油，要加黏性添加剂以改善其黏温性能。

(3) 结构特点及环境条件　润滑间隙小时应选用低黏度的润滑油，以保证油能充分流入；间隙大时应选用高黏度油，以避免油的流失。对于垂直润滑面、升降丝杆、开式齿轮、链条等，应采用高黏度油或润滑脂以保特较好的附着性。在电火花、赤热金属等有燃烧危险处，润滑油应有高闪点、高抗燃性，常用合成油。多尘、潮湿环境下宜采用抗水的钙基、锂基或铝基润滑脂。在具有酸碱化学介质的环境及真空辐射条件下常选用固体润滑剂。

14.1.2　润滑方式

根据机械零部件的工作情况、采用润滑剂的种类及供油量的要求，可采用不同的润滑方式。常用的润滑方式主要有：手工定期润滑，油浴、油环及溅油润滑，油雾润滑和压力供油润滑等。

1）手工定期润滑

对于低速、轻载或不连续运转的机械，需要油量较少，一般可采用简单的手工定期加油、加脂、滴油或采用油绳、油垫加油润滑方式。手工定期润滑所用的各种油嘴、油杯、油枪等均有国家标准，使用时可按国家标准选用。

2）油浴、油环及溅油润滑

对于中速、中载较重要的机械，要求连续供油并能起一定的冷却作用时，常采用油浴（浸油）、油环及溅油润滑方式。这种润滑方式，利用齿轮油环、油链等转动件，从油池中将油带入或溅流至摩擦副润滑部位。在图14-3所示的减速箱中，大齿轮浸入油中，转动时将油带至啮合部位（油浴润滑），并将油飞溅至箱盖，通过油沟将油送至轴承（溅油润滑）。这种润滑方式，需要利用转动件带油。若零件转速太低，带油量过少，不能满足润滑的需要；若转速过高，又会使油产生大量的泡沫和热，使之氧化变质。一般推荐转动件的圆周速度在1 m/s$\leqslant v \leqslant$10～15 m/s范围之内。

浸油、飞溅润滑，能保证开车后油自动送入摩擦副，停车时自动停送，润滑可靠，耗油少，维护简单，在机床、减速器、内燃机等闭式传动中广泛应用。

3）油雾润滑

在高速、轻载下工作的齿轮及轴承等，发热大，用油雾润滑方式效果较好。油雾润滑是用压缩空气把润滑油从喷嘴喷出，润滑油雾化后随压缩空气弥漫至各摩擦表面而起润滑作用。采用这种润滑方式时，润滑油膜较薄，但较均匀，常用于$dn>$600 000 mm·r/min的高速滚动轴承（d为轴承内径(mm)，n为工作转速(r/min)）和$v>5$～15 m/s的齿轮传动中。

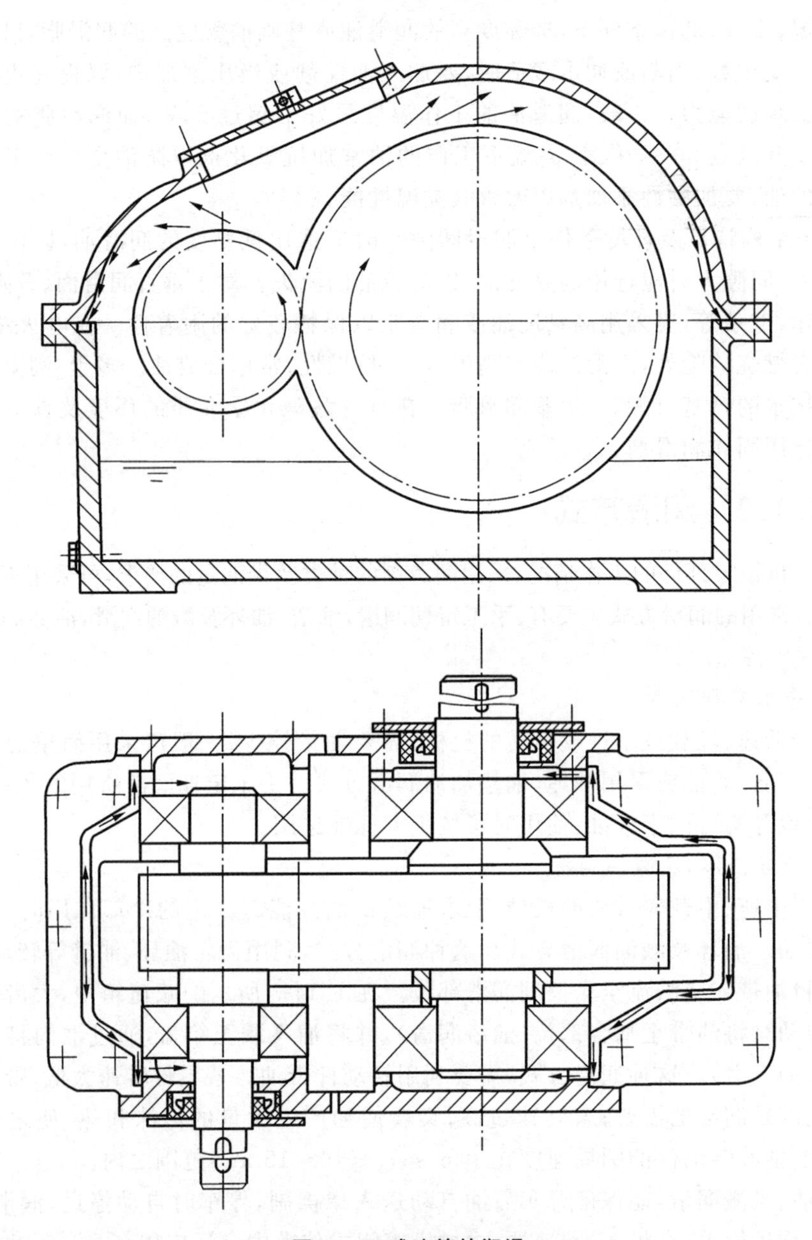

图 14-3　减速箱的润滑

油雾润滑装置主要由喷管、吸油管和油量调节器组成,如图 14-4 所示。

4) 压力供油润滑

对于高速、重载、供油量要求大的重要部件,例如机床主轴箱、内燃机、锻压设备等,常采用循环压力供油润滑方式。压力供油润滑是指利用油泵使润滑油达到一定的工作压力,然后将其输送到各润滑部位进行润滑。采用这种润滑方式时,供油充分,油可循环使用,还可带走摩擦热,起冷却作用。压力供油润滑装置一般由油泵、油箱、过滤器、冷却器、压力调节阀、油量调节阀等组成，能调节油的流量、压力并对润滑油起过滤和冷却作用。图 14-5 所示为一齿轮减速器的压力供油系统简图。

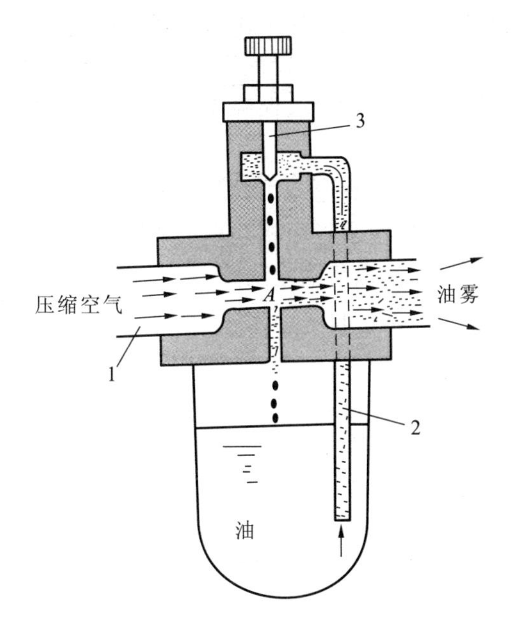

图 14-4　油雾润滑装置

1—压缩空气喷管；2—吸油管；3—油量调节器

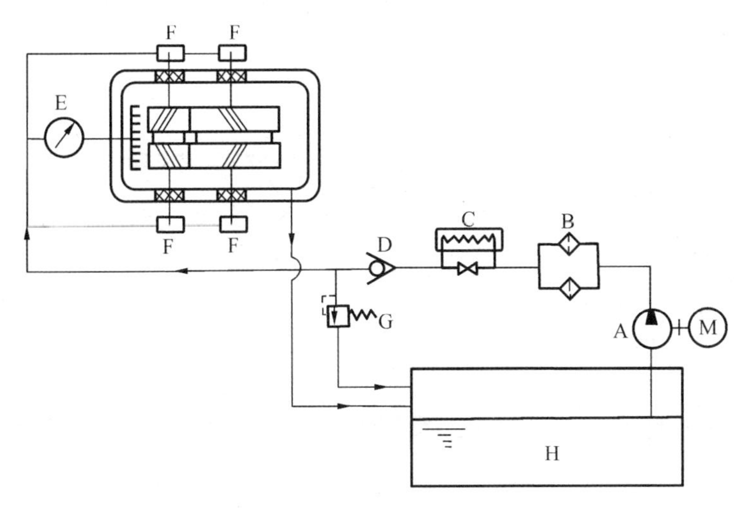

图 14-5　齿轮减速器的压力供油系统简图

A—油泵；B—复式过滤器；C—冷却器；D—单向阀；
E—压力表；F—流量控制阀；G—调压阀；H—油槽

14.2　密　　封

在机械设备中,为了阻止液体、气体工作介质或润滑剂泄漏,防止灰尘、水分进入润滑部位,必须设有密封装置。密封不仅能大量节约润滑剂,保证机器正常工作,提高机器寿命,而且对改善工厂环境卫生、保障工人健康也有很大作用,有利于降低成本、提高生产水平。

根据被密封表面间是否有相对运动,密封可分为静密封和动密封。所有静密封和大部分动密封都借助密封力使密封面相互靠近或嵌入,以减小甚至消除间隙,这种密封称为接触式密封;密封面间预留固定间隙,依靠各种方法减小密封间隙两侧压力差而阻漏的密封,称为非接触式密封。

14.2.1　静密封

最简单的静密封靠结合面加工平整、光洁,在螺栓固紧压力下贴紧密封,一般间隙小于5 μm,结合面需研磨加工,如图 14-6(a)所示。也可在结合面间加垫片,用螺栓压紧使垫片产生弹塑性变形填塞密封面上的不平,以消除间隙而起密封作用,如图 14-6(b)所示。用于常温、低压、普通介质时,一般可选用纸、橡胶或皮垫片;用于高压(≈3 MPa),特殊高、低温或油、酸、碱、特殊介质等时,应选用聚四氟乙烯垫片。用于高温、高压或同时要控制密封间隙大小时,常选用铜、铝、低碳钢等制成的软金属垫片。目前,生产中广泛使用密封胶代替垫片。密封胶有一定的流动性,容易充满结合面的缝隙,黏附在金属面上能大大减少泄漏,即使在较粗糙的加工表面上,

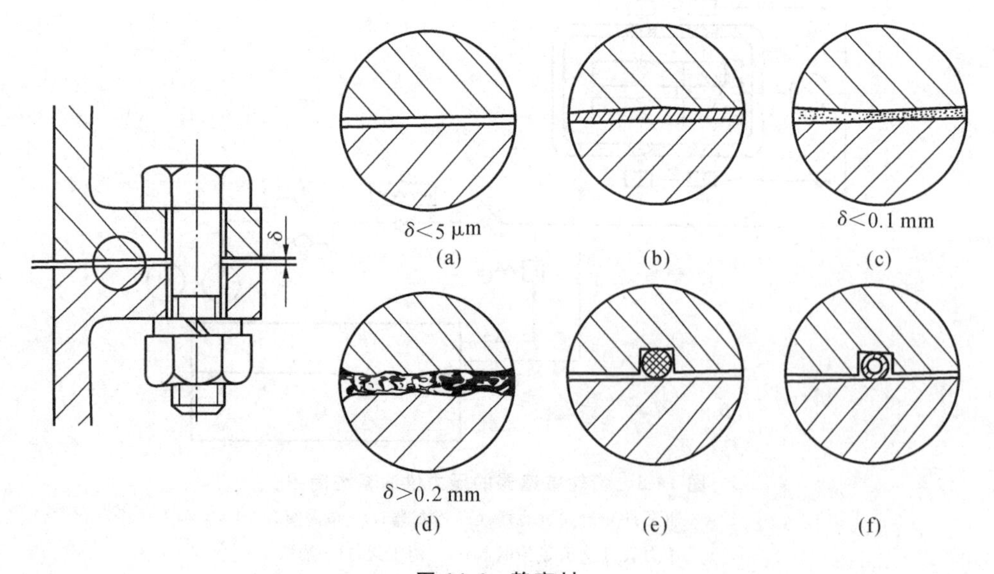

图 14-6　静密封

密封效果也很好(见图14-6(c))。当结合面缝隙大于 0.2 mm 时,可考虑联合采用垫片和密封胶(见图 14-6(d))。O 形橡胶密封圈在结合面间能形成严密的压力区(见图 14-6(e)),但在结合面上要开密封槽,故应用较少。在温度、压力有很大波动时,可采用金属空心 O 形环,利用其恢复变形的“自紧作用”,能得到很好的密封效果。

14.2.2　动密封

回转轴的密封属动密封。在回转轴的动密封中,接触式密封有毡圈密封、密封圈密封、机械密封等,非接触式密封有间隙密封、迷宫密封等。

1) 毡圈密封

毡圈密封属填料密封,将毛毡、石棉、橡胶或塑料等密封材料作为填料,用压盖轴向压紧,使填料受压而产生径向压力抱在轴上,达到密封的目的。

常见的回转轴用毡圈密封的结构形式如图 14-7 所示。其中,图 14-7(a)所示的结构可用压盖调整其径向压力,图 14-7(b)所示的结构则不可调。这种密封方式结构简单,一般只用于低速(v<4～5 m/s)脂润滑处,主要起防尘作用。

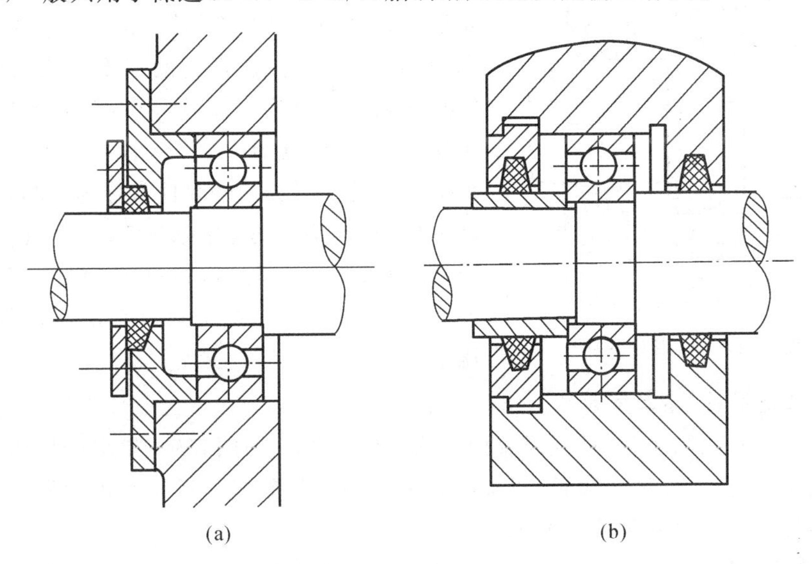

图 14-7　毡圈密封

2) 密封圈密封

密封圈用耐油橡胶、塑料或皮革等弹性体制成,靠本身的弹力或弹簧的作用,以一定的压紧力套在轴上起密封作用。常见的密封圈主要有 O 形密封圈、J 形密封圈、U 形密封圈等,分别如图 14-8、图 14-9 和图 14-10 所示。

O 形密封圈的断面为 O 形,结构简单,装卸方便。当液体油要向外泄漏时密封圈借助流体的压力挤向沟槽的一侧,在接触边缘上压力增高,构成有效的密封,这种随介质压力升高而提高密封效果的性能称为“自紧作用”。

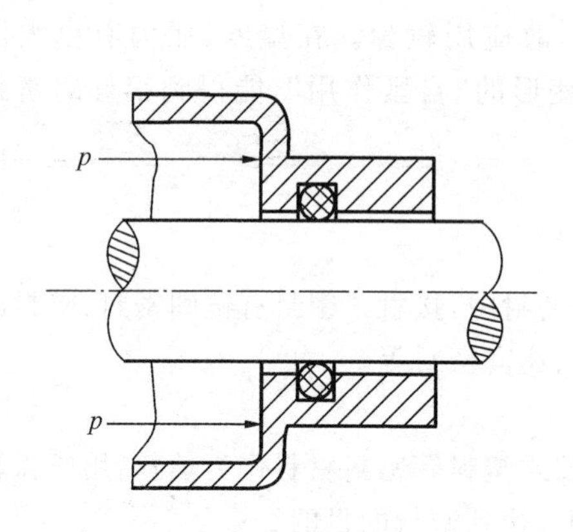

图 14-8 O 形密封圈

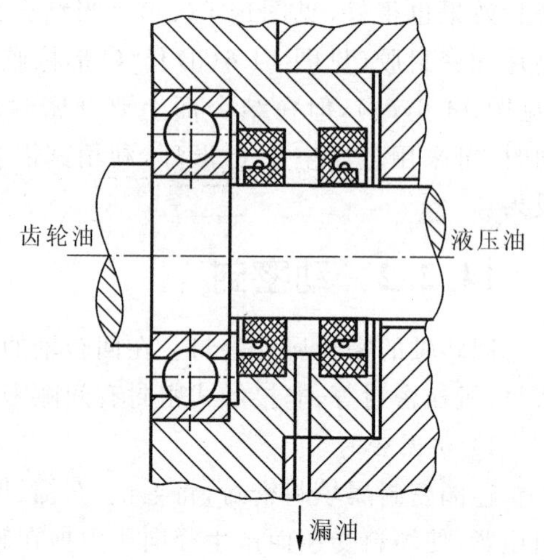

图 14-9 J 形密封圈

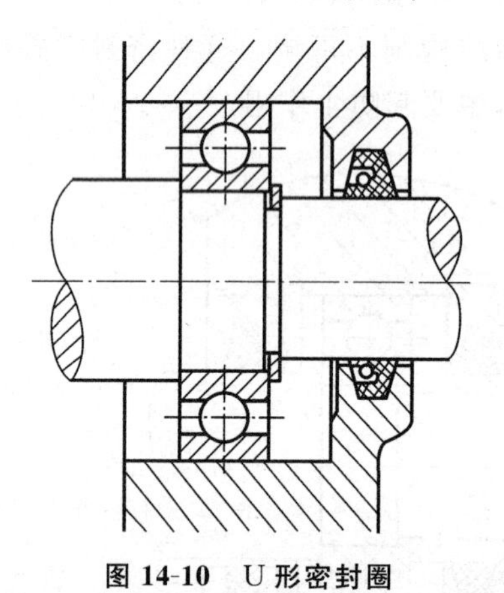

图 14-10 U 形密封圈

J 形和 U 形密封圈具有唇形结构,使用时将开口面向密封介质,介质压力越大,密封唇与轴贴得越紧,也有"自紧作用"。密封唇与轴的接触面积比 O 形圈大,在稍高的速度下也有较好的密封效果。这类密封圈往往带有弹簧箍以增大密封压力,有的还有金属外壳,可与机座较精确地配装。这样组成的密封件常称为"油封",它安装方便,使用效果好,有标准件。若要密封两种介质,或又防漏又防尘,最好将油封成对使用,如图 14-9 所示为左侧密封齿轮油,右侧密封液压油。

3) 机械密封(端面密封)

对于在高速、高压、高低温或腐蚀介质工作条件下的回转轴,要求选用密封性能可靠、功率损耗小、使用寿命长、对轴没有损伤的密封装置。近年来迅速发展起来的机械密封组件,可以满足这种要求。

最简单的机械密封形式如图 14-11 所示,它是由金属、石墨、塑料等低摩擦耐磨材料制成的密封环 1、2 及弹簧 3 等组成。动环 1 与轴固定,随轴转动;静环 2 固定于机座端盖。由于动环与静环端面在弹簧压力下相互贴合,起到很好的密封作用,故又称端面密封。

机械密封的优点是:动、静环端面相对滑动,摩擦及磨损集中在密封元件上,对轴没有损伤;密封环若有磨损,在弹簧作用下仍能保持密合,有自动补偿作用;密封性能可靠;使用寿命长。其缺点是:组成的零件较多,加工、装配比较复杂。

机械密封组件已规格化,由密封件厂成批生产,使用时,只需根据需要选用。

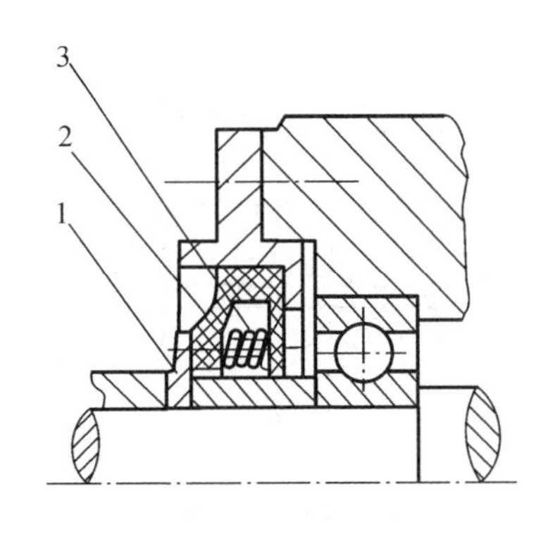

图 14-11　机械密封

1—动密封环；2—静密封环；3—弹簧

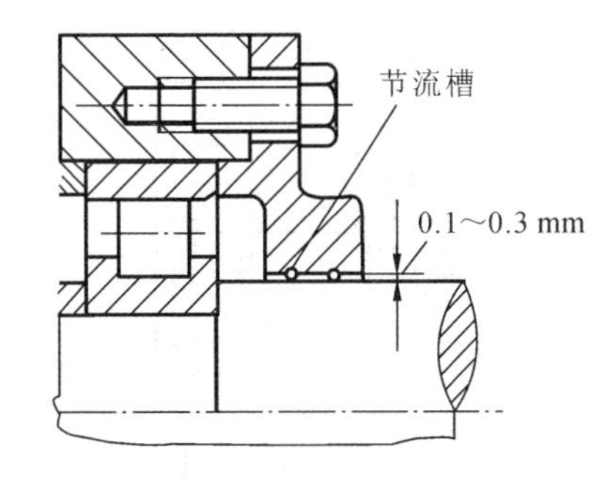

图 14-12　间隙密封

4）间隙密封和迷宫密封

轴的转速较高时，常采用非接触式的间隙密封（见图 14-12）和迷宫密封（见图 14-13）。这种密封的静止件和转动件之间有 0.1～0.3 mm 的间隙，利用节流槽或曲折间隙的节流效应起到防尘和防漏作用。

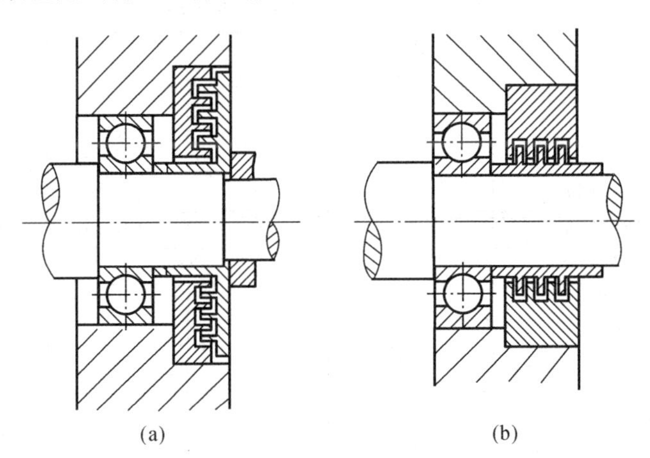

图 14-13　迷宫密封

5）离心式密封

利用旋转件带动流体产生离心力以克服泄漏的密封称为离心式密封。图 14-14 所示就采用了离心式密封，其上的旋转挡圈既有遮挡又有离心作用，可用以挡尘和防止润滑油进入用润滑脂润滑的轴承中。

6）螺旋密封

在需要密封的轴或孔的表面上制有螺旋槽（由轴的转向决定其旋向）。当轴转动时，螺旋槽相当于一个螺旋泵，对充满在介质内的黏性流体产生压力，与被密封介质的压力相平衡，从而达到防漏的目的，如图 14-15 所示。这类密封效果很好，但轴不转动时，没有这种防漏效果，因此要与停车密封同时使用。

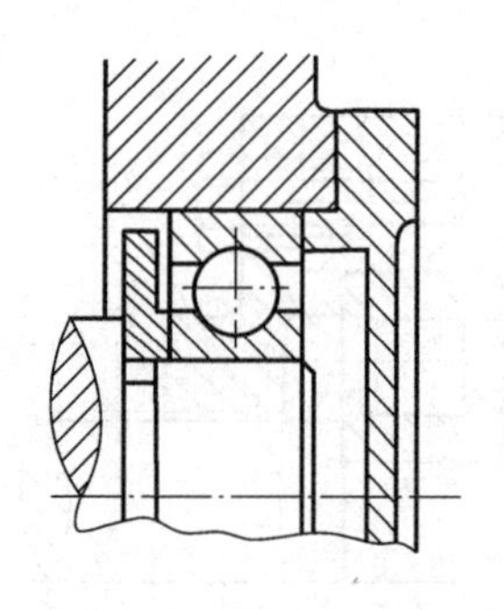

图 14-14　离心式密封

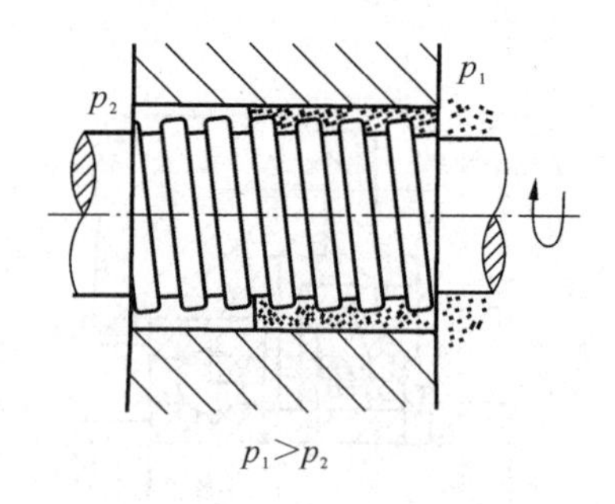

图 14-15　螺旋密封

14.2.3　密封的选择

各种密封的作用与原理不同，使用时，应根据压力、速度、工作温度等具体工作条件，选择出经济、合理的密封类型和结构。表 14-4 列出了各种密封的性能和特点，可供选用时参考。

表 14-4　各种密封装置性能比较

<table>
<tr><th colspan="4">密封形式</th><th>最高工作速度
/(m·s^{-1})</th><th>最大压力
/MPa</th><th>温度/℃</th><th>备注</th></tr>
<tr><td rowspan="10">动密封</td><td rowspan="5">接触式密封</td><td colspan="2">毡圈</td><td>5</td><td>0.1</td><td>90</td><td>用于脂润滑，主要作用是防尘</td></tr>
<tr><td colspan="2">填料密封</td><td>20</td><td>32</td><td>−45～230</td><td></td></tr>
<tr><td colspan="2">O形密封圈</td><td>3</td><td>35</td><td>−60～200</td><td rowspan="2">单向密封，有骨架，用于高速场合</td></tr>
<tr><td colspan="2">J形密封圈</td><td>4～12</td><td>3</td><td>−30～150</td></tr>
<tr><td colspan="2">机械密封</td><td>30</td><td>8</td><td>−196～400</td><td></td></tr>
<tr><td rowspan="5">非接触式密封</td><td colspan="2">间隙密封</td><td rowspan="2">不限</td><td rowspan="2"></td><td rowspan="2">600</td><td rowspan="2"></td></tr>
<tr><td colspan="2">迷宫密封</td></tr>
<tr><td rowspan="2">离心式密封</td><td>叶轮</td><td>30</td><td>0.25</td><td>50</td><td rowspan="3">停车时无密封作用</td></tr>
<tr><td>甩油环</td><td>不限</td><td></td><td>不限</td></tr>
<tr><td colspan="2">螺旋密封</td><td>30</td><td>2.5</td><td>−30～100</td></tr>
<tr><td rowspan="8">静密封</td><td colspan="3">研合密封面</td><td rowspan="8"></td><td>0.01～100</td><td>550</td><td>加工要求高</td></tr>
<tr><td colspan="2" rowspan="3">垫片</td><td>橡胶</td><td>1.6</td><td>−70～200</td><td rowspan="3"></td></tr>
<tr><td>塑料</td><td>0.6</td><td>−180～250</td></tr>
<tr><td>金属</td><td>20</td><td>600</td></tr>
<tr><td colspan="3">密封胶</td><td>1.2～1.5</td><td>140～220</td><td>结合面间隙小于0.1～0.2 mm</td></tr>
<tr><td colspan="3">厌氧胶</td><td>5～30</td><td>100～150</td><td>能起密封及连接结合面作用</td></tr>
<tr><td colspan="3">O形橡胶密封圈</td><td>100</td><td>−60～200</td><td rowspan="2">结合面上要开槽</td></tr>
<tr><td colspan="3">O形中空金属环</td><td>300</td><td>600</td></tr>
</table>

密封件大部分都有相应的标准和规格，应尽量选用标准件。

在一些重要的密封部位，往往将几种密封组合使用，图 14-16 所示就是一种用于脂润滑立轴轴承的组合密封（间隙密封与迷宫密封的组合）形式。

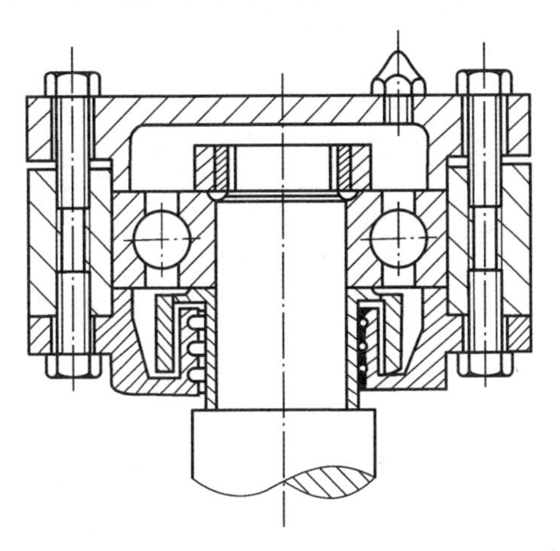

图 14-16　组合密封

第四篇

机械系统总体方案设计

总体方案设计是机械设计中的重要环节，最具创造性。学习“机械设计”课程，必须很好地掌握机械系统总体方案设计的思想和方法。本篇通过机械系统的组成和机械系统的总体方案设计两章，详细讨论有关机械系统总体方案设计方面的有关问题。

第15章 机械系统的组成

关于机械系统的构成，马克思在《资本论》中曾指出，任何机器都是由原动机、传动装置及工作机三部分组成的。现代机械种类繁多，但从实现其功能的角度看，仍可以主要归纳为以下的子系统：动力系统、传动系统、执行系统、操纵系统和控制系统，如图 15-1 所示。

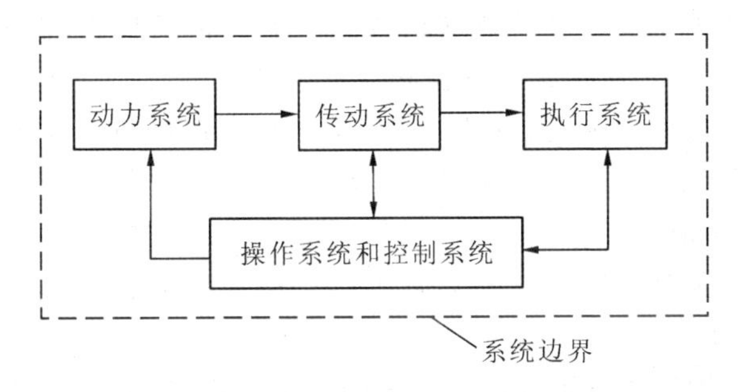

图 15-1　机械系统的组成

动力系统指动力机（或原动机）及其配套装置，是给机械系统提供动力、实现能量转换的部分。其中：一次动力机可将自然界能源（一次能源）直接转化为机械能，如水轮机、汽轮机和内燃机等；二次动力机则可将二次能源（电能、液能、气能）转化为机械能，如电动机、液压马达、气动马达等。动力机输出的运动以转动为主，也有直线运动（如直线运动电动机、油缸、气缸等）。

传动系统是将动力机的动力和运动传递给执行系统的中间装置。它的主要功能是：① 减速或增速，即把动力机的输出速度降低或增高后传递给执行系统；② 变速，即实现有级或无级的变速，将多种速度提供给执行系统；③ 传递动力，即传递速度的同时将动力机的动力传递给执行系统；④ 按工作要求，改变运动规律，将连续的匀速旋转运动改变为按某种规律变化的旋转、非旋转的其他运动；⑤ 实现由一个或多个动力机驱动若干个相同或不相同速度的驱动机构。

执行系统包括执行机构或工作机，它们是利用机械能来改变作业对象的性质、状态、形状或位置，或对作业对象进行检测、度量等以进行生产或达到其他预定要求的装置。执行系统一般处于机械系统的末端，直接与作业对象接触，因此其输出也是整个机械系统的主要输出。

控制系统是指通过人工操作或测量元件获取的控制信号,经由控制器,使控制对象改变其工作参数或运行状态的装置,如各类伺服机构、自动控制装置等。

传统意义上的“动力机-传动装置-工作机”形式的机械系统主要着眼于运动和动力的流动,而现代机械系统则更注重信息的流动和控制。

15.1 动 力 机

15.1.1 动力机的种类

动力机是驱动执行机构运动的机械,又称为原动机。本节仅介绍几种常用的动力机,包括电动机、液压马达、气动马达和内燃机。

1. 电动机

电动机是一种将电能转变成旋转机械能的能量转换装置,是最常用的动力机。按不同的使用电源,可分为交流电动机和直流电动机两大类。交流电动机根据电动机的转速与旋转磁场的转速是否相同,又可分为同步电动机和异步电动机两种。直流电动机则根据励磁方式分为他励、并励、串励、复励等形式。

1) 三相异步电动机

三相异步电动机使用三相交流电源,是生产中广泛使用的一种电动机,它的品种很多,主要分类如下:

(1) 按转子结构形式分类　根据转子的结构形式,三相异步电动机分为笼形电动机和绕线形电动机。笼形电动机结构简单、耐用、易维护、价格低、特性硬,但启动和调速性能差,轻载时功率因数较低,广泛用于无调速要求的机械。绕线形电动机结构较复杂、维护较麻烦、价格稍贵,但启动转矩大,启动时功率因数较高,可进行小范围调速,且调速控制简单,广泛用于启动次数较多、启动负载较大或小范围调速的机械,如提升机、起重机及轧钢机械等。

(2) 按外壳结构形式分类　根据外壳结构形式的不同,三相异步电动机可分为开启式、防护式、封闭式和防爆式。可根据电动机的防护要求选择其外壳结构形式。

(3) 按安装形式分类　按不同的安装形式,三相异步电动机可分为立式、卧式及机座有底脚或端盖有凸缘或既有底脚又有凸缘等形式,以适应各种不同的安装需要。

此外,还有齿轮减速异步电动机、电磁调速异步电动机、异步整流子变速电动机等多种类型。

2) 直流电动机

直流电动机需使用直流电源,与交流电动机相比,它具有调速性能好,调速范围宽,启动转矩大等特点。直流电动机的铭牌数据有额定功率 P_N、额定电压 U_N、额定电流 I_N、额定转速 n_N、励磁电压 U_f、励磁电流 I_f 和励磁方式等。

3）同步电动机

同步电动机是一种用交流电流励磁建立旋转的电枢磁场，用直流电流励磁构成旋转的转子磁极，依靠电磁力的作用旋转磁场，带动旋转磁极同步旋转的电动机。同步电动机的最大优点是：能在功率因数 $\cos\varphi=1$ 的状态下运行，无须从电网吸收无功功率。通过改变转子励磁电流大小，可调节无功功率大小，从而改善电网的功率因数。因此，不少长期连续工作而需保持转速不变的大型机械，如大功率离心式水泵和通风机等常采用同步电动机作为原动机。但同步电动机的结构较异步电动机复杂，造价较高，而且其转速是不能调节的。

机械产品除了常用上面介绍的几种电动机外，还有一种单相异步电动机，使用单相交流电源供电。这种电动机的效率和功率因数较低，过载能力较差，容量很少超过 0.6 kW，故只适用于小型机械设备和家用电器。

2. 液压马达

液压马达又称油马达，它是把液压能转变成旋转机械能的一种能量转换装置。液压马达按输出转矩的大小和转速高低可以分为两类：一类是高速、小转矩液压马达，转速范围一般为 300～3 000 r/min 或更高，转矩在几百牛顿米以下；另一类是低速、大转矩液压马达，转速一般低于 300 r/min，转矩为几百至几万牛顿米。

液压马达根据其结构形式不同又可按表 15-1 所示方式分类。

表 15-1　液压马达的分类

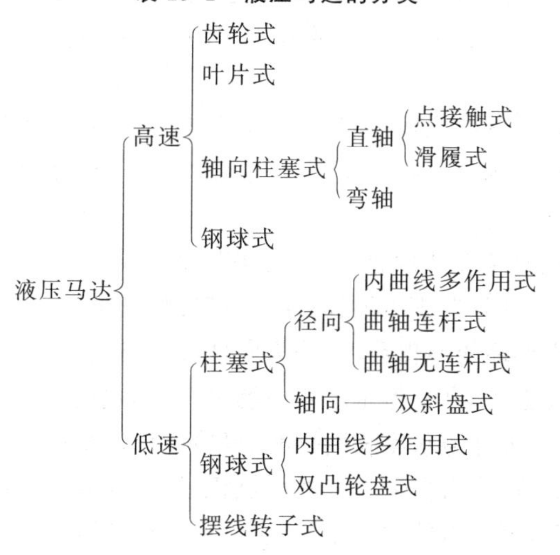

高速、小转矩液压马达多采用齿轮式、叶片式和轴向柱塞式等结构形式，而低速、大转矩液压马达常采用径向柱塞式以及非圆齿轮式。

3. 气动马达

气动马达的作用类同于液压传动中的液压马达，它以压缩空气为动力输出转矩，驱动执行机构作旋转运动。气动马达按工作原理可分为容积式和透平式两大类。容积式气动马达根据其结构不同又可分成许多形式，具体分类如表 15-2 所示。

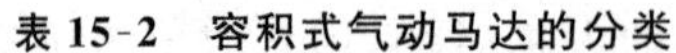
表 15-2　容积式气动马达的分类

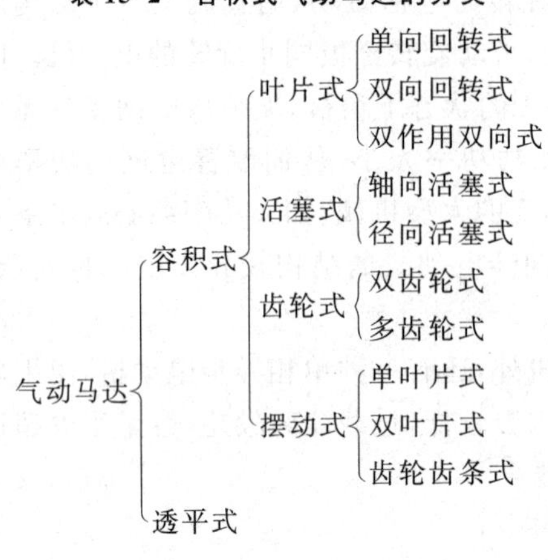

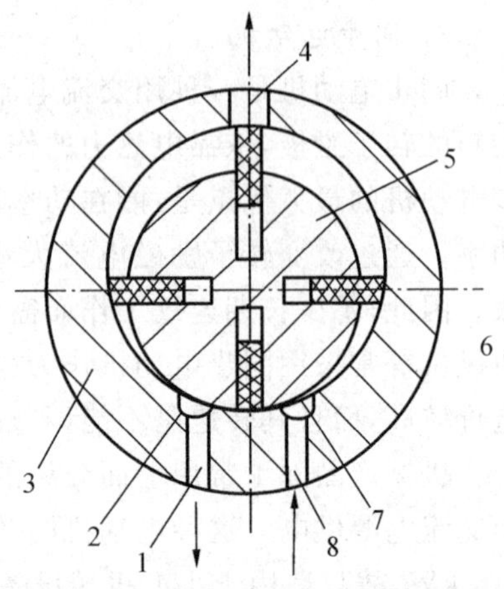

图 15-2　叶片式气动马达示意图

1—排气口；2—孔道；3—定子；4—排气口；5—转子；6—叶片；7—喷口；8—进气口

透平式和齿轮式气动马达一般很少使用。叶片式气动马达与叶片式液压马达原理很相似，如图 15-2 所示，一般有三至十个叶片安装在转子的径向槽内，转子则装在偏心的定子内。当压缩空气进入定子腔后，周围径向分布的叶片由于偏心而受力不平衡，因此产生转矩。压缩空气由进气口 8 经喷口 7 射向叶片 6，使叶片带动转子 5 逆时针方向旋转，废气从排气口 4 排出。气缸内的余气经孔道 2、排气口 1 排除。如需改变气动马达旋转的方向，只需改变进气口的方向，即由孔道 1 进气，从孔道 4 和 8 排气。

4. 内燃机

内燃机是指燃料在气缸内部进行燃烧，直接将产生的气体(即工质)所含的热能转变为机械能的机械。内燃机按其主要运动机构的不同，分为往复活塞式内燃机和旋转活塞式内燃机两大类。

目前普遍采用的是往复式内燃机，其分类如下。

(1) 按燃料种类，可分为柴油机、汽油机、煤气机三种。

(2) 按一个工作循环的冲程数，可分为四冲程内燃机、二冲程内燃机两种。

(3) 按燃料点火方式，可分为压燃式内燃机、点燃式内燃机两种。

(4) 按冷却方式，可分为水冷式内燃机、风冷式内燃机两种。

(5) 按进气方式，可分为自燃吸气式内燃机、增压式内燃机两种。

(6) 按气缸数目，可分为单缸内燃机、多缸内燃机两种。

(7) 按气缸排列方式，可分为直列式内燃机、V 形内燃机、卧式内燃机、对置气缸内燃机四种。

(8) 按转速或活塞平均速度，可分为高速内燃机(标定转速高于 1 000 r/min 或活塞平均速度高于 9 m/s)、中速内燃机(标定转速为 600～1 000 r/min 或活塞平均速度为 6～9 m/s)、低速内燃机(标定转速低于 600 r/min 或活塞平均速度低于 6 m/s)三种。

(9) 按用途，可分为农用、汽车用、工程机械用、拖拉机用、铁路用、船用及发电用内燃机多种。

内燃机是一种较为复杂的机械，由许多分系统组成。各类内燃机的组成和结构不尽相同，即使同一类型的内燃机，各分系统的具体构造也有所差别。从各类内燃机的总体构造而言，主要包括机体、曲柄滑块机构、配气机构、燃油供给系统、点火系统、润滑系统、冷却系统及启动装置等部分。对于柴油机，为提高其功率常采用增压器，以提高进入气缸的空气压力，增加空气密度，使气缸内可以燃烧较多的燃油。因此，增压式柴油机还须有增压系统。

图 15-3 所示为四冲程非增压式柴油机的基本结构。

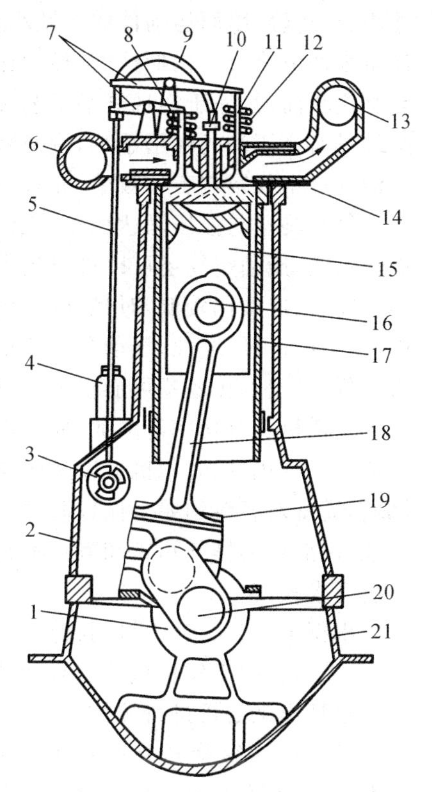

图 15-3　四冲程非增压式柴油机的基本结构

1—主轴承；2—机身；3—凸轮轴；4—喷油泵；5—挺杆；6—进气管；7—摇臂；8—进气阀；9—高压油管；10—喷油器；11—排气阀；12—气阀弹簧；13—排气管；14—气缸盖；15—活塞；16—活塞销；17—气缸套；18—连杆；19—连杆螺栓；20—曲轴；21—机座

15.1.2　动力机的选用

在设计机械系统时，选用动力机形式时，主要应从以下三个方面进行。

(1) 分析工作机械的负载特性和要求，包括工作机械的载荷特性、工作制度、结构布置和工作环境等。

(2) 分析动力机本身的机械特性，包括动力机的功率、转矩、转速等特性，以及动力机所能适应的工作环境。应使动力机的机械特性与工作机械的负载特性相匹配。

(3) 进行经济性的分析。当同时可用多种类型的动力机进行驱动时，经济性的分析是必不可少的，包括对能源的供应和消耗，动力机的制造、运行和维修成本的对比等。

除上述三方面外，选择动力机时还要考虑对环境的污染，其中包括空气污染和噪声污染等。例如，在室内工作的机械使用内燃机作为动力机就不很合适。

电动机具有以下优点：电动机较其他动力机有较高的驱动效率，与被驱动的工作机械连接方便，并具有各种运行特性，可满足不同类型机械的工作要求；电动机还具有良好的调速性能，启动、制动、反向和调速的控制简便，可以实现远距离的测量和控制，便于集中管理和实现生产过程的自动化，对环境的污染少等。但使用电动机必须具备相应的电源，在野外工作的机械及移动式机械常因缺乏电源而不能选用。

液压马达可以获得很大的机械力或转矩，与电动机相比在相同功率时的外形尺寸小、重量轻,因而运动件的惯性小、快速响应的灵敏度高。液压马达可以通过改变油量来调节执行机构的速度,传动比较大,低速性能好,容易实现无级调速,操作和控制都比较简便,易于实现复杂工艺过程的动作并满足其性能要求。但使用液压马达必须具有高压油的供给系统,应使液压系统元件有必要的制造和装配精度,否则容易漏油。这不仅影响工作效率,而且还影响工作机械的运动精度。

气动马达与液压马达相比,工作介质空气容易获得,用后的空气可直接排入大气而无污染,压缩空气还可以进行集中供给和远程输送。气动马达动作迅速、反应快、维护简单、成本比较低,对易燃、易爆、多尘和振动等恶劣工作环境的适应性较好。但因空气具有可压缩性,气动马达的工作稳定性差,气动系统的噪声较大,又因工作压力较低,输出的转矩不可能很大,一般只适用于小型和轻型的工作机械。

内燃机具有功率范围宽,操作简便,启动迅速和便于移动等优点,大多用于野外作业的工程机械、农用机械以及船舶、车辆等。其主要缺点是:需要柴油或汽油作为燃料,通常对燃料的要求比较高,特别是高速内燃机需要使用洁净度高的汽油和轻质柴油;内燃机的排气污染和噪声都较大,在结构上也比较复杂,而且对零部件的加工精度要求较高。

根据上述各类动力机的特点,选择时可进行各种方案的比较,首先确定动力机的类型,然后根据工作机械的负载特性计算动力机的容量。有时也可先预选动力机,在产品设计出来后再进行校核。

动力机的容量通常是指其功率的大小。动力机的功率 P(kW)与它的转矩 T(N·m)和转速 n(r/min)之间的关系为

$$P=\frac{Tn}{9\ 550} \quad 或 \quad T=9\ 550\,\frac{P}{n}$$

动力机的容量一般是由负载所需的功率或转矩确定的,动力机的转速与动力机至工作机械之间的传动方案选择有关。当具有变速装置时,动力机转速可高于或低于工作机械的转速。

15.2 传动系统

传动系统是处于动力机和执行机构之间的中间装置。一般,以传递动力为主的传动称为动力传动,以传递运动为主的传动称为运动传动。

15.2.1 传动系统的组成

传动系统通常由传动部分、操纵部分及相应的辅助部分组成。

(1) 传动部分　传动部分由各种传动元件或部件、轴与轴系,以及制动、离合、换向和蓄能元件组成,以实现动力和运动的传递。

(2) 操纵部分　操纵部分由具有启动、离合、制动、调速、换向等机能的操纵装置组成,通过手动或电动方式进行操作,以改变动力机或传动系统的工作状态和参数,

使执行机构保持或改变其运动和力。

(3) 辅助部分　为保证传动系统的正常工作,改善工作条件,延长使用寿命而设的装置,如冷却、润滑、计数、照明、消声、防振和除尘等装置。

15.2.2 传动的类型

现代机械系统的传动装置可按以下几种方式分类:

(1) 按传动的工作原理分类(见表15-3);

表15-3 传动装置的类型(按传动的工作原理分类)

传动类型				说明
机械传动	摩擦传动	摩擦轮传动		圆柱形,槽形,圆锥形,圆柱圆盘式
		挠性摩擦传动		带传动:V带(普通V带、窄V带、大楔角V带、特殊用途V带),平带,多楔带,圆带 绳传动
		摩擦式无级变速传动		定轴的(无中间体的、有中间体的) 动轴的 有挠性元件的
	啮合传动	齿轮传动	圆柱齿轮传动	啮合形式:内、外啮合,齿条 齿形曲线:渐开线,单、双圆弧,摆线 齿向曲线:直齿,螺旋(斜)齿,曲线齿
			锥齿轮传动	啮合形式:外、内啮合,平顶及平面齿轮 齿形曲线:渐开线,单、双圆弧 齿向曲线:直齿,斜齿,弧线齿
			动轴轮系	渐开线齿轮行星传动(单自由度、多自由度) 摆线针轮行星传动 谐波传动(三角形齿、渐开线齿)
			非圆齿轮传动	可实现主、从动轴间传动比按周期性变化的函数关系
			章动传动	一种大传动比、高效率、低噪声的互包络线结构
		蜗杆传动	圆柱蜗杆传动	按形成原理: 普通圆柱蜗杆传动(阿基米德、渐开线、法向直廓、锥面包络蜗杆) 圆弧圆柱蜗杆传动(轴面、法面圆弧齿,锥面、环面包络的圆柱蜗杆)
			环面蜗杆传动	直廓环面蜗杆传动 平面包络环面蜗杆传动(平面一次包络、平面二次包络蜗杆)
			锥蜗杆	
		挠性啮合传动		链传动:套筒滚子链,套筒链,弯板链,齿形链 带传动:同步齿形带
		螺旋传动		摩擦形式:滑动,滚动,静压 头数:单线,多线
		连杆机构		曲柄摇杆机构(包括脉动无级变速器),双曲柄机构,曲柄滑块机构,曲柄导杆机构,液压缸驱动的连杆机构
		凸轮机构		直动和摆动从动件的,反凸轮机构,凸轮式无级变速器
		组合机构		齿轮-连杆,齿轮-凸轮,凸轮-连杆,液压连杆系统

续表

传动类型		说明
流体传动	气压传动	运动形式:往复移动,往复摆动,旋转 速度变化:恒速,有级变速,无级变速
	液压传动	
	液力传动	液力变矩器 液力耦合器
	液体黏性传动	与多片摩擦离合器相似,借改变摩擦片间的油膜厚度与压力,以改变油膜的剪切力进行无级变速传动
电力传动	交流电力传动	恒速,可调速(电磁滑差离合器、调压、串级、变频、无换向器电动机等)
	直流电力传动	恒速,可调速(调磁通、调压、复合调速)
磁力传动		可透过隔离物传动:磁吸引式,涡流式 不可透过隔离物传动:磁滞式,磁粉离合器

(2) 按传动比变化情况分类(见表15-4);

表 15-4 传动装置的类型(按传动比变化情况分类)

传动分类		说明	传动举例
定传动比传动		输入与输出转速对应,适用于工作机工况固定,或其工况与动力机工况对应变化的场合	带、链、摩擦轮传动,齿轮、蜗杆、章动传动
变传动比传动	有级调速	一个输入转速对应若干个输出转速,且按某种数列排列,适用于动力机工况固定而工作机有若干种工况的场合,或用来扩大动力机的调速范围	齿轮变速箱、塔轮传动
	无级调速	一个输入转速对应于某一范围内无限多个输出转速,适用于工作机工况极多或最佳工况不明确的情况	各种机械无级变速器、液力耦合器及变矩器、电磁滑差离合器、流体黏性传动
	按周期性	输出角速度是输入角速度的周期性函数,用来实现函数传动及改善某些机构的动力特性	非圆齿轮、凸轮、连杆机构、组合机构

(3) 按传动输出速度变化情况分类(见表15-5)。

表 15-5 传动装置的类型(按传动输出速度变化情况分类)

传动传输速度		动力机输出速度	传动举例
恒定		恒定	齿轮、蜗杆、带、链、摩擦轮、螺旋、章动传动、不调速的电力、液压及气压传动
可调	有级调速	恒定	塔轮传动、齿轮变速箱、三轴滑移公用齿轮变速箱
		可调	电力、液压传动中的有级调速传动
	无级调速	恒定	机械无级变速器、液力耦合器及变矩器、电磁滑差离合器、流体黏性传动
		可调	内燃机调速、电力、液压及气压无级调速传动;加或不加变传动比传动
	按某种周期	恒定	非圆齿轮、凸轮、连杆机构、组合机构
		可调	数控的电力传动

15.2.3　传动的选择

传动类型的选择关系到整个机器的运动方案设计和工作性能参数。技术经济指标是确定传动方案的主要因素，只有对各种传动方案的技术经济指标作细致的综合分析和对比，才能较合理地选用传动的类型。

1. 传动类型选择的依据

选择传动类型时，应综合考虑下列条件：

(1) 工作机的工况；

(2) 动力机的机械特性和调速性能；

(3) 对传动的尺寸、重量和布置方案方面的要求；

(4) 工作环境，如对多尘、高温、低温、潮湿、腐蚀、易燃、易爆等恶劣环境的适应性，噪声的限度等；

(5) 经济性，如工作寿命和传动效率、初始费用、运转费用、维修费用等；

(6) 操作方法和控制方式；

(7) 其他要求，如国家的技术政策(材料的选用、标准化和系列化等)、现场的技术条件(能源、制造能力等)、环境保护等。

上述条件有时是相互矛盾的，不能全部得到满足。应该根据具体情况，全面地分析考虑，在满足机器主要功能的条件下，本着适用、经济、美观的原则，通过进行技术、经济等方面的评价，给予恰当解决。有关技术、经济评价的方法详见第16章。

2. 选择的基本原则

(1) 小功率传动，应在满足工作性能的要求下，选用结构简单的传动装置，尽可能降低初始费用。

(2) 大功率传动，应优先考虑传动装置的效率，以节约能源，降低运转和维修费用。

(3) 当工作机要求变速时，若能与动力机调速比相适应，可直接连接或采用定传动比传动装置；当工作机要求变速范围大，用动力机调速不能满足机械特性和经济性要求时，则应采用变传动比传动。除工作机需要连续变速者外，尽量采用有级变速传动。

(4) 当载荷变化频繁，且可能出现过载时，应考虑过载保护装置。

(5) 当工作机要求与动力机同步时，应采用无滑动的传动装置。

(6) 传动装置的选用必须与制造技术水平相适应，应尽可能选用专业厂家生产的标准传动元件。

3. 定传动比传动的选择

定传动比传动主要采用机械传动装置。具体选择时，应考虑以下因素。

(1) 功率及转速　选择传动类型时，首先应考虑能否实现所传递的功率及运转速度，当功率小于100 kW时，各种传动类型都可以选用。

(2) 传动效率　对于大功率传动，应优先选用效率高的传动。齿轮传动的效率较高，但与其设计参数、制造及安装精度和润滑情况有关。

(3) 传动比范围　各种传动类型在单级传动时的最大传动比是选择传动类型的重要依据之一。单级传动不能满足传动比要求时,可采用多级传动,效率相应降低。但单级蜗杆传动的效率往往低于传动比相同的多级齿轮传动。所以,当传动类型不同时,需对单级传动和多级传动的效率进行比较,以选择既满足传动比要求效率又较高的传动方案。

对于大传动比传动,可采用行星齿轮传动,其外廓尺寸小,重量轻,效率高,能传递大功率,但制造精度要求较高,装配也较复杂。蜗杆传动结构较简单,传动比大,但效率较低。谐波传动、摆线针轮传动和渐开线少齿差行星传动可在传递的功率较小时采用。

(4) 结构尺寸和安装布置要求　当传动要求尺寸紧凑时,应优先选用齿轮传动。当传动比较大且又要求尺寸紧凑时,可考虑选用行星齿轮传动、蜗杆传动、摆线针轮传动、谐波传动等。

选择传动形式时还应考虑布置上的要求。当主、从动轴平行时,可选用带、链或圆柱齿轮传动。当主、从动轴间距离大,或主动轴需同时驱动多根距离较大的平行轴时,则可选用带或链传动;当同时还要求同步时,则应选用链传动或齿轮传动。按两轴的位置,当要求两轴在同一轴线上时,可选用双级、多级齿轮传动或行星齿轮传动。当两轴相交时,可选用圆锥齿轮传动或圆锥摩擦轮传动。当两轴交错时,可选用蜗杆传动或螺旋齿轮传动。

4. 有级变速传动的选择

有级变速传动常采用直齿圆柱齿轮变速装置,因为圆柱齿轮换挡方便。采用有级变速传动主要有两种情况。

(1) 当执行机构要求有多挡固定转速,而动力机是非调速的时,采用有级变速传动系统可适应执行机构的多挡速度要求。

(2) 当执行机构要求有较大的变速范围时,可采用有级变速传动和调速动力机联合调速的方法,以实现执行机构的大范围变速要求。

5. 无级变速传动的选择

机械传动、流体传动和电力传动都能实现无级变速。

机械无级变速传动结构简单,传动平稳,维修方便,但寿命较短,通常用于较小功率传动。

液压无级调速装置的尺寸小、重量轻。

气压无级调速装置多用于小功率传动和各种恶劣环境。

电力无级调速传动的功率范围大,容易实现自控和遥控,而且能远距离传递动力。

15.3 执行系统

直接用来完成各种工艺动作或生产过程的机构称为执行机构(或称工作机构)。

机器的执行机构是根据工艺过程的功能要求而设计的。实现某一工艺过程往往需要多种运动，并且同一种工艺过程的运动方案又是多种多样的，这些方案将从根本上影响机器的性能、结构、尺寸、重量及使用效果等。所以，执行机构的运动设计是机器设计的关键问题之一。

可将机器执行机构运动设计的基本问题归纳为以下三个方面：① 确定执行机构的运动方案；② 合理地选择执行机构的类型；③ 确定执行机构的运动循环规律。

15.3.1　确定执行机构的运动方案

根据工艺过程的要求，分析机器所必须完成的各种工艺动作，并把这些动作分解为若干基本运动，如周期性的往复运动，间歇的或连续的、等速或变速的转动，一定范围内的往复摆动，由多种简单运动组成的复合运动以及实现某一轨迹的运动，等等。这些基本运动的分解可有多种不同方案，只有对生产过程或工艺动作进行深刻的分析，才能比较正确地掌握工艺过程的规律性和目的性，制订出切实可行的运动方案。

15.3.2　合理地选择执行机构的类型

为实现需要完成的基本运动，必须合理地选择执行机构的类型，并进行机构类型的综合，这是机器执行机构运动设计中非常重要的一个环节。机构类型的选择没有固定的模式，必须认真调查研究和反复实践，并对各种典型机构的性能和应用场合有充分了解，才可能在多种机构方案中选择较合适的方案。比较机构方案时，不仅要满足运动学和动力学的要求，而且还应考虑制造的难易程度、成本的高低、操作方便与否、是否安全可靠、传动平稳性如何等问题。

15.3.3　确定执行机构的运动循环规律

对于需要实现多种工艺动作的机器来说，为使各个执行机构的基本运动互相协调一致，以保证准确地实现生产过程或工艺动作的要求，设计时必须确定机器执行机构的运动循环规律。通常用运动循环图来表示机器工作的循环过程以及执行机构在循环各阶段中的相对位置和它们在时间方面的协调关系。应该指出，有些机器执行机构之间的运动关系如不需严格配合与协调，就不必绘制运动循环图。

当用单机驱动多个执行机构时，其中必有一个主体机构。所谓主体机构，是指机器中执行主要工作任务的执行机构，是由该机器的工艺要求确定的。

机器中各执行机构都有各自的运动循环，机器的工作循环是按主体机构的原动件转数来计量的。通常机器的一个工作循环等于主体机构的一个运动循环（或若干个运动循环）。机器工作循环的延续时间从主体机构的原始位置算起。为使所有执行机构的相对运动均为周期性的循环运动，一般取机器中主体机构的运动循环时间 T 等于其他执行机构运动循环时间的整数倍。

由实践可知，一个执行机构的运动循环通常包括三个阶段，即工作行程阶段、空回阶段和停歇阶段。

在执行机构的运动设计中,绘制运动循环图的任务主要是拟订各执行机构的运动循环以及与主体机构运动循环之间的协调和配合关系。一部机器运动循环图的绘制,通常是以主体机构的位移曲线(s-φ 曲线)为基础,取主体机构的原动件在一个运动循环内的转角 φ(或时间 t)为横坐标,从动件的位移 s 为纵坐标。

由此可知,机器执行机构的运动循环图既要表达出各执行机构在机器一个工作循环期间内的运动状况,又要表达出各执行机构之间的相对运动关系,即主体机构与其他执行机构之间的协调和配合关系。设计时,应在运动循环图中准确地表示出来,并落实到机器装配工作图上。如果各执行机构的原动件(曲柄或凸轮等)与分配轴采用键连接,则在各零件工作图上要标注出键槽的相对位置,以保证正确的安装方位。

15.4 控制系统

任何一个机械系统,在运行过程中,其各执行机构都按要求以一定的顺序和规律动作。在受控的机械系统中,执行机构运动的开始、结束及运动规律都由控制系统保证。

机械控制系统一般要实现对各执行机构的控制,使其按要求的运动方向和速度以一定的规律运动,完成给定的作业循环,有时还要求对产品进行检测、预测、预报事故、报警及消除故障等。

15.4.1 控制系统及其组成

图 15-4 所示为操作工人操纵铣床加工异形回转曲面元件的操纵示意图。这个操作过程就是控制过程。在加工中,操作者不断用眼观测铣刀相对异形工件廓线的

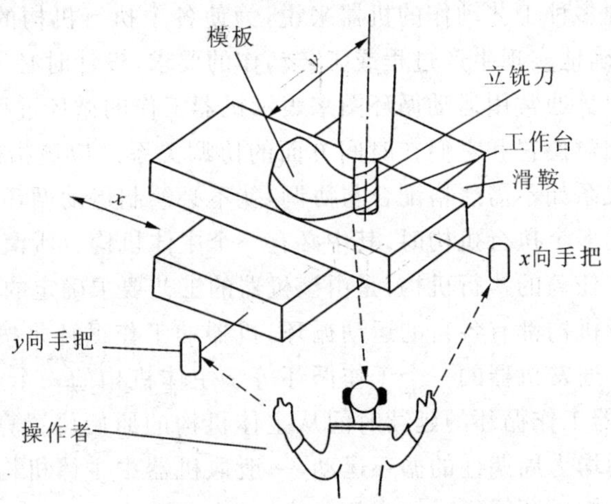

图 15-4 人工控制示意图

距离，得到两者之间的差异（反馈信号），根据这个差值的大小用两手同时操作 x、y 方向的手柄进行铣削，以减小这个差值。因此，这里人工控制的过程实际上是不断检测、反馈、纠偏的过程，即由人的眼、脑、手和机床、刀具共同组成了一个控制系统。

对于结构比较复杂、响应速度及控制精度要求较高的系统，就需要用控制装置代替人工操作。如图15-5所示的在数控机床进给系统中使用的控制系统中，$x(t)$是输入位移指令，$y(t)$是工作台位移。为了保证工作台5能依输入位移指令作随从运动，控制装置1同时接收$x(t)$信号和角位移测量装置6发出的表示 $y(t)$的信号，并根据差异 $x(t)-y(t)$控制直流电动机3驱动工作台以减小差异。为了改善这一闭环随动系统的动态性能，在直流电动机上还装有测速发电机2，并将后者发出的信号以负反馈的形式送入控制装置。

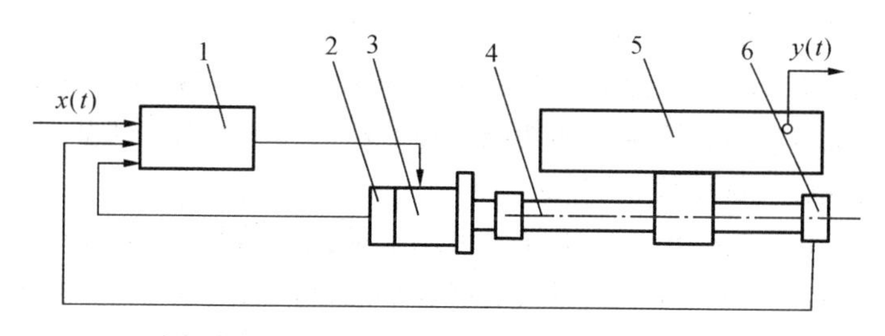

图15-5　数控机床进给系统的控制系统

1—控制装置；2—测速发电机；3—直流电动机；4—滚珠丝杆螺母副；5—工作台；6—角位移测量装置

无论是有人参与还是无人参与的工程控制系统，其基本特征都是组成控制系统的各环节间存在控制联系和信息联系，控制的目的都是使被控对象的某一或某些物理量能按预期的规律变化，并达到预期的目标。

就物理结构来看，控制系统的组成是多种多样的，但就控制的作用来看，控制系统主要由控制部分和被控制部分组成。控制部分的功能是接收指令信号和被控部分的反馈信号，并对被控部分发出控制信号。被控部分则是接收控制信号，发出反馈信号，并在控制信号的作用下实现被控运动。在本书中，被控部分就是机械系统。

无论多么复杂的控制系统，都是由一些基本环节或元件组成的。图15-6所示为一个典型的闭环控制系统方框图，它由以下几个环节组成。

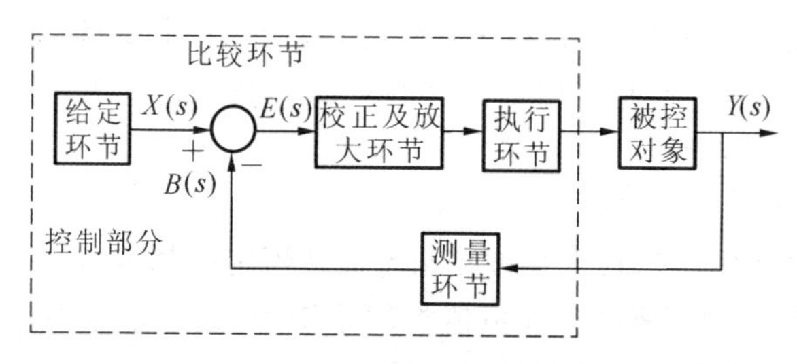

图15-6　典型的闭环控制系统方框图

(1) 给定环节　给定环节是给出与反馈信号同样形式和因次的控制信号,用于确定被控对象"目标值"的环节。给定环节的物理特性决定了给出的信号可以是电量、非电量,也可以是数字量或模拟量。

(2) 测量环节　测量环节是用于测量被控变量,并将被控变量转换为便于传送的另一物理量(一般为电量)的环节。例如,电位计可将机械转角转换为电压信号,测速发电机可将转速转换为电压信号,光栅测量装置可将直线位移转换为数字信号,这些都可作为控制系统的测量环节。一般测量环节是一个非电量的电测量环节。

(3) 比较环节　比较环节是将输入信号 $X(s)$ 与测量环节发出的有关被控变量 $Y(s)$ 的反馈量信号 $B(s)$ 进行比较的环节。经比较后得到一个小功率的偏差信号 $E(s)=X(s)-B(s)$,如幅值偏差、相位偏差、位移偏差等。如果 $X(s)$ 与 $B(s)$ 都是电压信号,则比较环节就是一个电压相减环节。

(4) 校正及放大环节　为了实现控制,要将偏差信号作必要的校正,然后进行功率放大以推动执行环节。实现上述功能的环节即为校正及放大环节。常用的放大类型有电流放大、电压-液压放大等。

(5) 执行环节　执行环节是接收放大环节的控制信号,驱动被控对象按照预期的规律运行的环节。执行环节一般是能将外部能量传送给被控对象的有源功率放大装置,工作中要进行能量转换,如把电能通过电动机转换成机械能,驱动被控对象作机械运动。

给定环节、测量环节、比较环节、校正及放大环节和执行环节一起,组成了控制系统的控制部分,实现对被控对象的控制。

15.4.2　自动控制系统的分类

自动控制的种类很多,应用范围也很广,因此,系统的分类方法也很多,其中主要有以下几种主要的分类法。

1. 按自动控制的方式分类

(1) 顺序自动控制系统　从目的上说,顺序自动控制是定性控制,其系统由开环回路构成。控制方法是执行预先给出的顺序命令。例如工厂自动线的自动控制即为顺序控制。

(2) 反馈自动控制系统　反馈自动控制是定量控制,其系统由闭环回路构成。控制方法按偏差原理进行,是应用最广泛的自动控制方式。例如工厂电阻炉炉温自动控制系统即为反馈控制。

2. 按给定量分类

(1) 恒值控制系统　其特点是被控制量保持恒定或基本恒定。例如上述电阻炉炉温控制系统即恒值控制系统。在恒值控制系统中,输入信号所保持的恒定值即为给定值,它与被控制量所要求的值是对应的。

(2) 随动控制系统　其特点是与被控制量相对应的给定值的变化规律预先不能

确定，而被控制量却能准确、迅速地再现给定值的变化。例如国防上的雷达跟踪系统即属此类。

(3) 程序控制系统　其特点是被控制量按预先确定的规律变化。例如金属冶炼时，冶炼炉的温度往往要按一定的规律变化，才能满足要求。

3. 按被控量分类

(1) 过程控制系统　所谓过程，是指在某设备中将原料经过适当处理得到产品的这段生产过程。被控量是温度、压力、流量、液位、黏度、pH 值等过程控制量，其系统主要由已被规格化生产的各类仪表所构成，故又称其为仪表控制系统。

(2) 伺服系统　伺服系统指被控量为位移、旋转角度等力学量的一类自控系统，其目的往往是用小功率信号去推动大功率装置并令其跟随变动。由于被控量能迅速而精确地响应指令输入的变化，所以伺服系统已成为机电一体化机械设备的核心组成部分。

(3) 自动调整系统　被控量是电网电压、频率等电量和原动机转速等一类物理量，控制方法基本是定值控制。这类系统中有很多采用的是把对象和自控装置做成一体的结构形式。

机械系统的总体方案设计

机械系统的总体方案设计是整个设计工作中的一个重要阶段，是技术设计的基础，方案设计合理与否，对机械系统的设计质量有着很大影响。

方案设计主要是指系统功能结构和工作原理的设计，同时也要考虑主功能载体的初步结构构思及系统主参数的选择计算。在机械系统的总体方案设计时，一般是从设计任务的功能要求出发，设计者运用自己掌握的知识和经验，以及在确定任务要求阶段收集到的全部资料，通过抽象化、建立功能结构、寻求并组合作用原理，构思出满足功能要求的原理方案。

16.1 机械系统总体方案设计的步骤和方法

16.1.1 方案设计的内容及工作流程

机械系统方案设计的主要内容和工作流程如图 16-1 所示，它分为五个主要阶段。值得注意的是：各设计阶段并非简单地按顺序进行，为了改进设计结果，常需在前、后各步骤之间反复修改、调整，直至得到满意的结果。为了清晰起见，图中未表示这种循环。

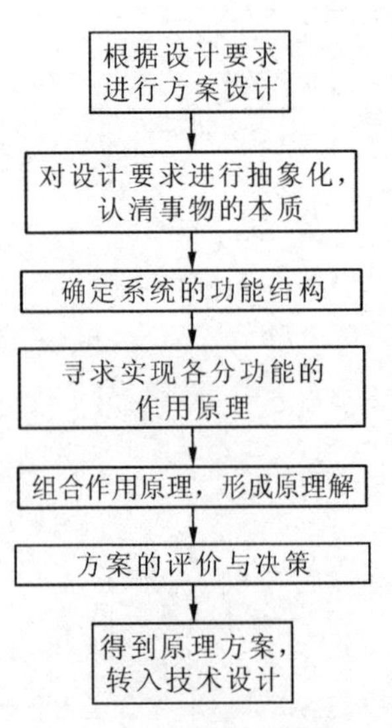

图 16-1 机械系统方案设计的工作流程

原理方案的表达方式有多种。若已知组成系统的构件，则可用框图或流程图来表示功能结构。一般情况下，需粗略地按比例绘制一张原理解答方案简图。

下面分别介绍方案设计中各阶段的具体任务和工作方法。

16.1.2 设计要求的抽象化

抽象化方法是认识事物本质的最有效的方法。抽象化的目的就是在方案设计的初期，从设计任务书中众多的设计要求中找出任务的核心和与任务相关的主要约束条件，使设计者突破传统观念的限制，认清任务所具有的普遍意义和本质性的东西。抽象化的步骤如下。

(1) 分析设计要求,确定所要求的功能和主要条件,忽略对实现功能没有直接影响的次要条件,并把设计要求中定量的说明改为定性的说明,从而缩减为本质性陈述。

(2) 对设计要求的表述进行有意义的扩展,使之抽象为一般性的描述,以便摆脱传统模式的约束,寻求更多、更可行的求解途径。扩展的关键是认清事物的本质,只有围绕这一本质进行扩展,才不会走入歧途;另外,要分辨出设计要求中隐含的约束,正是这类约束决定了表述扩展的宽度。下面举一个简单的例子来说明表述扩展的意义。一设计任务是:开发一种轴用迷宫式密封装置。这个设计要求太具体,局限于某种特定的密封形式,限制了设计者的思维。通过分析可知,这个任务的核心是对转轴伸出端与轴承盖通孔之间进行密封,不允许泄漏,隐含的约束条件是相对运动的表面不允许直接接触,并保持密封性能不变。可将上述设计要求的表述扩展为:无接触地密封一个转轴穿过处。这时的密封装置就不仅仅是迷宫式密封装置了,也可以考虑油沟密封、间隙密封或组合密封。当轴的转速不太高时,上述表述可进一步扩展为:密封一转轴穿过处且密封性能可靠。此时,可行解的范围就更大了,包括各种接触式密封。总之,将任务表述方式适当加宽,能开阔设计者的思路,可能会获得一些更合适的解,有助于创造性思维能力的发挥。

16.1.3　确定系统的功能结构

经过上述的抽象化过程,找出了设计任务的核心要求(实际上就是对机械系统整体的功能要求),据此可表示出系统的总功能,即用框图表示能量流、物料流及信号流等输入和输出之间的转换关系。

一个机械系统的总功能往往比较复杂,所包含的内容很多,通常很难立即找出相应的解答。因此,为了便于分析研究,需将总功能分解成复杂程度较低的分功能,第 15 章所述的动力系统、传动系统、执行系统及控制系统等都可作为机械系统的分功能系统。如有必要,分功能还可进一步分解成若干层次,直至实现功能的基本单元——功能元。同级分功能组合起来应能实现上一级分功能,最后组合成的整体就是系统的总功能。这种功能的分解与组合关系就是功能结构。图 16-2 表示了这种

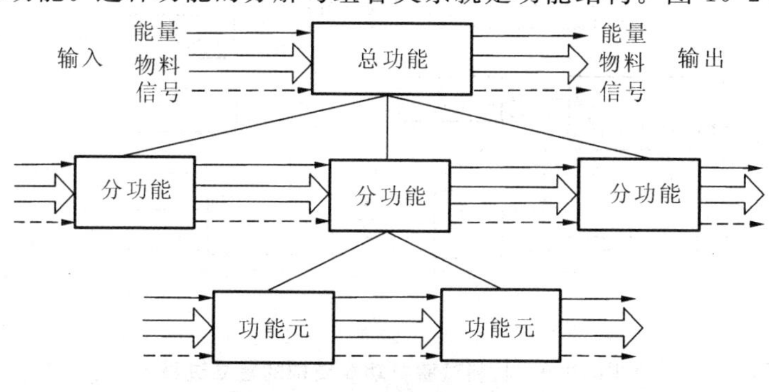

图 16-2　功能结构的表示

关系。建立功能结构使求解容易进行,这是因为结构化降低了被设计系统的复杂程度——可以先单独寻求各分功能的解,最后组合成总功能的解。

应当注意的是:具体系统功能分解的层次取决于系统的复杂程度及新设计所占的比重大小。对于系统中已知的部分,可用现有部件实现其较复杂的分功能,此时功能分解可在较高层次上停止;而对于系统中新开发的部分,则需分解到其功能足够清晰为止。另外还应注意,即使总功能相同,功能分解的结果也可能不同,相应的解答方案也可能不同,故应对各种分解方案进行选择比较。

建立功能结构时,应当首先考虑起决定作用的主要分功能的组合关系,初步确定功能结构的总体框架,然后再考虑附加的、次要的分功能,这样易于将复杂的分功能进一步分解。如图 16-3 所示为一材料试验机的功能结构:图 16-3(a)所示为系统的总功能,其内容是测量材料受力与变形之间的关系,它具有较复杂的能量流、物料流及信号流。针对这一总功能,通过分析可确定四个主要的分功能,即能量转变成力和位移、对试件加载、测量力及测量变形,从而获得功能结构的主流,如图 16-3(b)所

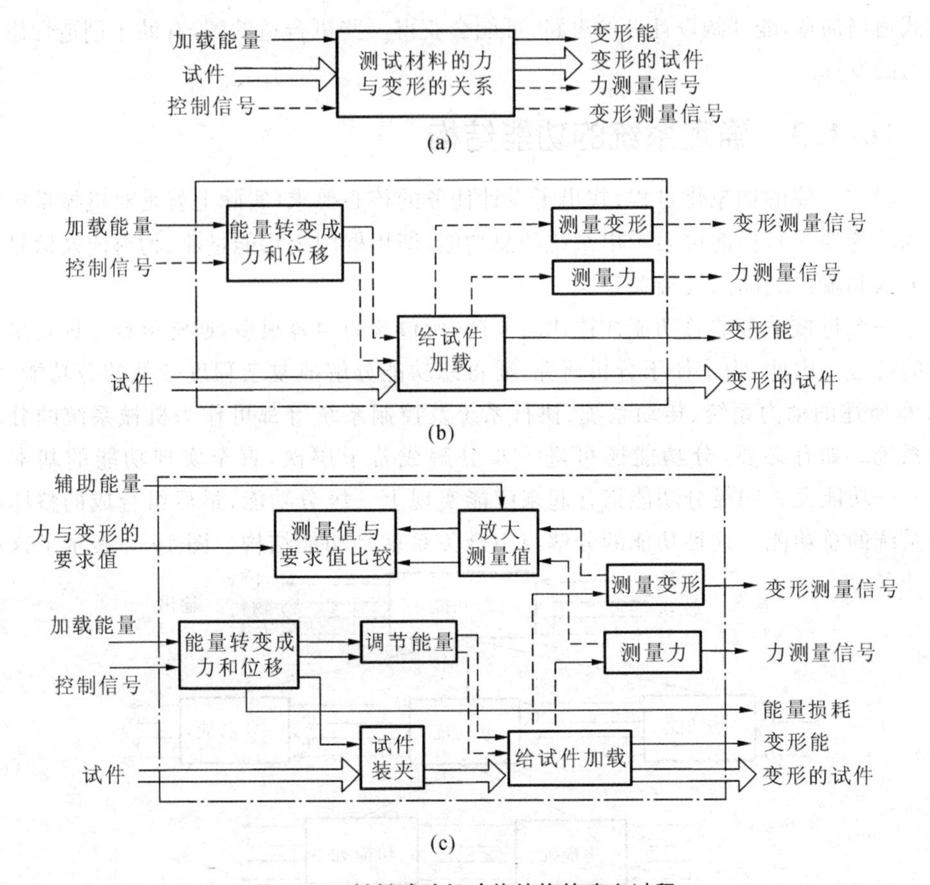

图 16-3　材料试验机功能结构的建立过程

(a) 材料试验机的总功能;(b) 材料试验机的主要分功能;(c) 完整的功能结构

示。之后再进一步分析实现各主要分功能时还有哪些要求需要满足。如在能量流中还应添加调节载荷大小的“调整功能”，并在输出中表示出能量转换时的损耗，因为能量损耗与设计直接相关；在信号流中需增加“测量值放大功能”及“要求值与实测值比较功能”，以决定能量调节的大小；在物料流中，应补充“试件夹持功能”。随着功能分解的不断深入，逐步形成了完整的功能结构，如图 16-3(c)所示。

16.1.4　寻求实现分功能的作用原理

所谓作用原理，是指在功能载体上利用某种(或某些)物理效应实现某一分功能的工作原理。对于各个分功能，必须找到适当的作用原理，然后将它们组合起来，再由此具体化，即可得出解决问题的方法。寻求作用原理也就是寻求物理效应和功能载体。

物理效应是一种抽象的、普遍的现象和规律，可以通过将有关量互相联系起来的物理定律来描述。如：摩擦效应通过摩擦定律 $F=fN$ 来描述；杠杆效应通过杠杆定律 $F_aL_1=F_bL_2$ 来描述；膨胀效应通过线性膨胀定律 $\Delta l=\alpha l\Delta\theta$ 来描述。机械系统的功能实现在绝大多数情况下都是以物理效应为基础的。实现物理效应的具体构件就是功能载体。如表 16-1 所示，功能载体轴和毂利用摩擦效应来实现分功能传递转矩，根据施加法向力的方法不同，分别以过盈配合或夹紧连接作为作用原理。表中另两个例子的作用原理是：通过橇杠或曲柄等功能载体，利用杠杆效应实现分功能增大操纵力；利用水银或双金属的膨胀效应接通电路，实现信号转换。

表 16-1　物理效应及作用原理举例

分　功　能	物理效应 (不偏向于某种解)	作 用 原 理
 T_1　传递转矩　T_2	摩擦效应 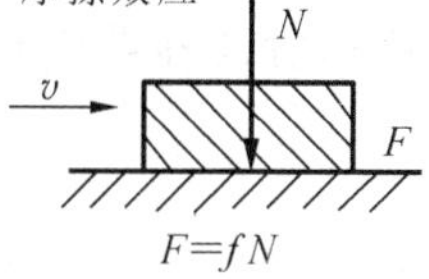 N　v　F $F=fN$	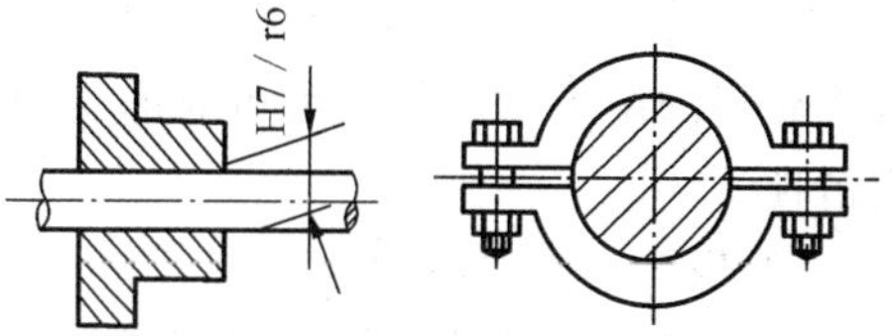 H7 / r6
 F_a　增大操纵力　F_b	杠杆效应 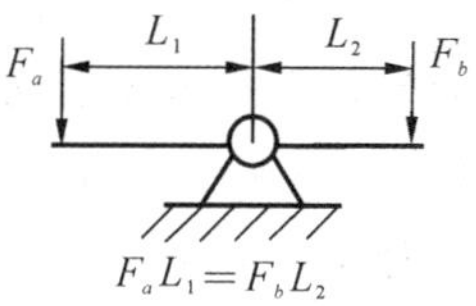 F_a　L_1　L_2　F_b $F_aL_1=F_bL_2$	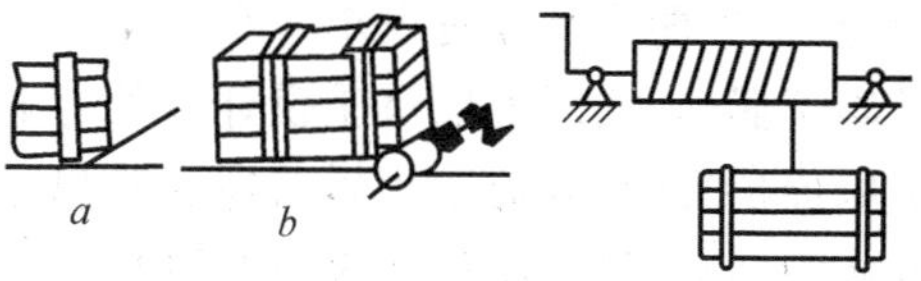 a　b
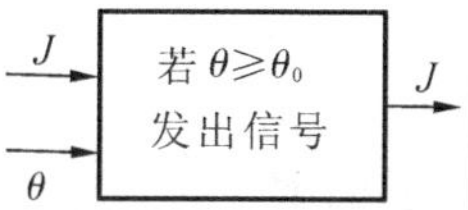 J　若 $\theta\geqslant\theta_0$ 发出信号　J θ	膨胀效应 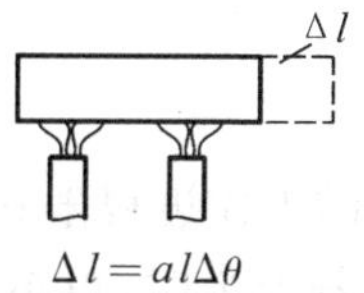 Δl $\Delta l=al\Delta\theta$	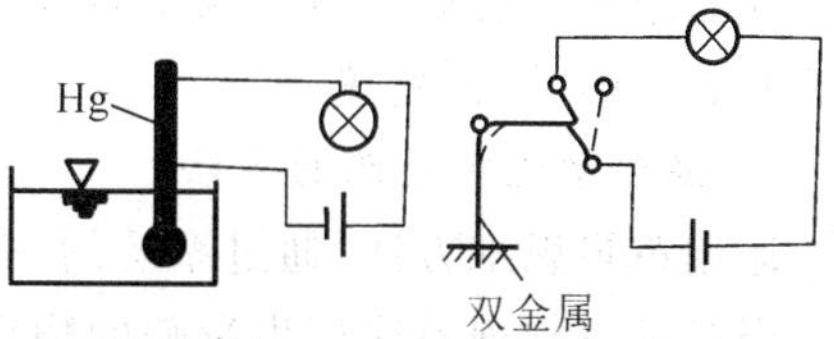 Hg 双金属

同一分功能可以分别用几种不同的物理效应来实现。例如摩擦效应和电磁效应都可用来传递转矩,杠杆效应和液力效应都能用来增大力等。不过,用于实现一个分功能的物理效应必须与相邻的其他分功能所利用的效应相适应。也可将几种物理效应结合起来实现一个分功能,例如上述的双金属作用效果就是由热膨胀效应和应力-变形效应组合而实现的。当然,同一物理效应也可以实现多项分功能。如杠杆效应不仅可以增大操纵力,也可以改变行程和运动速度。而且,同一物理效应还能够由不同的功能载体来实现,如表 16-1 中对每一种物理效应都列出了两种类型的功能载体。由此可见,只有针对某一分功能,在一确定的功能载体上,由某一确定的物理效应产生的作用,才是实现该分功能的作用原理。

在寻找作用原理时,应针对分功能的具体要求尽量多举出几种物理效应和功能载体,以扩展设计思路。当所设计的机械系统比较简单时,设计者往往根据一般知识和经验就可确定出合适的作用原理。但是对于较复杂的系统,寻找作用原理时可能会出现困难,这时,可采用下述的求解方法和手段。

1) 查阅相关技术文献

查阅与设计课题相关的技术状况方面的信息是非常重要的,这些信息可以帮助设计者充分了解和掌握解决类似问题的方法和途径,从中受到启发,以建立求解当前问题的思路。信息的来源是多方面的,如各种专业期刊、技术资料、专著、专利、类似产品的说明书以及国际互联网信息库等。

2) 分析已有系统

在现有的某些技术系统中,常常存在与新设计任务相近的作用原理,通过分析已知系统,从中找出相关的物理效应和功能载体,并在此基础上通过改进而导出新的解。如有可能,也可直接采用找出的作用原理。这些已有系统可以是本企业的老产品,也可以是某些相似的产品和部件。因为已有系统经过了实践的考验,所以用这种方式获得的结果常常是较为可靠的。但是,这种方法在一定程度上限制了设计者的创造性。

3) 偏重于直觉的方法

直觉经常在设计工作中起到意想不到的作用。当设计者为寻求问题的解而冥思苦想时,可能会突然迸发出一个好主意而使问题迎刃而解。这种突发思想表面上看是出于偶然,实际上取决于设计者的专业知识、经验以及对任务深入的研究。设计方法应促进直觉,并通过集体讨论这种思维联合形式启发新的解决思路。例如创造性方法中的智暴法、联想法等,就是以小组的工作形式,利用集体的力量,通过合作者之间无成见地表达意见并借助联想而得到启发。关于这些方法更详细的内容,请参阅有关专著,此处不再赘述。

4) 偏重于逻辑思维的方法

运用逻辑思维方法,通过系统的、有步骤的工作进程来获得问题的解。

当对某一物理效应产生影响的物理量有若干个时,可系统地分析各物理量与因变量之间的关系，每次只考虑一个物理量的影响，其他量保持不变，从而导出多个不同解。这实际上就是将混合的数个物理效应分解成单个效应，以利于求解。现以螺纹摩擦防松为例来说明这种方法。根据机械原理，已知旋松螺母的阻力矩 T 等于螺纹副间的摩擦阻力矩 T_1 与螺母支承面间的摩擦阻力矩 T_2 之和，即

$$T = T_1 + T_2 \tag{16-1}$$

其中，

$$T_1 = F' \frac{d_2}{2} \tan(\rho_v - \lambda) \tag{16-2}$$

$$T_2 = \frac{1}{3} \mu F' \left(\frac{D_0^3 - d_0^3}{D_0^2 - d_0^2} \right) \tag{16-3}$$

式中　D_0——螺母支承面大径；

d_0——螺栓孔径；

其余符号的含义与第10章相同。

要使螺纹副有可靠的防松性能，必须使旋松力矩 T 尽量大。为了认识改进螺纹防松性能的作用原理，可根据已存在的物理效应，找出单个效应。由上述关系式可知，式(16-2)中含有三种物理效应：摩擦效应($F' \tan\rho_v$)、楔效应($F' \tan(-\lambda)$)和杠杆效应$\left(F' \frac{d_2}{2} \tan\rho_v \right)$；同理，式(16-3)中也包含了摩擦效应和杠杆效应。通过对单个物理效应的分析，调整相应的物理量，可得出下列改进防松性能的作用原理：

(1) 增大螺纹副或支承面的摩擦系数以增大摩擦力——摩擦效应；

(2) 减小螺纹升角 λ 以减小使螺母松脱的力——楔效应；

(3) 增大螺纹中径 d_2 或支承面大径 D_0 以增大摩擦力矩——杠杆效应；

(4) 因为 $\tan\rho_v = \mu_v / \cos\beta$，故增大螺纹牙形斜角也可增大摩擦力——楔效应。

利用二维表格形式有次序地表达信息也是一种偏重于逻辑思维的方法。在表的行和列中按编排要求，有规律地填入总结出的数据或可能的解法，这种表式结构使解题的过程一目了然，有利于启发设计者沿着某些确定的方向寻求进一步的解。实际上，这种方法适用于设计过程的各个阶段，形态学矩阵就是一种编排表式方法。

16.1.5　组合作用原理

通过上述步骤找出了实现各分功能的作用原理后，为了实现系统的总功能，需将这些作用原理进行合理地组合，以建立系统方案设计的原理解，即系统综合。组合的依据是系统的功能结构所表达的各分功能间的逻辑顺序和连接关系。

如前所述，实现各分功能的物理效应和功能载体可以有多种，因此，对于同一系统可以得到多个不同的原理方案。为了便于组合作用原理，探求各种可能的系统总解，通常可用形态学方法建立形态学矩阵来描述系统。

为了便于看出分功能间的局部解有无相容性，构造形态学矩阵时应依据功能结构的逻辑顺序将各分功能依次填入第一列，必要时可按能量流、物料流、信号流分别

填入;另外,对于局部解不仅要用文字说明,还要附加必要的原理简图。在组合之前,需对各局部解进行一次筛选,将其中理论上可行但客观上难以实现的局部解尽可能早地淘汰,以缩减解的数目,利于相容性判别及可行解的组合。

例如设计一饮料生产线上瓶盖自动整列装置的原理方案。该装置的作用是将一堆随意放置的瓶盖整理成口朝上的位置逐个输出,其总功能可分解成三个主要分功能:瓶盖输入、整向及成列输出,其中整向还可进一步分解为三个分功能,即测向、分拣及翻转。将各分功能的作用原理列入如表 16-2 所示的形态学矩阵。由图可知,组合各分功能的作用原理可得到的系统原理解共有:

表 16-2　瓶盖自动整列装置形态学矩阵

分功能		作用原理							
		1	2	3	4	5	6	7	8
A	输入	重力		机械力					液、气力
B	测向	机械测量		气压	磁通密度	光测	气流		
C	分拣	气流	负压	重力	机械式				
D	翻转	重力	气流	导向					
E	输出	重力	机械式					液、气力	

$$N = n_A \cdot n_B \cdot n_C \cdot n_D \cdot n_E = 8 \times 6 \times 6 \times 3 \times 7 = 6\,048(\text{个})$$

但是第二级分功能测向、分拣、翻转并不都是必须的，有些方案中可能只选择其中的一项或两项。下面组合出四种方案以作比较，如图16-4至图16-7所示。图中并列的方框表示两分功能合并，选用相同的作用原理。方案一中气流吹拂起到测向、分拣的双重作用，口朝下的盖通过导向翻转实现预期要求。方案二只选用了分功能翻转来实现整向。方案三将分功能分拣和翻转合并，根据所测气压的强弱控制气流喷嘴的开闭。方案四舍去了分功能翻转，将位置不合要求的瓶盖回收。下一节将介绍如何从众多方案中筛选出最佳方案。

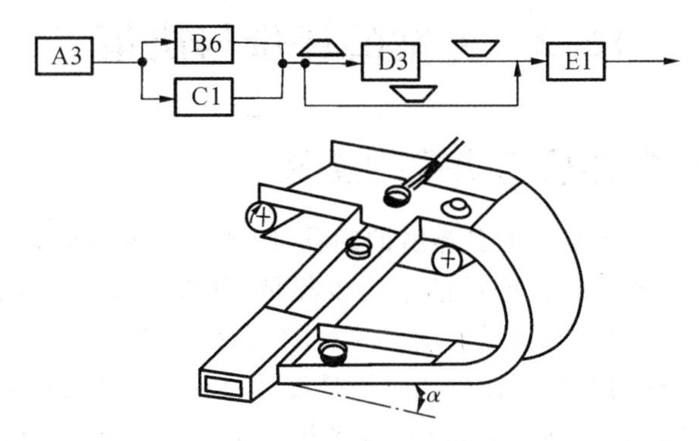

图16-4　整列装置原理方案一

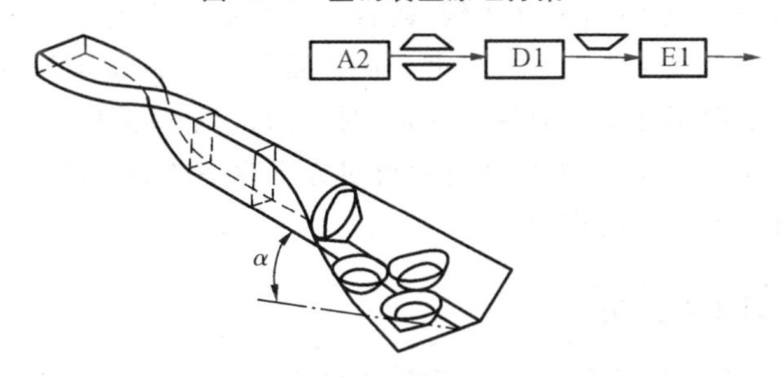

图16-5　整列装置原理方案二

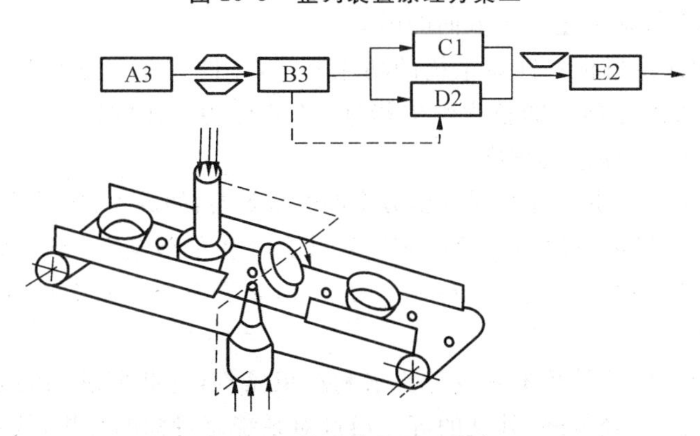

图16-6　整列装置原理方案三

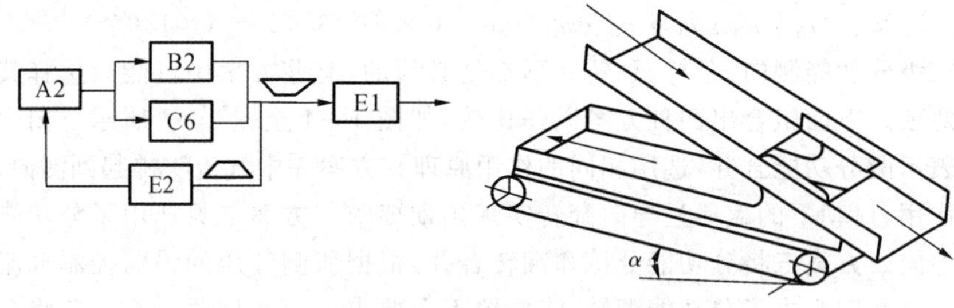

图 16-7 整列装置原理方案四

16.2 方案的评价与决策

16.2.1 方案评价与决策的意义

工程问题常常是一个复杂而且多解的问题,即解答方案不是唯一的,机械系统的方案设计也是如此。解决此类问题的常用步骤是:分析—综合—评价—决策。通过对设计任务的分析与综合,得到尽可能多的解,然后对经过挑选的可行解逐个进行评价,从而选出一个合理的方案。评价和决策是设计过程中很重要的步骤。

所谓评价,就是相对于预定的目标,对各候选方案的价值及效用进行比较和评定。评价时是将各种方案进行相互比较,或者是将实际方案与理想方案比较后得出价值比,以此来代表与理想解的接近程度。而决策就是根据预定目标对评价结果作出选择或决定,得出拟用方案。应注意的是,对“评价”的理解不应仅停留在“科学地分析和评定方案”这一层面上,而应通过评价对方案存在的弱点进行改进和完善。所以,评价对设计可起到优化的作用。

16.2.2 评价目标

评价的第一步是建立评价目标(或称评价准则),它是评价的依据。从大的方面来说,评价目标应包含下述三个方面的内容。

(1) 技术性评价目标 针对系统的功能要求,评价方案在技术上的可行性和先进性,判断其能否满足预定的技术性能指标(如系统的工作性能指标、可靠性、安全性、使用维护性等)及满足的程度。

(2) 经济性评价目标 主要是评价方案的经济效益,如成本、利润、投资回收期等。

(3) 社会评价目标 评价方案实施后对社会产生的效益和影响,如是否符合国家的科技政策,能否促进科技进步和生产力发展,是否有利于资源的综合利用,是否能改善环境污染等。

确定评价目标的原始依据是设计要求和约束条件,这些要求和约束包括不同的各个方面,如技术的、经济的、外观的等。通过对系统总目标的分析,从众多要求中挑选出最重要的几项(通常不超过十项)作为评价目标。各评价目标应尽量做到相互独立，使得对一个目标的改进不至于影响对其他目标的评价。

为便于分析，可建立一个目标树对目标系统进行分解、图示，将总目标划分成复杂程度递减的若干目标等级。目标树的最后分支即为分解后的评价目标。如图16-8所示，Z为系统的总目标，Z_1、Z_2为其子目标，Z_{11}、Z_{12}又是Z_1的二级子目标。

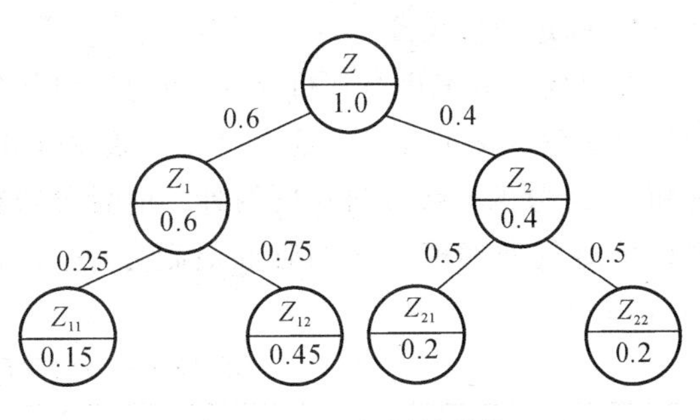

图16-8　目标树的结构

最终挑选出的评价目标其重要性是不相同的，因此，还需对各评价目标设置加权系数，以区别它们的重要程度。各目标加权系数常取0～1，且同级目标加权系数之和等于1。图16-8中：连线上的数字表示下级目标相对于上级目标的加权系数；圆圈内的数字表示该目标相对于总目标Z的加权系数，其值等于各上级目标加权系数之积，如目标Z_{11}关于Z_1的加权系数为0.25，而关于Z的加权系数为$0.25\times0.6=0.15$。

通过建立目标树，可清楚地表达评价目标及其重要程度，使设计者能够方便地检查是否遗漏了某些重要目标，使用起来非常方便。

16.2.3　评价方法

常用的评价方法很多，可分为三大类：经验评价法、数学分析法、试验评价法。

当问题不太复杂、方案不多时，可采用经验评价法。这种方法主要是根据评价者的经验，采用简单的评价方法，对候选方案进行粗略评价。例如16.1节中瓶盖整列装置共有四种方案，现用简单方法对其进行评价，结果如表16-3所示。表中符号“++”、“+”、“−”分别表示很好、好、不好。每一方案的“+”、“−”相抵后的余额即为评价结果。显然，方案2最为理想。数学分析法是最为常用的方法，包括排队计分法、技术经济综合评价法、模糊评价法等。下面重点介绍技术-经济综合评价法。

表16-3　瓶盖整列装置各方案的粗略评价

评价目标	方案一	方案二	方案三	方案四
速度高	+	+	++	−
误差小	−	+	+	+
成本低	−	++	−	+
结构简单	−	++	−	−
易于加工	−	+	−	+
使用方便	+	+	+	−
评价结果	2个“−”	8个“+”	1个“+”	0个“+”

1. 确定评价尺度

在对候选方案进行评价之前,应先定出与各评价目标相对应的评价尺度,用以衡量评价对象的优劣程度。这个尺度是通过打分来表达的,有 0~10 分的 11 级评价尺度和 0~4 分的 5 级评价尺度两种。前者分级很细,适合于评价对象较具体的场合。当评价对象处于理想状态时取最高分,完全不能用时取 0 分。两种评价尺度如表 16-4 所示。

表 16-4　评价尺度对照表

11 级评分	分数	0	1	2	3	4	5	6	7	8	9	10
	意义	不能用	缺点很多	较差	勉强可用	合格	满意	较好	好	很好	超出目标	理想
5 级评分	分数	0		1		2		3		4		
	意义	不能用		勉强可用		合格		好		很好(理想)		

2. 建立评价表

在进行真正的评价以前,应建立一张评价表,表中列出评价目标及相应的加权系数。为使评分时能作出较准确判断,最好针对每一评价目标给出相应的特性值。特性值可以是定量的参数(如内燃机的耗油量),也可用文字具体说明。表 16-5 是评价表的一个示例。

表 16-5　评价表示例

序号	评价目标	加权系数 g	特性值	方案一			方案二			…
				特性	评分 p_1	加权分值 $p_1 g$	特性	评分 p_2	加权分值 $p_2 g$	…
1	燃料消耗少	0.3	燃料消耗量	240	4	1.2	300	3	0.9	…
2	重量轻	0.2	重量功率比	1.7	3	0.6	2.3	2	0.4	…
3	便于制造	0.1	铸造工艺性	较差	1	0.1	中等	2	0.2	…
⋮	⋮	⋮	⋮	⋮	⋮	⋮	⋮	⋮	⋮	
m		g_m								
		$\sum_{j=1}^{m} g_j = 1$				$\sum p_{1j} g_j$			$\sum p_{2j} g_j$	…

3. 技术-经济综合评价

先分别对技术和经济两方面进行评价,然后进行综合评价。这种评价方法,不但考虑了各评价目标的加权系数,而且所得出的技术价和经济价都是相对于理想状态的值,有利于决策时进行判断和选择,且便于方案的改进。

技术-经济综合评价的具体做法如下。

1）技术评价

将方案技术性能中各评价目标的加权分值相加得到总价值，然后除以理想价值求出技术价：

$$W_{ti}=\frac{\sum_{j=1}^{m}p_{ij}g_j}{p_{max}\sum_{j=1}^{m}g_j}=\frac{\sum_{j=1}^{m}p_{ij}g_j}{p_{max}}\quad\left(\sum_{j=1}^{m}g_j=1\right)\tag{16-4}$$

式中　i、j——方案和评价目标的序号；

W_{ti}——第 i 个方案的技术价；

p_{ij}——评价目标的评分值；

g_j——评价目标的加权系数；

p_{max}——评价目标的理想分值(10 分或 4 分)。

理想方案的技术价 $W_{ti}=1$。若 $W_{ti}<0.6$，则认为需对此方案作较大幅度的改进，之后才能作为进一步开发的基础。若 $W_{ti}\geqslant 0.8$，则是较好的解。

2）经济评价

经济评价的目的是求出各方案的经济价 W_{wi}。它等于理想生产成本与实际生产成本之比，即

$$W_{wi}=\frac{H_0}{H_i}=\frac{0.7H_z}{H_i}\tag{16-5}$$

式中　H_0——理想生产成本；

H_i——实际生产成本；

H_z——允许的生产成本。

一般可取理想生产成本 $H_0=0.7H_z$。

经济价 W_{wi} 越大，经济效果越好，其理想状态是 $W_{wi}=1$，表示实际生产成本与理想生产成本相等。经济价的许用值是 0.7，即实际生产成本等于允许的生产成本。

值得注意的是，在方案设计阶段常常不能准确地定出实际生产成本，特别是对于复杂系统，要做到这一点更困难，一般不容易建立以生产成本为依据的经济价 W_{wi}。因此，通常采用下面两种方法进行变通处理：

(1) 在技术价值中隐含经济观点(参见 16.3 节的例 16-1)；

(2) 分别求出技术价和经济价，但经济观点只作定性的描述，经济价的求法与技术价相同(参见 16.3 节的例 16-2)。

3）技术-经济综合评价

求出各方案的技术价和经济价后，即可采用技术-经济综合评价方法求得各方案的总价值 W_i。求 W_i 有两种方法。

(1) 均值(算术平均值)法：

$$W_i=\frac{1}{2}(W_{ti}+W_{wi})\qquad(i=1\sim n)\tag{16-6}$$

(2) 双曲线法：

$$W_i=\sqrt{W_{ti}\cdot W_{wi}}\qquad(i=1\sim n)\tag{16-7}$$

式中　n——要评价的方案数。

W_i 的大小表征了方案综合性能的好坏，通常希望 $W_i\geqslant 0.65$。

采用均值法时，若技术价与经济价差值很大，也能算出较大的总价值，但应看到该方案的均衡性差，并不能算是好解。所以，此时采用双曲线法更恰当一些，不均衡性越大，乘积引起的降值效果越大，使其总价值降低。

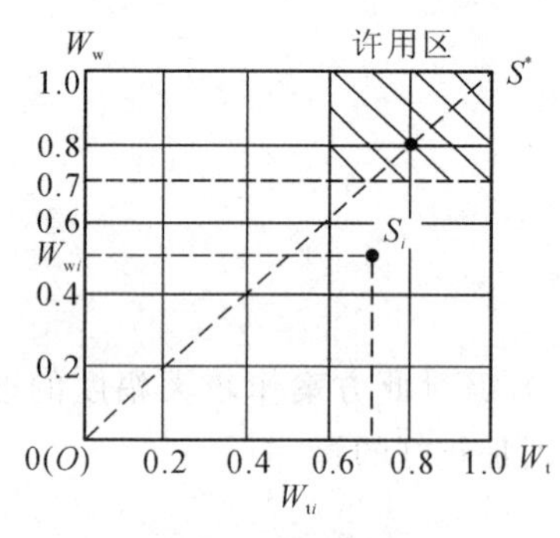

图 16-9　优度线图

也可采用优度线图来直观地表示方案的技术、经济综合性能，如图 16-9 所示。横坐标表示技术价 W_t，纵坐标表示经济价 W_w。在优度线图中，每一个方案都对应着一个点 $S_i(W_{ti},W_{wi})$，S_i 的位置表明了方案的优度。显然点 $S^*(1,1)$是理想优度，S_i 越接近 S^* 则说明该方案的技术-经济综合价值越高，打剖面线的部位是许用区。OS^* 连线称为开发线，此线以上各点 $W_{wi}>W_{ti}$，以下各点 $W_{wi}<W_{ti}$。因此，可根据点 S_i 相对于开发线的位置来判断其不足之处，从而定出改进方向。

16.2.4　决策

决策的目的就是根据评价的结果确定出合适的原理方案，为系统的进一步开发作准备。一般来说，决策时所选定的方案应该是总价值最高的方案，但实际操作中常常会得出几个价值相近的方案。此时，如果仅根据这种形式上的微小差别作出决断，可能会铸成大错。在这种情况下，必须深入考察评价过程中的误差、弱点及各评价目标价值的均衡性。如果某方案价值的均衡性差(即有些评价目标的评分低于平均值)，尽管其总价值高，但也不能算是好解，可能会给后续开发留下隐患。所以，此时选用总价值略低但各分价值均衡性好的方案往往是明智的。

16.3　方案设计实例

本节通过两个实例来进一步论述机械系统方案设计的步骤和方法。

例 16-1　设计一连续工作的带式运输机的机械传动系统，要求运动平稳，结构紧凑，维护方便，效率高。已知：传递功率 $P=4$ kW，输入转速 $n_1=1\,000$ r/min，输出转速 $n_2=85$ r/min。试拟订传动系统的方案。

解　(1) 明确任务要求。

总传动比 $i=\dfrac{n_1}{n_2}=\dfrac{1\,000}{85}=11.76$。根据传动比的大小，可采取两级减速传动。

由于该传动系统较简单，设计时有些步骤可省略。

(2) 进行功能分析。

系统的总功能是传递运动和转矩，每级传动可作为其分功能。列出形态学矩阵如表 16-6 所示。

表 16-6　传动系统的形态学矩阵

分功能＼局部解		摩擦传动	啮合传动				
		1	2	3	4	5	6
A	第一级传动	V 带传动	闭式直齿圆柱齿轮传动	闭式斜齿圆柱齿轮传动	闭式人字齿轮传动	闭式锥齿轮传动	蜗轮蜗杆传动
B	第二级传动		闭式直齿圆柱齿轮传动	闭式斜齿圆柱齿轮传动	开式圆柱齿轮传动	闭式锥齿轮传动	链传动

(3) 组合原理解。

根据形态学矩阵可组合出 $N=6\times5=30$ 个系统方案原理解。若考虑传动件的布置形式和位置，则方案数会更多。为便于分析，应根据各种传动件的特点、适用范围及实际工作条件，先排除一些明显不合理的原理解，如 A1＋B6、A4＋B5 等，然后从可行方案中初步挑选出四个较有价值的方案作为备选方案。

初选四种方案如下。

方案一：　A1＋B2

方案二：　A3＋B2

方案三：　A4＋B6

方案四：　A5＋B3

四种传动系统的方案简图如图 16-10 所示。

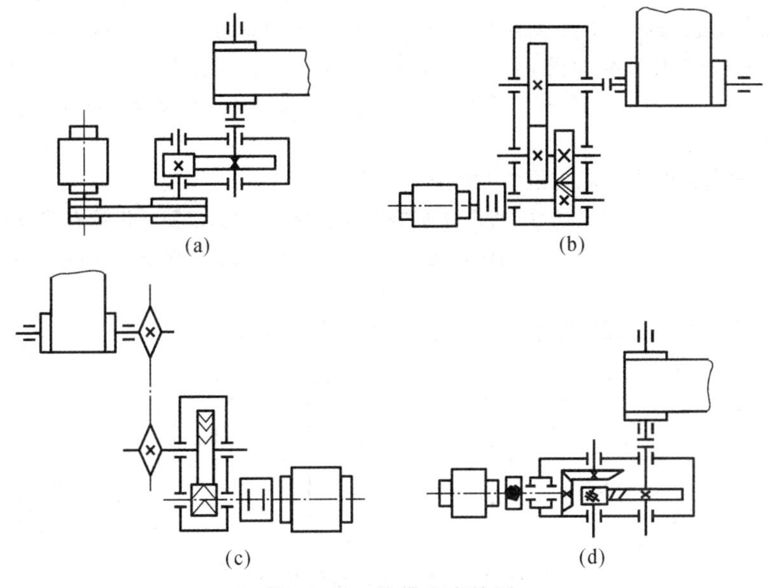

图 16-10　传动方案简图

(a) 方案一；(b) 方案二；(c) 方案三；(d) 方案四

(4) 方案的评价与决策。

以结构紧凑、效率高等七项要求作为评价目标,采用5分制做技术评价(隐含经济观点,如制造简单、寿命长等)。表16-7显示了各方案的评分及评价结果。方案一、二、四的技术价值均超过0.7,技术性能较好,尤其是方案二价值最高,只需一台两级圆柱齿轮减速器。根据评价结果,决定采用方案二。

表16-7　传动方案评分表

评价目标	加权系数	方案一		方案二		方案三		方案四	
		评分	加权分	评分	加权分	评分	加权分	评分	加权分
结构紧凑	0.2	2	0.4	4	0.8	2	0.4	4	0.8
效率高	0.1	3	0.3	4	0.4	3	0.3	4	0.4
维护方便	0.1	3	0.3	3	0.3	3	0.3	3	0.3
制造简单	0.15	4	0.6	3	0.45	1	0.15	2	0.3
连续工作	0.2	4	0.8	3	0.6	3	0.6	3	0.6
运转平稳	0.05	4	0.2	3	0.15	2	0.1	2	0.1
寿命长	0.2	2	0.4	3	0.6	3	0.6	3	0.6
技术价值	W_t	0.75		0.825		0.612		0.775	

例16-2　拟订轴、毂键连接冲击试验台的原理解答方案。这种试验台应能以规定的冲击性转矩对轴、毂键连接进行加载。要求:试验轴直径不大于100 mm;载荷为大小可调(最大为15 000 N·m)的纯转矩且在轴静止时输入,只受单向负荷,加载方向可选择;最大转矩至少保持1 s然后急剧下降,转矩变化过程能重复实现;能够测量转矩输入前后连接所受的转矩及键受载表面的应力,并可记录,测量应容易进行。

解　(1) 抽象化设计要求,定出总功能。

根据16.1节所介绍的工作方法,将设计要求逐步进行抽象化,以便认识带有普遍意义的、本质的问题。经有意义的扩展,最后将问题表述为:以动态转矩对轴、毂键连接加载,并测量其载荷及应力。

认识主要问题后,可确定试验台的总功能,如图16-11所示。

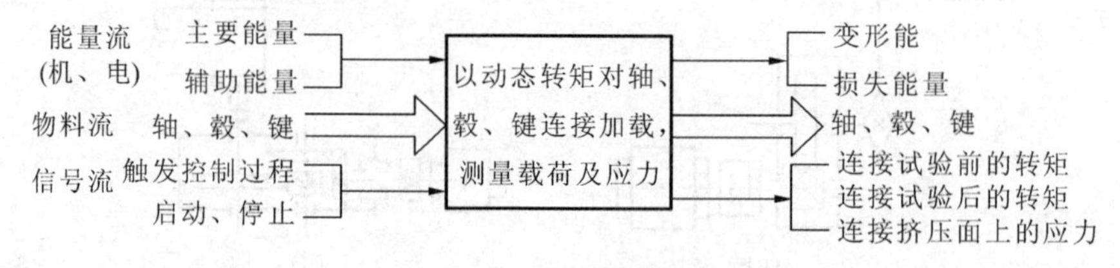

图16-11　冲击试验台的总功能

(2) 建立功能结构。

将上述总功能分解成分功能以建立功能结构。此例中重要的分功能与能量流密切相关,测量问题则与信号流有关。总功能可分解成几个主要的分功能:能量转换(原动机)、能量储存及释放、能量分量放大或转换、能量大小及时间控制、能量转换成转矩、加载、载荷及应力测量等。次要分功能有试件安装、拆卸等。为使问题简化易于理解,这里建立功能结构时不考虑测量功能。功能结构如图16-12所示。

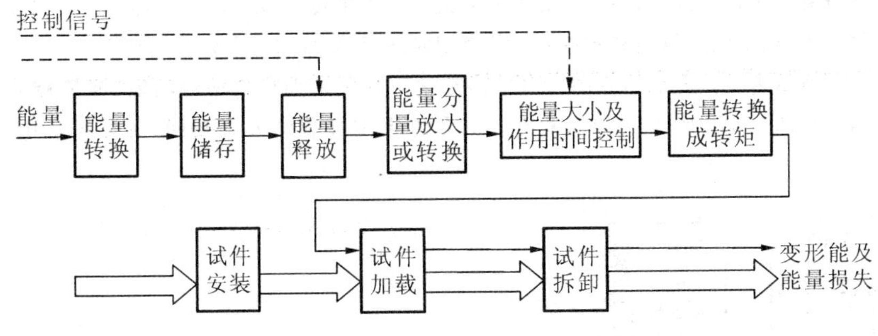

图16-12　冲击试验台的功能结构

(3) 寻求作用原理,建立形态学矩阵。

根据设计者的经验并采用16.1节所介绍的方法,对每一个分功能找出尽可能多的作用原理,并按分功能的连接顺序建立形态学矩阵,以便对作用原理进行综合,如表16-8所示。限于篇幅,表中仅列入了最主要的分功能和作用原理(省略了原理简图)。对于表中未表示出的分功能可采用相应的作用原理,如:能量释放可采用可控离合器或棘轮机构;加载可采用带有某种连接方式及刚性联轴器的轴。通过分析比较,应将那些不合适的作用原理尽早划掉(见表中的斜线)。

表16-8　冲击试验台的形态学矩阵(仅包括主要功能)

分功能		作用原理					
		1	2	3	4	5	6
A	能量转换(原动机)	交流电动机	直流电动机	同步电动机	液压马达	气动马达	~~内燃机~~
B	能量储存	飞轮(回转)	~~质量惯性(平移)~~	位能	变形能(如弹簧)	电池	
C	能量分量放大或转换	杠杆	齿轮传动	利用流体压力放大	螺旋传动		
D	控制能量大小与时间	平面凸轮	空间凸轮	可控制动器	可控硅	可控流量阀	
E	能量转换成转矩	齿轮齿条传动	曲柄机构	杠杆	~~拉曳传动~~		

(4) 组合作用原理,形成原理方案解答。

参照功能结构,将形态学矩阵中各分功能的作用原理(局部解)进行综合,形成系统的总解,此时分功能的排列顺序还可改变。组合过程中要考虑局部解的相容性和技术上实现的可能性。然后在众多的原理方案解答中挑选出值得继续进行开发的少数几个方案作为备选方案。在本例中选择以下三个方案。

方案一：A1＋B1＋C2＋D2＋E3

方案二：A1＋B1＋C4＋D1＋E3

方案三：A1＋B3＋C2＋D3＋E3

例如在方案一中，组合的结果是由交流电动机实现能量转换、用飞轮储存能量、由齿轮减速器将能量分量放大、用空间凸轮控制能量大小及作用时间、用杠杆将能量转变成转矩。

图 16-13 所示为三种方案的简图。对于形态学矩阵中未加描述的分功能“能量释放”及“加载”，分别由可控离合器和刚性联轴器实现。三个方案中加载的方式相同(见方案一中的 K 向视图)。

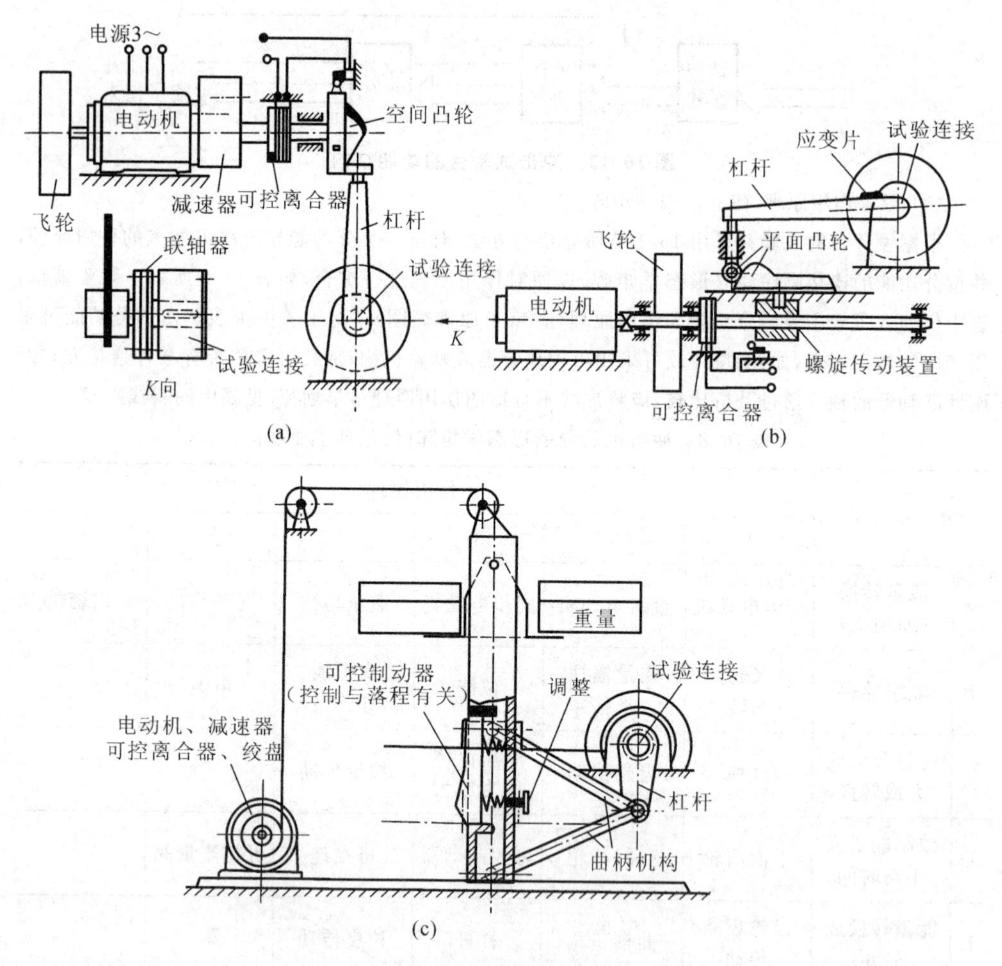

图 16-13　冲击试验台原理解答方案简图

(a) 方案一；(b) 方案二；(c) 方案三

(5) 方案评价与决策。

首先，从设计中的重要要求出发，建立一系列复杂程度不同的评价目标。然后，分别按技术、经济的观点建立目标树(见图 16-14、图 16-15)，并对各目标的重要性进行评估，选定加权系数。

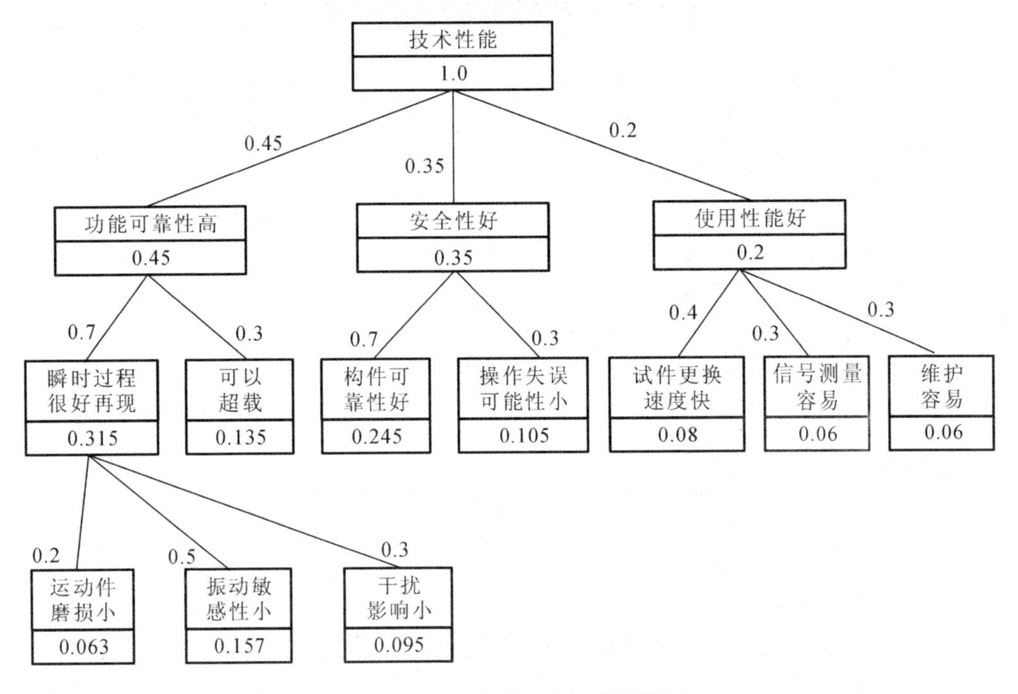

图 16-14　冲击试验台技术目标树

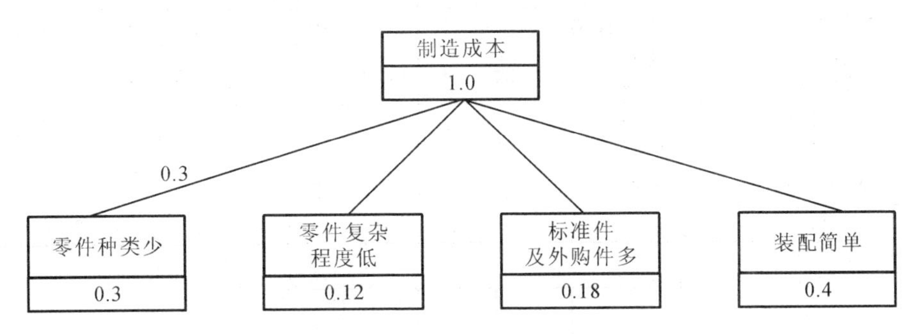

图 16-15　冲击试验台经济目标树

根据目标树，分别建立如表 16-9 及表 16-10 所示的评价表，按 0～10 分的评价尺度对各个评价目标打分，得出各方案的加权分值总和。根据式(16-4)，三个方案的技术价和经济价分别为

$$W_{t1}=\frac{6.997}{10}=0.6997,\quad W_{t2}=\frac{6.611}{10}=0.6611,\quad W_{t3}=\frac{3.8}{10}=0.38$$

$$W_{w1}=\frac{7.12}{10}=0.712,\quad W_{w2}=\frac{5.7}{10}=0.57,\quad W_{w3}=\frac{5.02}{10}=0.502$$

然后，用双曲线法(式(16-7))进行技术-经济综合评价：

$$W_1=\sqrt{0.6997\times0.712}=0.706,\quad W_2=\sqrt{0.6611\times0.57}=0.614$$

$$W_3=\sqrt{0.38\times0.502}=0.437$$

也可用优度线图(见图 16-16)来表示方案的优劣，图中 S_1、S_2、S_3 分别表示三个方案的优度。

表 16-9　冲击试验台技术性能评价表

序号	评价目标	加权系数	特性值	方案一			方案二			方案三		
				特性	评分	加权分	特性	评分	加权分	特性	评分	加权分
1	磨损少	0.063	磨损量	中	6	0.378	中	4	0.252	大	3	0.189
2	振动敏感性小	0.157	固有角频率/s^{-1}	2 370	7	1.099	2 370	7	1.099	410	3	0.471
3	干扰影响小	0.095	干扰影响	小	7	0.665	小	6	0.57	大	2	0.19
4	可以超载	0.135	载荷裕度	10%	7	0.945	10%	7	0.945	5%	5	0.675
5	构件可靠性高	0.245	预计机械可靠性	高	7	1.715	高	7	1.715	中	4	0.98
6	操作失误可能性小	0.105	操作失误可能性	小	7	0.735	小	6	0.63	大	3	0.315
7	试件更换速度快	0.08	估计试件更换时间	120 min	7	0.56	120 min	7	0.56	180 min	4	0.32
8	信号测量容易	0.06	测量系统的可及性	好	7	0.42	好	7	0.42	好	7	0.42
9	维护容易	0.06	维修时间长短	短	8	0.48	短	7	0.42	中	4	0.24
总和		1			63	6.997		58	6.611		35	3.8

表 16-10　冲击试验台经济性评价表

序号	评价目标	加权系数	特性值	方案一			方案二			方案三		
				特性	评分	加权分	特性	评分	加权分	特性	评分	加权分
1	零件种类少	0.3	零件种类	少	7	2.1	中	5	1.5	中	6	1.8
2	零件复杂程度低	0.12	零件复杂程度	低	8	0.96	中	6	0.72	低	6	0.72
3	标准件及外购件多	0.18	标准件外购件所占比例	高	7	1.26	中	6	1.08	低	5	0.9
4	装配简单	0.4	装配简单程度	中	7	2.8	中	6	2.4	低	4	1.6
总和		1			29	7.12		23	5.7		21	5.02

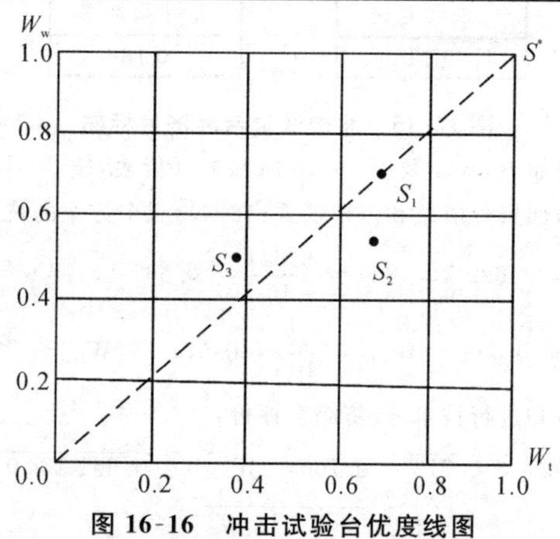

图 16-16　冲击试验台优度线图

对评价结果进行比较,方案一的总价值最高,方案三最低。故决定采用方案一作为最终系统方案,并由此转入技术设计阶段,进行系统的结构设计。

轴和轴毂连接设计的相关系数与计算公式

附表 1　螺纹、键、花键、横孔处及配合边缘处的有效应力集中系数

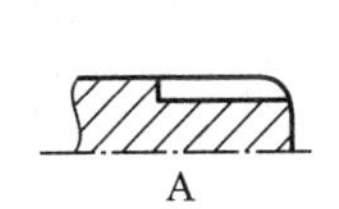

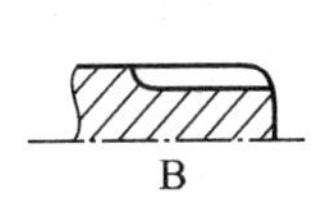

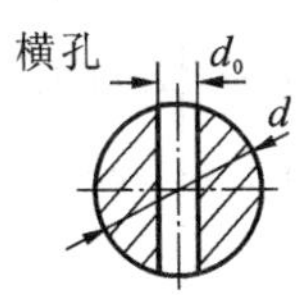

σ_b /MPa	螺纹 ($k_\tau=1$) k_σ	键槽			花键			横孔			配合					
		k_σ		k_τ	k_σ	k_τ		k_σ		k_τ	H7/r6		H7/k6		H7/h6	
		A 型	B 型	A,B 型		矩形	渐开线形	d_0/d =0.05～0.15	d_0/d =0.05～0.25	d_0/d =0.05～0.25	k_σ	k_τ	k_σ	k_τ	k_σ	k_τ
400	1.45	1.51	1.30	1.20	1.35	2.10	1.40	1.90	1.70	1.70	2.05	1.55	1.55	1.25	1.33	1.14
500	1.78	1.64	1.38	1.37	1.45	2.25	1.43	1.95	1.75	1.75	2.30	1.69	1.72	1.36	1.49	1.23
600	1.96	1.76	1.46	1.54	1.55	2.35	1.46	2.00	1.80	1.80	2.52	1.82	1.89	1.46	1.64	1.31
700	2.20	1.89	1.54	1.71	1.60	2.45	1.49	2.05	1.85	1.80	2.73	1.96	2.05	1.56	1.77	1.40
800	2.32	2.01	1.62	1.88	1.65	2.55	1.52	2.10	1.90	1.85	2.96	2.09	2.22	1.65	1.92	1.49
900	2.47	2.14	1.69	2.05	1.70	2.65	1.55	2.15	1.95	1.90	3.18	2.22	2.39	1.76	2.08	1.57
1000	2.61	2.26	1.77	2.22	1.72	2.70	1.58	2.20	2.00	1.90	3.41	2.36	2.56	1.86	2.22	1.66
1200	2.90	2.50	1.92	2.39	1.75	2.80	1.60	2.30	2.10	2.00	3.87	2.62	2.90	2.05	2.5	1.83

注：① 滚动轴承与轴的配合按 H7/r6 配合选择系数。

② 蜗杆螺旋根部有效应力集中系数可取 $k_\sigma=2.3\sim2.5$，$k_\tau=1.7\sim1.9$。

附表 2　圆角处的有效应力集中系数

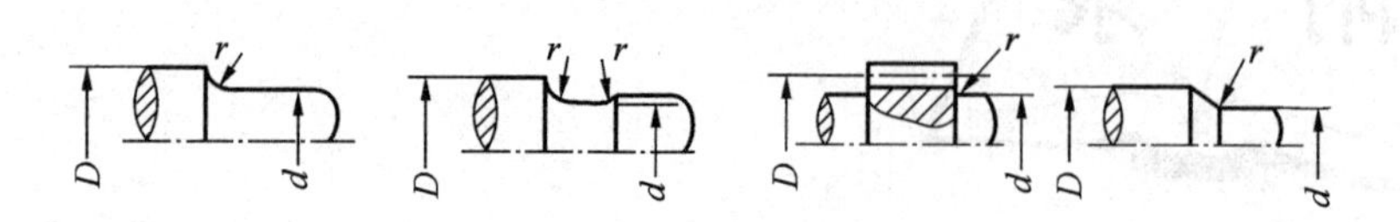

$\frac{D-d}{r}$	$\frac{r}{d}$	k_σ								k_τ							
		σ_b/MPa								σ_b/MPa							
		400	500	600	700	800	900	1000	1200	400	500	600	700	800	900	1000	1200
2	0.01	1.34	1.36	1.38	1.40	1.41	1.43	1.45	1.49	1.26	1.28	1.29	1.29	1.30	1.30	1.31	1.32
	0.02	1.41	1.44	1.47	1.49	1.52	1.54	1.57	1.62	1.33	1.35	1.36	1.37	1.37	1.38	1.39	1.42
	0.03	1.59	1.63	1.67	1.71	1.76	1.80	1.84	1.92	1.39	1.40	1.42	1.44	1.45	1.47	1.48	1.52
	0.05	1.54	1.59	1.64	1.69	1.73	1.78	1.83	1.93	1.42	1.13	1.44	1.46	1.47	1.50	1.51	1.54
	0.10	1.38	1.44	1.50	1.55	1.61	1.66	1.72	1.83	1.37	1.38	1.39	1.42	1.43	1.45	1.46	1.50
4	0.01	1.51	1.54	1.57	1.59	1.62	1.64	1.67	1.72	1.37	1.39	1.40	1.42	1.43	1.44	1.46	1.47
	0.02	1.76	1.81	1.86	1.91	1.96	2.01	2.06	2.16	1.53	1.55	1.58	1.59	1.61	1.62	1.65	1.68
	0.03	1.76	1.82	1.88	1.94	1.99	2.05	2.11	2.23	1.52	1.54	1.57	1.59	1.61	1.64	1.66	1.71
	0.05	1.70	1.76	1.82	1.88	1.95	2.01	2.07	2.19	1.50	1.53	1.57	1.59	1.62	1.65	1.68	1.74
6	0.01	1.86	1.90	1.94	1.99	2.03	2.08	2.12	2.21	1.54	1.57	1.59	1.61	1.64	1.66	1.68	1.73
	0.02	1.90	1.96	2.02	2.08	2.13	2.19	2.25	2.37	1.59	1.62	1.66	1.69	1.72	1.75	1.79	1.86
	0.03	1.89	1.96	2.03	2.10	2.16	2.23	2.30	2.44	1.61	1.65	1.68	1.72	1.74	1.77	1.81	1.88
10	0.01	2.07	2.12	2.17	2.23	2.28	2.34	2.30	2.50	2.12	2.18	2.24	2.30	2.37	2.42	2.48	2.60
	0.02	2.09	2.16	2.23	2.30	2.38	2.45	2.52	2.66	2.03	2.08	2.12	2.17	2.22	2.26	2.31	2.40

注：当 r/d 值超过表中给出的最大值时，按最大值查取 k_σ、k_τ。

附表 3　环槽处的有效应力集中系数

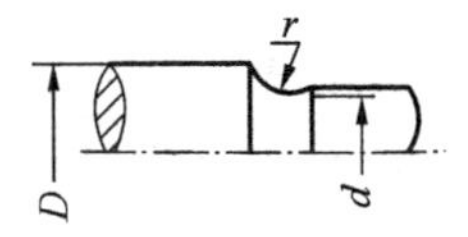

系　数	$\frac{D-d}{r}$	$\frac{r}{d}$	σ_b/MPa 400	500	600	700	800	900	1000
k_σ	1	0.01	1.88	1.93	1.98	2.04	2.09	2.15	2.20
		0.02	1.79	1.84	1.89	1.95	2.00	2.06	2.11
		0.03	1.72	1.77	1.82	1.87	1.92	1.97	2.02
		0.05	1.61	1.66	1.71	1.77	1.82	1.88	1.93
		0.10	1.44	1.48	1.52	1.55	1.59	1.62	1.66
	2	0.01	2.09	2.15	2.21	2.27	2.34	2.39	2.45
		0.02	1.99	2.05	2.11	2.17	2.23	2.28	2.35
		0.03	1.91	1.97	2.03	2.08	2.14	2.19	2.25
		0.05	1.79	1.85	1.91	1.97	2.03	2.09	2.15
	4	0.01	2.29	2.36	2.43	2.50	2.56	2.63	2.70
		0.02	2.18	2.25	2.32	2.38	2.45	2.51	2.58
		0.03	2.10	2.16	2.22	2.28	2.35	2.41	2.47
	6	0.01	2.38	2.47	2.56	2.64	2.73	2.81	2.90
		0.02	2.28	2.35	2.42	2.49	2.56	2.63	2.70
k_τ	任何比值	0.01	1.60	1.70	1.80	1.90	2.00	2.10	2.20
		0.02	1.51	1.60	1.69	1.77	1.86	1.94	2.03
		0.03	1.44	1.52	1.60	1.67	1.75	1.82	1.90
		0.05	1.34	1.40	1.46	1.52	1.57	1.63	1.69
		0.10	1.17	1.20	1.23	1.26	1.28	1.31	1.34

附表 4　绝对尺寸影响系数

直径 d/mm		>20～30	>30～40	>40～50	>50～60	>60～70	>70～80	>80～100	>100～120	>120～150	>150～500
ε_σ	碳钢	0.91	0.88	0.84	0.81	0.78	0.75	0.73	0.70	0.68	0.60
	合金钢	0.83	0.77	0.73	0.70	0.68	0.66	0.64	0.62	0.60	0.54
ε_τ	各种钢	0.89	0.81	0.78	0.76	0.74	0.74	0.72	0.70	0.68	0.60

附表 5　不同表面粗糙度的表面质量系数 β

加工方法	轴表面粗糙度 Ra/mm	σ_b/MPa		
		400	800	1 200
磨削	0.000 4～0.000 2	1	1	1
车削	0.003 2～0.000 8	0.95	0.90	0.80
粗车	0.025～0.006 3	0.85	0.80	0.65
未加工面		0.75	0.65	0.45

附表 6　各种腐蚀情况的表面质量系数 β

工作条件	σ_b/MPa										
	400	500	600	700	800	900	1 000	1 100	1 200	1 300	1 400
淡水中,有应力集中	0.7	0.63	0.56	0.52	0.46	0.43	0.40	0.38	0.36	0.35	0.33
淡水中,无应力集中 海水中,有应力集中	0.58	0.50	0.44	0.37	0.33	0.28	0.25	0.23	0.21	0.20	0.19
海水中,无应力集中	0.37	0.30	0.26	0.23	0.21	0.18	0.16	0.14	0.13	0.12	0.12

附表 7　各种强化方法的表面质量系数 β

强化方法	心部强度 σ_b/MPa	β		
		光　轴	低应力集中的轴 $k_\sigma \leqslant 1.5$	高应力集中的轴 $k_\sigma \geqslant 1.8 \sim 2$
高频淬火	600～800 800～1 000	1.5～1.7 1.3～1.5	1.6～1.7 —	2.4～2.8 —
氮化	900～1 200	1.1～1.25	1.5～1.7	1.7～2.1
渗碳	400～600 700～800 1 000～1 200	1.8～2.0 1.4～1.5 1.2～1.3	3 — 2	— — —
喷丸硬化	600～1 500	1.1～1.25	1.5～1.6	1.7～2.1
滚子滚压	600～1 500	1.1～1.3	1.3～1.5	1.6～2.0

注:① 高频淬火是根据直径为 10～20 mm,淬硬层厚度为(0.05～0.20)d 的试件,实验求得的数据,对大尺寸试件,强化系数的值会有某些降低;

② 氮化层厚度为 0.01d 时用小值,在(0.03～0.04)d 时用大值;

③ 喷丸硬化是根据 8～40 mm 的试件求得的数据,喷丸速度低时用小值,速度高时用大值;

④ 滚子滚压是根据 17～130 mm 的试件求得的数据。

附表 8　抗弯、抗扭截面系数 W、W_T 的计算公式

表　面	W	W_T
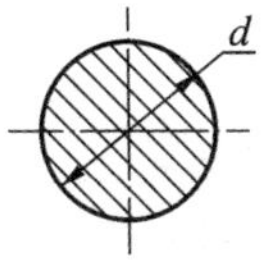	$\dfrac{\pi d^3}{32}\approx\dfrac{d^3}{10}$	$\dfrac{\pi d^3}{16}\approx\dfrac{d^3}{5}$
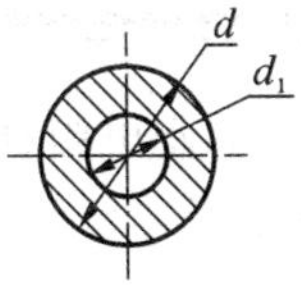	$\dfrac{\pi d^3}{32}(1-r^4)\approx\dfrac{d^3(1-r^4)}{10}$ $r=\dfrac{d_1}{d}$	$\dfrac{\pi d^3}{16}(1-r^4)\approx\dfrac{d^3(1-r^4)}{5}$ $r=\dfrac{d_1}{d}$
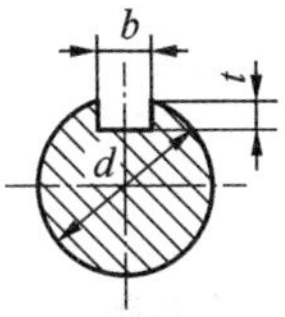	$\dfrac{\pi d^3}{32}-\dfrac{bt(d-t)^2}{2d}$	$\dfrac{\pi d^3}{16}-\dfrac{bt(d-t)^2}{2d}$
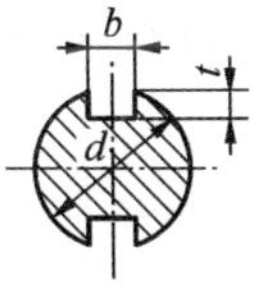	$\dfrac{\pi d^3}{32}-\dfrac{bt(d-t)^2}{d}$	$\dfrac{\pi d^3}{16}-\dfrac{bt(d-t)^2}{d}$
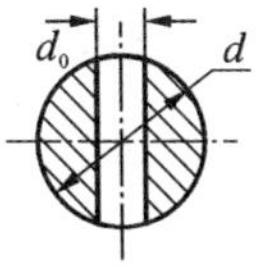	$\dfrac{\pi d^3}{32}\left(1-1.54\dfrac{d_0}{d}\right)$	$\dfrac{\pi d^3}{16}\left(1-\dfrac{d_0}{d}\right)$
矩形花键 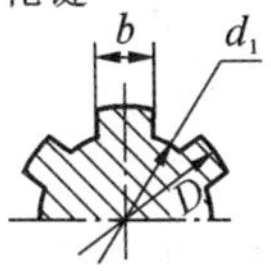	$\dfrac{\pi d^4+bz(D-d_1)(D+d_1)^2}{32D}$ （z—花键齿数）	$\dfrac{\pi d^4+bz(D-d_1)(D+d_1)}{16D}$ （z—花键齿数）
渐开线花键与齿轮轴 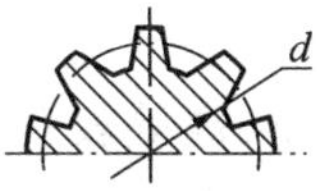	$\dfrac{\pi d^3}{32}\approx\dfrac{d^3}{10}$	$\dfrac{\pi d^3}{16}\approx\dfrac{d^3}{5}$

[1] 胡勃卡 V. 工程设计原理[M]. 刘伟烈，刁元康，译. 北京：机械工业出版社，1989.

[2] 黄纯颖. 工程设计方法[M]. 北京：中国科学技术出版社，1989.

[3] 廖林清. 机械设计方法学[M]. 重庆：重庆大学出版社，1996.

[4] 谢友柏. 制造业产品的“创新”与我国现代设计网络[J]. 中国机械工程，1998(11).

[5] 徐灏. 疲劳强度设计[M]. 北京：机械工业出版社，1985.

[6] 张剑锋，周志芳. 摩擦磨损与抗磨技术[M]. 天津：天津科技翻译出版公司，1993.

[7] 罗辉. 实用产品设计经济分析-产品设计经济学[M]. 北京：机械工业出版社，1994.

[8] 卢玉明. 机械零件的可靠性设计[M]. 北京：高等教育出版社，1989.

[9] 徐灏. 机械设计手册(第3卷)[M]. 北京：机械工业出版社，1992.

[10]《现代机械设计手册》编辑委员会. 现代机械传动手册[M]. 北京：机械工业出版社，1995.

[11] 彭文生. 机械设计[M]. 武汉：华中理工大学出版社，1996.

[12] 余俊. 机械设计[M]. 北京：高等教育出版社，1986.

[13] 濮良贵，纪名刚. 机械设计[M]. 8版. 北京：高等教育出版社，2006.

[14] 彭文生，李志明，黄华梁. 机械设计[M]. 北京：高等教育出版社，2002.

[15] 邱宣怀. 机械设计[M]. 4版. 北京：高等教育出版社，1997.

[16] 杨可祯. 机械设计基础[M]. 4版. 北京：高等教育出版社，1999.

[17] 道森 D，希金 G R. 弹性流体动力润滑[M]. 程华，译. 北京：机械工业出版社，1982.

[18] 余俊. 滚动轴承计算—额定负荷、当量负荷及寿命[M]. 北京：高等教育出版社，1993.

[19] Shigley J E. Mechanical Engineering Design[M]. New York：McGraw-Hill，1983.

[20] 余梦生，吴宗泽. 机械零部件手册：选型、设计、指南[M]. 北京：机械工业出版社，1996.

[21] Beitz W，Kuttner K H. Dubbel机械工程手册[M]. 张维，张淑英，译. 北京：清华

大学出版社,1996.
[22] 薛迪甘.焊接概论[M].3版.北京:机械工业出版社,1998.
[23] 浜崎正信.实用激光加工[M].陈敬之,译.北京:机械工业出版社,1992.
[24] 董仲元,蒋克铸.设计方法学[M].北京:高等教育出版社,1990.
[25] 吴宗泽.机械结构设计[M].北京:高等教育出版社,1988.
[26] 帕尔 G,拜茨 W.工程设计学[M].张直明,译.北京:机械工业出版社,1992.
[27] 胡建钢.机械系统设计[M].北京:水利电力出版社,1991.
[28] 章日晋,张立乃,尚凤武.机械零件的结构设计[M].北京:机械工业出版社,1987.
[29] 李希诚,李弦泊.机械结构合理设计图册[M].上海:上海科学技术出版社,1996.
[30] 朱龙根,黄雨华.机械系统设计[M].北京:机械工业出版社,1992.
[31] 吴宗泽.高等机械设计[M].北京:清华大学出版社,1991.
[32] 小栗富士雄,小栗达男.机械设计手册[M].陈祝同,译.北京:机械工业出版社,1989.
[33] 尼曼 G,温特尔 H.机械零件[M].余梦生,译.北京:机械工业出版社,1989.
[34] 王昆.机械设计基础课程设计[M].北京:高等教育出版社,1995.
[35] 机械设计实用手册编委会.机械设计实用手册[M].北京:机械工业出版社,2009.
[36] 吴宗泽,王忠祥,卢颂峰.机械设计禁忌800例[M].2版.北京:机械工业出版社,2005.
[37] 袁剑雄,李晨霞,潘承怡.机械结构设计禁忌[M].北京:机械工业出版社,2008.
[38] 希格利,米施格.机械工程设计[M].北京:机械工业出版社,2002.
[39] 斯波茨,舒普,霍恩伯格.机械零件设计[M].北京:机械工业出版社,2007.

[illegible] 大学出版社，2006.
[31] [illegible] 北京：机械工业出版社，2010.
[32] [illegible]
[33] [illegible]
[34] [illegible]
[35] [illegible]
[36] [illegible]
[37] [illegible]
[38] [illegible]
[39] [illegible] 北京：机械工业出版社，2005.
[40] [illegible]
[41] [illegible]
[42] [illegible]